Jetzt helfe ich mir selbst

Motor
buch
Verlag

Einbandgestaltung: Anita Ament

Bilder/Zeichnungen: frisch CONSULTING GmbH; Friedrich Schröder; Sven Schröder; Motor-Presse Stuttgart; Bosch; Opel; Continental; Dunlop; Hella.

Alle Angaben und Tipps in diesem Ratgeber wurden nach bestem Wissen und Gewissen erteilt. Eine Haftung der Autoren, des Verlags und seiner Beauftragten für Personen-, Sach- und Vermögensschäden ist ausgeschlossen.

Der Inhalt dieses Bands entspricht dem Kenntnisstand zum Zeitpunkt der Drucklegung. Abweichungen durch Weiterentwicklung der beschriebenen Fahrzeuge, geänderte Anweisungen des Fahrzeugherstellers bzw. neue gesetzliche Bestimmungen sind möglich.

ISBN 3-613-02230-3

Ein Unternehmen der Paul Pietsch Verlage GmbH + Co
Auflage Nr. 101 30 04

Grafische Gestaltung: Andreas Pflaum
Herstellung: TEBITRON, 70839 Gerlingen
Druck: Maisch & Queck, 70839 Gerlingen
Bindung: Karl Dieringer, 70839 Gerlingen
Printed in Germany

Friedrich Schröder/Sven Schröder

Opel Vectra
Opel Vectra GTS

Ottomotoren:

1,8 Liter 16V ECOTEC	90 kW/122 PS
2,2 Liter 16V ECOTEC	108 kW/147 PS
3,2 Liter 24V ECOTEC	155 kW/211 PS

Dieselmotoren:

2,0 Liter DTI 16V ECOTEC	74 kW/100 PS
2,2 Liter DTI 16V ECOTEC	92 kW/125 PS

ab Modelljahr 2002

Inhaltsverzeichnis

Einführung

Die Modellvorstellung

Die Ausrüstung

Die Wagenpflege

Die Motoren

Das Schmiersystem

Das Kühlsystem

Die Kraftstoffeinspritzung

Die Zündanlage

Die Kraftstoffversorgung

Die Kraftübertragung

Das Fahrwerk

Die Bremsanlage

Die Fahrzeugelektrik

Der Innenraum

Die Karosserie

Technische Daten

Stichwortverzeichnis

Störungsbeistände

Schnelle Hilfe – was tun bei Störungen

Ein Ratgeber stellt sich vor

»Jetzt helfe ich mir selbst« ist ein Ratgeber rund ums Auto. Er erläutert Ihnen die Technik und wie Sie Ihr Auto weitgehend in Eigenregie pflegen und warten können. Schon während kleinerer Arbeiten stellen Sie fest: Do it yourself macht Spaß und entlastet obendrein noch Ihren Geldbeutel. Denn mit dem richtigen Know-how verliert manche Panne ihre Schrecken – oft reichen schon wenige Handgriffe, um ein malades Auto wieder »zu beleben«.

Ein Ratgeber mit System

Jedes Ratgeberkapitel gliedert sich in die Abschnitte Theorie, Wartung, Störungsbeistand und Reparatur.
Theorie: Hier gibt's allgemeine Informationen zu Technik und Funktionen. Neben allgemeinen Beschreibungen beinhaltet dieser Part zudem **Techniklexika** mit Hintergrundwissen zu speziellen Problemen.
Wartung: Step by Step begleiten Sie praxisgerechte Anleitungen zu allen Arbeiten. **Arbeitssymbole** verdeutlichen Ihnen den voraussichtlichen Zeitaufwand, den Schwierigkeitsgrad sowie mögliche Gefahren für Sicherheit und Umwelt. Eine detaillierte **Illustration** veranschaulicht Arbeitsabläufe und Probleme.
Reparatur: Die einzelnen **Arbeitsschritte** folgen dem gleichen Muster wie bei den Wartungsarbeiten.
Praxistipps erleichtern Ihnen die Arbeit und »entschärfen« mögliche Probleme. Der Reparaturteil beinhaltet mitunter auch einen **Störungsbeistand**. Darin sind mögliche Störungen, deren Ursachen und Abhilfen aufgelistet.
Technikthemen und Störungsbeistände erschließen Sie gleichermaßen in der Inhaltsübersicht und dem Stichwortverzeichnis. Das Inhaltsverzeichnis enthält zudem Hinweise auf Wartungs- und Reparaturarbeiten der verschiedenen Baugruppen: Jeweils zu Beginn eines neuen Kapitels finden Sie eine Übersicht zu allen Wartungs- und Reparaturarbeiten. Die entsprechenden Seitenangaben entbinden Sie von lästiger Sucherei.

Wartung

Motor durchdrehen XX
Ventilspiel prüfen XX
Ventile einstellen XX
Kompressionsdruck messen XX

Reparatur

Zahnriemenzustand prüfen XX
Zahnriemenspannung behelfsmäßig prüfen XX

Jeweils zu Beginn eines neuen Kapitels: Übersicht der Wartungs- und Reparaturarbeiten. Die Seitenangaben führen direkt zu den Arbeitsschritten.

Die Bauteile des Motors — **Technik-lexikon**

Motorblock. Hier sind die beweglichen Teile gelagert. Er besteht bei vielen Motoren aus Grauguss. Der Motorblock trägt auch Aggregate wie Lichtmaschine, Anlasser und Zündanlage.

Zylinderkopf. Schließt den Zylinder nach oben ab. Er enthält Kanäle für Frisch- und Abgas, Ventilsitze, Lager und Führungen für Teile der Ventilsteuerung, Zündkerzengewinde, Wasserkanäle und Brennraum.

Technik populär auf den Punkt gebracht: Jedes Techniklexikon greift knappe und präzise Infos zu Begriffen, Funktionen und Zusammenhängen auf.

Arbeitsschritte — W **30.000 km 2 Jahre**

① Ansauggeräuschdämpfer abbauen. Beim Diesel: Luftansaugleitung abbauen. Bei allen Motoren: elektrische Steckverbindungen lösen.

② Sechs Schrauben der Zylinderkopfhaube lösen und Haube vorsichtig abnehmen. Sitzt der Deckel fest, lösen Sie ihn durch Schläge mit Handballen oder Hammerstiel.

③ Für die Messung von Ein- und Auslassventil eines Zylinders müssen beide Ventile entlastet sein. Dazu den Motor durchdrehen, bis an der Nockenwelle die Spitzen beider Nocken von Zylinder 1 (in Fahrtrichtung rechts) symmetrisch nach links und rechts oben zeigen (OT-Markierung beachten). Diese Position entspricht dem Oberen Totpunkt.

Step by Step zum Erfolg: In den »Arbeitsschritten« erfahren Sie, wie und wo Sie »den Hebel anzusetzen haben« und was zu berücksichtigen ist.

Kühlsystem

Störungsbeistand

Störung	*Ursache*	*Abhilfe*
A Temperatur-Anzeigenadel steht im roten Bereich	*1 Keilrippenriemen zu schwach gespannt oder gerissen*	*Riemenspannung kontrollieren oder Riemen ersetzen*
	2 Zu wenig Flüssigkeit im Kühlsystem	*Auffüllen, notfalls aus der Scheibenwaschanlage*
	3 Kabel zur Temperaturanzeige hat Masseschluss	*Kabel am Temperaturgeber abziehen, Zeiger muss zurückgehen, sonst Masseschluss; Kabelverlauf kontrollieren*

Der ideale Pannenführer: Der »Störungsbeistand« unterstützt Sie, um Fehler und Fehlfunktionen systematisch einkreisen zu können. Außerdem liefern wir Ihnen hier Tipps, wie Sie mögliche Störungen beheben.

Praxistipp

Kompressionsdruckluft strömt aus

Wenn Kompressionsdruckluft an einer der folgenden Stellen ausströmt, hat dies meist diese Ursachen:

- Ansaugkrümmer oder Luftfiltergehäuse: defektes Einlassventil.
- Geöffneter Kühler oder Kühlmittel-Ausgleichsbehälter: defekte Zylinderkopfdichtung.

Praxistipps für Schrauber: Hier benennen wir kurz und knapp mögliche Fehler und deren Beseitigung.

Kein Do it yourself innerhalb der Garantiezeit

Wenn Sie einen neuen Vectra fahren, halten Sie unbedingt die Hersteller-Wartungsintervalle ein. Vor allem verzichten Sie aufs Do it yourself: Selbst berechtigte Garantieansprüche erfüllt Ihnen Opel erfahrungsgemäß nur dann, wenn eine Vertragswerkstatt regelmäßig und rechtzeitig alle Wartungsarbeiten an Ihrem Auto erledigt hat. Das gilt übrigens auch für Garantieansprüche an Austauschaggregaten, beispielsweise Motor oder Getriebe.

Ratgeberservice: Checklisten

Auf der vorderen und hinteren Umschlaginnenseite »finden« Sie diverse Checklisten um Ihr Auto im Alltag, für den Winter oder die TÜV-/DEKRA-Hauptuntersuchung fit zu machen und zu halten. Die erforderlichen Checks sind mit den Seitenangaben der entsprechenden Arbeitsanleitungen ergänzt. Bevor Sie »loslegen« möchten, kopieren Sie sich einfach die entsprechende Liste als Arbeitsunterlage und haken darauf die Arbeiten kurzerhand ab.

Die Arbeitssymbole

Mit dem Umweltbaum sensibilisieren wir Sie hinsichtlich Umweltschutz. Sie finden ihn in schöner Regelmäßigkeit, wenn Arbeiten oder dabei anfallende »Abfälle« problematisch für die Umwelt sind.

Die Zahl der Schraubenschlüssel signalisiert den Schwierigkeitsgrad: 1 Schlüssel = leichte Arbeit; 2 Schlüssel = anspruchsvolle Arbeit; 3 Schlüssel = schwierige Arbeit.

Das Uhrensymbol berücksichtigt den Zeitaufwand für durchschnittlich begabte Hobbyschrauber. Die Angaben beziehen selbstverständlich fehlende Routine und mitunter nicht »greifbares« Spezialwerkzeug ein.

Ausrufezeichen markieren grundsätzlich jene Arbeiten, die Einfluss auf die Betriebssicherheit Ihres Autos haben. Sollten Sie dabei nicht jeden Schritt aus dem Eff-Eff beherrschen: Hände weg! Solche Arbeiten sind **IMMER** ein Fall für die Werkstatt.

Die Prüfplakette beziffert Vorsorgearbeiten zur Hauptuntersuchung. Wenn Sie die markierten Wartungs- und Prüfarbeiten jeweils vor dem TÜV- oder Dekra-Termin selbst durchführen, sparen Sie so manchen Euro und mitunter eine Menge an Zeit.

Die Wartungsplakette kennzeichnet jene Wartungsarbeiten, die auch Vertragswerkstätten beim kleinen und großen Kundendienst an Ihrem Auto erledigen. Alle Punkte entsprechen dem offiziellen Wartungsplan.

DER Opel Vectra

Vorzeigbar in der gehobenen Mittelklasse: *Die dritte Generation des Opel Vectra repräsentiert vom Scheitel bis zur Sohle den Stand heutiger Automobiltechnik. Der Mittelklässler bringt so »verlockende« Gene auf die Straße, dass die einschlägige Fachpresse ihn gar als »Opel-Meilenstein in ein neues Jahrtausend« titulierte.*

Mit dem Vectra-C beabsichtigt Opel verlorenes Terrain in der Mittelklasse zurück zu erobern und weitere Marktanteile für das Auto mit dem Blitz am Bug zu erschließen – besonders auf dem heiß umkämpften deutschen Markt. Die Chancen hierfür stehen nicht schlecht: Professionelle Autotester »erfuhren« den Vectra-C bereits als Auto »mit vorbildlichen Fahrwerkseigenschaften und vernünftiger Motorisierung«. Mit derlei Vorschusslorbeeren bedacht, mischt der Debütant zwar seine Mitbewerber nicht »blitzartig« auf, aber immerhin, der neue Vectra bringt frischen Wind in den Kreis der Erlauchten.

Er überzeugt auf Handlingkursen, in Pylonengassen, bei Bremsentests, gleichwie im Platzangebot und Ausstattungsniveau – und das zu Einstandspreisen, die nicht den zweifelhaften Ruf des Euro als »Teuro« untermauern. Profis bestätigen allemal: Der Vectra ist ein technisch und optisch ganz nach europäischen Vorstellungen »gelifteter« Familienwagen. »Figürlich« hat er leicht zulegt, doch mit seinen Altvordern bricht er nur dort, wo es der Zeitgeist erforderte – ohne damit die generelle »Formensprache« des europäischen GM-Designs aufs Altenteil zu schicken.

Mittlerweile ist's die dritte Vectra-Auflage, die aus einer der modernsten Automobilfabriken Europas rollt. Um ihrem »Baby« den Auftritt vom ersten Tag an zu erleichtern, setzen seine Paten auf alte Opel-Tugenden: »Opel der Zuverlässige« hieß es dereinst – und daran soll der Benjamin zwar traditionell, jedoch ohne »Hosenträger«, wieder anknüpfen.

Damit das vom Start weg »fluppt«, blieb an der Vectra-Wiege praktisch kein alter Klinker mehr auf dem anderen, Rüsselsheim avancierte zur modernsten europäischen Produktionsstätte mit »stockkonservativem« Qualitätsmanagement: Entsprechend sensibel liefen die Fertigungsbänder an. Mittlerweile läuft die Produktion allerdings auf hohem Niveau – die elektronischen Wächter sowie Damen und Herren mit weißen Kitteln sind längst zufrieden.

Folge: Derweil entstehen täglich rund 700 Vectra – Tendenz stabil steigend. Europaweit »schrieben« Opel-Händler für den Vectra-C seit April 2002 bereits über 70.000 Kaufverträge. In Anbetracht dessen geht die Adam-Opel AG in 2002 mittlerweile von einer Vectra-Jahresproduktion in Höhe von 165.000 Einheiten aus. Gut zehn Prozent mehr als die ursprünglich geplanten 150.000 Autos. »Nicht schlecht für einen Opel« der Mittelklasse.

Vier Ausstattungsvarianten, fünf Motoren – obligatorisch für den Vectra

Exakt wie beim Vorgänger wählen Käufer »der ersten Stunde« ihren Neuen zunächst unter zwei Karosserievarianten aus – sie entscheiden zwischen dem viertürigen Stufenheck und dem Fließheck mit vier Türen und großer Heckklappe (Vectra GTS). Als viertürigen »Caravan« schiebt Opel den Vectra dann ab Herbst 2003 mit verlängertem Radstand und üppiger Ladefläche nach. Erst dann deckt der Vectra, ganz den häuslichen Traditionen folgend, mit den Ausstattungsvarianten »Basis-Vectra«, »Comfort«, »Elegance« und »GTS« inklusive einem halben Dutzend Motoren, die in dieser Klasse obligatorischen Käuferwünsche vollends ab.

Serienmäßig wechseln Chauffeure im Vectra-C die Gänge in einem Fünfganggetriebe per Mittelschalthebel. Komfortbewusste Kunden stellt Opel freilich mit einer außergewöhnlich präzisen Fünfgangautomatik vor die Qual der Wahl. Einzige Bedingung für den elektronisch geregelten Schaltkomfort: Unter der Motorhaube »steht« der 2,2-Liter Ottomotor mit 108 kW (147 PS), der 3,2-Liter V6 mit 155 kW (211 PS) oder der durchzugsstarke Selbstzünder mit 2,2-Liter Hubraum und 92 kW (125 PS). Der »Automat« wechselt die Fahrstufen entweder eigenverantwortlich auf hohem Komfortniveau oder auf Wunsch des Fahrers manuell und dann betont sportlich (ActiveSelect®). Im Automatikmodus ist selbstverständlich auch eine Wandlerüberbrückungskupplung mit von der Partie. Und damit die Automatik auch im »Stop-and-go-Verkehr« oder vor roten Ampeln ihrem Namen alle Ehre macht, spendierten Opel-Ingenieure ihr eine »Neutral Control«. Neutral Control tritt immer dann auf den Plan, sobald der Vectra steht oder abgebremst wird – es schaltet dann automatisch in den Leerlauf. Das Getriebe legt eine gewollte Zwangspause ein – die Getrieberäder, die Lager sowie sämtliche Innereien des hydrodynamischen Drehmomentwandlers stehen dann kurzzeitig »still«. Das spart »Sprit« – günstigstenfalls sogar bis zu drei Prozent. Selbstverständlich wird der Kraftfluss beim Anfahren automatisch wieder hergestellt.

***Gut geführt**: Schalthebel im Vectra-Fünfganggetriebe.*

***Gut abgestimmt und manuell beeinflussbar**: Die Schaltmodi der Vectra-ActiveSelect®-Fünfgangautomatik.*

Obwohl die Grundausstattung des neuen Mittelklässlers keinesfalls »magersüchtig« ist, bietet die offizielle Wunschausstattungsliste reichlich Freiraum, um den ganz persönlichen Traum im Vectra-C mit original Zusatzausstattungen zu realisieren. So zum Beispiel den Traum vom prima Klima: Für die Klimaanlage (AC) greifen Käufer der Normalversion bereits tiefer ins Portemonnee und die empfehlenswerte Klimatisierungsautomatik mit menügeführter Bedienung über ein Grafik Info Display (GID) gibt's ausschließlich gegen Aufpreis. Längst nicht alles: Das Angebot reicht von A wie Anhängerzugvorrichtung, über L wie Lederausstattung bis hin zu X wie Xenon-Scheinwerfer. Z wie Zentralverriegelung hat in der Wunschausstattungsliste keine Chance, Ausstattungsfetischisten finden sie bereits ohne Berechnung unter »wesentliche Serienausstattung«.

Serienmäßig im Vectra-C – Interaktives Dynamisches FahrSystem (IDS)

Gleichfalls das von Opel-Fahrwerkstechnikern in Topform gebrachte Interaktive Dynamische FahrSystem (IDS) – ohne Aufpreis, serienmäßig in jedem Vectra-C. IDS unterstützt den Fahrer mit gezielten Fahrwerkseingriffen in kritischen Fahrsituationen. IDS umschreibt Goodies wie elektronisches Stabilitätsprogramm (ESP^{PLUS}), elektronisches ABS mit Kurvenbremskontrolle (CBC) und Bremsassistent (BAS), Traktionskontrolle (TC Plus) mit Motor- und Bremseingriff oder elektronische Bremskraftverteilung (EBV) und last but not least die kennfeldgesteuerte, elektrohydraulische Servolenkung (EHPS). IDS, spätestens jetzt wird's verständlich, umschreibt Hightech pur: Allein die Regelelektronik überprüft rund 200-mal pro Sekunde, ob das tatsächliche Fahrverhalten mit den Lenkbewegungen des Fahrers korrespondiert. Um die Datenflut nicht nur theoretisch zu beherrschen, kommen im Vectra 2002 gleich drei Datenbusse zum Zug.

Sollten Differenzen, jenseits der im Bordrechner »abgelegten Software«, auftreten, geben IDS-Sensoren einer stabilisierenden Steuerelektronik grünes Licht: Die Elektronik »domestiziert« das Fahrwerk dann, an bis zu drei Rädern gleichzeitig, mit gezielten Bremseingriffen. Sollte das nicht ausreichen, »fesselt« IDS in kriti-schen Fällen so lange die Motorleistung, bis alle Räder wieder »sicheren Boden« unter der Lauffläche haben.

Das klingt in der Tat nach viel Sicherheitspotenzial, narrensicher ist der Vectra-C freilich nicht: Denn die natürlichen, fahrphysikalischen Grenzen verschiebt IDS um keinen Deut – kein Fahrdynamiksystem dieser Welt wird das je können. Das sollten Sie wissen und akzeptieren, je eher umso besser: Erst dann ist IDS ein wirklicher Sicherheitszugewinn. Der neue Vectra liefert Ihnen das Sicherheitspolster sogar zum »Nulltarif« auf die Straße!

Naturgemäß tritt TC Plus häufiger als IDS auf den Plan. Vornehmlich während ungestümer Ampelstarts oder auf glatten Fahrbahnoberflächen: Überall dort also, wo die Pneus das satte Drehmomentangebot der ECOTEC-Motoren nur schwer auf die Straße bringen können. TC Plus bremst »durchdrehende« Vorderräder so lange ein, bis die Pneulaufflächen nicht mehr auf der Straße radieren. In der ersten Stufe wirkt es auf die Vorderradbremsen ein, in dominanteren Fällen »bremst« es zusätzlich noch das elektronische Motormanagement.

Auf einen Blick – das Vectra-Modellprogramm

Das Modellprogramm wird den unterschiedlichsten Aufgabenstellungen vollauf gerecht: Der Vectra-C rollt grundsätzlich als Viertürer und die Fließheckvariante zusätzlich mit großer Heckklappe von den Produktionsbändern. Auch der später folgende Caravan kommt generell mit »fünf Türen« auf die Straße. Hier die Modellübersicht:

- Vectra – die »Einstiegs-Variante«
- Vectra Comfort – die »Komfort-Variante«
- Vectra Elegance – die »Luxus-Variante«
- Vectra GTS – die »Dynamik-Variante«
- Vectra Caravan – die »Mehrwert-Variante« (ab Herbst 2003)

Goodies wie Full Size Fahrer-, Beifahrer-, Seiten- und Kopfairbags, Seitenaufprallschutz, Gurtstraffer und -stopper, interaktiv gesteuertes Fahrwerk (IDS), Komfort-Tipp-Blinker, bei einem Frontalcrash auskuppelnde Pedale (PRS), ABS, elektronische Bremskraftverteilung, elektronische Wegfahrsperre, Batterieentladeschutz, elektrohydraulische Servolenkung, Sicherheitslenksäule, höhen-, bzw. längsverstellbares Lenkrad, höhenverstellbare Frontsitze, Sitzrampen vorne, geteilt umlegbare Rücksitzlehnen (1/3 zu 2/3), aktive Kopfstützen (vorne), drei Kopfstützen (hinten), ISO-Fix-Kindersitzhalterung, Leseleuchten, Gepäckraumabdeckung, Cupholder, Innenraum Staub- und Pollenfilter, Umluftschaltung, Drehzahlmesser, Triple Info Display (TID) mit Funkuhr, Datums- bzw. Radiosenderanzeige, Außentemperaturanzeige, Serviceintervallanzeige, elektrische Fensterheber (vorne), Leseleuchten, Wärmeschutzverglasung, elektrisch beheiz- und verstellbare Außenspiegel (Fahrerseite asphärisch), Zentralverriegelung mit Funkfernbedienung, Diebstahlsicherung – ab Modelljahr 2002 hat der Basis Vectra sie zum Einstandspreis an Bord.

Falls das nicht ausreichen sollte, und für den Fall, dass verlockende Komplettangebote ab Werk möglicherweise das Neuwagenbudget sprengen könnten, oder die eine oder andere Option nicht lieferbar ist, wissen sich Do it yourselfer allemal zu helfen: Der Zubehörmarkt erfüllt die meisten Wünsche auch nachträglich – mitunter gar zu günstigeren Konditionen und in Erstausrüsterqualität. Geben Sie allerdings nicht jedem vermeintlich günstigen Schnäppchen nach, sondern handeln getreu dem Motto »trau, schau, wem«.

Vectra – die »Einstiegs-Variante«

Die »Einstiegs-Variante« motorisieren wahlweise vier Vierzylindermotoren: Der »kleinste« Antrieb bringt's mit 1,8-Liter Hubraum auf 90 kW (122 PS). Zusätzliche 18 kW (25 PS) und 400 cm^3 mehr Hubraum (2,2-Liter) bietet dann die erste Leistungsstufe. Als DTI-Diesel mobilisiert der Vectra pur mit 2,0-Liter Hubraum 74 kW (100 PS), bzw. 92 kW (125 PS) im 2,2-Liter DTI. Das Erlebnis, den Basis-Vectra mit alternativen Antrieben und diversen Zusatzausstattungen individuell aufzurüsten, ist also durchaus gegeben. Doch »blitzgescheite« Rechner wissen in der »Einstiegs-Variante« das Wesentliche bereits unter Dach und Fach.

Vectra Comfort – die »Komfort-Variante«

Im Großen und Ganzen bietet die Option »Comfort« das Ausstattungsniveau der »Einstiegs-Variante« – inklusive der Vierzylinder-ECOTEC-Motoren. Darüber hinaus werten anspruchsvollere Vectra-Käufer ihren Wagen äußerlich mit Dachzierleisten in Wagenfarbe und 6,5J x 16" Stahlfelgen mit 215/55 R 16" Reifen und ganzflächigen Radabdeckungen auf. Bei einer Reifenpanne rollt der Komfort-Vectra dann auf einem Notlaufrad den nächsten Servicepunkt an. Fahrer und Mitfahrer genießen die Vorzüge einer FCKW-freien AC und anspruchsvollerer Sitztextilbezüge. Der Chauffeur schont seine Wirbelsäule mit einer einstellbaren Lendenwirbelstütze und einem neigungsverstellbaren Sitz. Wenn's im Vectra Comfort um die richtige Sitzhöhe geht, ist auch der Kopilot mit einer Sitzhöhenverstellung mit von der Partie, er teilt sich zudem das Ablagefach in der verschiebbaren Mittelarmlehne mit dem Piloten.

Vectra Elegance – die »Luxus-Variante«

Zusätzlich bzw. abweichend von der Basisausstattung kommt der Vectra Elegance mit praxisorientiertem Mehrwert auf die Autowelt. Äußerlich unterscheidet er sich relativ schnell mit Leichtmetallfelgen im Format 6,5J x 16" und 215/55er Reifen von seinen Brüdern, Kenner machen den »Elegance« zusätzlich noch an verchromten Fensterzierleisten und im Stoßfänger integrierten Nebelscheinwerfern aus. Im Innenraum kommt Ulmenholzdekor als Schmuck der Armaturentafel und der Türverkleidungen zum Zuge, die Fensterheber sind zudem an allen Türen elektrisch zu betätigen. Stichwort Türen: Die Türaußengriffe sind im »Elegance« in Wagenfarbe lackiert und die vorderen Türeinstiegsleisten glänzen in Hochglanz mit dem Schriftzug »Vectra«. Der Beifahrer profiliert die Rücksitzlehne entsprechend seiner Lendenwirbel und die Sitzneigung passend zu seiner Beinlänge. Einerlei ob vorne oder hinten, die Mitfahrer profitieren von Leseleuchten und Getränkehaltern, dem Beifahrer »schmeichelt« gar ein beleuchteter Make-up-Spiegel. Dem Chauffeur schmeichelt Leder, Leder am Vierspeichen-Volant und am Schaltkauf.

Vectra GTS – die »Dynamik-Variante«

Wie alle Vectra-C rollt auch die dynamisch, elegant geschmückte »GTS-Variante« aus Europas modernster Automobilfabrik in Rüsselsheim. Den GTS gibt's allerdings weder für Geld noch gute Worte mit Stufenheck oder dem »kleinen« Selbstzünder. Sein Fließheck hat eine weit öffnende Ladeklappe, und unter der Motorhaube geben drei Ottomotoren oder der »große« Diesel den Ton an. Vier Antriebe insgesamt – von 1,8-Liter (Z18 XE) bis 3,2-Liter (Z32 SE) Hubraum: Richtig, 3.175 cm³ – nach Bedarf und Geldbeutel konfrontiert der »Dynamik-Vectra« den Asphalt nämlich auch mit reichlich Newtonmetern und Kilowatt. Sechs Zylinder, in V-Form angeordnet, leisten 300 Nm inklusive 155 kW (211 PS). Und den GTS-Käufer umgibt selbstverständlich das Ausstattungsniveau der »Basis-, bzw. der Comfort-Varianten« und teilweise auch der »Elegance-Ausführung«. Darüber hinaus heißt's im »GTS« dann: Es lebe der Sport – zumindest fürs Auge des Betrachters.

Hinter dem Dreispeichen-GTS-Ledervolant kommen vornehmlich jene Käufer auf ihre Kosten, die gleichermaßen Dynamik und Luxus schätzen – und zwar ohne Abstriche an den Fahrkomfort oder die Variabilität einer Fließheckkarosserie. Mit dem modernen ECOTEC-V6 kombiniert meistert der Vectra den Verkehrsalltag souverän und gelassen. Selbstverständlich kommt den IDS-Spionen in der Muskel-Variante eine weit größere Bedeutung zu als in der Basis-Version, doch bei vorausschauender Fahrweise kommen die angetriebenen Vorderräder, auch ohne die ständige Präsenz elektronischer Assistenten, mit den sechs Zylindern erstaunlich gut zurecht.

Und damit auch Außenstehende letztlich wissen, dass der »geduckte« Vectra – seine Karosserie liegt 20 Millimeter tiefer – nicht etwa nur »überladen« daher kommt, weisen GTS-typische Applikationen »dezent« auf seine Sonderstellung hin. So zum Beispiel GTS-Schriftzüge, Chrom umrandete, schwarz eingefasste Scheinwerfer, abgedunkelte Rückleuchten inklusive abgedunkelter 3. Bremsleuchte, in Wagenfarbe lackierte Seitenschweller, Seitenschutzleisten sowie Stoßfänger oder eine grün eingefärbte Wärmeschutzverglasung mit changierendem Grünkeil in der Frontscheibe. Alles wirkt gekonnt gemacht und in Szene gesetzt: Wenn's denn nicht unbedingt der »kleine Diesel« sein muss, spricht einiges für die praktische Variante mit der großen Heckklappe und dem GTS-Schriftzug.

***Praktisch und dynamisch:** Die Fließheckkarosserie des Vectra GTS mit variablem Innenraum und weit öffnender Heckklappe.*

Vectra Caravan – die »Mehrwert-Variante« (ab Herbst 2003)

Prinzipiell gilt ab Herbst 2003 für den Vectra Caravan das Gleiche wie für die Limousinen: Komplette Serienausstattung mit diversen Ausstattungslinien und Motoren. Technisch ist der Kombi mit den Limousinen ohnehin stark verwandt.

Soviel zum Prinzipiellen: Damit der neue »Caravan« in Sachen Transportkapazität und Variabilität zwischen den Achsen allerdings keinem Mitbewerber eine Chance einräumt, nutzt er erstmalig eine völlig neue Plattform. Was dann äußerlich mit dem Namen »Caravan« wie alter Wein aus neuen Schläuchen aussieht, ist in der Tat ein von Grund auf neuer »Caravan«. Er wird sogar die Transport- und Ladekapazitäten des großen Bruders »Omega Caravan« in den Schatten stellen.

So können Sie kombinieren – der Vectra-C und seine Motoren

	1,8 l 16V* ECOTEC	2,2 l 16V ECOTEC	3,2 V6 24V ECOTEC	2,0 DTI 16V ECOTEC	2,2 DTI 16V ECOTEC
Vectra	•	•[1]	–	•	•[1]
Vectra Comfort	•	•[1]	–	•	•[1]
Vectra Elegance	•	•[1]	–	•	•[1]
Vectra GTS	•	•[1]	•[1]	–	•[1]

* CVT-Automatik in Vorbereitung; – nicht lieferbar; • lieferbar; [1] mit Automatik lieferbar.

Auf Basis dieser Plattform beabsichtigt Opel übrigens das Vectra-Segment – gleichfalls noch 2003 – um eine weitere Variante zu vergrößern: »Vectra Signum« soll der Neue heißen. Technisch weitgehend mit dem jetzigen Vectra verwandt, wird der »Signum« derzeit noch akribisch auf die Rolle des Trendsetters jenseits von Zafira vorbereitet. Hinter den Werksmauern hat das fahrbare »Chamäleon« längst konkret Gestalt angenommen, doch vor den Toren ist der »Signum« noch eine relativ unbekannte Größe. Wir werden beide Vectra-Derivate zu gegebener Zeit in einem eigenen Band beschreiben.

Wunschliste – die Vectra-Sonderausstattungen

Von der Qual der Wahl sind Käufer des Vectra-C mitunter schon ab Werk befreit: Nicht alle oder noch nicht alle möglichen Sonderausstattungen sind innerhalb der Motoren-, Getriebe- und Ausstattungsranges kombinierbar. Auf die Umfänge der offerierten Wunschausstattungen hat das freilich nur marginalen Einfluss: Die Sonderausstattungen und »Zusatzpakete« sind eine wahre Fundgrube für jene Käufer, denen es wichtig ist, »ihr kleines Refugium« aus der Großserie abzuleiten. Zukünftige Vectra-Fahrer sollten also zum Studium der Preis- und Ausstattungsliste besser einige Zeit einplanen. Denn das »Spielchen geht, geht nicht ...« funktioniert innerhalb der Modell- und Paketranges »vorzüglich«.

Nicht nur Musik- und Informationsliebhaber, mobile Telefonisten, Straßenkartenmuffel oder Rad/Reifengourmets – auch Käufer, denen der Sinn schlicht und einfach nach hochwertigem Original-Zubehör steht, werden in den Vectra-Preislisten zuvorkommend bedient. Da bleibt ambitionierten Do it yourselfern mitsamt Werkzeugkasten eigentlich nur noch wenig Schraubarbeit übrig. Dennoch: Bei diversen Optionen lohnt mitunter ein Preisvergleich im Zubehörhandel. So zum Beispiel bei Anhängerkupplung oder Dachtransportsystemen mit unterschiedlichen Aufsätzen. Das Grundträgersystem sollten Vectra-Käufer allerdings besser bei ihrem Opel-Händler ordern: Dann ist zumindest die erforderliche Sicherheitsbasis für weitere »Aufbauten« gewährleistet – zumindest bei ordnungsgemäßer Montage.

Soweit es um den Vectra in Basis-, Comfort- oder Elegance-Ausstattung geht, umfasst die Sonderausstattungsliste derzeit exakt 32 Positionen. Darunter sind Sinnvolles und weniger Sinnvolles akribisch aufgelistet. Das »Innenraum-Infotainment« allein umfasst zehn Positionen mit zeilenlangen Erklärungen, das Raucherpaket oder ein automatisches Reifendruck-Kontrollsystem bekommt jeweils eine Zeile spendiert. Spätestens unter Punkt sechs stutzt der geneigte Käufer, »Entfall« heißt die Offerte. Dahinter verbirgt sich die Motorkennzeichnung – übrigens ohne Aufpreis.

Ohne Aufpreis geht bei den 19 Original-Opel-Zubehör-Angeboten freilich nichts, das Angebot reicht von der CD-Aufbewahrungsbox für ein Dutzend Scheiben bis hin zur Rücksitzschondecke, mit Klettverschluss an den Kopfstützen zu befestigen.

Und wie sieht's mit Maßkonfektion im Vectra GTS aus? Ähnlich. Außer den Sonderausstattungen haben bereitwillige Käufer noch die Qual der Wahl zwischen den Paketen »LeMans«, »Silverstone«, »Daytona« und »LeMans II«.

Die Motoren

Alle im Vectra offerierten Motoren tragen den Namen ECOTEC – drei Ottotriebwerke und zwei Dieselaggregate. ECOTEC steht bei Opel seit geraumer Zeit für drehmoment- und leistungsstarke Treibsätze mit geringem Schadstoffausstoß und günstigen Verbräuchen. Gemeinsames Charakteristikum der ECOTEC-Familie sind Vierventilzylinderköpfe mit obenliegenden Nockenwellen und zentral in den Brennräumen angeordneten Zündkerzen, bzw. bei den Dieselvarianten zentral implantierte Einspritzdüsen. Im Vectra reicht das Hubraumangebot von 1,8 bis 3,2 Liter. Allemal genug, um ein Leistungsspektrum von 90 kW/122 PS (1,8 16V ECOTEC) bis hin zu 155 kW/211 PS (3,2 24V ECOTEC) im Vectra GTS abzudecken. Sämtliche Ottomotoren erfüllen Euro 4, Euro 3 ist für beide Selbstzünder selbstverständlich.

1,8-Liter 16V ECOTEC – 1796 cm³ Hubraum, 90 kW (122 PS) Leistung bei 6.000 min.⁻¹

Keine Frage, mit 90 kW/122 PS bei 6.000 $min.^{-1}$ geht's in der ersten Vectra-Leistungsstufe schon durchaus zügig voran. Selbst dann, wenn zu Überholvorgängen nicht nur die Motordrehzahl, sondern das maximale Drehmoment von 167 Nm ausgereizt wird. Auf dem Papier sind das beileibe keine imposanten Werte, doch in der Praxis kommt's eben eher auf den Drehmomentverlauf als auf den theoretischen Höchstwert an – und da erreicht der 1,8er mit Schaltsaugrohr eben schon bei 3.800 $min.^{-1}$ seinen Maximalwert. Wobei der »stabile Buckel« zwischen 2.400 $min.^{-1}$ bis 5.700 $min.^{-1}$ über 90 Prozent des Höchstwerts hergibt. Im Drittelmix verbrennt der Basismotor 7,7 Liter Euro-Super auf 100 Kilometer, bei einer Höchstgeschwindigkeit von immerhin 203 km/h ein akzeptabler Wert. Wie übrigens auch der innerstädtische Verbrauch mit 10,8 Liter/100 km und erst recht der Landstraßenverbrauch, der mit 5,9 Liter/100 km ohnehin tadellos ist. Ähnlich der Sprint von 0 auf 100 km/h, nach 11,2 Sekunden erledigt. Die Abgase haben die »Qualität« gemäß EURO 4, die CO_2-Emission beträgt 184 Gramm pro Kilometer.

2,2-Liter 16V ECOTEC – 2198 cm³ Hubraum, 108 kW (147 PS) Leistung bei 5.600 min.⁻¹

2,2 Liter Hubraum, 108 kW (147 PS) – der »halbstarke« ECOTEC hat leichtes Spiel mit dem Vectra. Egal ob in der »Butter und Brot«-Variante oder mit zusätzlichem »Wohlstandsspeck«, dem 2,2-Liter geht nur selten die

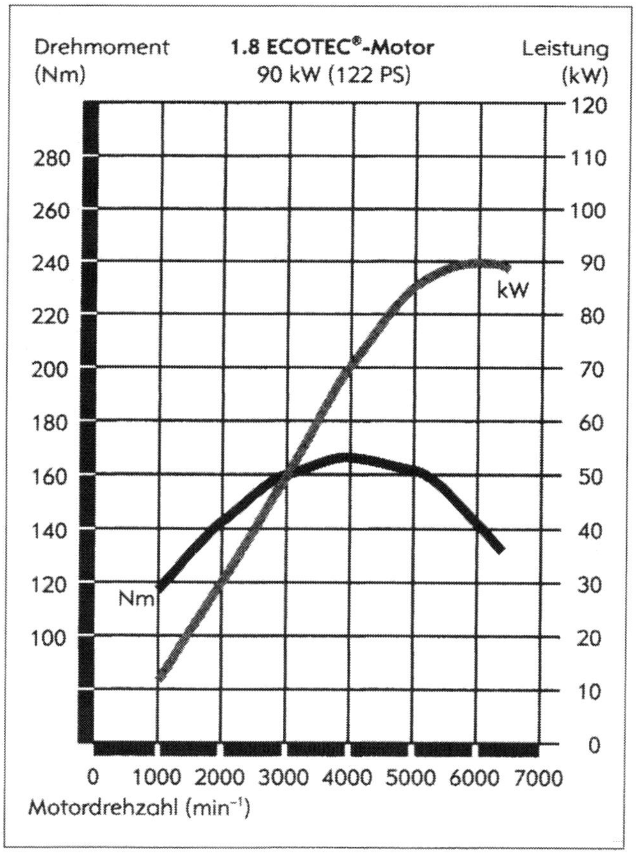

»Zäher« Buckel: Die Drehmomentkurve (167 Nm bei 3.800 min.⁻¹) des 1,8-Liter ECOTEC mit 90 kW (122 PS) bei 6.000 min.⁻¹.

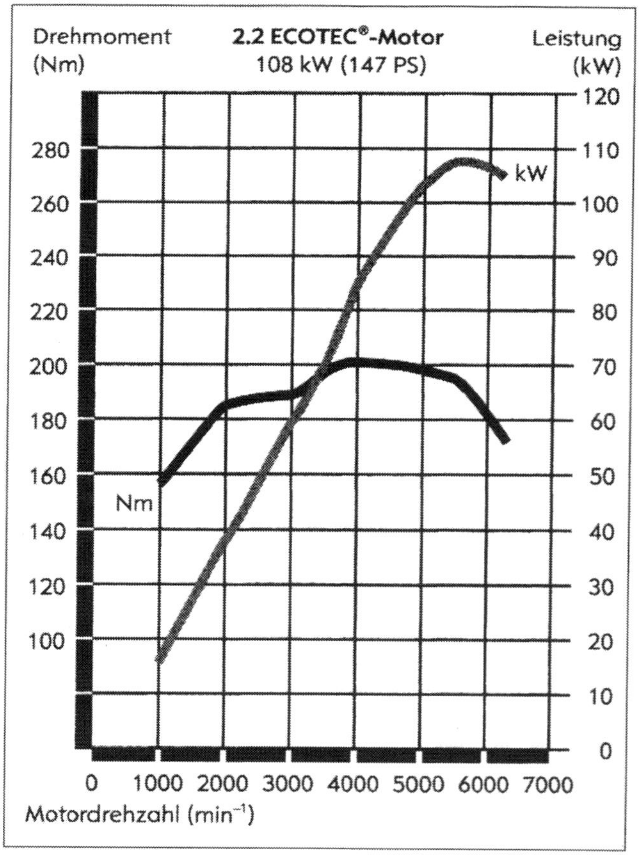

Auf hohem Niveau: Das Leistungsverhalten des 2,2-Liter ECOTEC mit 108 kW (147 PS) bei 5.600 min.⁻¹und 203 Nm bei 4000 min.⁻¹.

Puste aus. Immerhin legen sich 108 kW (147 PS) mit den Fahrwiderständen an. Sie tun das durchaus erfolgreich: 10,2 Sekunden aus dem Stand auf 100 km/h, im Vectra mit Fünfgangautomatik dauert's rund eine Sekunde länger. Der »ECOTEC« beweist jedoch nicht nur Sprinterqualitäten (216 km/h), er hat auch Stehvermögen und Laufkultur. Zwei Ausgleichswellen, sie begleiten die Kolben mit doppelter Kurbelwellendrehzahl, ein Zweimassenschwungrad sowie die Pendelmotorlagerung im Dreiecksverbund leisten hier ganze Arbeit. Seine Drehmomentkurve und der Maximalwert verraten es – 203 Nm bei 4.000 $min.^{-1}$, dazu stabil gegen den Höchstwert ansteigend. Das schafft verbrauchsorientierten Fahrern häufig das Erlebnis, den Vectra 2,2 möglichst häufig und möglichst lange in großen Gängen dahin rollen zu lassen. Im Durchschnitt reichen dem Motor 8,6 Liter Euro-Super auf 100 Kilometer, er verbrennt sie gemäß EURO 4 mit 206 Gramm CO_2-Emission pro Kilometer.

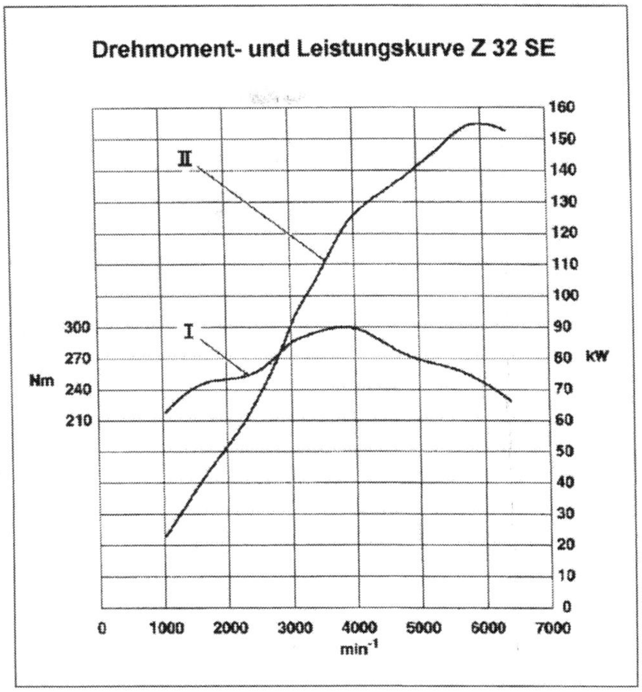

Überzeugend: *Das Leistungsdiagramm des 3,2-Liter 24V V6 ECOTEC mit 300 Nm bei 4.000 $min.^{-1}$ und 155 kW (211 PS) bei 6.200 $min.^{-1}$. I = Drehmomentkurve, II = Leistungskurve.*

3,2-Liter 24V V6 ECOTEC – 3175 cm^3 Hubraum, 155 kW (211 PS) Leistung bei 6.200 $min.^{-1}$

Keine Frage, er ist der kultivierte Kraftmeier unter der Vectra-Motorhaube – der 3,2-Liter V6 ECOTEC mit 155 kW (211PS) bei 6.200 $min.^{-1}$ und 300 Nm Drehmoment bei 4.000 $min.^{-1}$. Da ist es kaum der Rede wert, dass der Vectra V6 sein Beschleunigungsvermögen (0 – 100 km/h 7,5 Sekunden) erst jenseits der 200 km/h, exakt bei 248 km/h ausgereizt hat. Der V6 verleiht dem Vectra nämlich in nahezu allen Verkehrssituationen leichtfüßig und souverän »Flügel«. Der Treibsatz ist einer von der Spezies, die mit längenvariablem Schaltsaugrohr zwar hochtourig »jubeln«, aber ab etwa 1.000 $min.^{-1}$ ebenso gelassen im fünften Gang dahinrollen können: 90 Prozent der 300 Nm Drehmoment sind zwischen 2.900 $min.^{-1}$ und 4.750 $min.^{-1}$ verfügbar. Wenn's denn sein muss »ackert« der V6 im Vectra auch im Drehzahlkeller fast so verbissen wie ein aufgeladener Diesel. Und das mit durchaus moderaten Verbräuchen. Im Drittelmix passieren gerade mal 10,1 Liter Euro-Super je 100 Kilometer die Einspritzdüsen. Der Gesetzgeber besteuert den »Muskel-Vectra« gemäß EURO 4, der Sechszylinder entlässt auf jedem Kilometer 243 Gramm CO_2 in die Atmosphäre.

2,0 DTI 16V ECOTEC – 1995 cm^3 Hubraum, 74 kW (100 PS) Leistung bei 4.300 $min.^{-1}$;

2,2 DTI 16V ECOTEC – 2171 cm^3 Hubraum, 92 kW (125 PS) Leistung bei 4.000 $min.^{-1}$

Beide Vectra-Selbstzünder entstammen der ECOTEC-Familie, ihr technischer Stammbaum ist weitgehend identisch. Der 2,2-Liter steigert seine Laufkultur gegenüber dem 2,0-Liter-Motor aufgrund zweier Ausgleichswellen, als Turbolader »pustet« eine Version mit variabler Turbinengeometrie die Brennräume auf. Bevor die Frischluft in die Zylinder kommt, passiert sie in beiden Varianten einen Ladeluftkühler. Zur Gemischbildung favorisiert Opel weder das Pumpe/Düse-System noch Common-Rail-Technik – das Dieselöl portioniert eine Einstempel-Hochdruckverteilereinspritzpumpe mit Zapfeneinspritzdüsen in die Brennräume: Beide Motoren bemühen dazu eine Bosch VP 44-PSG 16 Pumpe.

Anders als bei den Kollegen der Ottozunft rotiert in den ECOTEC-Diesel-Zylinderköpfen lediglich eine Nockenwelle. Hier wie dort steuern allerdings den

Gaswechsel vier Ventile pro Zylinder. Opel-Werbepoeten umschreiben die »1 : 4 Zwangskombination« als technischen Leckerbissen und untermauern ihre Behauptung stante pede mit Fakten. Demnach arbeitet der wartungsfreie Ventiltrieb mit 30 Prozent weniger Eigenreibung als in einem DOHC-Motor. Technisch versierte Köpfe vermuten hinter der »Zwangskombination« denn auch gleich eine »Kampfansage« an die Mineralölgesellschaften. Und das ist richtig: Im Vergleich zu ihrem Temperament geizen die Selbstzünder mit jedem Tropfen Dieselöl.

Und das, obwohl schon die 74 kW (100 PS) starke ECOTEC-Dieselleistungsstufe mit »heißem« Gasfuß pro Stunde rund 192 Kilometer weit rennt und sich von 0 auf 100 km/h gerade mal 13 Sekunden Zeit nimmt. Schon bei 1.500 min.[-1] entlässt der »Kleine« 230 Nm an sein Zweimassenschwungrad. Das macht den fünften Gang fast zum ständigen Begleiter, auch innerhalb geschlossener Ortschaften. Hier »nuckelt« der 2,0-Liter durchschnittlich 5,9 Liter Dieselöl auf 100 Kilometer. Er verbrennt sie gemäß EURO 3 mit 159 Gramm CO_2-Emission pro Kilometer. Nicht nur für Dieselpuristen ein verlockendes Angebot.

Auch der 2,2 DTI 16V ist mit seinen 280 Nm Drehmoment ab 1.500 min.[-1] alles andere als ein Phlegmatiker. Mit 50 Newtonmeter mehr als im »kleinen Bruder« kommt sein Zweimassenschwungrad noch zügiger aus dem Drehzahlkeller. Die 92 kW (125 PS) bei 4.000 min.[-1] haben leichtes Spiel mit dem Auto, auch in der Automatikversion. Eilige Verkehrsteilnehmer kommen in der Stunde 206 Kilometer weiter und aus dem Stand in 10,8 Sekunden auf 100 km/h. An der Zapfsäule sind dafür durchschnittlich 6,5 Liter Diesel auf 100 Kilometer fällig – er verbrennt den »Saft« gemäß EURO 3 mit 176 Gramm CO_2-Emission pro Kilometer. Nicht schlecht für einen Diesel der gehobenen Mittelklasse.

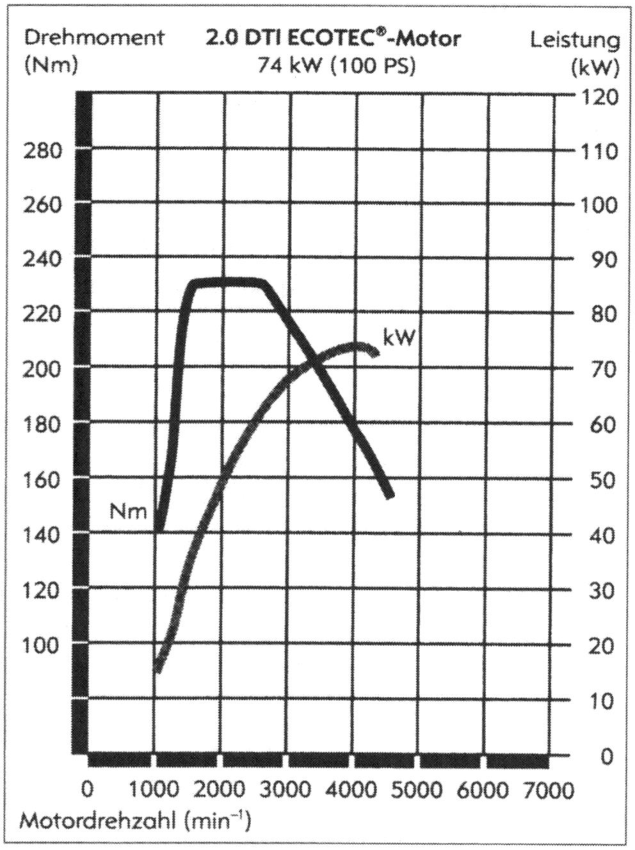

***»Mittelmaß auf hohem Niveau«**: Der 2,0-Liter DTI 16V ECOTEC mit 74 kW (100 PS) bei 4.300 min.[-1] und 230 Nm Drehmoment ab 1.500 min.[-1].*

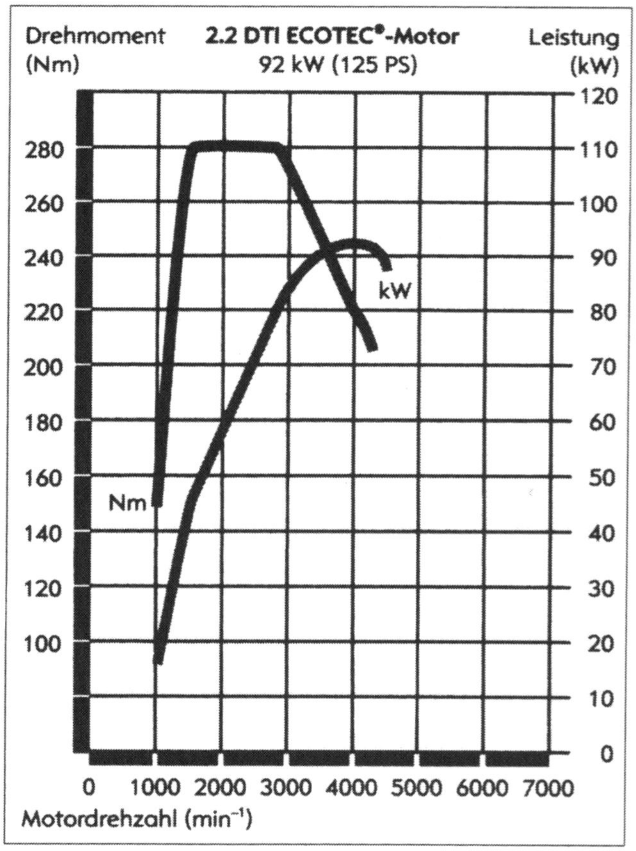

***»Nicht schlecht für einen Diesel«**: Der 2,2-Liter DTI 16V ECOTEC mit 92 kW (125 PS) bei 4.000 min.[-1] und 280 Nm Drehmoment ab 1.500 min.[-1].*

Die Abmessungen

Stufenheck, Schrägheck, Kombiheck – im Opel Vectra kein Thema. Als typischer Opel lässt der Mittelklässler keine Variante aus. Das Kombiheck feiert allerdings erst im Herbst 2003 seinen Einstand, so lange muss der variable Innenraum hinter der großen Heckklappe des Vectra GTS »reichen«. In der Breite misst der Vectra maximal 2.036 Millimeter, mit eingeklappten Außenspiegeln sind's dann nurmehr 1.798 Millimeter. In der Länge passt der Vectra mit 4.596 Millimeter noch locker in innerstädtische Parklücken, und seine Höhe fällt mit 1.480 Millimetern auch nicht aus dem üblichen Rahmen. Der Vectra GTS duckt sich 20 Millimeter tiefer in den Fahrtwind. Beim Radstand herrscht Gleichstand: 2.700 Millimeter. Nicht so bei den Spurweiten, vorne 1.536 und hinten 1.525 Millimeter.

Zu Recht wird dem Vectra-C ein kommoder Innenraum bescheinigt: Auf zwei »Sitzreihen« fühlen sich fünf erwachsene Mitteleuropäer pudelwohl. Kleinkinder im »Isofix-Alter« verzichten selbstverständlich auch nicht auf ihren ordentlich angeschnallten »Thron«.

Mit maximaler »Kopfzahl« bleibt dem Gepäckraum des Stufenhecks nach VDI-Messmethode rund 500 Liter Fassungsvermögen, im GTS sind's gleichfalls 500 Liter. Bei komplett umgelegter Rückbank schluckt der GTS sogar üppige 1050 Liter. Das ist ein Wert, der auch in der nächst größeren Fahrzeugklasse noch vorzeigbar wäre. Zumal im Vectra die maximale Zuladung mit 475 Kilogramm inklusive 75 Kilogramm für den Fahrer auch ganz passabel ausfällt.

Und wer partout die Platzverhältnisse im Gepäckraum überreizen muss, darf einem guten Dachträgersystem immerhin 100 Kilogramm zu muten.

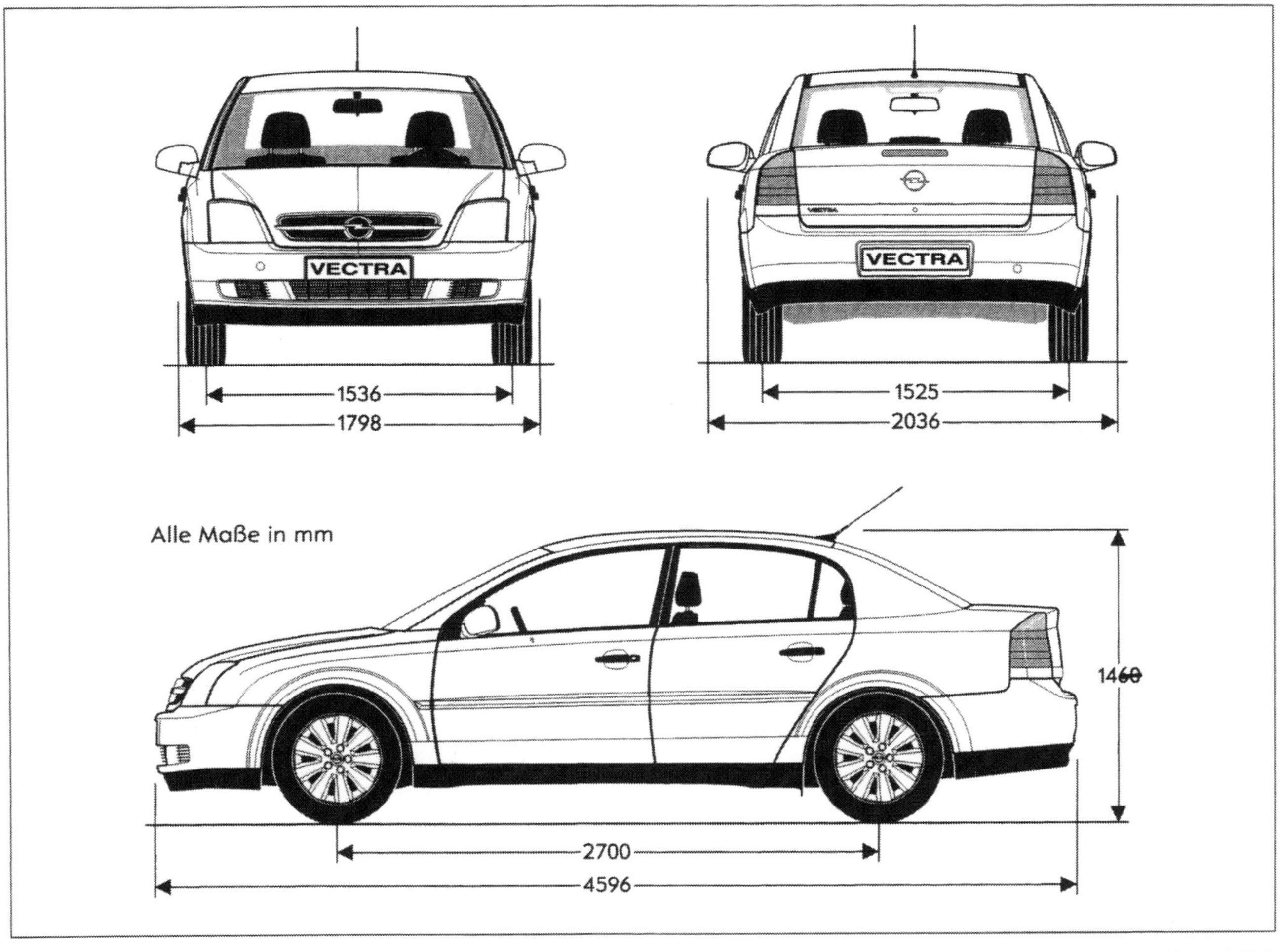

Abmessungen*: Länge – 4.596 mm, Breite – 2.036 mm, Höhe – 1.480 mm**, Radstand – 2.700 mm, Spurweite v. / h. – 1.536 / 1.525 mm.*
** bei Leergewicht mit Normalbereifung; ** Vectra GTS 1.460 mm.*

Modellpflege

1988

- Einführung Vectra-A mit Stufen- und Fließheck als vier- bzw. fünftürige Limousine, Front- bzw. Allradantrieb, diversen Ausstattungs- und Motorvarianten.

1995

- Produktionsende Vectra-A.
- Markteinführung Vectra-B im Oktober '95 mit zwei Karosserievarianten (Stufenheck 4-türig, Fließheck 5-türig); fünf Ottomotoren: 1,6-Liter Vierzylinder (55 kW/75 PS), 1,6-Liter Vierzylinder (74 kW/100 PS), 1,8-Liter Vierzylinder 85 kW/115 PS), 2,0-Liter Vierzylinder (100 kW/136 PS), 2,5-Liter V6 (125 kW/170 PS); Dieselmotor: 1,7-Liter Vierzylinder TD mit Wirbelkammer (60 kW/82 PS).

1996

- Einführung Vectra-B Caravan mit gleichem Motorenprogramm wie Limousine.

1997

- Präsentation des 2,0-Liter Diesel Direkteinspritzers DI 16V mit 60 kW/82 PS.
- Modelleinführung Vectra Sport, 1,8-Liter 16V mit 85 kW/115 PS, 2,0-Liter 16V mit 100 kW/136 PS, 2,5-Liter V6 mit 125 kW/170 PS.
- Präsentation des 2,0-Liter Diesel Direkteinspritzers DTI 16V mit 74 kW/100 PS.
- Weltpremiere Vectra i500, 2,5-Liter V6 Motor mit 143 kW/195 PS.

1998

- Weltpremiere Vectra i500 Caravan, 2,5-Liter V6 Motor mit 143 kW/195 PS.
- In Rüsselsheim läuft der einmillionste Vectra vom Band.

1999

- Facelift, geändertes Innenraumdesign, neue ECOTEC-Motoren, Seilzugschaltung, Xenon-Scheinwerfer (optional), Pedal-Release-System, Kindersicherungssystem (Opel-Fix), elektrische Fensterheber, aktive Kopfstützen (vorne), Zentralverriegelung, verstellbare Lenksäule, AC ab Comfort-Paket, TC-Plus bei 2,0-Liter 16V und 2,5-Liter V6, neue Ausstattungsvarianten, »Vectra«, »Vectra Comfort«, »Vectra Sport«, »Vectra Elegance«; Motoren: 1,6-Liter 16V ECOTEC mit 74kW/100 PS, 1,8-Liter 16V ECOTEC mit 85kW/115 PS, 2,0-Liter 16V ECOTEC mit 100 kW/136 PS, 2,5-Liter V6 ECOTEC mit 125 kW/170 PS, 2,0-Liter DI 16V mit 60 kW/82 PS, 2,0-Liter DTI 16V mit 74 kW/100 PS.
- Verkaufsstart Vectra Edition 100. Serienmäßig: u.a. Sportfahrwerk (-25 mm), Frontschürze, Türschweller, Doppelendrohr, Heckspoiler, schwarze Ledersitze, Innenraum mit Titandekor, 7 x 15" Leichtmetallfelgen, Radio CAR 400 inklusive Fernbedienung am Lenkrad, Multi-Infodisplay mit Bordcomputer, Zentralverriegelung mit Fernbedienung, Klimaautomatik, elektrische Fensterheber.
- D4-Norm für Schaltgetriebe-Versionen mit 1,6 16V, 1,8 16V, 2,0 16V, 2,5 V6 Motoren.

2001

- Produktionsende Vectra-B.

2002

- Weltpremiere des Vectra-C auf dem Genfer Automobilsalon im März, zwei Modellvarianten: Vectra (4-türig mit Stufenheck), Vectra GTS (4-türig mit Fließheck und Heckklappe); Motoren: 1,8-Liter 16V ECOTEC mit 90 kW/122 PS, 2,2-Liter 16V ECOTEC mit 108 kW/147PS, 3,2-Liter V6 24V ECOTEC mit 155 kW/211 PS (nur GTS), 2,0-Liter DTI 16V ECOTEC mit 74 kW/100 PS (außer GTS), 2,2-Liter DTI 16V ECOTEC mit 92 kW/125 PS. Drei Ausstattungsvarianten: »Vectra«, »Vectra Comfort«, »Vectra Elegance«. Serienausstattung: u. a. IDS (**I**nteraktives **D**ynamisches Fahr**S**ystem), ESP^{Plus} (**E**lektronisches **S**tabilitäts **P**rogramm), ABS (**A**nti **B**lockier **S**ystem), CBC (**C**ornering **B**reak **C**ontrol, Kurvenbremskontrolle mit Bremsassistent), EBD (**E**lectronic **B**reak Force **D**istribution, elektronische Bremskraftverteilung), EHPS (**E**lectro **H**ydraulic **P**ower **S**teering, elektrohydraulische Servolenkung), TC^{Plus} (**T**raction **C**ontrol, Traktionskontrolle).
- April: Verkaufsbeginn Stufenheck.
- September: Verkaufsbeginn Fließheck (GTS).

DIE AUSRÜSTUNG

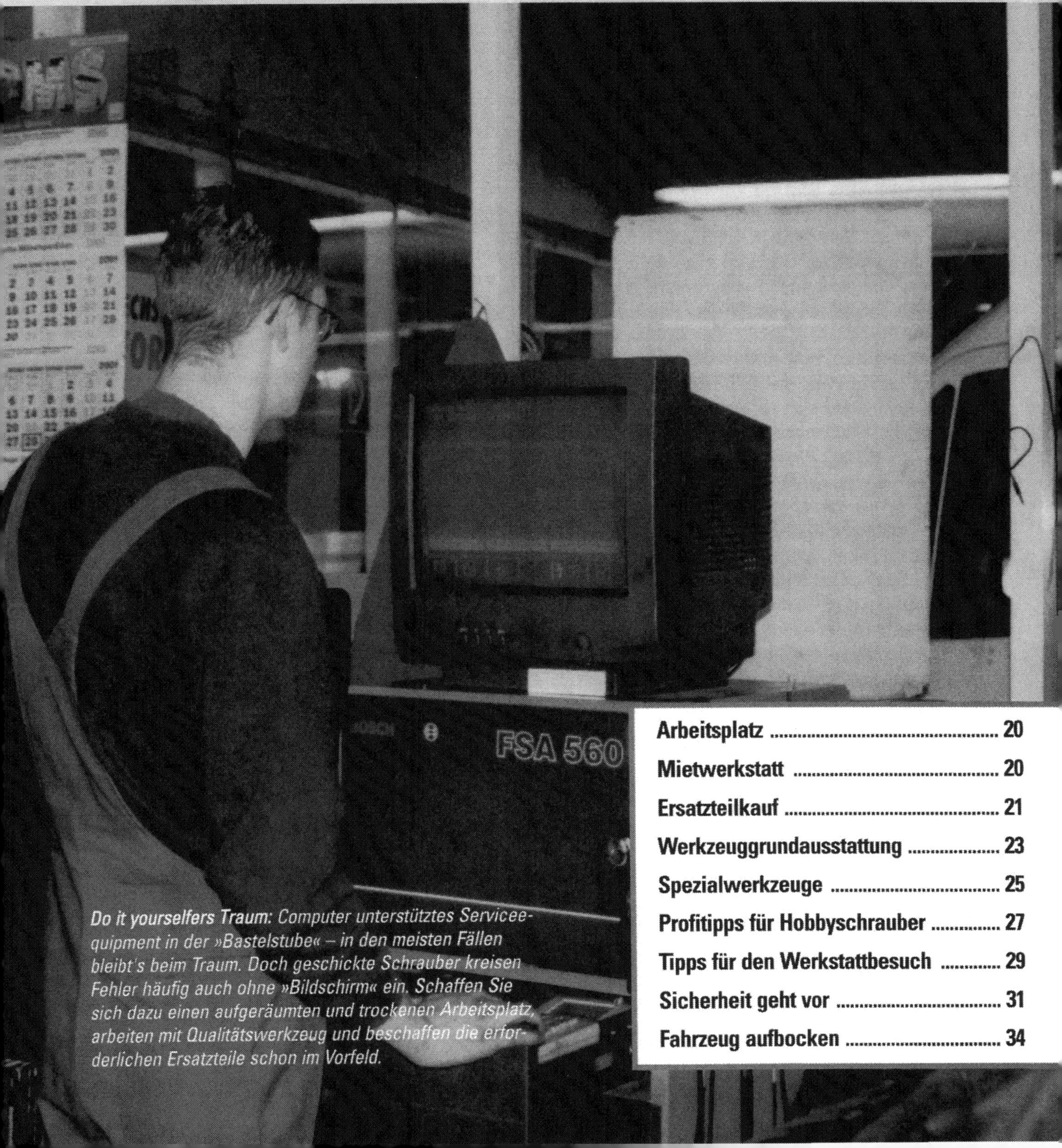

Do it yourselfers Traum: *Computer unterstütztes Serviceequipment in der »Bastelstube« – in den meisten Fällen bleibt's beim Traum. Doch geschickte Schrauber kreisen Fehler häufig auch ohne »Bildschirm« ein. Schaffen Sie sich dazu einen aufgeräumten und trockenen Arbeitsplatz, arbeiten mit Qualitätswerkzeug und beschaffen die erforderlichen Ersatzteile schon im Vorfeld.*

Als Hobbymechaniker brauchen Sie zunächst einen möglichst hellen und freundlichen **Arbeitsplatz**, schließlich möchten Sie sich ja voll aufs Schrauben konzentrieren. Am besten geeignet: Eine ausreichend breite und hell beleuchtete Garage mit eigenem Stromanschluss. Bei gutem Wetter macht Schrauben unter freiem Himmel natürlich noch mehr Spaß. Doch legen Sie grundsätzlich Wert auf eine ebene und gepflasterte Fläche. Außerdem – handeln Sie bei allen Arbeiten »pingelig« nach der Devise: **Safety first**.

Do it yourself unter Aufsicht – in Mietwerkstätten möglich

Mietwerkstätten sind für Hobbyschrauber mit überschaubarem Werkzeugsortiment eine gute Empfehlung. Neben Hebebühnen und einer mehr oder weniger umfangreichen Spezialwerkzeugausstattung bekommen Sie dort häufig auch kompetente Hilfestellung mit fundierten Praxistipps: Probleme am Auto und mit der Technik sind unter fachkundiger Anleitung ohnehin leichter lösbar. Die meisten Mietwerkstätten bieten zwar mehrere Arbeitsplätze, doch mit freien Hebebühnen ist unter der Woche eher zu rechnen als an Wochenenden: Dann nämlich greifen die meisten Hobbyschrauber zum Schraubenschlüssel. Mietwerkstätten berechnen ihren Kunden für eine Arbeitsstunde erfahrungsgemäß zwischen 18 bis 23 Euro – inklusive Werkzeug. Blättern Sie einfach mal die gelben Seiten Ihres Telefonbuchs, den Kleinanzeigenteil Ihrer Tageszeitung, in Anzeigenblättern oder im Internet, dort finden Sie meistens einschlägige Adressen in Ihrer Reichweite. Mitunter hat gar Ihr Tankwart einen aktuellen Tipp zur »neuesten« Hobbywerkstatt in nächster Umgebung.

Gut vorbereiten – den Werkstattbesuch

Do it yourself in Mietwerkstätten lohnt freilich nur, wenn die Reparatur flott »über die Bühne« geht. Selbst kleinere Arbeiten, bei denen Ihnen die Erfahrung fehlt, erst recht umfangreiche Reparaturen die Sie zum ersten Mal selbst erledigen möchten, können in Mietwerkstätten locker den Arbeitspreis von Fach- bzw. Vertragswerkstätten übersteigen. Die Praxis zwingt Sie förmlich zu akribischer Planung am grünen Tisch – schließlich möchten Sie Ihren Wagen ja nicht kostspielig auf einer Hebebühne »parken«, währenddessen Sie fehlende Teile oder erforderliches Spezialwerkzeug erst noch beschaffen. Dazu kommt dann meist noch der Zeitdruck derer, die missmutig auf Ihre Hebebühne warten: Denken Sie also schon vor der Reparatur daran, wenn Ihr Auto in einer Mietwerkstatt erst einmal »zur Immobilie« wird, kostet der Stillstand Nerven und Bares allemal …

Praxistipp

So arbeiten Sie effektiv

- Damit Sie erst gar nicht in Versuchung kommen, Ihrem Vectra eventuell »falsche« Ersatzteile unterzujubeln, cleanen Sie vorab den Arbeitsplatz von »alten Hinterlassenschaften«.
- Legen Sie demontierte Teile grundsätzlich in der Ausbaureihenfolge ab. Das ist bei der späteren Montage mehr als die halbe »Miete«.
- Kleinteile deponieren Sie besser in separate Schachteln oder andere Behältnisse. Drehen Sie Schrauben nach dem Ausbau gleich wieder in das entsprechende Gewinde ein. Dann können Sie sicher sein – ALLES sitzt an seinem angestammten Platz und das »nervende« Schraubenpuzzle findet nicht statt.
- Falls sich in der Nähe Ihres »Tatorts« ein Gully oder Ölabscheider befindet, decken Sie ihn während der Arbeit ab – Gitterroste üben auf Kleinteile eine »magische Anziehungskraft« aus.
- Studieren Sie mitgelieferte Reparatur- oder Montageunterlagen vor Arbeitsbeginn. Halten Sie die Unterlagen auch während der Arbeit immer in Reichweite.
- Skizzieren Sie bei umfangreichen Arbeiten die einzelnen Arbeitsschritte. Das verkürzt die spätere Montage und erleichtert die Fehlersuche.
- Bei Arbeiten in den Radkästen, an den Stoßfängern oder unter dem Wagen legen Sie sich nicht auf den nackten Boden: Eine alte Decke schützt Sie gegen Bodenkälte. Und damit auch Öl oder Feuchtigkeit keine Chance hat, isolieren Sie die Unterlage zusätzlich noch mit einer Plastikfolie.
- Bleiben nach der Arbeit Ölspuren auf dem Boden zurück, hilft fürs Erste ein scharfer Haushaltsreiniger oder ein Geschirrspülmittel. Besser sind freilich spezielle Ölfleckentferner aus dem Zubehörhandel.

Rechtzeitig beschaffen – die Ersatzteile

Spätestens dann, wenn Sie die Arbeit starten möchten, sollten Sie sämtliche Ersatzteile »greifbar« haben. Stellen Sie darum rechtzeitig eine Ersatzteilliste zusammen, die alle zur Reparatur benötigten Teile aufführt. Berücksichtigen Sie nicht nur direkt betroffene Teile, sondern auch jene Materialien (Dichtungen, Sicherungsringe, Radialwellendichtringe, selbstsichernde Muttern, Fett, flüssiges Dichtmittel, etc.), die zur Reparaturpheripherie gehören. Fragen Sie zur Sicherheit einen Ersatzteilverkäufer – er kennt die meisten Arbeitsabläufe und stellt Ihnen das richtige Reparaturset zusammen. Sollten Sie vorab den Reparaturumfang nicht genau abschätzen können, legen Sie den Termin so, dass Sie noch Zeit für einen außerplanmäßigen Besuch beim Zubehör- oder Ihrem Opel-Händler haben. Gehen Sie übrigens niemals davon aus, dass Ihre Vertragswerkstatt ständig alle Teile auf Lager hat – kalkulieren Sie Bestellzeiten ein.

Abhängig vom Nummerncode – das »richtige« Ersatzteil

Im Laufe der Produktionszeit ändern sich manche Details der Serienausstattung, ohne dass daraus gleich ein »neues Auto« resultiert. Für Do it yourselfer wichtig zu wissen: Denn häufig entscheidet über das passende Ersatzteil nicht nur das Baujahr, sondern sogar der Produktionsmonat. Darum erleichtern Sie sich und dem Ersatzteilverkäufer die Arbeit, wenn Sie ihm Ihren Fahrzeugschein oder die Daten des Typenschilds auf den Verkaufstresen legen. Ein geschulter Ersatzteilverkäufer erkennt aus den Nummerncodes das für Ihren Vectra passende Teil dann mühelos. Und wenn Sie ganz auf Nummer Sicher gehen wollen, dann bringen Sie dem Verkäufer das gereinigte Altteil mit.

Safety first – vergleichen Sie Original- und Fremdteile

Alle Ersatzteile, die Sie für Ihren Vectra benötigen, erhalten Sie beim Opel-Händler. Doch nicht ALLES müssen Sie dort auch einkaufen: Der solide Zubehörhandel hält ebenfalls ein breites Angebot bereit. Mitunter »finden« Sie dort sogar Teile jener Hersteller, die Opel in der Erstausrüstung beliefern. Vergleichen Sie also die Preise – vorausgesetzt Service, Qualität und Lieferfähigkeit sind tatsächlich vergleichbar. Gehen Sie niemals Risiken mit No-name-Produkten ein. Die eingesparten Beträge sind oftmals nur gering und gleichen bei weitem das Sicherheitsmanko nicht aus. Sicher im Sinne von SICHER fahren Sie nur mit Ersatzteilen im Qualitätsmaßstab des Erstausrüsters.

Einleuchtend – billig ist nicht preisgünstig

Bei sicherheitsrelevanten Ersatzteilen ist Sparsamkeit mit »Sicherheit« fahrlässig: Bremsbeläge, Bremsscheiben, Radlager, Antriebswellen und Gelenke sollten Sie grundsätzlich in Erstausrüster- oder Originalqualität mit ABE-Prüfnummer kaufen. Die meisten Billigprodukte erreichen nicht die geforderte Mindestqualität. Das läuft unweigerlich auf ein Vabanquespiel mit Ihrer eigenen und der Sicherheit anderer hinaus. Was nutzen Ihnen beispielsweise billige Bremsscheiben aus undurchsichtigen Herkunftsquellen, die unrund laufen und teure Folgereparaturen initiieren oder – schlimmer noch – bei einer plötzlichen Vollbremsung stante pede verglühen?

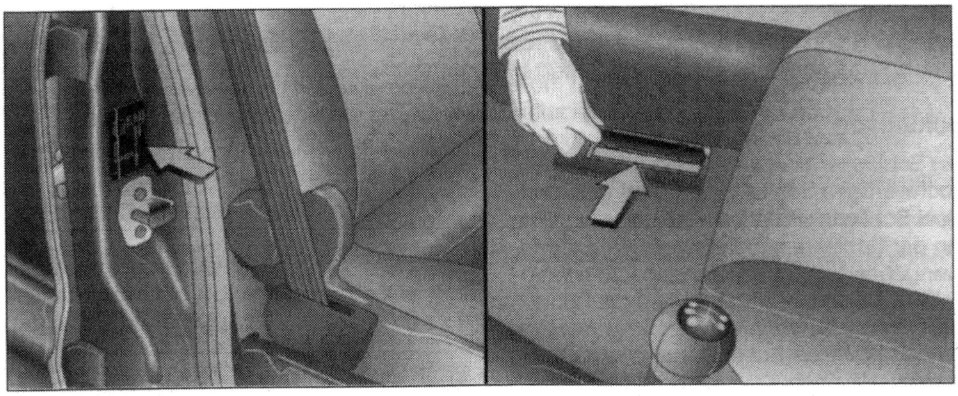

***Die »Geburtsurkunde«**: Der Vectra-C »trägt« sein Typenschild, je nach Ausführung, entweder im vorderen Bereich der rechten B-Säule oder rechts vom Kühler unterhalb der Motorhaube. Die »Platte« dokumentiert das Produktionsdatum, den Fahrzeugtyp, das Gewicht, die Identifizierungsnummer sowie die Art und Herkunft der montierten Aggregate. Die Identifizierungsnummer »wiederholt sich«, versteckt unter einer Abdeckung, in der Bodengruppe vor dem Beifahrersitz.*

Opel stimmt die Konsistenz der Reibbeläge auf die Materialbeschaffenheit der Vectra-Bremsscheiben ab. Die Codenummer(n) dafür finden Sie in der »Allgemeinen Betriebserlaubnis« (ABE). Falls Ihr Vectra nach einem ernsteren Unfall begutachtet wird und der Gutachter Bremsenteile ohne ABE entdeckt, kann Ihre Kfz-Versicherung Sie regresspflichtig machen. Schauen Sie also nicht unüberlegt nur auf den Preis – Ihre Sicherheit und auch die der ANDEREN sollte Ihnen das WERT sein.

Teileeinkauf

Original-/Fremdteile	Bremsscheiben / -trommeln / -servo
Anlasser	Gelenkwellen
Bremsschläuche	Bremsleitungen
Farben / Lack	
Glühlampen	**Austauschteile**
Keilriemen	Anlasser
Generator	Antriebs- / Gelenkwellen
Ölfilter	Getriebe
Radbremszylinder / -zangen	Generator
Scheinwerfer	Kupplungsmitnehmerscheibe
Stoßdämpfer	Kupplungsdruckplatte
Motordichtungen	Kurbelwelle / -nlager
Reparaturbleche	Motorblock mit Kurbeltrieb
Kupplung	Scheibenbremssättel
Zündkerzenstecker	Schwungscheibe
Hauptbremszylinder	Teilmotor ohne Zylinderkopf
Zündkerzen	Zylinderkopf
Zündkabel	

Austauschteile – eine preiswerte Alternative

Second hand lohnt sich bei einer Reihe von Ersatzteilen. Original-Opel-Austauschteile haben die gleiche Qualität wie ein Neuteil, sind deutlich billiger und unterliegen den gleichen Garantiebestimmungen. Auch der Zubehörhandel bietet zahlreiche Austauschteile an. Bosch vertreibt über autorisierte Werkstätten aufbereitete Elektrik- und Gemischaufbereitungsaggregate.

Doch auch solide Autoverwerter sind in vielen Fällen eine gute Adresse – zumindest dann, wenn die Reparatur besonders preisgünstig ausfallen soll und Sie auf Äußerlichkeiten keinen großen Wert legen. Das gilt etwa für Karosseriebauteile wie Türen, Stoßfänger und Motorhauben. Der Kauf gebrauchter Verschleißteile lohnt allerdings nur dann, wenn sie die Qualität »Ihrer Teile« deutlich übertreffen. Wenn Sie bei einem Verwerter fündig werden, müssen Sie das gewünschte Ersatzteil häufig noch selbst demontieren. Fragen Sie also auf jeden Fall vorher nach dem Preis: Das gebrauchte Teil darf höchstens halb so teuer sein wie ein entsprechendes Neuteil. Und für Verschleißteile »berappen« Sie niemals mehr als ein Viertel des ursprünglichen Neupreises.

Mit »spitzem« Bleistift rechnen – Teil- oder Austauschmotor?

Bei kapitalen Schäden an Kurbeltrieb, Kolben und Motorblock ist der Teilmotor eine wirtschaftliche Alternative zum AT-Motor. Schließlich können Sie ja zur Montage fast sämtliche Aggregate von Ihrem alten Motor übernehmen. Austauschmotoren machen dagegen bei jüngeren und gut erhaltenen Autos Sinn. Fragen Sie in Ihrer Opel-Werkstatt nach. Mitunter »schlummert« bei Ihrem Händler sogar ein passendes »Schätzchen« aus einem neuwertigen Unfalltotalschaden. Außerdem gibt's eine Reihe von Firmen, die auf Komplett- und Teilüberholung von Motoren spezialisiert sind. Solide Instandsetzer garantieren ihre fachmännischen Reparaturen gar nach strengen Qualitätsrichtlinien.

Ein Anschriftenverzeichnis solcher Betriebe erhalten Sie beim

Verband der Motoren-Instandsetzungsbetriebe e.V.,
Christinenstraße 3, 40880 Ratingen;
Telefon: 02102/44 72 22.

Sie können sich die Anschriftenverzeichnisse, nach Firmen und Postleitzahlen geordnet, auch aus dem Internet (www.vmi-ev.de) herunter laden.

Das Werkzeug

Gute Arbeitsergebnisse erzielen Sie nur mit vollständigem und gepflegtem Werkzeug. Überprüfen Sie daher Ihre Ausrüstung vor Arbeitsbeginn: Schlechtes Werkzeug, das schon vor der ersten verrosteten Schraube kapituliert oder sich kurzerhand verbiegt, schafft Probleme und verdirbt Ihnen die Lust. Achten Sie beim Werkzeugkauf auf Qualität – gutes Werkzeug hat seinen Preis und verirrt sich höchst selten als Sonderangebot auf Wühltischen in Baumärkten und Kaufhäusern. Ganz sicher finden Sie es jedoch im Fachhandel. Sollten Sie nur gelegentlich selbst Hand anlegen, reicht die folgende Grundausstattung allemal:

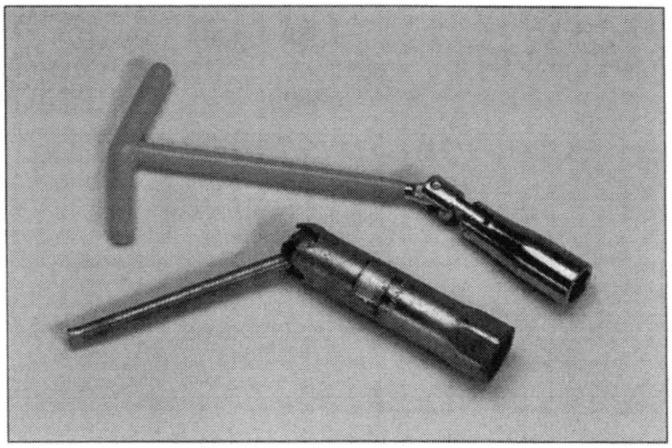

Zündkerzenschlüssel. Ein spezieller Steckschlüssel mit Gummieinsatz. Für »Vielschrauber« auch als Kerzennuss zu empfehlen.

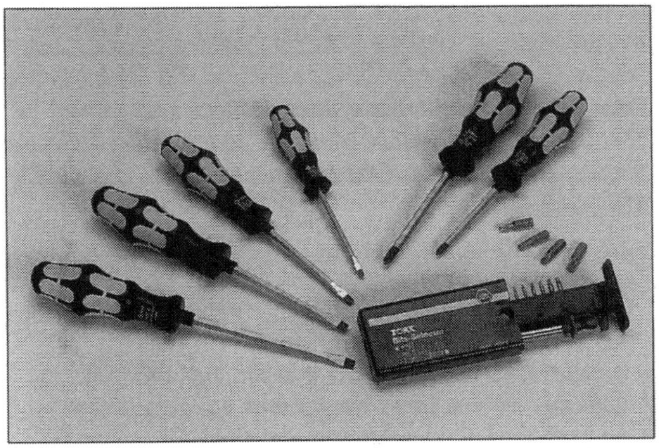

Ein Sortiment Schraubendreher mit stabilem, rutschfestem Griff für Schlitz-, Kreuzschlitz- und Torxschrauben.

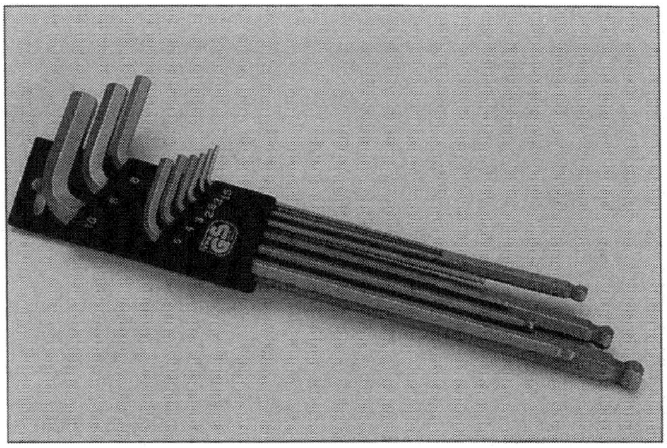

Innensechskantschlüssel (Inbusschlüssel) am Ring in den Größen 2 – 8 Millimeter.

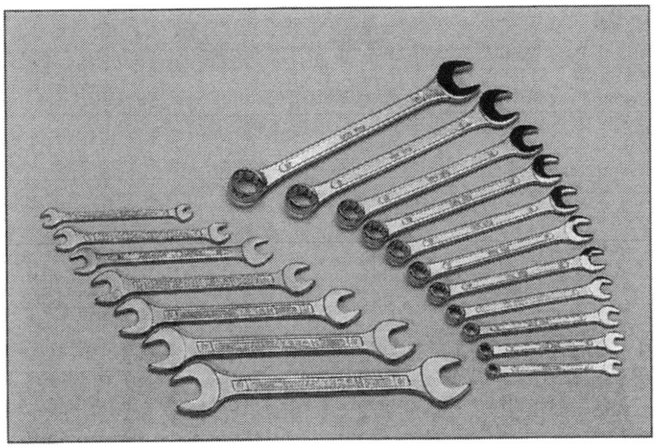

Ein Satz Gabel- und Ringschlüssel. Sinnvoll sind Doppelgabelschlüssel mit Maulweiten zwischen sechs und 19 Millimetern. Ring-/Gabelschlüssel mit den Schlüsselweiten 10, 13, 17 und 19 Millimeter sollten Sie für gekonterte Schraubverbindungen in doppelter Ausführung anschaffen.

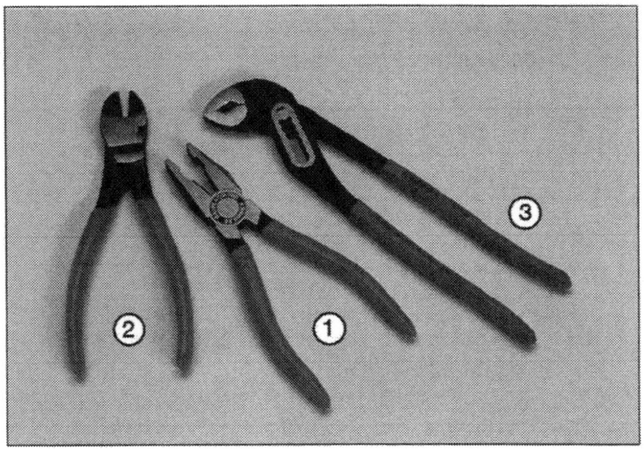

Kombizange ❶, Seitenschneider ❷ und Wasserpumpenzange ❸ (Länge mindestens 240 mm). Damit biegen, fixieren, drehen und trennen Sie fast alle Materialien an Ihrem Auto.

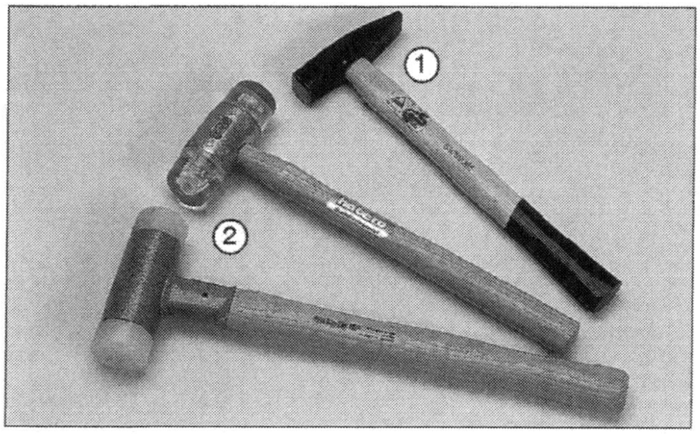

Schlosserhammer ❶ (empfohlenes Gewicht ca. 300 g). Zusammen mit einem Durchschlag löst er beispielsweise festsitzende Bolzen. Empfindliche Bauteile wie Lager, gegossene oder gehärtete Teile werden mit einem Kunststoff- oder Gummihammer ❷ bearbeitet.

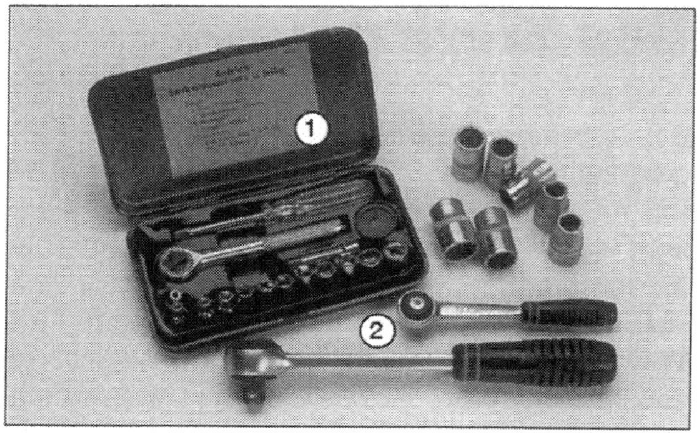

Arbeiten im Motorraum, unter dem Auto, am Fahrwerk sowie an den meisten Nebenaggregaten erledigen Sie am besten mit einer Umschaltknarre ❷ (1/2-Zoll-Antrieb) und den entsprechenden Schlüsselaufsätzen (Nüsse). In der Regel kaufen Sie einen kompletten »Knarrenkasten« ❶ (Aufsätze 10 – 32 Millimeter, Gelenkstück, lange/kurze Verlängerung, Knebel) günstiger als einzelne Teile. Für Arbeiten im Innenraum ist ebenfalls ein »Knarrenkasten« sinnvoll. Hier reicht allerdings ein kleinerer 1/4-Zoll-Antrieb. Neben Kreuz-, Torx-, Schlitzschrauben und Kunststoffclips verbauen die Hersteller überwiegend Schrauben mit Schlüsselweiten (SW) 6 bis 13 Millimeter.

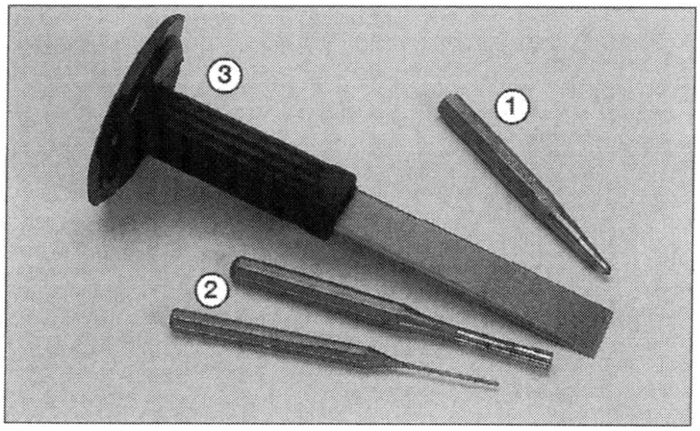

Mit einem Körner ❶ schlagen Sie Bohrlöcher an. Durchschläge ❷ (Durchmesser 3 und 6 mm) sind bei Montage- und Demonagearbeiten an Fahrwerk, Motor und Bremsen universell einsetzbar. Mit einem Flachmeißel ❸ (gehärtete Schneide) werden Sie zur Not auch mit deformierten oder festgerosteten Schraubverbindungen fertig.

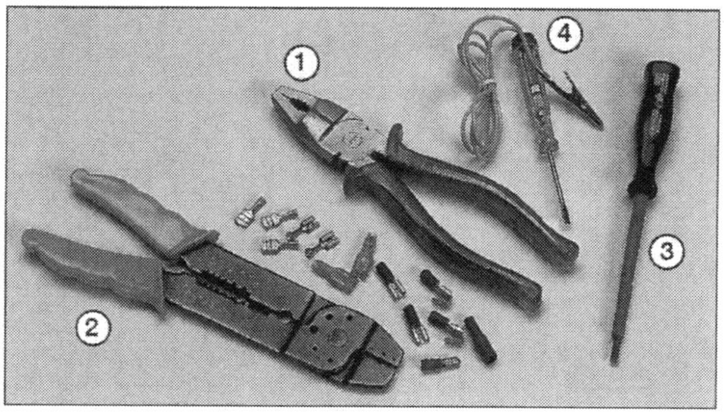

Arbeiten an Kabelbäumen oder der Elektrik setzen – als Grundausstattung – isolierte Kreuz-/Schlitzschraubendreher ❸ (Größe 1, 2, 3), eine Phasenprüflampe ❹ sowie eine isolierte Kombi- ❶ und Quetschzange ❷ voraus.

Praxistipp

Bordwerkzeug komplett?

Checken Sie das Bordwerkzeug Ihres Autos möglichst vor einer Panne. Denn wenn Ihnen bei einer Panne irgendwo am Straßenrand die passenden Werkzeuge fehlen, ist die beste Grundausstattung in der Garage völlig für die Katz. Sind Bordwagenheber, Radkreuz ❶, Kombizange ❷, Ersatzkabel ❸, Isolierband ❹, Lampenset ❺, Ersatzsicherungen ❻, Abschleppseil ❼, Starthilfekabel ❽ und Taschenlampe ❾ mit von der Partie? Falls nicht, sorgen Sie schnellstens dafür – im eigenen Interesse. »Auch dieses Reparaturhandbuch ist an Bord sinnvoller aufgehoben, als Zuhause im Bücherregal.«

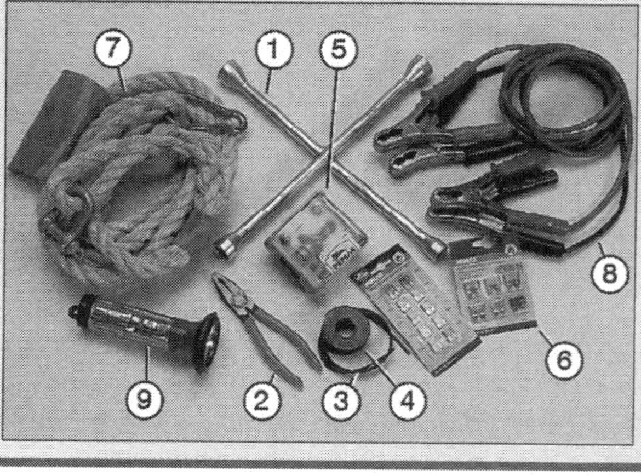

Erleichtern die Arbeit – Spezialwerkzeuge

Mit einer vernünftigen Grundausstattung können Sie viele Wartungs- und Reparaturarbeiten selbst erledigen. Für einige Arbeiten brauchen Sie jedoch spezielles Werkzeug. Darüber hinaus bietet der Handel eine Reihe von Werkzeugen und Geräten an, mit denen Wartungs- und Reparaturarbeiten leichter von der Hand gehen. Was ist sinnvoll? Hier unser Vorschlag:

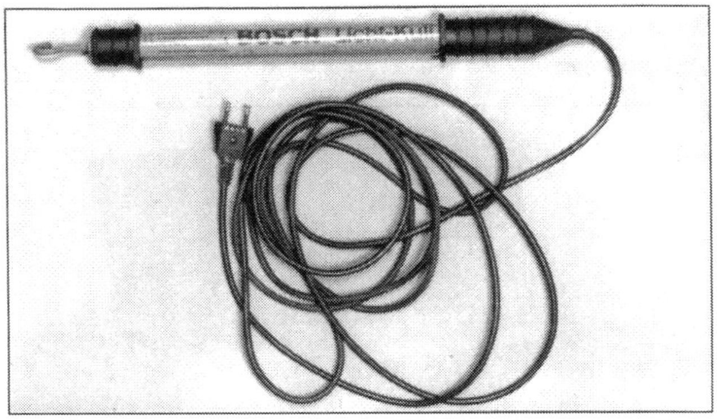

Es werde Licht: *Mit gutem Licht gehen die meisten Arbeiten schneller von der Hand. Doch längst nicht jede Lichtquelle ist gleichermaßen geeignet. Eine praktische Handstablampe – im ölresistenten und schlagsicheren Gehäuse – leistet erfahrungsgemäß die besten Dienste, erst recht, wenn Sie zu Überkopfarbeiten eine blendfreie Beleuchtung benötigen.*

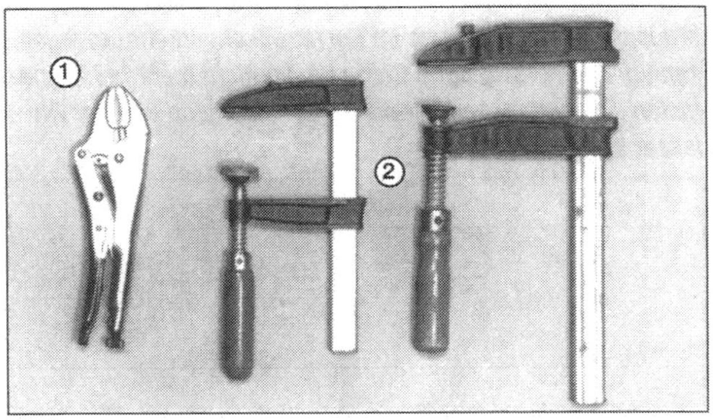

Ersetzen die »dritte Hand«: *Schraubzwingen ❷ und Gripzange ❶. Sobald Sie, beispielsweise zu Karosseriearbeiten, größere Bleche oder Formteile provisorisch fixieren müssen, sind besagte drei Klammerhilfen nahezu unentbehrlich. Schraubzwingen gibt's in allen erdenklichen Größen und Qualitäten. Gripzangen sind besonders hilfreich zum Ausrichten von kleineren Reparaturblechen, Seitenteilen oder Ersatzkotflügeln. Je nach Materialstärke können Sie die Maulweite per Spindel schnell und »passend« einstellen.*

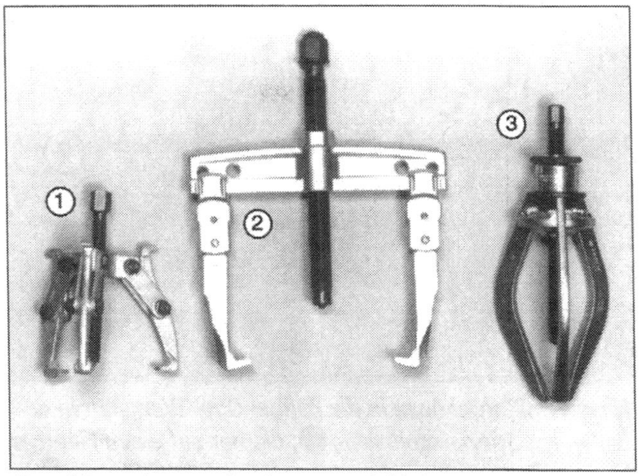

Da widerstehen weder Lager noch Naben: *Abzieher in diversen Formen und unterschiedlichen Funktionen. Wenn Sie Radlager, Achsnaben oder Spurstangenköpfe von ihrer »Umgebung« befreien müssen, kommen Sie, ohne größere Schäden an besagten Teilen anrichten zu wollen, an einem Satz Universalabzieher nicht vorbei. In ganz speziellen Fällen sind sogar Spezialabzieher die erste Wahl. ❶ Dreiklauenabzieher, ❷ verstellbarer Zweiklauenabzieher, ❸ Innenabzieher.*

Mobillift: *Ein Rangierwagenheber bereichert die Grundausstattung einer jeden Hobbywerkstatt. Er realisiert unter anderem »kleine Rangiermanöver unter Last«. Um Schäden am Wagenboden oder anderen Hebepunkten zu vermeiden, unterfüttern Sie den Hebeausleger grundsätzlich mit einem lastverteilenden Hartholz ❶. Achten Sie gleichfalls darauf, dass der Heber ❷ möglichst waagerecht unter dem Anhebepunkt steht und Sie die »Liftstange« ❸ nicht als »Montierhebel« oder »Presswerkzeug« missbrauchen.*

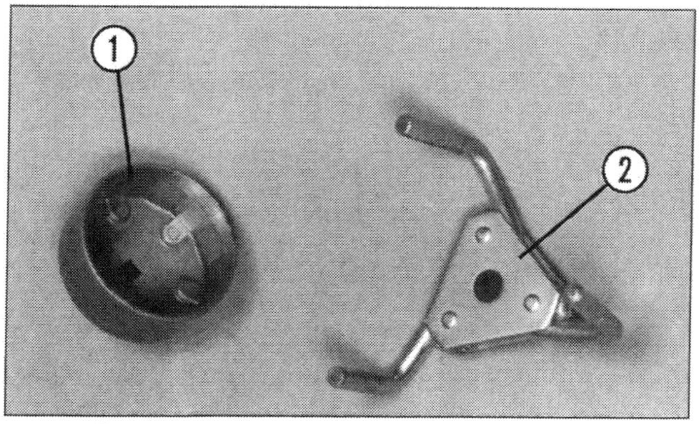

Nimmt Ölfiltergehäuse in die Zange: *Opel-Werkstätten arbeiten mit Spezialschlüsseln ❶, die nur auf einen Filtertyp passen. Die drei Greifklauen des Universalschlüssels ❷ »fesseln« dagegen unterschiedliche Filtergehäuse sobald Sie den Abzieher überstülpen und per Maul-, Steck- oder Inbusschlüssel losdrehen.*

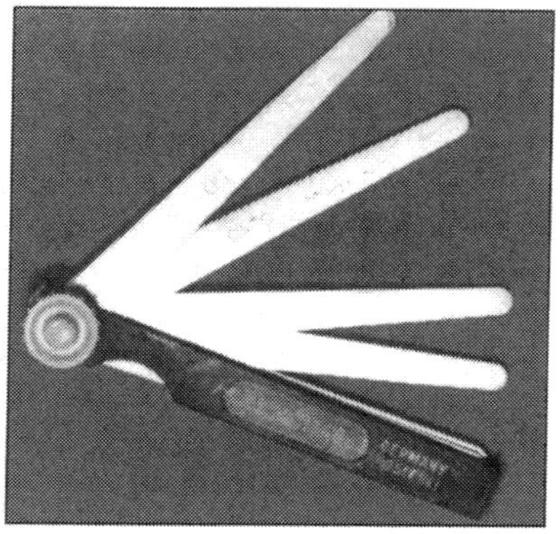

Vermisst Zwischenräume: *Fühlerblattlehre mit unterschiedlichen Messstreifen. Immer dann, wenn in diesem Band die Rede vom Spaltmaß ist, zum Beispiel beim Ventilspiel, bei ABS-Radsensoren oder kontaktlosen Geberelementen, können Sie mit einer Fühlerblattlehre das exakte Maß bestimmen. Der Messbereich guter Lehren reicht von 0,05 bis 1 mm.*

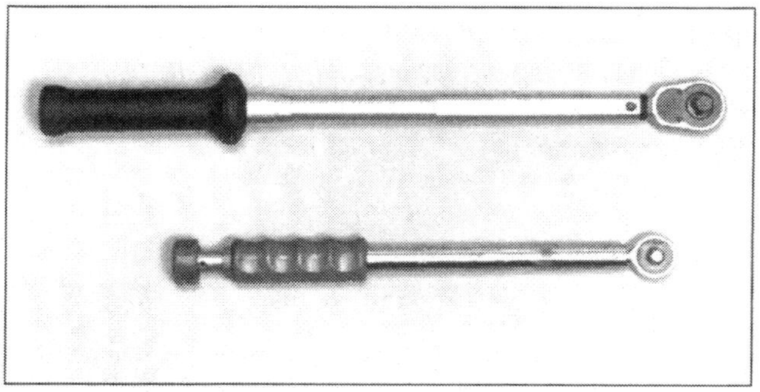

»Knackt oder verbiegt sich« programmgemäß: *Drehmomentschlüssel. Je nach Drehmomentbereichen gibt es unterschiedliche Ausführungen. Wir raten Ihnen zum Kauf eines Schlüssels mit integriertem Ratscheneinsatz und ½ Zoll Anschlussvierkant.*

Macht müde Batterien munter: *Ein Batterieladegerät mit automatischer Ladestromregelung gehört in jede »ernsthafte« Do it yourself Werkstatt. Besonders in der kalten Jahreszeit und an vorübergehend stillgelegten Autos leistet es wertvolle Hilfe. Erst recht, wenn Sie Ihr Auto – mit diversen Bordverbrauchern – überwiegend im Kurzstreckenverkehr bewegen, kann der Generator die Batterie häufig nicht mehr bei Laune halten. Der Stromspeicher macht dann schlapp und der Anlasser bleibt stumm.*

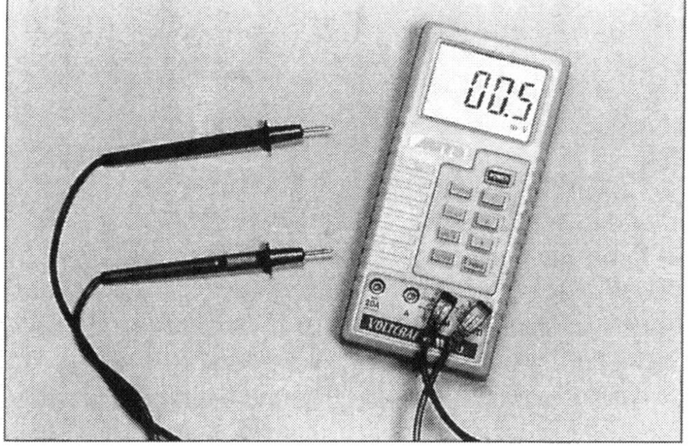

Für elektronische Bauteile unverzichtbar: *Multimeter. Ambitionierte Schrauber kommen nicht ohne Multimeter aus. Erst recht, wenn sie elektronische Bauteile oder widerstandsgesteuerte Schalter inspizieren müssen.*

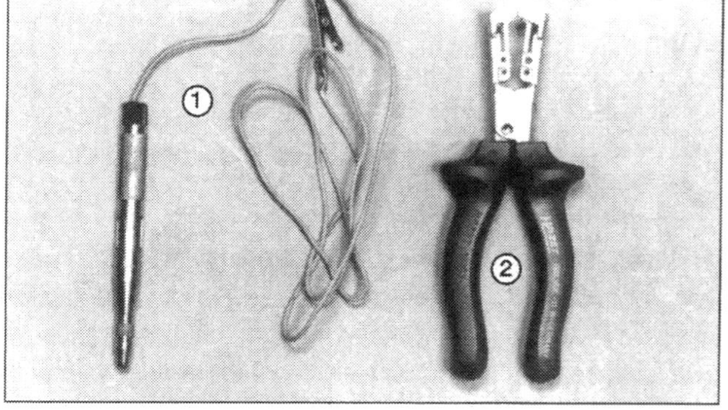

»Strippt« Kabelisolationen und signalisiert »Ströme«: *Abisolierzange ❷ und Prüflampe (Durchgangsprüfer) ❶. Ein »Muss« in herkömmlichen Bordnetzen und konventionellen Kabelbäumen. Für Arbeiten an diffizilen elektronischen Schaltungen weniger erforderlich.*

Erfahrungssache – Profitipps für Hobbyschrauber

So manchem Hobbyschrauber haben unlösbare oder abgerissene Schrauben das Erfolgserlebnis schon gründlich verdorben. Damit Sie dagegen und gegen weitere »Probleme« gefeit sind, an dieser Stelle ein paar Tipps und Kniffe der Profis.

Verrostete Schraubverbindungen lösen

Bevor Sie eine fest gerostete Mutter bzw. Schraube lösen, sollten Sie frei liegende Gewindegänge von Schmutz und Rost befreien. Andernfalls wird nämlich die Reibung auf den Gewindeflanken zu groß, und der Gewindebolzen schert Ihnen ab.

- Säubern Sie das Gewinde mit einer Drahtbürste und sprühen es anschließend mit Rostlöser ein.
- Bei Schnellrostlösern drehen Sie die Mutter sofort los, lassen Sie ...
- ... andere Rostlöser (Öl, Petroleum, Diesel, Cola, etc.) erst einige Zeit einwirken.

Praxistipp

Umgang mit selbstsichernden Muttern

Selbstsichernde Muttern klemmen satt auf dem Gewinde und lockern sich auch bei Vibrationen nicht. Dazu besitzen sie eine Kunststoffeinlage oder eine leicht verschränkte Gewindepassage. Sie sollten selbstsichernde Muttern grundsätzlich nur einmal verwenden, ihre Sperrwirkung lässt bei mehrfachem Gebrauch nach.

Beschädigte Muttern lösen

- Wenn Sie eine Sechskantmutter mit dem Gabelschlüssel rund gedreht haben oder Rost die Anlageflächen bereits zerstört hat, ist Gewalt häufig das letzte Mittel.
- Bei kleineren Muttern hilft dann ab und an noch eine stabile Gripzange. Häufig können Sie den angefressenen Sechskant damit noch fest greifen und die Verbindung lösen.
- Hilft das nicht weiter, meißeln Sie die Mutter mit einem scharfen Meißel auf. Werkstätten »killen« widerspenstige Exemplare häufig mit einem Muttern-sprenger.
- Gut zugängliche Muttern können Sie außerdem – entlang dem Gewinde – mit einer Metallsäge aufsägen.

Innensechskant- und Innenvielzahnschrauben lösen

- Ehe Sie das Werkzeug ansetzen, befreien Sie das Schraubenloch von jeglichem Schmutz.
- Zum Lösen solcher Schrauben eignen sich am besten Steckeinsätze mit langem Sechskant bzw. Vielzahn.
- Im Gegensatz zu gebräuchlichen Winkelschlüsseln (bei denen die Kraft immer schräg ansetzt) vertragen Steckeinsätze auf der Adapterseite auch einen Hammerschlag. Der Schlag – im Notfall sogar direkt auf den Schraubenkopf – lockert meistens die Schraube ein wenig und erleichtert das Lösen.

Praxistipp

Schraube fällt aus dem Werkzeug

Müssen Sie an einer schwer zugänglichen Stelle eine Schraube oder Mutter ansetzen, fixieren Sie den Kopf vorher mit etwas Karosseriekitt, zähem Schmierfett oder einem Klebestreifen im bzw. am Werkzeug. Dieser einfache Trick wirkt häufig Wunder.

Schlitz- und Kreuzschlitzschrauben lösen

- Schon nach relativ kurzer Zeit können Schrauben so fest sitzen, dass Sie einen normalen Schraubendreher damit schlichtweg überfordern. Bei Kreuzschlitzschrauben kommt erschwerend hinzu, dass der Schraubendreher auch bei starkem Gegendruck aus dem Kreuzschlitz »desertiert«. Folge: Schon nach wenigen Versuchen ist der Schraubenkopf vermurkst und die Schraube »Ihr Problem«.
- »Festgebackene« Schrauben versuchen Sie zunächst mit einem knackigen Hammerschlag auf den Schraubenkopf zu »bewegen«. Wenn Sie den Schraubenkopf nicht direkt mit dem Hammer erreichen, setzen Sie einen passenden Schraubendreher

mit stabilem Griff an und traktieren die Verbindung mit Schlägen auf den Griff.

- Häufig reicht das schon und die oft nur am Kopf korrodierte Schraube bricht los und lässt sich dann normal lösen.
- Bleiben Sie erfolglos, versuchen Sie Ihr Glück mit einem Schlagschrauber und dem passenden Einsatz. Schlag-schrauber setzen jeden Hammerschlag an der Schraube in eine Drehbewegung um – dem widersteht praktisch keine Schraube.

Blechschrauben ausbohren

- Können Sie in einem »vernudelten« Schraubenkopf kein Werkzeug mehr ansetzen, bohren Sie die Schraube eben aus.
- Zunächst bohren Sie mit einem entsprechend großen Bohrer den Schraubenkopf aus. Große Schraubenköpfe bohren Sie zunächst mit einem kleineren Bohrer vor.
- Ohne Kopf können Sie die Schraube entweder mit einem Durchschlag aus dem Bohrloch treiben oder von der Rückseite mit einer Gripzange herausdrehen.
- In besonders hartnäckigen Fällen müssen Sie freilich den gesamten Gewindebolzen mit einem Bohrer »ausschälen«. Wählen Sie den Bohrer möglichst klein, ansonsten zerstören Sie das Gewinde und das Schraubenloch wird zu groß.

Umgang mit Stehbolzen

- Stehbolzen (Gewindestange) bieten einem Schraubenschlüssel meist keine Anlagefläche. Sollten Sie keinen Stehbolzenausdreher haben, schaffen Sie auf dem Stehbolzen eine provisorische Schraubmöglichkeit.
- Schweißen Sie zum Lösen eine Mutter auf dem überstehenden Bolzengewinde fest oder Sie kontern zwei Muttern gegeneinander. Zum Lösen gekonterter Muttern setzen Sie den Schraubenschlüs-sel immer an der unteren Mutter an. Zum Festziehen nutzen Sie grundsätzlich die obere Mutter.

Abgerissene Schrauben ausbohren

Wichtig: Schonen Sie möglichst das Außengewinde.

- Geben Sie zunächst einen Körnerschlag exakt in die Mitte des Schraubenstumpfs und …
- … bohren ihn dann an: Bis Schraubengröße M 8 schafft das ein so genannter Kernlochbohrer. Als Kernloch wird der Durchmesser einer »rasierten« Schraube, also der Durchmesser ohne Gewindeflanken, bezeichnet. Bis zur Schraubengröße M 6 gilt die Faustregel: Gewindedurchmesser multipliziert mit 0,8. Beispiel: Verschraubung M 6 x 0,8 = Kernlochdurchmesser 4,8. Ab Schrauben > M 8 sollten Sie mit einem dünneren Bohrer vorbohren.
- Die in den Gewindegängen verbliebenen Metallreste können Sie bisweilen mit einer Reißnadel oder Stabmagneten entfernen. Falls nicht, schneiden Sie das Gewinde eben nach.

Gewinde schneiden

Leichtmetall hat eine geringere Festigkeit als etwa Stahl, dem zufolge reißen Gewinde hier besonders leicht aus. Solange um das alte Gewinde herum noch genügend Materialsubstanz vorhanden ist, können Sie ein größeres Gewinde einschneiden. Andernfalls lassen Sie in der Fachwerkstatt eine Gewindebuchse (z. B. Heli-Coil) einsetzen. Neue Gewinde schneiden Sie in drei Stufen. Die entsprechenden Gewindeschneider heißen daher Vorschneider (ein Ring am Schaft), Mittelschneider (zwei Ringe am Schaft) und Fertigschneider (ohne bzw. drei Ringe am Schaft).

- Drehen Sie die Gewindeschneider unter ständigem Ölen nacheinander in das vorgebohrte Kernloch ein und aus.
- Um die Schneider nicht abzureißen, nehmen Sie immer nur kleine Vorwärtsdrehungen (max. 1/8 des Umfangs) vor. Drehen Sie danach den Schneider immer so weit zurück, bis die Schneidspäne abbrechen und der Schneider nicht mehr klemmt.

Schraubengröße und Drehmoment

Technik-lexikon

Normalen Schrauben und Muttern reichen Standarddrehmomente. Versierte Hobbyschrauber haben bei einfachen Verschraubungen das Drehmoment im »Handgelenk«. Falls Sie jedoch Ihrem Handgelenk misstrauen, werkeln Sie mit einem Drehmomentschlüssel immer auf der sicheren Seite. Für die gebräuchlichsten Schraubverbindungen gelten folgende Drehmomente:

Gewindedurchmesser (mm)	6	8	10	12	14
Drehmoment (Nm)*	10	25	49	85	135

*Die angegebenen Drehmomente gelten nicht für Sonderschrauben und für Schrauben, die in Leichtmetall eingedreht sind.

Tipps für den Werkstattbesuch

Inspektion und Garantie

Praxistipp

- Zur Inspektionen checken Werkstätten in erster Linie Zustand und Funktion jener Baugruppen, die der Zuverlässigkeit und Sicherheit Ihres Autos dienlich sind. Falls nötig werden im Rahmen der Inspektion natürlich auch Verschleißteile ersetzt.
- Schon nach einer Laufzeit von 20.000 Kilometern kann unter widrigen Umständen an Bremsanlagen, Radaufhängungen, Reifen und Lenkung deutlicher Verschleiß auftreten. Mit regelmäßiger Wartung halten Sie also nicht nur Ihren Vectra fit, sondern steigern vor allem auch Ihre eigene Sicherheit.
- Opel »bittet« den Vectra alle 30.000 Kilometer (Ottomotoren), bzw. alle 50.000 Kilometer (Dieselmotoren) zum Servicecheck mitsamt Ölwechsel in die Werkstatt. Die Intervalle sind jedoch grundsätzlich von der Service-Intervallanzeige abhängig und sollten mindestens alle zwei Jahre stattfinden.
- Falls Sie zu den Wenig- und überwiegend Kurzstreckenfahrern gehören, empfehlen wir Ihnen, unabhängig von allen Wartungs- und Schmiervorschriften, einen jährlichen Motorölwechsel.
- Sollten Sie einen neuen Vectra fahren oder Ihren »Alten« gerade mit einem Austauschmotor »reanimiert« haben, halten Sie die vorgeschriebenen Wartungsintervalle unbedingt ein und verzichten aufs Do it yourself. Opel erfüllt berechtigte Garantieansprüche nämlich nur dann, wenn eine Vertragswerkstatt die anfallenden Wartungsarbeiten auch nachweisbar erledigt hat.

Anders gesagt, auch Ihr Vectra kommt an der Vertragswerkstatt nicht vorbei – zum Beispiel anlässlich der regelmäßigen Wartungsintervalle. Auf jeden Fall jedoch so lange, wie die Neu- oder Gebrauchtwagengarantie noch greift. Im Neuzustand bietet Ihr Vectra eine Zweijahresgarantie ohne Kilometerbegrenzung. Gegen »verfaulte« Karosseriebleche übernimmt Opel eine zwölfjährige Garantie.

Nach Ablauf der Neuwagengarantie bieten Opel-Händler Ihnen eine »Exclusive-Garantie«. Sie streckt den Garantiezeitraum für Ihren Vectra, mit entsprechenden Verträgen, auf insgesamt fünf Jahre.

Die ersten 24 »Lebensmonate« Ihres Vectra begleitet Opel in über 30 europäischen Ländern und 24 Stunden am Tag ohnehin mit einer kostenlosen Mobilitätsgarantie. Das »sorglos Päckchen« umfasst Leistungen wie Pannenhilfe, Abschleppdienst, Mietwagenservice, Hotelübernachtung oder die Organisation Ihrer Weiterreise per Bahn bzw. Flugzeug. Selbstverständlich können Sie den Service auch vertraglich auf sieben Jahre, respektive 120.000 Kilometer ausdehnen. Bedingung: Sie müssen hernach die Wartungstermine weiterhin exakt einhalten und Ihrem Opel-Händler übertragen.

Und wie sieht's mit der Mobilitätsgarantie bei einem Second-hand-Vectra aus? Kein Problem – Ihr Opel-Händler »versichert« auch ältere Autos.

Nicht vergessen – Werkstattauftrag präzise erteilen

Um vermeidbaren Ärger mit der Werkstatt aus dem Weg zu gehen oder wenn Ihnen einfach mal die Zeit fürs Do it yourself, die nötige Erfahrung oder teures Spezialwerkzeug fehlen, kommen Sie an der Werkstatt ohnehin nicht vorbei. In jenen Fällen haben Sie allerdings selbst großen Einfluss darauf, ob die professionelle Hilfe Ihren Vorstellungen entspricht und Sie zufrieden vom Hof fahren. Beachten Sie darum schon bei Ihrem nächsten Werkstattbesuch die folgen Umgangsregeln und Tipps.

Wohin mit dem Vectra – Vertrags- oder freie Werkstatt?

- Welche Werkstatt Sie mit Ihrem Vectra aufsuchen, steht Ihnen grundsätzlich frei. Neben der Vertragswerkstatt können auch freie Werkstätten durchaus eine gute Adresse sein. Viele Reparaturen führen »Freie« mit vergleichbarer Kompetenz wie Vertragswerkstätten aus. Ölwechsel, neue Bremsbeläge, Bremsscheiben, Reifen und Stoßdämpfer sind dort häufig sogar günstiger. Achten Sie jedoch grundsätzlich darauf, dass die Werkstatt ein Meisterbetrieb ist und der Kfz-Innung angehört.
- Innerhalb der Garantiezeit ist Ihr Vectra jedoch grundsätzlich ein Fall für die Vertragswerkstatt. Das gilt für Inspektionen wie für die meisten Aggregatereparaturen. Einfache Blech- oder Lackschäden können Sie – trotz Garantie – durchaus in Eigenregie beheben oder von einer freien Werkstatt erledigen lassen. Bei späteren Reparaturproblemen könnte es dann mit der Werksgarantie allerdings kritisch werden.

Immer schriftlich formulieren – Reparaturauftrag

- Stellen Sie eine Liste der Symptome und Mängel zusammen, die Sie bemerkt haben. Gehen Sie die Liste Punkt für Punkt mit dem Werkstattmeister oder seinem Vertreter durch. Wenn Ihnen dabei etwas unklar bleibt, fragen Sie nach oder Sie demonstrieren die Mängel direkt am Fahrzeug.
- Formulieren Sie präzise Reparaturaufträge: Pauschalaufträge wie »TÜV-fertig machen« oder »für den Urlaub herrichten« programmieren geradezu späteren Ärger. Etwa dann, wenn Sie für Arbeiten zur Kasse gebeten werden sollen, die Ihrer Meinung nach unnötig waren.
- Erteilen Sie Reparaturaufträge stets schriftlich. Der Auftrag muss auszuführende Arbeiten möglichst genau umreißen. Lassen Sie sich immer von der Werkstatt eine Auftragsbestätigung aushändigen.

Damit Sie nachher nicht auf »den Rücken« fallen – vorher nach den Reparaturkosten fragen

- Bevor Sie einen Reparaturauftrag erteilen, lassen Sie sich die voraussichtlichen Lohn- und Materialkosten splitten. Legen Sie für eventuell erforderliche Zusatzarbeiten eine Preisgrenze fest. Ist der Arbeitsumfang vorab nur vage zu bestimmen, nennen Sie der Werkstatt Ihr eigenes Reparaturkostenlimit.
- Fragen Sie nach den voraussichtlichen Diagnosekosten. Wenn Ihr Auto beispielsweise zu viel Kraftstoff verbraucht oder schlecht anspringt, wenn der Motor stottert oder Sie merkwürdige Geräusche an den Rädern hören, ist die Diagnose häufig teurer als die eigentliche Reparatur. Begrenzen Sie daher auch die Fehlersuche mit einem Preislimit.
- Damit Sie bei Rückfragen erreichbar sind, geben Sie der Werkstatt Ihre Telefonnummer. Ein Rückruf muss immer dann stattfinden, wenn die Reparatur umfangreicher oder teurer als vereinbart wird. Lassen Sie auch zusätzliche Absprachen schriftlich auf dem Werkstattauftrag festhalten.
- Bitten Sie die Werkstatt bei umfangreichen Reparaturen um einen schriftlichen Kostenvoranschlag. Solide Werkstätten berechnen Ihnen in der Regel den Kostenvoranschlag nur dann, wenn die anschließende Reparatur nicht stattfindet. Bei unvorhersehbaren Arbeiten darf die Rechnung den Kostenvoranschlag um maximal 15 – 20 Prozent überschreiten.

Bis zu 30 Prozent günstiger – spezielle Teile- und Serviceangebote

- Sobald Ihr Vectra in die Jahre kommt, lohnt es sich, nach speziellen Teile- und Serviceangeboten zu fragen. Nicht nur Opel-Vertragswerkstätten bieten oft Servicepakete inklusive preisgünsti-ger Originalteile an – Sie können hier locker bis zu 30 Prozent sparen. Fragen Sie Ihren Opel-Händler einfach mal nach seinen Serviceangeboten.
- Bei einem Aggregateaustausch müssen Neuteile nicht grundsätzlich Ihre erste Wahl sein: Erkundigen Sie sich nach aufbereiteten und geprüften Austauschteilen. Damit sparen Sie »Bares« – natürlich bei vergleichbarer Qualität. Prädestinierte Austauschteile sind Motor, Kraftstoffeinspritzanlage, Getriebe, Kupplung, Lichtmaschine, Anlasser und die Wasserpumpe.
- Ein Ölwechsel in der Werkstatt oder an der Tankstelle geht mitunter ins Geld: Professionelle Schmiermaxen spendieren Ihrem Auto gerne den teuersten Saft. Fragen Sie nach preisgünstigeren Ölsorten mit der gleichen Spezifikation – in der Regel läuft Ihr Vectra damit nicht schlechter.

Gemeinsam mit dem Werkstattmeister checken – die Reparaturrechnung

- Checken Sie die Werkstattrechnung nach der Reparatur zusammen mit dem Meister oder Kundendienstberater. Lassen Sie sich unverständliche Abkürzungen und Fachbegriffe vor Ort erklären.
- Auf der Rechnung sollten Posten wie Arbeitslohn, Material und Mehrwertsteuer separat aufgeschlüsselt sein. Fehlerhafte Rechnungen können Sie binnen sechs Wochen nach Erhalt reklamieren.

Rechtzeitig monieren – mangelhafte Reparaturen

- Mangelhafte Reparaturen sollten Sie umgehend monieren. Meisterbetriebe müssen für die Arbeit sechs Monate gerade stehen (Gewährleistung). Für Folgeschäden, hervorgerufen durch unsachgemäße Reparaturen, haften autorisierte Werkstätten natürlich auch.
- Wenn Ihnen bei der Fahrzeugübernahme bereits die ersten Mängel auffallen, kann die Werkstatt Ihnen trotzdem den vollen Reparaturumfang berechnen. Vermerken Sie in solchen Fällen auf der

Rechnung, dass Ihre Zahlung ausschließlich unter Vorbehalt und nach Aufforderung erfolgte.

- Tragen Sie dem Werkstattmeister Ihre Reklamationen in einem sachlichen »Ton« vor. Lassen sich Unstimmigkeiten vor Ort nicht ausräumen, helfen Schiedsstellen der Kfz-Innung kostenlos weiter – vorausgesetzt, Ihre Werkstatt ist Innungsmitglied. Adressen von Kfz-Schiedsstellen nennen Ihnen zum Beispiel die Zentrale für Verbraucherberatung, Ihr Automobilclub oder der ZDK e.V., Franz-Lohe-Str. 21, 53129 Bonn.

Im eigenen Interesse: *Zu Blecharbeiten mit Winkelschleifer und Co. schützen Sie Ihre Trommelfelle besser mit Ohrenschützern. Ansonsten »bekommen Sie auf die Ohren«.*

Safety first – oberstes Gebot für Do it yourselfer

Wir haben es bereits mehrfach erwähnt und wiederholen uns ganz bewusst: Räumen Sie der Sicherheit – erst recht beim Do it yourself am eigenen Auto – absolute Priorität ein. Muten Sie sich darum nur Arbeiten zu, die Sie wirklich beherrschen. Nehmen Sie handwerkliche Tätigkeiten, mit denen Sie in der Praxis bislang wenig oder gar keine Erfahrung hatten, bitte niemals auf die leichte Schulter. Unsachgemäß ausgeführte Reparaturen haben früher oder später im öffentlichen Straßenverkehr fatale Folgen – übrigens nicht nur für Sie, sondern gleichermaßen auch für unbeteiligte Dritte.

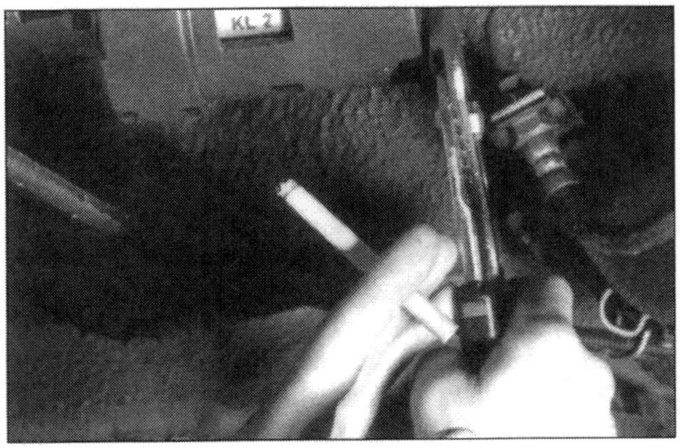

Zündende Verbindung: *Lassen Sie den Glimmstängel bei Wartungs- und Reparaturarbeiten an Ihrem Vectra besser in der Schachtel. Ansonsten gefährden Sie sich und »Ihre Werkstatt«. Erst recht, wenn Sie an der Kraftstoffanlage schaffen müssen.*

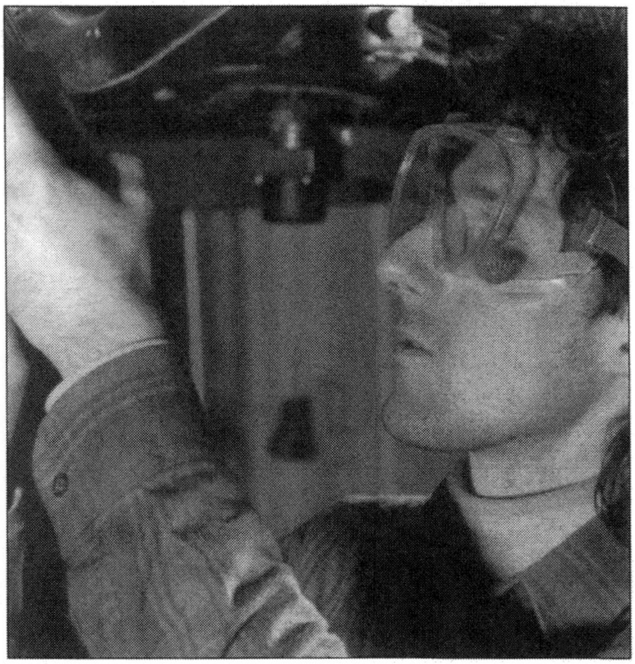

Immer tragen: *Schutzbrille zum Bohren, Schleifen und Meißeln. Der Augenschutz ist auch dann empfehlenswert, wenn Sie unter dem Fahrzeug an der Kraftstoffanlage arbeiten oder den Unterboden säubern. Bei Schweißarbeiten sollten Sie eine spezielle Schweißbrille aufsetzen.*

Alles zu seiner Zeit: *Auf das Für und Wider von Arbeitshandschuhen lassen wir uns nicht weiter ein – entscheiden Sie das von Fall zu Fall. Doch wenn Sie mit Bohrmaschinen oder anderen drehenden Elektrowerkzeugen hantieren, lassen Sie klobige Arbeitshandschuhe besser auf der Werkbank. Das Bohrfutter oder die Spindel könnte sich sonst darin verfangen und Ihnen schwere Verletzungen zufügen.*

Mit neuen Sicherungen gehen Sie auf Nummer Sicher: *»Flicken« Sie niemals durchgebrannte Sicherungen mit Alufolie, Büroklammern oder etwa Schweißdraht. Es sei denn, Sie wollten schon immer einmal einen Kabelbrand löschen oder die der Sicherung folgenden Bauteile komplett ersetzen. Wenn der Stromkreis samt aller angeschlossenen Verbraucher o. k. ist, reicht allemal eine Sicherung gleicher Stärke (Ampere).*

Frischluft Marsch: *Sobald Sie Ihrem Auto von einer Grube aus zu Leibe rücken, sorgen Sie für reichlich Frischluft in der Montagegrube und/oder Bastelstube. Ansonsten besteht akute Erstickungsgefahr. Die »schweren« Benzin- oder Auspuffdämpfe sammeln sich in der Grube und können am kleinsten Funken explosionsartig entzünden oder im Falle ungereinigter Auspuffgase zum Erstickungstod führen.*

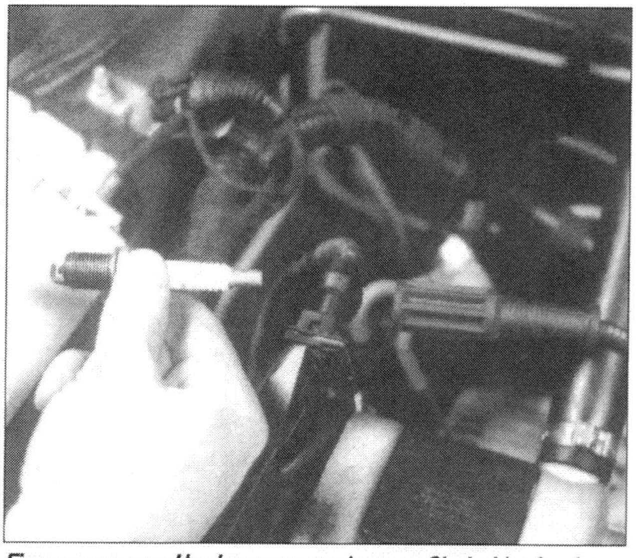

Finger weg von Hochspannung: *Lassen Sie bei laufendem Motor oder eingeschalteter Zündung Ihre »blanken« Finger von Zündkerzensteckern, Zündkabeln oder gar Zündkerzen. Wenn überhaupt, tragen Sie isolierte Schutzhandschuhe oder hantieren mit geschützten Greifzangen. Sie müssen ansonsten nicht unbedingt Träger eines Herzschrittmachers sein, um ernsthafte Gesundheitsschäden zu provozieren. Speziell im Umfeld bei elektronischer Zündanlagen vagabundieren Spannungsspitzen von mehr als 30.000 Volt.*

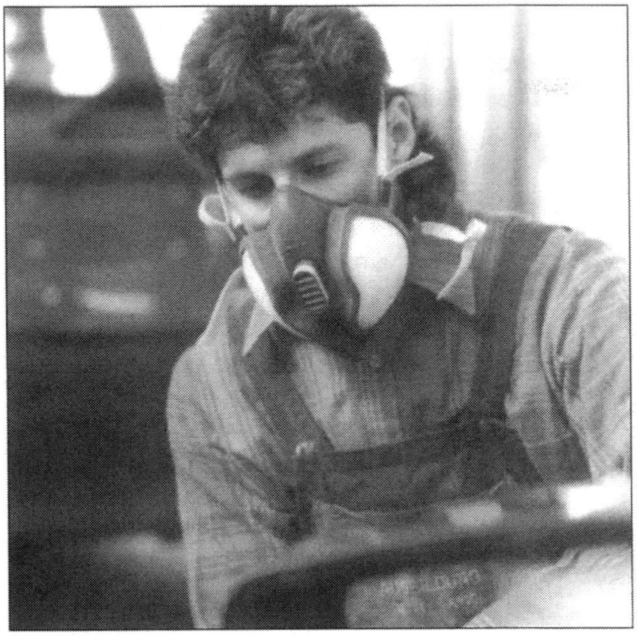

»Dreckbremse«: *Bei Arbeiten oder Tätigkeiten mit atemgängigen Stäuben (Bremse, Kupplung, Karosserie) tragen Sie generell eine Atemschutzmaske mit auswechselbaren Filterelementen. Für gelegentliche Anlässe reichen Wegwerfmasken völlig aus. Sobald die Filterelemente verfärbt oder verklebt sind, sorgen Sie für Ersatz. Verdreckte Filter sind übrigens Sondermüll.*

Wie Sondermüll entsorgen: *Leere Sprühdosen, Altöl, Bremsflüssigkeit, Farbdosen, verschlissene Bremssegmente, Öl- oder alte Kraftstofffilter. Erkundigen Sie sich nach Abgabestellen in Ihrer Gemeinde*

Praktisch zum Liften – der Wagenheber

Die meisten Autos haben serienmäßig einen Spindelwagenheber an Bord – so auch der Vectra. Wenn Sie Ihr Auto damit liften möchten, nutzen Sie ausschließlich die dafür vorbereiteten Stellen unter den Türschwellern. Die richtigen »Hebepunkte« sind vorne und hinten in die Schweller eingeprägt. Für die meisten kleineren Arbeiten reicht die Hubhöhe des Bordwagenhebers völlig aus, mit einer stabilen Unterlage zwischen Wagenheberfuß und Standfläche können Sie die Hubhöhe, falls erforderlich, auch ger ingfügig vergrößern. Ein kleines Brett sollten Sie übrigens grundsätzlich unterlegen. Der Wagenheberfuß steht dann stabiler, er drückt sich nicht in den Untergrund ein. Doch Vorsicht, ein Wagenheber ist – wie der Name schon sagt – ausschließlich dazu da, den Wagen kurzfristig anzuheben: Verwechseln Sie einen Bordwagenheber niemals mit einer stabilen und rüttelsicheren »Arbeitsbühne«.

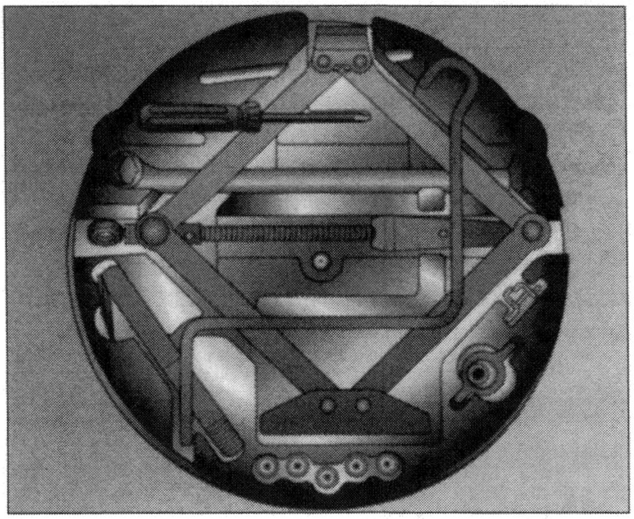

Platzsparend zusammengefügt: *Wagenheber und Bordwerkzeug in der Reserveradmulde unterhalb der Kofferraummatte.*

Zur eigenen Sicherheit – stabile Unterstellböcke

Stützen Sie daher, auch in größter Eile, Ihren Vectra bei Arbeiten unter dem Auto niemals allein mit dem Wagenheber ab: Schlimmstenfalls »kostet« Sie Ihr Mut »Ihr« Leben. Auf Nummer sicher gehen Sie mit Unterstellböcken, die der Zubehörhandel in verschiedenen Größen und Ausführungen anbietet. Zwei Böcke reichen für die meisten Reparaturen völlig aus. Entscheiden Sie sich für praktische Dreibeinböcke mit einklappbaren Füßen, ungenutzt nehmen die Böcke weniger Platz in Ihrer Werkstatt ein. Achten Sie zudem auf das GS-Prüfzeichen und auf eine für Ihren Vectra adäquate Traglast.

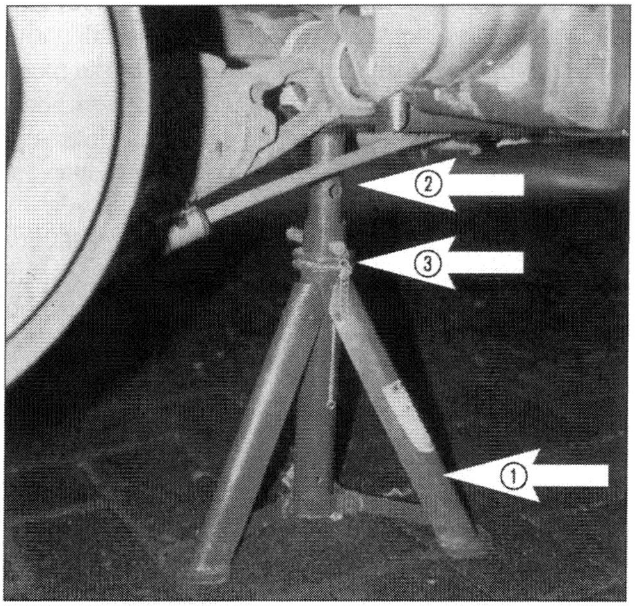

Auf die richtige Stellung kommt's an: *Platzieren Sie den Unterstellbock ❶ an einer »tragfähigen« Stelle unter dem Wagenboden. Ziehen Sie dann das Distanzrohr ❷ so weit wie möglich aus dem Stativ und arretieren es in der nächst erreichbaren Bohrung mit dem Sicherungsbolzen ❸. Wenn Sie den Wagen auf den gesicherten Bock absenken, achten Sie darauf, dass die »Stativfüße« entspannt stehen und nicht verkanten.*

Ohne WENN und ABER – bocken Sie Ihr Auto SICHER auf

Arbeits-schritte

① Stellen Sie Ihr Auto grundsätzlich auf einem festen ebenen Untergrund ab und entfernen – vor Arbeitsbeginn – alle schweren Gegenstände aus dem Innen- und Kofferraum.

② Ziehen Sie vor Arbeitsbeginn die Handbremse an und sichern mit Unterlegkeilen mindestens ein ungebremstes Rad mit Bodenkontakt. Notfalls reichen auch größere Steine aus. Eine angezogene Handbremse allein bietet keine ausreichende Sicherheit, bei manchen Arbeiten muss sie sogar gelöst bleiben.

③ Den Bordwagenheber finden Sie mitsamt Radmutternschlüssel unterhalb des Kofferraums in einer »Wanne«. Bevor Sie den Heber ansetzen, liften Sie seinen Ausleger so weit an, bis er fast das Schwellerniveau erreicht hat. Sie sollten generell darauf achten, dass der Heber immer möglichst senkrecht zur Karosserie steht. Wichtig: Setzen Sie den Bordwagenheber nur unterhalb der Aufnahmepunkte an. Wenn Sie einen Rangierwagenheber nutzen, können Sie ihn auch mittig unter den Türschweller oder einen anderen geeigneten Aufnahmepunkt (z. B. Traverse) ansetzen. Vergessen Sie dann allerdings niemals das lastverteilende Kantholz zwischen Hebearm und Hebepunkt.

④ Bringen Sie den Wagenheber auf die gewünschte Arbeitshöhe und stützen die Karosserie an geeigneter Stelle des Unterbodens mit einem Unterstellbock ab. Verwenden Sie auch die Unterstellböcke nur mit lastverteilender Zwischenauflage (z. B. Hartgummi, Kantholz).

⑤ Bevor Sie die Unterstellböcke ansetzen, inspizieren Sie die Abstützstelle genau: Sind evtl. Blechfalze, Kabelbäume, Kraftstoff- oder gar die Bremsleitungen im Weg?

⑥ Dreibein-Unterstellböcke stehen am sichersten, wenn eines ihrer Austellbeine nach außen und zwei zur Wagenmitte zeigen. Achten Sie unbedingt auf die Stellung, besonders wenn Sie mehrere Böcke verwenden. Ansonsten kann es passieren, dass Ihnen der bereits angesetzte Unterstellbock beim Anheben seitlich wegkippt.

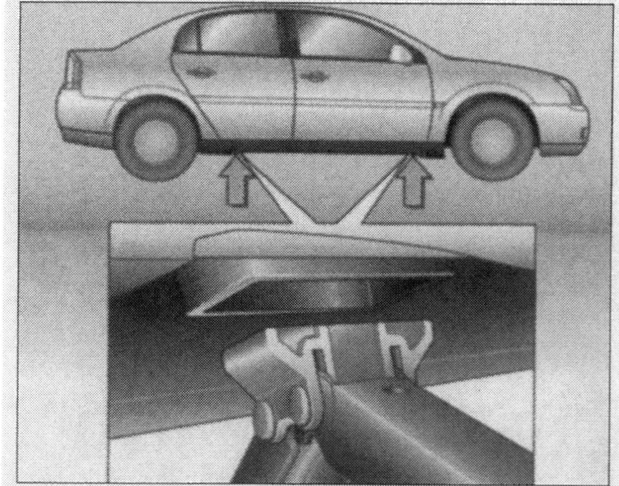

So steht Ihr Vectra rüttelsicher: *Die prädestinierten Anhebepunkte sind unter dem Seitenschweller »versteckt«. Hier können Sie den Vectra unbesorgt liften. Sollten Sie für spezielle Arbeiten freilich andere Punkte nutzen (müssen), denken Sie unbedingt an ein möglichst großes Hartgummi oder Hartholzbrettchen als »Zwischenpuffer«, um damit die Auflageflächen des Hebers so weit wie eben möglich zu »vergrößern«.*

DIE WAGENPFLEGE

Werterhaltend:
Regelmäßige Wagenpflege – für einen »waschfesten« Do it yourselfer die allwöchentliche Kür. Spätestens beim Wiederverkauf macht das »Putzen« dann noch ein paar zusätzliche Euro locker. Abgesehen davon, ein gepflegtes Auto hebt die eigene und auch die Stimmung der Mitfahrer.

Wartung

Reparatur

In einem gepflegten Auto reisen Sie und Ihre »Fahrgäste« viel entspannter als in einem schmuddeligen Vehikel. Zudem »polstert« aufmerksame Pflege Ihr Bankkonto mit dem einen oder anderen spontanen Euro auf – spätestens beim Verkauf. Auch TÜV- und DEKRA-Ingenieure »schmücken« gepflegte Autos häufiger mit einem neuen Prüfsiegel als schmuddelige Gebrauchtwagen: Betrachten Sie daher jede Wagenwäsche als willkommene Kür, die Ihren Vectra auf Hochglanz bringt und im Zeitwert stabilisiert. Doch vor der Kür kommt die Pflicht – und die beginnt im Innenraum. Bleiben Sie auch hier regelmäßig am Ball. Ansonsten verschleiern Staubwölkchen aus Polstern und Fußmatten den Innenraum, klebrige Kunststoffausdünstungen oder Nikotinablagerungen tönen außerdem die Scheiben: Der Schmierfilm blendet Sie bei Nacht und trübt generell Ihren Durchblick auf die Straße.

Praxistipp

Pflegemittel für den Innenraum

Kunststoffreiniger: Reinigen Kunststoffflächen und frischen Farben auf. Solide Produkte sorgen nicht nur für neuen Glanz, sondern wirken zudem antistatisch: Die Oberflächen sind somit für längere Zeit gegen Schmutz- und Staubbefall geschützt.

Textilreiniger: Reinigen Polster, Teppiche, Tür- und Innenverkleidungen. Sie lösen zuverlässig Staub und Schmutz, verblasste Polsterfarben bekommen dadurch neue Frische. Gute Reiniger entfernen zudem auch hartnäckige Flecken.

Glasreiniger (auch als Schaumreiniger erhältlich): Reinigen alle Glasflächen und lösen selbst hartnäckige Verschmutzungen: So zum Beispiel Insektenreste, Nikotin, Kunststoffausdünstungen und Ölablagerungen (ungeeignet für lackierte Flächen).

Gummipflegemittel: Reinigen und pflegen Tür-, Fenster- und Kofferraumdichtungen sowie Fußmatten. Ihr hoher Silikonanteil hält das Gummi über Jahre geschmeidig – Silikon verhindert Festfrieren an der Karosserie und frischt Farben auf.

Antibeschlagspray: Konserviert, je nach Witterung, für einige Tage oder Wochen die Glasflächen im Innenraum. Auf die Scheibe gesprüht, bildet sich nach kurzer Zeit ein Schaumbelag, den Sie mit einem trockenen Küchenpapier abreiben können. Antibeschlagtücher oder Fensterschwämme sind dagegen nur ein Notbehelf.

Spezielle Pflegemittel – erste Wahl gegen den »Gilb«

Für die Innenraumpflege verwenden Sie am besten spezielle Autopflegemittel – dann hat der Gilb in Ihrem Auto auch auf Dauer keine Chance. Vergessen Sie ab sofort Seifenlauge und Haushaltsreiniger: Scheiben, Polster und Kunststoffe sind durch Sonneneinstrahlung, Staub, Schmutz und Feuchtigkeit extremen Belastungen ausgesetzt. Spezielle Pflegesubstanzen »behandeln« die gestressten Materialien sicht- und fühlbar schonender. Wirkungsvolle Spezialreiniger werden erfahrungsgemäß nicht verramscht – doch gute Mixturen sind über die Zeit allemal ihr Geld wert.

Innenreinigung – so treiben Sie Ihrem Auto den Dreck aus den Fugen

Zur gründlichen Innenreinigung empfehlen wir Ihnen:

- Lappen (nicht flusend) zum feuchten und trockenen Ab- und Auswischen
- Kleider- oder Polsterbürste
- Staubsauger mit Polster- und Teppichdüse
- Handfeger und Kehrschaufel
- Schwamm
- Fensterleder

Arbeitsschritte

① Bevor Sie loslegen, befreien Sie den Innenraum von herumliegendem Krimskrams. Bei dieser Gelegenheit leeren Sie gleich den Ascher und waschen ihn mit einer Spülmittellösung aus.

② Legen Sie die Fußmatten nach innen zusammen und nehmen sie heraus. Klopfen Sie die »Dreckfänger« gegen eine Wand aus oder saugen sie ab.

③ Gummimatten wischen Sie nass ab und lassen sie außerhalb des Autos trocknen. Feuchte Matten verursachen auf Dauer üble Gerüche, Schimmelpilze und Stockflecken im Textilbelag.

④ Grobschmutz im Innenraum entfernen Sie mit einem Staubsauger. An weichen Textilbelägen verwenden Sie starre Düsenaufsätze, harte Kunststoffoberflächen säubern Sie mit Borstendüsen. Glatter Gummibelag wird häufig schon mit einem feuchten Lappen wieder »clean«.

⑤ Sitzpolster bürsten Sie aus oder saugen Sie ab. Mit einem geeigneten Pinsel »vertreiben« Sie den Staub aus unzugänglichen Ecken und Falzen.

⑥ Bürsten Sie die Sicherheitsgurte trocken ab. Bei starker Verschmutzung wenden Sie eventuell eine milde Seifenlösung an.

⑦ Wischen Sie Kunststoffteile und Armaturenträger mit einem feuchten Leder ab. Arbeiten Sie niemals mit Benzin oder anderen Lösungsmitteln, das greift die Oberflächen an – hässliche Flecken sind dann die Folge. Verwenden Sie besser Kunststoffreiniger.

⑧ Benetzte Flächen neutralisieren Sie – nach der Einwirkzeit – mit klarem Wasser und trocknen sie mit einem weichen Tuch.

Weniger ist mehr: *Gehen Sie umsichtig mit Kunststoffpflegemitteln um – Ihre »Nase wird geschont« und die Oberflächen »strahlen zudem porentiefer«. Sprühen Sie das Mittel im Abstand von etwa 10 Zentimetern auf die Fläche auf und verteilen es dann gleichmäßig mit einem feuchten Tuch in kreisenden Bewegungen. Den »Schmierfilm« von Scheiben, Lenkrad oder Instrumentengläsern beseitigen Sie mit viel Wasser, Kunststoff- oder Glasreiniger.*

Immer großflächig reinigen – Dachhimmel

⑨ Reinigen Sie niemals nur verschmutzte Passagen, Sie provozieren damit hässliche Flecken mit dunklen Rändern.

⑩ Erst wenn der Himmel wirklich »dunkel« ist, frischen Sie ihn großflächig mit Textilreiniger auf. Zum Nachwischen leisten Ihnen Schwamm und Frottierhandtuch gute Dienste. Auf stark »vergilbten« Flächen müssen Sie die Behandlung eventuell wiederholen.

⑪ Behandeln Sie Sitzpolster und Textileinsätze in Seitenteilen wie Innenverkleidungen mit Polsterschaumreiniger. Saugen Sie die Polster – solange sie noch feucht sind – gründlich ab, so löst sich der Schmutz am besten.

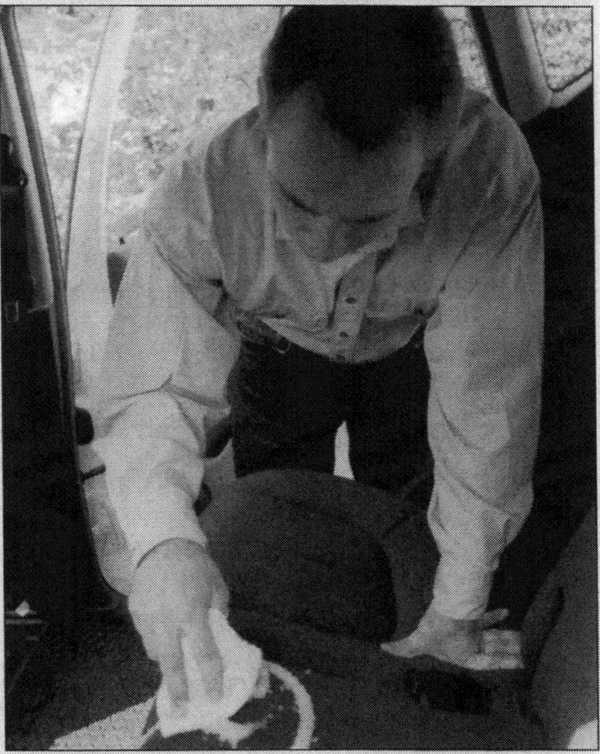

Sitz-Make-up: *Polsterreiniger beseitigt nicht nur Feinschmutz, Staub und frische Flecken, auf »versessene« Polsterstoffe wirkt er außerdem wie ein Make-up. Den Reinigungsschaum sprühen Sie einfach auf und verteilen ihn gleichmäßig mit einem feuchten Schwamm über die Fläche. Beachten Sie unbedingt die Gebrauchsanweisung auf der Dose. Es muss übrigens nicht immer »Polsterschaum« sein: In der Regel tut's ein preisgünstigerer Teppichschaum ebenso gut.*

⑫ Ledersitze pflegen Sie bitte nur mit speziellen Mitteln – hochwertige Produkte halten das Leder geschmeidig und die Nähte flexibel.

⑬ Türdichtungen können Sie jeweils zum Frühjahr und Winter mit silikonhaltigem Gummipflegemittel einsprühen bzw. einreiben.

⑭ Fensterinnenseiten reinigen Sie mit einem feuchten Fensterleder vor und sprühen hernach Glasreiniger auf. Mit trockenem Küchen- oder Zeitungspapier polieren Sie die Scheibe blank.

Vorbeugen ist besser als »heilen«: *Spendieren Sie den Dichtgummis regelmäßig zum Frühjahr und Winter ein silikonhaltiges Gummipflegemittel. Das verlängert nicht nur die Lebensdauer der Dichtungen, sondern hindert die Gummis auch daran, bei Minustemperaturen an die Karosserie »zu frieren«. Das Gleiche gilt übrigens für die Türschließzylinder: In »Silikonschlössern« gleitet der Türschlüssel besser, und Kondenswasser bleibt dem Schlossmechanismus meistens auch »gestohlen«.*

⑮ Lackflächen in Raucherautos nerven nach dem »Hausputz« oft noch mit Schlieren und Graubelag. Polieren Sie die Flächen mit einer »sanften« Lackpolitur – lassen Sie das Mittelchen allerdings nicht auf unversiegelte Kunststoffoberflächen tropfen, eventuell handeln Sie sich damit hässliche und dauerhafte Flecken ein.

Nicht überall erlaubt – Autowäsche vor der Haustür

Vielen Städten und Gemeinden ist die Autowäsche vor der Haustür geradezu ein Dorn im Auge – sie sprechen häufig sogar Verbote aus. Und das hat gute Gründe: Mit dem Schmutzwasser gelangen Ölrückstände und andere umweltschädigende Substanzen in die Kanalisation. Als umweltbewusster Do it yourselfer vertrauen Sie Ihren Vectra ohnehin einer automatischen Waschanlage an. Die Wassermengen sind in modernen Anlagen durchaus großzügig bemessen. Kein Wunder – jeder Tropfen wird gleich mehrfach genutzt: Effiziente Wasseraufbereitungsanlagen entziehen dem Waschwasser nicht nur aufgelösten Straßendreck sondern auch fett- und ölhaltige Ballaststoffe. Das entlastet die Umwelt und schont Ressourcen. Neuere Waschanlagen arbeiten übrigens mit individuellen Reinigungs- und Pflegeprogrammen – ihr Spektrum reicht von »Katzenwäsche« über Vor-, Haupt- und Unterwäsche bis zu »Heißwachs Make-up« für alternde Lackoberflächen.

Nach der Waschanlage – Feinputz nicht vergessen

Trotzdem sollten Sie Ihr Auto nach dem maschinellen Waschgang gründlich nachreinigen. Waschbürsten behandeln Radhäuser, Radläufe und Türschweller immer gleich, egal ob sie im Dreck ersticken oder nur leicht eingestaubt sind. Auch an Türrahmen und Karosseriefalzen ist bisweilen nachträgliche Handarbeit mit Schwamm und Putztuch angesagt. Im Winter, wenn »wasserhaltige Salzlösungen« dem Lack, den Innenseiten der Kotflügel und dem Unterboden übel zusetzen, sollten Sie öfter in der Waschanlage vorfahren. Ihr Auto ist zwar nach kurzer Zeit wieder schmutzig, der Rost hat jedoch weit weniger Chancen, sich an kritischen Stellen einzunisten.

Praxistipp

Nach jeder Wagenwäsche – Bremsen trockenfahren

Machen Sie nach jeder Wagenwäsche eine kurze Bremsprobe. Dabei verdampft der Wasserfilm, der während der Wäsche auf die Bremsscheiben bzw. in die Bremstrommeln gelangt ist. Auch nach längeren Regenfahrten oder über winterliche Straßen mit Streusalz sollten Sie, bevor Sie Ihr Auto für mehrere Tage abstellen, die Bremsen immer erst trocken fahren. Es reicht völlig aus, auf den letzten hundert Metern Wegstrecke das Bremspedal leicht zu treten. Mit dieser »Übung« halten Sie die Bremsen fit. Denn der feuchte Schmutzschleier, der sich ansonsten auf den Bremsscheiben und in den Bremstrommeln einnistet würde, ist »verdampft«. Im Ernstfall reagieren Ihre Bremsen jetzt auch schneller.

Alternativangebot – Waschplatz oder Selbstwaschanlage

Wenn Ihnen – trotzt aller Vorteile – Waschanlagen nicht geheuer oder zu oberflächlich sind, fragen Sie Ihren Tankwart nach einem Waschplatz. Auch professionell betriebene Selbstwaschplätze sind eine gute Alternative: Serviceorientierte Anlagenbetreiber bieten Ihnen sogar vom Hochdruckreiniger bis hin zum Staubsauger alle Hilfsmittel, die Ihnen die Arbeit erleichtern. Kontrollieren Sie auf Selbstwaschplätzen vor Arbeitsbeginn jedoch die Waschbürsten. Möglicherweise hat Ihr Vorgänger gerade den Unterboden, oder nach einer Schlammfahrt die Radläufe, per Waschbürste gereinigt und die »schmirgelnden« Rückstände zwischen den Borsten »versteckt« – ärgerliche Lackkratzer wären die Folge. Waschen Sie Ihr Auto möglichst auch niemals in der prallen Sonne. Kleine Wassertropfen wirken wie Brenngläser – darunter gehen Staubteilchen und Kalk eine »innige Verbindung« mit der Lackoberfläche ein.

Praxistipp

Vorsicht im Umgang mit Hochdruckreinigern

- Wassertemperatur maximal 60 Grad. Zu heißes Wasser greift Gummi und Unterbodenschutz an.
- Druckregler auf maximal 30 bar einstellen. Abstand zum Auto 60 bis 80 Zentimeter. Bei geringerem Abstand und zu großem Druck kann der Lack Ihres Vectra »hochgehen«. Nach Motorwäschen mit dem Hochdruckreiniger gelangt mitunter Wasser in die Motorelektronik oder in den Luftfilter. Die Elektronik könnte dann streiken und im Falle Luftfilter kann das zu einem kapitalen Motorschaden führen.
- Reinigen Sie Reifen niemals mit der Rundstrahldüse – die Reifenflanken könnten das verübeln. Selbst bei relativ großem Spritzabstand und kurzer Einwirkzeit können schon Schäden auftreten – Schäden, die auf den ersten Blick nicht erkennbar sind.

***Immer auf Distanz halten:** Hochdruckreinigungsstrahl. Mindestens 60 Zentimeter zwischen Lackfläche und Spritzdüse.*

Do-it-yourself-Wäsche – so werden Sie zum perfekten »Saubermann«

- Sollten Sie mit Wasser geizen, zahlen Sie drauf – Sie ruinieren sich die Lackoberfläche Ihres Vectra. Grund: Feine Staub- und Sandkörnchen wirken in »trockenen« Waschschwämmen wie Schmirgelpapier und hinterlassen mikroskopisch kleine, spinnwebartige Kratzer.
- Nutzen Sie einen Gartenschlauch, wenn möglich mit Sprühdosierdüse. Ohne fließendes Wasser sollten Sie mindestens zwei Wassereimer für die Grundreinigung kalkulieren.
- Am schonendsten Waschen Sie mit einer Schlauchbürste, bei der fließendes Wasser den Schmutz wegschwemmt.
- Es geht natürlich auch mit einem Waschhandschuh oder Schwamm. Halten Sie die Sprühdosierdüse möglichst nah an die Waschfläche, Schmutzpartikel haben dann erst gar keine Zeit sich »festzukrallen«. Falls Sie mit Eimer waschen, spülen Sie den Waschhandschuh oder Schwamm grundsätzlich nach jedem zweiten oder dritten Waschstrich gründlich im Eimer aus.
- Für Felgen und Radkästen eignet sich besonders eine langstielige Waschbürste, ein großporiger Viskoseschwamm ist ideal für große Flächen.
- Insektenrückstände beseitigen Sie »zielsicher« mit einem Fliegenschwamm.
- Die Scheiben- und Lackoberfläche trocknen und polieren Sie schlierenfrei mit einem Fensterleder.
- Praktisch zur Shampoowäsche und Reinigung von Schwamm, Waschhandschuh und Fensterleder – Wassereimer.

Technik-lexikon

Das »pflegt« den Autobody

Autoshampoo: Reinigt den Lack und entfernt ölige Rückstände.

Waschwachs: Ähnlich wie Autoshampoo – trägt in einem Arbeitsgang eine dünne Waschschicht auf den Lack auf. Waschwachs kann den Zeitraum bis zur nächsten Politur verlängern.

Felgenreiniger: Lösen auf chemischer Basis festgebackenen Bremsstaub und Straßenschmutz.

Kunststoffpflegemittel: Enthalten außer Pflegesubstanzen auch Farbstoffe. Frischen beispielsweise verblasste Kunststoffstoßfänger wieder auf.

Außenwäsche

Arbeits-schritte

① Schließen Sie alle Türen und Fenster. Ansonsten sitzen Sie für die kommenden Wochen auf quietschnassen Polstern.

② Säubern Sie zuerst die Radhäuser, Felgen und Türschweller. Vorteil: Sie können die Karosserie danach in »einem Rutsch« abspülen.

③ Reinigen Sie den Unterboden gelegentlich mit Hochdruckreiniger oder »scharfem« Wasserstrahl. Im Winter sollten Sie zu jeder Wagenwäsche auch den Bauch Ihres Vectra reinigen. Um den Zustand des Unterbodenschutzes optisch zu checken, lassen Sie Ihr Auto ein- oder zweimal jährlich auf einer Hebebühne liften.

④ Die vorderen Felgen verschmutzen wesentlich schneller als die hinteren, an der Vorderachse entsteht bei jedem Bremsvorgang mehr Bremsenabrieb. Berücksichtigen Sie die Tatsache in Ihrem Pflegeplan und cleanen die Vorderräder einfach häufiger mit Felgenreiniger. Achten Sie beim Kauf des »Sauberwassers« unbedingt auf umweltverträgliche Produkte. »Studieren« Sie, bevor Sie loslegen, unbedingt die Gebrauchsanweisung und spülen nach der Wäsche die Räder gründlich mit sauberem Wasser nach.

Geduldig oder mit Hochdruck: *Filigrane Leichtmetallfelgen cleanen Sie am schnellsten mit einem Hochdruckreiniger. An Stahlfelgen samt Radkappen reicht ein alter Schwamm durchtränkt mit Kaltreiniger, Kunststoffradabdeckungen erstrahlen meistens schon nach einer Shampoowäsche.*

⑤ Filigrane Leichtmetallfelgen »putzen« Sie sinnvollerweise mit einem Hochdruckreiniger. Gehen Sie vorsichtig mit chemischen Felgenreinigern um: Leichtmetallfelgen können auf aggressive Produkte sehr empfindlich bis in die Materialstruktur darauf reagieren.

⑥ Falls Sie keinen Hochdruckreiniger haben, säubern Sie Ecken und Falzen am effizientesten mit einer Zahnbürste. Um das Ergebnis länger genießen zu können, versiegeln Sie die Oberfläche nach der Reinigung mit klarem Sprühwachs. Bremsenabrieb und Straßenschmutz lagern dann auf der Wachsschicht ab. Vorsicht: Benetzen Sie Bremsscheiben oder -beläge nicht mit Sprühwachs.

Gut einweichen – Straßenschmutz

⑦ »Weichen« Sie den Dreck mit einem weichen Wasserstrahl gut ein. In Selbstwaschanlagen mit Hochdruckreiniger wählen Sie das Programm »Spülen«.

⑧ Per »Hand« waschen Sie immer nur ganze Flächen. Nachdem Sie zuerst die Radhäuser, Felgen und Türschweller »vorgewaschen« haben, »putzen« Sie sich vom Dach nach unten vor.

Immer im Kreis herum: *Kreisen Sie immer mit einem triefend nassen Waschschwamm über die Lackoberfläche und dosieren das Pflegemittel anhand der Gebrauchsanweisung.*

__Besonders pflegefreundlich:__ Wagenwäschen mit Waschbürstenaufsatz. »Saubere« Waschbürsten erhalten Sie auch in gut ausstaffierten Wasch-Centern.

⑨ Verteilen Sie den Reinigungsschaum unter geringem Druck mit kreisenden Bewegungen und lassen ihn kurz einwirken.

⑩ Die Schmutzbrühe spülen Sie mit einem Wasserschlauch ab. In der Selbstwaschanlage wählen Sie das Programm »Spülen«.

⑪ Im letzten Waschgang reinigen Sie die Räder mit Waschbürste und Schlauch.

⑫ Nach der Wäsche ledern sie den Wagen sofort ab. An der Luft getrocknete Wassertropfen hinterlassen ansonsten einen grauen Kalkbelag, der dem Lack schaden kann.

⑬ Spülen Sie das Fensterleder vor Gebrauch gut in sauberem Wasser und wringen es danach aus. Legen Sie den »Fetzen« dann möglichst großflächig auf die Karosserie und ziehen ihn langsam zu sich heran.

⑭ Spülen Sie das Leder vor dem Auswringen immer durch. Schonen Sie Ihr gutes Leder, Schmutzrückstände würden es schnell ruinieren. Darum schlecht zugängliche Ecken (etwa am Radkasten) mit Baumwolllappen oder altem Trockenleder pflegen.

__»Killt« Wassertropfen schnell und schonend:__ Fensterleder. Gut gewässerte und saubere Leder hinterlassen keine Kratzspuren auf der Lackoberfläche.

Keine Frage – auf den Durchblick kommt's an

⑮ Zum Schluss »knöpfen« Sie sich die Autoscheiben vor. Verfahren Sie wie bei der Innenreinigung. Kontrollieren Sie dabei die Frontscheibe auf Steinschläge, Kratzer und Risse.

⑯ Wischerblätter reinigen Sie mit einem Schwamm oder Trockenleder. Prüfen Sie die Gummilippen auf Beschädigungen und Elastizität – verhärtete Gummis erneuern Sie besser. Das ist preisgünstiger als eine zerkratzte Scheibe.

⑰ Nach der Wäsche checken Sie den Lack, die Scheinwerfergläser und den Frontstoßfänger auf hartnäckigen Schmutz: Insektenreste, Vogelkot, Blütenpollenrückstände und Teerspritzer wirken aggressiv und sollten daher mit Spezialreiniger oder Essig entfernt werden.

⑱ Verwenden Sie Teerentferner nicht auf frischen oder frisch ausgebesserten Lacken – darin enthaltene Lösungsmittel können die Lackoberfläche angreifen.

Praxistipp

Gutes Licht – nur mit sauberen Scheinwerfern

Die Scheinwerfer sollten Sie häufiger waschen als die Karosserie Ihres Vectra. Schmutzpartikel auf den Abdeckgläsern behindern die Lichtstrahlen und leiten sie in die Irre. Folge: Unkontrolliertes Streulicht, geringere Sichtweite, starke Blendung, vornehmlich bei Nebel. Schon nach einer halben Stunde Fahrt auf feuchter Straße können die Scheinwerfer Ihres Vectra zu über 60 Prozent verschmutzt sein. Entsprechend dürftig ist dann die Lichtausbeute – ein Gefahrenpotenzial für Sie und andere Verkehrsteilnehmer.

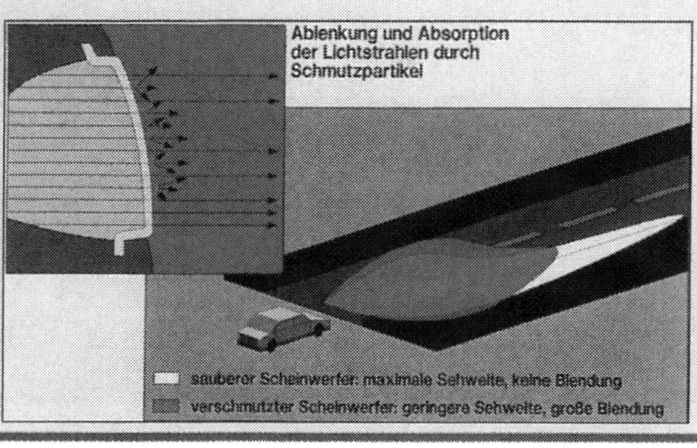

Motorwäsche

Mit der Zeit überziehen den Motorraum Ihres Autos Öl, Staub und Insekten mit einem unansehnlichen Schmutzfilm. Er »verpackt« ungefragt nicht nur den Motor und andere Aggregate, sondern hindert auch den Fahrtwind auf Dauer daran, den Kühler zu passieren. Ganz nebenbei: Ein durchfahrener Winter mit reichlich Streusalz und Straßendreck geht auch nicht spurlos am Motorraum und seinen Innereien vorüber. Also machen Sie es sich darum zur Gewohnheit – starten Sie den Frühjahrsputz mit einer gründlichen Motorwäsche. Eine Motorwäsche dürfen Sie allerdings nur dort erledigen, wo das Abwasser von einem Ölabscheider »entgiftet« wird. Entweder Sie machen sich in einer Selbstwaschanlage oder auf einem Waschplatz selbst ans Werk oder vergeben die Arbeit an eine Fachwerkstatt. Danach sind übrigens nicht nur ästhetische Probleme beseitigt, sondern auch technischen Wehwehchen wird vorgebeugt: Denn ein verdrecktes Kühlernetz provoziert kapitale Motorschäden – es bringt die Kühlflüssigkeit zum »Kochen« und schlimmstenfalls die Zylinderkopfdichtung frühzeitig in den »Himmel«.

Beschleunigen Rostfraß – Salzkrusten

Streusalz bekämpft nicht nur erfolgreich Eis und Schnee, sondern gleichfalls auch die Motorrauminnereien Ihres Autos. Durch Ritzen und Schächte dringt es tief ins »Allerheiligste« und lagert sich an Kühler, Karosseriefalzen und Kanten sowie an Kabelbäumen, Elektroantrieben und Steckverbindern ab. Salzkrusten binden Feuchtigkeit und fördern die Korrosion.

Arbeitsschritte

① Der Motor sollte möglichst kalt sein – sonst verdampft der Motorreiniger, bevor er überhaupt einwirken kann.

② Stellen Sie den Motor ab und schalten die Zündung aus.

③ Empfindliche Bauteile wie Zündanlage, Lichtmaschine und Kraftstoffsystem schützen Sie besser mit einem Lappen oder Plastiktüten. Ansonsten sind Störungen an Zündung und Bordelektrik vorprogrammiert.

④ Nehmen Sie sich zuerst die Innenseite der Motorhaube vor. Weichen Sie die Oberfläche mit viel Wasser ein und reinigen sie hernach mit einem Schwamm und Shampoo. Vergessen Sie auch nicht die Kanten an den Doppelprofilen, Schmutznester sind dort immer vorhanden. Die saubere Haube spritzen Sie dann mit Wasser ab.

Weich zum Ziel: *Richten Sie den »gebremsten« Wasserstrahl in einem möglichst »flachen« Winkel auf große Flächen.*

⑤ Das Kühlernetz spülen Sie mit reichlich Wasser aus Richtung Motorraum nach außen durch. Vorher weichen Sie Insektenreste mit einem eiweiß- und kalklösenden Mittel (z.B. Geschirrspülmittel, Haushaltsessig) ein. Vorsicht: Behandeln Sie das Kühlernetz nicht mit harten Bürsten – deformierte Lamellen vermindern die Kühlleistung.

⑥ Duschen Sie den Motorraum an allen Falzen, Trägern und ungeschützten Stellen ab.

⑦ Stärker verschmutzte Teile an Motor und Motorraum sprühen Sie mit einem Kaltreiniger ein. Nach kurzer Einwirkzeit können Sie den gelösten Dreck mit einem scharfen Wasserstrahl nachspülen.
⑧ Motorraum, Motor und sämtliche Nebenaggregate trocknen Sie abschießend vorsichtig mit Druckluft. An Selbstwaschanlagen oder autorisierten Waschplätzen sind meistens Druckluftnetze vorhanden. Druckluftpistolen werden gleichfalls dort verliehen.
⑨ Kontrollieren Sie nach der Motorwäsche, ob Teile unter der Motorhaube (Gas-, Kupplungszug, Stellmotoren, Umlenkhebel, etc.) nicht »trocken« laufen. Überall dort, wo Sie den Schmierfilm an beweglichen Teilen »weggeputzt« haben, helfen Sie nach der Wäsche mit einem Ölkännchen, etwas Schmierfett oder Silikonspray maßvoll nach.

Praxistipp

Versiegelt die Oberfläche – Motorschutzlack

Denken Sie schon nach der Wäsche an die nächste Motorwäsche und versiegeln darum den Motor – nebst Technikperipherie – mit einem besonders hitzefesten Motorschutzlack. Der nächste Schmutzfilm haftet dann mit Sicherheit weniger intensiv als der gerade entfernte. In Motorräumen, die ein »Kunststoffsarkophag« dominiert, reicht für das sichtbare Beiwerk ein Konservierungsspray oder Konservierungswachs.

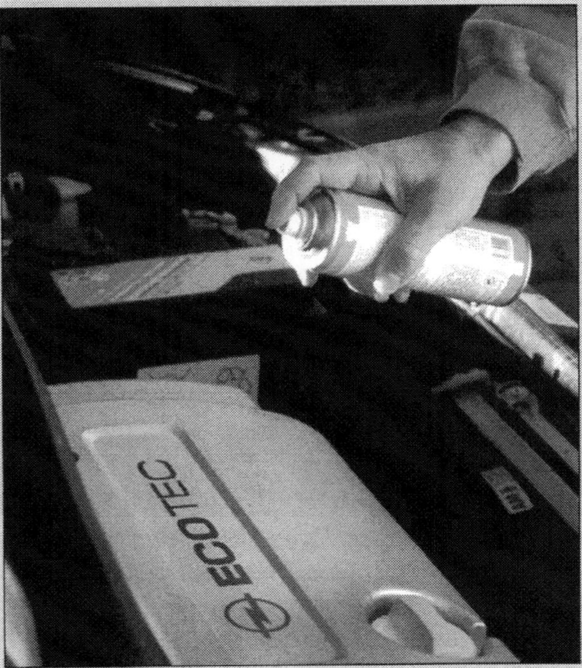

***Make-up unter der Motorhaube:** Hält die Oberflächen fit.*

Damit alles in Bewegung bleibt – Schmierdienst

Wer gut schmiert, der gut fährt – ein Tröpfchen Öl, eine wohl dosierte Prise Fett oder ein Spritzer Silikon wirken manchmal Wunder: Leichtgängig bleibt, was sonst quietscht, klemmt, reißt oder rostet. Folgende Faustregel sollten Sie beherzigen: Überall dort, beispielsweise an Scharnieren und Gelenken mit engen Passungen, wo kein Fett eindringen kann, ist Öl oder Schmierspray die erste Wahl. Gegeneinander reibende Flächen fetten Sie dagegen besser mit einer Schmierpaste oder mit Silikongleitmittel.

- Die Scharniere an **Türen**, **Motorhaube** und **Heckklappe** können ab und an einen Spritzer Öl vertragen.
- Die **Türfeststeller** bleiben mit etwas Mehrzweckfett geräuschlos in Form.
- **Schlossfallen an Türen, Motorhaube** und **Heckklappe** behandeln Sie zweckmäßigerweise mit Sprühfett oder Gleitpaste. Dort, wo Seilzüge sichtbar sind, zum Beispiel an der Schlossplatte der Motorhaube, etwas Fett auftragen und durch mehrmalige Hebelbewegung in die Zugumhüllung ziehen.
- **Schließzylinder** inklusive der **Schlüsselführungen** sollten Sie spätestens zu Beginn der kalten Jahreszeit mit Silikonspray auf den Winter vorbereiten: Silikon schmiert, verdrängt Feuchtigkeit und schützt vor Rost. Der Frost hat somit keine Chance das Schloss zu blockieren.
- **Arretierbügel** der Motorhaube am unteren Lagerbolzen mit Öl schmieren.
- **Motorhaubenscharniere** einölen oder mit Schmierspray benetzen.

Werterhaltend – Lackpflege

Die regelmäßige Lackpflege ist eine lohnende Arbeit. Denn stumpfe, verwitterte Lackoberflächen machen Ihren Vectra für Sie und andere unansehnlich: Spätestens beim Wiederverkauf »rächt« sich ein ungepflegter Lack schnell mal mit ein paar »Euro« weniger in Ihrer Tasche. Neue Lacke sind zunächst pflegeleicht, regelmäßiges Waschen und die prompte Beseitigung von Steinschlägen, Teerflecken und Insektenresten reichen völlig aus. Doch spätestens wenn Wassertropfen nur noch mit unscharfen Rändern auf dem frisch gewaschenen Auto abperlen, wird es Zeit zur Lackpflege. Sonne, Regen, Streusalz, Schmutz und andere Umweltgifte haben dann der Lackoberfläche »zugesetzt«.

Wirkt häufig Wunder – Lackreiniger

Welches Lackpflegemittel für Ihren Opel das Richtige ist, hängt von seinem Zustand ab. Einem neuen, noch gut erhaltenen Lack genügt eine milde Politur. Sie glättet die durch Umwelteinflüsse und mechanische Einwirkungen leicht angegriffene Lackoberfläche. Außerdem sind moderne Polituren mit Wachskomponenten aufbereitet, die das Blechkleid konservieren. Für neue Lacke sind scharfe Lackreiniger eher reines Gift – für alte und verwitterte Lacke jedoch genau das richtige Mittel für glänzende Ergebnisse.

Immer einen Versuch wert – gründliche Lackpflege

Ein Lackreiniger funktioniert zunächst wie eine Politur, seine Mixtur enthält jedoch Schleifmittel, die auch mit stärkeren Verschmutzungen fertig werden. Bevor Sie Ihrem verwitterten Vectra also freiwillig eine Neulackierung spendieren, sollten Sie es zunächst mit einem guten Lackreiniger versuchen: Zur Lackpflege ist es nie zu spät. Konservierende Komponenten enthalten Lackreiniger in der Regel allerdings keine. Sie sollten den aufbereiteten Lack daher in einem zweiten Arbeitsgang mit Autowachs versiegeln.

»Gift« für den Lack – pralles Sonnenlicht

Bei neuen und aufbereiteten Lacken empfiehlt es sich übrigens, die Konservierung erst nach rund einem Jahr zu erneuern. Verwitterte oder ältere Lackoberflächen »versiegeln« Sie dagegen ruhig zwei- oder dreimal jährlich. Das erhält den Glanz, optimiert den Langzeitschutz und hält den Lack »jung«. Meiden Sie allerdings pralles Sonnenlicht, die meisten Polituren und Lackreiniger wirken unter Sonneneinstrahlung ziemlich aggressiv. »Werkeln« Sie lieber im Schatten oder unter einem Garagendach, dort haben die chemischen Politursubstanzen keine Chance, sich über Gebühr mit der »Vectra-Haut« anzulegen. Wenn Sie Ihrem Vectra in geschlossenen Räumen auf den »Leib« rücken, sorgen Sie für eine gute Raumdurchlüftung – die Ausdünstungen des Pflegemittels sind gesundheitsschädlich.

Lackpflege

Arbeitsschritte

① Bevor Sie loslegen, waschen und trocknen Sie Ihr Auto gründlich.

② Prüfen Sie zuerst an einer relativ unauffälligen Stelle, ob der Lack auch das Politurmittel »verträgt«. Vorsicht bei Lackreinigern: Tragen Sie immer nur dünne Schichten kreisförmig auf – zu viel Lackreiniger »schleift« mehr Decklack ab als nötig. Reinigen Sie Ihren Vectra lieber in mehreren Durchgängen.

③ Politur oder Lackreiniger tragen Sie unter sanftem Druck mit handballengroßen »Fetzen« Polierwatte oder einem weichen Tuch (kein Kunstfaserlappen) in kreisförmigen Bewegungen auf. Behandeln Sie immer nur überschaubare Flächen.

④ Schon nach kurzer Einwirkzeit bildet sich ein trockener weißer Belag, den Sie mit einem sauberen Wattebausch in kreisenden Bewegungen auspolieren. Bei stark verwittertem Lack Vorsicht an Kanten: Bearbeiten Sie die gleiche Stelle nicht zu lange, Sie könnten sonst den Lack bis auf die Grundierung abtragen.

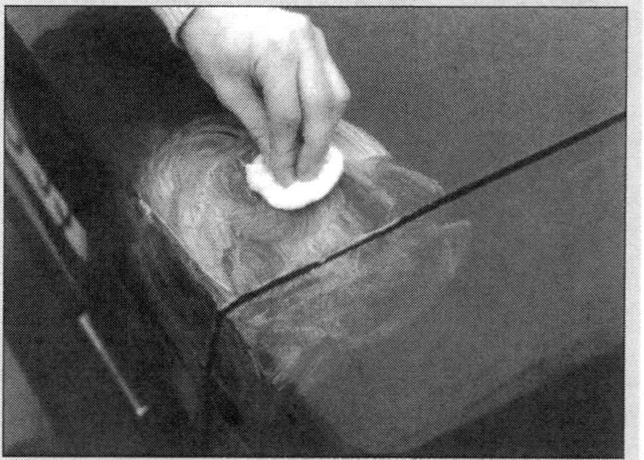

Übersichtlich aufteilen: Karosserieoberfläche während der Politur. *Nehmen Sie sich niemals mehr als etwa einen halben Quadratmeter vor. Ansonsten kommen Sie mit dem Auspolieren nicht zeitig genug nach – eingetrocknete Politur »trennt« sich nur schwer vom Lack und kann infolgedessen die Oberfläche verkratzen.*

⑤ Wenden oder erneuern Sie den Watteballen regelmäßig – seine Oberfläche setzt sich nach geraumer Zeit mit Wachs- und Pflegemittelpartikeln zu.

⑥ Um Poliermittel- und Watteflusenresten den Garaus zu machen, reiben Sie abschießend die polierte Lackoberfläche mit einem sauberen Baumwolllappen ab.

Großflächig auspolieren: Aufgetragene Lackpolitur. *Verwenden Sie einen großen Wattebausch und tragen die weißen Politurüberschüsse in kreisenden Bewegungen von der Lackoberfläche ab. Sobald der Wattebausch »schwerer kreist«, wenden oder erneuern Sie den »Putzer«.*

Basis für brillanten Tiefenglanz – Lackkonservierer

⑦ Den Konservierer tragen Sie unter sanftem Druck mit handballengroßen »Fetzen« Polierwatte oder einem weichen Tuch (kein Kunstfaserlappen) in kreisförmigen Bewegungen auf. Behandeln Sie immer nur überschaubare Flächen, das steigert den Tiefenglanz.

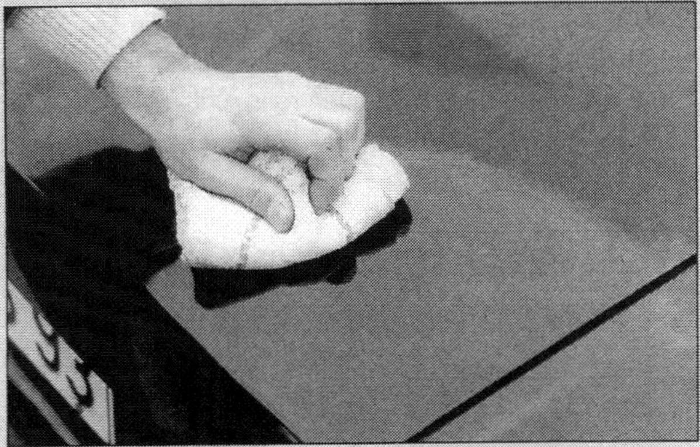

Schlierenfreier Hochglanz: *Als letzte Poliermaßnahme reiben Sie die Lackoberfläche dann noch mit einem weichen Baumwolltuch (ausrangiertes T-Shirt) ab. Das entfernt die letzten Polierreste und natürlich auch die Watteflusen.*

⑧ Die Watte muss mit wenig Widerstand leicht über den Lack gleiten. Deshalb wenden Sie den »Fetzen« häufig und nehmen rechtzeitig einen neuen Wattebausch in die Hand.

⑨ Erkennen Sie danach noch Streifen oder Wolken auf dem Lack, liegt das meist an verschmierten Farbpartikeln – »Hinterlassenschaften« einer vorhergehenden Politur. Wiederholen Sie den Vorgang an den schlierigen Stellen.

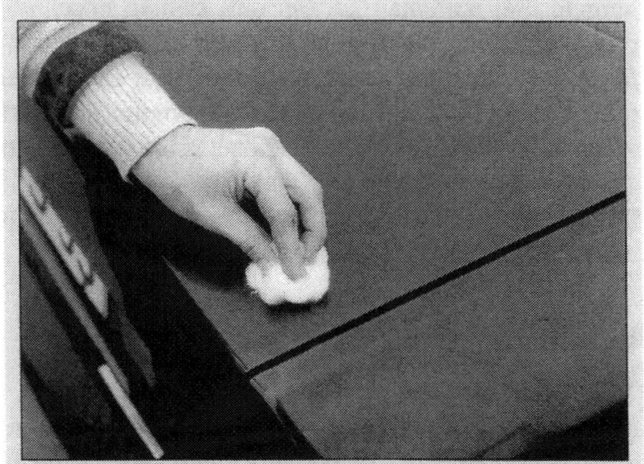

Muss eine Verbindung eingehen: Lackkonservierer auf der Lackoberfläche. *Sollte der Konservierer auf dem Lack »abperlen« ist entweder die Lackoberflächenspannung noch zu groß oder der Politur war bereits ein Konservierer untergemischt. Warten Sie in dem Fall bis zur nächsten Wagenwäsche und konservieren dann erneut.*

Wertmindernd – hässliche Lackschäden

Während der Fahrt unterliegt Ihr Auto einem »Dauerbeschuss« diverser Fremdkörper: Kleine aufwirbelnde Steinchen, selbst winzige Sandkörner, werden bei hohen Tempi zu Geschossen, die wie Meteoriten auf dem Lack einschlagen. Auf winterlichen Straßen sind vor allem die Frontpartie und Motorhaube stark gefährdet – feste Streumittelbestandteile prasseln dann hörbar gegen die Karosserie. Steinschlagschäden sind jedoch kein Drama. Auch ein leichter Parkrempler mit Kratzern und Schrammen bietet keinen Anlass zur Panik. Solche Stellen lassen sich, ebenso wie der »gegnerische« Fremdlack, meistens einfach mit Lackreiniger oder einer speziellen Schleifpolitur auspolieren.

Praktisch nach Steinschlägen – Lack-Reparaturset

Die meisten Hersteller bieten »gegen kleine« Steinschlagschäden praktische Reparatursets an. Sie lassen sich ähnlich leicht handhaben wie Nagellack. Eine gebräuchliche Alternative ist Tupflack, mit dem Sie Steinschlagkrater in mehreren Lackschichten auffüllen können. Bei normalen Lacken und kleinen Beschädigungen helfen übrigens auch Wachsstifte in Wagenfarbe. Das Reparaturwachs hält freilich nur einige Wagenwäschen lang und muss danach wieder erneuert werden. Sollten Sie die Lackbezeichnung und den Code der Wagenfarbe vergessen haben, kein Problem: Ihr Vertragshändler entschlüsselt anhand des Nummerncodes die Angaben im Kfz-Schein.

Umgehend beseitigen – frische Lackblessuren

Ignorieren Sie auch winzige Macken im Lack nicht: Rost leistet in kurzer Zeit ganze Arbeit – bei ungünstigen Bedingungen (Nässe, Wärme oder unter Salzeinfluss) sogar schon in wenigen Tagen – auch an verzinkten Karosserieblechen. Lassen Sie dem Rost gar über Monate oder Jahre ungehinderten Freiraum, sind große Krater das traurige Resultat. In diesem Fall helfen nur noch aufwändige Restaurierungsarbeiten.
Die können wir Ihnen in diesem Umfeld freilich ebenso wenig vorstellen, wie die Reparatur eines Unfall- oder Blechschadens. Dazu empfehlen wir Ihnen Ihre Vertragswerkstatt oder den Band 175 aus der Reihe »Jetzt helfe ich mir selbst«. Fachleute bringen Ihnen darin diverse »Geheimnisse« rund ums »heilix Blechle« näher.

Damit klappt's – das richtige Material

- Abklebeband (verwenden Sie nur Profimaterial)
- Zeitungen oder Folie zum Abkleben
- Für flächiges Schleifen einen Schleifklotz aus Holz oder Kork
- Nass- und Trockenschleifpapier in verschiedenen Körnungen
- Spachtel, Spachtelmasse und Härter. Spritzspachtel zum Ausgleich kleinerer Unebenheiten
- Haftgrund, als Grundlage für den neuen Lackaufbau
- Decklack
- Lackreiniger, Konservierer, Politur

Steinschlagschäden ausbessern

Arbeitsschritte

① Beseitigen Sie abstehende Ränder rund um den Lackkrater vorsichtig mit einer feinen Nadel oder einem Uhrmacherschraubendreher.

② »Rostschuppen« kratzen Sie mit einem spitzen Messerchen vorsichtig aus. Danach träufeln Sie einen Tropfen Rostumwandler auf die Stelle und lassen ihn etwa eine Stunde einwirken.

③ Jetzt waschen Sie die Schadstelle gründlich mit Lackverdünner aus und trocknen sie mit einem Haarfön.

④ Sprühen Sie jetzt etwas Haftgrund in den Sprühdosendeckel und tragen ihn dann mit einem Tupfpinsel oder Ihrer »sauberen« Fingerkuppe dünn auf die Schadstelle auf. Den Haftgrund lassen Sie gut austrocknen.

⑤ Drücken Sie, bündig zur umgebenden Lackfläche, mit Ihrer Fingerkuppe oder einem kleinen Kunststoffmesser ein wenig Spachtel in den Krater. Lassen Sie die Masse gut austrocknen. »Ungebetene« Spachtelflecken wischen Sie dagegen umgehend mit einem in Lackverdünnung getränkten Lappen ab.

⑥ Überflüssige Spachtelmasse schleifen Sie mit feinem Schleifpapier vorsichtig aus. Umwickeln Sie dazu ein Bleistiftende mit einem schmalen Streifen, den Bleistift drehen Sie zum Schleifen zwischen den Handflächen.

⑦ Sprühen Sie Decklack in den Dosendeckel und lassen ihn circa eine Minute ablüften. Tragen Sie dann den verdickten Lack mit Ihrer Fingerkuppe oder einem spitzen Pinsel dünn auf.

⑧ Um das Ergebnis zu toppen, polieren Sie die Übergänge des vollständig ausgetrockneten Lacks (im Sommer nach etwa zwei, im Winter nach rund fünf Tagen) mit Politur bzw. Lackreiniger großflächig bei.

Großflächig auspolieren – kleine Kratzer und Schrammen

Arbeitsschritte

① Reinigen Sie die Schadstelle gründlich mit Waschbenzin oder Verdünner und …

② … polieren dann die Fremdfarbe (falls vorhanden) in mehreren Arbeitsgängen mit Polierwatte, Schleifpolitur oder Lackreiniger aus dem Decklack. Legen Sie die Polierfläche möglichst großzügig an.

③ »Ausgerissene« Schrammenränder schleifen Sie zunächst mit einem kleinen Streifen Wasserschleifpapier (mindestens Körnung 800) behutsam glatt. Wässern Sie ständig das Schleifpapier in einem Wassereimer und spülen gleichfalls die Schleifstelle. Vorsicht: Durchschleifen Sie nicht die Decklackschicht.

④ Polieren Sie die Schadstelle großflächig mit einer milden Politur nach. Sie »verteilen« dabei Farbpartikel aus der unmittelbaren Lackumgebung in die Schramme.

⑤ Zuletzt versiegeln Sie die bearbeitete Stelle mit einem Lackkonservierer.

⑥ Wenn Sie auf gleichmäßigen Glanz Wert legen, polieren Sie anschließend das ganze Auto auf.

Lackneuaufbau – so verschwinden größere Schrammen

Arbeitsschritte

① Bei tiefen Schrammen an Stoßfänger, Kotflügel oder Tür bauen Sie vor der Reparatur das Karosserieteil sinnvollerweise aus. Das Ergebnis wird dann besser, denn die Arbeit geht Ihnen leichter von der Hand.

② Schleifen Sie die Schadensfläche mit Schleifpapier (Körnung 80 oder 100) leicht an. Rost schleifen Sie bis aufs blanke Blech herunter und tragen dann Rostumwandler auf. Lassen Sie den »Wandler« ca. eine Stunde einwirken.

③ Die Stelle reinigen Sie zunächst mit Lackverdünner, entfetten sie und lassen sie gut ablüften.

④ Jetzt vermischen Sie den Spachtel mit dem Härter. Die Spachtelmasse gleicht Höhenunterschiede zu den angrenzenden Flächen aus. Vorsicht: Zweikomponentenspachtel bleibt, je nach Temperatur, nur einige Minuten verarbeitungsfähig. Deshalb mischen Sie stets nur kleine Mengen an. Bei geringen Unebenheiten ist Spritzspachtel aus der Sprühdose die bessere Wahl.

⑤ Tragen Sie die Spachtelmasse gleichmäßig und zügig in mehreren dünnen Schichten auf. Nach etwa einer Stunde ist der Spachtel ausgehärtet.

⑥ Unebenheiten egalisieren Sie mit Trockenschleifpapier (Körnung 180). Den Feinschliff erledigen Sie mit Nassschleifpapier (Körnung 400). Schleifen Sie die Fläche mit viel Wasser und verhaltenem Druck plan.

⑦ Verbliebene Riefen gleichen Sie nun erneut mit Spritzspachtel aus. Sobald sie ausgehärtet sind, schleifen Sie die Stellen mit Nassschleifpapier (Körnung 600) an.

⑧ Spülen Sie vor dem Lackieren den Schleifstaub sorgfältig mit Wasser ab.

Lackieren wie die Profis – mit etwas Übung möglich

⑨ Die gründlich vorbereitete Schadstelle müssen Sie nun mit wasserfestem Abklebeband (Profiqualität) und/oder einer Folie bzw. alten Zeitungen abkleben. »Missachten« Sie unbedingt billiges Klebeband, es weicht schnell auf und löst sich dann vom Untergrund. Vorsicht: Lüften Sie immer Ihren Arbeitsplatz gut durch – beim Lackieren entstehen giftige Dämpfe.

⑩ Als Grundlage für den Decklack spritzen Sie Haftgrund (Füller) auf die gespachtelte Fläche. Arbeiten Sie sauber – Unebenheiten und Lacknasen verschwinden nicht mit zunehmendem Lackauftrag, sondern vergrößern sich. Den Haftgrund lassen Sie trocknen und schleifen dann die Fläche mit Nassschleifpapier (Körnung 600) plan. Die Schleifrückstände spülen Sie mit Wasser ab.

⑪ Tragen Sie den Decklack aus der Sprühdose gleichmäßig und zügig in mehreren Schichten auf. Der Abstand vom Sprühkopf zur Lackierfläche sollte etwa 20 bis 30 Zentimeter betragen. Erwärmen Sie die Sprühdose vor dem Lackieren kurz in heißem Wasser oder auf einem Heizkörper. Die Farbpartikel entweichen dann unter höherem Druck. Vorteil: Die Oberfläche wird glatter und der Lackverlauf gleichmäßiger.

⑫ Bevor Sie die Schadstelle »nachsprühen«, lösen Sie um die Reparaturstelle herum vorsichtig die Klebebandränder und knicken sie um. Der Übergang zum Originallack wird dann unscharf und lässt sich leichter beipolieren.

⑬ Sobald der Reparaturlack vollständig ausgetrocknet ist (im Sommer nach etwa zwei, im Winter nach fünf Tagen), die ausgebesserte Stelle mit Politur und die Übergänge mit Lackreiniger bearbeiten. Die besten Ergebnisse erzielen Sie, wenn anschließend das gesamte Fahrzeug aufpoliert wird.

Sprühstrahl begrenzen: *Wenn Sie einen lokalen Lackschaden ausbessern, begrenzen Sie den Sprühstrahl mit einer perforierten Pappe (Pfeil). Halten Sie die Pappe etwa 10 cm vor die abgedeckte Karosseriefläche (Pfeil) und bessern dann durch die Öffnung die Schadstelle aus. Auf diese Weise bekommen Sie »weiche« Übergänge zum alten Lack hin.*

Mit Schleifklotz und Wasserschleifpapier: *Bevor Sie den neuen Lack auftragen, schleifen Sie die »Arbeitsstelle« mit viel Wasser an. Lassen Sie den Schleifklotz möglichst wenig kreisen, sondern schleifen Sie mit Parallelbewegungen. Spülen Sie die Schleifstelle regelmäßig mit Wasser ab. Den Schleifklotz samt Papier »baden« Sie in einem Wassereimer.*

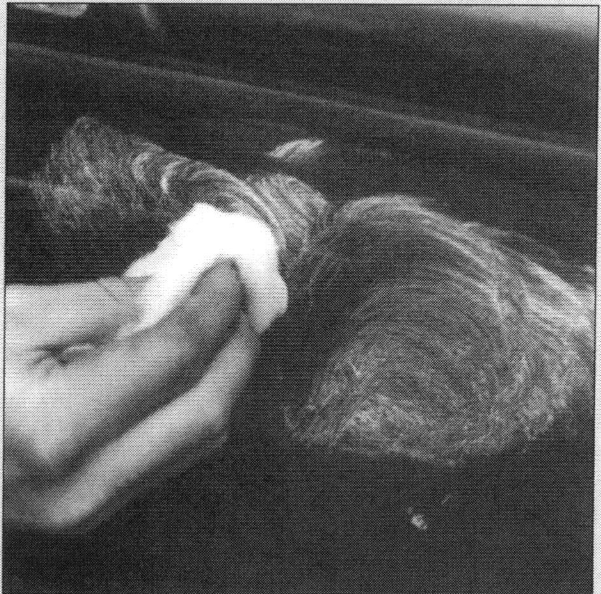

Oberflächen Make-up: *Leichte Kratzer, Schrammen oder Farbnebel beseitigen Sie mit einer speziellen Schleifpaste oder Lackreiniger. Tragen Sie das Mittel auf einem weichen Baumwolllappen auf und bringen es kreisförmig auf die Schadstelle. Vergessen Sie nicht, den Lack danach mit Flüssigwachs zu versiegeln.*

Üben übt: *Bevor Sie das erste Mal »Knitterfalten« ausgleichen, trainieren Sie den Umgang mit Spachtelmasse und Spachtelklinge fernab der Karosserie. Verarbeiten Sie nur geschmeidige Spachtelmasse und ziehen die Oberfläche möglichst glatt. Was Sie von vornherein mit dem Spachtel »schlichten«, müssen Sie hernach nicht mühsam abschleifen.*

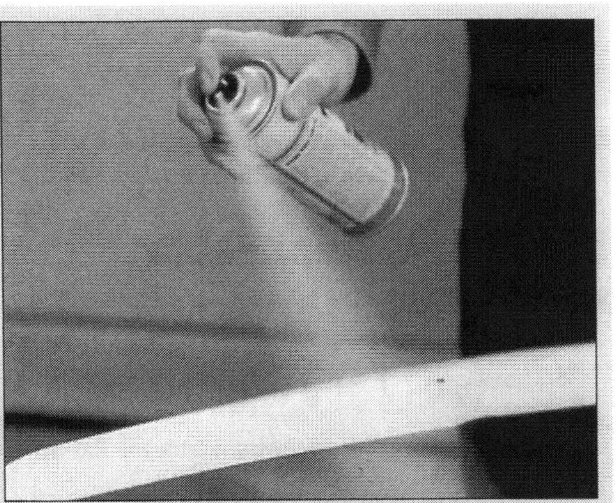

Schichtarbeit: Tragen Sie den neuen Lack mehrschichtig im Nass- in Nassverfahren auf. Lassen Sie dem frischen Lack immer ein paar Minuten Zeit sich mit dem Untergrund zu verbinden. Führen Sie den Sprühkopf zudem mit ruhiger Hand und vermeiden kreisende Bewegungen. Stattdessen tragen Sie den Lack in Parallelschwüngen gleichmäßig auf.

Praxistipp

Sondermüll – Farbreste, leere Spraydosen, verdreckte Putzlappen, alte Pinsel

Farb- und Lösungsmittelreste gehören nicht in den Haus- sondern in den Sondermüll. Das gilt auch für verschmutzte Lappen, Pinsel und Spraydosen. In vielen Städten und Gemeinden gibt's heute mobile Annahmestellen. Fragen Sie bei Ihrem Umweltamt nach den Abholterminen oder den Öffnungszeiten der Deponie.

Die Scheibenwaschanlage

Ohne »Durchblick« keine Sicherheit: Gute Rundumsicht ist das A und O für ALLE Verkehrsteilnehmer – erst recht für jeden Autofahrer. Und damit Sie in Ihrem Opel auch bei Regen, Matsch und Schnee den »Durchblick« nicht verlieren, »putzt« der Vectra seine Frontscheibe ab Werk mit einem mehrstufigen Scheibenwischer inklusive zwei beheizbarer Waschwasserspritzdüsen mit Doppelstrahl.
Regennasse Frontscheiben säubert der Vectra-Scheibenwischer mit zwei Geschwindigkeiten. Bei schwachem Nieselregen oder Nebel erweisen sich zudem der »Einmaltippkontakt« sowie variable Wischintervalle als sehr angenehm und bequem.

Gegen Aufpreis machbar – Regensensor schaltet Scheibenwischer automatisch an und aus

Falls Sie häufig mit dem Scheibenwischer auf »Kriegsfuß« stehen, können Sie im Vectra-C jetzt tief durchatmen – vorausgesetzt sie lassen ein paar zusätzliche Euro »springen«: Opel spendiert dem Vectra nämlich optional einen Regensensor. Der »Tropfenfahnder« erkennt unbestechlich die Wassermenge auf der Frontscheibe und setzt die Wischerarme dementsprechend in Szene.
Einerlei ob mit oder ohne Regensensor: Bevor Sie dem Wischer grünes Licht geben, sind stark verschmierte Scheiben grundsätzlich erst einmal ein Fall für die Scheibenwaschanlage. Den effektivsten Durchblick bekommen Sie, wenn die Spritzdüsen das Waschwasser im oberen Drittel des Wischfelds zerstäuben.

Für Profis selbstverständlich – neue Wischergummis im Frühjahr und Herbst

Die Lebensdauer von Wischergummis ist begrenzt: Bei jeder Wischbewegung malträtieren »öliger« Straßenschmutz, verhärtete Insektenreste sowie Salzrückstände die Gummilippen. Ozon und UV-Strahlen härten die Wischergummis zusätzlich aus.
Solange die Wischer mit korrektem Anpressdruck auf der Scheibe anliegen und der Gummi noch genügend Elastizität hat, ist das »Putzergebnis« o.k. Lästige Schlieren oder unangenehme Kratzgeräusche sind allerdings der sicht- und hörbare Beweis für verschlissene Wischerlippen. Sie trüben nicht nur Ihren Durchblick, sondern zerstören auf Dauer auch die Scheibe. Ignorieren Sie das, sparen Sie an der falschen Stelle, zumal Wischergummis völlig unproblematisch zu wechseln sind.
Profis tauschen Wischergummis vorbeugend im Frühjahr und Herbst gegen neue aus – auf der Heckscheibe (GTS) reicht ein neues Gummi pro Jahr. Falls Sie den Mehraufwand mit neuen Wischergummis scheuen sollten, wechseln Sie kurzerhand die kompletten Wischerblätter.
Doch für den Fall, dass Ihnen Ihre Euro nicht Schnuppe sind, »knöpfen« Sie sich nur die Wischergummis vor: Gut sortierte Fachgeschäfte halten sie

meist sogar in bester Markenqualität auf Lager. Häufig allerdings unter dem Tresen versteckt, denn die Gewinnmargen mit kompletten Blättern sind lukrativer. Als gewiefter Do it yourselfer lassen Sie sich davon freilich nicht beirren, schließlich geht's hier um Ihr Geld – fragen Sie also nach Wischergummis. Bosch zum Beispiel liefert die »Putzer« in fast allen gängigen Größen und Profilen. Bevor Sie übrigens zur Tat schreiten, schauen Sie sich Ihre alten Wischergummis genau an: Die Betonung liegt auf »genau«, denn auf den ersten Blick sind alle nur schwarz. In der Praxis gibt es jedoch unterschiedlich profilierte Wischerlippen und verschieden starke Gummiprofile.

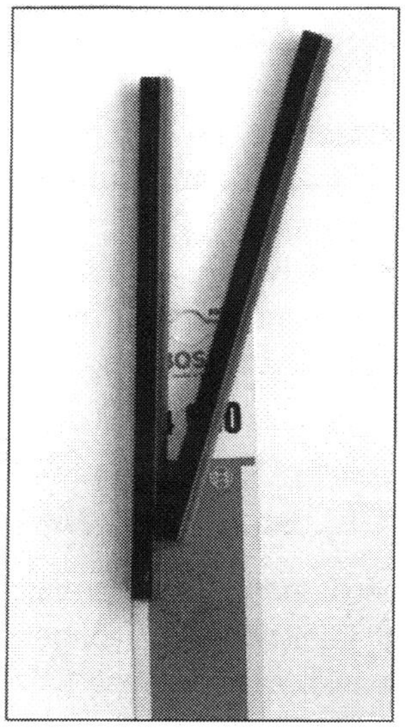

Schnell ein paar Euro gespart: *Wischergummis bietet der gut sortierte Fachhandel in unterschiedlichen Größen und Profilen an. Für Do it yourselfer eine willkommene Gelegenheit, auf komplette Wischerblätter zu verzichten und nur die spröden Gummis binnen weniger Minuten gegen neue zu tauschen.*

Übrigens, auch die meisten Arbeiten an der Scheibenwaschanlage können Sie in der Regel selbst erledigen. Schenken Sie zunächst den Sicherungen und Anschlusskabeln an den Wischermotoren einen prüfenden Blick. Sollten Ihnen dann schon Fehler auffallen, informieren Sie sich, vor der anstehenden Reparatur, bitte im Kapitel »Die Fahrzeugelektrik«.

Scheibenwischer und Waschanlage prüfen

Arbeitsschritte

① Zündung einschalten, Wischermotor einschalten.

② Läuft der Scheibenwischer in allen Geschwindigkeiten?

③ Funktioniert die Wischer-Intervallschaltung?

④ Arbeitet die Scheibenwaschanlage?

⑤ Sind die Spritzdüsen richtig eingestellt?

⑥ Funktionieren Heckwischer und -wascher?

⑦ Schwenken – nach dem Ausschalten – die Wischerarme automatisch in ihre Parkstellung zurück?

Scheibenwischerblatt wechseln

Arbeitsschritte

① Klappen Sie den Scheibenwischerarm von der Scheibe ab und …

② … schwenken dann das betreffende Wischerblatt an seiner Drehachse um etwa 180 Grad nach oben. In dieser Stellung zeigt, zwischen Wischergummi und Halterahmen, die geschlossene Seite der U-förmigen Wischerblattaufnahme nach vorne.

③ Fixieren Sie das Blatt in dieser Stellung und entsichern (drücken) mit der anderen Hand die kleine Arretierzunge (Pfeil) an der offenen Seite der Wischerblattaufnahme nach innen.

④ »Schieben« Sie das entsicherte Blatt nun vorsichtig nach unten aus dem Wischerarm. Verschaffen Sie dem Arm den nötigen Platz am Wischergummi und …

⑤ … bugsieren das Blatt am Wischerarm vorbei (Pfeil) aus der Halterung.

⑥ Beenden Sie die Montage in umgekehrter Reihenfolge. Achten Sie darauf, dass die Zunge hörbar in der Wischerblattaufnahme einrastet. Ansonsten »fliegt« Ihnen das Blatt beim nächsten Regen von der Scheibe.

⑦ Verfahren Sie mit dem anderen Blatt auf die gleiche Weise. Das gilt übrigens auch für den Heckwischer.

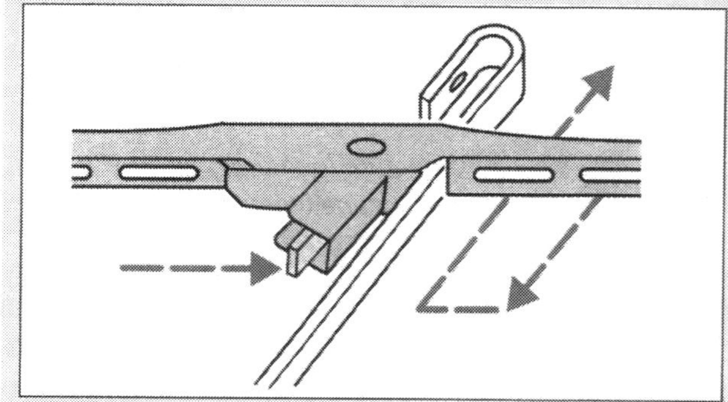

Auf die Reihenfolge kommt's an: *Wischerblattwechsel. Klappen Sie zunächst den Wischerarm von der Scheibe und entsichern hernach das Wischerblattgelenk an der kleinen Zunge (Pfeil). Erst dann schieben Sie das Blatt aus dem »U« des Wischerarms.*

Scheibenwischergummi wechseln

Arbeitsschritte

① Demontieren Sie das komplette Wischerblatt, wie beschrieben.

② Der Wischergummi ist auf einer Seite mit zwei Halteklammern am »Gestell« fixiert. Fassen Sie dort den Gummi und …

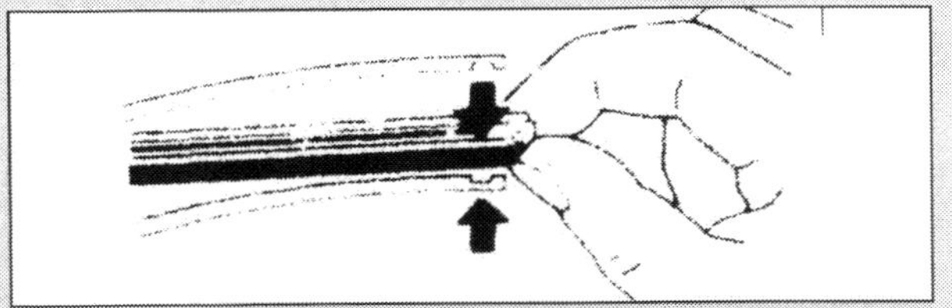

Mit zwei Halteklammern (Pfeile) fixiert: Wischergummi.

③ … ziehen ihn mitsamt der beiden Federstreifen aus der Führung. Sollte der Gummi allzu widerspenstig sein, biegen Sie die beiden Haltenasen mit einem Lüsterklemmenschraubendreher vorsichtig auseinander.

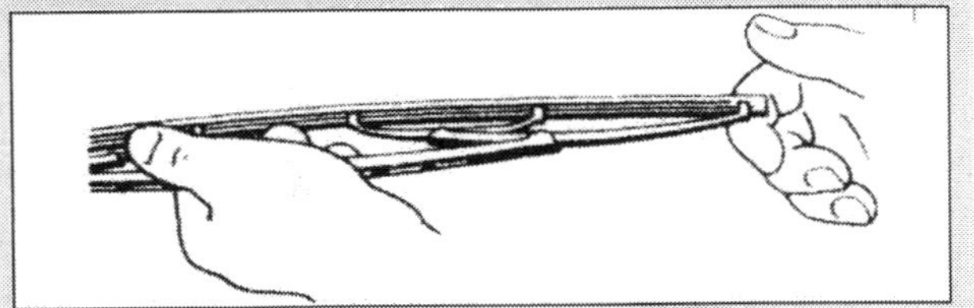

Festhalten – Wischerblattgestell.

④ Bugsieren Sie jetzt den gesamten Wischergummi nacheinander aus den Halterungen. Achten Sie derweil darauf, die Haltezungen nicht zu verbiegen.

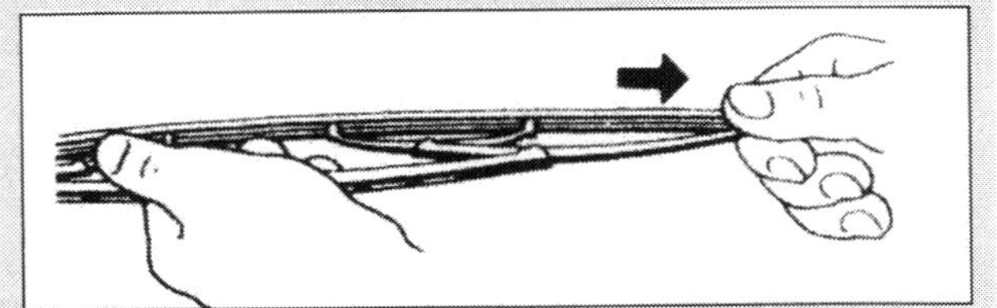

Aus den Halterungen bugsieren – Wischergummi.

⑤ »Fingern« Sie nun beide Federstreifen aus der Gummilippe.

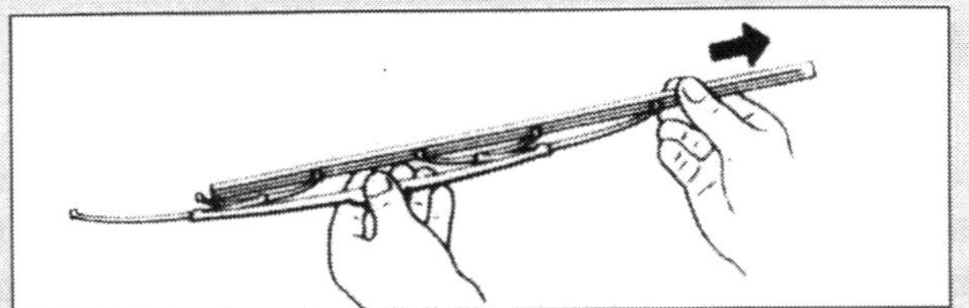

Aus der Führung ziehen – beide Federstreifen.

⑥ Um zur Montage ihre Vorspannung wieder etwas zu erhöhen, »fahren« Sie mit einem leichten Biegemoment die Federstreifen jeweils zwischen Daumen und Zeigefinger ab. Vermeiden Sie die Federstreifen dabei zu »knicken«.

⑦ Sobald beide Streifen gleichmäßig vorgespannt sind, setzen Sie die Federstreifen mit der Wölbung nach außen (Wischerlippe) in den Gummi ein. Die Aussparungen fixieren Sie dazu in der Gumminut.

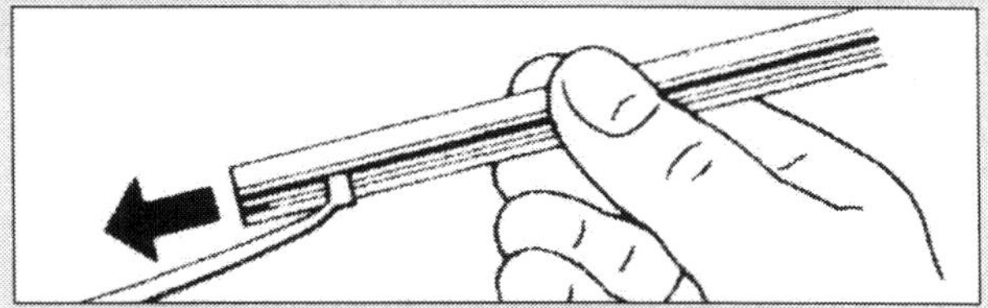

Mit der Wölbung nach außen in das Wischergummi einsetzen – Federstreifen.

⑧ Schieben Sie nun den neuen Gummi mit der gegenüberliegenden Seite Schritt für Schritt in die Halterungen ein. Achten Sie darauf, dass Sie immer in der gleichen Nut bleiben.

⑨ Den ganz eingeschobenen Wischergummi fixieren Sie in den Aussparungen am äußeren Ende. Sollten Sie die Haltenasen des alten Gummis zur Demontage leicht geweitet haben, korrigieren Sie das jetzt mit einer Kombi- oder Wasserpumpenzange.

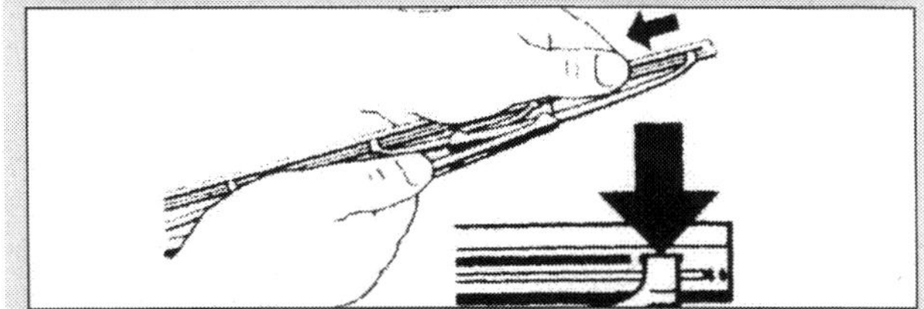

Schritt für Schritt einschieben und am äußeren Ende fixieren – Wischergummi.

⑩ Richtig eingelegte Federstreifen und unverbogene Halterungen geben dem neuen Wischergummi den »Bewegungsspielraum«, den er braucht, um schlierenfrei zu wischen. Sobald sich die Gummilippe nach außen vom Rahmen abhebt haben Sie gut gearbeitet.

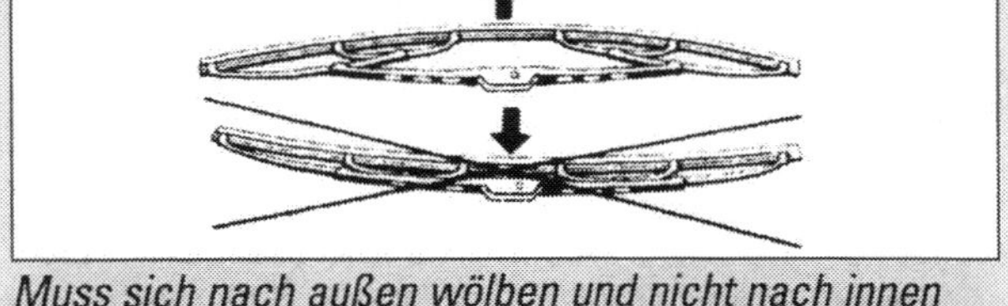

Muss sich nach außen wölben und nicht nach innen einziehen – Gummilippe.

⑪ Die runderneuerten Blätter montieren Sie wie beschrieben auf alle Wischerarme.

Scheibenwaschwasser auffüllen

Arbeitsschritte

① Im Sommer sollten Sie den Waschwasservorrat mit klarem Wasser ergänzen. Ein Anteil Reinigungsmittel steigert die Waschwirkung erheblich. Im Winter mengen Sie der Waschlösung zusätzlich Gefrierschutz bei oder Sie verwenden bereits vorgemischtes »Scheibenklar«.

② Damit im Vorratsbehälter sofort eine homogene Mischung entsteht, zuerst das (die) Zusatzmittel einfüllen, erst dann ergänzen Sie die Lösung bis zur Einfüllöffnung mit Wasser.

③ Bei Minustemperaturen friert die Scheibenwaschanlage ein. Darum »präparieren« Sie ihren Vorratstank in der kalten Jahreszeit immer zu rund einem Drittel mit einem Gefrierschutzmittel (z. B. Brennspiritus) oder einer »fertigen« Reinigungslösung. Damit im Ernstfall auch die Zuleitungen und Spritzdüsen geschützt sind, lassen Sie die Waschanlage nach dem Füllvorgang so lange »pumpen«, bis Sie die Mischung auf den Scheiben erkennen und riechen.

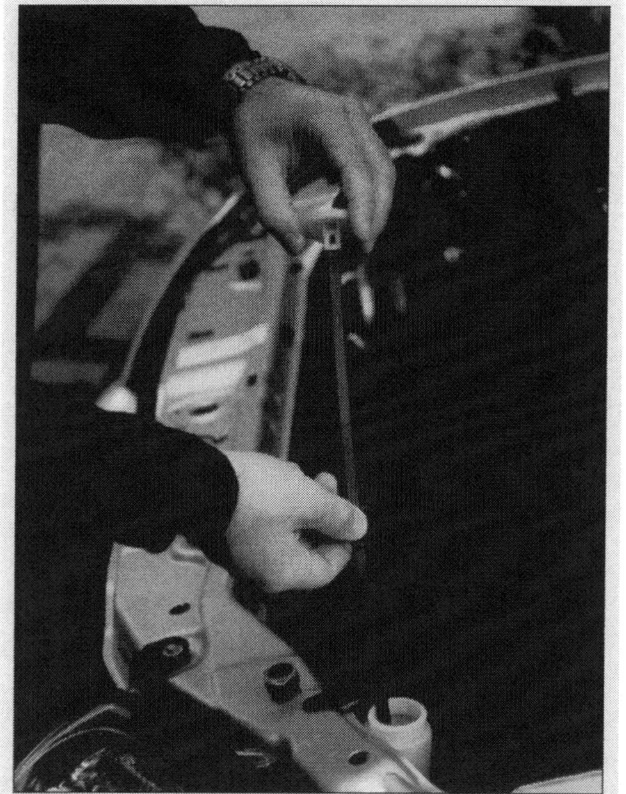

***Leicht befüllbar:** Der Waschwasserbehälter mit »Peilstab« unter der Motorhaube vorne links.*

Waschwasserdüsen einstellen

Auf dem Windlauf vor der Frontscheibe hat der Vectra zwei Waschwasserdüsen mit jeweils zwei Öffnungen. Um ihre Reinigungswirkung voll auszuschöpfen, stellen Sie die Spritzrichtung mit einer Nadel oder Büroklammer »flächendeckend« auf das Wischfeld des oberen Scheibendrittels ein.

Arbeitsschritte

① Um die Düsenöffnungen mit einer Nadel oder Büroklammer verdrehen zu können, »stechen« Sie zunächst die Nadel- oder Drahtspitze vorsichtig in die Düsenöffnung und drehen sie dann in die gewünschte Spritzrichtung.

② Damit Sie mit möglichst wenig Waschwasser eine gute Reinigungswirkung erzielen, richten Sie die Düsen etwa auf das obere Drittel des Wischfelds aus. Falls Sie damit »schludern«, sind die Putzergebnisse entsprechend: Der Fahrtwind drückt Ihnen den Wasserstrahl nämlich zu früh gegen die Scheibe und Sie verplempern im unteren Scheibendrittel das kostbare Nass mit unzureichender Wirkung.

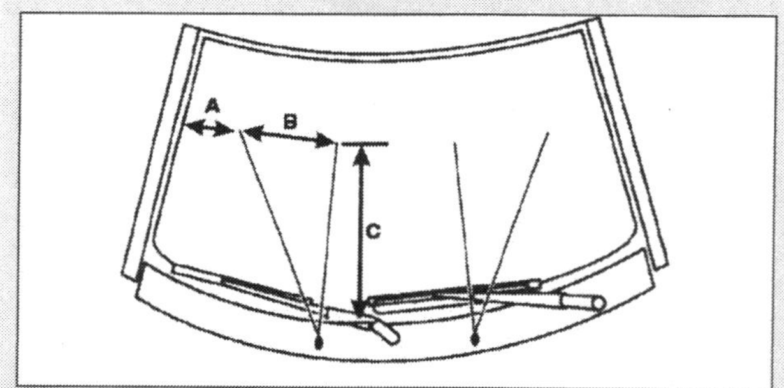

Richtig eingestellte Spritzdüsen der Scheibenwaschanlage sollten an der Windschutzscheibe innerhalb der angegebenen Maße das Wasser auf die Scheibe spritzen.
A = 140 – 240 mm B = 190 – 290 mm
C = 270 – 370 mm

Scheibenwaschdüse aus- und einbauen

Verstopfte Scheibenwaschdüsen bauen Sie zweckmäßigerweise sofort aus und blasen Sie mit Druckluft in Richtung Schlauchanschluss durch. Durchstoßen Sie hartnäckige Verstopfungen mit einem dünnen Draht (Nähnadel, Stecknadel) – gleichfalls in Richtung

Schlauchanschluss. Klappt das nicht, erneuern Sie die Düse(n) und setzen bei der Gelegenheit gleich einen handelsüblichen Kraftstofffilter in die Waschwasserdruckleitung ein. Das feinporige Filterelement hält künftig die Düsen sauber

Arbeitsschritte

vorn

① Öffnen Sie die Motorhaube und ziehen die Motorraumabdichtung ❷ ab.

② Demontieren Sie die Scheibenwischerarme ❶ von der Antriebsachse des Wischergestänges und ...

③ ... hebeln jetzt mit einem passenden Schlitzschraubendreher den Windlauf ❸ ab.

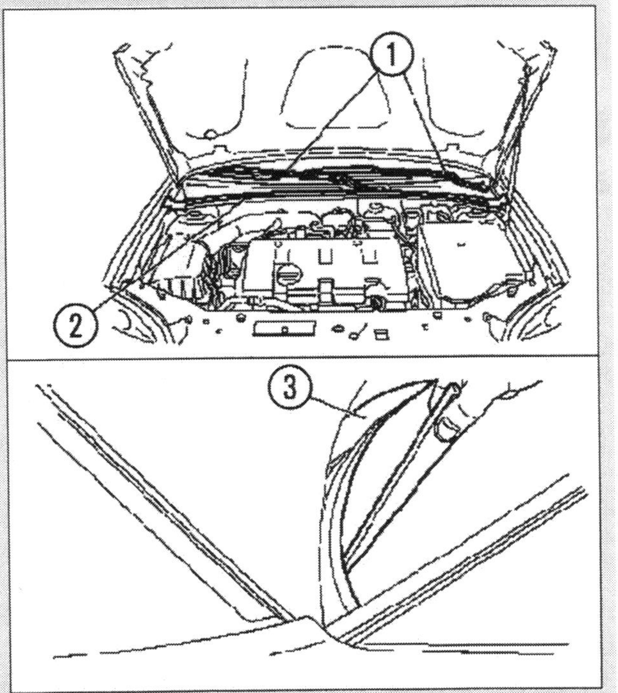

***Schritt für Schritt demontieren** – Motorraumdichtung ❷, Scheibenwischerarme ❶ und erst dann den Windlauf ❸.*

④ Bevor Sie von der Düse ❶ die Waschwasserschläuche ❷ abziehen, erwärmen Sie die aufgesteckten Schlauchenden kurz mit einem Feuerzeug.

⑤ Anschließend ziehen Sie die Mehrfachstecker ❸ von den Waschdüsen ab.

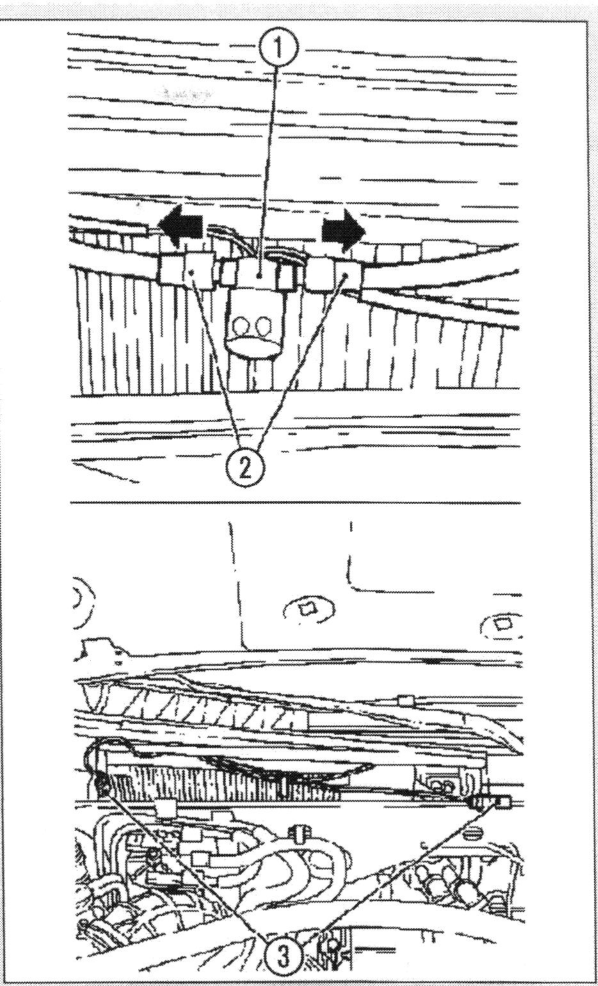

***Von den Scheibenwaschdüsen ❶ abziehen** – Waschwasserschläuche ❷ und Mehrfachstecker ❸.*

⑥ Pressen Sie jetzt mit Ihren Händen die Düse aus dem Wasserabweiser. Eventuell müssen Sie sogar einen Schraubendreher zu Hilfe nehmen.

⑦ Montieren Sie die neue Düse von oben. Achten Sie auf einen festen Sitz, ansonsten gibt's Probleme mit der Einstellung.

⑧ Beenden Sie die Montage in umgekehrter Reihenfolge und stellen die Spritzrichtung neu ein.

GTS hinten

① Öffnen Sie die Heckklappe und ziehen im Dachbereich das Dichtgummi ab.

② Trennen Sie die drei hinteren Klettbefestigungen ❷ mit einem breiten Schlitzschraubendreher und senken dann vorsichtig den Himmel ❶ so weit ab, ...

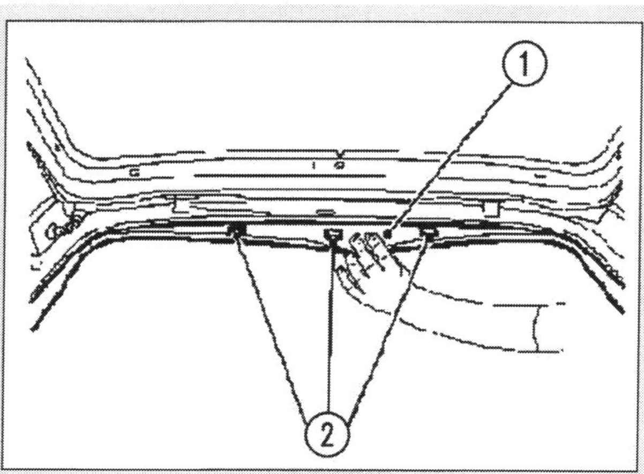

Mit einem breiten Schlitzschraubendreher lösen *– drei Klettbefestigungen* ❷*.*

③ ... dass Sie die Kunststoffmutter ❶ bequem lösen können.

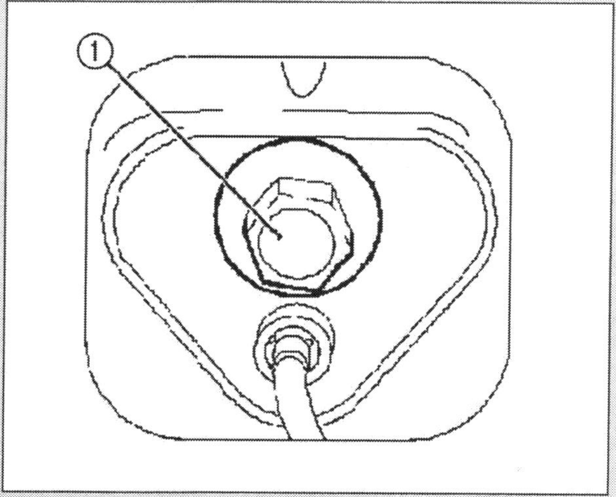

Zwischen Himmel und Dachhaut abschrauben *– schwarze Kunststoffmutter* ❶*.*

④ Pressen Sie mit Ihren Händen die Düse jetzt von unten aus der Dachhaut. Falls das nicht klappt, nehmen Sie einen Schraubendreher zu Hilfe.

⑤ Bevor Sie die Waschwasserschläuche ❷ von der Düse ziehen, machen Sie mit einem Feuerzeug die aufgesteckten Schlauchenden geschmeidig.

⑥ Die neue Düse montieren Sie von oben ins Dach. Achten Sie darauf, dass der Düsenfuß fest auf dem Dach sitzt. Ansonsten könnte Ihr GTS die Hinterbänkler beim nächsten Regen »duschen« oder die Heckscheibe unmotiviert bewässern.

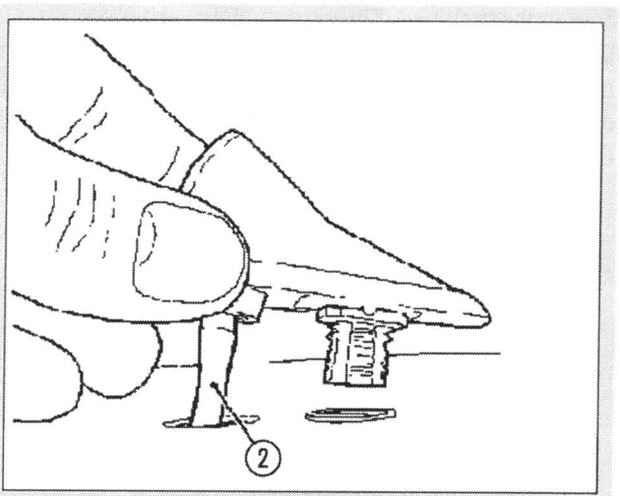

Zunächst vorsichtig erwärmen und dann abziehen *– Waschwasserschlauch* ❷ *von der Scheibenwaschdüse.*

⑦ Beenden Sie die Montage in umgekehrter Reihenfolge und stellen die Düse neu auf die Scheibe ein.

Scheibenwischerarm aus- und einbauen

Arbeits-schritte

① Markieren Sie die Wischerblattstellung mit Klebeband auf der Scheibe und liften dann die Abdeckkappen über den Wischerarmachsen mit einem Schraubendreher.

② Lösen Sie die Haltemutter mit einem Ringschlüssel um ca. zwei Umdrehungen. Dann ...

③ ... stellen Sie die Wischerarme auf und hebeln sie gefühlvoll seitlich etwas hin und her. Die Arme lösen sich dann vom Konus der Wischerachse. Sollte das nicht klappen, knippen Sie den widerspenstigen Arm vorsichtig mit zwei Schlitzschraubendrehern von der Wischerachse ab. Schützen Sie den Windlauf vorab mit einem Putzlappen vor Beschädigungen.

④ Drehen Sie die Muttern jetzt ganz von den Wischerarmachsen und ...

⑤ ... ziehen die Wischerarme mitsamt Unterlegscheiben von den Achsen ab.

⑥ Bei der Montage achten Sie darauf, dass die Wischerarme mit Ihrer Markierung auf der Scheibe korrespondieren. Ziehen Sie die Arme mit 14 Nm fest und checken dann den korrekten Lauf: Die Wischerblätter dürfen nicht ineinander verheddern oder über die Scheibenfläche hinauslaufen.

Scheibenwischer

Störungs-beistand

Störung	Ursache	Abhilfe
A Frontscheiben-wischer ohne Funktion.	**1** Sicherung defekt.	Erneuern.
	2 Intervallrelais defekt.	Anschlüsse prüfen, Intervallrelais austauschen.
	3 Wischerantriebskurbel lose.	Festziehen.
	4 Kabel zum Wischerschalter unterbrochen.	Steckverbindungen und Zuleitungen überprüfen.
	5 Kabel zum Wischermotor unterbrochen.	Steckverbindungen und Leitungen überprüfen.
	6 Wischermotor durchgebrannt bzw. Kohlen verschlissen.	Austauschen.
B Scheiben-wischer in Stufe I ohne Funktion.	**1** Kontaktschwäche.	Anschlüsse auf Stromdurchgang prüfen.
	2 Spannungsaufnahme im Motor unterbrochen.	Motor austauschen.
	3 Spannungsdurchgang im Wischerschalter unterbrochen.	Schalter austauschen.
C Scheiben-wischer in Stufe II ohne Funktion.	**1** Spannungsdurchgang am Wischerschalter unterbrochen.	Zuleitung überprüfen.
	2 Kontakte im Wischerschalter verschlissen.	Schalter austauschen.
	3 Spannungsaufnahme am Wischermotor defekt.	Motor austauschen.
D Wischer laufen nicht automatisch in Parkstellung zurück.	**1** Leitung zwischen Wischerschalter und Motor unterbrochen.	Zuleitung kontrollieren.
	2 Wischermotor defekt.	Motor instand setzen, bzw. erneuern.
E Scheiben-wischerintervall ohne Funktion.	**1** Intervallrelais defekt.	Austauschen.
	2 Zuleitung zwischen Wischerschalter und Relais unterbrochen.	Zuleitung überprüfen.
	3 Kontakt im Wischerschalter defekt.	Schalter austauschen.
	4 Verbindung zwischen Sicherungskasten zum Intervallrelais bzw. zwischen Relais zum Wischermotor unterbrochen.	Sicherung prüfen, Zuleitung inkl. Steckverbin-dungen prüfen.
F Intervallbetrieb lässt sich nicht ausschalten.	**1** Siehe E1.	
	2 Siehe F1.	
	3 Kontakte im Wischerschalter verschlissen.	Schalter austauschen.
G Scheibenwischer bleiben nach dem Abschalten nicht oder nur kurz in Parkstellung stehen.	Verschmutzter bzw. verklebter Kontakt im Wischermotor.	Motorabdeckung abschrauben, Kontakte reinigen, ggf. Motor austauschen.

Wischerblatt

Störungs-beistand

Störung	*Ursache*	*Abhilfe*
A Wasser und Schmutz verteilen sich gleichmäßig über das Wischfeld.	**1** Scheibe mit Lackpflegemitteln, ölhaltigen Rückständen oder Insektenresten verschmutzt.	»Sidol« o. ä. Reinigungsmittel auf Scheibe auftragen, antrocknen lassen, mit einem sauberen Lappen abreiben.
	2 Wischergummi verschlissen.	Austauschen.
	3 Wischerarm am Anlenkpunkt des Wischerblattes verdreht und nicht parallel zur Scheibe.	Wischerarmende nachbiegen (in sich verdrehen).
B Im Wischfeld bleiben feine Wasserstreifen stehen.	Siehe A2.	Austauschen.
C Im Wischfeld bleiben feine Wassertropfen zurück.	Neigungswinkel des Wischergummis zu flach zur Scheibe.	Wischergummi austauschen.
D Im Wischfeld bleibt ein breiter Wasserfilm zurück.	Ungleicher Auflagedruck – verbogene oder defekte Anpressfeder im Wischergummi.	Wischerblatt austauschen.
E Im Wischfeld bleiben mehrere Wasserfelder zurück.	**1** Anpressdruck des Wischerarms zu gering.	Anpressdruck überprüfen. Feder leicht einölen, Wischerarm stärker vorspannen, ggf. erneuern.
	2 Scheibenwischerantrieb verschlissen.	Kontrollieren, defekte Komponenten ersetzen.
	3 Wischerarm lose auf seiner Achse.	Befestigen.
	4 Wischerarm verbogen.	Nachbiegen.
	5 Wischerblatt verbogen.	Austauschen.
F Im oberen Wischfeld bleiben Wasserschlieren zurück.	**1** Siehe E1.	
	2 Siehe D.	
G Wischerblatt rattert.	**1** Zuviel Spiel im Scheibenwischergestänge.	Verschleißteile auswechseln.
	2 Wischerarm lose.	Befestigen.
	3 Wischerarm in sich verdreht.	Wischerblatt demontieren und Wischerarm richten.

DIE MOTOREN

Wartung

Reparatur

Gleiches Grundlayout:
Sämtliche Opel-ECOTEC-Ottomotoren nutzen die gleiche Basis. Leistungssteigernde Details, zum Beispiel Schaltsaugrohre, Hubraumvergrößerung oder geänderte Steuerzeiten, beeinflussen zwar die Motorpheripherie, die Motorgrundabmessungen jedoch nur unwesentlich.

Unisono »befeuern« den Opel Vectra-C kompakte, quer über der Vorderachse eingebaute Vier- und Sechszylinder Motoren aus der ECOTEC-Motorenfamilie. Im Sinne der Abgasnorm Euro 3 / D4 und Euro 4 »entgiften« die Ottotreibsätze jeweils zwei Lambdasonden – je eine vor und hinter dem Katalysator. Die Triebwerke stehen auf technisch hohem Niveau: Leichtmetall-Vierventilzylinderköpfe sind ebenso Standard wie elektronische Motormanagements inklusive kontaktloser 3-D-Kennfeldzündanlagen, sequenzielle Gemischaufbereitung und geregelte Katalysatoren.
Ähnlich wie ihre »Otto-Kollegen« portionieren auch die 2,0- und 2,2-Liter Dieseldirekteinspritzer ihren Treibstoff elektronisch berechnet. Er gelangt hier jedoch nicht erst in den Ansaugtrakt, sondern direkt in die kugelförmigen Brennräume der Kolbenböden. Die Selbstzünder »cleanen« ihre Abgase via Oxidationskatalysatoren. Um die Stickoxide (NO_X) im »Auspuff« zu minimieren, senken die Diesel wie die »Benziner« ihre Verbrennungstemperaturen künstlich ab. Dazu mixen sie der frischen Ansaugluft einen exakt berechneten Teil ihrer Abgase bei. Dem Gesetzgeber reicht das völlig aus, um die Ölbrenner im Sinne von Euro 3 zu besteuern.

Standard unter den Vectra-Motorhauben – sequenzielle Kraftstoffeinspritzung

Obwohl die unterschiedlichen Ottotreibsätze den Vectra in völlig unterschiedlichen Leistungsklassen ansiedeln, erkennen versierte Do it yourselfer ihren gemeinsamen Stammbaum auf den ersten »Technik-Blick«. So zum Beispiel am Motormanagement, das die Gemischaufbereitung, den Zündzeitpunkt, die Abgaswerte sowie weitere »Lebensgeister« im und am Vectra bei Laune hält. Alle Motoren werden sequenziell »gefüttert« – die Drosselklappen »hängen nicht mehr an der langen Leine«, sondern reagieren im Vectra-C unisono auf elektronische Signale (E-Gas).
Mehrlocheinspritzventile verteilen den Kraftstoff vor den Einlassventilen: Die Gemischmenü der Opel-ECOTEC-Aggregate stellt sich zu jeder Kurbelwellenumdrehung neu den besten Kompromiss zwischen Leistung, Drehmoment, Laufkultur, Verbrauch und Abgaskonzentration ein. Und was die Elektronik allein überfordern würde, bringt die »gezielte« Abgasrückführung in Kooperation mit der angesaugten Frischluft auf den Punkt: Sämtliche Ottomotoren erfüllen die Abgasnormen nach Euro 4.

Aus Leichtmetall – die Zylinderköpfe

Gemeinsamer »Stallgeruch« wird auch bei den Werkstoffen deutlich: Die Zylinderköpfe sind aus Leichtmetall gefertigt, sie »deckeln« schwingungsarme Graugussmotorblöcke (Z22 SE Leichtmetall). Jeweils zwei obenliegende Nockenwellen initiieren den Ladungswechsel der Vierventiler. Eine wartungsfreie Steuerkette treibt die Nockenwellen in den Zylinderköpfen des 2,2-Liter Ottomotors und der beiden Dieselmotoren an – in den anderen Treibsätzen kursiert ein Zahnriemen zwischen Kurbelwelle und Ventiltrieb. Gleichfalls ECOTEC-Standard: Wartungsfreier Ventiltrieb, extrem »dünne« Metallzylinderkopfdichtungen, rücklauffreie Kraftstoffversorgungssysteme und wartungsfreundliche Ölfiltermodule. Spätestens nach 30.000 Kilometern, (Dieselmotoren 50.000 Kilometer) respektive einmal jährlich, verlangen die Motoren nach einem Ölwechsel inklusive Ölfilter.

Z18 XE (ECOTEC 1,8 16V) – da beginnt der Fahrspaß

Der Z18 XE ECOTEC 1,8 16V markiert mit 90 kW/122 PS bei 6.000 min.$^{-1}$ den Beginn der Vectra-Mobilität. Der Mittelklässler ist damit nicht unbedingt schon ein Temperamentsbündel, doch mit 167 Nm bei 3.800 min.$^{-1}$ »buckelt« der Vectra keinesfalls vor jedem Hügel. Denn der Drehmomentverlauf des Treibsatzes mit Schaltsaugrohr ist so angelegt, dass auch »schaltphlegmatische« Fahrer nicht gleich mit »Bummelzuschlag« rechnen müssen. Temperamentvoll an die Leistungsgrenze gebracht, rennt der Z18 XE Vectra dann 203 km/h schnell und in 11,2 Sekunden von 0 auf 100 km/h.

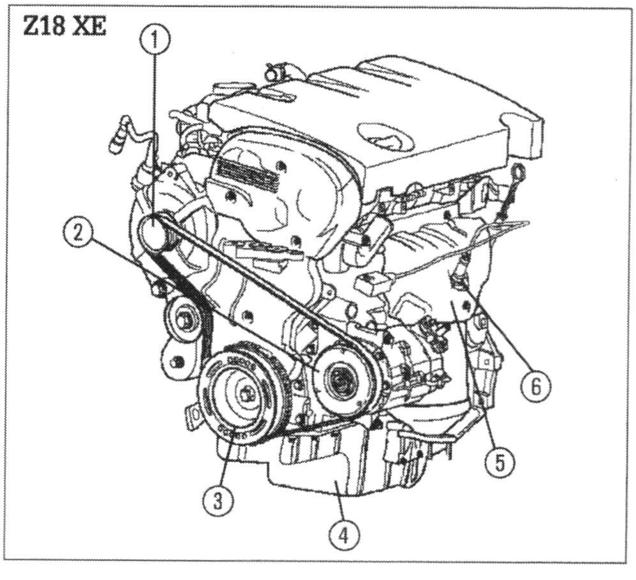

Die Trinksitten bleiben durchaus moderat: Im Durchschnitt reichen 7,7 Liter Euro-Super auf 100 Kilometer. Das Finanzamt besteuert den Z18 XE nach Euro 4.

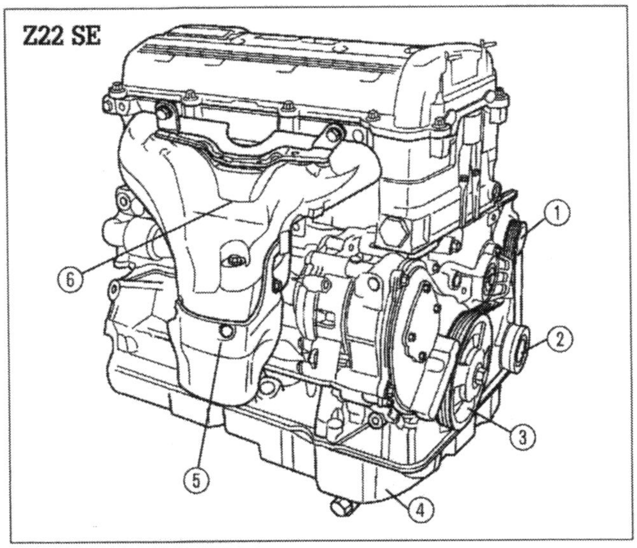

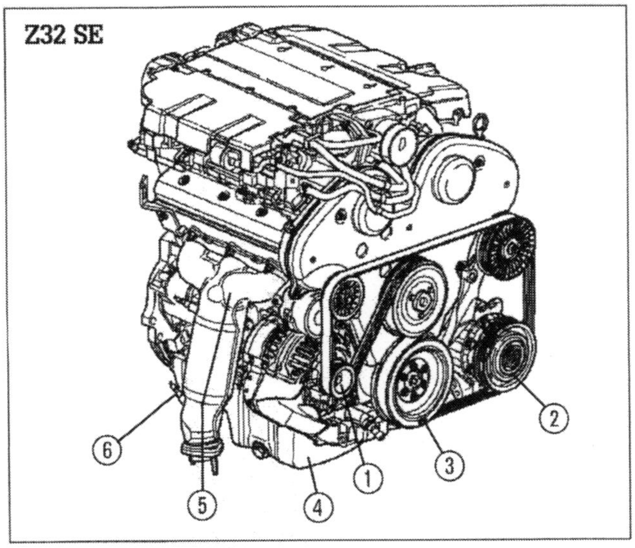

Vier Ventile pro Zylinder, Multipoint Kraftstoffeinspritzung und elektronisches Motormanagement: Die Eckwerte der Vectra-Antriebe von 1,8 – 3,2 Liter Hubraum. Ihr Leistungsspektrum reicht von 90 kW (122 PS) bis 155 kW (211 PS). ❶ *Generator,* ❷ *AC-Verdichter,* ❸ *Kurbelwellenriemenscheibe (Schwingungsdämpfer),* ❹ *Ölwanne,* ❺ *Auspuffkrümmer,* ❻ *Lambdasonde.*

Z22 SE (ECOTEC 2,2 16V) – mit zwei Ausgleichswellen »geschmeidig« unterwegs

Der Z22 SE mit 108 kW / 147 PS bei 5.600 min.$^{-1}$ kommt mit zwei Ausgleichswellen und Pendelmotorlagerung ausgesprochen kultiviert zur Sache: Seine vier Kolben transferieren 203 Nm bei 4.000 min.$^{-1}$ an sein Zweimassenschwungrad. Eilige Chauffeure beschleunigen den 2,2-Liter Vierzylinder binnen 10,2 Sekunden von 0 – 100 km/h und in der Stunde maximal 216 Kilometer weit. Ganz ordentlich für eine Limousine mit durchaus moderaten Trinksitten: Laut MVEG-Norm verbrennt der Vectra im Z22 SE-Verschnitt durchschnittlich 8,6 Liter Euro-Super auf 100 Kilometer. Das Finanzamt attestiert dem »Gleiter« Euro 4.

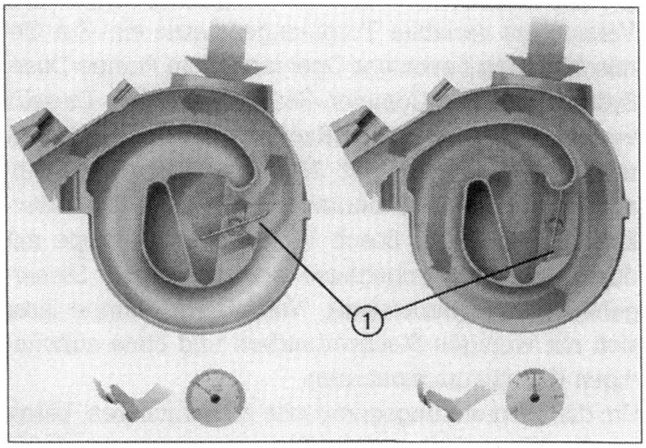

Der Weg ist das Ziel: *Im unteren bis mittleren Drehzahlbereich passiert die Frischgassäule das Schaltansaugrohr auf dem schnellsten Weg (linkes Motiv). Erst bei höheren Drehzahlen öffnet eine hydraulisch gesteuerte Klappe* ❶ *die gesamte Ansaugrohrlänge (rechtes Motiv). Die Gassäule gerät in Pulsation und steigert so den Füllungsgrad des im Ansaugtakt befindlichen Zylinders.*

Z32 SE (ECOTEC 3,2 24V) – mit Hubraum »gesegnet«

Maximale Leistung 155 kW / 211 PS bei 6.200 min.$^{-1}$, maximales Drehmoment 300 Nm bei 4.000 min.$^{-1}$, 7,5 Sekunden von 0 – 100 km/h, V_{max} 248 Km/h, Euro 4: Die technische Visitenkarte des Vectra 3,2 hätte manch einem Omega-Fahrer noch vor geraumer Zeit den Kreislauf unter Druck gesetzt. Und heute? Völlig normal – im Vectra-C. Die Rede ist vom Sechszylinder-Vectra-Triebwerk Z32 SE, jenem Triebwerk, das aus der »biederen Familienkutsche« ein quirliges Spiel- und Spaßmobil macht.

Und das mit durchaus moderatem Durst: Durchschnittlich erleichtert er seinen 61 Liter Tank um etwa 10,1 Liter Euro-Super je 100 Kilometer. Das Finanzamt besteuert den »Dynamik-Vectra« nach Euro 4.

Y20 DTH (ECOTEC 2,0 DTI 16V) / Y22 DTR (ECOTEC 2,2 DTI 16V) – mit Direkteinspritzung den »Durst« senken

Beide Vectra-Selbstzünder gründen auf dem ECOTEC-Stammbaum. Gemeinsame Merkmale der DTI-Motoren sind die Ladeluftkühlung, Vierventiltechnik mit Drall- und Füllungskanal sowie zentral angeordnete Mehrlocheinspritzdüsen.

Der 2,2-Liter steigert seine Laufkultur mit zwei Ausgleichswellen und setzt als Abgasturbolader eine Version mit variabler Turbinengeometrie ein. Zur Gemischbildung bevorzugt Opel weder ein Pumpe/Düse-System noch die Common-Rail-Technik: Das Dieselöl verteilt vielmehr eine Radialkolben-Hochdruckverteilereinspritzpumpe mit 1800 bar über Zapfeneinspritzdüsen in die Brennräume. In beiden Triebwerken »schafft« eine Bosch VP 44-PSG 16 Pumpe mit direkt am Pumpengehäuse angeflanschten Steuergehäuse in Hybridtechnik. Vorteil: Die Pumpe lässt sich mit wenigen Steckverbindern und ohne aufwändigen Kabelbaum montieren.

Um die Verbrennungsgeräusche zu minimieren, bereitet die VP 44-PSG 16 ihre Dieselölrationen in einem »Zweigängemenü« auf: Die Piloteinspritzung, sie startet Sekundenbruchteile vor der Haupteinspritzung, heizt die Brennräume gemäßigt mit einer homöopathischen Dieselportion vor. Der folgende »Hauptgang« entflammt dann ganz effizient an der »kokelnden Vorspeise«.

Anders als bei den ECOTEC-Kollegen mit Zündkerzen rotiert in den Diesel-Leichtmetallzylinderköpfen nur eine Nockenwelle. Hier wie dort steuern den Gaswechsel allerdings vier Ventile pro Zylinder. Opel-Werbepoeten titulieren die 1 : 4 Zwangskombination in den Dieselköpfen als »technischen Leckerbissen«. Zur Erklärung liefern sie gleich technische Fakten nach: Demnach reduziert das Ventillayout die Eigenreibung des wartungsfreien Ventiltriebs um 30 Prozent. Techniker deuten diese Behauptung zu Recht als »Kampfansage« an die Mineralölgesellschaften.

Mit einem Hub-/Bohrungsverhältnis von 84 x 90 Millimeter (Y22 DTR – 84 x 98 Millimeter) entlassen die Selbstzünder ihre Kilowatt aus einem nahezu identischen Kurbeltrieb, lediglich die Zylinder des 2,2-Liter sind »größer« gebohrt. In Kombination mit diversem »Feintuning« an der Motorperipherie macht das einen Leistungsunterschied von 18 kW/25 PS aus: Der kleinere Diesel mobilisiert aus 1.995 cm³ 74 kW/100 PS und der »Zweizweier« stemmt 92 kW/125 PS aus 2.171 cm³.

Die fünffach gelagerten Kurbelwellen beider Selbstzünder »rollen« in Graugussmotorblöcken: Von ihren Standardmaßen sind die beiden fast völlig identisch. Bei Höchstleistung rotiert das Schmiedestück in beiden Motoren mit 4.000 min.$^{-1}$. Das maximale Drehmoment des Y20 DTL gipfelt in 230 Nm, das des Y22 DTR in 280 Nm.

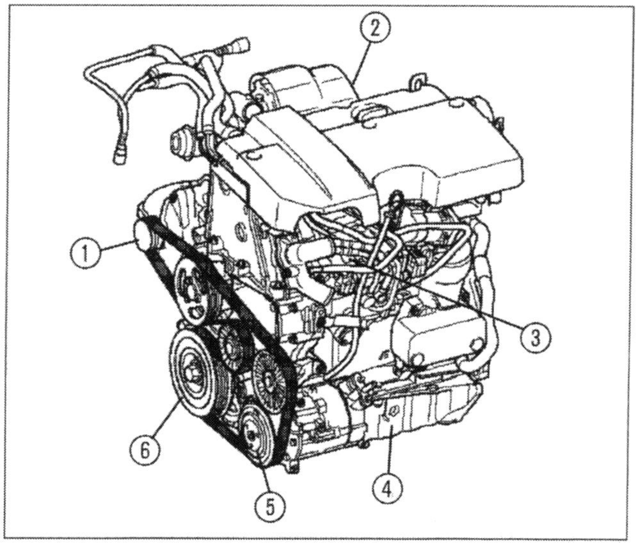

***Starkes Duo**: Optisch kaum voneinander zu unterscheiden tritt das 2,0-Liter und 2,2-Liter Dieselmotorenpärchen mit unterschiedlichen Motormanagements in zwei Leistungsklassen an. Der kleinere Selbstzünder (Abbildung) realisiert 74 kW (100 PS) bei 4.300 min.$^{-1}$, die »Powervariante« schafft bereits bei 4000 min.$^{-1}$ 92 kW (125 PS) an sein Zweimassenschwungrad. Das höchste Drehmoment »produzieren« die Turbodiesel mit 230 Nm zwischen 1.950 – 2.500 min.$^{-1}$, respektive mit 280 Nm bei 1.950 – 2.750 min.$^{-1}$. Beide Direkteinspritzer repräsentieren den aktuellen Stand der Dieseltechnik im Hause Opel/Vauxhall. ❶ Generator, ❷ Turbolader, ❸ Verteilereinspritzpumpe, ❹ Ölwanne, ❺ AC-Verdichter, ❻ Kurbelwellenriemenscheibe (Schwingungsdämpfer).*

»Bärenstark« – der Drehmomentverlauf

Isoliert betrachtet zwar gute, beileibe jedoch keine herausragenden Werte. »Bärenstark« werden die Newtonmeter an der Motorschwungscheibe erst in Verbindung mit ihrer »Entstehungsgeschichte« (siehe Kapitel »Modellvorstellung«). Anstatt steil nach oben zu klettern und ebenso steil wieder abzufallen, zeichnen die Kurven in etwa die Form eines »Katzenbuckels« nach. In der Praxis bedeutet das, zwischen rund 1.500 – 2.750 min.$^{-1}$ stehen die beiden Ölbrenner voll im Saft und stürmen, von der Straßentopografie weitgehend unbeirrt, nach vorne. Exakt diese Eigenschaft ist es, die das ECOTEC-Kollegium mit Fremdzündung auf die hinteren Plätze weist. Selbst der Z32 SE im Vectra 3,2 bekommt da »kalte Füße« – zumindest im direkten Vergleich mit dem Y22 DTR.

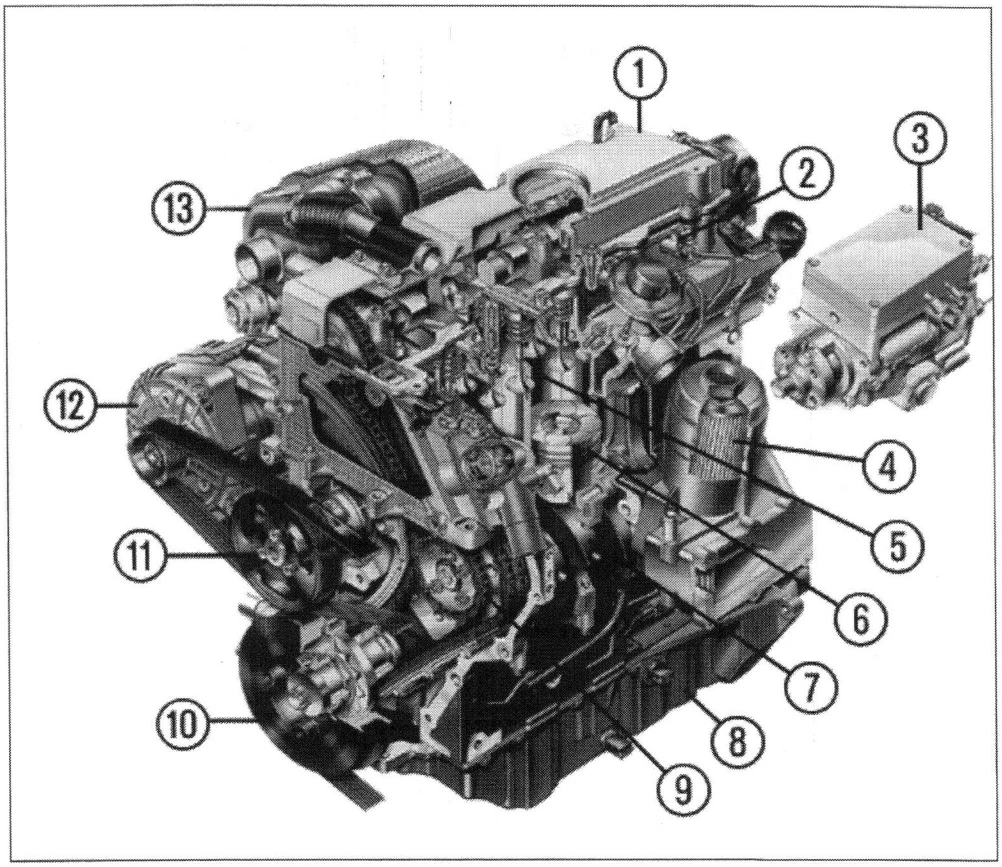

***»Gläserne« Technik:** Der Y20 DTH-Motor im Detail.* ❶ *Ventildeckel,* ❷ *Einspritzdüse,* ❸ *Einspritzpumpe (Bosch VP 44),* ❹ *Ölfiltereinsatz,* ❺ *Ventiltrieb,* ❻ *Kolben,* ❼ *Kurbelwelle,* ❽ *Ölwanne,* ❾ *Motorsteuerung,* ❿ *Kurbelwellenschwingungsdämpfer,* ⓫ *Wasserpumpe,* ⓬ *Generator,* ⓭ *Turbolader.*

Die bestehende Leistungsdifferenz »verantworten«, abgesehen vom unterschiedlichen Hubraum, ein in Nuancen modifiziertes Motormanagement: Dem Y20 DTH bläst ein »starrer« Turbolader gekühlte Frischluft in die Zylinder, im Y22 DTR arbeitet der Lader mit variabler Laderradgeometrie. Mit von der Partie sind im Y22 DTR zudem noch ein Kraftstoffkühler am Unterboden sowie ein in Nuancen modifiziertes Motormanagement. Um die Selbstzünder bei hohen Drehzahlen nicht »aufzublasen«, zügelt die Förderleistung beider Abgasturbolader ein Bypassventil (Wastegate).

Den Diesel-Vectra im Alltag zu erleben, heißt alles andere als nur moderate Trinksitten zu begrüßen: Mit lediglich 5,9 Liter auf 100 Kilometer (Y22 DTR – 6,5 Liter/100 km) legen sich beide an der Tanksäule zwar vornehme Zurückhaltung auf, doch wenn's denn sein soll, lassen sie auch die Vorderräder durchaus temperamentvoll rotieren. Naturgemäß kann der Schwächere da nicht ganz mithalten. Doch 192 km/h (Y22 DTR – 206 km/h) und von 0 auf 100 km/h in 13 Sekunden (Y22 DTR – 10,8 Sekunden) sind mehr als ausreichend, um mit den sparsamen »Ölprinzen« auf der Autobahn zügig von A nach B zu gelangen. Wenn bei normaler Gangart die Tachonadel so bei 50 km/h verharrt, wird's längstens Zeit, im Diesel-Vectra den fünften Gang einzulegen, um fortan ganz entspannt den »bärenstarken Buckel« der Drehmomentkurve zu nutzen. So gefordert »knurren« beide dumpf vor sich hin – und schieben den nächsten Tankstopp viele Kilometer vor sich her. Das Finanzamt besteuert beide nach Euro 3.

Werkstatt oder Do it yourself?

Trotzt ihres robusten Aufbaus, über die Jahre bleiben Vectra-Treibsätze nicht untadelig. Sobald die ersten »Wehwehchen« dann den Umfang überschaubarer Wartungsarbeiten sprengen und stattdessen in tief greifende Reparaturen und diffizile Einstellarbeiten münden, überlassen Sie das Schrauben besser Ihrer Werkstatt: Trainierte »Blaumänner« verfügen über das erforderliche Detail- und Fachwissen. Sie haben Erfahrung und in der Regel auch das erforderliche Spezialwerkzeug für die meisten Reparaturen.

Die Motorbauteile

Technik-lexikon

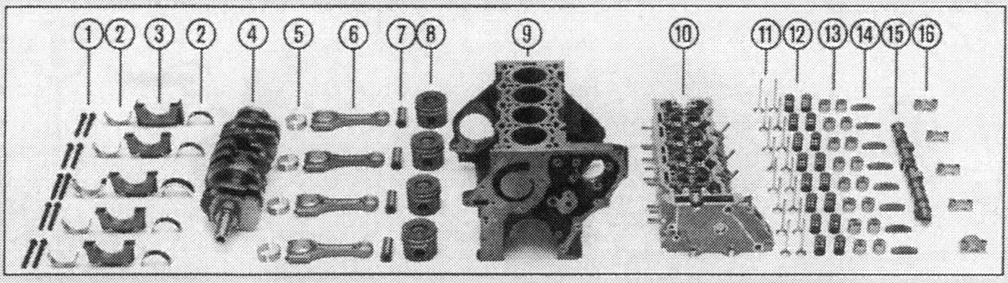

*Die **Motorblöcke** der ECOTEC-Aggregate bestehen aus einer Graugusslegierung. Stabil ausgeprägte Seitenwände und eine verwindungssteife Hauptlagergasse geben den Motoren die erforderliche Verwindungssteifigkeit. ❶ Hauptlagerschrauben, ❷ Hauptlagerschalen, ❸ Hauptlagerdeckel, ❹ Kurbelwelle, ❺ Pleuellagerschalen, ❻ Pleuel, ❼ Kolbenbolzen, ❽ Kolben, ❾ Motorblock, ❿ Zylinderkopf, ⓫ Ventile, ⓬ Ventilfedern, ⓭ Ventilstößel, ⓮ Kipphebel, ⓯ Nockenwelle, ⓰ Nockenwellenlagerdeckel.*

Motorblock: Hier sind sämtliche rotierenden und oszillierenden Bauteile des Kurbeltriebs und der Ölversorgung zusammengefasst. An seiner Peripherie trägt der Motorblock Nebenaggregate wie Lichtmaschine, Anlasser und Zündanlage. Vectra-Motorblöcke bestehen aus Grauguss oder Leichtmetall (Z22 SE, Z32 SE).

Zylinderkopf: Der Zylinderkopf »schließt« den Motorblock nach oben ab. Er enthält Ansaug-, Auspuff-, Wasser- und Ölkanäle, Ventilsitzringe, Lagerstellen für den Ventiltrieb, Ventilführungen sowie Zündkerzen- bzw. Einspritzdüsenbohrungen und die Brennräume. Die Zylinderkopfdichtung zwischen Motorblock und Zylinderkopf dichtet beide Bauteile gegen Öl, Kühlflüssigkeit und Luft nach außen und innen ab.

Zylinder: In den Zylindern oszillieren die Kolben zwischen dem unteren und oberen Totpunkt (UT/OT): Die Zylinderdurchmesser sind exakt auf den Kolbendurchmesser ausgebohrt und nachträglich speziell Oberflächen behandelt (gehont). »Trockene« Zylinder (Zylinderlaufbuchsen) werden indirekt über Kühlkanäle gekühlt, »nasse« Zylinderlaufbuchsen stehen dagegen direkt in der Kühlflüssigkeit.

Kolben: Oszillieren in den Zylindern und übertragen die Verbrennungsenergie über Pleuel auf die Kurbelwelle. Kolben bestehen aus einer besonders leichten und hitzebeständigen Leichtmetalllegierung. Ihre Hauptbestandteile sind der Kolbenboden, die Ringzone mit Kolbenringen, das Kolbenbolzenauge und der Kolbenschaft. Im montierten Zustand ist der Kolbenbolzen die Verbindung zwischen Kolben und Pleuel. Die oberen Kolbenringe (Verdichtungsringe) dichten den Brennraum weitestgehend gasdicht gegen den Kurbeltrieb ab. Der untere Ring (Ölabstreifring) streift überschüssiges Schmieröl von der Zylinderwand in den Ölsumpf (Ölwanne) ab.

Pleuel: Das Verbindungselement zwischen Kolben und Kurbelwelle. Die Bestandteile: Pleuelauge (fixiert den Kolbenbolzen), Pleuelschaft, Pleuelfuß und Pleuellagerdeckel (umschließen den Kurbelzapfen).

Kurbelwelle: Wandelt oszillierende Energie (Auf- und Abwärtsbewegung der Kolben von OT nach UT) in rotierende Energie (Drehbewegung der Kurbelwelle). Moderne Kurbelwellen bestehen aus einem geschmiedeten Rumpf, der zentrisch in den Hauptlagerstellen des Motorblocks gelagert wird. Je nach Zylinderzahl führen in einem genau definierten Versatz (Winkelgrad) jeweils zwei Kurbelwangen zu den Kurbelzapfen (Pleuellagerstellen). Vectra-Vierzylinderkurbelwellen besitzen fünf Hauptlager und vier, im Winkel von 90° versetzte Pleuellager. In allen Lagerstellen »stecken« auswechselbare Dreistoff-Gleitlager. Dem V6 reichen 4 Hauptlager, seine Pleuellagerstellen sind im Winkel von 60° versetzt.

Ventile: Steuern in Viertaktmotoren den Gaswechsel (Ansaugen, Verdichten, Verbrennen, Ausstoßen). In den ECOTEC-Motoren hängen die Ventile V-förmig im Zylinderkopf. Gemeinsam mit allen beweglichen Teilen im Zylinderkopf bilden sie den Ventiltrieb. Den Ventilen mitsamt ihrem Ventilspiel können Sie an Vectra-Motoren getrost ein Motorleben lang vertrauen, das Ventilspiel justiert sich automatisch durch hydraulische Stößel.

Nockenwelle: Öffnet und schließt die Ventile mit Hilfe von Schlepphebeln und/oder Tassenstößeln in genau definierten Zeitabständen.

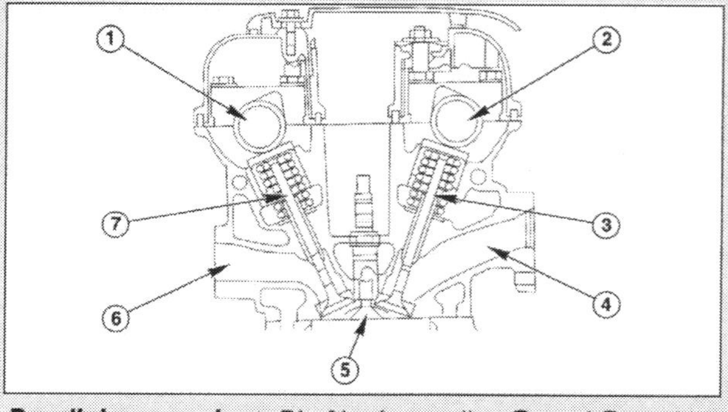

__Parallel angeordnet__: Die Nockenwellen ❶ und ❷ und jeweils zwei Ein- und Auslassventile ❸ und ❼. Die Einlasskanäle ❹ sind speziell profiliert, so dass die Frischgase – entsprechend verwirbelt – in die Brennräume ❺ gelangen. Unmittelbar vor Ende des Verbrennungstakts verlassen die Abgase bereits über den Auslasskanal ❻ den Zylinder.

Gehen Sie also mit Augenmaß vor und stellen Ihre »Schrauberqualitäten« eher unter den eigenen Scheffel. Das kommt Sie finanziell allemal günstiger als unreflektierte Sparlust: Unsachgemäß ausgetauschte Steuerketten oder Zahnriemen provozieren beispielsweise schon beim ersten Startversuch kapitale Motorschäden. Mit etwas Glück »nur« an Kolben und Ventilen – im Extremfall verschrotten Sie danach mitunter den Zylinderkopf und/oder den Motorblock.

Mit normalem Talent und Werkzeugequipment lassen Sie besser auch die Finger von »verbrannten« Zylinderkopfdichtungen oder undichten Ventilen. Gleichermaßen überfordert den »normalen« Do it yourselfer wahrscheinlich auch die Revision des Kurbeltriebs oder einzelner Lager.

Anders gesagt: Vergessen Sie immer dann, wenn Sie sich nicht ganz sicher sind, ob Sie Ihrem »lahmenden« Motor fachgerecht helfen können, ganz schnell Ihre Do it yourself Ambitionen – im Interesse Ihres Geldbeutels. Wir möchten Sie übrigens nicht zu »Werkstattgängern umerziehen« – unter dem Strich bieten Ihnen auch Vectra-Motoren noch genügend »Angriffspunkte«: Eigenregie ist beispielsweise bei den meisten Prüf- und Wartungsarbeiten sinnvoll.

Grundbegriffe der Motortechnik

Technik-lexikon

Das Viertaktprinzip:

1 **Ansaugen** (1. Takt): Kolben gleitet von OT nach UT. Einlassventil öffnet, das Kraftstoff/Luftgemisch strömt in den Zylinder.

2 **Verdichten** (2. Takt): Kolben gleitet von UT nach OT und komprimiert auf seinem Weg das angesaugte Frischgas. Einlassventil und Auslassventil sind geschlossen.

3 **Verbrennen** (3. Takt): Bereits kurz vor OT entzündet der Zündfunken explosionsartig das komprimierte Frischgas: Der plötzliche Druckanstieg beschleunigt den Kolben zurück in seine UT-Stellung. Das Pleuel überträgt die oszillierende Energie auf die Kurbelwelle und versetzt sie in Rotation.

4 **Ausstoßen** (4. Takt): Die Schwungmasse der Schwungscheibe bewegt den Kolben von UT erneut in Richtung OT. Das Auslassventil ist bereits geöffnet, die verbrannten Gase (Abgase) entweichen über den Auspuff in die Atmosphäre. Zusammengefasst bilden die vier Takte den Gaswechsel in einem Viertaktmotor.

Grundsätzlich funktioniert ein Dieselmotor nach dem gleichen Prinzip. Er saugt im Ansaugtakt lediglich reine Luft an, komprimiert sie wesentlich effizienter, so dass sich der gegen Ende des Verdichtungstakts eingespritzte Kraftstoff (Dieselöl) an der heißen Luft ohne Fremdzündung (Zündfunken) selbst entzünden kann. Der übrige Gaswechsel ist dann völlig identisch zum Ottomotor.

5 **Hub**: Der Weg, den der Kolben bei seiner Bewegung von UT nach OT durchmisst.

6 **Hubraum**: Der Raum, den der Kolben bei seiner Bewegung von UT nach OT durchmisst. Der Brennraum hat keinen Einfluss auf den Hubraum.

7 **Zylinderraum**: Die Addition aus Hub- und Brennraum ergibt den Zylinderraum.

8 **Verdichtungsverhältnis**: Das Verdichtungsverhältnis umschreibt das Frischgasvolumen, welches bei 100 %-iger Füllung, also bei voll geöffneter Drosselklappe, zum Zündzeitpunkt im Brennraum komprimiert sein müsste. Die Brennraumgröße hat demnach unmittelbaren Einfluss auf das Verdichtungsverhältnis: ECO-TEC-Motoren verdichten ihr Frischgas im Verhältnis 10,1 : 1 oder 10,5 : 1.

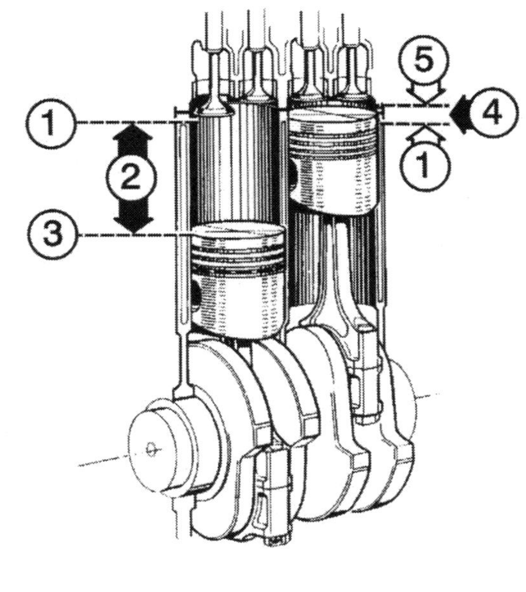

Der Hubraum ❷ erstreckt sich vom oberen ❶ bis zum unteren Totpunkt ❸. Zwischen dem OT, der im rechten Zylinder gerade durch den Kolbenboden begrenzt wird, und der Wölbung des Zylinderkopfes ❺ ist der Brennraum ❹.

Motor durchdrehen

Bei einer Reihe von Arbeiten am Motor kommt es darauf an, dass die Kolbenstellung in den Zylindern genau fixiert ist. Ausgehend vom oberen »Totpunkt« (OT) des ersten Zylinders ergeben sich die exakten Positionen der anderen Kolben dann automatisch.

OT-Stellung 1. Zylinder: Der Kolben des ersten Zylinders (im Vectra Fahrtrichtung rechts) steht dann exakt im oberen Totpunkt, wenn sich die Ventile des vierten Zylinders überschneiden (Auslassventil schließt, Einlassventil beginnt zu öffnen). Die Ventile des ersten Zylinders sind dann geschlossen. An den meisten älteren Motoren mit Zündverteiler lässt sich die OT-Stellung des 1. Kolbens auch anhand der Stellung des Verteilerfingers und des Schwungrads überprüfen (Verteilerfinger steht über der Markierung am Verteilergehäuse, Schwungradmarkierung stimmt mit Kennzeichnung im Schauloch überein).

Arbeitsschritte

① Liften Sie, wie zum Radwechsel, ein Vorderrad und legen den fünften Gang ein. Wenn Sie jetzt das frei stehende Rad nach vorne drehen, rotiert die Kurbelwelle automatisch mit. Leichter geht's, wenn Sie vorab die Zündkerzen demontieren. Sollten Sie Ihr Auto jedoch nicht »standfest« anheben können, legen Sie den 5. Gang ein und schieben den Wagen vorsichtig bis zur OT-Stellung des ersten Kolbens vor.

② Ohne fremde Hilfe können Sie den Motor auch mit einer Stecknuss durchdrehen. Setzen Sie die Nuss an der Antriebsriemenscheibe der Lichtmaschine an. Der Motor dreht »williger«, wenn Sie dazu den Antriebsriemen etwas in den Riementrieb pressen. Achten Sie jedoch darauf, dass der Motor immer nur im Uhrzeigersinn dreht.

Zündkerzen überprüfen

Praxistipp

Da Ottomotoren, anders als Dieselaggregate, nur »fremdgezündet« arbeiten, sind die Frischgase in ihren Brennräumen auf den »zündenden« Funken zur rechten Zeit angewiesen. In früheren Jahren waren Zündkerzen sensible und hoch verschleißfreudige Bauteile – spätestens nach 12.000 Kilometern ging ihnen das »Feuer« aus. Mit modernen Werkstoffen, bleifreiem Benzin, vor allem auch im Zusammenspiel mit elektronischen Hochleistungszündanlagen hat sich das grundlegend geändert: Zwar reagieren die »Funkenspender« immer noch allergisch auf Feuchtigkeit, beispielsweise nach einer Motorwäsche, doch Laufleistungen jenseits von 40.000 Kilometern sind weitgehend normal – Opel empfiehlt den Wechsel sogar erst nach 120.000 Kilometern. Dennoch, behalten Sie Ihre Zündkerzen im Auge und inspizieren sie etwa alle 50.000 Kilometer: Bei den ECOTEC-Motoren beträgt der Elektrodenabstand 1 Millimeter (Z22 SE 1,15 mm, Z32 SE 1,35 mm). Der Fachmann erkennt am Kerzenbild den technischen Zustand eines Motors.

Zündkerzen

Störungsbeistand

Erkennungsmerkmal	Ursache/Besonderheiten
A Isolatorspitze hellgrau bis grau.	Zündkerzen mit vorgeschriebenem Wärmewert montiert. Motormanagement (Gemischaufbereitung, Zündanlage) arbeitet vorschriftsmäßig. Mechanischer Verschleiß innerhalb der Toleranzen.
B Isolatorspitze weißlich gefärbt.	Isolator überhitzt. Schlechter (falscher) Kraftstoff. Undichte Ventile. Zu geringes Ventilspiel. Abgasmessung durchführen lassen. Motormanagement überprüfen, evtl. zu mageres Gemisch. Im Zweifelsfall riskieren Sie einen kapitalen Motorschaden (Kolbenfresser, Kolben brennen durch, Auslassventile verbrennen).
C Kerzengesicht dunkel, Isolator schwarz.	Zündkerzen mit zu hohem Wärmewert montiert. Zündkerzen verschlissen. Hoher Kurzstreckenanteil. Luftfilter verdreckt. Motormanagement verstellt. Lambdasonde arbeitet nicht korrekt. Auspuffgase schwarz.
D Kerzengesicht schwarz, Isolator verölt.	Siehe C. Zündkabel, Zündkerzenstecker defekt. Ölabstreifring gebrochen. Kolbenfresser. Ventilschaftabdichtung verschlissen. Hoher Ölverbrauch. Blau/schwarze Abgasfahne.

Mit diesen Kerzen läuft Ihr Vectra

Motor	Kerzenspezifikation
Z 18 XE	Bosch FLR 8 LDCU
Z 22 SE	AC Delco 41-954 ED
Z 32 SE	Bosch FGR 8 KQEO
Y 20 DTH	Bosch Schnellglühkerzen
Y 22 DTR	Bosch Schnellglühkerzen

Überdrehzahlen und Motorlebensdauer

Überdrehzahlen verkürzen die Lebensdauer Ihres Motors. Lassen Sie die Kurbelwelle zu schnell rotieren, gerät sie oder der Ventiltrieb in unkontrollierte Schwingungen. Zu starke Vibrationen verursachen mechanische Schäden: Schlimmstenfalls bricht eine Ventilfeder, reißt ein Ventil ab, frisst ein Kolben im Zylinder oder, der absolute »Gau«, ein Pleuel reißt ab bzw. die Kurbelwelle bricht. Außer viel vermeidbarem Ärger handeln Sie sich damit teure Reparaturen oder gar einen Motortotalschaden ein. Abweichend von der Maximaldrehzahl traut Opel seinen Ottomotoren im Vectra Dauerdrehzahlen von rund 6.350 $min.^{-1}$ zu. Dieselmotoren bremsen Ihren Gasfuß automatisch bei etwa 5.000 $min.^{-1}$ ein.

Der Kompressionsdruck

Sollte sich im Laufe der Zeit Ihr Eindruck verfestigen, der Motor Ihres Vectra sei weniger temperamentvoll als in seinen Anfangstagen, kann der Leistungsverlust durchaus mechanische Hintergründe haben. Die häufigsten Ursachen sind: Zu viel Spiel zwischen Kolben und Zylindern, verschlissene Kolbenringe, undichte oder verbrannte Ventile, eine beschädigte Zylinderkopfdichtung, verschlissene Einspritzventile oder Zündkerzen.

Gegen Ende des Verdichtungstakts entstehen hohe Kompressionsdrücke, die bei der Verbrennung des Kraftstoff-/Luftgemischs schlagartig weiter ansteigen. Das bedeutet für Kolben und Kolbenringe, Zylinderwände, Ventile, Ventilsitze, Ventilschaftdichtungen sowie die Zylinderkopfdichtung eine hohe thermische und mechanische Belastung. Symptome wie mangelhaftes Kaltstartverhalten oder unrunder Motorlauf, gestiegener Öl- und Kraftstoffverbrauch, weiße oder blaue »Auspufffahne«, erhöhte Wassertemperatur, schlechtere Abgaswerte sowie geringere Leistung sind in der Praxis die »heimlichen« Vorboten eines drohenden Motorschadens. Zum globalen Überblick sollten Sie darum etwa alle 40.000 Kilometer den Kompressionsdruck in jedem Zylinder prüfen lassen. Das gilt übrigens nicht nur für Otto- sondern gleichermaßen auch für Dieselmotoren.

Richtwerte für den Kompressionsdruck

Die Kompressionsdruckwerte für Ihren Vectra unterscheiden sich, abhängig vom Verdichtungsverhältnis, geringfügig. Unsere Richtwerte gelten für Motoren in einwandfreiem mechanischem Zustand. Allerdings kommt es bei der Interpretation des Kompressionsdrucks weniger auf den absoluten Spitzenwert als auf gleichmäßige Werte in allen Zylindern an. Abweichungen bis maximal 2 bar sind noch vertretbar, darüber hinaus sollten Sie den Fehler von einem Fachmann »einkreisen« lassen. Er wird im ersten Schritt Ihrem Motor mit einer Druckverlustmessung »auf den Zahn« fühlen.

Völlig normal – ältere Motoren bauen weniger Kompressionsdruck auf

Bei älteren Motoren sinkt der Kompressionsdruck zwangsläufig. Kein Grund zur Sorge, erst wenn die gemessenen Werte die Verschleißgrenze erreichen, sollten Sie geistig eine umfangreiche Reparatur oder einen Austauschmotor »ins Auge« fassen. Wenn die Differenzwerte der Zylinder deutlich mehr als 2 bar betragen, deutet das erfahrungsgemäß auf eine dieser Ursachen hin:

- Kolben oder Kolbenringe verschlissen.
- Verbrennungsrückstände in den Kolbenringnuten – Kolbenringe sitzen fest oder sind verschlissen.
- unrunde Zylinderlaufbahnen – häufig die Folge von leichten Kolbenklemmern oder festsitzenden Kolbenringen.
- Verbrennungs- bzw. verkrustete Ölrückstände an Ventilschäften oder auf Ventilsitzflächen.
- »eingehämmerte« Ventile.
- verbrannte Ventilsitze – Folgeschaden von zu geringem Ventilspiel oder thermischer Überlastung.

Richtwerte für den Kompressionsdruck

Motor	Normal	Toleranzgrenze
Z 18 XE	14 – 16	12
Z 22 SE	14 – 16	12
Z 32 SE	14 – 16	12
Y 20 DTH	26 – 30	22
Y 22 DTR	26 – 30	22

Versierte Hobbymonteure messen den Kompressionsdruck natürlich in Eigenregie. Sie benötigen dazu allerdings einen Helfer, der den Motor per Anlasser durchdreht und einen Kompressionsdruckmesser. Zunächst schrauben Sie alle Zündkerzen (Diesel – Einspritzventile) aus dem Zylinderkopf und stellen sicher, dass die Ventile richtig eingestellt sind. Während der Prüfung tritt Ihr Helfer das Kupplungs- und Gaspedal voll durch, Sie »drücken« derweil den Zylinder ab. Sinnvollerweise beginnen Sie mit dem ersten Zylinder und gehen dann der Reihe nach weiter vor. Zählen Sie die Kurbelwellenumdrehungen bis zum Aufbau des höchsten Drucks und nehmen den Wert als Maßstab für die anderen Zylinder: Je zügiger sich der Kompressionsdruck aufbaut, um so »gesunder« ist der Zylinder. In einem gesunden Motor sollte der Maximaldruck nach etwa 6 – 8 Kurbelwellenumdrehungen anstehen.

Basis für verlässliche Messwerte – durchzugsstarker Anlasser, volle Batterie

Es ist zwar eine Binsenweisheit, doch wir weisen an dieser Stelle noch einmal ausdrücklich darauf hin: Die Basis für verlässliche Messwerte sind ein durchzugsstarker Anlasser und eine geladene Batterie. Denn wenn die Kurbelwelle nur »gemächlich« rotiert, baut sich im Ansaugrohr die Gassäule nur widerwillig auf – die Messung macht dann wenig Sinn. Sollten Sie große Abweichungen entdecken, kreisen Sie den Fehler mit einem Druckverlusttest weiter ein. Die Vorgehensweise mit diesem Gerät setzt allerdings einige praktische Erfahrungen voraus – deshalb unser Rat: Betrauen Sie mit dem Druckverlusttest einen Fachmann.

Do it yourself – so kommen Sie Fehlern auf die Spur

- Bei zu geringem Kompressionsdruck träufeln Sie mit einer Spritzölkanne etwas Motoröl ins Zündkerzenloch und wiederholen die Messung. Das dichtet den Raum zwischen Kolben und Zylinderwand besser ab.
- Verändert sich danach der Kompressionsdruck nicht, gehen Sie davon aus, dass der Druck an Ventilen, Ventilsitzen, Ventilführungen, am Zylinderkopf oder der Zylinderkopfdichtung entweicht.
- Sind die Werte jedoch besser, gehen Sie von verschlissenen Kolbenringen oder Zylinderlaufflächen aus.

Kompressionsdruck messen

Arbeitsschritte

① Fahren Sie vor der Messung den Motor warm (Betriebstemperatur). Alle beweglichen Teile »laufen« dann mit ihrem Einbauspiel.

② Bauen Sie, wie beschrieben, das Zündmodul aus und demontieren alle Zündkerzen.

③ Öffnen Sie den Relaiskasten neben der Batterie und ...

④ ... ziehen, um die Kraftstoffförderung während der Messung zu unterbrechen, das Kraftstoffpumpenrelais (Pfeil) aus der Fassung.

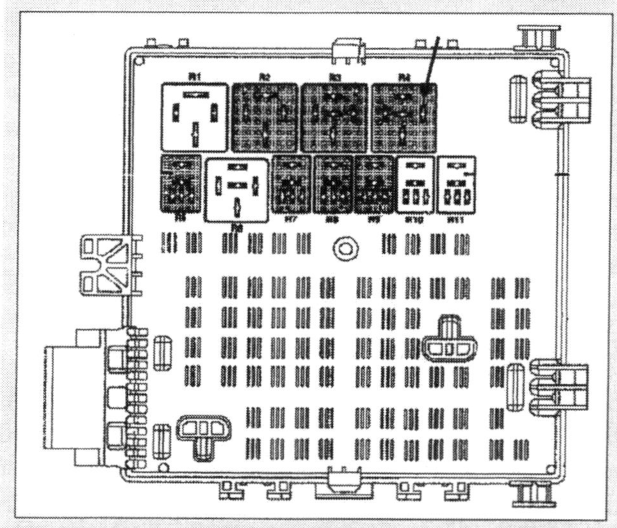

Direkt vorne im Relaiskasten gesteckt – Kraftstoffpumpenrelais.

⑤ Ziehen Sie die Handbremse an, legen den Leerlauf ein und treten das Kupplungs- und Gaspedal voll durch.

⑥ Pressen Sie den Gummikonus des Druckprüfers auf das Kerzenloch des ersten Zylinders – bei Bedarf arbeiten Sie mit einem passenden Adapter.

⑦ Ihr Helfer dreht den Motor jetzt per Anlasser etwa 6 bis 8 mal durch. Wichtig bei Ottomotoren: Die beste Frischgasfüllung (äußere Gemischbildung) erreichen Sie nur bei voll getretenem Gaspedal.

⑧ Lesen Sie den Messwert ab und notieren das Ergebnis. Bei einem Druckprüfer mit Messschreiber schalten Sie einfach auf den nächsten Zylinder.

Luftdicht verschließen: *Der Gummikonus des Kompressionsdruckprüfers muss das Kerzenloch abdichten. »Gesunden« Motoren reichen etwa 6 – 8 Kurbelwellenumdrehungen bis zum maximalen Kompressionsdruck. Checken Sie alle Zylinder der Reihe nach und zählen die Kurbelwellenumdrehungen. Große Differenzen sind verdeckte Schadensymptome.*

»Gleichmäßigkeitsprüfung«: *Wichtiger als der absolute Spitzendruck sind gleiche Werte in allen Zylindern. Sie sollten zudem mit etwa der gleichen Kurbelwellendrehzahl erreicht werden.*

Praxistipp

Kompressionsdruck entweicht

Wenn der Kompressionsdruck bereits (hörbar) entweicht, hat das erfahrungsgemäß folgende Ursachen:

- Aus dem Ansaugkrümmer oder Ansauggeräuschdämpfer – undichtes Einlassventil.
- Aus dem geöffnetem Kühler oder Kühlmittelausgleichsbehälter – defekte Zylinderkopfdichtung oder Riss im Zylinderkopf.
- Aus dem geöffnetem Öleinfüllstutzen oder Ölpeilstab – verschlissene Zylinderwände, Kolbenlaufbahnen oder Kolbenringe.
- Aus dem Auspuffendrohr – undichtes Auslassventil.

Antriebsriemen kontrollieren

Die Vectra-Nebenaggregate (Lichtmaschine, Wasserpumpe, AC-Verdichter etc.) treibt ein Keilrippenriemen an. Opel verwendet generell Antriebsriemen, die besonders flexibel über die Radien der Riemenscheiben laufen. Um im Ernstfall allen Ärger zu vermeiden, komplettieren Sie Ihr Pannenset besser mit einem passenden Ersatzantriebsriemen – irgendwann kommt er zu Ehren.

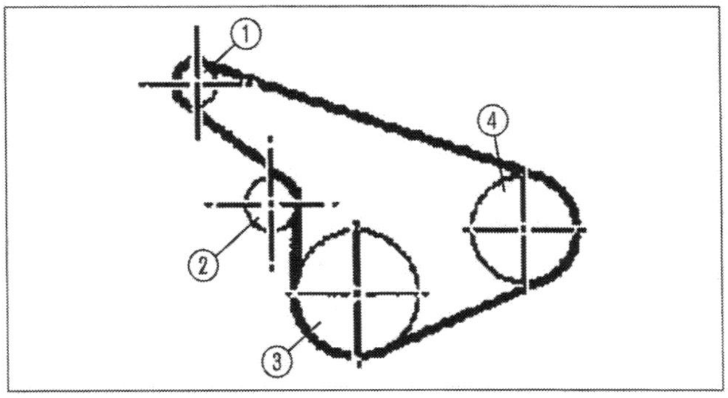

Riementrieb Z18 XE (mit AC): *❶ Generator, ❷ automatischer Riemenspanner, ❸ Kurbelwellenriemenscheibe (Schwingungsdämpfer), ❹ AC-Verdichter.*

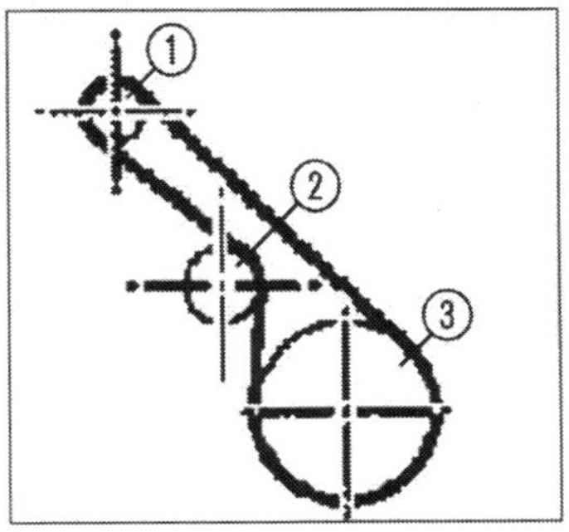

Riementrieb Z18 XE (ohne AC): *❶ Generator, ❷ automatischer Riemenspanner, ❸ Kurbelwellenriemenscheibe (Schwingungsdämpfer).*

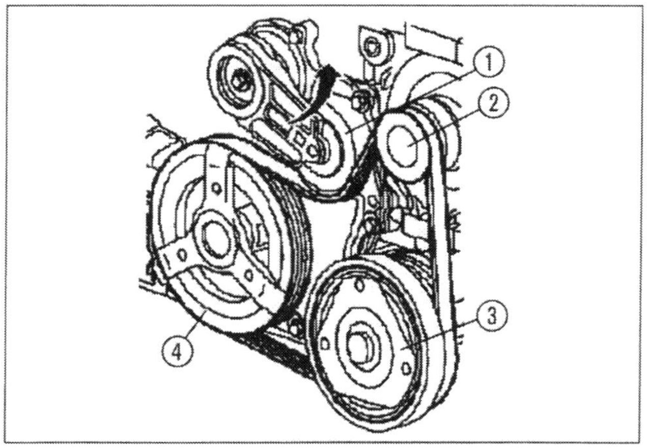

Riementrieb Z22 SE (mit AC): *❶ automatischer Riemenspanner, ❷ Generator, ❸ AC-Verdichter, ❹ Kurbelwellenriemenscheibe (Schwingungsdämpfer).*

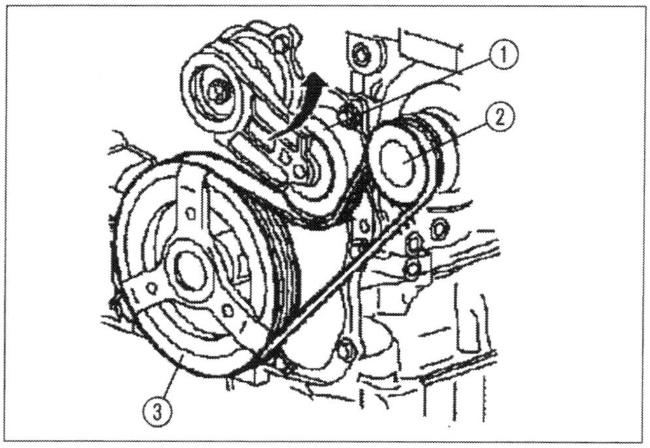

Riementrieb Z22 SE (ohne AC): *❶ automatischer Riemenspanner, ❷ Generator, ❸ Kurbelwellenriemenscheibe (Schwingungsdämpfer).*

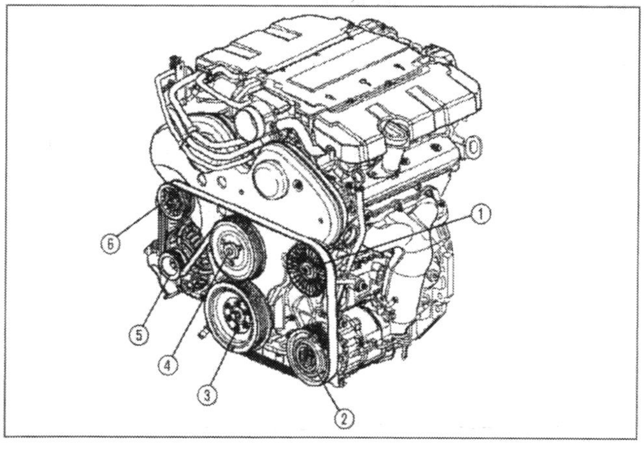

Riementrieb Z32 SE (mit AC): *❶ Umlenkrolle, ❷ AC-Verdichter, ❸ Kurbelwellenriemenscheibe (Schwingungsdämpfer), ❹ Wasserpumpenantriebsrad, ❺ Generator, ❻ automatischer Riemenspanner.*

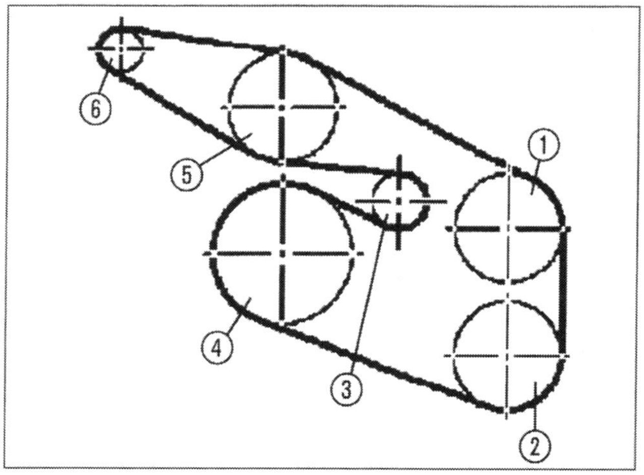

Riementrieb Y20 DTH, Y22 DTR (mit AC): *❶ Umlenkrolle, ❷ AC-Verdichter, ❸ automatischer Riemenspanner, ❹ Kurbelwellenriemenscheibe (Schwingungsdämpfer), ❺ Wasserpumpenantriebsrad, ❻ Generator.*

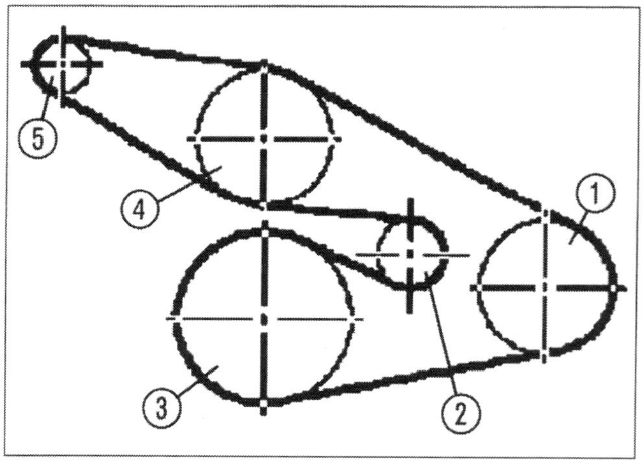

Riementrieb Y20 DTH, Y22 DTR (ohne AC): *❶ Umlenkrolle, ❷ automatischer Riemenspanner, ❸ Kurbelwellenriemenscheibe (Schwingungsdämpfer), ❹ Wasserpumpenantriebsrad, ❺ Generator.*

Antriebsriemen – auf die Vorspannung kommt's an

Antriebsriemen verrichten ihre Arbeit nur dann zufrieden stellend, wenn sie die nötige Vorspannung haben: Sie müssen straff, aber nicht zu stramm gespannt sein. Ein Spiel zwischen drei bis fünf Millimeter geht in Ordnung. Strammer gespannte Riemen ruinieren auf Dauer die Lager der angetriebenen Nebenaggregate wie z. B. Generator, Wasserpumpe, AC-Verdichter etc. Außerdem überdehnen zu straff gespannte Antriebs-

riemen und können dann reißen.
»Schlaffe« Antriebsriemen rutschen lautstark durch – jämmerliche Quietschgeräusche sind Indiz dafür. Am meisten »leidet« der Generator darunter – ihm fehlt der nötige Antrieb. Speziell im Kurzstreckenverkehr und bei Kaltstarts nimmt die Batterie das über kurz oder lang übel.
Rutschende Antriebsriemen unterliegen zudem einem höheren Verschleiß: Ihre Riemenflanken »verbrennen«. In Extremfällen verursacht ein schlaffer Antriebsriemen sogar überhöhte Motortemperaturen und damit teure Folgeschäden (z. B. Kolbenklemmer, durchgebrannte Zylinderkopfdichtung, etc.). Obwohl im Vectra ein automatischer Antriebsriemenspanner den manuellen Spannvorgang erübrigt, schauen Sie ab und an, besonders im Herbst und Winter, nach dem Rechten. Ihre Umsicht bewahrt Sie vor vermeidbaren Schraubererlebnissen am »zugigen Straßenrand«.

Arbeitsschritte

① Kontrollieren Sie den Antriebsriemen auf Risse oder Ausfransungen in der »Karkasse«.

② Oft hat der Antriebsriemen nur einen einzigen, dafür aber »tödlichen« Riss. Wenn der unglücklicherweise gerade unter einer der Riemenscheiben »im Schatten« steht, ist der Ärger vorprogrammiert – trotz Check. Um das möglichst zu vermeiden, drehen Sie den Motor besser einige Male per Hand durch und schauen akribisch hin.

Daran erkennen Sie einen »unsicheren« Antriebsriemen:

- unregelmäßige Schleifspuren an den Riemenflanken
- poröse, ausgefranste Riemenflanken oder Oberfläche
- Altersrisse

Antriebsriemen – nicht grundsätzlich ein Fall für Do it yourselfer

Bei den Vectra-Selbstzündern und beim Sechszylinder Ottomotor lassen Sie den Antriebsriemen besser von einem »Opel-Blaumann« wechseln. Er verfügt über das erforderliche Spezialwerkzeug und – warum sollten wir es Ihnen verschweigen – wahrscheinlich auch über die »geschmeidigeren« Finger.

Praxistipp

Antriebsriemen montieren

»Würgen« Sie einen Antriebsriemen niemals per Schraubendreher über die Riemenscheiben. Dabei können verdeckte Bruchstellen im Unterbau entstehen, die den nächsten Riemenschaden bereits vor der ersten Umdrehung programmieren.

Nach der Montage eines gebrauchten Antriebsriemens lassen Sie den Motor etwa 3 Minuten im Stand laufen (bei einem neuen Antriebsriemen etwa 10 Minuten) und prüfen erneut die Vorspannung. Bevor Sie den Motor abstellen geben Sie dem Riemen einige kurze »Gasstöße«, das zwingt ihn in die Riemenscheiben.

Nach etwa 1000 Kilometern checken Sie den Riemen erneut. Er muss jetzt mit 3 – 5 Millimeter Vorspannung laufen und frei von mechanischen Beschädigungen sein.

Praxistipp

Wenn der Antriebsriemen reißt

Die Ladekontrollleuchte während der Fahrt verrät meistens einen gerissenen Antriebsriemen. Häufig bemerken Sie unmittelbar davor einen harten Schlag gegen den Radlauf oder das Frontblech im Motorraum.

Fahren Sie ohne Antriebsriemen auf keinen Fall weiter. Bei den Dieselmodellen steht die Wasserpumpe »still«, »still« steht dann auch der Kühlkreislauf. Der ausreichende Wärmeaustausch zwischen der im Motorblock verharrenden Kühlflüssigkeit gerät ins Stocken – Sie provozieren jetzt einen kapitalen Motorschaden.

Übrigens: Die »Sage« von der »zweckentfremdeten Damenstrumpfhose« legen Sie spätestens jetzt ad acta – entweder montieren Sie an Ort und Stelle einen Ersatzriemen oder lassen den Wagen in die nächste Werkstatt abschleppen.

Verräterisch – »unbekannte« Klopfgeräusche aus dem Motorraum

Bei kaltem Motor sind leichte Klopfgeräusche aus dem Motorraum nicht unbedingt ein Grund zur Sorge. Metallisch harte Klopf- oder Rollgeräusche verraten bei einem betriebswarmen Motor dagegen fast immer einen ernsthaften Schaden. Die häufigsten Defekte treten an Pleuellagern auf. Die Hauptlager der Vectra-Kurbelwelle sind seltener betroffen. Ein Lagerschaden zieht immer eine umfangreiche Motorrevision nach sich.
Mit viel Glück und einem sensiblen Ohr erkennen Sie Lagerschäden mitunter schon im frühen Anfangsstadium. Ist das der Fall, reicht es mitunter, die Gleitlagerschalen des betreffenden Pleuel- oder Hauptlagers auszutauschen – ein Fachmann wird Ihnen freilich zu einer umfangreicheren Reparatur (Kurbelwelle schleifen, nitrieren, neu lagern) bzw. zu einem Teilemotor raten.

So entlarven Sie einen Lagerschaden

- Beschleunigen Sie den Motor im Stand auf mittlere Drehzahlen und nehmen dann das Gas zurück. Taucht mit abfallender Drehzahl ein leichtes Klopfgeräusch (»nack-nack-nack«) auf und bemerken Sie dieses Geräusch auch beim zügigen Beschleunigen, lassen Sie den Motor sofort in einer Fachwerkstatt checken: Die Geräusche sind typisch für einen Pleuellagerschaden.
- Ignorieren Sie das anfängliche »nack-nack-nack« folgt schon nach wenigen Kilometern ein hartes »klack-klack-klack«: Der Lagerschaden hat sich verschlimmert, die Lagerschale ist bereits ausgelaufen und hat mit großer Wahrscheinlichkeit die Kurbelwelle in Mitleidenschaft gezogen. An eine preisgünstige Reparatur ist jetzt nicht mehr zu denken. »Freunden« Sie sich mit einem Austausch- oder Teilemotor an …
- Machen Sie im Kurbeltrieb ein gleichmäßiges, synchron zur Motordrehzahl ansteigendes Rollgeräusch aus, deutet das ziemlich sicher auf einen Hauptlagerschaden hin. Stellen Sie den Motor sofort ab und lassen einen Fachmann seine Ohren »spitzen«. Wenn Sie damit zu lange warten, »himmeln« Sie den Motorblock sogar als Austauschteil: Das treibt die Reparaturkosten völlig unnötig in die Höhe, denn Ihr Händler berechnet Ihnen den Austauschblock dann so als wär's ein Neuteil.

Zylinderkopfdichtung

Störungsbeistand

Erkennungsmerkmal	Ursache/Besonderheiten
A Kühlflüssigkeitsstand wird regelmäßig ergänzt.	Kühlmittel gelangt in sehr geringer Menge in die Brennräume. Der Zustand kann sich ohne Merkmale über längere Zeit hinziehen.
B Beträchtlicher Kühlmittelverlust. Auch bei warmem Motor entweicht dem Auspuff ein weißer Abgasschleier.	Kühlmittel dringt in größerer Menge in einen Verbrennungsraum, verdampft dort und entweicht als »Wasserdampf« aus dem Auspuffendrohr.
C Aus dem geöffneten Ausgleichsbehälter steigen Luftblasen auf, beim Öffnen des Verschlussdeckels sprudelt Kühlmittel unter Druck aus dem Behälter oder Kühler.	Motor drückt Verbrennungsgase ins Kühlsystem. Aus der Einfüllöffnung riecht es nach Abgasen.
D Bunt schillernder Film schwimmt auf der Kühlflüssigkeit.	Motoröl gelangt ins Kühlsystem.
E Gräulich aussehende Emulsion setzt sich am Ölpeilstab ab, Motoröl ist von Wasserbläschen durchsetzt.	Kühlflüssigkeit gerät ins Motorröl. Zylinderkopfdichtung oder Zylinderkopf defekt. Schaden sofort diagnostizieren lassen. Wagen zur Reparatur in Fachwerkstatt abschleppen. Achtung: Wasser im Motoröl verursacht einen Lagerschaden.

DAS SCHMIER-SYSTEM

Wer gut schmiert – der gut fährt: *Obwohl ECOTEC-Motoren keine Ölsäufer sind und im Vectra-C ihren Schmiersaftvorrat »selber« checken, ziehen Sie spätestens nach jeder dritten Tankfüllung den Ölpeilstab und inspizieren den Ölstand. Solange der Pegel zwischen »min.« und »max.« steht läuft alles wie geschmiert, andernfalls verabreichen Sie Ihrem Opel »einen ausreichenden Schluck aus der Pulle«. Die Differenzmenge zwischen »min.« und »max.« beträgt etwa einen Liter. Doch Vorsicht, füllen Sie Motoröl niemals über »max.« auf – die Radialwellendichtringe der Kurbelwelle könnten danach »nässen« und Öldämpfe aus der Ölwanne »verstopfen« den Luftfilter.*

Wartung

Ohne Schmierung würde Ihr Vectra-Motor schon nach wenigen Minuten »fressen« – dann ging »NICHTS mehr wie geschmiert«. Ein hauchdünner Ölfilm verhindert darum überall dort die »zerstörerischen Reibereien«, wo im Motor bewegliche Teile aneinander »geraten«: So zum Beispiel an Kolben und Kolbenbolzen, den Zylinderlaufbahnen, Pleuel- und Hauptlagern, der Kurbelwelle oder im gesamten Ventiltrieb.
Damit der Ölfilm nicht »abreißt«, zirkuliert das Motoröl in einem filigranen Leitungs-, Kanal- und Bohrungs-Labyrinth. Den geregelten Transport organisiert eine Ölpumpe. In den meisten Motoren saugt sie das Motoröl direkt aus der Ölwanne und pumpt es innerhalb der beschriebenen »Kreisbahn« an die jeweils richtige Adresse. Und damit der Saft möglichst »sauber« beim Adressaten ankommt, passiert er vorher noch den Ölfilter.

Bei jedem Ölwechsel erneuern – den Ölfilter

Der Ölfilter sitzt in allen Motoren direkt im Hauptstrom des Ölkreislaufs, kurz nach der Ölpumpe. Das Filterelement befreit den »Schmiersaft« von Rußpartikeln, Metallabrieb und sonstigen Fremdkörpern. Ölfilter funktionieren freilich nur so lange als Saubermänner, wie ihre mikroskopisch feinen Papierlamellen noch durchlässig und nicht verschlammt sind. Danach machen sie »dicht«, das Motoröl läuft dann ungereinigt in einem »Seitenkanal« am Filter vorbei. Sie bemerken die Verstopfung übrigens nicht.
Darum spendieren Sie Ihrem Vectra bei jedem Motorölwechsel grundsätzlich auch einen neuen Ölfiltereinsatz. Denn schmutziges Motoröl »verkleistert« den Motor in kürzester Zeit mit einer zähen Ölschlammschicht. Das schadet vornehmlich den Haupt- und Pleuellagern, dem Ventiltrieb sowie den Kolben und Zylinderlaufbahnen. Der Schlamm beeinträchtigt außerdem den Wärmeaustausch innerhalb des Motors – das Öl wird mitunter zu heiß und verliert seine Scherstabilität: Der Schmierfilm »reißt«.
Sobald die Kurbelwelle rotiert, schickt die Ölpumpe das Motoröl auf die Reise zu allen relevanten Schmierstellen im Motorblock und Kurbeltrieb. Ähnlich »druckvoll« erreicht der Schmiersaft auch den Zylinderkopf mitsamt Nockenwellen. Den meisten anderen Schmierstellen, beispielsweise den Kolben oder Ventilen, reicht dagegen Spritzöl das im Kurbel- und Ventiltrieb ohnehin zuhauf umherwirbelt und das benachbarte Umfeld gleichmäßig mit einem Ölfilm überzieht.
Auf seiner planmäßigen Reise durch den Motor hält das Öl übrigens nicht nur alle Innereien beweglich und geschmeidig, sondern es nimmt auch einen Großteil der an den Lagerstellen und den Brennräumen entstehenden Überschusswärme auf. Der Rückweg in die Ölwanne ist dann wesentlich direkter: Das Öl »fällt« in speziellen Rücklaufkanälen in die Ölwanne zurück. Dort im »Ölsumpf« kommt der Schmiersaft kurzzeitig zur Ruhe und kühlt sich, bevor ihn die Ölpumpe erneut unter »Druck« setzt, auf etwa 80 °C ab.

Drucksache – der Ölkreislauf

Damit der Schmierfilm auch Höchstbelastungen standhält, gelangt das Öl druckvoll an die meisten Schmierstellen. Doch ständig überhöhter Öldruck, beispielsweise bei kaltem und zähflüssigen Öl, schadet dem Motor. Dem wirkt ein Überdruckventil (Bypass) im Ölfilteranschlussflansch entgegen. Der Bypass öffnet bei etwa 4,0 bar und leitet das Öl direkt auf die Saugseite der Ölpumpe um. In technisch gesunden Triebwerken gelangt das Öl bei mittleren Motordrehzahlen mit etwa 3 bar (Öltemperatur ca. 80 °C; Mehrbereichsöl SAE 10W-30) an die Schmierstellen. Im Leerlauf sind, bei rund 80 °C Öltemperatur, schon 1,3 bar völlig ausreichend. Um den Öldruck exakt bestimmen zu können, müsste Ihr Vectra einen Öldruckmesser an Bord haben. Fehlanzeige – wie bei den meisten Autos übrigens auch. Doch als Do it yourselfer sollten Sie davor nicht kapitulieren: Öldruckmesser sind relativ kostengünstig und einfach nachrüstbar.

Signalisiert nur den Mindestdruck – Öldruckwarnleuchte

Der serienmäßigen Öldruckwarnleuchte können Sie keine kontinuierlichen Messwerte abverlangen, sie »flackert« lediglich zwischen 0,3 – 0,5 bar auf. Mit anderen Worten, die Öldruckwarnleuchte tritt erst dann auf den Plan, wenn Motorschäden bereits im Anmarsch sind: Denn eine ausreichende Ölversorgung der Motorinnereien ist zuverlässig mit 0,3 – 0,5 bar nicht mehr gesichert. »Störungen« können zum Beispiel schon dann auftreten, wenn Sie Ihrem Vectra mit zu geringem Ölstand eine scharfe Kurve zu muten: Die dabei auftretenden Fliehkräfte verlagern das Öl innerhalb der Ölwanne auf die kurvenäußere Seite – die Ölpumpe fördert dann kurzzeitig nur noch »heiße Luft« aus dem Ölsumpf. Zwangsläufig geht der Öldruck in den »Keller«, der Ölfilm reißt. Das teure Resultat: schwere Motorschäden.

Auch wenn nach schnellen Autobahn- oder Passfahrten die Öldruckwarnleuchte im Leerlauf flackern sollte, ist das ein sicheres Indiz dafür, dass der Öldruck nicht mehr ausreicht. Solange die Kontrollleuchte beim leichten Gasgeben allerdings wieder verlischt, besteht kein triftiger Anlass zu großer Sorge – das Öl ist dann nämlich »nur« zu heiß, bzw. zu dünnflüssig geworden. Lassen Sie es fortan etwas beschaulicher angehen, ein »gesunder« Motor kühlt während der Fahrt wieder ab.

Erst wenn die Öldruckwarnleuchte ständig brennt …

- … halten Sie sofort an und stellen den Motor ab,
- … kontrollieren Sie den Ölstand und …
- … ergänzen Fehlmengen möglichst sofort. Ansonsten fahren Sie ganz behutsam die nächste Tankstelle an und füllen dort Öl auf. Die Ölkontrolle muss dann sofort erlöschen!
- Falls nicht, schleppen Sie den Wagen in die nächste Werkstatt und lassen die Ursache einen Fachmann diagnostizieren. Unter Umständen vermeiden Sie damit gerade noch einen schweren Motorschaden.

Ein »Saft« mit vielen Talenten – das Motoröl

Spätestens an dieser Stelle dürfte Ihnen völlig klar sein: Öl ist das Lebenselexier eines jeden Verbrennungsmotors. Es vermindert die Reibung und den Verschleiß an Kolben und Zylindern sowie an allen Lagerstellen des Kurbel- und Ventiltriebs. Zudem dichtet Motoröl die Kolben zu den Zylinderwänden ab. Die bei der Verbrennung explosionsartig entstehenden Gase wirken, dank der »Öldichtung«, nahezu verlustfrei auf die Kurbelwelle ein. Doch damit sind die Talente des Motoröls längst noch nicht ausgereizt: Motoröl kühlt zu einem Großteil auch die Motorinnereien. Außerdem schützt es vor Rost, hält Schmutzpartikel in der Schwebe und bindet einen Großteil chemischer Verbrennungsrückstände.

Multitalente – die Mehrbereichsöle

Moderne Motoröle sind aus Erdöl raffinierte Schmierstoffe. Doch bevor sie ihre Karriere als Motoröl antreten dürfen, mischen ihnen die Ölhersteller noch spezielle Additive unter. Das macht am Schluss der Raffinationskette bis zu 20 Prozent des Motoröls aus. Additive schützen das Öl beispielsweise vor Oxidation und verhindern sein Aufschäumen bei hohen Drehzahlen. Eines der wichtigsten Additive sind die VI-Verbesserer (VI = Viskositätsindex). VI-Verbesserer sind lange Molekülketten, die unter Wärmeeinfluss »quellen« und beim Abkühlen wieder schrumpfen. Sie »stellen« somit das Motoröl in einem bestimmten Temperaturfenster automatisch auf die vorhandene Motortemperatur ein: Gekonnt gemischt, überspannen Additive gleich mehrere Viskositätsklassen.

VI-Verbesserer haben jedoch die negative Eigenschaft, bei hohen Temperaturen zu verschleißen und damit einen Großteil ihrer Wirkung zu verlieren. Außerdem setzen Wasser, Kraftstoff und Verbrennungsrückstände der Lebensdauer des Motoröls Grenzen. Ein dünnes Mineralöl hält den im Motor herrschenden Drücken und Temperaturen über einen längeren Zeitraum nur unzureichend stand. Regelmäßige Ölwechsel sind daher kein verzichtbarer Luxus, sondern schlichtweg eine technisch/chemische Notwendigkeit – zumindest dann, wenn Ihr Motor reibungslos funktionieren soll.

Hochpreisig – synthetische Leichtlauföle

Synthetiköle sind im Prinzip nicht »künstlicher« als herkömmliche Mineralöle, aber durchweg teurer. Grund: Bei Synthetikölen wird der Molekülaufbau des »natürlichen« Rohöls in einem aufwendigen Verfahren (Cracken) aufgelöst und mit speziellen Additiven in anderer Rezeptur neu vermischt. Als Äquivalent zum hohen Einstandspreis versprechen ihre Hersteller einen geringeren Öl- und Kraftstoffverbrauch, eine größere Beständigkeit und längere Standfestigkeit: Theoretisch resultieren daraus auch größere Ölwechselintervalle. Wenn Sie sich den Luxus dieses Spitzenöls leisten möchten, sollten Sie die ohnehin schon sehr gedehnten Opel-Wechselintervalle nicht über-schreiten.

Premiere im Vectra-C – Motorölzustands-Überwachung (OLM)

Im Vectra ist, erstmalig für Opel, ein **O**il-**L**ife-**M**onitoring-System (OLM) mit von der Partie. Auf gut Deutsch: Das OLM-System checkt, unabhängig von der Laufleistung, ständig den Zustand des Motoröls. Langstreckenfahrer kann das durchaus begünstigen

Begriffe und Normen rund ums Öl

Technik-lexikon

Viskosität: Bezeichnet das Maß für die Fließfähigkeit des Schmieröls. Im Winter ist dünnflüssiges Motoröl, das nach dem Kaltstart sofort an alle Schmierstellen im Motor gelangt, erste Wahl. Im Sommer dagegen ist dick flüssiges Öl gefragt, das den Schmierfilm auch bei hohen Temperaturen nicht abreißen lässt.

SAE-Klasse (Society of Automotive Engineers): Bezeichnet die Viskositätsklasse, zum Beispiel SAE 5 W-30. Je kleiner die erste Zahl, um so besser fließt das Öl bei Kälte (W = Winter). Ein Öl mit 0 W schmiert noch bei minus 30 Grad, bei 5 W steigt dieser Wert auf minus 25 Grad, bei 15 W auf minus 15 Grad. Je höher die zweite Zahl, um so temperaturbeständiger ist das Öl bei hohen Temperaturen.

ACEA (Association des Constructeurs Européen d'Automobiles): Die 1996 eingeführte europäische Ölnorm löst die CCMC-Norm ab. Für Ottomotoren gibt's die Gruppen A1 (kraftstoffsparendes Öl), A2 (gering belastetes Öl), A3 (Hochleistungsöl). Für Dieselmotoren gilt die Einteilung B1, B2 und B3.

CCMC (Comittée des Constructeurs d'Automobiles du Marché Commun): Die Spezifikation besteht aus den Buchstaben G (Benzine) und PD (Diesel) sowie einer Zahl. Je höher die Zahl, um so besser ist die Ölqualität.

API (American Petroleum Institute): Die Spezifikation besteht aus den Buchstaben S (Ottomotor) und C (Dieselmotor) sowie einem weiteren Buchstaben. Je höher dieser im Alphabet rangiert, um so besser ist die Ölqualität.

und Kurzstreckler versäumen damit keinen sinnvollen Ölwechsel mehr. Im Normalbetrieb erinnert OLM bei den Ottomotoren nach etwa 34.000 Kilometer und bei den Diesel-Vectras nach rund 50.000 Kilometer an den fälligen Ölwechsel.

Wie das funktioniert? Im Motorraum ermitteln unterschiedliche Sensoren Ihren ganz persönlichen Fahrstil und Fahrbetrieb. Diese Infos analysiert das Motorsteuergerät, vergleicht es mit seinem »Festplattenwissen« und berechnet dann die verbleibende »Restlaufstrecke«. Interessant? Dann schalten Sie an Ihrem Vectra-C die Zündung aus und drücken hernach die Rückstelltaste des Tageskilometerzählers. Im Display des Drehzahlmessers erscheint jetzt eine Zahl, nennen wir sie »X«. Multiplizieren Sie »X« mit 1000 und schon wissen Sie exakt, wieviel Kilometer Sie ganz persönlich noch bis zum nächsten Ölwechsel unter die »Räder« nehmen können.

Motoröl – achten Sie auf Qualität

Verlängerte, flexible Motorölwechselintervalle setzen Long-Life-Motorölqualitäten voraus, die mit den bisherigen ACEA-Normen nicht mehr zu realisieren sind. Opel gibt für Ihren Vectra-C daher nur Motoröle mit Opel-/GM-Spezifika frei. So zum Beispiel für die Ottomotoren Long-Life-Schmierstoffe mit der Spezifikation GM-LL-A-025 oder GM-LL-B-025 beim Diesel. Falls Sie die Ölwechselintervalle ohnehin »verkürzen« möchten oder unterwegs besagte Schmiersäfte nicht verfügbar sind, können Sie auf die ACEA-Norm ausweichen. Damit verkürzen Sie allerdings die ursprünglich variablen Serviceintervalle auf 12 Monate, respektive 30.000 Kilometer. Daher unser Rat: Lesen Sie peinlich genau auch das »Kleingedruckte« auf der Öldose und kaufen Sie entsprechend! Eine Liste der von Opel freigegebenen Motorenöle finden Sie übrigens auch im Internet (www.opel.com) oder bei Ihrem Opel-Händler.

Sobald der Schmiersaft den genannten Kriterien entspricht, können Sie Ölsorten verschiedener Hersteller durchaus mischen. Gehen Sie in dem Fall jedoch davon aus, dass spezielle Eigenschaften der ursprünglichen Rezeptoren nachlassen. Denn jedes Produkt basiert auf einer individuellen Additivrezeptur, deren Wirksamkeit im Mix mit anderen Ölen »ermüden« kann. Das gilt übrigens auch für die Kombination von Mineral- und Synthetiköl – die Melange bietet keinerlei Vorteile.

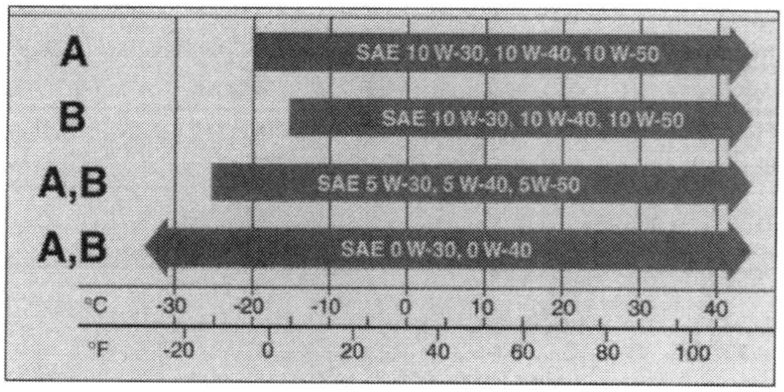

Immer im grünen Bereich: *Die empfohlene Ölqualität ist abhängig von der durchschnittlichen Außentemperatur (**A** – SAE-Klassen für Ottomotoren; **B** – SAE-Klassen für Dieselmotoren). Auf teures Synthetiköl sind Opel ECOTEC-Motoren nicht unbedingt angewiesen. Die meisten Hersteller empfehlen in unseren Breitengraden handelsübliche Öle: Je nach Außentemperatur können Sie die Viskosität entsprechend variieren.*

Völlig normal – geringer Ölverbrauch

Ganz ohne Ölverbrauch gehen Verbrennungsmotoren nicht an die Arbeit – auch ECOTEC-Motoren nicht. Teilweise gelangt der Schmiersaft auf natürlichem Weg und in vertretbaren Mengen in den Verbrennungsraum. Er wird dort zusammen mit den Frischgasen »verfeuert«. Ein undichter Motor, defekte Ventilschaftabdichtungen, verschlissene Ölabstreifringe, zu großes Laufspiel zwischen Kolben und Zylinderlaufbuchsen oder »ausgeleierte« Ventilführungen treiben den normalen Verbrauch in die Höhe. Schauen Sie einfach mal nach einem Lastwechsel auf der Autobahn in den Rückspiegel – blaue Rauchwolken aus dem Auspuffendrohr sind ein sicheres Indiz für überhöhten Ölverbrauch – auch bei modernen Dieselmotoren. Technisch gesunde Motoren »verbrennen« innerhalb der vorgeschriebenen Ölwechselintervalle »unsichtbar« nur geringe Ölmengen (ca. 0,25 Liter/1000 km). Allerdings nur dann, wenn Sie das Öl vorschriftsmäßig wechseln und Ihren Motor nicht übermäßig belasten.

Kein Grund zur Freude – »null Ölverbrauch«

Doch auch wenn Ihr Motor grundsätzlich »keinen Tropfen Öl« konsumiert, ist dies generell kein Grund zur Freude: Denn mitunter verdünnen überschüssiger Kraftstoff oder Kondenswasser das Motoröl – auch dann gehen die Schmiereigenschaften »in den Keller«. Vor allem im Winter und vornehmlich im Kurzstreckenverkehr können Sie dieses Phänomen beobachten – der Motor erreicht dann über längere Zeit selten seine Betriebstemperatur. Folglich »verbandeln« sich die Rückstände, anstatt zu verdunsten oder zu verbrennen, dann mit dem Motoröl zu einer Verschleiß provozierenden Melange. Sollten Sie das bemerken, lassen Sie das Motoröl in kürzeren Intervallen ab, etwa schon nach spätestens 12000 Kilometern oder halbjährlich. Setzen Sie sich in diesem ganz speziellen Fall auch über die Empfehlungen der OLM-Anzeige hinweg.

Nicht vergessen – regelmäßig den Motorölstand checken

Ihr Vectra »verwöhnt« Sie zwar serienmäßig mit einer dynamischen Ölstandskontrolle, checken Sie dennoch den Motorölstand nach jedem dritten Tankstopp oder nach längeren Autobahnfahrten mit hohen Tempi. Während der Einfahrzeit oder bei älteren Motoren mit erhöhtem Ölverbrauch ist es ratsam, den Ölstand mindestens alle 1000 Kilometer zu kontrollieren. Ergänzen Sie den Ölvorrat frühestens, wenn der Ölpegel etwa mittig zwischen beiden Markierungen des Ölstabs steht. Ihrem Auto fehlt dann etwa ein halber Liter.

Arbeitsschritte | W | **ständige Kontrolle**

① Kontrollieren Sie den Ölstand möglichst bei betriebswarmen Motor. Ihr Auto sollte dazu auf einem waagrechten Untergrund stehen. Bevor Sie den Ölstand checken, gönnen Sie Ihrem Vectra vorher mindestens eine fünfminütige Pause – das umlaufende Öl hat dann Zeit, sich im Ölsumpf der Ölwanne zu sammeln.

② Ziehen Sie den Peilstab und wischen ihn mit einem sauberen, flusenfreien Lappen oder Papiertuch ab. Bugsieren Sie den Stab danach wieder bis zum Anschlag in die Ölwanne, warten kurz und ziehen ihn dann erneut heraus. Vorsicht bei betriebswarmem Motor: Der Ölstab kann sehr heiß sein.

③ Liegt der Pegel im oberen Viertel zwischen Minimum und Maximum, reicht's allemal. Bei rund 50 % ergänzen Sie maximal einen halben Liter. Dümpelt der Ölstand dagegen an der unteren Markierung oder gar darunter, füllen Sie sofort den Ölstand auf – Ihrem Motor fehlt dann rund ein Liter Motoröl.

④ Füllen Sie grundsätzlich nur so viel Öl nach, dass der Pegel niemals die obere Markierung übersteigt. Unsere Empfehlung: Halten Sie den Stand konstant im oberen Viertel. Das Öl wird dann auch im Sommer, bei hohen Außentemperaturen, nicht zu heiß. Zu viel Motoröl schadet jedem Motor: Es sucht sich über Dichtflächen und Radialwellendichtringe einen Weg ins Freie (verölte Kupplung, Riemenscheibe) oder wird mitunter über die Kurbelge-

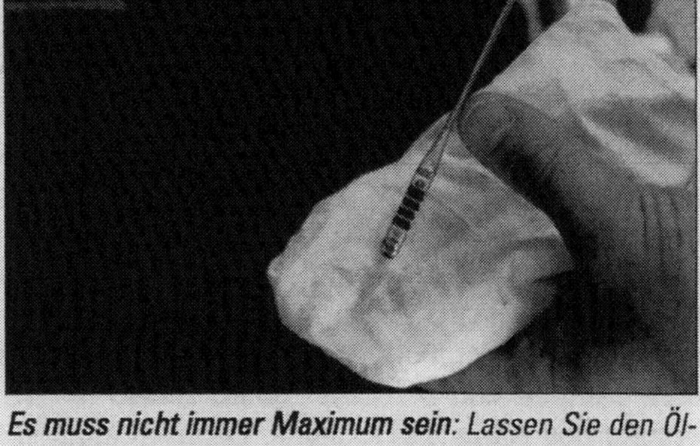

Es muss nicht immer Maximum sein: *Lassen Sie den Ölstand ruhig zwischen »MIN« und »MAX« pendeln. Die maximale Nachfüllmenge zwischen beiden Markierungen beträgt rund einen Liter.*

häuseentlüftung angesaugt und verschmutzt den Luftfilter inklusive Ansaugtrakt.

⑤ Benutzen Sie zum Nachfüllen aus größeren Gebinden einen sauberen Trichter.

IMMER gemeinsam wechseln – Motoröl und Ölfilter

Bei Vectra-Motoren steht der Ölwechsel mit freigegebenen Schmiersäften erst nach 24 Monaten oder ca. 30.000 bzw. 50.000 Kilometern an – andernfalls müssen Sie bereits nach einem Jahr den »Saft« aus der Ölwanne ablassen. Halten Sie die Serviceintervalle übrigens auf jeden Fall auch dann ein, wenn Sie überwiegend lange Strecken fahren sollten. In diesem Fall beanspruchen Sie das Öl zwar weniger, doch wir sind der Meinung, dass nach 30.000 Kilometern, bzw. 24 Monaten, auch ein gutes Motoröl nicht mehr topfit sein kann. Und wenn Sie Ihre Kilometer ausschließlich in der Stadt oder auf Kurzstrecken »fressen«, spendieren Sie dem Vectra spätestens nach 15.000 Kilometern oder bereits nach sechs Monaten neues Motorenöl.

Ölwechsel – Do it yourself lohnt nicht immer

Do it yourself lohnt dann, wenn Sie ein preiswertes Öl mit den **vorgeschriebenen Spezifikationen** aus dem Zubehörhandel, Warenhaus oder von der Tankstelle nutzen. Zu einem konventionellen Ölwechsel (Öl aus der Wanne ablassen, Filtereinsatz wechseln, Öl an Sammelstelle entsorgen) müssen Sie Ihren Vectra aufbocken. Schneller und sauberer erledigen Sie den Ölwechsel an einer Tankstellen SB-Station – dort saugen Sie in der Regel den alten Saft mit einem Absauggerät aus der Ölwanne.

Die Methode ist zwar bequem, sie hat jedoch auch Nachteile: Ein Teil des Ölschlamms verbleibt nämlich in der Ölwanne – und wenn Sie dann noch »auf ganz bequem« machen wollen und den Ölfilter auch nicht mit wechseln, ist der Motorölwechsel erst recht »verschenkt«. Am einfachsten sind Ölwechsel immer noch in der Fachwerkstatt. Natürlich arbeitet der Fachmann nicht für »Gotteslohn«: Er verwendet in der Regel nur teure Ölsorten und berechnet Ihnen zudem die Entsorgung des Altöls und Ölfilters. Dennoch kann sich pekuniär der Gang zum Fachmann lohnen, zumal immer mehr Werkstätten saisonal befristete Ölwechselaktionen inklusive Motoröl und Ölfilter anbieten. Fragen Sie also Ihren Händler und kalkulieren im Vorfeld: Werkstätten erledigen die »Drecksarbeit« mitunter auch dann, wenn Sie Ihr Öl und den Filter selbst anliefern.

So viel Motoröl füllen schluckt Ihr Vectra

Motor	Motoröl mit Filter*
Z 18 XE	4,25 Liter
Z 22 SE	5,00 Liter
Z 32 SE	4,75 Liter
Y 20 DTH	5,50 Liter
Y 22 DTR	5,50 Liter

**Der Ölfilter ist auf den Motor abgestimmt. Verwenden Sie darum nur Originalfilter und verzichten auf dubiose Wühltischangebote.*

Arbeitsschritte | 30.000 km 24 Monate

① Fahren Sie das Motoröl warm: Erst dann sind die Schmutzpartikel in der Schwebe.

② Bocken Sie Ihren Vectra auf ebener Fläche waagerecht auf.

Y20 DTH/Y22 DTR

③ Demontieren Sie die untere Motorverkleidung ❶ an fünf Schrauben (Pfeile) …

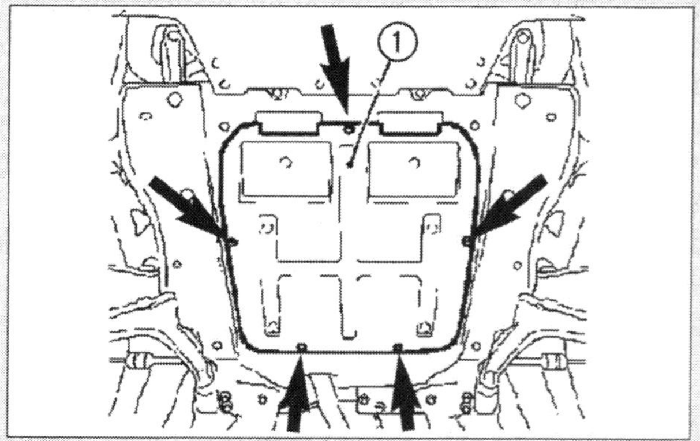

Lösen – alle Schrauben der unteren Motorverkleidung.

alle

④ ... und schieben eine flache Wanne, Schüssel oder einen aufgeschnittenen Plastikölkanister mit ausreichendem Fassungsvermögen unter die Ölwanne.

⑤ Lösen Sie die Ölablassschraube mit einer »Knarre« und lassen das alte Motoröl vorsichtig aus der Wanne ab. Wirklich vorsichtig, beim Herausdrehen der Ablassschraube schwappt heißes Öl aus der Ölwanne in den Auffangbehälter. Sie wären nicht der Erste, der sich kräftig verbrüht!

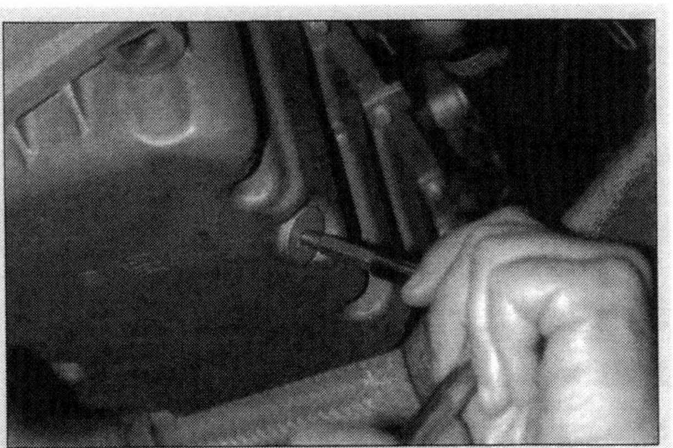

Gegen Steinschlag geschützt: *Die Ölablassschraube an der Ölwannenrückseite. Lassen Sie immer nur warmes Motoröl ab, dann »fließt« auch der Ölschlamm aus der Wanne.*

⑥ Montieren Sie die Ölablassschraube »nur« mit neuem Dichtring.

⑦ Entleeren Sie die Auffangwanne und schieben sie im Bereich des Ölfilters erneut unter die Ölwanne.

Z18 XE

⑧ Am geschicktesten lösen Sie den Ölfilter mit einem Spannbandschlüssel. Falls Sie keinen besitzen, behelfen Sie sich mit einem stabilen Schraubendreher, »hämmern« ihn durchs Filtergehäuse (Vorsicht: Verbrühungsgefahr – heißes Öl läuft aus) und nutzen ihn dann als Knebel. Opel-Monteure verwenden den Spezialschlüssel KM-726-A.

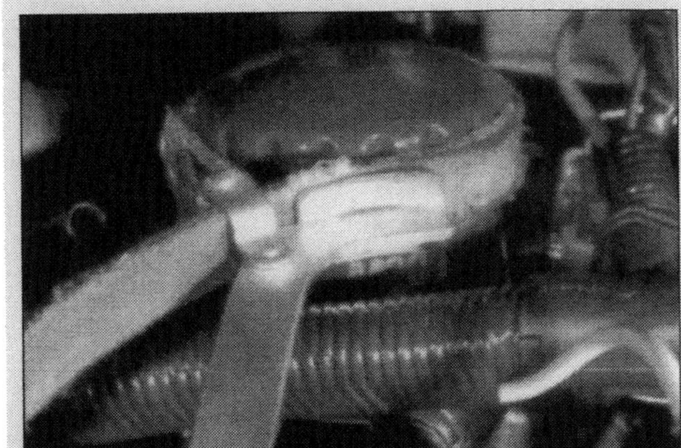

Preiswerte Variante: *Ölfilter mit Spannbandschlüssel lösen. Bei Problemen stoßen Sie den Filter mit einem großen Schraubendreher durch und drehen ihn damit los.*

⑨ Bevor Sie den neuen Filter aufschrauben (einsetzen), ölen Sie den neuen Dichtring leicht ein und ziehen den Filter handfest.

Z22 SE

⑩ Öffnen Sie den Öleinfüllstutzen und …

⑪ … ziehen die Motorverkleidung vom Zylinderkopf ab.

⑫ Im Anschluss lösen Sie das Ölfiltergehäuse ❷. Opel-«Schrauber« verwenden dazu einen Spezialschlüssel ❶. Mit etwas Glück und Geschick kommen Sie auch mit einem Maulschlüssel zurecht.

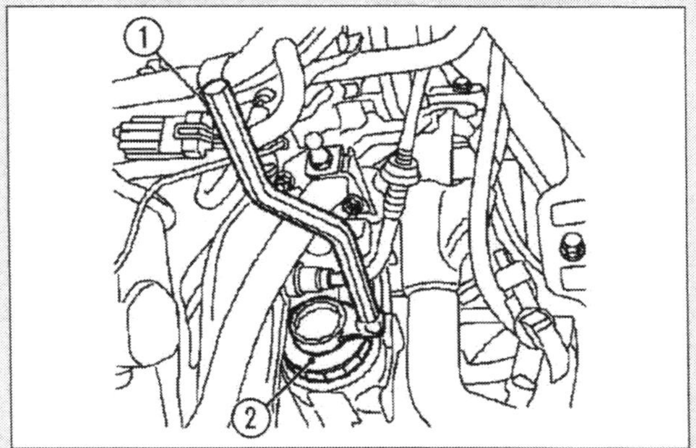

Lösen – den Ölfilterdeckel.

⑬ Ziehen Sie den Filtereinsatz heraus, …

⑭ … erneuern, bevor Sie den neuen Filter montieren, den Gummiring oben im Filterflansch und …

⑮ ... ziehen den Deckel nicht fester als mit 25 Nm an.

Z32 SE

⑯ Lösen Sie das Ölfiltergehäuse ❶ und ziehen den Filtereinsatz heraus.

⑰ Bevor Sie den neuen Filter montieren, erneuern Sie den Gummiring oben im Filterflansch.

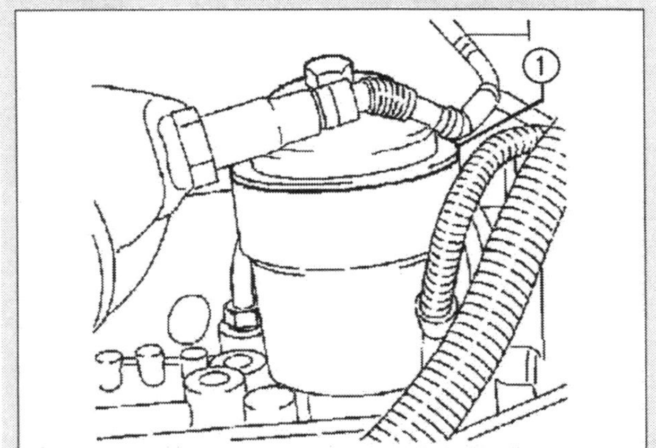

Mit einer »Knarre« lösen – Ölfilterdeckel.

⑱ Ziehen Sie den Deckel nicht fester als mit 25 Nm an.

Y20 DTH/Y22 DTR

⑲ Lösen Sie die drei Schrauben (Pfeile) der oberen Motorabdeckung und ...

⑳ ... ziehen sie vom Zylinderkopf ab.

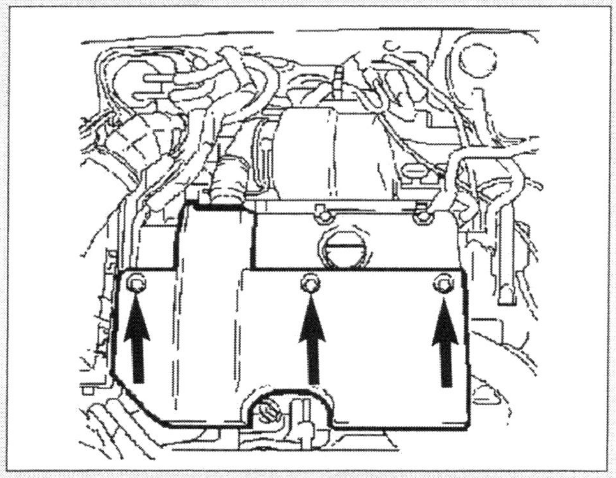

Lösen – drei Schrauben der oberen Motorverkleidung.

㉑ Ziehen Sie vom Abgasrückführungsventil den Mehrfachstecker ❶ und schrauben hernach den Ölfilterdeckel ❷ vom Ölfiltergehäuse ab.

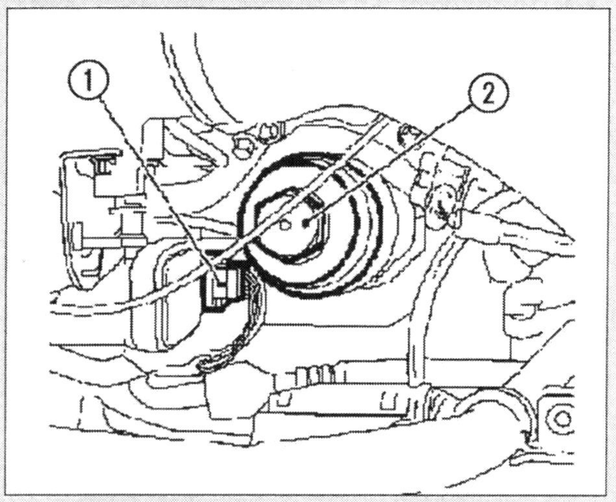

Vom Ölfiltergehäuse abschrauben – Ölfilterdeckel.

㉒ Hernach ziehen den Einsatz aus dem Gehäuse und ...

㉓ ... montieren einen neuen Filter.

㉔ Bevor Sie den Filter montieren, erneuern Sie beide Gummiringe im Filterdeckel und ziehen ihn mit 30 Nm fest.

alle

㉖ Befüllen Sie den Motor mit der vorgegebenen Ölmenge (siehe Tabelle und lassen ihn kurz im Stand anlaufen. Die Öldruckwarnleuchte erlischt erst, nachdem das Ölfiltergehäuse gefüllt ist.

㉗ Checken Sie jetzt noch einmal, ob Ölfilter und Ablassschraube auch dicht sind.

㉘ Erst dann stellen Sie Ihren Vectra wieder auf die Räder.

Serviceintervallanzeige zurücksetzen

Nachdem Sie Ihrem Vectra-C neues Motoröl spendiert haben, setzen Sie die Serviceintervallanzeige selbstverständlich auch auf »Null«. Wie das geht?

Arbeitsschritte

① Schalten Sie die Zündung aus.

② Im Drehzahlmesser-Display erscheint die Tageswegstrecke.

③ Drücken und halten Sie dann die Rückstelltaste des Tageskilometerzählers ...

④ ... und schalten zeitgleich die Zündung ein.

⑤ Ihre Serviceintervallanzeige springt nach ca. 3 Sekunden auf »Null«. In der OLM-Anzeige erscheint die maximale Laufleistung von 34.000 Kilometern beim Otto-, bzw. 50.000 Kilometern beim Dieselmotor.

⑥ Lassen Sie nun die Rückstelltaste des Tageskilometerzählers wieder los.

⑦ Die Serviceintervallanzeige ist damit bereits »genullt«.

Mit Anleitung kein Problem: Serviceintervallanzeige auf »Null« setzen.

Praxistipp: Altöl richtig entsorgen

Das Altöl kippen Sie natürlich nicht einfach in die »Gosse« sondern liefern es bei Ihrem »Frischölverkäufer« ab. Sämtliche Verkaufsstellen müssen Altöl in der Menge entsorgen, wie sie frisches Öl verkaufen. Zudem können Sie Altöl, zusammen mit dem Ölfilter und ölverschmutzten Putzlappen, auch an einer Altölsammelstelle Ihrer Gemeinde oder Stadt entsorgen. Adressen erfahren Sie bei der Gemeindeverwaltung oder bei Automobilclubs.

Kein Grund zur Sorge – Ölschwitzflecken am Motor

Überschaubare Ölschwitzflecken unter der Motorhaube müssen Sie nicht akribisch »bekämpfen«: In überschaubaren Mengen sucht Motoröl sich – vornehmlich bei starken Temperaturschwankungen – an Gehäusedichtflächen und durch Dichtungsporen vorbei, einen Weg ins Freie. Anders sieht die Sache aus, wenn Sie im Motorraum oder unter dem Wagen Ölspuren entdecken. Größere Leckagen spüren Sie stante pede auf, sie ziehen meist Folgeschäden nach sich. Am besten inspizieren Sie Ihren Motor nach einer Motorwäsche mit anschließender Probefahrt und legen die »Ölquelle« dann trocken.

Schmiersystem – Störungsbeistand

Störung	Ursache	Abhilfe
A Öldruckwarnleuchte bleibt bei eingeschalteter Zündung dunkel.	**1** Kontrollleuchte defekt.	Auswechseln.
	2 Steckverbindung korrodiert bzw. Kabelverbindung unterbrochen.	Überprüfen und reinigen, ggf. Kabel instand setzen.
	3 Öldruckschalter defekt.	Kontrollieren, ggf. auswechseln.
B Öldruckwarnleuchte glimmt bei warmem Motor im Leerlauf und erlischt bei höheren Drehzahlen.	Heißes und damit dünnflüssiges Öl.	Evtl. auf Öl mit höherer Viskosität umsteigen.
C Öldruckwarnleuchte geht nur bei höheren Drehzahlen aus.	Bypassventil in der Hauptstromleitung undicht.	Öldruck überprüfen lassen, ggf. Ventil auswechseln lassen.
D Öldruckwarnleuchte brennt nach Anspringen des Motors und geht auch beim Gasgeben nicht aus.	**1** Zu wenig Öl im Motor.	Ölstand prüfen, ggf. Öl nachfüllen.
	2 Ölansaugsieb der Ölpumpe zugesetzt bzw. Ölpumpe verschlissen.	Überprüfen bzw. erneuern lassen.
	3 Siehe A2 und 3.	Nur weiterfahren, wenn Ursache klar ist.

DAS KÜHLSYSTEM

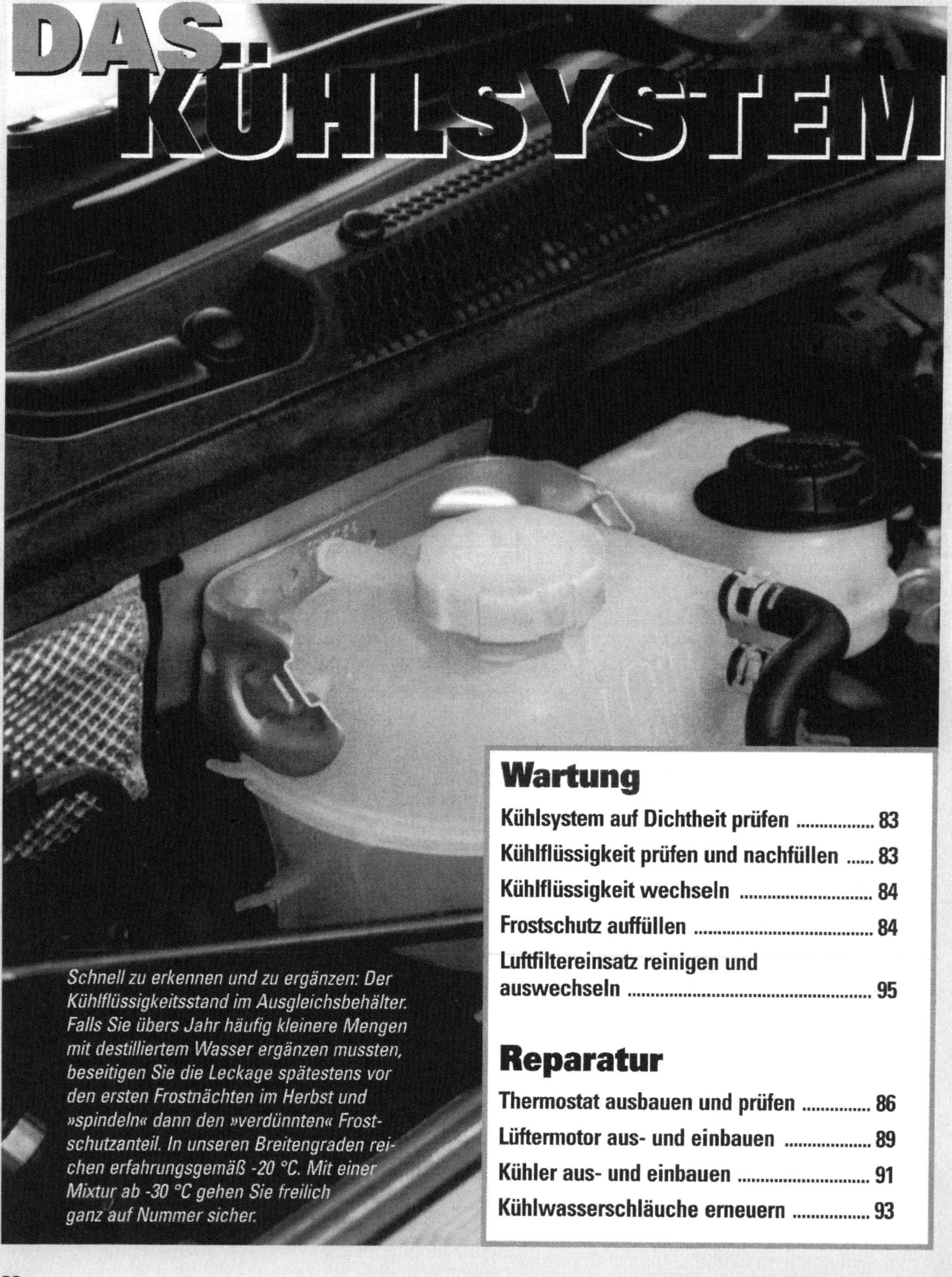

Schnell zu erkennen und zu ergänzen: Der Kühlflüssigkeitsstand im Ausgleichsbehälter. Falls Sie übers Jahr häufig kleinere Mengen mit destilliertem Wasser ergänzen mussten, beseitigen Sie die Leckage spätestens vor den ersten Frostnächten im Herbst und »spindeln« dann den »verdünnten« Frostschutzanteil. In unseren Breitengraden reichen erfahrungsgemäß -20 °C. Mit einer Mixtur ab -30 °C gehen Sie freilich ganz auf Nummer sicher.

Wartung

Reparatur

Bei kaltem Motor – kleiner Kühlmittelkreislauf

Das vom Thermostaten koordinierte Zusammenspiel der Elemente Luft und Wasser bewahrt den Motor gleichermaßen vor einem Kälteschock und Hitzekollaps: Nach jedem Kaltstart pulsiert das Kühlmittel zunächst im kleinen Kühlkreislauf – er beschränkt sich auf den »Wassermantel« und den Heizungskühler. In dieser Phase sperrt der Thermostat so lange den Kühlerdurchfluss, bis der Motor die normale Betriebstemperatur erreicht hat.

Die »Sperre« hat einen triftigen technischen Hintergrund: Je zügiger der Motor auf Betriebstemperatur kommt, um so kürzer sind die verschleißträchtigen Kalt-/Warmlaufphasen. Zudem stoßen betriebswarme Motoren wesentlich weniger unverbrannte Kohlenwasserstoffe (HC) und Stickoxyde (NO_X) aus.

Sobald die Kühlflüssigkeit rund 92 °C erreicht, öffnet der Thermostat, zunächst nur ganz »verhalten«. Erst mit steigender Motortemperatur erhöht sich im Wärmetauscher kontinuierlich der Kühlflüssigkeitsdurchsatz.

In dieser Phase steigt die Motortemperatur noch weiter an: Ab etwa 96 °C gibt der Thermostat dann den vollen Durchflussquerschnitt frei – die Kühlflüssigkeit durchströmt jetzt »ungebremst« den Kühler von oben nach unten. Ausreichend Gelegenheit für den kühlen Fahrtwind, sich an der Kühlflüssigkeit zu erhitzen und dem Motor somit einen Großteil der Wärme zu entziehen. In besonders »stressigen« Situationen schaltet sich bei rund 110 °C zusätzlich noch ein elektrisch angetriebener Kühlerlüfter in den Wärmetausch ein. Das »Schaufelrad« des kleinen Windkraftwerks beschleunigt den Luftstrom hinter den Kühllamellen, so dass im gleichen Zeitraum wesentlich mehr Fahrtwind die Kühllamellen passiert. Wenn dann nach kurzer Zeit wieder die normale Betriebstemperatur ansteht, schaltet der Ventilator ab.

Bei warmem Motor – großer Kühlmittelkreislauf

Konstruktionsbedingt strömt die Kühlflüssigkeit aus dem in Fahrtrichtung rechten in den linken Kühlwasserkasten und von dort dann zur Wasserpumpe. Nach der Wasserpumpe »beschleunigt« die Flüssigkeit in den Motorblock und Zylinderkopf: Ein Großteil strömt durch das geöffnete Thermostatgehäuse unmittelbar in den rechten Kühlwasserkasten zurück, die Restmenge durchfließt derweil den Heizungswärmetauscher. Auf ihrem Weg durch die Kühlerlamellen ändert die abfließende Flüssigkeit ihr spezifisches Gewicht: Mit abnehmender Temperatur wird sie dichter (schwerer) und »fällt« dementsprechend schneller in den Wärmetauscher. Erst wenn sie aus dem linken Wasserkasten austritt und von der Wasserpumpe in den Motorblock beschleunigt wird, schließt sich der Kreislauf. Sinkt allerdings während der Fahrt der Temperaturpegel unterhalb der vorgeschriebenen Betriebstemperatur, verringert der Thermostat seinen Durchflussquerschnitt so weit, bis das Kühlmittel wieder auf Betriebstemperatur kommt.

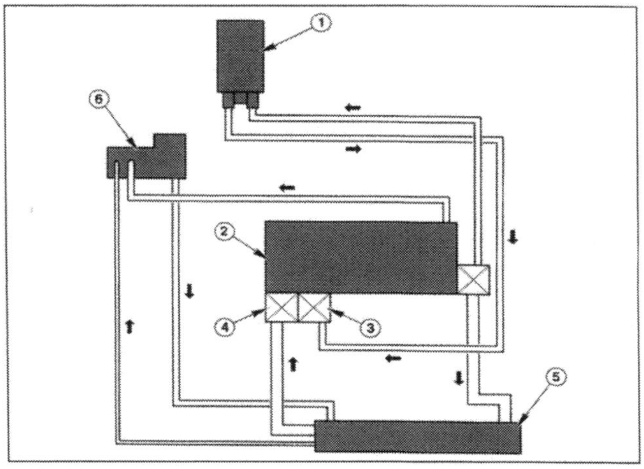

***»Kreislaufwirtschaft«:** Die Komponenten des Motorkühlsystems »kontakten« hydraulisch. ❶ Heizungswärmetauscher, ❷ Motor, ❸ Thermostat, ❹ Wasserpumpe, ❺ Kühlerventilator, ❻ Kühlflüssigkeitsausgleichsbehälter.*

Steht ständig unter Druck – das Kühlsystem

Sobald der Motor läuft, baut das Kühlsystem einen definierten Überdruck auf. Das ist durchaus gewollt, denn der Überdruck hindert den an die Wasserstoffmoleküle gebundenen Sauerstoff, schon bei rund 100 °C in die Atmosphäre zu entweichen: Das passiert jetzt erst etwa 20 °C später. Die höhere Temperatur ermöglicht einen wirtschaftlicheren und damit kraftstoffsparenderen Betrieb. Erst wenn im Kühlsystem der Druck 1,5 – 1,6 bar übersteigt, öffnet am Verschlussdeckel des Ausgleichsbehälters ein Überdruckventil und entlässt das »Zuviel« an die Atmosphäre. Das bei abgekühlter Flüssigkeit entstehende Vakuum, gleicht im Verschlussdeckel ein zweites, so genanntes Vakuumventil aus – es lässt Außenluft in den Behälter nachströmen. Speziell bei Stadtfahrten oder im Stop-and-go-Verkehr reicht der kühlende Fahrtwind häufig allein nicht aus, um den Motor vor Überhitzungsschäden zu bewahren. Diesen Sonderfall entschärft der Vectra mit einem elektrisch angetriebenen Kühlerventilator, der ihm dann die Kühlluft im Wärmetauscher »beschleunigt«.

Die Komponenten des Kühlsystems

Technik lexikon

Wasserpumpe: In allen Vectra-Motoren beschleunigt eine Kreiselpumpe die Kühlflüssigkeit im Kühlsystem. Die Pumpe wird durch einen Keilrippenriemen angetrieben.

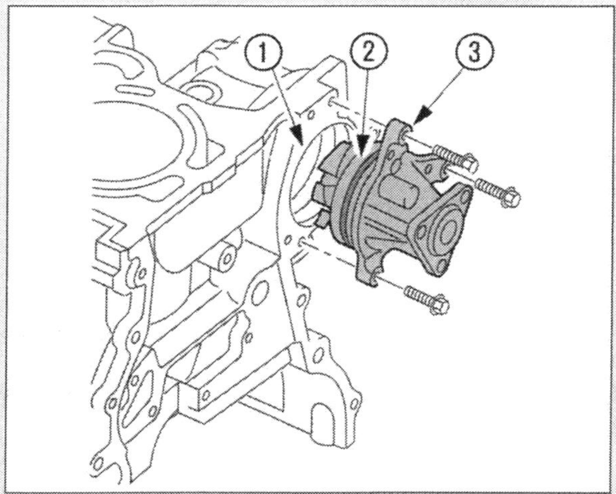

***Beschleunigt die Kühlflüssigkeit: Die Wasserpumpe** (Schleuderpumpe). ❶ Pumpengehäuse direkt im Motorblock, ❷ O-Dichtring, ❸ Wasserpumpe mit Pumpenrad (Schleuderrad).*

Kühler: Besteht aus zwei Kunststoffwasserkästen die über eine Vielzahl dünnwandiger Röhrchen miteinander in Verbindung stehen. Um die Leistungsfähigkeit des Kühlers zu steigern, vergrößern leporelloartig gefaltete Aluminiumstreifen »künstlich« seine Oberfläche. Sie befinden sich zwischen den Röhrchen und leiten die Überschusswärme direkt an den Fahrtwind ab.

Thermostat: Regelt die Kühlflüssigkeitstemperatur im Motor. Die meisten Thermostaten öffnen, je nach Motorversion, zwischen 90° – 95 °C, ganz geöffnet sind sie zwischen 96° – 105 °C. Bei gebrauchten Thermostaten ist eine Toleranz von ± 3 °C zulässig. Thermostate bestehen aus einem verschlossenen, mit Spezialwachs gefülltem Thermoelement (Zylinder), einer Druckfeder und einem Ventilteller. In dem Maße wie sich die Kühlflüssigkeit im Motor erwärmt, dehnt sich das Wachs im Thermoelement aus und hebt den Ventilteller, gegen den Widerstand einer Druckfeder, von seinem Sitz. Erst bei Betriebstemperatur

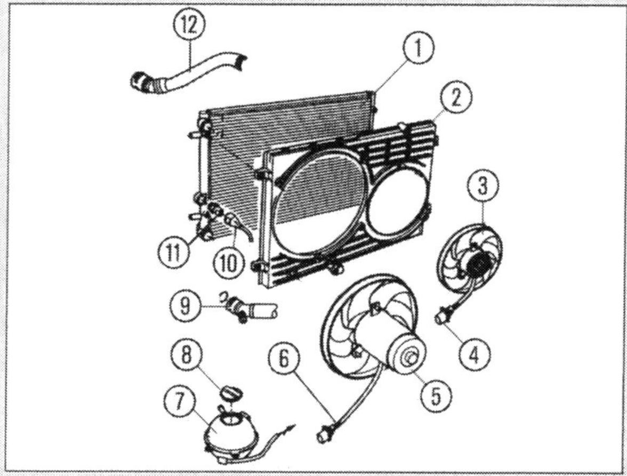

***Grundsätzlicher Aufbau des Kühlsystems:** ❶ Lamellenkühler mit seitlichen Wasserkästen, ❷ innere Luftführung mit Lüfterflanschen, ❸ elektrischer Zusatzlüfter (Option), ❹ Anschlussstecker, ❺ elektrischer Kühlerlüfter, ❻ Anschlussstecker, ❼ Kühlmittelausgleichsbehälter, ❽ Behälterverschlussdeckel mit Überdruckventil, ❾ unterer Kühlmittelschlauch, ❿ Anschlussstecker, ⓫ Thermoschalter, ⓬ oberer Kühlmittelschlauch.*

ist das Ventil ganz geöffnet. Kühlt das Wasser ab, drückt die Feder gegen den Ventilteller und sperrt den Durchfluss entsprechend.

Ausgleichsbehälter: Ergänzt automatisch die umlaufende Kühlflüssigkeitsmenge im Kühlsystem. Der Systemüberdruck entweicht aus einem Überdruckventil im Behälterverschlussdeckel, ein zweites Ventil im Verschlussdeckel gleicht entstehendes Vakuum aus. Der transparente Kunststoffbehälter sitzt in Fahrtrichtung links vor der Spritzwand im Motorraum.

Kühlerventilator: Moderne Kühlsysteme arbeiten heutzutage mit einem elektrisch angetriebenen und thermostatisch gesteuerten Kühlerventilator. Der Ventilator wird häufig auch als Kühlerlüfter bezeichnet.

Das Kühlmittel

Kühlflüssigkeit (Kühlmittel) besteht in den meisten Systemen aus einer Melange von Frost- und Korrosionsschutzmitteln sowie destilliertem Wasser. Werksseitig stellen die meisten Hersteller ihre Kühlflüssigkeit mit rund 50 % Kühlkonzentrat (Farbe: rot, silikatfrei, LLC) und 50 % Wasser ein. Das reicht allemal für einen zu-verlässigen Schutz bis rund -30 °C, denn erst bei etwa -38 °C beginnt die Flüssigkeit tatsächlich zu gelieren (Stockpunkt) – mithin ein Wert, der hierzulande nur theoretische Bedeutung hat. Die Werksbefüllung mit silikatfreiem Kühlerfrostschutz ist eine Dauerfüllung und nicht mit jedem x-beliebigen Frostschutzmittel zu mixen. Füllen Sie grundsätzlich nur von Opel freigegebene Flüssigkeiten, auf jeden Fall jedoch »Mixturen« mit entsprechenden Spezifikationen nach.

Kühlsystem auf Dichtheit prüfen

- Undichte Wasserschläuche erkennen Sie rund ums »Leck« an weißen Ablagerungen.
- Checken Sie »alle« Wasserschläuche an Motor, Kühler und Heizungskühler von Zeit zu Zeit mit einem prüfenden Blick oder, besser noch, mit Knetbewegungen an den Schläuchen. Harte, spröde oder rissige Schläuche tauschen Sie besser sofort aus.
- Checken Sie, ob die Schlauchenden »satt« auf den Anschlussstutzen sitzen.
- Prüfen Sie, ob die Schlauchschellen fest sitzen: Gelockerte Schellen sind ein potenzieller Gefahrenpunkt. Die Schlauchenden können dann während der Fahrt und bei heißem Motor von den Anschlussstutzen rutschen. Wechseln Sie korrodierte Schlauchschellen umgehend aus.

Drucksache: *Walken Sie die betriebswarmen Kühlflüssigkeitsschläuche kräftig durch. Nur so entdecken Sie eventuelle Risse oder andere Beschädigungen.*

Kühlflüssigkeit prüfen und nachfüllen

Arbeitsschritte | ständige Wartung

① Checken Sie den Kühlflüssigkeitspegel bei kaltem Motor im Ausgleichsbehälter. Das Kühlsystem ist dann fast drucklos und die Kühlflüssigkeit hat ihr normales Volumen erreicht.

② Bei kaltem Motor sollte der Pegel mindestens an der unteren Behältermarkierung stehen. Vorsicht: Bei warmem Motor dehnt sich das Kühlmittel automatisch aus. Im Behälter muss dann noch genügend Platz für »überschüssige« Flüssigkeit sein. Lassen Sie sich also nicht von dem höheren Stand blenden.

③ Öffnen Sie zum Nachfüllen vorsichtig den Verschlussdeckel. Bei heißem Motor steht der Behälter unter Druck. Legen Sie darum vorher einen dicken Lappen über den Deckel. Sollten Sie den Deckel vorschnell öffnen, besteht Verbrühungsgefahr – die Kühlflüssigkeit sprudelt siedend heiß aus dem Behälter.

④ Befüllen Sie den Ausgleichsbehälter nicht über die obere Markierung hinaus. Das Kühlmittel dehnt sich bei Erwärmung aus und entweicht aus dem System.

⑤ Kleinere Fehlmengen können Sie getrost bei warmem Motor ergänzen.

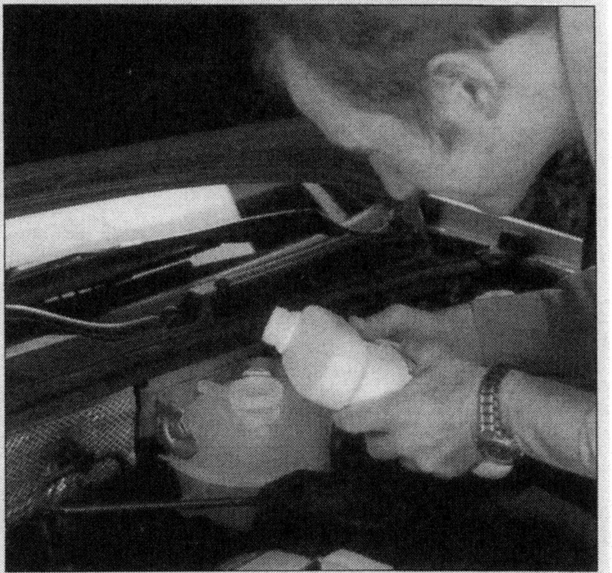

Nachschub: *Sollte der Flüssigkeitsstand im Ausgleichsbehälter die »MIN-Markierung« unterschreiten, ergänzen Sie das Reservoir mit vorgemischter Flüssigkeit. Achten Sie beim Öffnen des Behälters auf Blasenbildung und Ölschlamm – daran erkennen Sie eine defekte Zylinderkopfdichtung.*

Alterungsbeständig – die Originalkühlflüssigkeit

Opel schreibt beim Vectra keine Kühlflüssigkeitswechsel vor. Das gilt allerdings nur für die silikatfreie Originalflüssigkeit (Farbe: rot, orange). Übrigens: Gebrauchte Kühlflüssigkeiten greifen neue Aluminiumbauteile (z. B. Thermostatgehäuse) an. Sollten Sie Ihrem Motor also irgendwann ein Neuteil spendieren, das ständig Kontakt zur Kühlflüssigkeit hat, wechseln Sie – unabhängig vom Alter oder der Laufleistung – die Kühlflüssigkeit. So wird's gemacht:

Kühlflüssigkeit wechseln

Arbeitsschritte

① Schrauben Sie zunächst den Verschlussdeckel des Ausgleichs-behälters langsam los und lassen vorsichtig den Überdruck aus dem Kühlsystem entweichen. Legen Sie unbedingt Wert auf Vorsicht: Bei heißem Motor besteht **Verbrühungsgefahr**.

② Nachdem das System drucklos ist, schrauben Sie den Verschlussdeckel ganz ab.

③ Dann stellen Sie ein Auffanggefäß unter den Kühler, öffnen die Ablassschraube (Pfeil) am unteren Kühlerkasten, ...

Öffnen – Ablassschraube (Pfeil) am unteren Kühlerkasten.

④ ... lassen die Kühlflüssigkeit ganz ablaufen und ...

⑤ ... ziehen hernach die Ablassschraube wieder fest.

⑥ Befüllen Sie das System über den Ausgleichsbehälter mit dem neuen Konzentrat. Ergänzen Sie die Restmenge so lange mit möglichst kalkarmem Leitungswasser (etwa zwei Millimeter unterhalb der oberen Markierung), bis keine Luftblasen mehr entweichen.

⑦ Starten Sie den Motor und lassen ihn bei mittlerer Drehzahl laufen, bis der Thermostat geöffnet hat. Ergänzen Sie dann im Ausgleichsbehälter die evtl. Fehlmenge mit kalkarmem Leitungswasser. Das Kühlsystem ist erst dann befüllt, wenn bei betriebswarmen Motor der Flüssigkeitspegel im Ausgleichsbehälter konstant bleibt.

⑧ Erst dann setzen Sie den Verschlussdeckel auf und fahren etwa 20 Kilometer zur »Probe«. Das Konzentrat vermischt sich jetzt homogen mit dem destillierten Wasser und die verbliebenen Luftbläschen haben die Gelegenheit, restlos zu entweichen.

⑨ Nach der Probefahrt öffnen Sie vorsichtig den Ausgleichsbehälter und lassen den Motor bei mittlerer Drehzahl laufen, der Kühlerventilator muss sich einschalten.

⑩ Falls erforderlich, ergänzen Sie mit kalkarmem Leitungswasser den Kühlflüssigkeitsstand bis zur oberen Markierung. Vergessen Sie nicht, den Deckel wieder fest zu verschrauben.

Damit trotzen Sie dem Winter – Frostschutz bis -30 °C

In unseren Breitengraden reicht allemal ein Frostschutz bis -30 °C. Das entspricht, auf Basis des Opel-Konzentrats, etwa einer 50-%igen Mischung. Haben Sie zwischenzeitlich jedoch den Flüssigkeitsstand ab und an mit destilliertem Wasser ergänzt, reicht mitunter die Konzentration für kältere Tage nicht mehr aus. Prüfen Sie darum die Mischung bereits im Herbst mit einer Frostschutzspindel und lassen die Kühlflüssigkeit im Zweifelsfall von Ihrer Werkstatt neu einstellen. Als Faustregel gilt: Etwa ¾ Liter Kühlkonzentrat erhöht den Kälteschutz um ca. 10 °C.
Vorsicht: Mischen Sie niemals die Originalkühlflüssigkeit mit »irgendwelchen« anonymen Produkten – der Korrosionsschutz und die Metallverträglichkeit könnten arg darunter leiden. Im Zweifelsfall programmieren Sie damit kapitale Reparaturen. Wenn Sie also ergänzen müssen, und die Spezifikation des neuen Mittels nicht der Herstellerfreigabe entspricht, wechseln Sie die Kühlflüssigkeit besser gleich komplett. Achten Sie besonders bei Leichtmetallmotorblöcken auf die richtige Rezeptur, ansonsten könnte Ihnen der Motorblock beizeiten wie eine trockene Semmel zerbröseln.

Gesamtfüllmenge – Mischungsverhältnis (bis -30° C)			
Motoren	Kühlkonzentrat (Liter)	Wasser (Liter)	Gesamtfüllmenge (Liter)
Z 18 XE	ca. 2,8	2,7	5,5
Z 22 SE	ca. 3,6	3,5	7,1
Z 32 SE	ca. 3,7	3,7	7,4
Y 20 DTH	ca. 3,7	3,6	7,3
Y 22 DTR	ca. 3,9	3,9	7,8

Arbeitsschritte – ständige Wartung

① Schrauben Sie zunächst den Verschlussdeckel des Ausgleichsbehälters vorsichtig auf und lassen den Überdruck aus dem Kühlsystem entweichen. Vorsicht bei heißem Motor: **Verbrühungsgefahr!**

② Nachdem das System drucklos ist, schrauben Sie den Verschlussdeckel ganz ab.

③ Stellen Sie dann ein Auffanggefäß unter den Kühler und öffnen die Ablassschraube am unteren Kühlerkasten. Lassen Sie rund 1 – 2 Liter Kühlmittel ab.

④ Verschließen Sie dann die Ablassschraube mit einem neuen Dichtring, …

⑤ … befüllen den Kühler/Ausgleichsbehälter mit der benötigten Kühlkonzentratmenge und ergänzen die Fehlmenge mit alter Kühlflüssigkeit.

Kontrolle: *Um nachträglich das Mischverhältnis der Kühlflüssigkeit zu checken, benötigen Sie eine Frostschutzspindel (Hebemesser). Diese Geräte arbeiten entweder mit Zeigerinstrumenten oder – wie abgebildet – mit einem Tauchkolben.*

Motor verliert Kühlflüssigkeit

Praxistipp

Sollte Ihr Motor während der Fahrt größere Mengen an Kühlflüssigkeit verlieren, ergänzen Sie den Flüssigkeitsstand auf keinen Fall mit kaltem Wasser: Der heiße Motor kann dann einen Kälteschock bekommen. Im Extremfall reißt sogar der Motorblock oder der Zylinderkopf verzieht sich. Im ersten Fall wandert der Motorblock vorzeitig auf den Schrott. Die zweite Möglichkeit endet mit einer undichten Zylinderkopfdichtung: Kühlmittel tritt sichtbar aus oder vermengt sich mit dem Motoröl zu einer verschleißfördernden Emulsion. Geben Sie Ihrem Vectra also genügend Zeit und füllen erst dann Wasser nach, wenn der Motor gut abgekühlt ist. Auf jeden Fall jedoch lassen Sie einen Fachmann nach der Leckage suchen.

Thermostat

Störungsbeistand

Erkennungsmerkmal	Ursache/Auswirkungen
A Motorbetriebstemperatur wird nur langsam erreicht, Heizwirkung ungenügend.	Thermostat klemmt – Zufluss zum Kühler ist ständig geöffnet. Motor wird nicht richtig warm. Kurzfristig stellen sich keine Folgeschäden ein: Dennoch Thermostat baldmöglichst reinigen bzw. erneuern.
B Temperaturwarnleuchte brennt dauernd. Kühlmittelstand o.k. – Kühler und oberer Kühlerschlauch bleiben kalt.	Thermostat klemmt. Auf keinen Fall weiterfahren, sonst entstehen schwere Hitzeschäden am Motor. Thermostat erneuern.

Kühlsystem

Störungsbeistand

Störung	Ursache	Abhilfe
A Motortemperatur zu hoch.	**1** Antriebsriemen zu schwach gespannt oder gerissen.	Riemenspannung kontrollieren oder Antriebsriemen ersetzen.
	2 Zu wenig Flüssigkeit im Kühlsystem.	Wasser auffüllen, notfalls aus der Scheibenwaschanlage.
	3 Anschlusskabel zur Warnlampe hat Masseschluss.	Kabel am Temperaturgeber abziehen, Warnlampe erlischt, ansonsten liegt ein Masseschluss vor; checken Sie dann den Kabelverlauf.
	4 Thermostat bleibt geschlossen (Kühler kalt).	Thermostat ausbauen und ohne weiterfahren, Wassertemperatur laufend prüfen. Evtl. Wagen in Werkstatt abschleppen lassen.
	5 Kühlerventilator schaltet nicht ein.	Ventilatormotor defekt, erneuern. Temperaturfühler defekt. Stromführendes Kabel am Fühler abziehen und direkt an Klemme des vom Fühler kommenden Kabels anschließen.
	6 Überdruckventil im Verschlussdeckel des Ausgleichsbehälters defekt.	Ventil prüfen (lassen), Deckeldichtung kontrollieren, ggf. Verschlussdeckel erneuern.
	7 Masseschluss im Geber der Temperaturanzeige.	Austauschen.
	8 Kühler verstopft oder Lamellen zugesetzt.	Kühler gründlich reinigen. Evtl. Werkstatt oder Kühlerbauer damit beauftragen.
B Motor kommt nur langsam auf Temperatur. Schlechte Heizleistung.	Thermostat schließt nicht völlig, dadurch ständig großer Kreislauf in Betrieb.	Thermostat säubern, ggf. ersetzen.

Mitunter ein Fall für den Profi – Thermostat aus- und einbauen

Einen geübten Hobbyschrauber überfordert kein defekter Thermostat, er wechselt den Regler in Eigenregie: Sollten Sie allerdings geringe Selbstzweifel bremsen, übergeben Sie die Arbeit besser einer Fachwerkstatt. Wir orientieren uns in der Beschreibung am aufwändigsten Motor.

Lassen Sie den Motor gründlich auskühlen und den Betriebsdruck – wie beschrieben – aus dem Kühlsystem entweichen. Legen Sie sich vorab die erforderlichen Ersatzteile zurecht: Sie benötigen ein Thermostat, die Deckeldichtung des Thermostatgehäuses sowie ein dauerelastisches und wärmebe-ständiges Dichtmittel (z. B. Würth DP 300). Erneuern Sie grundsätzlich auch die Dichtung. Fangen Sie auslaufendes Kühlmittel in einem sauberen Gefäß auf, Sie können den »Saft« dann bedenkenlos wieder verwenden. Wenn Sie übrigens den alten Thermostaten

Unter Schläuchen fast verborgen, ansonsten gut zugänglich: ***Thermostatgehäuse (Pfeil)*** *am Z22 SE-Motor.*

prüfen möchten, erwärmen Sie Wasser in einem ausgemusterten Kochtopf und messen seine Regeltemperatur mit einem Einweckthermometer. Auf dem Thermostatgehäuse ist die »theoretische« Regeltemperatur eingestanzt, vergleichen Sie einfach die »praktische« Regeltemperatur mit der tatsächlichen Wassertemperatur. Wir raten Ihnen allerdings davon ab, ein äußerlich »angefressenes« Thermostat zu montieren.

Arbeits schritte

Z32 SE

① Damit der Überdruck aus dem Kühlsystem entweichen kann, öffnen Sie zunächst vorsichtig den Verschlussdeckel des Ausgleichsbehälters bis zur ersten Raste. Die Betonung liegt auf **vorsichtig** und bis zur **ersten Raste**: Ansonsten könnte Sie die heiße, herausspritzende **Kühlflüssigkeit verbrühen**!

② Erst nachdem das System drucklos ist, schrauben Sie den Verschlussdeckel ganz ab, ...

③ ... stellen dann ein Auffanggefäß unter den Kühler und lösen die Ablassschraube am unteren Kühlerkasten. Lassen Sie rund 4 Liter Kühlmittel ab und ziehen die Ablassschraube wieder fest. Nehmen Sie eine neue Dichtung.

④ Hernach demontieren Sie den Öleinfüllstutzen mitsamt der Motorabdeckung.

⑤ Sobald Sie das erledigt haben, schrauben Sie den Öleinfüllstutzen wieder ein.

⑥ Lösen Sie die Schlauchschellen vom Luftansaugschlauch ❶ und ziehen ihn ab.

⑦ Hernach ziehen Sie die Mehrfachstecker des Tankentlüftungsventils ❸ und des Drosselklappenmoduls ❷ ab.

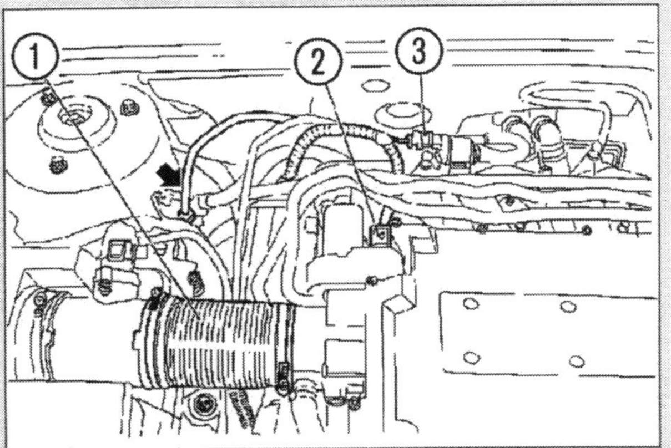

Problemlos – Luftansaugschlauch und Mehrfachstecker demontieren.

⑧ Lösen Sie den Schlauchanschluss des Tankentlüftungsventils (Pfeil) am rechten Federdom und am Drosselklappengehäuse. Opel-«Blaumänner« nutzen dazu das Spezialwerkzeug »KM-796-A. Mit etwas Geschick und einem kleinen Schraubendreher klappt's meistens auch.

⑨ Bevor Sie weitere Schritte unternehmen, lassen Sie den Vordruck aus dem Kraftstoffsystem entweichen. Opel-Werkstätten nutzen dazu ein Spezialwerkzeug – wenn Sie die Kraftstoffleitungen ❶ allerdings vorsichtig lösen und die Verschlüsse mit einem saugfähigen Lappen umwickeln, klappt's auch ohne Benzinpfützen unter dem Motor. Zumindest dann, wenn Sie zusätzlich noch einen Auffangbehälter unter die Schraubverschlüsse stellen.

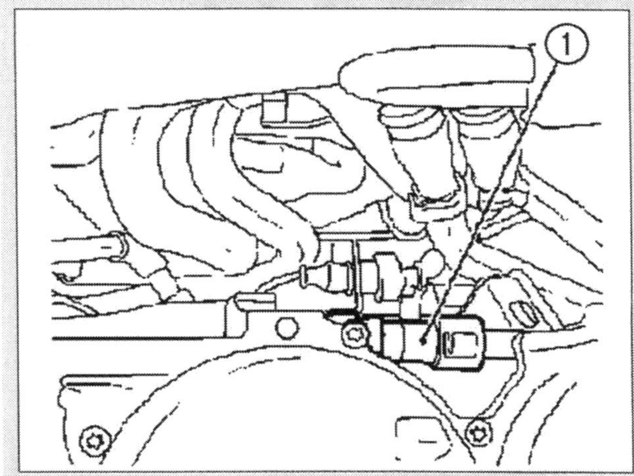

Vorsichtig lösen und Auffangbehälter unterstellen – Kraftstoffleitung.

⑩ Demontieren Sie jetzt den Kühlwasserschlauch vom Ausgleichsbehälter, ...

⑪ ... im Anschluss ziehen Sie die Unterdruckleitung des Bremskraftverstärkers ❷ vom Ansaugstutzen ab.

⑫ Ziehen Sie die Anschlussstecker vom Magnetventil ❶ und von den Einspritzventilen ❸ ab.

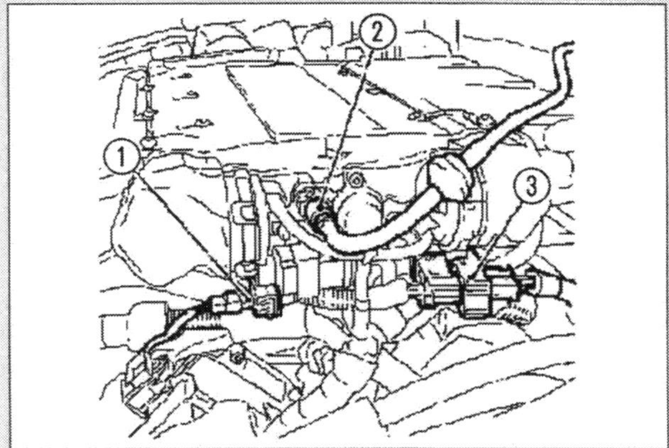

Vom Ansaugstutzen abziehen – Anschlussstecker und Unterdruckleitung.

⑬ Lösen Sie die Schlauchschelle der Motorentlüftung ❷ sowie des Kühlmittelschlauchs ❶ und ziehen beide Schläuche ab.

⑭ Jetzt demontieren Sie das Sammelsaugrohr. Dazu …

⑮ … lösen Sie sechs Befestigungsschrauben (Pfeile) und bugsieren das Saugrohr dann aus dem Motorraum. Achten Sie währenddessen darauf, dass kein Dreck in die Ansaugkanäle gelangt.

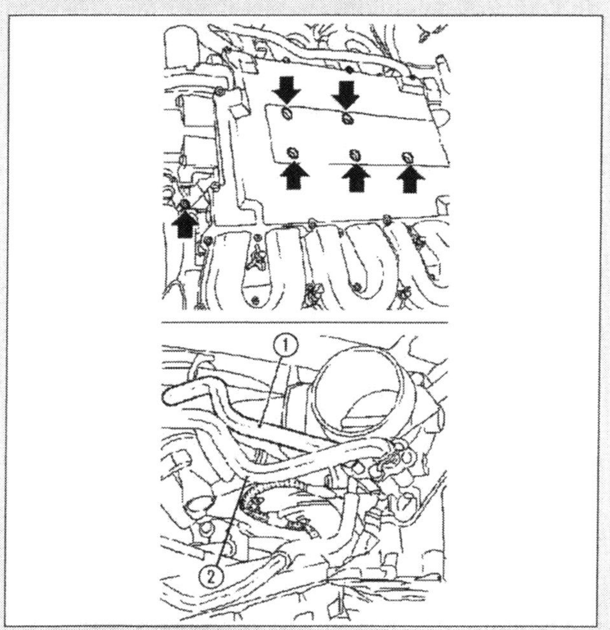

Demontieren – Luftsammelrohr.

⑯ Nun demontieren Sie den Ansaugflansch ❶. Lösen Sie die zwölf Schrauben in der angegebenen Reihenfolge und heben den Flansch aus dem Motorraum. Geben Sie auch jetzt dem Dreck keine Chance in die Ansaugkanäle zu fallen. Auf der »sicheren Seite« sind Sie, wenn Sie die Kanäle mit breitem Abklebeband zukleben.

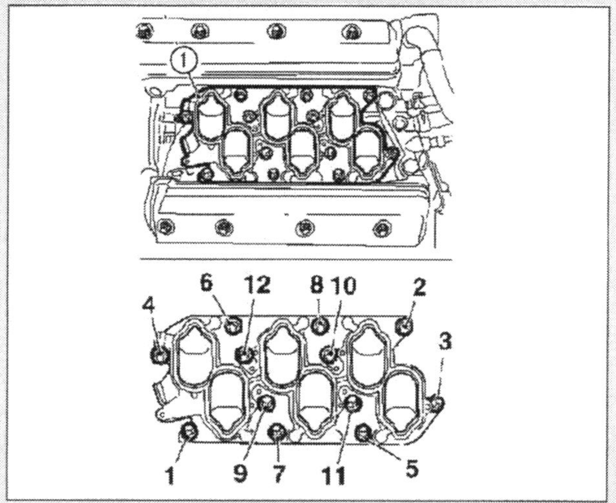

Nacheinander lösen – zwölf Schrauben am Ansaugflansch.

⑰ Demontieren Sie nun das Kühlmittelrohr ❸. Lösen Sie dazu die Schlauchschelle des oberen Kühlmittelschlauchs und ziehen den Schlauch vom Kühlmittelrohr ab.

⑱ Danach bauen Sie den Motorhalter ❶ ab (Schraube ❷) und ziehen hernach das Kühlmittelrohr senkrecht aus dem Thermostatgehäuse.

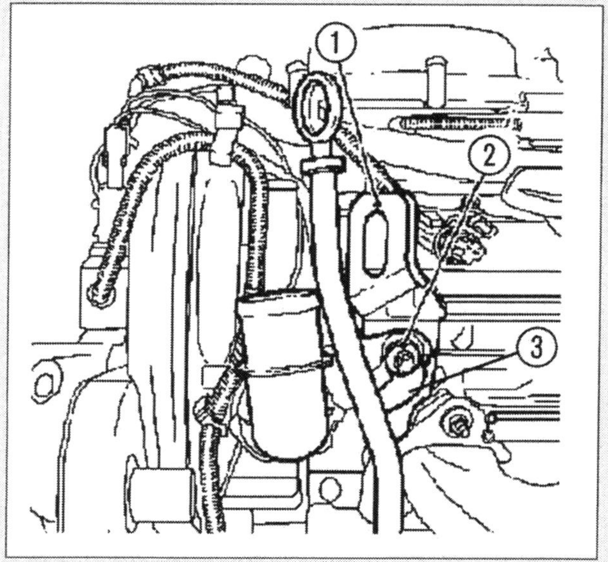

Demontieren – das Kühlmittelrohr.

⑲ Lösen Sie dann beide Schrauben ❷ des Thermostatgehäuses ❶ und nehmen es ab.

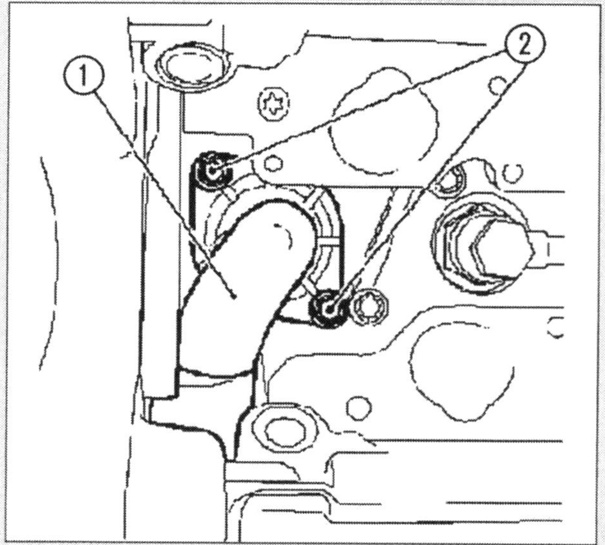

Lösen – beide Schrauben am Thermostatgehäuse.

⑳ Bevor Sie das neue Thermostatgehäuse montieren, säubern Sie gründlich die Dichtflächen und vergessen auch nicht die drei Dichtringe zu erneuern.

㉑ Beenden Sie die Arbeit in umgekehrter Reihenfolge. Sichern Sie die Schraubverbindungen des Ansaugsystems mit Schraubenkleber. Das Thermostatgehäuse, das Sammelsaugrohr und den Ansaugflansch ziehen Sie mit 20 Nm fest – beachten Sie die richtige Anzugsreihenfolge. Das Kühlmittelrohr bekommt 25 Nm.

㉒ Vergessen Sie nicht, vor der Montage alle Dichtflächen am Sammelsaugrohr und Ansaugflansch gründlich zu säubern. Vor der Montage bestreichen Sie die neuen Dichtungen beidseitig dünn mit dauerelastischem Dichtmittel (z. B. Würth) und richten sie dann auf den entsprechenden Flanschen aus.

㉓ Den Flüssigkeitspegel ergänzen Sie bis zur Markierung mit neuer Kühlflüssigkeit oder Sie befüllen den Behälter mit kalkarmem Leitungswasser.

㉔ Montieren Sie die Motorabdeckung und beenden die Arbeit in umgekehrter Reihenfolge.

㉕ Lassen Sie jetzt den Motor bei mittleren Drehzahlen warm laufen. Währenddessen prüfen Sie alle Montagestellen auf Dichtheit. Sobald der Thermostat öffnet und die Kühlflüssigkeit konstant zirkuliert, verschließen Sie den Ausgleichsbehälter.

Bringt das Kühlsystem zum »kochen« – streikender Kühlerventilator

Das Kühlsystem Ihres Vectra verkraftet locker längere Leerlaufpassagen, Kolonnenverkehr mit häufigem Stop-and-go sowie stressige Passfahrten. Steigt die Temperatur dennoch auf den Siedepunkt, kann ein »streikender« Kühlerventilator die Ursache sein. Gehen Sie deshalb nicht gleich eine »Seilschaft« mit einem hilfsbereiten »Zeitgenossen« ein. Geben Sie dem »kochenden« Motor stattdessen genügend Zeit, sich abzukühlen und fahren danach zügig die nächste Vertragswerkstatt an. Leerlauf und Schleichfahrt in hohen Gängen sollten Sie dann allerdings tunlichst vermeiden. Ihre vermeintliche Vorsicht bringt den Motor nämlich erneut unnötig ins Schwitzen – den Kühler passiert dann zu wenig Fahrtwind.

Vorsicht:
Halten Sie bei gerade abgestelltem und heiß gefahrenem Motor niemals Ihre Hände in die Nähe des Kühlerlüfters! Der elektrische Ventilator kann auch bei ausgeschalteter Zündung unvermittelt anlaufen.

Lüftermotor aus- und einbauen

Arbeits schritte

Z18 XE

① Bocken Sie den Vorderwagen rüttelsicher auf und …

② … klemmen das Batteriemassekabel ab.

③ Im Anschluss demontieren Sie die Batterieabdeckung und ...

④ … lösen, wie beschrieben, die obere Motorverkleidung.

⑤ Jetzt entriegeln Sie den Zentralstecker des Kühlmoduls ❶ in Pfeilrichtung und ziehen ihn ab.

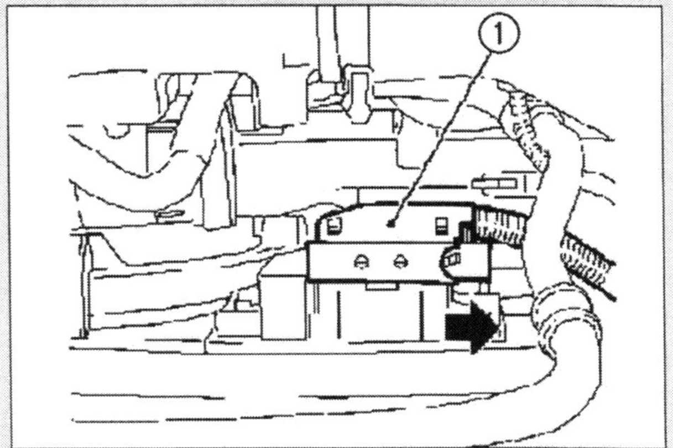

Entriegeln und in Pfeilrichtung abziehen – Zentralstecker des Lüftermotors.

⑥ »Clipsen« Sie die vier Spreiznieten der unteren Motorverkleidung auf und legen die Verkleidung beiseite.

⑦ Hernach lösen Sie die Befestigungsschrauben (Pfeile) des Lüftergehäuses und ziehen das Gehäuse nach oben aus dem Motorraum.

⑧ Schrauben Sie mit drei Schrauben ❶ den Lüftermotor vom Halter …

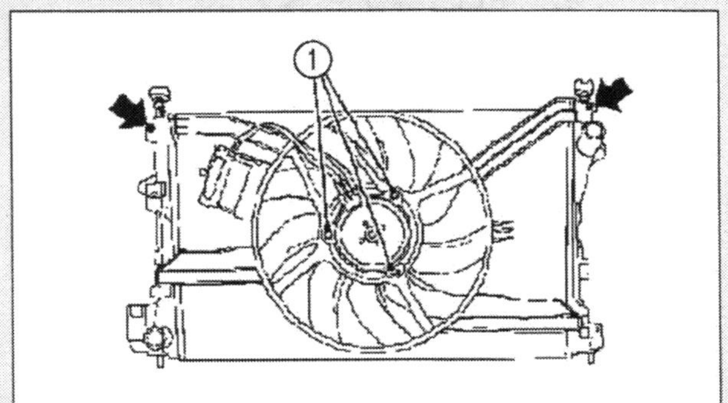

Lüftermotor samt Halter demontieren.

⑨ ... und schrauben dann das Lüfterrad vom Motor ab.

⑩ Beenden Sie die Montage in umgekehrter Reihenfolge.

Z22 SE

① Bocken Sie den Vorderwagen rüttelsicher auf und klemmen das Batteriemassekabel ab.

② Demontieren Sie, wie beschrieben, die Batterie und ...

③ ... im Anschluss den Batterieträger. Dazu lösen Sie die Verbindungen ❷ und ❹ und clipsen den Kühlmittelschlauch ❶ vom Batteriehalter ab.

④ Lösen Sie die drei Schrauben ❸ des Batteriehalters und bugsieren ihn aus dem Motorraum.

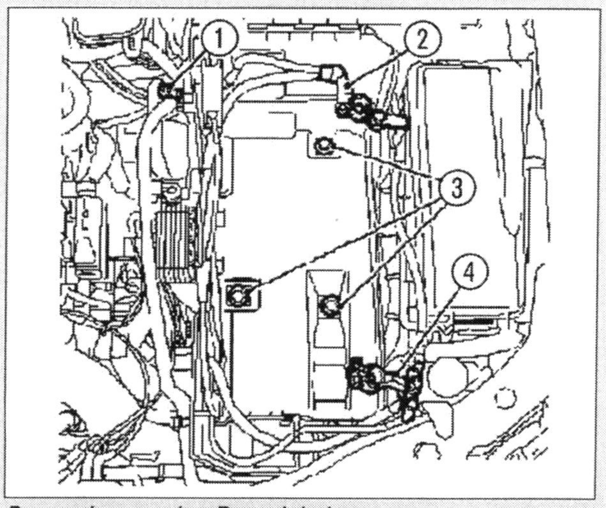

Demontieren – den Batteriehalter.

⑤ Jetzt lösen Sie die Sicherungsschraube des Kunststoffrohrs und drücken beide Formteile auseinander – der Ansauggeräuschdämpfer »gehört danach Ihnen«.

⑥ Clipsen Sie den Kabelhalter ❷ los und ziehen dann den Zentralstecker vom Kühlmodul ❶ ab.

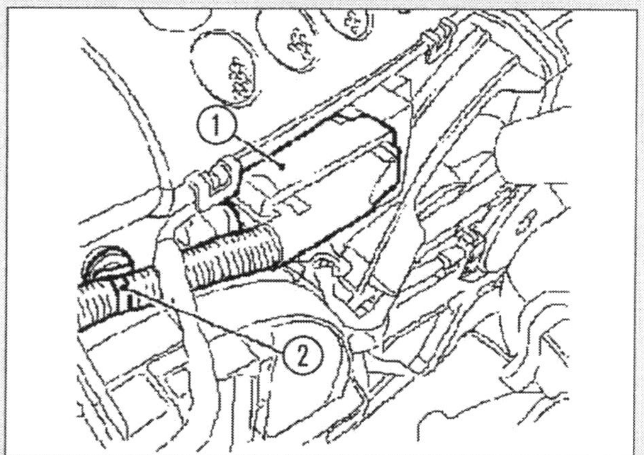

Lösen und anschließend abziehen – Zentralstecker am Kühlmodul.

⑦ Hernach demontieren Sie beide Befestigungsschrauben (Pfeile) des Lüftergehäuses und heben es nach oben aus dem Motorraum.

⑧ Die Lüftermotoren schrauben Sie zunächst mit sechs Schrauben (❶ und ❷) von den Haltern ...

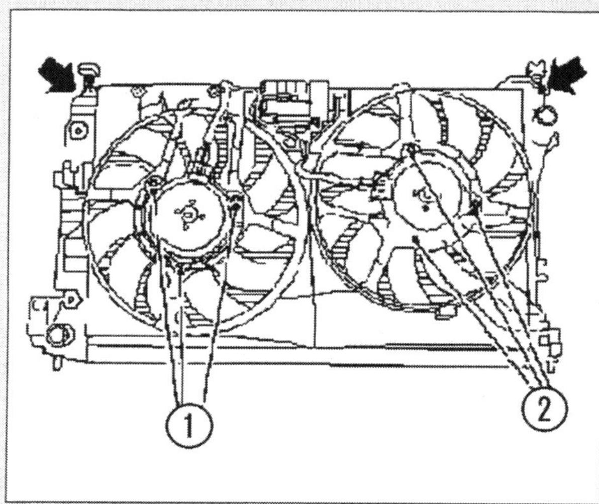

Mitsamt Halter demontieren – Lüftermotoren.

⑨ ... und demontieren dann die Lüfterräder von den Antrieben.

⑩ Beenden Sie die Montage in umgekehrter Reihenfolge.

Z32 SE/Y20 DTH/Y22 DTR

① Demontieren Sie den Kühler, wie beschrieben, ...

② ...schrauben das Lüftergehäuse ❶ mit zwei Befestigungsschrauben ❷ vom Kühler.

③ Entriegeln und trennen Sie jetzt die Mehrfachstecker,...

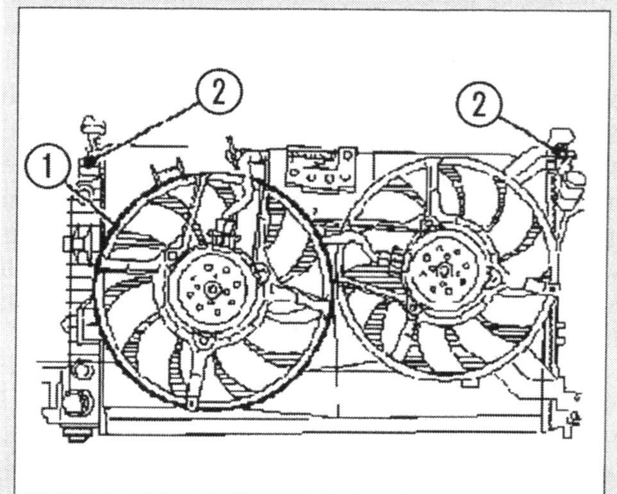

Vom Kühler demontieren – Lüftergehäuse.

④ ...lösen sechs Schrauben und ziehen die Lüftermotoren aus den Haltern.

⑤ Beenden Sie die Montage in umgekehrter Reihenfolge.

Kühler aus- und einbauen

Arbeits schritte

Z18 XE, Z22 SE, Z32 SE

① Bocken Sie den Vorderwagen rüttelsicher auf, klemmen das Batteriemassekabel ab, demontieren die Motorverkleidung und entleeren das Kühlsystem wie beschrieben.

② Demontieren Sie den vorderen Stoßfänger wie beschrieben.

③ Hernach lösen Sie beide unteren Befestigungsschrauben ❶ der Kühlerhalterung um etwa vier Umdrehungen, …

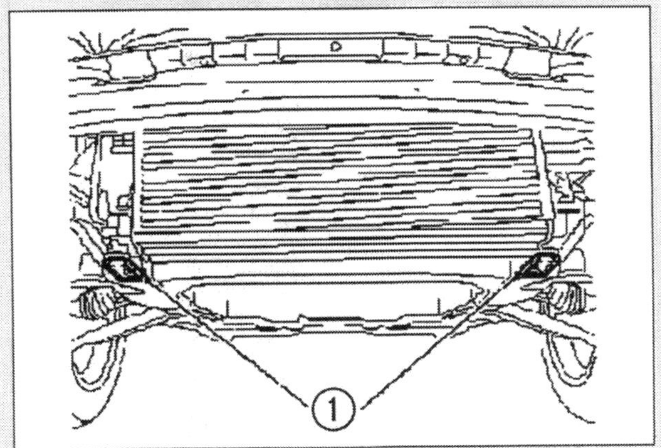

Um etwa vier Umdrehungen lösen – untere Befestigungsschrauben der Kühlerhalterung.

④ … drücken mit einem stabilen Schraubendreher die federbelasteten Zentrierstifte ❶ nach unten und schwenken parallel den Kühler leicht nach vorne.

mit AC

⑤ Lösen Sie beide Schrauben (Pfeile) des AC-Wärmetauschers am Wasserkühler und fixieren den »Trockner« mit einem Schweiß- oder Bindedraht provisorisch am Frontblech. Öffnen Sie dazu unter keinen Umständen den Druckkreislauf der AC!

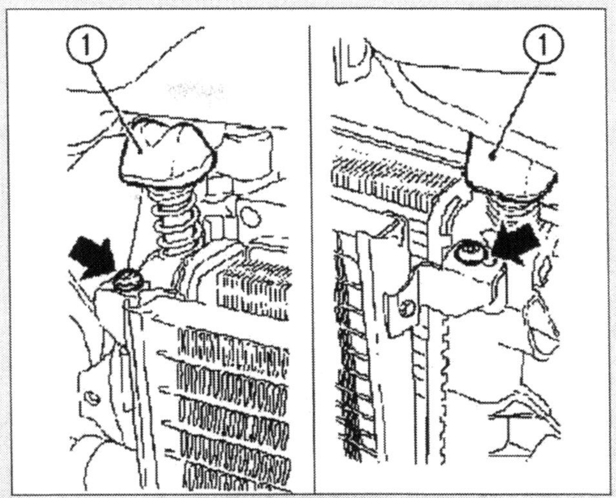

Nach vorne schwenken – den Kühler.

alle

⑥ Lösen Sie die Schlauchschellen des Überlaufschlauchs am Kühlmittelausgleichsbehälter und die des oberen Kühlerschlauchs Ziehen Sie beide Schläuche von den Anschlussstutzen.

⑦ Hernach trennen Sie, wie beschrieben, den Zentralstecker des Kühlmoduls und …

⑧ … lösen die Schlauchschelle des unteren Kühlwasserschlauchs. Den Schlauch ziehen Sie dann vom Anschlussstutzen ab.

Automatikgetriebe

⑨ Bauen Sie die »Blackbox« des Automatikgetriebes aus. Dazu ziehen Sie den Mehrfachstecker ❷ vom Steuergerät ❶ und …

⑩ … demontieren die Verkleidung ❸.

⑪ Nun clipsen Sie das Steuergerät aus und legen das gute »Stück« beiseite.

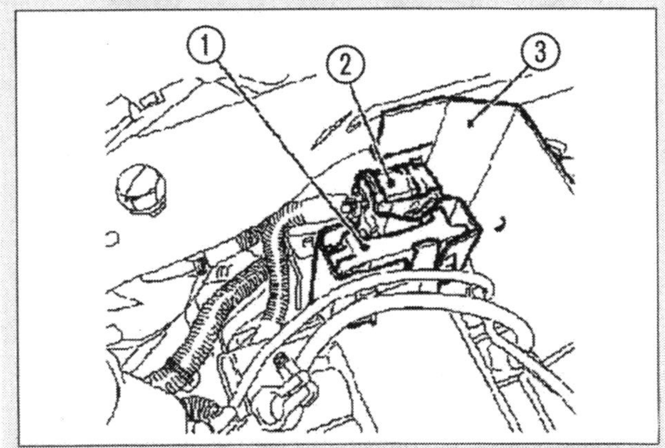

Nur bei der Automatikversion – Getriebesteuergerät demontieren.

⑫ Stellen Sie ein Auffanggefäß unter die Verschraubung der unteren Ölkühlerleitung ❷.

⑬ Clipsen Sie die Abdeckung ❸ aus der Halterung und schrauben dann die »Pipeline« vom Flansch. Dazu …

⑭ … ziehen Sie zuerst die Befestigungsklammern ❶ ab. »Opel-Blaumänner« nutzen das Spezialwerkzeug KM-J-41623-B. Binden Sie mit einem Schweiß- oder Bindedraht die Anschlüsse möglichst schnell und möglichst hoch an. Nur auf diese Art und Weise halten Sie die Leckölmenge in Grenzen. Vergessen Sie auch nicht, die Ölleitung mit einer passenden Schraube gegen nachlaufendes Öl zu »verstopfen«.

⑮ Verfahren Sie jetzt mit der oberen Ölleitung ebenso.

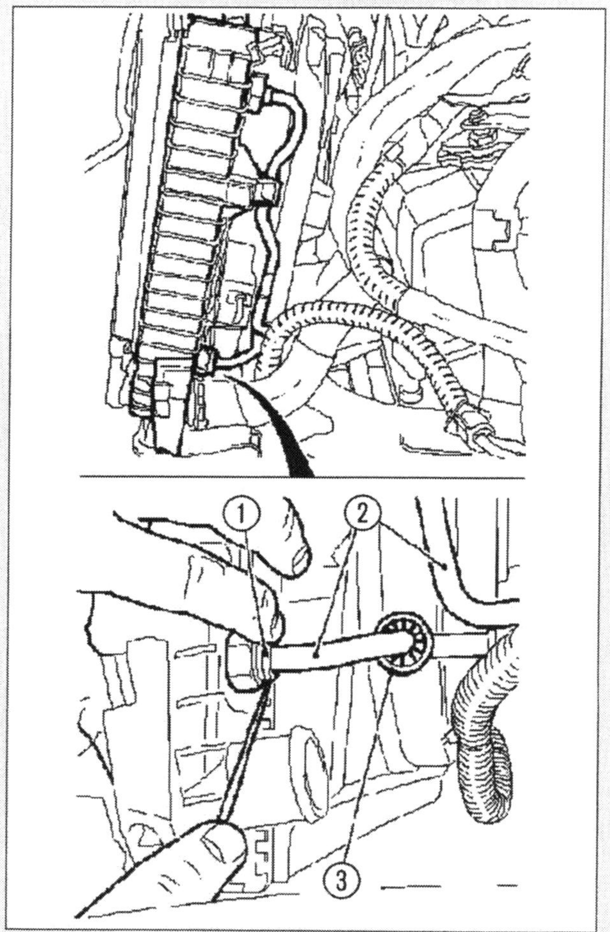

Bei Automatikgetrieben unabdingbar – Ölzuleitung vom Wasserkühler trennen.

⑯ Vergessen Sie nicht, nach der Montage bei laufendem Motor den Getriebeölpegel zu ergänzen.

alle

⑰ Anschließend schrauben Sie die unteren Kühlerhalter vom Achskörper ab und …

⑱ … bugsieren dann den Kühler vorsichtig nach unten aus dem Motorraum.

⑲ Demontieren Sie, wie beschrieben, das Lüftergehäuse vom Kühler.

⑳ Beenden Sie die Montage typenspezifisch in umgekehrter Reihenfolge. Vergessen Sie auch nicht, der Kühlflüssigkeitsablassschraube einen neuen Dichtring zu spendieren.

Y20 DTH/Y22 DTR

① Bocken Sie den Vorderwagen rüttelsicher auf und …

② … demontieren die Motorabdeckung und den vorderen Stoßfänger, wie beschrieben.

③ Danach lösen Sie das Ladeluftrohr vom Einlasskrümmer (Schraube ❶).

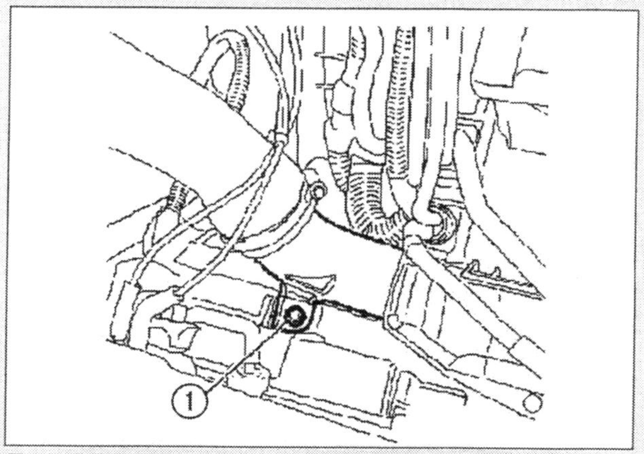

Typisch Turbodiesel – Ladeluftrohr demontieren.

④ Im Anschluss demontieren Sie den Verbindungsschlauch ❶ zwischen Turbolader und Ladeluftrohr. Lösen Sie dazu beide Schlauchschellen und …

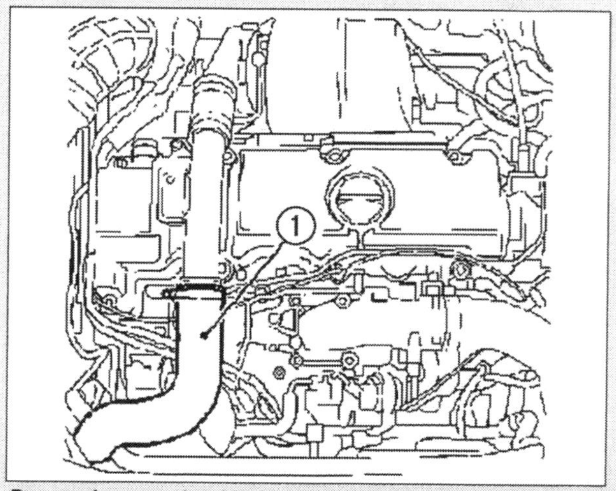

Demontieren – den Verbindungsschlauch vom Turbolader zum Ladeluftrohr.

⑤ … ziehen den Schlauch ab.

⑥ Hernach geht's den beiden oberen Kühlerschläuchen an den »Kragen«. Lösen Sie die Schlauchschellen und ziehen die Kühlerschläuche vom Wasserkühler ab.

⑦ Jetzt demontieren Sie das Ladeluftrohr ❶ mitsamt Verbindungsschlauch ❷ zwischen Ladeluftrohr und Ladeluftkühler. Lösen Sie dazu beide Schrauben des Ladeluftrohrs und …

⑧ … erst dann die Schlauchschellen des Verbindungsrohrs.

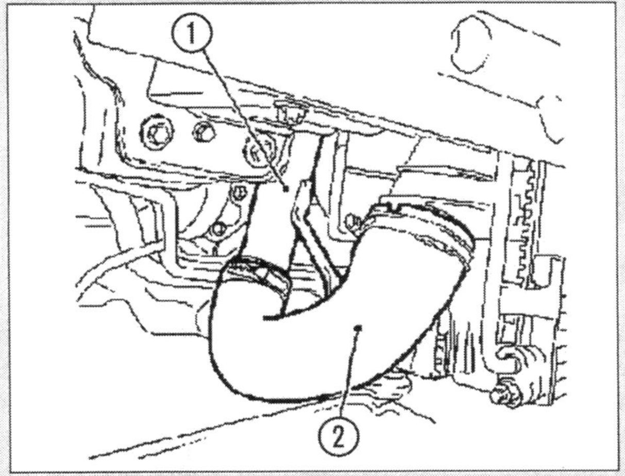

Nur bei Dieselmotoren erforderlich – Ansaugsystem demontieren.

⑨ Lösen Sie jetzt die beiden Schlauchschellen des Verbindungsschlauchs ❷ zwischen Ladeluftkühler und Ladeluftrohr.

⑩ Hernach demontieren Sie das Ladeluftrohr. Dazu lösen Sie die Schraube ❶ und bugsieren das »Rohr« aus dem Motorraum.

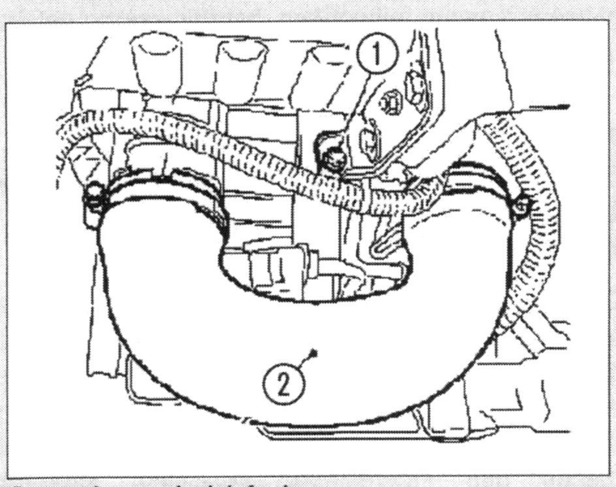

Demontieren – Ladeluftrohr.

⑪ Schließlich demontieren Sie den unteren Kühlwasserschlauch vom Wasserkühler. Dazu …

⑫ … lösen Sie die Schlauchschelle und ziehen dann den Schlauch vom Anschlussstutzen ab.

⑬ Die nun folgenden Arbeitsschritte sind mit denen der »Benzinbrüder« – ab Position ⑰ – identisch.

Kühlwasserschläuche auswechseln

Platzt Ihnen während der Fahrt ein Kühlwasserschlauch und Sie haben keinen Ersatz dabei, versuchen Sie Ihr Glück mit einer »Notreparatur« – dichten Sie die Leckage provisorisch mit Klebeband ab. Damit

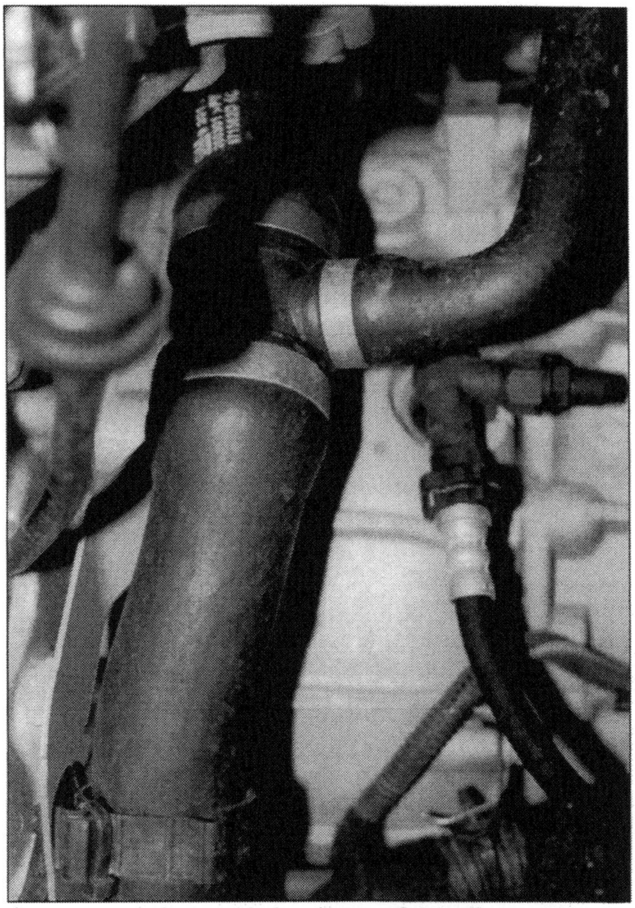

Passen garantiert und halten länger: Originalformschläuche. *Tauschen Sie darum verhärtete oder poröse Schläuche sinnvollerweise nur gegen Originale. Nicht so die Schlauchklemmschellen – hier sind Schraubschellen aus dem Zubehörhandel mitunter die bessere Wahl.*

Sie nicht von vornherein für die Katz' arbeiten, lösen Sie hernach den Verschlussdeckel des Ausgleichsbehälters bis zur ersten Raste. Das Kühlsystem bleibt dann drucklos und Ihre Flickstelle hat, bis zur endgültigen Reparatur, zumindest eine »faire Chance« durchzuhalten. Achten Sie während der Fahrt fortan stets auf die Motortemperaturanzeige und gehen keinerlei Risiken ein. Und noch ein Tipp: Kaufen Sie als Ersatz nur Originalschläuche – die passen garantiert und verhärten nicht schon nach kurzer Zeit. Inspizieren Sie gleichfalls die Schlauchschellen kritisch – korrodierte Schellen erneuern Sie grundsätzlich.

Arbeitsschritte

① Lassen Sie das Kühlmittel ab und fangen es in einem sauberen Gefäß auf.

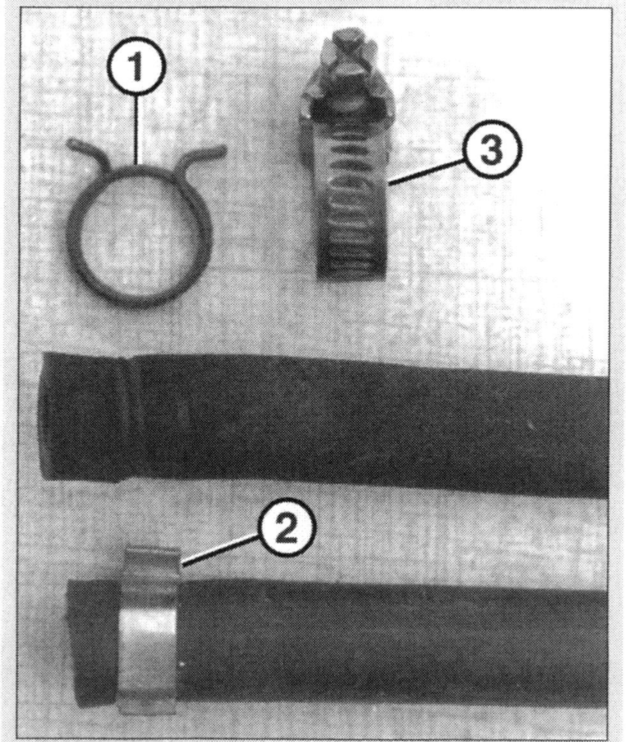

»Einschneidend«: Klemmschellen ❶ und ❷ an Wasser- oder Kraftstoffschläuchen. Wenn Sie alte Kühler- oder Kraftstoffschläuche ersetzen oder die serienmäßigen Klemmschellen lösen mussten, verwenden Sie zur Montage gleich Schraubschellen ❸. Schraubschellen »quetschen« die Schläuche auf einer größeren Fläche – zudem können Sie die Klemmwirkung von Schraubschellen wesentlich besser dosieren.

② Lösen Sie die Schlauchschellen und ziehen die Schläuche ab.

③ Festsitzende Schlauchenden lockern Sie mit einem Schraubendreher, den Sie vorsichtig zwischen Schlauch und Stutzen schieben. Sie »sprengen« damit die Oxidschicht zwischen Schlauch und Stutzen.

④ Die neuen Schläuche setzen Sie grundsätzlich mit Vaseline an und schieben sie »satt« auf die Stutzen auf. Nehmen Sie das bitte ernst, ansonsten könnten Ihnen die Schläuche während der Fahrt »abrutschen«. Um das verlässlich zu vermeiden, setzen Sie die Schlauchschelle direkt hinter dem »Stauchring« der Flansche an.

Der Luftfilter

(Ansauggeräuschdämpfer)

Um den Motor mit möglichst sauberer »Atemluft« zu versorgen, passiert die Luft – bevor sie mit dem Kraftstoff eine zündende Verbindung eingeht – ein spezielles Filterelement. Der Filter befreit die Ansaugluft von Schmutz- und Staubpartikeln. Im Vectra sitzt der Ansauggeräuschdämpfer in Fahrtrichtung rechts vorne unterhalb der Motorhaube. Das Filtergehäuse ist nicht etwa ein »zufällig montierter und geformter Kasten«, der den Luftfilter ausschließlich trocken hält und vor Beschädigungen schützt. In seinem Inneren »disziplinieren« thermodynamisch ausgelegte Profile die Ansaugluft zu einer pulsierenden Gassäule und minimieren zudem die Ansauggeräusche. Im Vectra-C besteht der Ansauggeräuschdämpfer aus einem Kunststoffgehäuse mit einem feinporigen, harmonikaartig gefalteten Papierfiltereinsatz.

Nach spätestens 60.000 Kilometern beim Ottomotor und 50.000 Kilometern beim Dieselmotor tauschen – den Luftfiltereinsatz

Die Frischluft durchströmt das Luftfiltergehäuse von außen nach innen. Den Filtereinsatz (Filterelement) dichten zwei flexible Kunststoffringe gegen »ungewollte« Nebenluft ab. Dementsprechend passiert auf ihrem Weg in die Brennräume die gesamte Frischluftmenge den Filtereinsatz, Verschleiß fördernde Schmutzpartikel »verfangen« sich zwangsläufig im

Filterpapier. Größere Fremdkörper, zum Beispiel Insekten oder von der Straße angesaugte Sandkörnchen, fallen ins Filtergehäuse. Luftfilter und Filterelement erfüllen ihre Aufgabe freilich nur dann effizient, wenn sie regelmäßig gecheckt und gewartet werden.

Hier zu Lande »verschreibt« Opel dem Vectra, unter normalen Fahrbedingungen, alle 60.000 Kilometer (Diesel nach 50.000 km) ein neues Luftfilterelement. Sollten Sie Ihrem Vectra überwiegend »verstaubte« Pisten zumuten müssen, wechseln bzw. reinigen Sie den Luftfilter frühzeitiger. Denn ein verschmutzter Filtereinsatz »schnürt« dem Motor die Ansaugluft ab. Folge: Das Kraftstoff-/Luftgemisch gerät aus dem Gleichgewicht, die Motorleistung sinkt und der Kraftstoffverbrauch steigt.

Im Kapitel »Der Innenraum« beschreiben wir Ihnen übrigens auch den Tausch des Innenraum-Pollenfilters. Wenn der Filter tatsächlich wirksam bleiben soll, verzichten Sie auf seine Reinigung und erneuern das Element einmal jährlich. Im übrigen gilt das Gleiche wie für den Luftfilter: Sollten Sie Ihrem Vectra überwiegend »verstaubte« Pisten oder »Pollen geschwängerte« Landschaften zumuten müssen, wechseln Sie das Element frühzeitiger. Zumal ein neuer Filter auch den Luftdurchsatz nicht »bremst« und – vorausgesetzt Sie kaufen Originalersatzteile – atemgängig Pollen auch tatsächlich an sich bindet.

Luftfiltereinsatz reinigen und auswechseln

Unabhängig von Ihrer Fahrstrecke reinigen Sie das Filterelement mindestens einmal jährlich und wechseln es spätestens nach vier Jahren aus. Nach Fahrten auf überwiegend staubigen Straßen schauen Sie Ihrem Luftfilter – wie gesagt – ruhig häufiger unter den Deckel. Neue Filtereinsätze bekommen Sie beim Opel-Händler oder im Zubehörhandel. Es muss übrigens nicht generell ein Originalersatzteil sein – doch achten Sie unbedingt auf Qualitätsware.

Auf »Wühltischen« des Zubehörhandels stapeln sich ab und an vermeintlich billige Plagiate obskurer Produktpiraten. Im Moment sparen Sie vielleicht ein paar Cent, doch auf Dauer verübelt Ihnen der Motor den »Geiz« – er inhaliert ständig unsaubere Luft, die in seinem Inneren dann wie Schmirgelpapier wirkt. Sie ahnen es schon – »billig ist nicht automatisch preisgünstig«.

Arbeitsschritte

① Öffnen Sie den Filtergehäusedeckel an vier Klammern.

② Den Deckel liften Sie dann so weit, bis Sie das Filterelement herausziehen können. Sollten Sie den Deckel ganz demontieren wollen, lösen Sie zuvor die Ansaugschlauchschelle mit einem Kreuzschlitzschraubendreher.

③ Das Filtergehäuse reinigen Sie mitsamt Deckel mit einem fusselfreien Lappen oder – besser noch – blasen Sie das Gehäuse mit Druckluft aus. Achten Sie darauf, dass der neue Filtereinsatz zur Montage plan auf den Pressflächen des Gehäuseunterteils aufliegt.

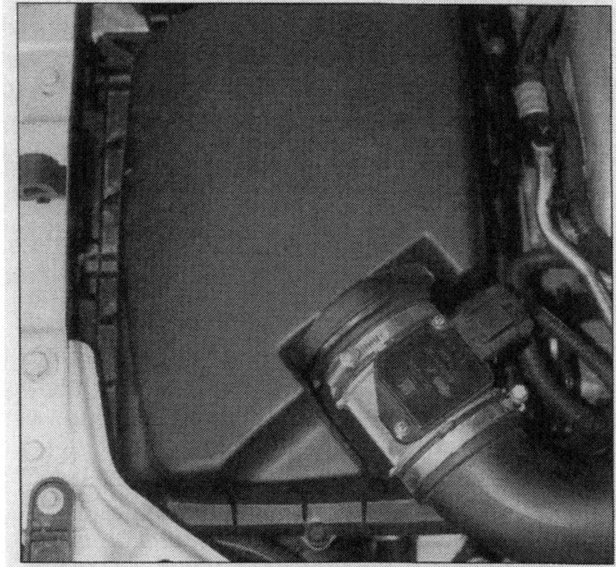

Einfach zu öffnen: *Luftfiltergehäuse im Vectra-C*

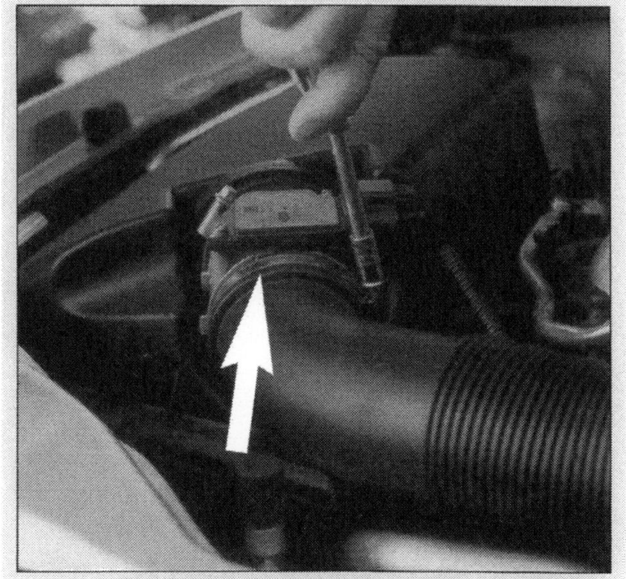

Zur Komplettdemontage grundsätzlich lösen: *Ansaugluftschlauchschelle vor dem Luftfiltergehäuse (Pfeil).*

Filterelement reinigen

① Klopfen Sie das Filterelement, mit der verdreckten Seite nach unten, vorsichtig auf einer harten Unterlage aus. Größere Verschmutzungen und Insektenkadaver suchen dann bereits das »Weite«.

② Feine Staubpartikel blasen Sie mit Druckluft aus. Sie sollten …

③ … das Filterelement **nur** von der »sauberen« zur »verschmutzten« Seite hin ausblasen. Sollten Sie unseren Rat ignorieren, pressen Sie den Dreck nämlich noch tiefer in die Filterporen.

④ Falls Sie den Papierfiltereinsatz nicht mit Druckluft sondern in Waschbenzin oder anderen Reinigungsflüssigkeiten cleanen möchten, ist er für alle Zeit unbrauchbar – Flüssigkeiten verstopfen die Filterporen hoffnungslos. Folge: Der Motor leidet anschließend unter »Atemnot«, die Abgaswerte verschlechtern sich dramatisch.

⑤ Achten Sie zur Montage des Filterelements immer darauf, dass die Dichtflächen sauber gegen die Gehäuseteile abdichten.

***Aktion Saubermann:** Blasen Sie das Filterelement immer von unten nach oben aus. Wenn Sie Beschädigungen an der Filterfolie erkennen, den Einsatz grundsätzlich erneuern.*

DIE KRAFTSTOFF-EINSPRITZUNG

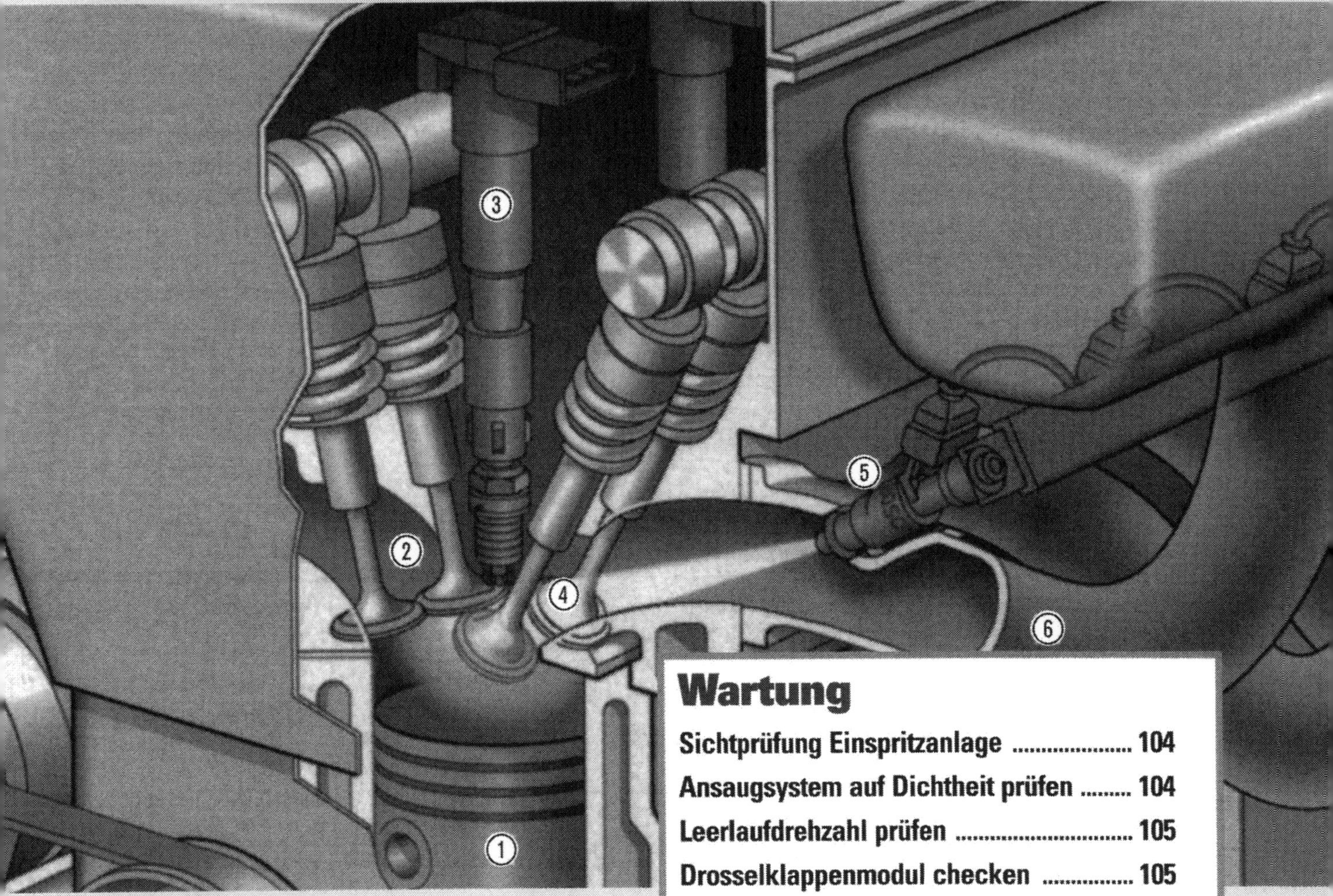

Elektronisch geregelt: *Schematische Darstellung einer sequenziellen Saugrohr-Kraftstoffeinspritzanlage. ❶ Kolben im Zylinder, ❷ Auslassventile, ❸ zentral angeordnete Zündkerze mit separater Zündspule, ❹ Einlassventile, ❺ Einspritzventil, ❻ Saugrohr.*

Wartung

Reparatur

Unter den Motorhauben von Ottomotoren geben elektronisch geregelte Kraftstoffeinspritzanlagen schon seit Jahren den Ton an. Abgasseitig sind Dreiwege-Katalysatoren das Maß der Dinge. Automobiltechniker mit dem nötigen Know-how und Messequipment wissen den »Segen« der Elektronik längstens zu schätzen – viele Hobbyschrauber »von altem Schrot und Korn« sind immer noch darum bemüht den Geheimnissen von Chips und Bits auf die Spur zu kommen. Sei's drum, die Zeit von Vergaser, Zündverteiler und Co. ist passé: Elektronik dominiert auf der ganzen Linie, vom Luftfilter bis hin zum Auspuffendrohr.

Da ist es nur logisch, dass alle fünf derzeit verfügbaren Vectra-Triebwerke (drei Otto-, zwei Dieselmotoren) ohne elektronisches Motormanagement keinen Mucks von sich geben, geschweige denn auch nur einen Tropfen Treibstoff verbrennen. Bei den »Ottos« bereiten das Frischgasgemisch sequenzielle Kraftstoffeinspritzanlagen auf. Verteilerlose 3-D-Kennfeldzündanlagen mit ruhender Hochspannungsverteilung steuern in der Reihenfolge 1 – 3 – 4 – 2 den zündenden Funken bei. Der V6 taktet seine Zündfunken in der leicht einprägsamen, doch eher seltenen Reihenfolge 1 – 2 – 3 – 4 – 5 – 6. Die »Funkenfabrik der ECOTEC-Ottos« steht, wie alle Akteure des elektronischen Motormanagements, unter der Regie eines leistungsfähigen Bordrechners.

Das Vectra-Motormanagement arbeitet weitgehend wartungsfrei. Erfahrungsgemäß lassen sich etwaige Fehlfunktionen nur mit einem gerüttelt Maß an Praxiserfahrungen, tief greifenden Fachkenntnissen und speziellem elektronischen Messequipment lokalisieren: Selbst engagierte Do it yourselfer sind unter der Vectra-Motorhaube ohne »Opel-Tech-Systemtester« weitgehend hilflos.

Versuchen Sie unsere »provokante Behauptung« zu akzeptieren und vertrauen Ihren Vectra bei Störungen an der Einspritzanlage darum besser einem Opel-Händler oder Gemischaufbereitungs-Spezialisten an. Damit Sie außer Haus freilich nicht gleich »die Katze im Sack kaufen müssen«, ist es mitunter empfehlenswert und vorteilhaft, die theoretischen Grundzüge der Vectra-Kraftstoffeinspritzung einordnen zu können. Und sei's nur, um dem Werkstattprofi auftretende Unregelmäßigkeiten im Zweifelsfall präziser beschreiben zu können. Ihr Vermögen erspart Ihnen dann aufwändige Diagnoserechnungen: Je eindeutiger Sie der Werkstatt die Wehwehchen Ihres Vectra benennen, um so überschaubarer fällt die spätere Rechnung aus.

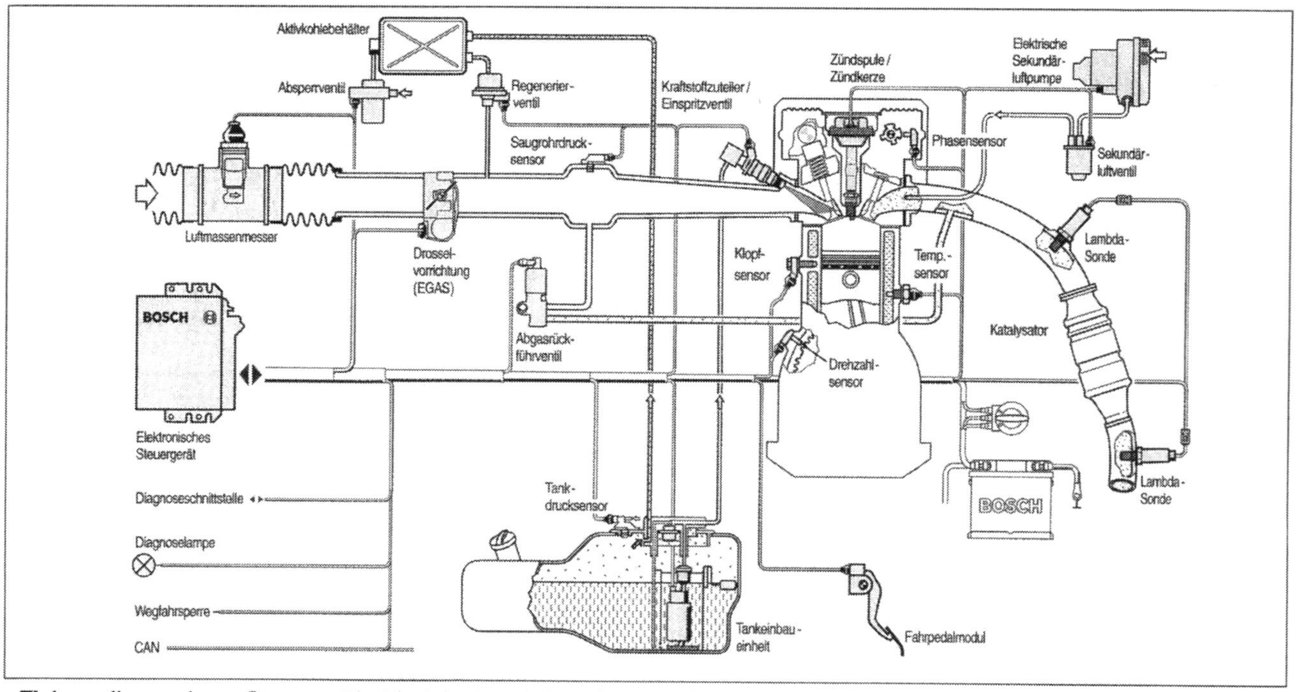

»Ziehen alle an einem Strang«: *Die Module des elektronischen Motormanagements. Fällt in einem »sekundären Regelkreis« ein Modul oder ein Sensor aus, halten Notlaufprogramme den Motor weiter bei Laune. Doch Störungen in einem primären Regelkreis, beispielsweise »Motordrehzahl«, sind so entscheidend, dass der Motor sofort abstirbt oder erst gar nicht startet.*

Auf einen Blick – die Managements der Motronic, Simtec und Powertrain GMPT Einspritzanlagen

Kraftstoffsystem
- Sequenzielle Kraftstoffeinspritzung
- Mehrlocheinspritzventile
- Tankentlüftungssystem

Luftansaugsystem
- Luftmengenmesser arbeitet nach dem Hitzdrahtprinzip
- Drosselklappenmodul

Zündsystem
- Digitales integriertes elektronisches Zündsystem (DIS)
- Zündspannungsüberwachung

Sicherheitssystem
- Mechanischer Sicherheitsschalter. Er »kappt« bei einem Unfall oder plötzlichen Druckabfall in der Förderleitung die Stromversorgung zur Kraftstoffpumpe.

Abgasregelung
- Mit dem Auspuffkrümmer verschweißter Dreiwege-Katalysator
- Zwei Lambdasonden – jeweils eine vor und nach dem Katalysator
- Abgasrückführungsventil
- Kraftstoffverdunstungssystem

Sensoren
- Nockenwellensensor
- Kurbelwellensensor
- Kühlmitteltemperatursensor
- Klopfsensor
- Fahrpedalpotenziometer (E-Gas)
- Saugrohrdruckfühler

Diagnosemöglichkeiten
- Zentraler Diagnosestecker in Höhe des Handbremsgriffs hinter dem Aschenbecher in der Mittelkonsole

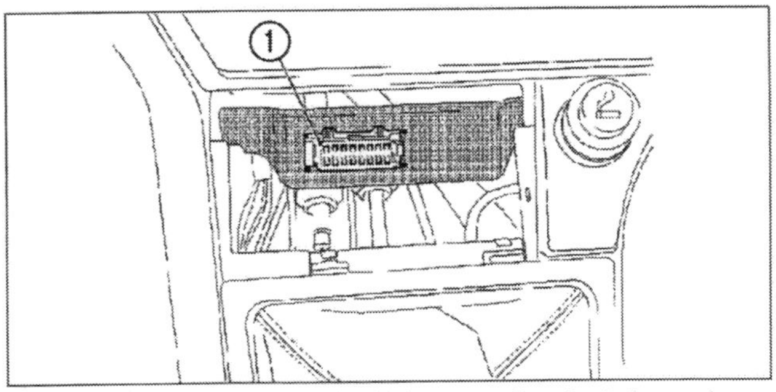

»Elektronischer-Futternapf«: *Relevante Serviceinformationen »zapft« der Opel-Tech-Systemtester aus dem Diagnosestecker ❶ hinter dem Aschenbecher in der Mittelkonsole.*

Im Detail – das Management der Einspritzanlage

Motorsteuergerät (ECM): Die »Regiezentrale« des elektronischen Motormanagements sitzt unter der Motorhaube Ihres Vectra. Sie verwertet ständig aktuelles »Datenmaterial« aus den unterschiedlichsten Motorkennfeldern (Drehzahl, Saugrohrdruck, Ansaugluft-, Kühlflüssigkeitstemperatur, etc.) und vergleicht sie mit einem fest installierten Datenpool. Nach dem Abgleich ermittelt und berechnet das Steuergerät unter anderem die Öffnungsdauer der elektromagnetisch betätigten Einspritzventile, die Kraftstoffmenge und das Kraftstoff-/Luftgemisch. Das Motorsteuergerät ist ohne großen Aufwand neu einzulesen bzw. zu aktualisieren. Zum Beispiel dann, wenn die »alte Software« modifizierte Strategien mit neuen »Spielregeln« abgelöst haben. Das »überholte Wissen« des EEPROM »killt« dann bei Ihrem Opel-Händler kurzerhand ein mobiles Diagnosegerät und frischt es im nächsten Schritt mit der neuesten Software auf. Das entsprechende Servicemodul hat jeder Vectra-C bereits ab Werk an Bord.

Kraftstoff-Verdampfungskontrollsystem: Das System hat die Aufgabe, die im Tank entstehenden Kohlenwasserstoffe zu minimieren. Den Taktstock dazu führt das Motorsteuergerät mit fest gespeicherten und kalibrierten Kennwerten. Zum System gehören im Vectra ein Aktivkohlefilter, ein Verdampfungskontrollventil sowie ein Kraftstoffdampfabscheider. Der Aktivkohlefilter korrespondiert über diverse Kunststoff- und Gummileitungen mit dem Kraftstofftank, dem Verdampfungskontrollventil und dem Ansaugkrümmer:

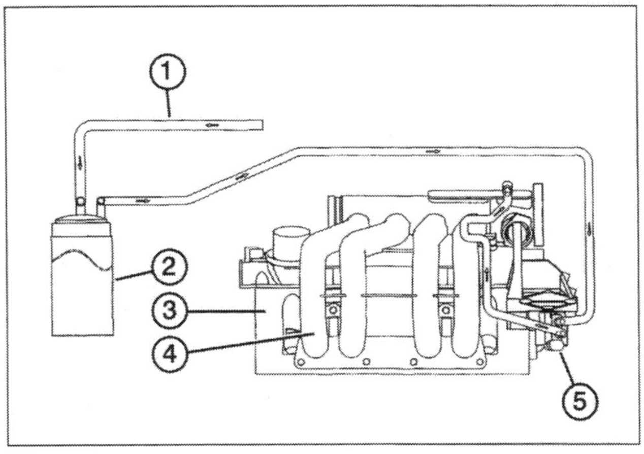

Vorübergehend im Aktivkohlefilter »geparkt«: *Die im Tank entstehenden Kohlenwasserstoffe. ❶ Entlüftungsleitung vom Kraftstofftank, ❷ Aktivkohlefilter, ❸ Zylinderkopf, ❹ Ansaugkrümmer, ❺ Magnetventil zur Systemsteuerung.*

Solange das Verdampfungskontrollventil verschlossen ist, »parkieren« die im Tank »aufsteigenden« Dämpfe vorübergehend im Aktivkohlefilter. Erst wenn der Motor anläuft, öffnet das Verdampfungskontrollventil und entlässt die im Aktivkohlefilter gebundenen Kraftstoffdämpfe in den Ansaugkrümmer. Dort »schließt« sich die Mixtur den Frischgasen an und verbrennt mit ihnen im Motor.

Drosselklappenmodul: Mithilfe eines Gleichstrommotors steuert das Modul die Drosselklappe an. Der »Motor« wandelt »Fußtritte« last- und drehzahlabhängig in elektronische Signale für die Drosselklappe um. Zwei Sensoren mit Selbstdiagnosefunktion zeichnen dafür verantwortlich. Entsprechend »gefüttert« gibt die Drosselklappe in Leerlaufstellung nur einen geringen und bei Volllast den gesamten Querschnitt des Drosselklappenstutzens frei. Beide Sensoren sitzen direkt am Drosselklappengehäuse, sie arbeiten wie ein variabler Widerstand (Potenziometer): Je nach Winkelstellung der Drosselklappe »tastet« ein Schleifer eine Widerstandsbahn ab und variiert so, abhängig von seiner Stellung, die Ausgangsspannung an den Sensoren. Sein Tun ist für das Motorsteuergerät von großem »Interesse«: Es »interpretiert« die Spannungskurven als Informationen und leitet dementsprechend für jeden Zylinder die »passende« Kraftstoffration ab.

Verwandelt elektronische Signale des Motorsteuergeräts in eine mechanische Drehbewegung der Drosselklappe: das ***Drosselklappenmodul*** *❶ unterhalb des Ansaugluftschlauchs ❷.*

Fahrpedalmodul (E-Gas): Das Fahrpedal im Vectra »hängt« an keinem »Gaszug«. Es funktioniert elektronisch (drive by wire) mit zwei separat versorgten Schleifpotenziometern.

Nockenwellenstellungssensor (Hall-Sensor): Der Nockenwellenstellungssensor »observiert« die Nockenwellen und leitet aus ihrer Stellung die zur sequenziellen Einspritzung und Klopfregelung notwendige Zylindererkennung ab. Der Sensor besteht aus zwei Hall-Elementen. Mit eingeschalteter Zündung lokalisiert er bereits bei stehendem Motor die Nockenwellenstellung. Das Motormanagement nutzt die Informationen, um aus dem »Stand« heraus jeden Zylinder mit der »adäquaten« Kraftstoffmenge und einem »just in time« Zündfunken zu bedienen.

Luftmassenmesser: Sitzt vor dem Drosselklappengehäuse – zwischen Ansauggeräuschdämpfer und Ansaugschlauch – im Motorraum. Der Hitzdrahtsensor arbeitet nach dem »Konstant-Übertemperaturprinzip«. Damit die Temperaturdifferenz zur vorbeiströmenden Ansaugluft ständig auf gleichem Level bleibt, wird er fortlaufend aufgeheizt. Der Bordrechner ermittelt aus der unterschiedlichen Heizenergie die realistische »Dichte« der angesaugten Frischluft.

Elektrisch beheizt: Heißfilmluftmassenmesser im Luftansaugstutzen des Z22 SE Motors. *Im Luftmassenmesser-Gehäuse reagiert ein hauchdünner Platindraht (Pfeil) thermisch auf die Qualität der angesaugten Luftmenge. Aus seinen Impulsen schließt das Motorsteuergerät auf den Sauerstoffanteil der Frischluft. Daraus ergibt sich dann zwangsläufig die auf die Zylinder zu »verteilende« Kraftstoffmenge.*

Kurbelwellenimpulssensor: Sitzt beim Vectra-C an der Rückseite des Motorblocks in Nähe des Getriebeflanschs. Der Sensor erfasst induktiv die Winkel genaue Kurbelwellenposition, sowie die momentane Motordrehzahl.

Kühlmitteltemperatursensor: Den Kühlmitteltemperatursensor informiert das Motorsteuergerät. Er ist ein temperaturabhängiger Widerstand mit einem negativen Temperaturkoeffizienten, d. h. der Widerstandswert variiert umgekehrt proportional zur eigentlichen Kühlmitteltemperatur. Je nach Spannungslage vergleicht der Bordrechner die angelieferten Daten mit »seiner Referenzspannung« und leitet aus der Differenz die tatsächliche Kühlmitteltemperatur ab.

Ansauglufttemperatursensor: Der Sensor arbeitet mit einem negativen Temperaturkoeffizienten als temperaturabhängiger Widerstand – sein Widerstandswert variiert umgekehrt proportional zur Umgebungstemperatur. Den Ansauglufttemperatursensor »beliefert« das Motorsteuergerät mit »seiner« Referenzspannung: Ändert sich die Ansauglufttemperatur, variieren Widerstandswert und Ausgangsspannung in einem vorgegebenen Verhältnis. Der Bordrechner ordnet die Ausgangsspannung jeweils einer entsprechenden Ansauglufttemperatur zu.

Lambdasonde (Sauerstoffsensor): Der Vectra hat zwei beheizte Lambdasonden im Auspuff, mit seinem doppelflutigen Auspuffsystem trägt der V6-Motor sogar deren vier unter dem »Bauch«. Die Sonden messen jeweils vor und nach dem Katalysator den Sauerstoffgehalt der Abgase. Ihre »Beobachtungen« verarbeitet der Zentralrechner und beeinflusst damit die Kraftstoffeinspritzung und das Kraftstoffverdunstungssystem. Die Lambdasonden haben starken Einfluss auf die Funktion und Lebensdauer des Katalysators. Um im Sinne von Lambda 1 einwandfrei zu arbeiten, sind sie auf den ständigen Wechsel von leicht angefettetem und abgemagertem Gemisch angewiesen. Aufgrund ihres Einbauorts sind die Sonden sehr hohen thermischen Belastungen unterworfen und haben dementsprechend auch einen normalen Verschleiß. Erfahrungsgemäß »schnüffeln« sie rund 50.000 bis 80.000 Kilometer, ohne zu mucken, und beheizte Sonden bleiben sogar bis zu 160.000 Kilometer fit. Doch ungünstige Bedingungen, beispielsweise mangelhafter Kraftstoff, verbrannte oder undichte Zylinderkopfdichtungen können die Lebenserwartung drastisch verkürzen. In Folge steigen die giftigen Abgasbestandteile und der Verbrauch um rund 15 Prozent – die Motorleistung lässt hingegen merklich nach.

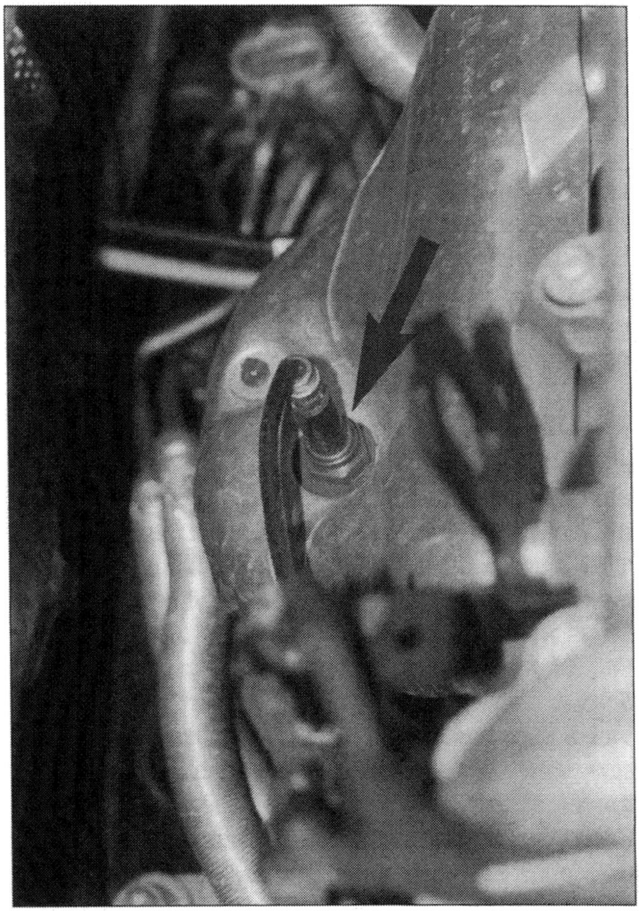

Zentral im Auspuffkrümmer platziert: *Die erste Lambda-Sonde (Pfeil) – Sonde zwei »schnüffelt« hinter dem Katalysator.*

Saugrohrdrucksensor: Um das im Ansaugkrümmer vorhandene Vakuum möglichst verlässlich zu ermitteln, sitzt der Saugrohrdrucksensor unmittelbar am »Tatort« – im Ansaugkrümmer. Seine Signale nutzt das Motorsteuergerät als Regelgrößen für die Kraftstoffmenge und den Zündzeitpunkt.

Zündspannungsüberwachung: Beaufsichtigt die Motordrehzahl und setzt bei Zündaussetzern, etwa bei Schäden an den Zündspulen oder Kerzensteckern, den entsprechenden Zylinder auf »Nulldiät«. Der Eingriff »rettet« die Katalysatoren, sie können unter »Aufsicht« nicht mehr »überfetten bzw. überhitzen«. Als aufmerksamer Vectra-Lenker erkennen Sie den »Gnadenakt« der Zündspannungsüberwachung an der Kontrollleuchte im Armaturenbrett.

Sicherheitsschalter Kraftstoffeinspritzanlage: Der Schalter unterbricht bei undichtem Kraftstoffsystem, etwa nach einem Unfall, bei starken Erschütterungen oder plötzlichem Druckabfall in der Föderleitung die Kraftstoffzufuhr im Kraftstoffsystem.

Einspritzventile: Im Ansaugrohr sitzt vor jedem Zylinder ein Einspritzventil (sequenzielle Einspritzung). Die Ventile reagieren auf elektrische Impulse. Ihre »Reaktionszeit« beträgt etwa 1 bis 1,5 Millisekunden. Um die Gemischbildung schneller und homogener zu unterstützen, spritzen die Ventile einen »geteilten« Kraftstoffstrahl vor die Einlassventile. Jeder Einspritzvorgang hebt die Ventilnadel nur etwa 0,1 Millimeter von ihrem Sitz.

Klopfsensor (KS): Der Klopfsensor ist ein »mechanischer Schwingungsaufnehmer«, der den Verbrennungsablauf anhand der in seinem Umfeld auftretenden Schwingungsfrequenzen analysiert. Bei den ECOTEC-Vierzylindern sitzt der Klopfsensor ansaugseitig zwischen dem zweiten und dritten Zylinder direkt am Motorblock. Er darf im montierten Zustand auf keinen Fall Kontakt zu angrenzenden »Massen« haben.
Sobald ein Zylinder die »Klingelgrenze«, beispielsweise infolge schlechter Kraftstoffqualitäten, erreicht, signalisiert der KS in Sekundenbruchteilen dem Motormanagement die unkontrollierte Verbrennung. Der Rechner nimmt daraufhin den Zündzeitpunkt des betreffenden Zylinders um 1,5° zurück. Reicht das nicht aus, nimmt das Motormanagement den Zündzeitpunkt so lange zurück, bis die Verbrennung wieder »normal« abläuft. Nach etwa zwei Sekunden ohne »Klopfgeräusche« regelt das Motormanagement den Zündzeitpunkt wieder kontinuierlich an die Klopfgrenze heran – bei erforderlicher Kraftstoffqualität auch bis zum vorgegebenen Zündzeitpunkt.

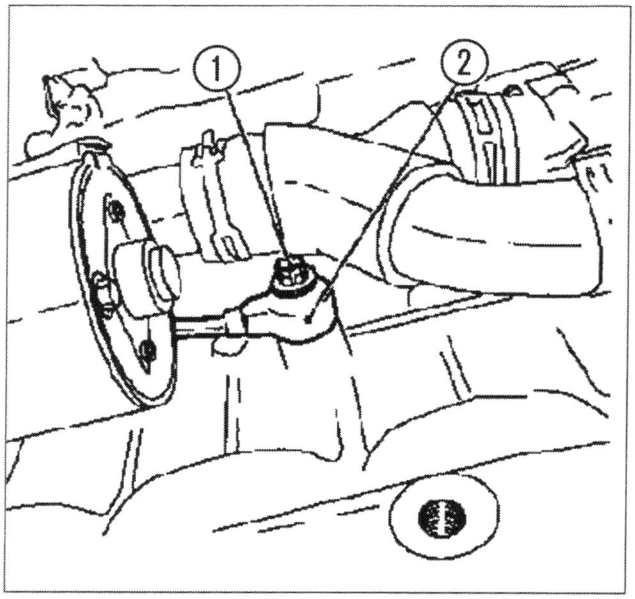

Ständig am Motorblock auf Horchposten: Klopfsensor.
❶ Befestigungsschraube, ❷ Klopfsensor.

Abgasrückführungsventil (AGR): Das elektronisch gesteuerte AGR-Ventil macht einer exakt dosierten Abgasmenge den Weg ins Ansaugsystem frei. Hier vermengen sich die Abgase mit frischer Ansaugluft. In welchem Verhältnis? Ganz variabel: Das Motorsteuergerät errechnet die Abgasmenge anhand der Kurbelwellendrehzahl, dem Lastzustand und der momentanen Motortemperatur. Die »Giftspritze« aus dem Auspuff senkt die Verbrennungstemperaturen, was wiederum den NO_X-Ausstoß positiv beeinflusst.

Elektronisches Testequipment – unabdingbar an Einspritzanlagen

Normales Heimwerkerwissen und »Hobbywerkzeuge« reichen unter den Motorhauben moderner Autos nicht aus – Experten mit elektronischem Testequipment sind da unangefochten erste Wahl.
Um Defekte im elektronischen Motormanagement einwandfrei analysieren zu können, führen Profis diverse Testprogramme in einer ganz bestimmten Reihenfolge aus. »Begnadete Mechaniker« erkennen darin nicht unbedingt die Logik, die mechanischen Funktionen zu Eigen ist. Doch seien Sie ganz sicher – elektronischen Bugs kommen Sie nur so auf die Spur.

Kraftstoffeinspritzung

Störungsbeistand

Störung	Ursache	Abhilfe
A Kalter Motor springt nicht oder schlecht an.	**1** Versorgungsrelais defekt.	Überprüfen, ggf. austauschen lassen.
	2 Kraftstoffpumpe fördert nicht oder ungenügend.	Benzin im Tank? Pumpenanschlüsse überprüfen. Evtl. Pumpe aus Tank demontieren, Fördermenge messen lassen.
	3 Druckregler defekt.	Systemdruck messen lassen.
	4 Unterdrucksystem undicht.	Sämtliche Schlauchleitungen überprüfen.
	5 Kühlmitteltemperatursensor defekt.	Prüfen lassen.
	6 Drosselklappenpotentiometer defekt.	Prüfen lassen.
	7 Zündanlage defekt.	Zündsystem überprüfen lassen.
	8 Drehzahlsensoren defekt oder Kabelverbindung unterbrochen.	Überprüfen, ggf. auswechseln lassen.
	9 Steuergerät defekt.	Überprüfen lassen.
	10 Ansaugsystem undicht (zieht Nebenluft).	Sämtliche Schlauchleitungen überprüfen.
	11 Luftmassenmesser defekt.	Überprüfen lassen.
	12 Drosselklappenmodul defekt.	Überprüfen lassen.
B Warmer Motor springt nicht oder schlecht an.	**1** Siehe A1 – 12.	
	2 Absolutdruckgeber defekt.	Überprüfen lassen.
	3 Einspritzventile undicht.	Überprüfen lassen.
C Motor springt an, stirbt aber wieder ab.	**1** Drosselklappenmodul arbeitet nicht.	Überprüfen lassen.
	2 Lambdasonden defekt.	Funktion prüfen, ggf. ersetzen lassen.
D Kalter Motor schüttelt im Leerlauf.	**1** Siehe A5.	
	2 Siehe C1.	
E Warmer Motor schüttelt im Leerlauf.	Siehe C1.	
F Leerlauf fällt beim Einschalten starker Stromverbraucher bzw. beim vollen Einschlag der Servolenkung ab.	Siehe C1.	
G Motor hat Aussetzer.	**1** Kraftstofffilter verstopft.	Filter auswechseln.
	2 Siehe A2 und 7.	
	3 Siehe B2.	
	4 Siehe C2.	

Kraftstoffeinspritzung Fortsetzung

Störungsbeistand

H Schwankende Drehzahlen bei 2000–4000/min.	Siehe A6 und 10.	
I Motor stottert, setzt aus.	Siehe A3 und 7.	
J Motorleistung ungenügend.	1 Siehe A2, 4 und 6.	
	2 Drosselklappe geht nicht in Vollgasstellung.	Fahrpedalmodul (E-Gas) prüfen lassen.
K Kraftstoffverbrauch zu hoch.	1 Siehe A3 – 12.	
	2 Siehe C2.	
L Motor springt grundsätzlich nicht an.	1 Siehe A1–12.	
	2 Siehe B1–3.	

Ab und an zu empfehlen – Sichtprüfung an der Einspritzanlage

Bei allem berechtigten Respekt, sehen Sie fortan das technische Umfeld moderner Kraftstoffeinspritzanlagen für sich nicht generell als »Parc-fermé« – überlegen Sie nur mit entsprechendem »Augenmaß« was Sie sich zutrauen können. Stellen Sie zunächst die Sichtprüfung in den Vordergrund Ihres »Arbeitseinsatzes« unter der Vectra-Motorhaube: Checken Sie zum Beispiel ab und an Schläuche und ihre Befestigungen auf korrekten Sitz und Ermüdungsrisse. Allen voran ...

- ...den Unterdruckschlauch zum Bremskraftverstärker, ...
- ... die Schläuche der Motorbe- und -entlüftung (sind sie verstopft, verschmutzt oder aufgequollen?), ...
- ... die Kraftstoffschläuche und Kraftstoffleitungen (erkennen Sie Scheuerstellen, Altersrisse oder »Schwitzspuren«?), ...
- ... die Druckregleranschlüsse (sind die Anschlüsse trocken?) und, ...
- ... falls Sie irgendwann Kabelstecker unter der Motorhaube oder sonstwo trennen mussten, können Sie unbeabsichtigt schon den Grundstein für später auftretende »Kontaktschwächen« gelegt haben. Versuchen Sie die Stecker dann zunächst mit Kontaktspray wieder zu »motivieren« – biegen Sie die Kontaktzungen lediglich im »Notfall« mit viel Gefühl nach.

Verunsichert den Bordrechner – Nebenluft

Undichte Stellen im Ansaugsystem lassen unkontrollierte Nebenluft passieren. Das stört den Bordrechner erheblich, denn Nebenluft provoziert seine »Informanten« zu falschen Steuerimpulsen. Beispielsweise die Module der Gemischaufbereitung: Mitunter »speisen« dann die Einspritzdüsen den Motor mit zu wenig Kraftstoff ab. In dem Fall würden das Gemisch unkontrolliert abmagern und die Verbrennungstemperaturen gleichzeitig ansteigen – ungünstigstenfalls sogar in Regionen, die Kolben und Ventilen den Hitzetod bereiten. Fehlfunktionen im Einspritzsystem »lesen« Sie übrigens schon an einem »sägenden« Leerlauf ab. Bei voller Belastung neigen »abgemagerte« Motoren ohne Anti-Klopfregelung zu hörbarem »Klingeln«. Seien Sie also schon beim geringsten Anzeichen »hell wach« und kreisen den Fehler dann systematisch ein:

Arbeitsschritte

① Prüfen Sie die Unterdruckschläuche auf Risse und festen Sitz. Checken Sie an der Einspritzanlage oder am Ansaugkrümmer sämtliche Schläuche (Saugrohrdrucksensor, Bremskraftverstärker, Kraftstoffverdunstungsanlage, etc.).

② Fahren Sie den Vectra etwa 20 Kilometer warm und lassen ihn anschließend im Leerlauf »brummen«. Öffnen Sie die Motorhaube und ziehen den Stecker der ersten Lambdasonde mit hitzeresistenten Handschuhen (unmittelbar am Abgaskrümmer) ab. Ändert sich daraufhin die Drehzahl?

③ Besprühen Sie nacheinander sämtliche Schlauchverbindungen und Flanschdichtungen der Einspritzanlage mit einem handelsüblichen Kaltstartspray: Achten Sie derweil aufmerksam darauf, an welchem Anschluss sich die Motordrehzahl ändert – der Motor zieht dort Nebenluft.

Leerlaufdrehzahl prüfen

Die Leerlaufdrehzahl justiert, je nach eingeschaltetem Verbraucher (z. B. Scheinwerfer, AC oder Servolenkung) das Steuergerät laufend über den Leerlaufstellmotor. Vectra-Ottomotoren drehen im Stand mit etwa 800 +/- 100 min.$^{-1}$, die Turbodiesel lassen ihre Kurbelwellen mit rund 850 min.$^{-1}$ rotieren. Zur Kontrolle benötigen Sie einen exakten Drehzahlmesser. Werkstätten nutzen dazu einen stationären Motortester. Drehzahldifferenzen können Sie am Vectra nicht isoliert justieren: Experten kreisen im gesamten Motormanagement die Fehlfunktion systematisch ein. Es sei denn, die Batterie war abgeklemmt: Dann beansprucht der Bordrechner ein paar Kilometer, um wieder an seine alte Form anknüpfen zu können. In dieser »Trainingsphase« kann es beispielsweise auch zu erhöhten Leerlaufschwankungen kommen.

Systematisch einkreisen - Leerlaufschwankungen

Falls Sie die Batterie abgeklemmt hatten, lassen Sie dem Bordrechner rund zehn Kilometer Zeit, um das »verstimmte« Motormanagement zu disziplinieren und mit »offiziellen« Basisdaten erneut auf Kurs zu bringen. Falls das der Bordrechner wider Erwarten nicht ohne fremde Hilfe schafft, gehen Sie zunächst folgendermaßen vor:

Arbeitsschritte

① Kontrollieren Sie den Zustand der Luftschläuche.

② Prüfen Sie, ob alle elektrischen Anschlüsse einwandfrei sitzen. Sie dürfen nicht korrodiert sein. Für weitere Kontrollen verwendet die Werkstatt einen speziell auf das Steuergerät abgestimmten Motortester.

③ Zu geringer Kraftstoffvordruck verursacht gleichfalls Leerlaufdrehzahlschwankungen. Lassen Sie Ihre Werkstatt dann einen Drucktest durchführen.

Drosselklappenmodul checken

Arbeitsschritte

① Lassen Sie den Motor im Leerlauf laufen.

② Schalten Sie möglichst viele Stromverbraucher ein, drehen Sie auch das Lenkrad von Anschlag zu Anschlag.

③ Die Leerlaufdrehzahl darf kurzfristig absinken, ein intaktes Drosselklappenmodul regelt den Wert jedoch wieder »hoch«.

④ Ziehen Sie Steckverbindung am Drosselklappenmodul ab, der Motor muss jetzt sofort ausgehen.

⑤ Falls nicht, lassen Sie das Drosselklappenmodul in einer Opel-Werkstatt genau überprüfen.

Einspritzventile checken

Arbeitsschritte

① Defekte Einspritzventile entlarven Sie unter Umständen schon durch bloßes »Hand auflegen«: Im Gegensatz zu funktionierenden »Düsen« vibrieren defekte Ventile nicht im Takt. Vermeiden Sie »Brandblasen« an den Fingerkuppen und machen den Test möglichst nicht am »knisternden« Motor.

② Ziehen Sie zur Spannungskontrolle den Stecker eines Einspritzventils ab, und legen dann einen LED-Spannungsprüfer (keine Prüflampe) an den Stecker an. Der Motor ist währenddessen aus.

③ Starten Sie nun den Motor: Die Leuchtdioden im Spannungsprüfer müssen flackern, ansonsten fließen keine Steuerströme. Das muss nicht unbedingt an der Zuleitung liegen, eventuell hat auch das Steuergerät einen Defekt. In diesem Fall ist die Werkstatt Ihre erste Adresse.

④ Zur Widerstandsmessung ziehen Sie den Versorgungsstecker des betreffenden Einspritzventils ab und verbinden beide Kontaktzungen am Ventil mit einem Multimeter. Bei 20 °C liegt der Messwert bei etwa 14,5 ± 1 Ohm.

⑤ Bei zu großen Differenzen ersetzen Sie besser das betreffende Ventil.

Einspritzventile aus- und einbauen

Arbeits-schritte **je Motorversion**

Z18 XE

① Bocken Sie den Vorderwagen rüttelsicher auf, klemmen das Batteriemassekabel ab, demontieren die Motorverkleidung und ...

② ... das Luftansaugrohr ❶.

③ Ziehen Sie dazu auch den Mehrfachstecker des Heißfilm-Luftmassenmessers ❹ ab.

④ Anschließend ziehen Sie den Motorentlüftungsschlauch ❷ vom Luftansaugrohr, ...

⑤ ... lösen beide Schlauchschellen (Pfeil, ❸) vom Luftansaugrohr und ...

⑥ ... ziehen den Schlauch ab.

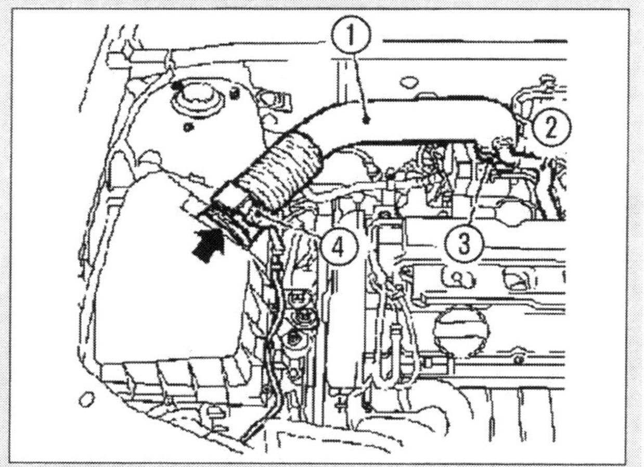

Vor der Demontage »entblättern« – Zylinderkopf.

⑦ Trennen Sie die Stecker der Lambdasonde ❶, des Öldruckschalters ❷, des Kurbelwellen- ❸ und Ölstandssensors ❹.

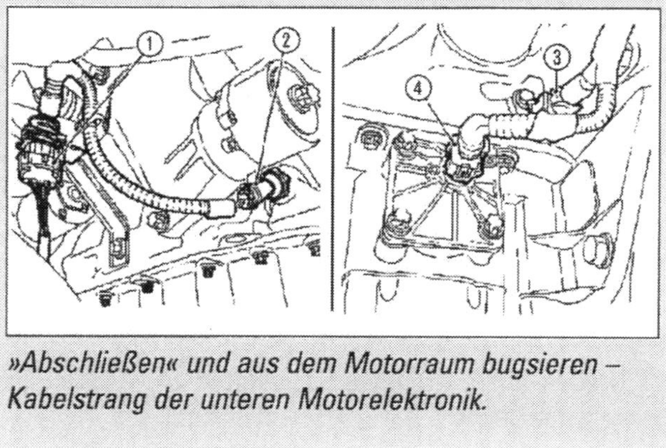

»Abschließen« und aus dem Motorraum bugsieren – Kabelstrang der unteren Motorelektronik.

⑧ Hernach lösen Sie den Stecker vom Nockenwellensensor ❶ und ...

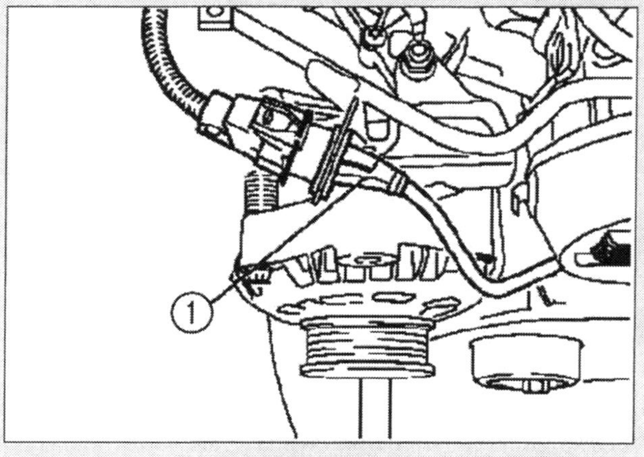

Abziehen – Stecker des Nockenwellensensors ❶.

⑨ ... lösen dann oberhalb des Generators die Mutter ❷ vom Masseanschluss ❶.

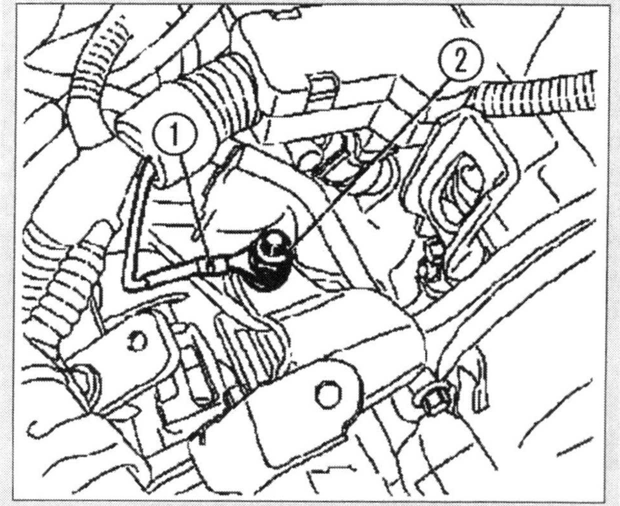

In Nähe des Generators lösen – zuerst die Mutter ❷, dann das Massekabel ❶.

⑩ Jetzt ziehen Sie die Stecker am Drosselklappenansteller ❶, am Motorsteuergerät ❷, am Klopfsensor ❸, am Kombistecker ❹, am Abgasrückführungsventil ❺, am Zündmodul ❻, an der Lambdasonde ❼, am Kühlmitteltemperatursensor ❽, am AC-Verdichter ❾ (je nach Ausstattung) und am AC-Drucksensor ❿ (je nach Ausstattung) ab.

⑪ Demontieren Sie den Kabelkanal, clipsen den Kabelstrang los und legen »das Geweih« beiseite.

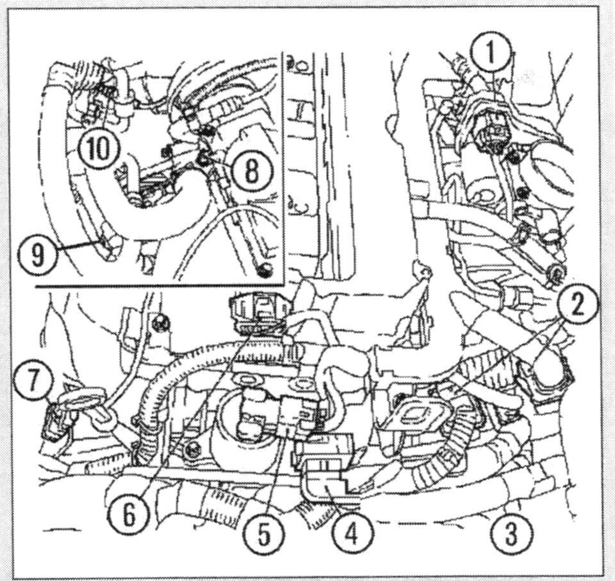

Demontieren und beiseite legen – den Kabelstrang der oberen Motorelektronik.

⑫ Bevor Sie jetzt weiter mit Ihrer Arbeit fortfahren, lassen Sie den Vordruck aus dem Kraftstoffsystem entweichen. Opel-Monteure nutzen dazu ein Spezialwerkzeug, doch wenn Sie die Schraubanschlüsse ❶ der Kraftstoffleitungen ❷ mit einem saugfähigen Lappen umwickeln und dann vorsichtig lösen, klappt's auch. Denken Sie allerdings daran, vorher noch ein Auffanggefäß unter den Verschluss zu stellen.

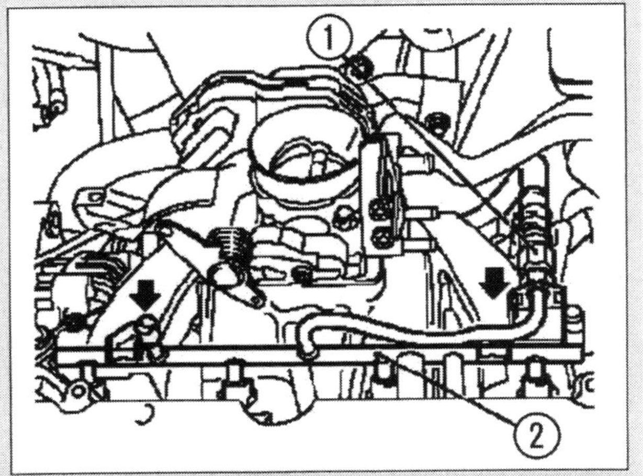

Mit saugfähigem Lappen umwickeln und dann vorsichtig öffnen – Kraftstoffleitungen an den Schraubanschlüssen.

⑬ Hernach ziehen Sie das Kraftstoffverteilerrohr komplett aus der Ansaugbrücke. Dazu lösen Sie die beiden Befestigungsschrauben (Pfeile) und hebeln die »Pipeline « mitsamt Einspritzdüsen aus.

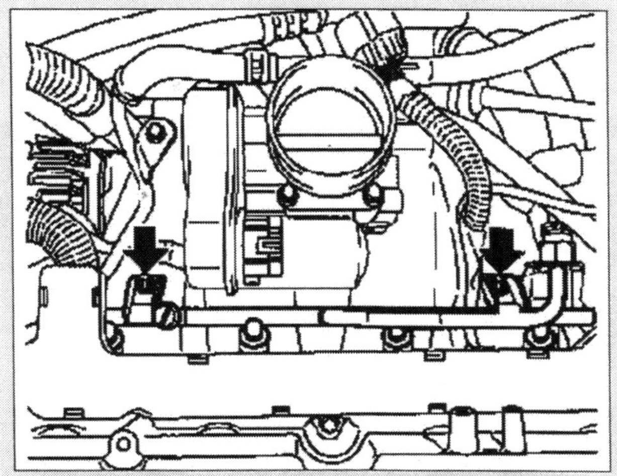

Immer komplett demontieren – Kraftstoffverteilerrohr von der Ansaugbrücke.

⑭ Jetzt ziehen Sie zunächst die Sicherungsklammer ❶ und dann das jeweilige Ventil ❷ aus dem Kraftstoffverteilerrohr heraus.

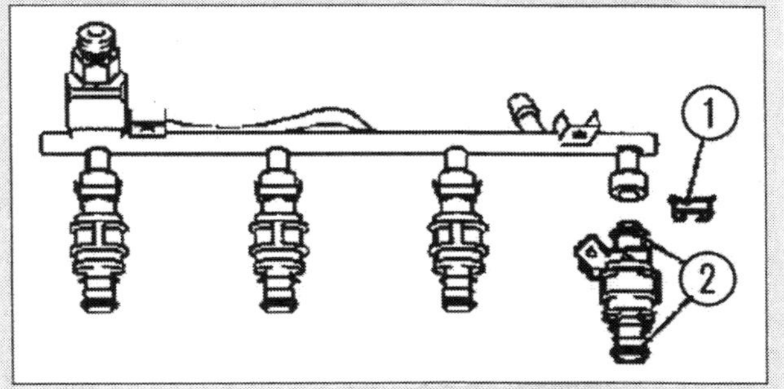

Erst die Sicherungsklammer ❶ ziehen – dann das entsprechende Einspritzventil ❷ aus dem Verteilerrohr hebeln.

⑮ Beenden Sie die Montage in umgekehrter Reihenfolge. Damit die Ventile besser ins »Loch flutschen«, benetzen Sie die Ringe vorab mit sauberem Motoröl oder Vaseline. Unser Rat: Setzen Sie die Einspritzventile auf jeden Fall mit neuen O-Ringen ein.

Z22 SE

① Klemmen Sie das Batteriemassekabel ab, ...

② ... entfernen, wie beschrieben, die Motorabdeckung und demontieren den Motorentlüftungsschlauch.

③ Bevor Sie jetzt weiter mit Ihrer Arbeit fortfahren, lassen Sie den Vordruck aus dem Kraftstoffsystem entweichen. Opel-Monteure nutzen dazu ein Spezialwerkzeug, doch wenn Sie die Schraubanschlüsse ❶ der Kraftstoffleitungen ❷ mit einem saugfähigen Lappen umwickeln und dann vorsichtig lösen, klappt's auch. Denken Sie allerdings daran, vorher noch ein Auffanggefäß unter den Verschluss zu stellen.

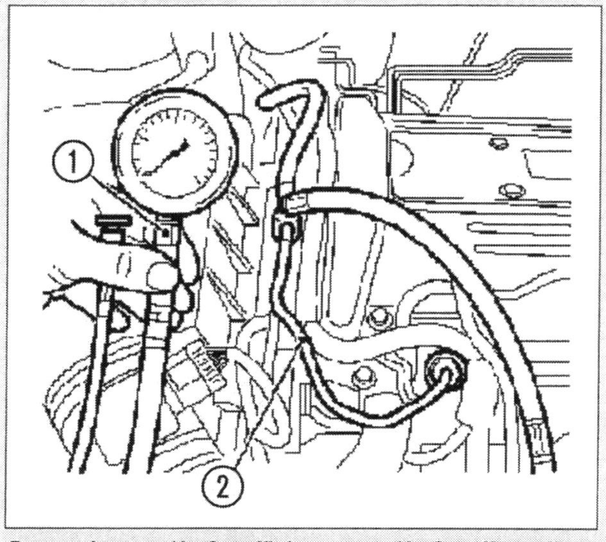

Demontieren – Kraftstoffleitung vom Kraftstoffverteilerrohr.

④ Entriegeln und ziehen Sie anschließend die Mehrfachstecker der Einspritzventile.

⑤ Erledigt? Dann legen Sie den Kabelbaum beiseite und ...

⑥ ... ziehen hernach das Kraftstoffverteilerrohr aus der Ansaugbrücke. Lösen Sie zunächst die Befestigungsschrauben ❶ und hebeln dann das Verteilerrohr mitsamt Einspritzdüsen aus.

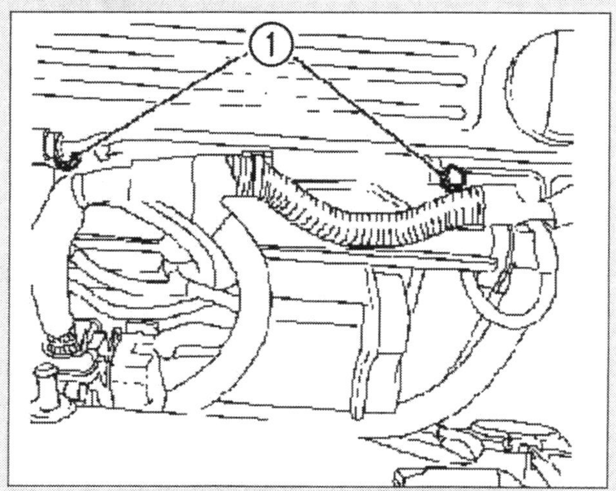

Zunächst die Befestigungsschrauben ❶ lösen – dann das Kraftstoffverteilerrohr mitsamt Einspritzdüsen hochziehen.

⑦ Montieren Sie, wie beschrieben, die Einspritzventile aus dem Kraftstoffverteilerrohr.

⑧ Beenden Sie die Montage in umgekehrter Reihenfolge. Damit die Ventile besser ins »Loch flutschen«, benetzen Sie die Ringe vorab mit sauberem Motoröl oder Vaseline. Unser Rat: Setzen Sie die Einspritzventile auf jeden Fall mit neuen O-Ringen ein.

Z32 SE

① Gehen Sie zunächst wie in den Arbeitsschritten ④–⑭ Kapitel »Das Kühlsystem, Thermostat aus- und einbauen, Z32 SE«, vor.

② Demontieren Sie nun die Kraftstoffleitung ❶ vom Sammelsaugrohr. Dazu ziehen Sie den Unterdruckschlauch ❷ von seinem Flansch und lösen die Muttern ❸ und die Schraube ❹.

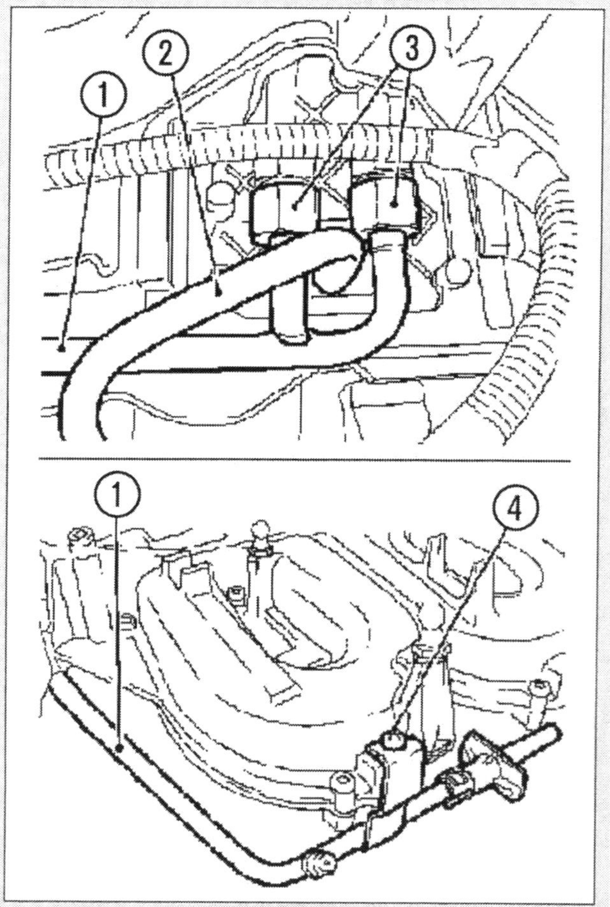

Vom Sammelsaugrohr demontieren – Kraftstoffleitungen.

③ Im Anschluss ziehen Sie die sechs Stecker von den Einspritzventilen ab und ...

④ ... demontieren dann den Sammelsaugrohrdeckel ❶ vom Sammelsaugrohr – dazu lösen Sie die 16 Schrauben ❷.

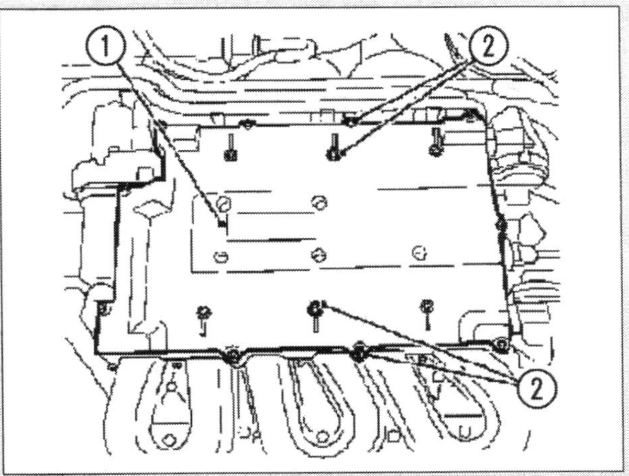

Mit 16 Schrauben vom Sammelsaugrohr lösen – Saugrohrdeckel.

⑤ Hebeln Sie den Deckel mit einem stabilen Schraubendreher vorsichtig vom Sammelsaugrohr ab.

⑥ Hernach demontieren Sie die Volumenkammer ❶ vom Sammelsaugrohr. Dazu lösen Sie acht Schrauben (Pfeile) und hebeln die Kammer vorsichtig ab.

⑦ Überprüfen Sie die Dichtung ❷ und die zugehörigen Dichtflächen. Falls Sie keine sichtbaren Beschädigungen feststellen, können Sie die Dichtung bis zu dreimal wieder verwenden. Ansonsten keine faulen Kompromisse eingehen – Dichtung erneuern.

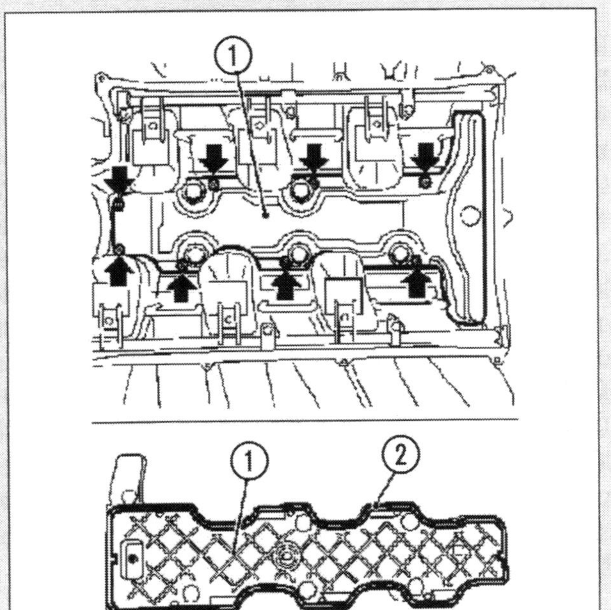

Mit acht Schrauben vom Sammelsaugrohr lösen – Volumenkammer.

⑧ Jetzt lösen Sie die Befestigungsschrauben ❸ und hebeln das Kraftstoffverteilerrohr ❶/❷ mitsamt Einspritzdüsen aus dem Sammelsaugrohr.

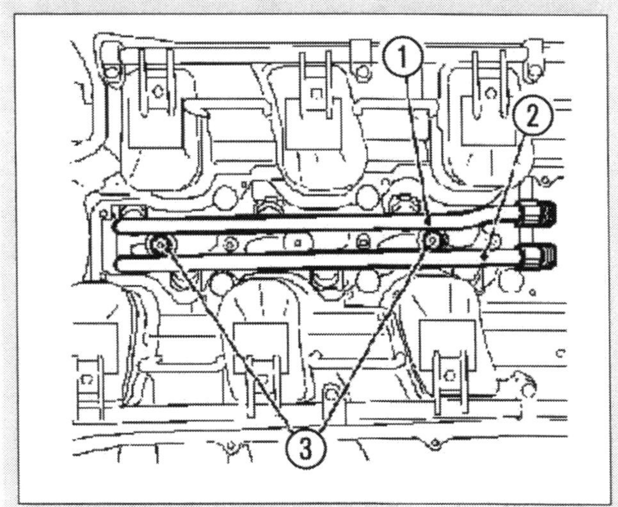

Zur Demontage Schrauben lösen und mitsamt der »Pipeline« aus dem Ansaugtrakt hebeln – Einspritzdüsen.

⑨ Für die andere Zylinderbank wiederholen Sie Ihre Arbeitsschritte in gleicher Weise.

⑩ Demontieren Sie, wie beschrieben, die Einspritzventile aus dem Kraftstoffverteilerrohr.

⑪ Beenden Sie die Montage in umgekehrter Reihenfolge. Damit die Ventile besser ins »Loch flutschen«, benetzen Sie die Ringe vorab mit sauberem Motoröl oder Vaseline. Unser Rat: Setzen Sie die Einspritzventile auf jeden Fall mit neuen O-Ringen ein.

Einspritzventile prüfen

Arbeitsschritte

① Demontieren Sie, wie beschrieben, das Kraftstoffverteilerrohr mitsamt Einspritzventilen und …

② … ziehen dann die elektrischen Anschlüsse von den Einspritzventilen ab. Die Kraftstoffleitungen bleiben derweil angeschlossen.

③ Damit die Kraftstoffpumpe den nötigen Systemdruck aufbaut, schalten Sie die Zündung mehrmals aus und ein.

Tropfprobe – checken Sie jedes Einspritzventil

④ Inspizieren Sie jedes Einspritzventil einzeln. Wenn nur ein Tropfen »nachläuft« ist das Ventil o.k., ansonsten tauschen Sie es ohne Wenn und Aber aus.

Spritzprobe – »gute« Ventile zerstäuben den Kraftstoff kegelförmig

⑤ Um den Spritzstrahl zu prüfen, demontieren Sie das gesamte Kraftstoffverteilerrohr. Die Kraftstoffleitungen bleiben bei allen Ventilen angeschlossen. Ziehen Sie – bis auf das jeweils zu prüfende Ventil – von allen Ventilen die Stecker ab und fangen den Kraftstoff in einem Behälter auf.

⑥ Schalten Sie dazu die Zündung ein und starten den Motor – »gute« Ventile spritzen den Kraftstoff kegelförmig ab.

⑦ Wiederholen Sie die Prüfung an jedem Ventil.

Diesel-Kraftstoffversorgung – der Grundaufbau

Im Gegensatz zu Ottomotoren arbeiten Diesel-Einspritzanlagen mit höheren Systemdrücken. Die Einspritzpumpen inklusive ihrer Regelperipherie unterscheiden sich darum auch grundsätzlich von den »Kollegen der Ottozunft«. Techniker differenzieren bei Dieselmotoren zwischen der Reiheneinspritzpumpe, der Einstempel-Hochdruckverteilereinspritzpumpe, dem Common-Rail- und dem Pumpe/Düse-System. Unter der Motorhaube der Diesel-Vectra portionieren Einstempel-Hochdruckverteilereinspritzpumpen (Bosch VP 44-PSG 16) den Kraftstoff via gleich langer Druckleitungen über Einspritzdüsen mit bis zu 1.800 bar direkt in die Brennräume. Ohne Regelelektronik bleibt freilich auch der Vectra Diesel Mucksmäuschen still – Opel nennt sein Motormanagement EDC (**E**lectronic **D**iesel **C**ontrol). EDC arbeitet aufwändiger und effizienter als die Steuerelektronik moderner Ottomotoren.

- Das EDC arbeitet mit Fail Safe (Sicherheitssystem). Fail Safe »merkt« sich alle Unregelmäßigkeiten und legt sie in einem Fehlerspeicher ab. Den Speicherinhalt liest ein Systemtester aus – was die Diagnose zu einem »Kinderspiel« macht. Lassen Sie sich bei Unregelmäßigkeiten ein Prüfprotokoll erstellen und entscheiden dann selber, ob Ihnen die nötige Arbeit selbst von den Hand geht, oder ob Ihr Vectra ein Fall für den Fachmann bleibt.
- Der Motor bekommt in jedem Betriebszustand eine genau dosierte Kraftstoffmenge zugeteilt. Dadurch verbessern sich die Abgase, die Leistung steigt und der Verbrauch bleibt akzeptabel.
- Das von älteren Selbstzündern bekannte »Leerlaufsägen« können Sie beim Vectra getrost vergessen: EDC regelt gleichermaßen den Leerlauf und die Abregeldrehzahl elektronisch.
- Die Einspritzpumpe (VP 44-PSG 16) wird im Vectra-C mit einer Rollenkette von der Kurbelwelle aus angetrieben. Das elektronische Steuergerät direkt auf der Pumpenoberseite. Das Steuergerät ist in Hybridtechnik ausgeführt, es ist demzufolge mit wenigen Handgriffen per Steckverbindungen platzsparend zu montieren. Generell steht das Steuergerät unter Aufsicht der EDC – aus seinen Signalen leitet es Impulse für das Hochdruckmagnetventil und die Förderbeginnverstellung ab.

Im Vectra Diesel gelangt der Kraftstoff in gleich langen Druckleitungen zu den Einspritzdüsen. Die Düsen werden durch Klemmschrauben im Zylinderkopf fixiert. Dichtscheiben schützen ihre Spitzen vor direktem Kontakt zum Zylinderkopf. Erneuern Sie die Dichtscheiben generell nach jeder Düsendemontage. Die Einspritzdüsen sind übrigens »mehrstrahlig« ausgelegt, ihre Spritzrichtung »zielt« nahezu zentral in die speziell profilierten Kolbenmulden innerhalb der Zylinder. Im ersten Schritt »spendieren« die Düsen den Muldenkoben zunächst eine relativ kleine »Vorspeise« Dieselöl. Sobald der Aperitif (Pilotmenge) dann »in hellen Flammen steht« kommt der Hauptgang stante pede. Vorteil: Die Haupteinspritzmenge entzündet sich relativ »weich« an der »großen« Flammfront – der Motor »nagelt« dezenter.

Läuft in den Tank zurück – überschüssiges Dieselöl

Bezogen auf die Volllastmenge kursiert im Dieseleinspritzsystem ständig mehr Kraftstoff als tatsächlich

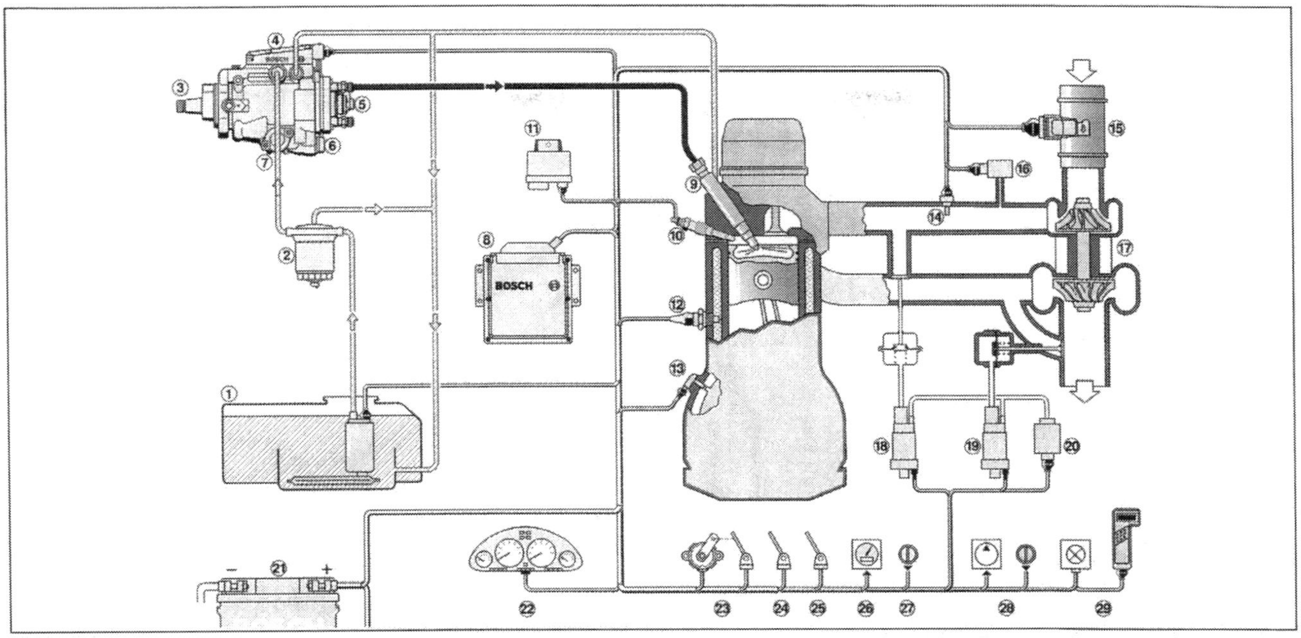

Normal begabte Do it yourselfer haben hier wenig Chancen: *Das elektronische Diesel-Management der Opel ECOTEC-Motoren arbeitet sensibler als die Steuerelektronik der Ottomotoren. Die Darstellung zeigt eine allgemeine Dieselelektronik wie sie heutzutage unter den meisten Motorhauben anzufinden ist. ❶ Tank, ❷ Kraftstofffilter, ❸ Einspritzpumpe, ❹ Pumpensteuergerät, ❺ Hochdruckmagnetventil, ❻ Spritzversteller-Magnetventil, ❼ Spritzversteller, ❽ Motorsteuergerät, ❾ Düsenhalter mit Geber für Nadelhub, ❿ Glühstiftkerze, ⓫ Glühzeitsteuergerät, ⓬ Kühlmittel-Temperatursensor, ⓭ Kurbelwellen-Drehzahlsensor, ⓮ Ansaugluft-Temperatursensor, ⓯ Luftmassensensor, ⓰ Ladedrucksensor, ⓱ Turbolader, ⓲ Abgasrückführrücksteller, ⓳ Ladedrucksteller, ⓴ Unterdruckpumpe, ㉑ Batterie, ㉒ Kombiinstrument, ㉓ Fahrpedalsensor, ㉔ Kupplungsschalter, ㉕ Bremskontakte, ㉖ Fahrgeschwindigkeitssensor, ㉗ Temporegler, ㉘ Klimakompressor, ㉙ Diagnoseanzeige mit Anschluss für Diagnosegerät.*

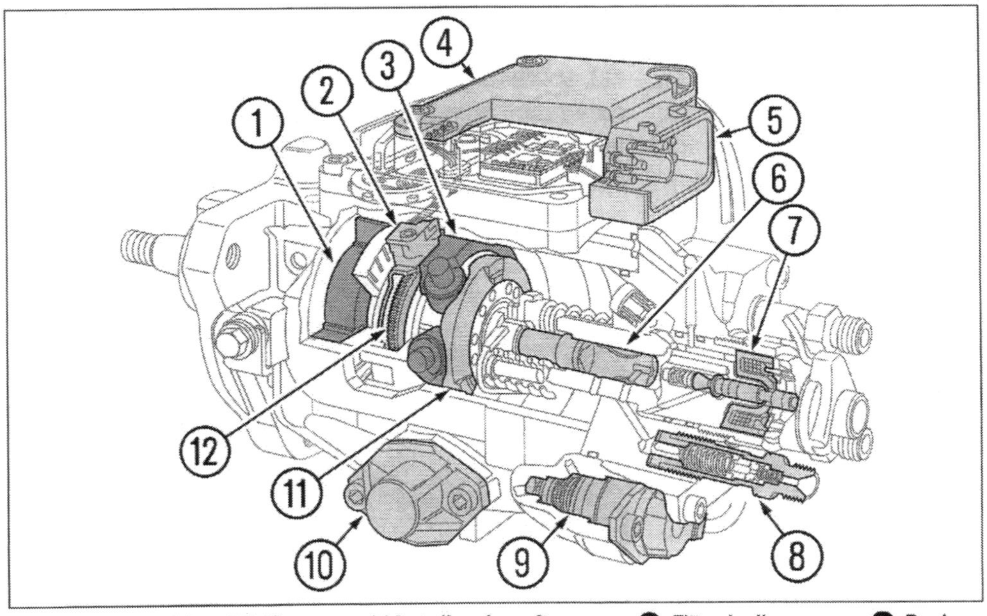

Portioniert das Dieselöl: Einstempel-Verteilereinspritzpumpe. *❶ Flügelzellenpumpe, ❷ Drehwinkelsensor, ❸ Rollenring, ❹ Pumpensteuergerät (PCU), ❺ Steckeranschluss, ❻ Axialkolben, ❼ Hochdruckmagnetventil, ❽ Druckventil, ❾ Mag-netventil zur Spritzbeginnverstellung (FTIS), ❿ Spritzver-steller, ⓫ Hubscheibe, ⓬ Impulsgeberrad.*

benötigt wird. Auch die Düsen spritzen nicht die gesamte Kraftstoffmenge in die Brennräume ein: Der überschüssige Kraftstoff dient unter anderem dazu, alle beweglichen Teile der Einspritzpumpe und Einspritzdüsen zu schmieren und zu kühlen.

Die EDC bewahrt Vectra-Selbstzünder übrigens vor »staubtrockenen« Tanks: Sobald sich der Dieselvorrat dem Ende neigt, stellt EDC die Einspritz-/Förderpumpe auf Nullförderung. Vorteil: Konventionell müssen Sie Ihren

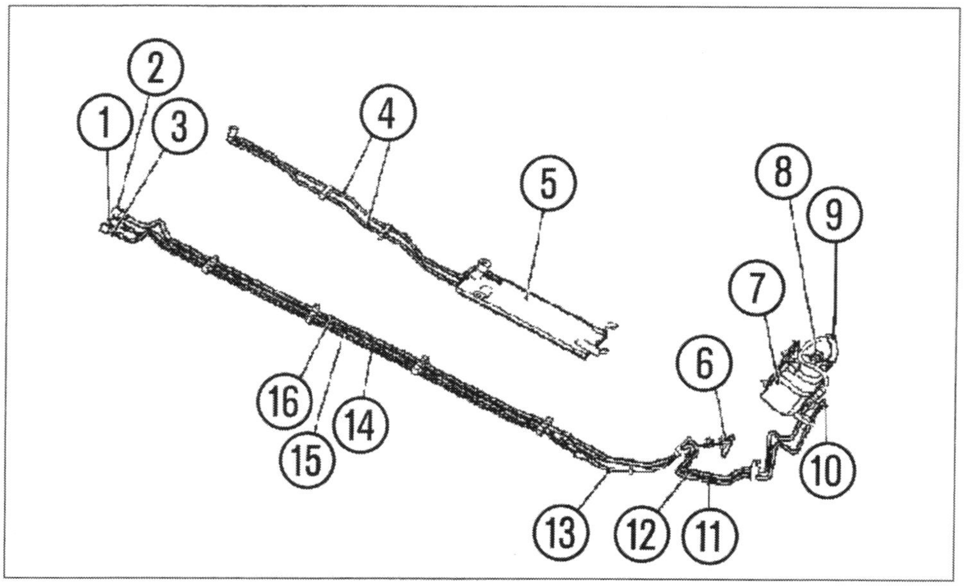

So gelangt das Dieselöl aus dem Tank in die Einspritzpumpe: ❶ *Zuheizerdosierpumpen-Anschluss,* ❷ *Kraftstoffleitungs-Anschluss (hinten),* ❸ *Kraftstoffkühlerventil-Anschluss,* ❹ *Kraftstoffrücklaufleitung zum Kraftstoffkühler,* ❺ *Kraftstoffkühler,* ❻ *Zuheizer-Anschluss,* ❼ *Kraftstofffilter mit Crash-Box,* ❽ *Einspritzpumpen-Anschluss,* ❾ *Kraftstoffleitung (vorne),* ❿ *Kraftstoffrücklaufleitungs-Anschluss (vorne),* ⓫ *Kraftstoffrücklaufleitung (Stirnwand),* ⓬ *Kraftstoffleitung (Stirnwand),* ⓭ *Kraftstoffleitung zum Zuheizer (vorne),* ⓮ *Kraftstoffleitung zum Zuheizer (Mitte),* ⓯ *mittlere Kraftstoffrücklaufleitung,* ⓰ *mittlere Kraftstoffleitung.*

Vectra lediglich nach dem Austausch der kompletten Einspritzpumpe »entlüften«, ansonsten schafft das »locker« der Anlasser. Um den Kraftstoff bei laufendem Motor im System kursieren zu lassen, besitzen Dieselmotoren jeweils eine Vor- und Rücklaufleitung. Auch die Einspritzdüsen sind darin integriert: Sie haben Rücklaufkanäle und stehen über eine Leckölleitung, die unter der Ventildeckelhaube liegt, miteinander in Kontakt. Leckölleitung und Rücklaufleitung »treffen« sich außerhalb des Zylinderkopfs. Durch die Rücklaufleitung fließt der Dieselkraftstoff zurück in den Tank.

Der Vectra hat übrigens einen »Kraftstoffkühler« unter seinem Bauch. Grund: Der Einspritzdruck der »VP 44-PSG 16« erhitzt das Dieselöl dermaßen, dass der Energiegehalt der Einspritzmenge im Volllastbetrieb mitunter zu gering wär', um zuverlässig alle »Nennpferdchen zu füttern«. Folge: Unter Volllast könnte der Diesel, speziell bei hohen Außentemperaturen, »lahmen«. Nicht so im Vectra »Dieselross«, ab 27 °C kühlt das »Lecköl« auf seinem Rückweg in den Tank unter dem Wagenboden ab.

Der Förderweg – so gelangt das Dieselöl zur Einspritzdüse

Zur Einstempel-Hochdruckverteilereinspritzpumpe gelangt das Dieselöl aus dem Tank über den Kraftstofffilter. In herkömmlichen Verteilereinspritzpumpen übernimmt eine Flügelzellenpumpe den Job der Kraftstoffpumpe. Sie sitzt in einer runden Bohrung direkt im Pumpengehäuse. Da die Pumpe als Saug- und Druckpumpe arbeitet, beschleunigt sie auch den Kraftstoff in den Pumpendruckbereich. Sobald der Motor läuft, kursiert das Dieselöl in einem abgeschlossenen Leitungssystem (Vor- und Rücklaufleitung).

Deutlich verbesserter Wirkungsgrad – die Vectra-Einspritzpumpen

Das auf der Pumpenoberseite befindliche Pumpensteuergerät in Modultechnik fungiert als Regiezentrale – es hat keine mechanische Verbindung zum Fahrpedal, sondern gibt seine »Gasbefehle« elektronisch an die Pumpe weiter (drive by wire). Die Verteilerpumpe wird durch ein Hochdruckmagnetventil gesteuert, das ein Axialkolben beaufschlagt. Das Ventil öffnet und

Drive by wire: *Das Pumpensteuergerät auf der Pumpenoberseite steht nur über Elektrokabel mit dem »Gaspedal« in Kontakt.*

schließt in einem variablen Taktverhältnis, exakt nach den Vorgaben der EDC und des Pumpenkennfelds.
Der Spritzbeginngeber erfasst den Förderbeginn und steuert die Einspritzverstellung last- und drehzahlabhängig. Aus dem Schließzeitpunkt des Magnetventils ergibt sich grundsätzlich der Förderbeginn. Das Förderende bestimmt der Öffnungszeitpunkt – die Fördermenge resultiert aus der Zeitspanne, in der das Hochdruckmagnetventil geschlossen ist. Die Ansteuerung des Hochdruckmagnetventils erfolgt höchst präzise, Vectra-C Pumpen arbeiten – im Vergleich zu älteren Lösungen – mit einem deutlich gesteigerten hydraulischen Wirkungsgrad.

Verteilen die Arbeit – Impulsgeberrad und Drehwinkelsensor

Damit jeder Zylinder in der richtigen Reihenfolge und zum richtigen Zeitpunkt »sein Portiönchen bekommt«, fungieren ein Impulsgeberrad und ein Drehwinkelsensor gewissermaßen als Verteiler. Das Impulsgeberrad ist direkt mit der Pumpenantriebs-welle, der Drehwinkelsensor fest mit dem Rollenring verbunden. Sobald das Magnetventil den Spritzversteller ansteuert, verdreht der Rollenring und damit der Drehwinkelsensor in Richtung »früh« oder »spät«. Das Impulsgeberrad trägt für jeden Zylinder eine »Zahnlücke«. Maßgebend für den Drehwinkelsensor – er »fahndet« nämlich fortlaufend nach »Zahnlücken«, informiert das Pumpensteuergerät mit seinen Erkenntnissen. Die Signale des Impulsgeberrads umschreiben gleichermaßen die Basis der momentanen Kurbelwellenposition, der aktuellen Einspritzpumpendrehzahl und der Spritzbeginnverstellung.

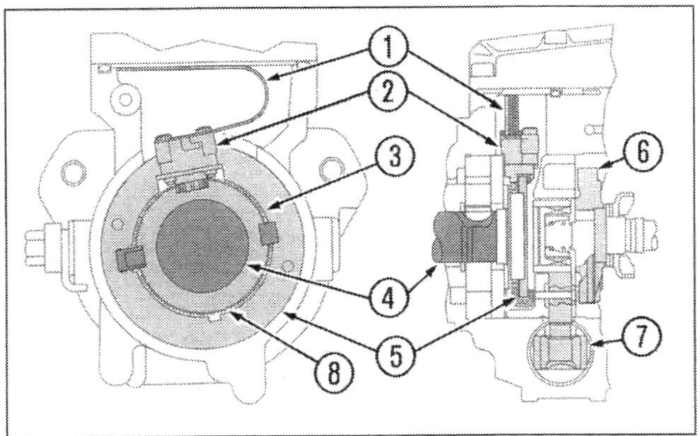

Impulsgeberrad und Drehwinkel-Sensor: *❶ Leiterfolie, ❷ Drehwinkelsensor, ❸ Impulsgeberrad, ❹ Antriebswelle, ❺ drehbarer Lagerring, ❻ Hubscheibe, ❼ Spritzversteller, ❽ Zahnlücke.*

Macht kalte Diesel munter – die Kaltstarteinrichtung

Die Kaltstarteinrichtung erfüllt beim Diesel den gleichen Zweck wie die Startautomatik an Ottomotoren: Beide Systeme helfen kalten Motoren auf die Sprünge. Damit sind freilich die Gemeinsamkeiten schon erschöpft. Zwar macht auch die Dieselkaltstarteinrichtung ihren Einsatz von den herrschenden Umgebungstemperaturen abhängig, doch sie verringert nicht etwa, wie bei einem Ottomotor, die Luftzufuhr in die Zylinder, sondern verstellt kurzerhand den Einspritzzeitpunkt in Richtung »früh«. Anders gesagt: Der Kraftstoffnebel hat jetzt mehr Zeit, sich an der komprimierten Luft und den Glühstiftkerzen zu entzünden – der Motor springt »williger und runder« an. Außerdem hebt die Kaltstarteinrichtung geringfügig die Leerlaufdrehzahl an und heizt – je nach Motortemperatur – die Brennräume für einen gewissen Zeitraum nach. Das verringert die Motorgeräusche, verbessert die Leerlaufqualität, und verringert die Kohlenstoffemissionen in der Warmlaufphase.

Zerstäuben Dieselöl in die Brennräume – Einspritzdüsen

Die Einspritzdüsen sind schließlich die letzte Station der Diesel-Einspritzanlage. Sie zerstäuben den Kraftstoff unter hohem Druck in die Brennräume bzw. in spezielle Muldenkolben. Um die Verbrennungsgeräusche zu minimieren und den explosionsartigen Druckanstieg im Zylinder geringfügig zu »zähmen«, sind die Einspritzdüsen des Vectra mit zwei Federn bestückt. Die Federrate der ersten Feder ist so ausgelegt, dass die Düsennadel bereits bei etwa 1050 bar leicht von ihrem Sitz abhebt. Dadurch gelangt eine geringe Kraftstoffmenge (Pilotmenge) in den Brennraum und entzündet sich.
Das »Vorfeuer« bewirkt einen sanften Anstieg des Verbrennungsdrucks, es dient der Haupteinspritzmenge

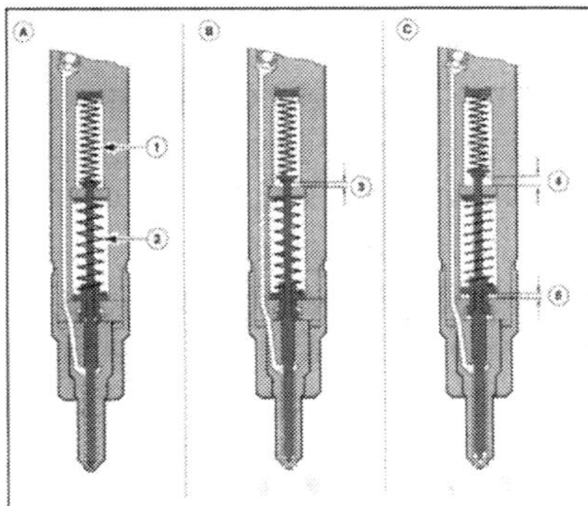

Doppeleinspritzvorgang: *(A) Einspritzdüse geschlossen, (B) Voreinspritzung, (C) Haupteinspritzung, ❶ Feder 1, ❷ Feder 2, ❸ Hub 1, ❹ Hub 1 + Hub 2, ❺ Hub 2.*

gewissermaßen nur als »Lunte«. Zur Haupteinspritzung, bei ca. 1800 bar, hebt die Düsennadel ganz von ihrem Sitz und entlässt das Dieselöl aus ihren Düsenöffnungen in die Kolbenmulde. Der von der »Vorverbrennung« intensivierte Luftwirbel reißt die frischen Kraftstoffpartikel mit und bildet ein nahezu homogenes und leicht zündfähiges Diesel-/Luftgemisch.
Die hohen, auf die Düsennadeln wirkenden Federkräfte verhindern, dass der Verbrennungsdruck in das Kraftstoffsystem zurückschlägt. Da nie die gesamte Kraftstoffmenge eingespritzt wird, fließt der überschüssige Kraftstoff – wie erwähnt – über eine Rücklaufleitung zurück in den Tank. Die Sollzeit zwischen Einspritzbeginn und Zündzeitpunkt beträgt ganze 0,002 Sekunden. Verständlich, dass bereits die geringste Fehlfunktion, etwa eine »fressende« Düsennadel, den physikalisch ausgewogenen Verbrennungsablauf aus dem Gleichgewicht bringt. Leistungsverluste, Schwarzrauch bzw. laute »Nagelgeräusche« (auch bei warmen Motoren) sind untrügliche und unüberhörbare Zeichen eines aus dem Gleichtritt geratenen Diesel Vectra.

Verteilen mit etwa 1800 bar mikroskopisch kleine Kraftstofftröpfchen in den Brennraum: ***Mehrlocheinspritzdüsen.***

Ein Fall für den Experten – Reparaturen und Korrekturen an der Diesel-Einspritzanlage

Einer einzelnen, defekten Einspritzdüse kommen versierte Do it yourselfer durchaus in Eigenregie auf die Schliche. Sie lassen dann den Motor im Leerlauf »brummen« und lösen bei allen Düsen der Reihe nach kurzzeitig die Überwurfmutter der Einspritzleitung. Bleibt bei einer Düse, trotzt gelöster Leitung, die Drehzahl konstant, ist die Düse oder ein Ventil des betreffenden Zylinders defekt. Schadhafte Einspritzdüsen erkennen Sie unter anderem noch an folgenden Symptomen:

- regelmäßig defekte Glühkerzen,
- Fehlzündungen,
- ständiger Schwarzrauch aus dem Auspuff,
- unmotiviert überhitzter Motor,
- harte Verbrennungsgeräusche (lautes Dieselnageln),
- Leistungsabfall,
- Mehrverbrauch.

Sollten Sie Ihrem Vectra die genannten Symptome attestieren, suchen Sie eine Fachwerkstatt auf und schildern dem Experten vor Ort das Problem. Ihre präzise Beschreibung erspart dem »Schrauber« aufwändige Diagnosen, stattdessen wird er sofort geeignete Gegenmaßnahmen einleiten.

Einspritzdüsen zerlegen?

Ohne speziellen Düsenprüfer lässt sich die Funktion einer Dieseleinspritzdüse nur oberflächlich beurteilen. Sie können allenfalls äußere Beschädigungen oder starke Verschmutzungen lokalisieren. Der eigentliche Verschleiß findet freilich im Düseninnern, an der Düsennadel, dem Düsengehäuse und den Druckfedern statt. Dort haben Sie als Do it yourselfer nur beschränkte Korrekturmöglichkeiten, es sei denn, Sie verfügen über einen Düsenprüfer, mit dem Sie die Düse »abdrücken«, das »Strahlbild« erkennen und den Abspritzdruck korrigieren können. In der Mehrzahl aller Fälle ist es besser, die Düsen komplett auszutauschen. Sollten Sie dennoch eine Düse zerlegen, lassen Sie ihre Innereien nicht über einen längeren Zeitraum »offen« auf der Werkbank liegen: Die mit hoher Präzision bearbeiteten Oberflächen der Düsennadel und des Düsengehäuses reagieren äußerst sensibel auf Staub oder Flugrost. Setzen Sie neue oder gebrauchte Einspritzdüsen generell nur mit neuen Dichtringen in den Zylinderkopf ein.

Sichtprüfung an der Diesel Einspritzanlage

Arbeitsschritte

① Einspritzleitungen auf Dichtheit prüfen.
② Rücklaufleitungsanschluss am Zylinderkopf auf Dichtheit prüfen.
③ Deckeldichtung des Pumpenverteilergehäuses auf Dichtheit prüfen.
④ Kraftstofffilter auf Verunreinigungen prüfen (regelmäßig zu den vorgeschriebenen Wartungsintervallen erneuern).

⑤ Verschlusskappe an der ersten Einspritzdüse auf Dichtheit prüfen.

⑥ Kraftstoffzu- und -rücklaufleitung auf Dichtheit prüfen.

⑦ Kabelstecker an der Pumpensteuereinheit auf festen Sitz und Kontaktfähigkeit prüfen

Luftfiltereinsatz erneuern

Die Aufgabe und Funktion des Luftfilters haben wir im vorherigen Kapitel bereits beschrieben – was dem Ottomotor recht, ist selbstverständlich auch dem Dieselmotor billig. Beim Vectra Diesel sitzt der Luftfilter, in Fahrtrichtung gesehen, rechts neben dem Motor.

Dieselfilter entwässern

Für moderne Einstempel-Verteilereinspritzpumpen ist Wasser ein echtes Problem. Einmal eingedrungenes Wasser führt im Pumpeninneren zu Korrosion und somit zu einer stark verringerten Lebenserwartung. Abhilfe schafft der Dieselfilter. Er trennt Wasser vom Dieselöl und sammelt es im unteren Bereich des Filtergehäuses. »Entsorgen« Sie es einmal im Jahr bei stehendem Motor an der Ablassschraube. Lassen Sie das Ballastwasser solange ablaufen, bis »sauberer« Dieselkraftstoff aus der Ablassschraube läuft.

Einfach zu wechseln und zu entwässern: *Dieselfilter (Pfeil) an der Spritzwand montiert.*

Arbeitsschritte

① Positionieren Sie unter das Filterghäuse einen passenden Behälter und ...

② ... lösen am Filterdeckel die mittlere Schraube ❶ um etwa zwei Umdrehungen.

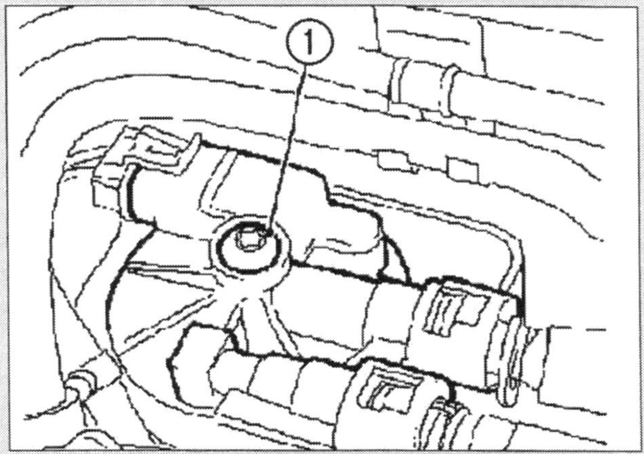

Um etwa zwei Umdrehungen lösen – mittlere Schraube ❶ am Filterdeckel.

③ Anschließend öffnen Sie die Ablassschraube ❶ um etwa eine Umdrehung. Die Wasser-/Diesel-/Dreckmelange fangen Sie auf jeden Fall so lange auf, bis wirklich klares Dieselöl austritt.

④ Schließen Sie die Ablassschraube und beenden die Montage in umgekehrter Reihenfolge.

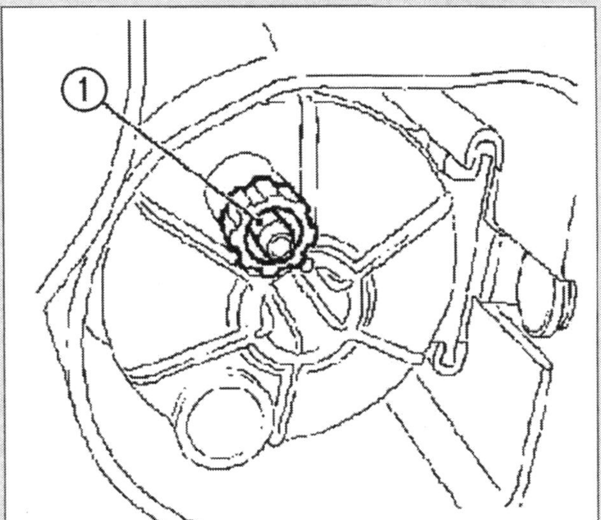

Mindestens einmal jährlich entwässern – Dieselfilter. In südlichen und osteuropäischen Ländern lassen Sie besser nach jedem fünften Tankstopp die angesammelte »Brühe« aus dem Filtergehäuse ab.

Diesel-Kraftstoffeinspritzung

Störungs-beistand

Störung	Ursache	Abhilfe
A Motor springt schlecht oder gar nicht an.	**1** Tank leer.	Auftanken.
	2 Tankbelüftung verstopft.	Tankverschluss langsam öffnen (auf Zischgeräusche achten). Verschluss und Belüftung reinigen.
	3 Temperaturschalter der Kaltstarteinrichtung defekt.	Temperaturschalter überprüfen, evtl. erneuern.
	4 Glühanlage defekt.	Spannung prüfen. Glühkerzen auf Funktion überprüfen. Schadhafte Teile erneuern.
	5 Luft im Krafftstoffsystem.	System über Anlasser so lange entlüften, bis Kraftstoff an Düse 1 gefördert wird.
	6 Kraftstoffversorgung ausgefallen. Prüfung: Einspritzleitungen an den Düsen öffnen und überprüfen, ob geringe Kraftstoffmengen austreten.	Überprüfen, ob Kraftstoffleitungen geknickt, verstopft oder undicht sind. Kraftstofffilter reinigen, bzw. erneuern. Im Winter evtl. versulzten Kraftstofffilter erneuern und Winterdiesel nachtanken.
	7 Einspritzleitungen nach Demontage verkehrt verlegt.	Anschlüsse überprüfen: links oben am Pumpenverteilergehäuse Zyl. 1; links unten Zyl. 3; rechts unten Zyl. 4; rechts oben Zyl. 2.
	8 Einspritzdüse(n) defekt.	Prüfen und in Stand setzen, bzw. erneuern lassen.
	9 Förderbeginn der E.-pumpe verstellt.	E.-pumpe einstellen lassen; Förderbeginn prüfen lassen.
	10 Einspritzpumpe defekt.	Austauschpumpe montieren lassen.
	11 Kompressionsdruck zu gering.	Kompressionsdruck prüfen lassen.
B Warmer Motor hat schlechten, »sägenden« Leerlauf.	**1** Leerlaufdrehzahl falsch eingestellt.	Prüfen und einstellen lassen.
	2 Kraftstoffschlauch zwischen Filter und Einspritzpumpe lose.	Anschlüsse festziehen, evtl. Dichtungen erneuern.
	3 Unterdruckschläuche an EGR-Einrichtung defekt.	Überprüfen, ggf. austauschen.
	4 Hintere E.-pumpenbefestigung lose oder gebrochen.	Befestigen oder erneuern.
	5 Siehe A2, 7 – 9.	
C Falsche Leerlaufdrehzahl bei Betriebstemperatur.	**1** Siehe A7, 10.	
	2 Siehe B1.	
D Starker Schwarz-, Weiß- oder Blaurauch aus dem Auspuff.	**1** Motor nicht auf Betriebstemperatur.	Warm fahren.
	2 Extrem untertourige Fahrweise.	Gänge höher ausdrehen; zeitiger herunter schalten.
	3 Luftfilter verdreckt.	Element ausblasen bzw. erneuern.
	4 Kraftstofffilter verschmutzt.	Auswechseln.
	5 Höchstdrehzal falsch eingestellt.	Korrigieren lassen.
	6 Filter im EGR-Regelventil verstopft.	Reinigen bzw. auswechseln lassen.
	7 Einspritzdüsen tropfen.	Prüfen bzw. erneuern lassen.

Diesel-Kraftstoffeinspritzung (Fortsetzung)

Störungsbeistand

Störung	Ursache	Abhilfe
D Starker Schwarz-, Weiß- oder Blaurauch aus dem Auspuff.	**8** Düsennadel hängt oder gebrochen.	Prüfen bzw. erneuern lassen.
	9 Einspritzdruck zu gering.	Prüfen bzw. regulieren lassen.
	10 Falsche Düsen eingebaut.	Wechseln lassen.
	11 Siehe A10.	
E Schlechte Leistung, zu geringe Höchstgeschwindigkeit.	**1** Fahrpedalpotentiometer (drive by wire) gibt falsche Impulse.	System einstellen.
	2 Höchstdrehzahl wird nicht erreicht.	Drehzahlregler prüfen bzw. einstellen lassen.
	3 Einspritzleitungen an den Anschlüssen verkröpft.	Leitungen demontieren und prüfen. Leitungen nacharbeiten bzw. erneuern.
	4 Falsche Einspritzleitungen montiert.	Leitungen prüfen lassen (müssen mit Einspritzpumpe korrespondieren).
	5 Einspritzdüsen falsch eingestellt.	Abspritzdruck einstellen lassen.
	6 Siehe A7, 8, 10.	
	7 Siehe D3, 4, 6 – 10.	
F Kraftstoffverbrauch zu hoch.	**1** Motor noch nicht eingelaufen.	Einfahrhinweise beachten und danach erneut messen.
	2 Kraftstoffanlage undicht.	Ab Tank Sichtprüfung aller Versorgungsleitungen; unter der Motorhaube sämtliche Schläuche, Schlauchanschlüsse, Kraftstofffilter und Einspritzpumpe auf Dichtheit prüfen bzw. abdichten.
	3 Rücklaufleitung (Lecköllleitung) verstopft.	Leitung vom Tank aus in Richtung Einspritzdüsen Schritt für Schritt mit Druckluft ausblasen.
	4 Leerlauf- bzw. Höchstdrehzahl zu hoch.	Prüfen bzw. einstellen lassen.
	5 Siehe D4, 6 – 10.	
G Motor hat während der Fahrt Aussetzer (»Fehlzündungen«).	**1** Einspritzdüsen gelockert bzw. defekt.	Prüfen (lassen), ob Einspritzdüsen »gasdicht« im Zylinderkopf verschraubt sind.
	2 Zylinderkopfdichtung durchgebrannt (prüfen, ob Motoröl im Kühlwasser oder bei laufendem Motor Gasblasen in der Kühlflüssigkeit aufsteigen).	Prüfen und erneuern lassen.
	3 Ventilspiel zu gering; Ventil durchgebrannt.	Kompressionsdruckmessung bzw. Druckverlusttest durchführen lassen. Ventilspiel prüfen, evtl. Ventil erneuern und andere einschleifen lassen.
H Motor kann nicht abgestellt werden.	PCU-Einheit defekt, Kontakte korridiert.	Einheit bzw. Kontakte prüfen (lassen).

DIE ZÜNDANLAGE

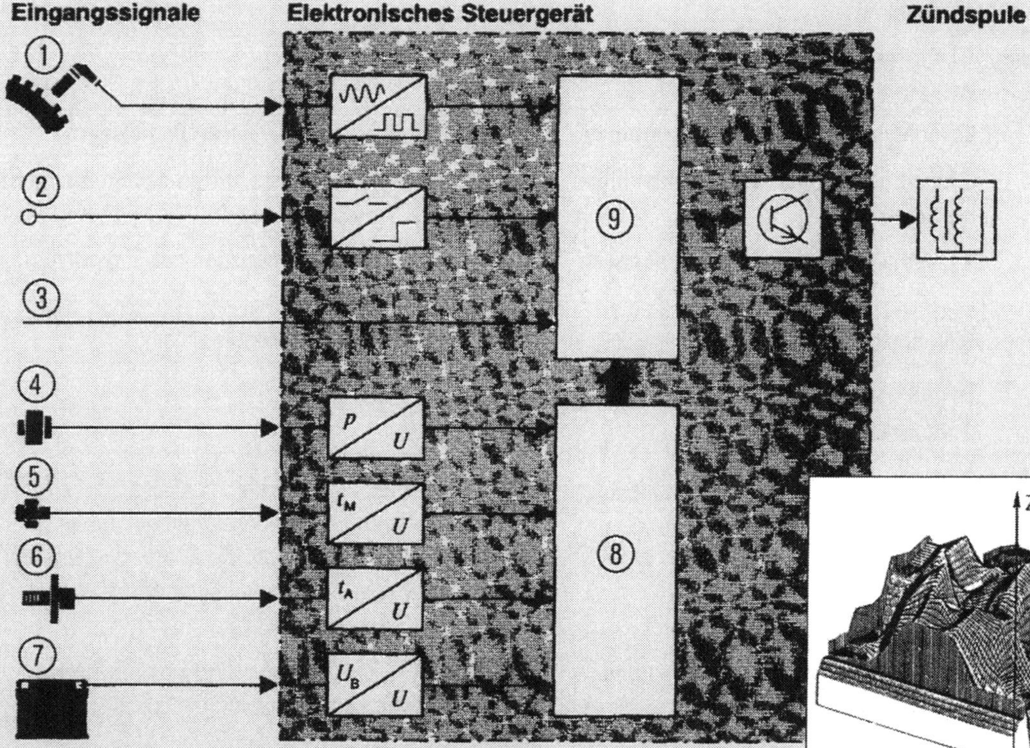

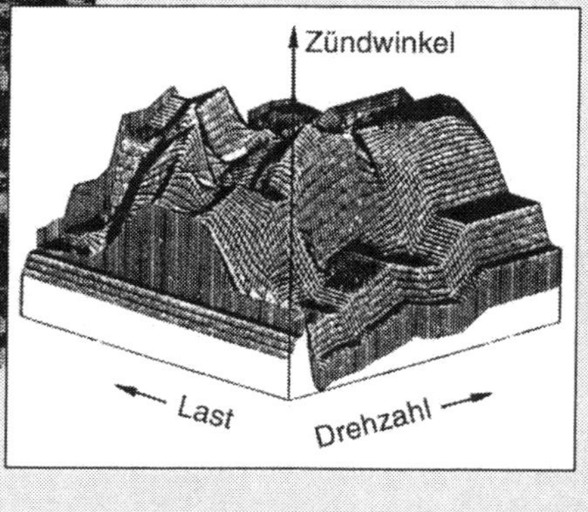

Modernste Technik: *Grundaufbau der elektronischen Zündanlage. Bevor der Zündfunke in modernen Motoren überspringt, hat das elektronische Motormanagement den »Blitz detailgerecht getunt«. Der Mikrocomputer ❾ des Steuergeräts – in der oberen Darstellung – nutzt dazu unterschiedlichste Eingangssignale, so zum Beispiel die Motordrehzahl ❶, diverse Schaltersignale ❷, den Saugrohrdruck ❹, die Motortemperatur ❺, die Ansauglufttemperatur ❻ oder die Batteriespannung ❼. Damit der »Funkenrechner« die Datenflut nicht als »Datensalat« ignoriert, liefert ein Datenbus ❸ den Großteil der analogen Sensorsignale einem Analog-/Digitalwandler ❽ zur »Übersetzung« ab. Den »Dolmetscher« verlassen dann ausschließlich digitale Daten, die aus der Zündendstufe die Reise zur Zündspule antreten. Jeder Zündfunke wird hinsichtlich Kraftstoffverbrauch, Drehmoment, Abgas, Abstand zur Motorklopfgrenze, Motortemperatur, Fahrbarkeit, usw. im Vorfeld entsprechend modifiziert: Je nach Motorenbauer-Philosophie bekommt der eine oder andere »Gesichtspunkt« eine unterschiedliche Gewichtung. Das Prozedere läuft im Zündwinkelkennfeld (kleine Darstellung), einem dreidimensionalen »Berg- und Talgebilde« mit bis zu 4000 einzeln abrufbaren Zündwinkeln ab. Die Oberaufsicht über diese »Kraterlandschaft« hat das Motorsteuergerät.*

Wartung

Reparatur

Weiland bremsten herkömmliche Spulenzündanlagen – bestehend aus Zündspule, Zündverteiler, Kondensator, Verteilerfinger, Unterbrecherkontakt, Hochspannungszündkabeln und Kerzensteckern – mehr oder minder stark das Leistungs- und Abgasverhalten von Ottomotoren ein. Heutzutage »zündeln« elektronische Komponenten: Chips und Bits gehen unter der Motorhaube dazu ganz mannigfaltige Verbindungen mit den Zündkerzen ein. Sie tun das mit großer Flexibilität und bei jeder Kurbelwellenumdrehung mit einer neuen, individuellen Grundeinstellung. Der Variantenreichtum jedes einzelnen Zündfunkens ist bei den ECOTEC-Motoren nahezu unerschöpflich: Ein Hochleistungsrechner steht für jeden einzelnen Zylinder vor der Qual der Wahl, aus rund 4000 abgelegten Zündwinkelkennfeldern das jeweils richtige zu öffnen – die »Einsatzbefehle« erfolgen im Millisekundenbereich.

Im Vergleich zur Spulenzündung ein beeindruckender Fortschritt, ein Fortschritt freilich, der längst bei allen Herstellern den Stand der Technik darstellt. Die in diesem Band beschriebenen ECOTEC-Vierzylinder »explodieren« übrigens im Zündrhythmus 1 – 3 – 4 – 2, der 3,2-Liter V6 verteilt »zündelt« in der eher seltenen Reihenfolge 1 – 2 – 3 – 4 – 5 – 6.

Ohne Spezialequipment fast aussichtslos – Do it yourself an modernen Zündanlagen

Für Do it yourselfer und ambitionierte Schrauber hat das tief greifende Folgen: Fest ins Motormanagement integrierte Zündanlagen bieten Heimwerkern ohne Spezialequipment kaum noch »Angriffspunkte«. Auch dem Innenleben der Vectra-C »Blackboxes« kommen Sie ausschließlich mit Expertenwissen und hochsensiblem Testequipment auf die Spur. Hobbyschrauber, die das ignorieren, bezahlen ihre »Ignoranz« irgendwann mit viel Lehrgeld – und sei es nur nach jedem Tankstopp oder anlässlich der ASU.

Immer auf der Lauer – die Zündspannungsüberwachung (MIL)

Bei einem intakten Motormanagement bleibt im Vectra-C jeder Zündfunke chancenlos, den die Motorsteuerung nicht vorher auf den »Kurbelwinkel genau« abgestimmt hat. Dazu wertet der Bordrechner während jeder Kurbelwellenumdrehung Signale des Kurbelwellen- und Nockenwellensensors aus. Der Nockenwellensensor analysiert die Taktfolge eines jeden Zylinders und der Kurbelwellensensor checkt permanent die Drehgeschwindigkeit der Kurbelwelle. Richtig gelesen: Die Drehgeschwindigkeit und nicht nur die »profane« Drehzahl.

Warum der Aufwand? Etwaige Fehlzündungen quittiert die Kurbelwelle mit einem kurzen Drehzahlabfall – bis zum folgenden Arbeitstakt. Für den Kurbelwellensensor allemal ausreichend, um dem Steuergerät die Unpässlichkeit zu signalisieren. Jenes Steuergerät vergleicht die »Kurbelwellenblitzinfo« mit vorhandenen Solldaten: Bei mehr als neun Prozent Abweichungen tritt dann die MIL (**M**isfire **I**gnition **L**amp – Fehlzündungs-Kontrollleuchte) im Armaturenbrett auf den Plan. Meistens passiert das sogar, bevor Sie irgendeine Fehlfunktion bemerkt haben.

Soweit die Optik, doch das eigentliche MIL-Management findet hinter den Kulissen statt. Dort nämlich setzt es die Kraftstoffversorgung des »zickigen« Zylinders kurzerhand auf Nulldiät. Sehr zum Wohle der Umwelt und des Katalysators: Schädliche unverbrannte Kohlenwasserstoffe (HC), die bei Fehlzündungen entstehen, werden damit kurzerhand eliminiert. Der Katalysator überfettet nicht und zu heiß wird's ihm außerdem nicht. Das System arbeitet praxisbezogen, es ignoriert folgende Betriebszustände:

- die ersten fünf Sekunden nach dem Start,
- Drehzahlen über 6000 min^{-1},
- Kraftstoffvorrat weniger als 20 Prozent,
- extrem schlechte Straßenbeläge,
- Batteriespannung unter 9 Volt.

Gleichbehandlung – eigenes Zündmodul für jeden Zylinder

Im Vectra-C lassen an jeder Zündkerze einzelne Zündmodule den Funken überspringen. Konstruktionsbedingt sind die Module in einem »Block« oberhalb der Zündkerzen zusammengegossen. Sie stecken unter der Kunststoffverblendung auf den Zündkerzen. Diese Konfiguration macht herkömmliche Zündkabel und Kerzenstecker völlig überflüssig: Die Zündspannung gelangt jeweils auf kürzestem »Dienstweg« an die Zündkerzenelektroden. Damit Kondens- und Schwitzwasser sowie etwaige Kriechströme den Vectra nicht aus dem »Takt« bringen, ist das Innenleben der Module luft- und wasserdicht vergossen. Die anvulkanisierten »Stecker« stehen dem kaum nach, sie dichten ihre Kerzenöffnungen mit einer soliden Kunststofflippe gegen die »Umwelt« ab.

Damit's kräftig funkt: Separate Zündmodule liefern jedem einzelnen Zylinder die erforderliche Überschlagsspannung. Sie sind miteinander »vergossen« und sitzen unter einer Kunststoffabdeckung oberhalb der Zündkerzen.

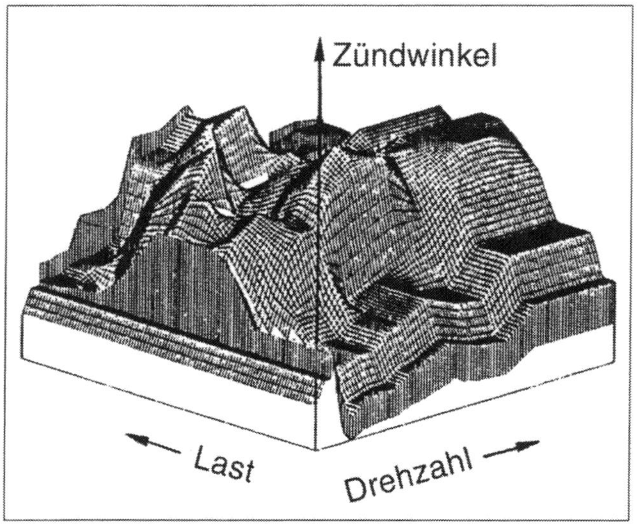

***Dreidimensional: Zündwinkelkennfeld.** Jeder einzelne Zündfunke wird im Vorfeld nach den Gesichtspunkten Kraftstoffverbrauch, Drehmoment, Abgas, Abstand zur Motorklopfgrenze, Motortemperatur, Fahrbarkeit, usw. vorbereitet. Je nach Motorenbauer-Philosophie bekommt der eine oder andere »Gesichtspunkt« eine unterschiedliche Gewichtung. Das Prozedere läuft im Zündwinkelkennfeld, einem dreidimensionalen »Berg- und Talgebilde« mit bis zu 4000 einzeln abrufbaren Zündwinkeln ab. Die Oberaufsicht über diese »Kraterlandschaft« führt das Motorsteuergerät.*

Liefert die Grunddaten für jeden Zündfunken – Kurbelwellen-/Nockenwellensensor

Die Kurbelwellen-/Nockenwellensensoren liefern im Vectra lediglich die Berechnungsgrundlage für die Zündfunken. Beide Sensoren steuern, nachdem das Motorsteuergerät vorab ihre »Beobachtungen« digital aufbereitet hat, die Zündmodule oberhalb der Zündkerzen an und geben somit jedem Zündfunken exakt zeitlich abgestimmt »Feuer frei«.

Damit es »richtig funkt« – Motorsteuergerät mit diversen Kennfeldern

Das Motorsteuergerät koordiniert jeden Zündfunken. In seinem Speicher sind unter anderem theoretische Grunddaten (rund 4000 Zündwinkelkennfelder) unterschiedlicher Zündzeitpunkte abgelegt. Um die graue Theorie bestmöglich an die Praxis zu adaptieren, ist das Steuergerät auf aktuelle Informationen der Motorperipherie angewiesen. Es wertet zum Beispiel die Signale des Klopfsensors aus. Sein Job besteht nun darin, das »aktuelle Wissen« anlässlich jeder Kurbelwellenumdrehung mit dem »Festplattenwissen« zu vergleichen und daraus die erforderlichen »Manipulationen« abzuleiten: Die Blackbox kommuniziert vor jedem einzelnen Gaswechsel dazu mit der Einspritzanlage, der Lambdasonde vor dem Katalysator, mit dem Drehzahlsensor sowie mit diversen Temperatursensoren und dem Luftmengenmesser.

Belastungsabhängig – der optimale Zündzeitpunkt

Der Zündfunke kommt immer dann zeitgerecht, wenn er das Frischgas exakt im Moment der höchsten Verdichtung entflammt. Beim Viertaktmotor ist das präzise der Augenblick, in dem der Kolben von der Aufwärtsbewegung des Kompressionshubs in die Abwärtsbewegung des Arbeitstakts übergeht. Soweit die Theorie: In der Praxis verbrennt das Frischgas, je nach Belastungszustand (Leerlauf, Teillast, Volllast) und Ansaugluftqualität, in den Brennräumen unterschiedlich schnell. Um die Kraftstoffenergie dennoch bestmöglich zu nutzen, variiert die Vectra-Blackbox den Zündzeitpunkt darum blitzartig entsprechend dem Belastungszustand für jeden Zylinder.

Zeitlich versetzt – Zündung und Verbrennung

Allerdings harmoniert der Zündzeitpunkt nicht exakt mit dem oberen Totpunkt (OT). Denn bis das Frischgas in Flammen steht, vergeht rund eine dreitausendstel Sekunde. Demzufolge bekommt der Zündfunken noch während der Kolbenaufwärtsbewegung »grünes

Licht«. Da die Brennphase des Kraftstoff-/Luftgemischs nahezu gleich ist, wandert der Zündzeitpunkt mit steigender Motordrehzahl weiter vor OT. Der höchste Verbrennungsdruck setzt dann erst kurz nach OT ein. Soweit der Grundaufbau der Hauptakteure einer modernen, elektronisch gesteuerten Zündanlage. Ohne viele kleine »Helferlein« geht allerdings nicht viel zusammen – zumindest nicht im Detail. Das bemerken Sie zum Beispiel immer dann, wenn infolge irgendeiner Unpässlichkeit das System auf »Notprogramm« (fail safe) schaltet. Ihr Vectra streckt dann zwar nicht gleich »alle Viere« von sich, aber als Do it yourselfer bemerken Sie sofort, dass irgendein »Störenfried« das geordnete Miteinander unter der Motorhaube konterkariert.

Unsichtbare Helfer (allgemein)

Technik-lexikon

Druckgeber: Der Druckgerber liefert dem Steuergerät Informationen über den Unterdruck im Saugrohr. Der Sensor ist ein druckempfindlicher Kristallchip. Seinen elektrischen Widerstand variiert er anhand des jeweiligen Unterdrucks. Diese Differenzen, sowie die Informationen über die jeweilige Drehzahl, reichen dann dem Steuergerät, um daraus den aktuellen Betriebszustand abzuleiten.

Klopfsensor: Arbeiten auf Basis von Piezokeramik, einem Werkstoff also, der in Gasfeuerzeugen schon seit Jahren den Feuerstein ersetzt. Piezokeramik wandelt mechanische Energie, wie Zug oder Druck, in elektrische Spannung um. Kleinste Disharmonien, etwa bei »klopfender Verbrennung«, reichen, um den Sensor zu aktivieren. Klopfende Verbrennung heißt für die Motorinnereien, allen voran Kolben, Ventile und Zylinderkopfdichtung, »Stress, Stress, Stress«: Denn Die Flammfronten »beschleunigen« anstatt mit 30 m/s jetzt mit bis zu 2000 m/s, was unter anderem zu »mörderischen« Verbrennungstemperaturen und wesentlich höheren Verbrennungsdrücken führt.

Ohne Sensor wären die Materialien binnen kurzer Zeit überfordert und ein veritabler Motorschaden unausweichlich. Klopfsensoren greifen demzufolge sofort in das Geschehen ein und melden die Disharmonien weiter an den Bordrechner. Der Zündzeitpunkt des betreffenden Zylinders wird daraufhin sofort korrigiert (etwa -5°). Die übrigen Zylinder arbeiten so lange unbeeinflusst weiter, bis der Sensor auch in ihrem Umfeld Unregelmäßigkeiten feststellt und meldet. Der Zündzeitpunkt wandert, ausgehend vom Soll-Zündzeitpunkt und pro Arbeitstakt, so lange in Richtung Spätzündung, bis die Verbrennung wieder normal verläuft. Der maximale Verstellbereich beträgt erfahrungsgemäß -15°.

Nach kurzer Verweilzeit und bei ordnungsgemäßer »Datenlage« verstellt der Bordrechner den Zündzeitpunkt des/der betreffenden Zylinder(s) schrittweise wieder auf »früh«.

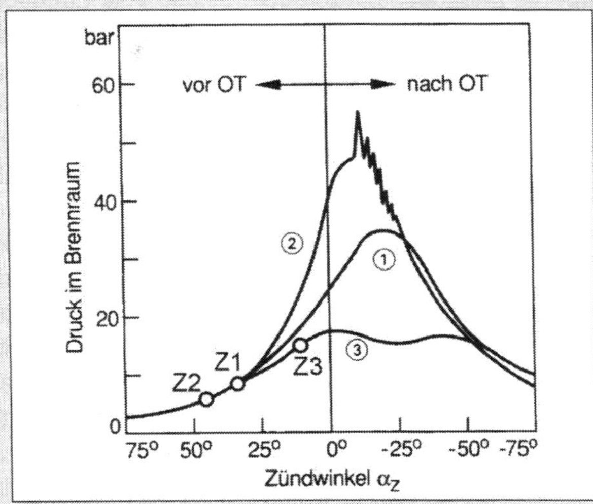

***Drucksache:** Bei falsch eingestelltem Zündzeitpunkt, oder schlechten Kraftstoffqualitäten variiert der Verbrennungsdruck in den Zylindern. ❶ korrekt eingestellter Zündzeitpunkt, ❷ Frühzündung (klopfende Verbrennung), ❸ Spätzündung.*

Drehzahlgeber: Der Drehzahleber arbeitet im allgemeinen als Induktionsgeber, der über das Steuergerät die Zündspulen mit Spannung beliefert. Im Geber sind Magnet und Spule integriert. Die Steuerung übernehmen spezielle Impulsstege an der Motorschwungscheibe: Immer, wenn ein Steg den Geber passiert, ändert sich das Magnetfeld im Dauermagneten – die Spule erzeugt dann Spannung. Um die Stellung der Kurbelwelle als plausibles OT-Signal erfassen zu können, sind als »Orientierungshilfen« für den ersten und letzten Zylinder an der Schwungscheibe zwei Impulsstege ausgespart – jeweils vor OT. Das Steuergerät interpretiert »die Lücken« als Informationsquelle zur Motordrehzahl.

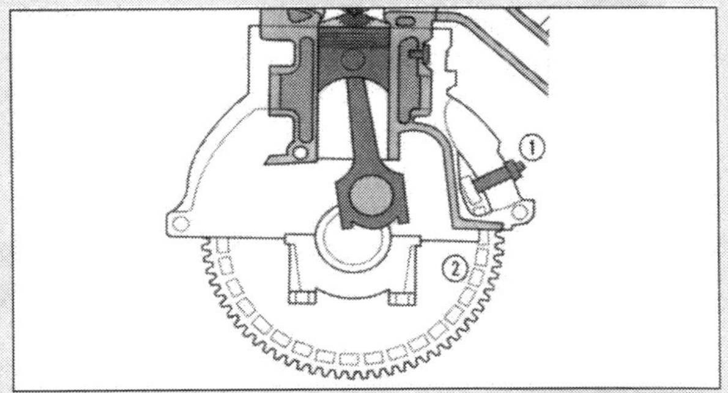

***Arbeitet auf den Winkelgrad genau:** Kurbelwellenpositionssensor in Höhe der Schwingscheibe. ❶ Sensor, ❷ Sektionsfelder.*

Funkenfabrik – die Zündspule

Damit Zündkerzen funken, entlädt sich an ihren Elektroden eine Hochspannung: Je nach Zündanlage beträgt die Entladespannung über 30.000 Volt. Zündspulen bestehen aus zwei Wicklungen: Einer Primärwicklung mit wenigen Windungen (ca. 100) aus dickem Kupferdraht (ca. 0,6 mm^2) und einer Sekundärwicklung mit einigen tausend Windungen dünnen Kupferdrahts (ca. 0,1 mm^2). Beide Wicklungen umschließen einen lamellierten Eisenkern. Vom Steuergerät über das integrierte Zündleistungsmodul getaktet, bekommt die Primärwicklung Strom von der Batterie (Niederspannung). Dadurch entsteht ein Magnetfeld, das die Sekundärwicklung transferiert. Unterbricht das Steuergerät diesen Stromkreis, bricht für Bruchteile von Sekunden das Magnetfeld schlagartig zusammen. In der Sekundärwicklung entsteht jetzt eine Spannung bis zu 400 Volt, die wiederum einen Hochspannungsstromstoß (Induktion) von mehr als 30.000 Volt produziert. Vectra-Motoren haben eine elektronische Zündanlage mit jeweils einer Zündspule (Modul) pro Zylinder.

Hochtemperaturbeständig – die Zündkerzen

Zündkerzen haben die Aufgabe, das Kraftstoff-/Luftgemisch im Brennraum zu entzünden. Dabei entstehen Temperaturen von rund 2.500 °C und Drücke bis zur 60 bar. Damit der Funke zwischen den Zündkerzenelektroden zuverlässig überspringt, umgibt den Kerzenanschlussbolzen ein keramischer Isolator. Mittelelektrode und Anschlussbolzen stecken außerdem in einer elektrisch leitenden Glasschmelze – der Schmelze obliegt gleichermaßen die Verankerung und Abdichtung gegenüber dem Brennraum. Sobald am Ende der Mittelektrode die erforderliche Zündspannung ansteht, entlädt sie ihr Potenzial als Funken von der Mittel- zur Masseelektrode. Der kurze »Blitz« reicht aus, um die Frischgase zu zünden.

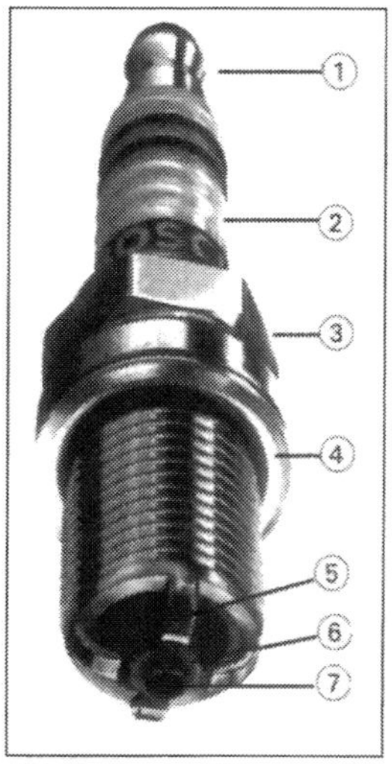

Optimal auf die Motoren abgestimmt: Gleitfunkenzündkerzen mit vier Masseelektroden. *Die Kerzen garantieren mit ihrer hochwärmeleitfähigen Kupferkernmittelelektrode und Luftgleitfunkentechnik ein sicheres Zündverhalten sowie lange Lebensdauer. ❶ Zündkabelanschlussmutter, ❷ Keramikisolator, ❸ Zündkerzenkörper, ❹ Dichtring, ❺ Masseelektrode, ❻ Isolatorfuß, ❼ Mittelelektrode.*

Variabel – der Wärmewert

Um zuverlässig zu funktionieren, müssen Zündkerzen möglichst schnell ihre Selbstreinigungstemperatur von etwa 400 °C erreichen. Falls nicht, »backen« sich am Isolatorfuß früher oder später Verbrennungsrückstände fest, die den Zündfunken »fesseln« würden. Bei Volllast allerdings darf die Temperatur nicht ins Uferlose steigen – die gesunde Arbeitstemperatur einer Zündkerze liegt bei rund 800 °C. Nicht alle Motoren bieten den Zündkerzen identische Arbeitsbedingungen: Somit entscheidet erst der Wärmewert (auf der Zündkerze eingeprägt), ob Funkenspender und Motor auch tatsächlich harmonieren. Verwenden Sie zum Beispiel eine Zündkerze mit zu geringem Wärmewert, wird sich der Isolatorfuß stark erhitzen. Das hätte unkontrollierte Glühzündungen zur Folge, die – früher oder später – zu Motorschäden führen. Wählen Sie dagegen Zündkerzen mit zu hohem Wärmewert, bleibt die Selbstreinigungstempera-tur auf der Strecke – der Isolatorfuß verschmutzt und »lähmt« alsbald den Zündfunken.

Vergrößert sich automatisch – der Elektrodenabstand

Neben dem richtigen Wärmewert (siehe Tabelle »Diese Kerzen ›funken‹ im Vectra«) müssen Zündkerzen auch den richtigen Elektrodenabstand aufweisen. Neue Vectra-Kerzen haben etwa 1 Millimeter (Z22 SE 1,15 mm, Z32 SE 1,35 mm), mit zunehmender Laufzeit vergrößert sich der Abstand jedoch. Denn bei jedem Funken (Überschlagsspannung) lösen sich kleine Metallpartikel von den Elektroden. Größere Elektrodenabstände erfordern eine höhere Zündspannung. Folge: Es kann zu Zündaussetzern kommen, eventuell springt der Motor dann nicht mehr zuverlässig an.

Achten Sie beim Kerzentausch unbedingt darauf, dass Ihren Vectra nur Zündkerzen mit dem vorgeschriebenen Wärmewert, dem korrekten Elektrodenabstand und dem richtigen Kerzengewinde »befeuern«.

Diese Zündkerzen »funken« im Vectra

Motor	Zündkerzen-Spezifikation
Z18 XE	Bosch FLR 8 LDCU
Z22 SE	AC Delco 41-954 ED
Z32 SE	Bosch FGR 8 KQEO
Y20 DTH Y22 DTR	Bosch Schnellglühkerzen

Was das »Kerzengesicht« sagt

Technik-lexikon

Zündkerzen sind gewissermaßen die Kronzeugen der Verbrennung. Die Optik der Kerzenelektroden (»Kerzengesicht«) verrät einem Fachmann, ob der Motor optimal arbeitet. Achten Sie bei ausgebauten Zündkerzen darum auf folgende Punkte:

Isolatorfuß hellgrau, graugelb bis rehbraun gefärbt: Gut eingestelltes Kraftstoff-/Luftgemisch – der Motor läuft wirtschaftlich.

Isolatorfuß weißlich gefärbt: Zu mageres Kraftstoff-/Luftgemisch – CO-Gehalt prüfen; eventuell falscher Zündzeitpunkt; Steuergerät defekt.

Isolatorfuß, Elektroden, Zündkerzengehäuse mit samtartigem, stumpfschwarzen Ruß bedeckt: Zündkerze erreicht nicht ihre Selbstreinigungstemperatur (häufiger Kurzstreckenverkehr), falscher Wärmewert, Kraftstoff-/Luftgemisch zu fett, CO-Gehalt zu hoch.

Isolatorfuß, Elektroden, Zündkerzengehäuse mit ölglänzendem Ruß oder Ölkohle bedeckt: Kolbenringe, Ventilführungen oder Abdichtungen der Ventilschäfte schadhaft. Möglicherweise haben Sie auch Motoröl oder Kraftstoff mit Zusätzen verwendet. Tauschen Sie die Zündkerzen aus, wechseln Sie Öl und Kraftstoffmarke und prüfen dann erneut den Zustand der Kerzen.

Arbeiten an der Zündanlage

Gefahrenhinweis

Völlig zu Recht stuft der Gesetzgeber elektronische Zündanlagen als gefährliche Bauteile ein. Beachten Sie darum vor und während aller Arbeiten an der Zündung besondere Sicherheitsvorkehrungen. Herzschrittmacher können im Kontakt mit elektronischen Zündanlagen zum Beispiel aus dem »Takt« geraten. Um sicher zu gehen, dass Sie sich keiner Gefahr aussetzen, überlassen Sie »ernsthaftere« Eingriffe darum besser Ihrer Opel-Werkstatt. Doch auch zu turnusmäßigen Wartungsarbeiten lassen Sie besondere Vorsicht walten.

- Berühren Sie bei eingeschalteter Zündung auf keinen Fall spannungsführende Teile des Primär- und Sekundärstromkreises – Lebensgefahr!
- Schalten Sie zu allen Servicearbeiten stets die Zündung aus. Das gilt gleichermaßen für den Zündkerzenwechsel wie für das An- bzw. Abklemmen elektrischer Leitungen oder den Anschluss von Prüfgeräten.
- Um an elektronischen Zündanlagen den Hochspannungsimpuls auszulösen, genügt – bei eingeschalteter Zündung – eine Fahrzeugerschütterung. Bei Arbeiten im Motorraum »schweben« Sie dann in Lebensgefahr, zudem können auch elementare Bauteile der Zündanlage zerstört werden.
- Wenn Sie Schweißarbeiten (Schutzgas, E-Schweißen) an Ihrem Vectra durchführen, klemmen Sie grundsätzlich vorher die Batterie ab.

Zündmodul aus- und einbauen

Arbeitsschritte bis (je nach Motor)

Z18 XE

① Entfernen Sie die Motorabdeckung, wie beschrieben, ...

② ... ziehen den Mehrfachstecker seitlich vom Zündmodul ❶ und ...

③ ... lösen die Befestigungsschrauben oberhalb der Modulleiste (Pfeile).

④ »Hebeln« Sie dann vorsichtig und gleichmäßig das Zündmodul von den Zündkerzen ab.

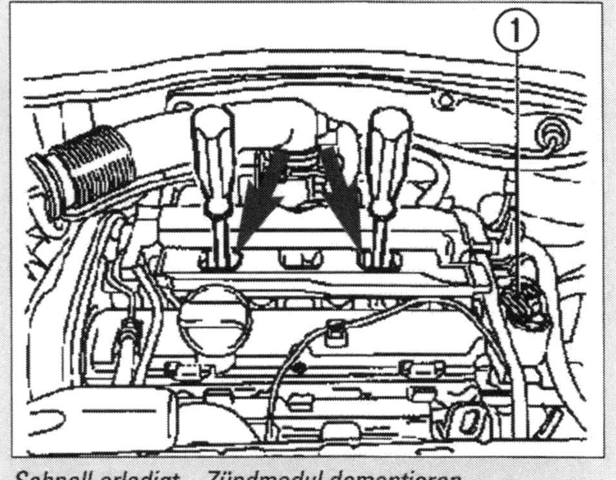

Schnell erledigt – Zündmodul demontieren.

⑤ Das neue Modul drücken Sie mit gleichmäßigem Kraftaufwand auf die Zündkerzen und ziehen die Schrauben mit ca. 8 Nm an.

⑥ Befestigen Sie die Abdeckung und …

⑦ … vergessen auch nicht den Anschlussstecker seitlich des Zylinderkopfs wieder anzuschließen.

⑧ Beenden Sie die Montage und prüfen alle Anschlüsse auf festen Sitz.

Z22 SE

① Entfernen Sie die Motorabdeckung, …

② … ziehen den Mehrfachstecker seitlich vom Zündmodul ❶ und ...

③ ... lösen die Befestigungsschrauben oberhalb der Modulleiste ❷.

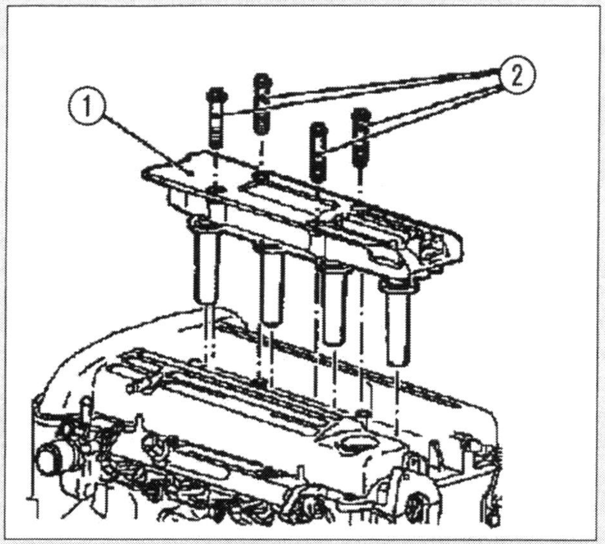

Vier statt zwei Modulbefestigungsschrauben – Z 22 SE-Motor.

④ »Hebeln« Sie vorsichtig und gleichmäßig das Zündmodul von den Zündkerzen ab.

⑤ Das neue Modul stecken Sie gleichmäßig auf alle Zündkerzen und ziehen dann die Schrauben mit ca. 10 Nm an.

⑥ Beenden Sie die Montage in umgekehrter Reihenfolge und prüfen alle Anschlüsse auf festen Sitz.

Z32 SE

① Demontieren Sie, wie beschrieben, die Motorabdeckung, …

② … lösen im Anschluss die Schlauchschellen vom Luftansaugschlauch ❶ und ziehen ihn ab.

③ Hernach ziehen Sie die Kabelsatzstecker vom Drosselklappenmodul ❷ und Tankentlüftungsventil ❸ ab.

④ Lösen Sie am rechten Federdom und am Drosselklappengehäuse den Schlauchanschluss vom Tankentlüftungsventil (Pfeil). Opel »Blaumänner« nutzen dazu das Spezialwerkzeug »KM-796-A. Mit etwas Geschick und einem kleinen Schraubendreher klappt's aber auch ohne.

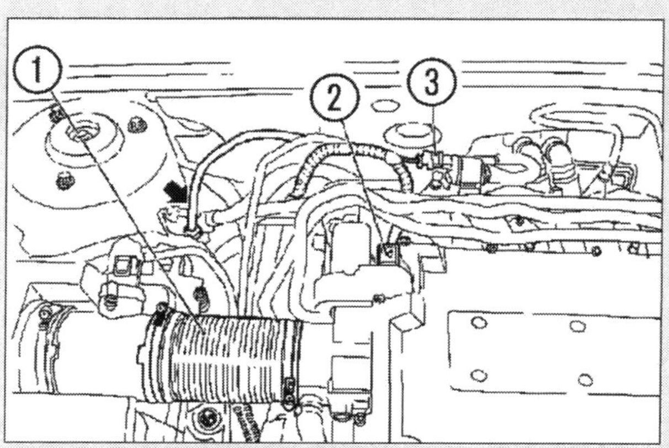

Problemlos möglich – Luftansaugschlauch und Mehrfachstecker demontieren.

⑤ Bevor Sie Ihre nächsten Schritte einleiten und die Kraftstoffleitung ❶ öffnen, lassen Sie, wie beschrieben, den Vordruck aus dem Kraftstoffsystem entweichen.

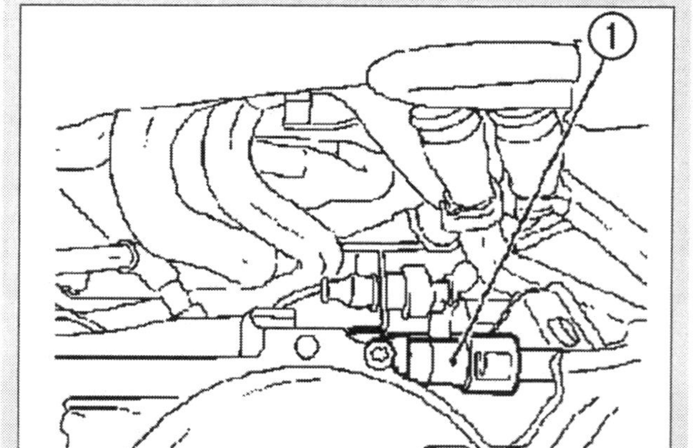

Vorsichtig trennen – die Kraftstoffleitung.

⑥ Demontieren Sie den Kühlwasserschlauch vom Ausgleichsbehälter und …

⑦ … ziehen im Anschluss die Unterdruckleitung des Bremskraftverstärkers ❷ vom Sammelrohr ab.

⑧ Trennen Sie die Mehrfachstecker des Magnetventils ❶ und der Einspritzventile ❸.

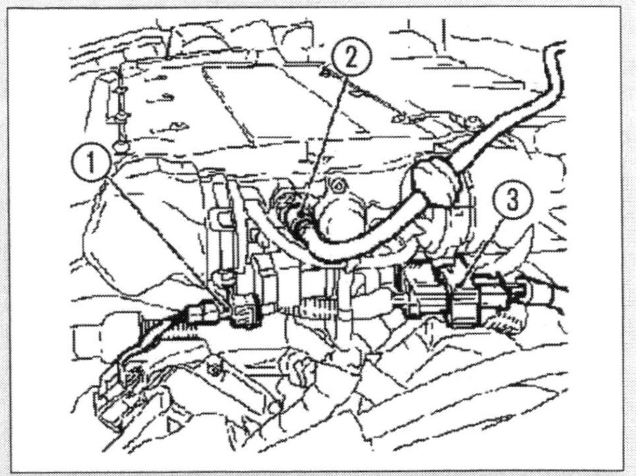

Trennen – Mehrfachstecker und Unterdruckleitung vom Sammelrohr.

⑨ Hernach demontieren Sie das Sammelsaugrohr. Dazu lösen Sie die Schlauchschelle der Motorentlüftung ❷ und die des Kühlmittelschlauchs ❶. Ziehen Sie beide Schläuche von ihren Anschlüssen ab.

⑩ Lösen Sie die sechs Befestigungsschrauben (Pfeile) vom Sammelrohr und bugsieren das Rohr vorsichtig aus dem Motorraum. Achten Sie darauf, dass derweil kein Dreck in die Ansaugkanäle gelangt.

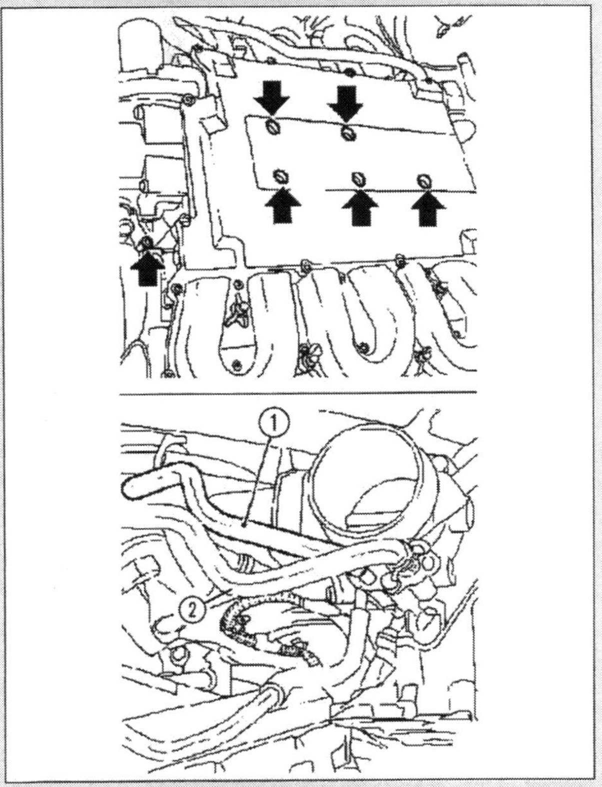

Demontieren – das Luftsammelrohr.

⑪ Ziehen Sie die Kabelstecker ❸ und ❹ von den Zündmodulen ab und …

⑫ … lösen die Befestigungsschrauben ❺.

⑬ Ziehen Sie mit »Gefühl« das Zündmodul ❻ komplett von den Zündkerzen ab und ...

⑭ … wiederholen ihre Arbeit, falls erforderlich, an der anderen Zylinderbank ❶. Lösen Sie auch dort die Befestigungsschrauben ❷ und ziehen die »Funkenbox« vorsichtig von den Zündkerzen ab.

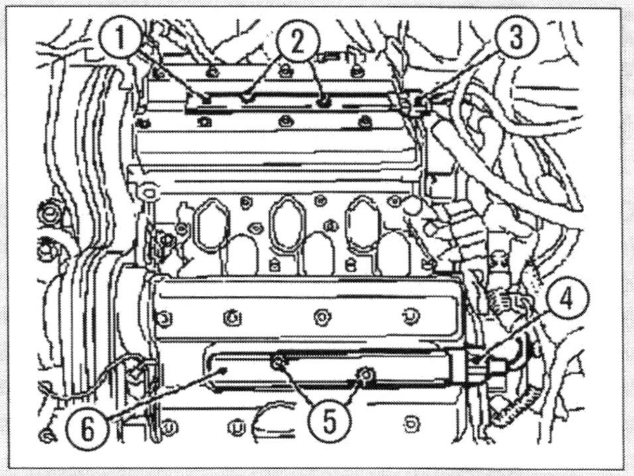

Mit Mehraufwand möglich – Zündmodule beim V6-Motor demontieren.

⑮ Setzen Sie die neuen Module gleichmäßig auf alle Kerzen auf und ziehen die Schrauben mit ca. 8 Nm an.

⑯ Beenden Sie die Montage in umgekehrter Reihenfolge und prüfen alle Anschlüsse auf festen Sitz.

Teamwork – Zündstrom prüfen

Arbeitsschritte

Z18 XE, Z22 SE

① Demontieren Sie – wie beschrieben – das Zündmodul und …

② … schrauben dann die Zündkerzen aus dem Zylinderkopf.

③ »Verkuppeln« Sie die demontierten Kerzen mit dem Zündmodul und legen die Einheit »rutschsicher« auf dem Motorblock ab. Achten Sie auf guten Massekontakt.

④ Sobald Ihr Helfer den Motor startet, beobachten Sie den »Funkenflug«: Nur an den Kerzenelektroden dürfen (müssen) kräftige, blaue Funken überspringen. Ansonsten fehlt's an der nötigen Überschlagspannung.

⑤ Bleiben die Funken »ganz auf der Strecke«, nehmen Sie zunächst die Zündanlage in Augenschein. Fällt Ihnen dabei nichts auf, prüfen Sie die Spannungsversorgung.

Zündkerzen wechseln - im Vectra-C spätestens nach 120.000 Kilometern

Opel sieht im Wartungsplan alle 120.000 Kilometer (alle 8 Jahre) einen Zündkerzenwechsel vor. Moderne Zündkerzen sollten im Vectra-C normalerweise nicht früher kapitulieren: Die Betonung liegt auf »normalerweise«. Denn es kann durchaus angehen, dass Ihr Vectra mit »jüngeren« Kerzen nur noch unwillig anspringt oder nach dem Start bzw. beim Beschleunigen ruckelt. Häufig sind Zündkerzen die »Quertreiber« – zum Beispiel wegen verbrannter Elektroden oder – weit häufiger zu beobachten – wegen unsichtbarer Risse im Keramikisolator. Die Risse »saugen« sich bei Kaltstarts »gerne« mit kondensierendem Kraftstoff voll. Und da Zündfunken grundsätzlich den Weg des geringsten Widerstands gehen, führt der eben nicht mehr über die Kerzenelektroden sondern auf dem »kürzesten« Weg an Masse. Sollten Sie alten Zündkerzen misstrauen, fackeln Sie nicht lange, sondern spendieren Ihrem Auto neue Kerzen. Wechseln Sie die Kerzen allerdings **nur** bei kaltem Motor und **nur** mit einem speziellen Zündkerzenschlüssel oder einer Kerzennuss.

Arbeits schritte | W | 120.000 km

① Das Zündmodul demontieren Sie wie beschrieben.

② Lösen Sie die Zündkerzen mit einer Zündkerzennuss zunächst nur um etwa drei Umdrehungen und reinigen dann die Kerzenschächte gründlich von Staub und Dreck. Falls Sie Druckluft zur Hand haben, blasen Sie die Kerzenschächte sorgfältig aus. Falls nicht, »vermasseln« Sie z. B. Insektenkadavern mit einem langen Schraubendreher oder einer Handpumpe den Weg in die Brennräume.

③ Sobald die Kerzenschächte »clean« sind, drehen Sie die Zündkerzen heraus und heben sie aus den Schächten. Mit speziellen Kerzennüssen oder Kerzenschlüsseln kein Problem, die fixieren »das Schraubgut« in ihrem Schaft.

Immer nur mit Kerzennuss oder Zündkerzenschlüssel demontieren/montieren – Zündkerzen.

④ Legen Sie die demontierten Kerzen außerhalb des Motorraums in der Zylinderreihenfolge ab. Prüfen Sie jedes einzelne »Kerzengesicht« und vergleichen sie untereinander. Anhand der Optik bekommen Sie nämlich schnell einen ersten Überblick über den »Gesundheitszustand« Ihres Motors. Falls die Kerzengesichter total unterschiedlich sind, gehen Sie der Ursache auf den Grund oder lassen einen Fachmann mit Messequipment an Ihren Vectra.

⑤ Achten Sie darauf, dass Sie die Kerzen zur Montage unbedingt »gerade« ansetzen und nicht im Gewinde verkanten. Reiben Sie vor der Montage die Kerzengewinde dünn mit hitzebeständiger Kupferfettpaste ein. Erst dann drehen Sie alle Kerzen handfest in die Kerzenlöcher und ziehen dann jede einzelne mit dem Zündkerzenschlüssel noch eine Vierteldrehung (90 Grad) weiter an. Dies entspricht dann etwa dem vorgeschriebenen Anzugsdrehmoment (25 Nm).

⑥ »Vertrauen« Sie gebrauchten Zündkerzen, reinigen Sie das Kerzengewinde vor der Montage gründlich mit einer Messingbürste und fetten es dann dünn mit hitzebeständiger Kupferfettpaste ein. Ansonsten verfahren Sie wie bei neuen Zündkerzen. Den Kerzenschlüssel drehen Sie allerdings nur um rund 15 Grad weiter (der Dichtring an gebrauchten Kerzen ist ja bereits gepresst).

⑦ Beenden Sie die Montage in umgekehrter Reihenfolge.

Zündkerze sitzt fest — Praxistipp

Wenden Sie bei »festgebackenen« Zündkerzen auf keinen Fall Gewalt an. Ihre »unbändige« Kraft könnte ansonsten dem Kerzengewinde im Zylinderkopf den Garaus bereiten. Fahren Sie dann besser den Motor warm und versuchen hernach, die Kerze auszudrehen. Vorsicht – der heiße Motor verbrennt Ihnen schnell die Finger. Nutzen Sie Arbeitshandschuhe und lassen den Motor bis zur Montage neuer Kerzen so lange auskühlen, bis Sie ohne »Fingerschutz« arbeiten können. Unser Rat hat auch einen technischen Hintergrund – die Materialien der Zündkerze und des Zylinderkopfs dehnen sich unterschiedlich aus: Kalte Zündkerzen in einen heißen Motor »eingepflanzt« sitzen später »bombensicher bombenfest«.

Motor und Zündanlage* — Störungsbeistand

Störung	Ursache	Abhilfe
A Motor springt schlecht oder gar nicht an.	**1** Zündmodul oder Zündkerzen feucht bzw. verschmutzt, daher kein Zündfunken.	Trocknen bzw. reinigen, ggf. mit Zündspray behandeln.
	2 Steckverbindungen locker bzw. oxidiert.	Kontrollieren, ggf. erneuern (lassen).
	3 Zündkerzen nass (nach häufigen Startversuchen).	Ausbauen und trocknen.
	4 Drehzahl-/Positionssensor lose – zu großer Abstand zur Schwungscheibe.	Festziehen.
	5 Drehzahl-/Positionssensor defekt; Kabel hat Masse oder ist unterbrochen.	Erneuern lassen; Kabel kontrollieren bzw. erneuern.
	6 Zündmodul defekt.	Austauschen
	7 Leistungsmodul bzw. Steuergerät defekt.	Kontrollieren lassen ggf. austauschen.
B Motor läuft unrund, hat Zündaussetzer.	**1** Zündkerze defekt.	Austauschen.
	2 Siehe A1–7.	
C Motor hat keine Leistung.	**1** Ansaugsystem zieht Nebenluft.	Überprüfen (lassen).
	2 Kühlmittel, Ansauglufttemperatursensor defekt oder Stecker sitzt nicht korrekt.	Steckverbindungen kontrollieren, Sensor ggf. ersetzen lassen.
	3 Siehe A4–7.	

* Der Störungsbeistand setzt mechanisch gesunde Motoren mit intakter Gemischaufbereitung voraus.

Zündmodul und Kabel – das sollten Sie im Auge halten

- Bevor Sie mit abgezogenen Zündsteckern den Motor per Anlasser durchdrehen lassen, ziehen Sie vom Zündmodul ❶ unbedingt den Mehrfachstecker ❶ ab. Falls Sie das ignorieren, könnte Ihnen das der »Zündrechner« arg verübeln.

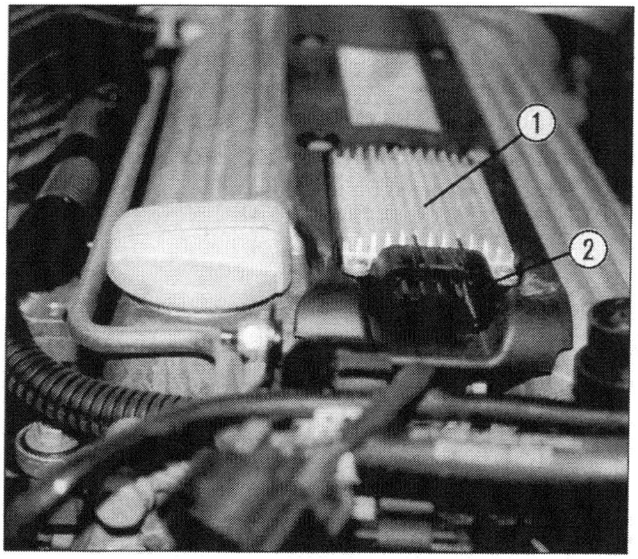

Gut erreichbar: *Mehrfachstecker am Zündmodul.*

- Haben die Kabelanschlüsse und Mehrfachstecker festen Kontakt zur Zündspule und zum Steuergerät? Locker aufgesteckte Zündkabel »tanzen« in den Kontaktbuchsen, das führt zu Zündaussetzern (Stottern). Ein lose aufgestecktes Zündmodul leitet den Zündstrom in die Irre. Kriechströme und unkontrollierte Funkenüberschläge sind dann geradezu programmiert.
- Auf ihrem Weg ins »Nirgendwo« hinterlassen »vagabundierende« Zündfunken sichtbare Brandspuren. Meistens sind Haarrisse in den Kerzensteckern die Ursache – checken Sie das Zündmodul entsprechend penibel.
- Inspizieren Sie gleichsam die Anschlussklemmen. Haben sie satten Kontakt zu den Steckern – oder sind gar oxidiert?
- Befreien Sie die Anschlusskabel regelmäßig von Streusalz- oder Kalkablagerungen.

Heizt kalten Dieselmotoren ein – die Vorglühanlage

Dieselmotoren kommen beim Kaltstart erfahrungsgemäß nur schwer aus den »Pantoffeln«. Direkteinspritzer wie der Vectra springen in unseren Breitengraden zwar auch im Winter noch »höflich« an, doch ohne Vorglühanlage täten sie sich bei grimmiger Kälte schwer, ihre ersten Lebenszeichen taktvoll auf die Schwungscheibe zu »schütteln«.
Darum heizen in der Kaltstartphase leistungsfähige Glühkerzen den ausgekühlten Brennräumen ein. Das erleichtert die ersten Lebenszeichen und beschleunigt den Zündvorgang. Die Glühkerzen befinden sich, wie beim WIrbelkammermotor, seitlich im Zylinderkopf. Sie stehen, genau wie die Vorglühkontrollleuchte im Armaturenbrett, unter Aufsicht des elektronischen Dieselmotormanagements. Um die Zeitdauer festzulegen, verwertet der Rechner in der Vorwärmphase Signale des Temperatursensors: Je niedriger die Tempe-

Heizkraftwerk im Zylinderkopf: *Jedem Zylinder heizt eine kompakte Glühkerze (Pfeil) ohne eigene Temperaturregelung ein. Das ist kein Nachteil, denn die Höchsttemperatur ist auf rund 1050 °C begrenzt. Eventuell auftretende Fehler oder Unregelmäßigkeiten an der Vorglühanlage »archiviert« der Bordrechner. Die Daten entschlüsselt Ihr Opel-Händler, er setzt den Speicher auch wieder auf Null.*

wärmphase. Die maximale Vorwärmdauer beträgt rund acht Sekunden, vorausgesetzt es herrschen mindestens -20 °C. Bei Motortemperaturen oberhalb 80 °C fällt die Vorwärmphase gänzlich aus.
Sobald der kalte Motor die ersten Lebenszeichen von sich gibt, beginnt die Nachglühphase. Das stabilisiert den Leerlauf und minimiert die Kohlenwasserstoffemission des kalten Vectra-Selbstzünders. Die maximale Nachglühdauer beträgt bei Außentemperaturen unterhalb -20 °C etwa 30 Sekunden und findet bei Motortemperaturen oberhalb 50 °C nicht mehr statt. Sobald der kalte Selbstzünder mit Drehzahlen jenseits von 2500 $min.^{-1}$ konfrontiert wird, entzieht das elektronische Dieselmotormanagement den Glühkerzen automatisch den »Strom« – die Vorkehrung verlängert die Lebensdauer der Glühkerzen.

Vorglühanlage prüfen

Sollten Sie einen Defekt an der Vorglühanlage vermuten, gehen Sie wie folgt vor:

Arbeitsschritte

① Sicherungen der Motorelektrik prüfen.

② Sind die Hauptsicherungen des Motormanagements o.k.?

③ Wenn ja, checken Sie die Spannung per Voltmeter (Multimeter) an den Schnellglühkerzen.

④ Messen Sie dort mindestens 11,5 Volt, testen Sie die Glühkerzen.

⑤ Ziehen Sie dazu das Anschlusskabel an einer der vier Glühkerzen ab und …

⑥ … schließen eine Prüflampe zwischen Masse und dem abgezogenen Anschlusskabel an.

⑦ Ziehen Sie dann den Stecker des Kühlmitteltemperaturgebers ab und legen ihn beiseite. Der »geparkte« Stecker darf nicht an Masse kommen.

⑧ Drehen Sie den Zündschlüssel auf Stellung »Vorglühen«.

⑨ Leuchtet unmittelbar danach die Prüflampe für etwa 20 Sekunden auf, sind die Spannung an den Glühkerzen und die vom Steuergerät vorgegebene Vorglühzeit o. k.

⑩ Bleibt die Prüflampe jedoch dunkel, prüfen Sie die Hauptsicherung oder das Vorglührelais.

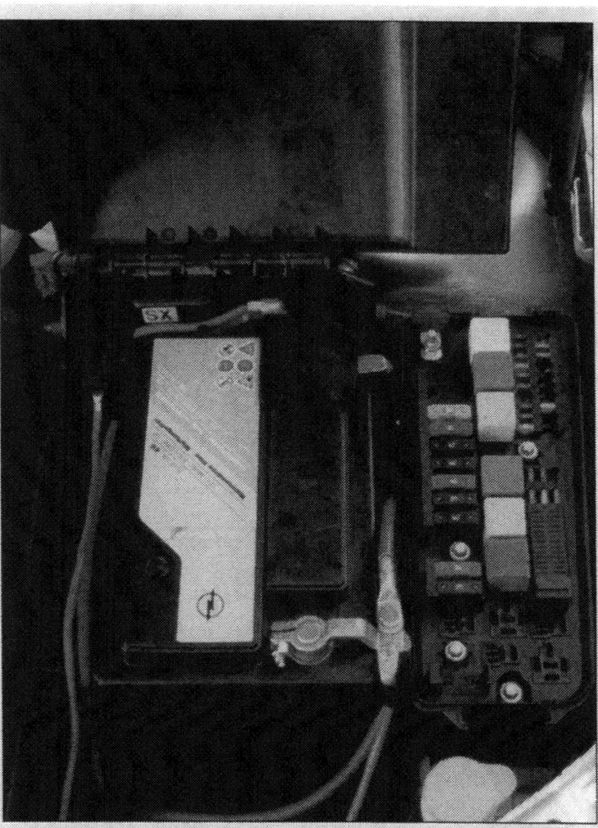

***Direkt neben der Batterie im Motorraum:** Sicherungskasten mit Relaissteckplätzen.*

⑪ Sollte Ihre Prüflampe generell dunkel bleiben, misstrauen Sie dem Steuergerät.

Praxistipp

Vorglühanlage defekt

Defekte an der Vectra-Vorglühanlage bemerken Sie wahrscheinlich erst bei klirrendem Frost (unter -15 °C). Dann nämlich nimmt Ihr Vectra seinen Job nur widerwillig ohne fremde Heizenergie auf. Mit »offenen« Augen und einem feinen »Näschen« erkennen Sie mögliche Fehler allerdings schon im Anfangsstadium: Achten Sie beim Kaltstart auf die Dieselwolke. Wenn »stechende«, blaue Rauchfahnen Ihre Nase verprellen und die Umwelt einnebeln, lassen Sie prophylaktisch schon mal den Fehlerspeicher in Ihrer Werkstatt auslesen – Blaurauch mit einhergehender »scharfer« Duftnote signalisiert eine »kalte, unvollständige« Verbrennung. Kleinere »Wölkchen« hinter Ihrem Vectra müssen Sie freilich nicht beunruhigen.

Glühkerzen aus- und einbauen

Arbeitsschritte

① Klemmen Sie das Batteriemassekabel ab, demontieren, wie beschrieben, die Motorabdeckung, …

② … lösen im Anschluss die Schlauchschellen vom Ladeluftschlauch ❶, die beiden Schrauben ❷ und ziehen den Schlauch dann ab.

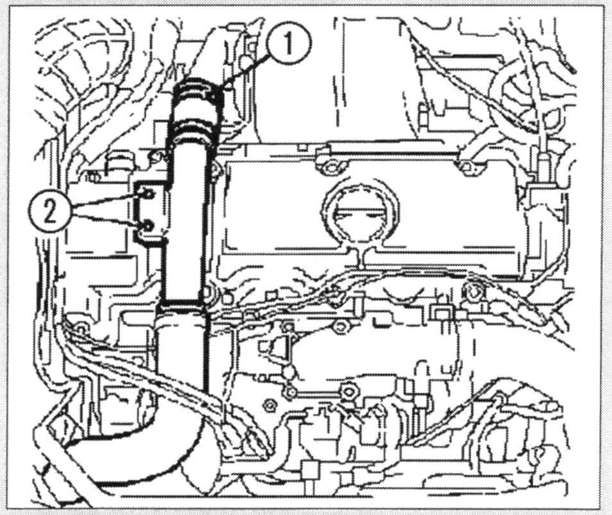

Demontieren – Motorabdeckung, Schlauchschellen und Schrauben.

③ Hernach ziehen Sie per Winkelzange ❶ die Anschlusskabel an den Glühkerzen ❷ ab und …

④ … schrauben die Kerzen dann aus dem Zylinderkopf.

Gut machbar – Anschlusskabel abziehen und Glühkerzen demontieren.

⑤ Beenden Sie die Montage in umgekehrter Reihenfolge. Ziehen Sie die neuen Glühstifte mit rund 10 Nm im Zylinderkopf fest.

Glühkerzen prüfen

Arbeitsschritte

① Legen Sie die Glühkerzen auf einer feuerfesten Unterlage ab.

② Schließen Sie nacheinander alle Glühkerzen mit einem Fremdstartkabel direkt an eine voll geladene Batterie an. Arbeiten Sie unbedingt mit dicken Lederhandschuhen – die Kerzen werden glühend heiß (max. 1050 °C!).

③ Binnen 10 Sekunden müssen alle Glühkerzen hellrot glühen. Ansonsten erneuern Sie die »träge(n)« Kerze(n) – besser Sie erneuern gleich alle Kerzen.

DIE KRAFTSTOFF-VERSORGUNG

»Schlucken selten über den Durst«: Die C-Versionen des Opel Vectra. *61 Liter Euro-Super reichen dem Vectra V6 mit 155 kW (211 PS) für rund 600 Kilometer. Die 2,2 Liter Variante mit 108 kW (147 PS) verbrennt die gleiche Menge auf etwa 710 Kilometer. Den 90 kW (122 PS) starke 1,8 16V mobilisiert die gleiche Menge über ca. 790 Kilometer. In Anbetracht der gebotenen Fahrleistungen durchaus vertretbare Werte – von den beiden Selbstzündern werden sie locker unterboten: Erst nach rund 940 Kilometern ist Ebbe im Tank des 92 kW (125 PS) 2,2 DTI 16V und der 74 kW (100 PS) 2,0 DTI streckt die gleiche Menge Dieselöl über 1030 Kilometer.*

Wartung

Reparatur

Der Vectra-Kraftstofftank, ein tief gezogener Kunststoffbehälter mit 61 Liter Inhalt, »hängt« unterhalb im hinteren Bereich der Bodengruppe. Die Ottoversionen des Vectra saugen ihren Lebenssaft mit einer elektrischen Intank Kraftstoffpumpe unter die Motorhaube. Das Diesel-Duo »hebt« sein Öl mit einer in die Einspritzpumpe integrierten Förderpumpe aus dem »Ölsumpf« unterhalb der Fondbank. Der Vectra-Tank hat generell keine Ablassschraube: Sollten Sie also irgendwann den Tank demontieren oder in seine Innereien »eingreifen« müssen, entleeren Sie vorab das Reservoir über den Einfüllstutzen.

Ausgeklügelt – das Belüftungssystem

Die Kraftstoffpumpe der Ottomotoren (Intank Saug-/Druckpumpe) ist kombiniert mit dem Kraftstoffvorratsanzeiger (Tankgeber). Um Verunreinigungen und Kondensate zu binden, sitzt ein Kraftstofffilter in der Vorlaufleitung. Sein Arbeitsplatz: In Nähe des rechten Hinterrads unter dem Bodenblech. Die Kraftstoffvor- und -rücklaufleitungen kommen zusammen mit dem Tankgeber aus dem Tank. Ihre Anschlüsse sind leicht lösbare Schnellverschlüsse. Ein Sicherheitsventil regelt die Be- und Entlüftung. Die im Tank oberhalb des Kraftstoffspiegels entstehenden Gase »sammelt« bei den Ottoversionen ein Aktivkohlefilter, um sie bei laufendem Motor in den Ansaugtrakt einzuspeisen.

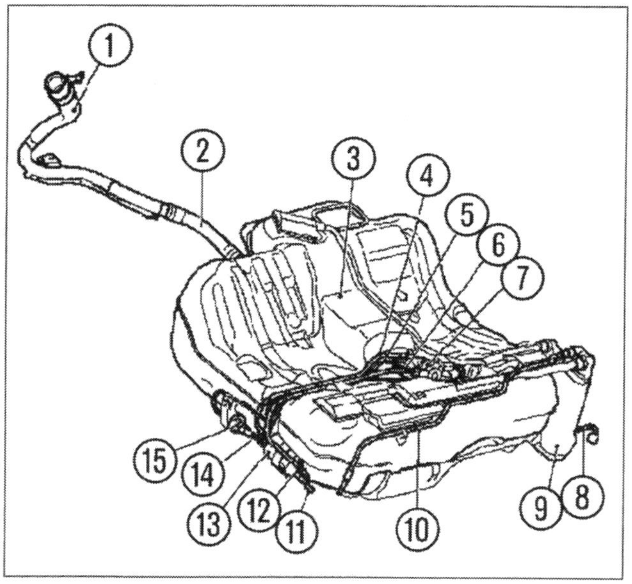

Werden bei laufendem Motor ins Ansaugsystem eingespeist: im Tank entstehende Kraftstoffdämpfe. *❶ oberer Tankeinfüllstutzen, ❷ unterer Tankeinfüllstutzen, ❸ Kraftstofftank, ❹ hintere Kraftstoffleitung, ❺ Kraftstoffleitung zur Standheizungsdosierpumpe, ❻ Kraftstoffrücklaufleitung, ❼ Wartungsöffnung, ❽ Tankgeberkabelsatz, ❾ Aktivkohlefilter, ❿ hintere Spülluftleitung, ⓫ mittlerer Kraftstoffleitungsanschluss zur Standheizung, ⓬ mittlerer Kraftstoffleitungsanschluss, ⓭ Kraftstofffilter, ⓮ Standheizungsanschlüsse, ⓯ Standheizungsdosierpumpe.*

Die generellen Bauteile der Kraftstoffversorgung

Kraftstoffpumpe: Im Vectra arbeitet eine im Tank montierte, elektrisch angetriebene Kraftstoffförderpumpe (Dieselmodelle mit Kraftstoffförderpumpe in der Einspritzpumpe). Die Intank Kraftstoffpumpe arbeitet als Strömungspumpe mit einer Förderleistung von ca. 100 l/h und einem Förderdruck von rund 3,8 bar. Pumpe und Tankgeber »sitzen« gemeinsam mit dem Förderdruckregler in einem Gehäuse. Sobald der Betriebsdruck im System 3,8 bar übersteigt, öffnet das Überdruckventil und leitet den »überschüssigen« Kraftstoff mitsamt der »Begleitgase« in den Tank zurück. Bei abgestelltem Motor hält das gleiche Ventil den Kraftstoffdruck im Einspritzsystem stabil. Die Stromversorgung der Kraftstoffpumpe »läuft« unter der Regie des Motorsteuergeräts vom Zündschloss über das Kraftstoffpumpenrelais inklusive Sicherung zur Pumpe. Sobald der Motor läuft, fördert auch die Pumpe.

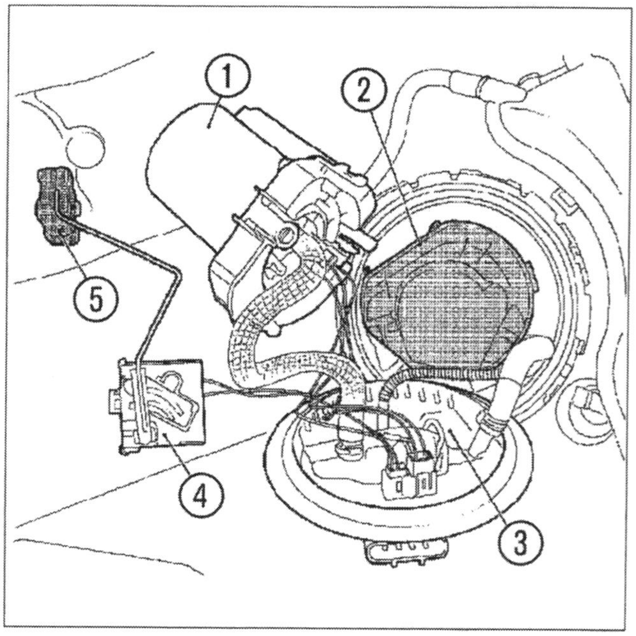

»Sitzen« in einem Gehäuse: Intankkraftstoffpumpe und Tankgeber. *❶ Kraftstoffpumpe, ❷ Wartungsöffnung, ❸ Verschlussdeckel mit Kraftstoffdruckregler, ❹ Tankanzeige, ❺ Tankanzeigenschwimmer.*

Kraftstofffilter: Im Vectra unterhalb des Bodenblechs in Nähe des linken Hinterrads an einem Halter montiert. Der Filter besteht aus einem Stahlgehäuse mit leporelloartig gefaltetem Papiereinsatz. Er bindet flüssige und feste Schmutzpartikel.

Aktivkohlefilter: Im Vectra unterhalb des Bodenblechs in Nähe des Kraftstofftanks an einem Halter montiert. »Bindet« bei abgestelltem Motor verdunstende Kraftstoffdämpfe aus dem Tank. Bei laufendem Motor öffnet ein Magnetventil – die nur vorübergehend »geparkten« Dämpfe gelangen aus dem Aktivkohlefilter in den Luftfilter, bzw. ins Ansaugsystem und verbrennen zusammen mit den Frischgasen.

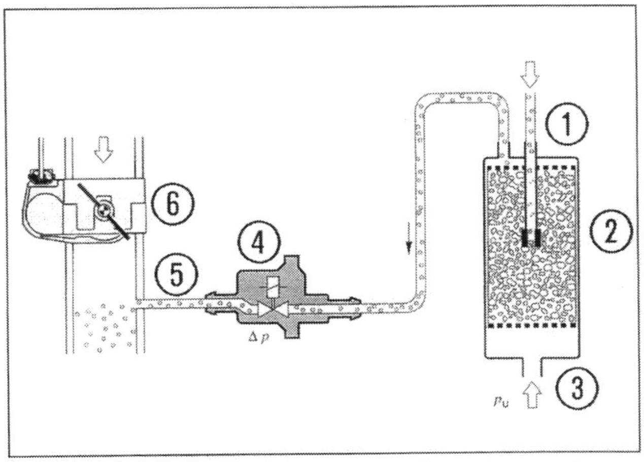

Grundsätzliches Anschluss- und Funktionsschema eines Aktivkohlefilters. *❶ Kraftstofftankentlüftungsleitung, ❷ Aktivkohlefilter, ❸ Frischluft, ❹ Tankentlüftungsventil, ❺ Saugrohranschlussleitung, ❻ Drosselklappengehäuse.*

Der Kraftstoff

Unisono verbrennen die ECOTEC-Ottomotoren des Vectra Euro Super (ROZ 95). Sie können sie jedoch auch mit Super Plus (ROZ 98) füttern. Das macht ab und an durchaus Sinn: Zum Beispiel wenn Ihr Vectra im Gespannbetrieb oder bei hohen Außentemperaturen ständig Höchstleistungen an den Vorderrädern »abliefern« muss. Mitunter sinkt der Kraftstoffverbrauch mit Super Plus sogar geringfügig. Doch wenn's ums Sparen geht, dann hat Ihr »eigener« Gasfuß und der richtige Umgang mit dem Getriebeschalthebel unvergleichlich mehr Einfluss auf den Appetit ihres Vectra als hochoktaniger Super Plus Saft.

Mit wenig Gas »dahin rollen« – das senkt die Spritkosten

Beschleunigen Sie daher stets zügig (Gaspedal schnell etwa 2/3 durchtreten) und schalten möglichst früh in den nächst höheren Gang. Sobald Sie »Ihre« Wunschgeschwindigkeit erreicht haben, lassen Sie Ihren Vectra möglichst im größten Gang und mit wenig »Gas« dahin rollen. Drehen Sie den Motor lediglich beim Überholen oder Einspuren in den fließenden Verkehr höher aus. Außerdem sollten Sie den Motor auch während kurzer Stopps, beispielsweise vor Eisenbahnschranken, Baustellenampeln oder im Stau, abstellen: Das »rechnet« sich bereits nach 5 bis 7 Sekunden – und die Umwelt profitiert auch davon.

Kraftstoff – Begriffe und Normen

Technik-lexikon

Normal-/Superbenzin: Fast identische Reinheitsgrade, Verdampfungsverhalten (wichtig für Entzündbarkeit) und Energiebilanzen (Heizwert je Kilogramm Kraftstoff). Entscheidender Unterschied: Super hat eine höhere Klopffestigkeit als Normalbenzin.

Diesel: Ein Kraftstoff, der die physikalischen Eigenschaften des »Selbstzünders« perfekt bedient. Durch die hohe Zündwilligkeit des Dieselkraftstoffs und dem extrem hohen Verdichtungsverhältnis in Dieselmotoren läuft die Verbrennung kontrolliert in Sekundenbruchteilen ab. Für Ottomotoren wäre Dieselöl freilich »pures Gift« – es würde die Zündkerzen binnen kürzester Zeit verrußen.

Sommer-/Winterdiesel: Sommerdiesel nach DIN 51 601 kommt zwischen Frühjahr und Herbst ohne Fließverbesserer an die Zapfsäule. Schon bei geringen Minustemperaturen würde Sommerdiesel paraffinieren und die Kraftstoffleitungen samt Filter versulzen. Deshalb kommt hierzulande bereits in der Übergangszeit Dieselkraftstoff mit einem geringen Anteil an Fließverbesserern auf den Markt. Er bleibt bis etwa -10 °C filtergängig. Winterdiesel behält seine Fließfähigkeit laut DIN-Norm bis -12 °C, in der Praxis können Sie Winterdiesel jedoch Minustemperaturen bis etwa 22 °C zutrauen.

Klopffestigkeit: Je höher der Kompressionsdruck, um so besser der thermische Motorwirkungsgrad. Doch wenn der Kraftstoff in Ottomotoren zur Selbstentzündung neigt, kommt es zu unkontrollierten Verbrennungen – der Motor »klingelt«. Superkraftstoff widersteht höheren Verbrennungsdrücken als Normalbenzin und neigt daher weniger zur Selbstentzündung. Haben Sie Ihren Vectra aus Versehen mit Normalbenzin betankt, wird er Ihnen, wenn Sie aus niedrigen Drehzahlen heraus voll beschleunigen, den Lapsus mit lauten Klingelgeräuschen quittieren. Um ernsthafte Schäden zu umgehen, sind die ECOTEC-Motoren daher mit einem Klopfsensor bestückt. Sobald der Sensor »ungewohnte« Schwingungen am Motorblock bemerkt, passt er den Zündzeitpunkt sukzessive dem schlechteren Kraftstoff an. Gehen Sie dann etwas sensibler mit dem Gaspedal um und verlangen dem Motor nur mittlere Drehzahlen ab. Bessern Sie das »Klingelwasser« möglichst schnell mit ein paar Liter Super-Plus auf.

Oktanzahl: Steht für die Klopffestigkeit des Kraftstoffs. An der Zapfsäule finden Sie in der Regel die Bezeichnung »ROZ« (Research-Oktanzahl), seltener die Spezifikation »MOZ« (Motoroktanzahl). Die Oktanzahlwerte für die Mindestanforderungen an bleifreien Kraftstoff wurden in Deutschland früher vom deutschen Institut für Normung (DIN) nach DIN 51 607 fest geschrieben. Heute gilt die Euro-Norm EN 228.

Cetanzahl: Eine reine, im Labor ermittelte, Verhältniszahl. Steht für die Zündwilligkeit eines Kraftstoffs. Dem sehr zündwilligen Cetan wird die Zahl 100 zugeordnet, dem extrem zündunwilligen Vergleichskraftstoff Methylnaphtalin dagegen eine 0. Die Cetanzahl gibt an, wie viel Volumenprozent Cetan ein Gemisch mit Methylnaphtalin enthalten müsste, um die gleiche Zündwilligkeit wie der zu messende Kraftstoff zu haben. Beim Diesel soll sie 45 betragen.

Umgang mit Kraftstoff

Gefahrenhinweis

Im Umgang mit Kraftstoffen ist Vorsicht das höchste Gebot. Nehmen Sie Wartungsarbeiten und Reparaturen an der Kraftstoffanlage niemals auf die leichte Schulter. Gehen Sie vor allem beim Entleeren des Kraftstoffbehälters umsichtig zu Werke und treffen folgende Sicherheitsvorkehrungen:

- Klemmen Sie die Batterie an beiden Polen ab.
- Entleeren Sie Kraftstoffbehälter nur im Freien oder in exzellent durchlüfteten Räumen. Dazu benötigen Sie eine kraftstoffresistente Handpumpe (z. B. Balgen-Schlauchpumpe). Versuchen sie auf keinen Fall den Kraftstoff aus der oberen Tanköffnung auszugießen oder mit einem Schlauch per Mund abzusaugen – Vergiftungsgefahr durch Kraftstoffzusätze!
- Halten Sie generell einen CO_2-Pulver- oder Schaumlöscher der Brandklasse B griffbereit.
- Entleeren Sie Kraftstoffbehälter niemals über einer Grube: Die entweichenden Gase sind schwerer als Luft und könnten in der Grube über mehrere Stunden ein hochexplosives Gemisch bilden. Außerdem greifen die giftigen Gase Ihre Atmungsorgane an.
- Stellen Sie sicher, dass während der Arbeit mit Kraftstoff keine eingeschalteten elektrischen Geräte, offenen Flammen, Wärme- und Funkenquellen im Raum sind.
- Füllen Sie Kraftstoff nur in verschließbare, klar beschriftete und resistente Gefäße um. Dazu gibt's spezielle Behälter mit Flammschutz und Druckausgleichsverschluss.
- Leere Kraftstofftanks sind über längere Zeit wie »explosive Gasometer«. Halten Sie sich in ihrer Nähe also mit offenen Flammen, brennenden Zigaretten oder schmauchenden Pfeifen zurück – es besteht latente Explosionsgefahr.

Tankbe- und -entlüftung kontrollieren

Arbeitsschritte

① Fahren Sie den Motor warm (Betriebstemperatur) und lassen ihn im Leerlauf weiter laufen.

② Ziehen Sie am Magnetventil ❷ den vom Aktivkohlefilter kommenden Unterdruckschlauch ❶ ab.

③ Prüfen Sie am Ventilanschluss, ob Unterdruck anliegt. Legen Sie dazu Ihre Fingerkuppe auf den »offenen« Anschluss, falls Ihr Finger nicht »angesaugt« wird, checken Sie das Magnetventil.

④ Dazu klemmen Sie das Batteriemassekabel mitsamt dem Magnetventilstecker ❹ ab, …

⑤ … »drehen« den Entlüftungsschlauch (Pfeil) vom Drosselklappengehäuse und ziehen das Ventil vom Halter ❸ ab.

⑥ Sollten Sie jetzt das Ventil durchblasen können, tauschen Sie es getrost aus: Intakte Ventile halten »dicht«.

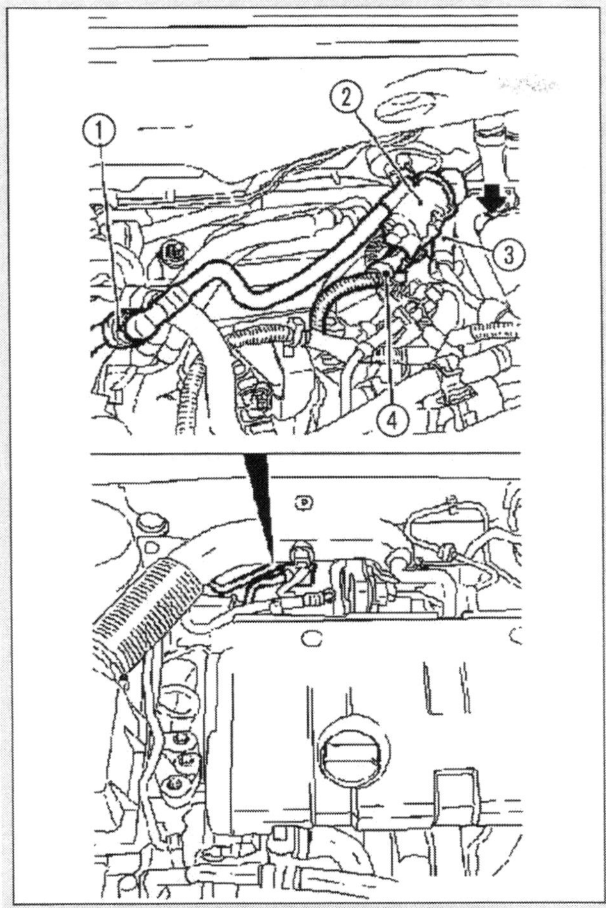

*Bei warmem Motor prüfen: **Tankentlüftungsventil**.*

Kraftstofffilter austauschen

Bevor Sie den ersten Finger krümmen, denken Sie daran: Kraftstoff ist ein hochexplosiver »Saft«. Also während der Arbeit die Finger weg von offenen Flammen, brennenden Zigaretten oder schmauchenden Pfeifen. Wie eingangs schon erwähnt, das Kraftstoffsystem Ihres Vectra steht ständig unter Druck. Sobald Sie es also irgendwo »öffnen«, kommt Ihnen stante pede der Kraftstoff entgegen gespritzt. Wenn Sie das vermeiden möchten, bandagieren Sie vorher den »Arbeitsplatz« mit einem Putzlappen, Ihre Augen schützen Sie besser noch mit einer Schutzbrille. Halten Sie zudem einen Feuerlöscher griffbereit. Dermaßen ausstaffiert wechseln Sie den Filter in Ottomotoren spätestens nach 60.000 Kilometern, Dieselmotoren »spendieren« Sie bereits nach 50.000 Kilometern ein neues Element und entwässern es zudem einmal im Jahr.

Arbeitsschritte

Benzinmotor

① Ziehen Sie im Motorraum die Kraftstoffpumpensicherung (Pfeil).

② Hernach starten Sie den Motor und lassen ihn so lange laufen, bis ihm der »Saft« ausgeht.

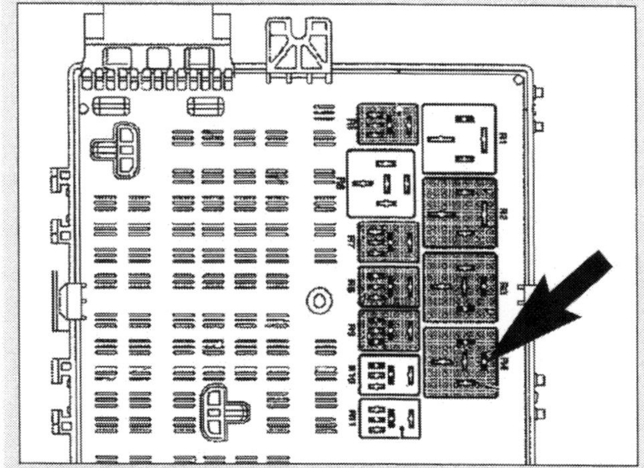

Direkt vorne im Relaiskasten gesteckt – Kraftstoffpumpenrelais.

③ Seien Sie skeptisch und drehen ihn danach noch etwa fünf Sekunden per Anlasser durch. Jetzt müsste der Systemdruck tatsächlich abgebaut sein.

④ Stecken Sie nun die Kraftstoffpumpensicherung wieder ein, ...

⑤ ... bocken standsicher die Hinterachse Ihres Vectra auf und ...

⑥ ... stellen einen Auffangbehälter unter den Kraftstofffilter (rechts neben dem Tank).

⑦ Hernach lösen Sie das Handbremsseil ❸ aus dem Halter ❹ und ...

⑧ ... clipsen die Kraftstoffleitung ❷ aus ihrer Befestigung ❶.

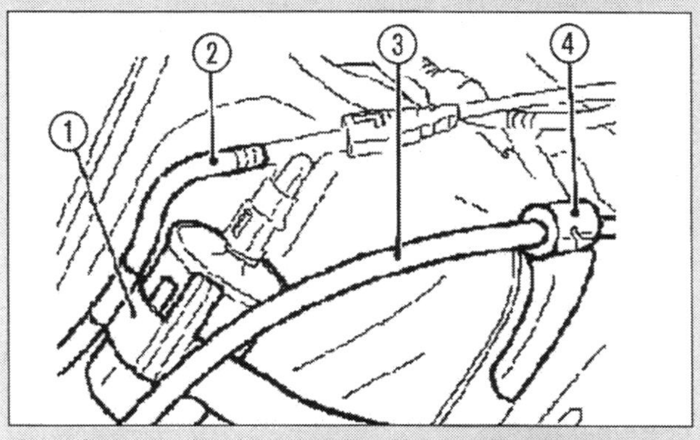

Ausclipsen – Handbremsseile, Kraftstoffleitungen.

⑨ Ziehen Sie die Kraftstoffleitungen ❶ und ❷ vom Filtergehäuse ab – Opel-Schrauber nutzen das Spezialwerkzeug KM-796-A.

⑩ Im Anschluss heben Sie die Sicherungsnase ❸ an, …

⑪ … ziehen den Filter nach vorn aus der Klemmschelle und legen ihn auslaufsicher ab.

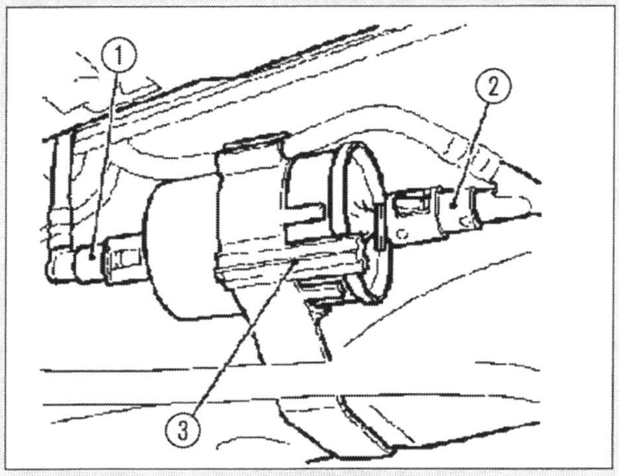

Vom Filter lösen – Kraftstoffleitungen.

⑫ Den neuen Filter montieren Sie in umgekehrter Reihenfolge. Achten Sie auf die richtige Durchflussrichtung (Richtungspfeil am Gehäuse). Lassen Sie am Filtergehäuse außerdem die Sicherungsnase hörbar einrasten.

⑬ Alles o. k.? Dann starten Sie den Motor, lassen ihn kurz durchlaufen und checken derweil sämtliche Schlauchschellen auf Dichtheit.

⑭ Entsorgen Sie den alten Filter als Sondermüll.

Dieselmotor

Der Dieselkraftstofffilter sitzt, leicht erreichbar, an der Spritzwand vorne links im Motorraum.

① Klemmen Sie das Batteriemassekabel ab …

② … und clipsen beide Kraftstoffleitungen aus dem Halter (Pfeil).

③ Hernach ziehen Sie den Kabelstecker ❶ von der Kraftstoffvorwärmung ab, …

④ … lösen die Kraftstoffleitungen ❸ und ❹ am Filtergehäusedeckel ❺, …

⑤ … verschließen die Öffnungen mit einem passenden Stopfen und ziehen das Filtergehäuse nach oben aus der Crash-Box ❷.

Servicefreundlich – der Kraftstofffilter im Vectra Diesel an der Spritzwand vorne links im Motorraum.

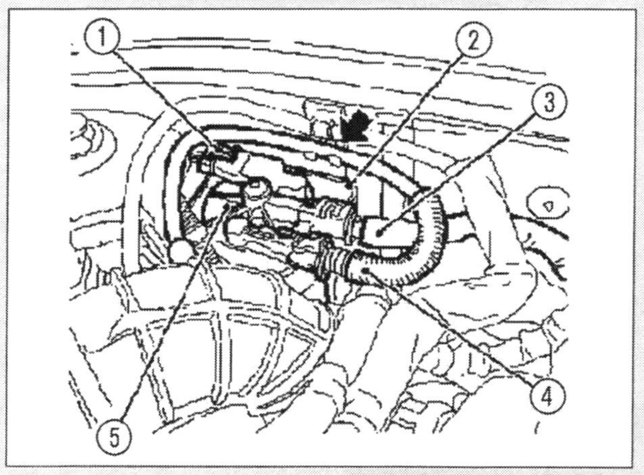

Demontieren – Kraftstofffilteranschlüsse.

⑥ Um den Gehäusedeckel ❸ mitsamt der Deckelschraube ❶ zu demontieren, spannen Sie das Filtergehäuse ❼ vorsichtig in einen Schraubstock.

⑦ Ziehen Sie das Filterelement ❺ nach oben aus dem Gehäuse, lassen es abtropfen und entsorgen es dann als Sondermüll. Das im Gehäuse verbliebene Dieselöl schütten Sie ab und reinigen das Gehäuse dann mit einem sauberen, fusselfreien Tuch.

⑧ Setzen Sie den neuen Einsatz ins Gehäuse ein und füllen den »Raum« mit sauberem Dieselöl auf.

⑨ Nun ziehen Sie die Deckelschraube mitsamt neuer Dichtung ❷ mit 6 Nm fest. Vergessen Sie nicht, ebenfalls die Dichtung ❹ in der Nut des Kraftstofffilterdeckels zu erneuern.

⑩ Schieben Sie das komplette Filtergehäuse von oben in die Crash-Box ein und schließen den Stecker der Kraft-

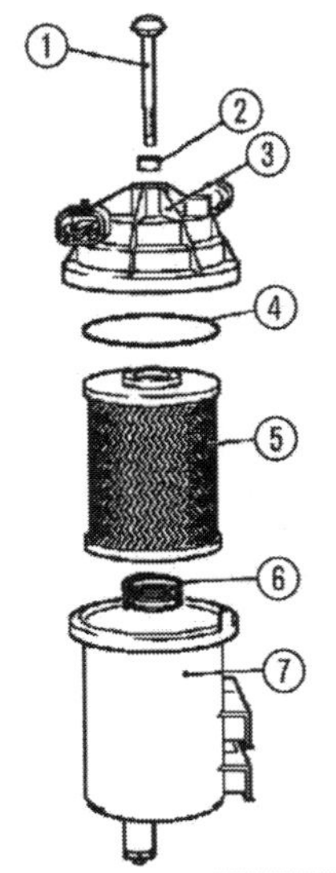

In vorgeschriebenen Intervallen wechseln: Kraftstofffiltereinsatz.
❶ Deckelschraube;
❷ Dichtung;
❸ Filtergehäusedeckel;
❹ Dichtung;
❺ Filterelement;
❻ Feder;
❼ Gehäuse.

stoffvorwärmung sowie die Kraftstoffleitungen wieder an. Achten Sie darauf, dass die Schnellverschlüsse richtig einrasten. Ansonsten könnten Ihnen die Schläuche während der Fahrt abspringen und den Motorraum unter »Dieselöl« setzen.

⑪ Beenden Sie die Arbeit in umgekehrter Reihenfolge und starten den Motor. Er könnte sich zunächst kräftig schütteln – kein Problem, sobald die »Restluft« aus dem System gewichen ist »nagelt« er wieder ruhig vor sich hin.

⑫ Derweil checken Sie alle Anschlüsse auf Dichtheit und versuchen zur Sicherheit die Schläuche per Hand von den Anschlüssen zu ziehen. Bei solider Arbeit haben Sie jetzt keine Chance …

Darauf sollten Sie achten – Dieselkraftstoff und Kondenswasser

Dieselöl hat die unangenehme Eigenart Kondenswasser zu binden und flockige Schmutzpartikel zu führen. Deshalb sollten Sie die vorgeschriebenen Wechselintervalle des Dieselfilters hierzulande unbedingt einhalten und nach ausgedehnten Fahrten ins außereuropäische Ausland mitunter sogar vorziehen.

Kraftstoffleitungen und Schläuche aus- und einbauen (allgemein)

Vorsicht: Das Kraftstoffsystem steht bei Einspritzanlagen auch dann noch unter Betriebsdruck, wenn der Zündschlüssel bereits längere Zeit »gezogen« ist (siehe Druckventil). »Bandagieren« Sie die Montagestellen deshalb grundsätzlich mit einem Putzlappen und tragen eine Schutzbrille.

Arbeitsschritte

① Lösen Sie die Schnellkupplungen bzw. Schraubanschlüsse.

② Bei Quetschklemmen »fahren« Sie mit einem feinen Schraubendreher unter die Schelle und lockern sie, indem Sie den Schraubendreher seitlich hin- und herhebeln.

③ Ziehen Sie mit Drehbewegungen den Schlauch ab. Gelingt Ihnen das nicht, setzen Sie hinter das Schlauchende einen kleinen Gabelschlüssel an und pressen den Schlauch mit dem »Schlüsselmaul« ab.

④ Montieren Sie die Schläuche nicht mit Quetsch- sondern mit Schraubschellen. Schraubflansche dichten Sie grundsätzlich mit neuen Kupferdichtungen ab.

⑤ Bei der Montage von Schnellkupplungen müssen Sie den Clip ❷ vom Stecker ❶ abziehen und …

⑥ … ihn in die Buchse ❸ einsetzen. Achten Sie darauf, dass die Haltenasen fest in einrasteten.

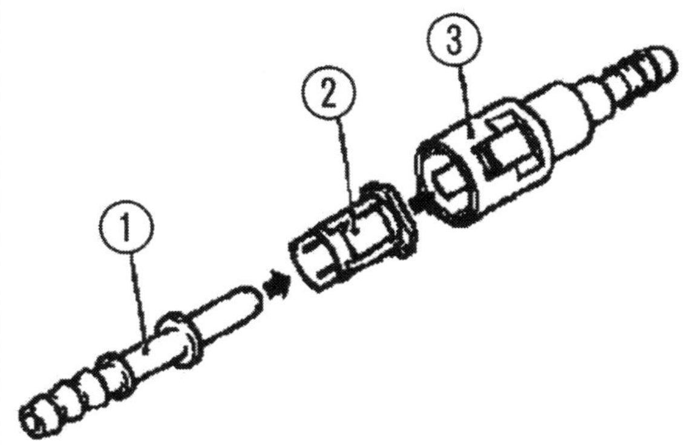

Die Schnellkupplung im Detail: *❶ Stecker; ❷ Clip; ❸ Buchse.*

⑦ Anschließend drücken Sie den Stecker fest in die Buchse. Auch er rastet hörbar ein.

⑧ Derweil checken Sie alle Anschlüsse auf Dichtheit und versuchen zur Sicherheit die Schläuche per Hand von den Anschlüssen zu ziehen. Bei solider Arbeit haben Sie jetzt keine Chance …

Fehlersuche an der elektrischen Kraftstoffpumpe

Elektrische Kraftstoffpumpen »beliefert« ein Arbeitsstromrelais mit »Energie«. Die Prüfung der Kraftstoffpumpe ist eher eine Arbeit für die Werkstatt. Beschränken Sie sich besser auf folgende Punkte.

Arbeitsschritte

① Klemmen Sie das Batteriemassekabel ab und …

② … lösen die Kraftstoffdruckleitung am Kraftstoffverteilerrohr. Umherspritzendes Benzin »fangen« Sie mit einer Lappenbandage ein.

③ Geringe Kraftstoffmengen treten übrigens auch bei stehendem Motor aus, das Kraftstoffsystem steht ja ständig unter Druck.

④ Bleibt der Anschluss trocken, schalten Sie kurz die Zündung ein (nicht den Anlasser betätigen!).

⑤ Bleibt die Pumpe untätig, dann checken Sie die Sicherung im Sicherungskasten bzw. das Sicherheitsrelais im Motorraum.

⑥ »Sprudelt« hernach weiterhin kein Benzin, überprüfen Sie das Pumpenrelais im Motorraum.

⑦ Sollten Sie dort fündig werden, muss die Kraftstoffpumpe jetzt anlaufen.

⑧ Ansonsten bauen Sie die Abdeckung unter der Rücksitzbank aus und »traktieren« das Pumpengehäuse vorsichtig mit einem kleinen Hammer – mitunter hilft das.

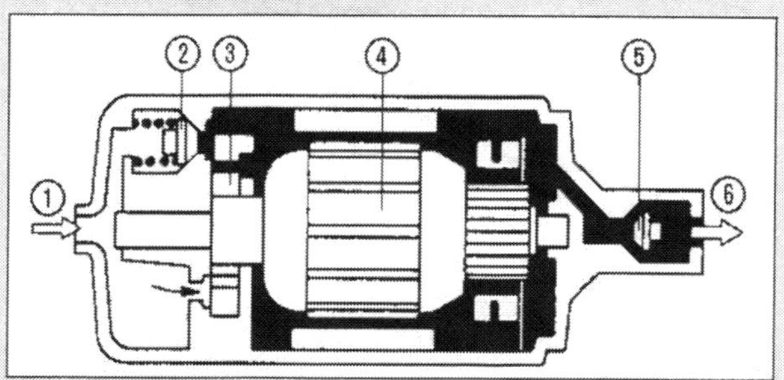

Quer durch die Pumpe: Die Förderrichtung in einer elektrisch angetriebenen Rollenzellenpumpe: *❶ Saugseite, ❷ Überdruckventil, ❸ Filtergehäuse, ❹ Laderegler, ❺ Rückschlagventil, ❻ Druckseite.*

⑨ Bei der Gelegenheit prüfen Sie selbstverständlich auch die Pumpenanschlusskabel. Mitunter sind sie oxidiert oder haben sich gar los gerappelt.

⑩ Lässt auch das die Pumpe »kalt«, prüfen Sie mit einem Dioden-Spannungsprüfer (eine normale Prüflampe könnte dem Steuergerät schaden) ob überhaupt Spannung anliegt. Vergessen Sie allerdings nicht, vorher die Zündung einzuschalten.

⑪ Spannung o. k., dann dürfte die Pumpe defekt oder ein Anschlusskabel unterbrochen sein. Ihre eigenen Reparaturchancen sind ab sofort eher gering. Nachdem Sie die Kabel geprüft haben, montieren Sie besser freiwillig eine neue Pumpe.

⑫ Läuft die Pumpe, an der Druckleitung kommt jedoch kein Kraftstoff an, checken Sie den Kraftstofffilter und blasen die Kraftstoffleitung durch. Evtl. ist der Filter verstopft oder die Leitung unterwegs »nur« irgendwo geknickt.

Das Abgassystem

In den Kindertagen des Automobils hatten Auspuffsysteme lediglich die Aufgabe, die Verbrennungsgeräusche des »Explosionsmotors« zu reduzieren – das war einmal. Seit den achtziger Jahren des vergangen Jahrhunderts erledigt der Auspuff noch einen weiteren »Job«: Er eliminiert mit Dreiwege-Katalysatoren bis zu 90 Prozent der giftigen Abgase.

Ab Werk »hängt« unter dem Vectra-Bauch ein rostresistenter, mehrteiliger Auspuff. Das gesamte System besteht bei den Ottomotoren aus zwei Lambdasonden (V6 Motor vier), dem Dreiwege-Katalysator (Diesel mit Oxidationskatalysator) und einem flexiblen Zwischenstück. Daran anschließend strömen die Abgase durch einen einflutigen Reflexions- und Hauptschalldämpfer ins Freie. Der geregelte Katalysator ist motornah direkt mit dem Auspuffkrümmer verschweißt. Vorteil: Die heißen Abgase heizen den »Filter« schnell auf, so dass seine Innereien schnell »reaktionsfähig« werden. Das minimiert die Schadstoffmenge und schont die Umwelt – vornehmlich im Kurzstreckenverkehr mit vielen Kaltstarts.

Den Ersatzbedarf deckt Opel mit Serviceanlagen ab. Zur Montage des Serviceparts »teilen« Sie jeweils die Produktionsanlage an den entsprechenden Flanschen und setzen dann das Neuteil mit neuen Dichtungen dazwischen. Außer einer festen Halterung fixieren den Auspuff an exponierten Stellen mehrere Weichgummihalterungen. Sie halten die Anlage nahezu vibrations- und spannungsfrei in der Waage und – last but not least auf erforderliche Distanz zum Unterboden.

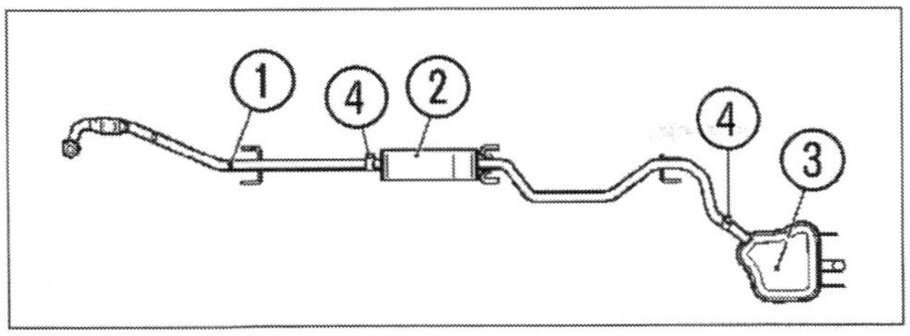

Auspuffsystem beim Z18 XE: *❶ Vorderes Abgasrohr mit Flexrohr und Gewindestutzen für zweite Lambdasonde, ❷ Vorschalldämpfer mit mittlerem Abgasrohr, ❸ Endschalldämpfer mit hinterem Abgasrohr, ❹ Rohrtrennstellen.*

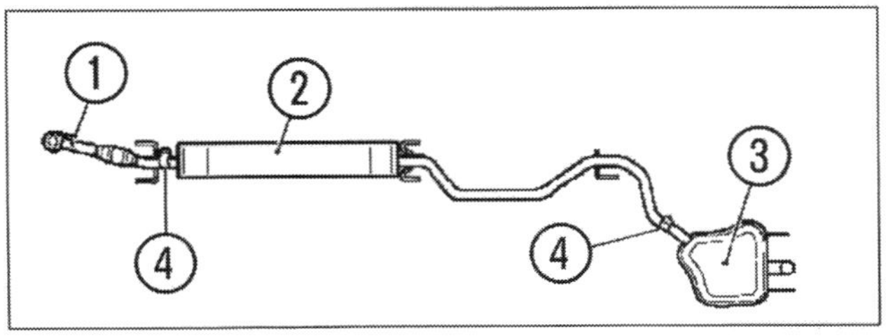

Auspuffsystem beim Z22 SE: *❶ Vorderes Abgasrohr mit Flexrohr und Gewindestutzen für zweite Lambdasonde, ❷ Vorschalldämpfer mit mittlerem Abgasrohr, ❸ Endschalldämpfer mit hinterem Abgasrohr, ❹ Rohrtrennstellen.*

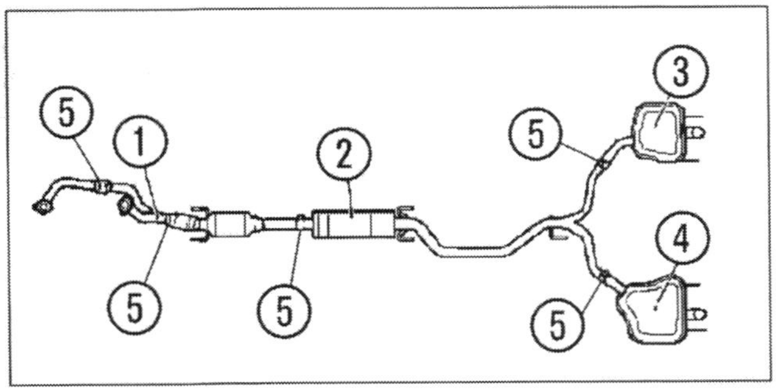

Auspuffsystem beim Z32 SE: *❶ Vorderes Abgasrohr mit Flexrohr und Gewindestutzen für zweite Lambdasonde, ❷ Vorschalldämpfer mit mittlerem Abgasrohr, ❸ rechter Endschalldämpfer mit hinterem Abgasrohr, ❹ linker Endschalldämpfer mit hinterem Abgasrohr, ❺ Rohrtrennstellen.*

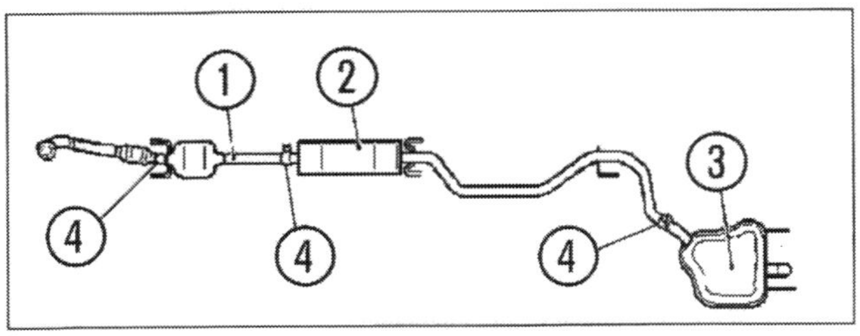

Auspuffsystem beim Y20 DTI/Y22 DTI: *❶ Vorderes Abgasrohr mit Flexrohr und Katalysator, ❷ Vorschalldämpfer mit mittlerem Abgasrohr, ❸ Endschalldämpfer mit hinterem Abgasrohr, ❹ Rohrtrennstellen.*

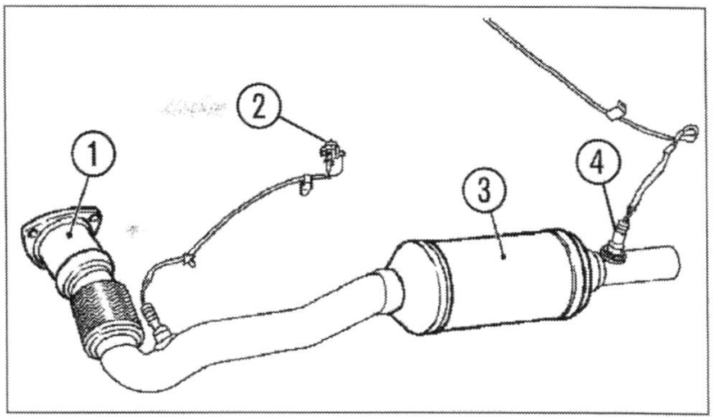

Nur am Z22 SE-Motor verschraubt: Startkatalysator.
❶ Startkatalysator hinter dem Auspuffflansch, ❷ Lambda-Sonde (Gemischregelung), ❸ Dreiwege-Katalysator, ❹ Lambda-Sonde (Abgasregelung).

Hält »locker« 80 000 Kilometer – Vectra-Abgassystem

Natürlich hängt die Lebensdauer des Abgassystems stark von den Einsatzbedingungen Ihres Vectra ab: Sind Sie überwiegend im Stadtverkehr oder auf kurzen Strecken unterwegs, setzen sich in seinem Innern wesentlich mehr »ätzendes« Kondensat, Ruß und aggressive Säuren ab. Auf Langstrecken haben die Schadstoffe dagegen wesentlich weniger Chancen, Schalldämpfer und Rohre zu »perforieren« – die Auspuffanlage ist dann ständig gut durchgewärmt. Doch erfahrungsgemäß »überlebt« ein originaler Vectra-Auspuff locker 80.000 Kilometer – auch unter widrigeren Einsatzbedingungen.

Der vordere Auspuffbereich mit eingeschweißtem Katalysator trotzt dem Rost ohnehin erfolgreicher als die hintere Anlage. Grund: die Abgase sind dort noch zwischen 800 und 1000 °C heiß – Spritzwasser und aggressive Kondensate haben nur geringe Chancen, die Rohre und Schalldämpfer »anzufressen«.

Auf ihrem Weg durch den Reflexions- und Endschalldämpfer bis hin zum Auspuffendrohr kühlen die Abgase zunehmend aus. Sie verlassen den Auspuff, je nach Arbeitsverfahren (Diesel, Otto), mit etwa 150 – 300 °C. Einleuchtend, dass der Endschalldämpfer das meiste Kondensat sammelt: Eine Melange aus aggressiven Säuren und festen Verbrennungsrückständen zerfrisst den »Topf« von innen nach außen.

Sobald ständig kaltes Spritzwasser den heißen Auspuff Ihres Vectra bei Regenfahrten »duscht«, sind große Temperaturschwankungen programmiert: Speziell für den vorderen Teil der Abgasanlage ist das extrem belastend. Der allgegenwärtige Temperatur-

schock kann dann sogar glatte »Rohrbrüche« oder feine Haarrisse provozieren – trotz des flexiblen Zwischenstücks nach dem Auspuffkrümmer.
Ansonsten beschleunigen Spritz- und Salzwasser den Rostfraß von außen nach innen. Steinschläge oder andere äußere Einflüsse, etwa wenn Sie mit dem Auspuff aufsetzen, verkürzen zusätzlich die »normale« Lebenserwartung. Gleichermaßen machen dem Auspuff auch schädliche Schwingungsfrequenzen, die beispielsweise ein sprödes oder gerissenes Aufhängungsgummi initiiert, auf Dauer den Garaus.

Erfahrungssache – so »bearbeiten« Profis den Auspuff

Stark oxydierte Bleche können Sie nicht dauerhaft schweißen. Der Reparaturerfolg an einer »Salz vergoldeten« Abgasanlage ist daher meist nur von kurzer Dauer. Zwar halten Auspuffkitt und Bandagen den »Rost« etwas länger beieinander, aber direkt neben der Reparaturstelle treibt er weiter seine Blüten. Abgasanlagen mit mehr als einem Schalldämpfer haben die unangenehme Eigenschaft, dass, nur wenige Monate nach dem Austausch des ersten, auch der zweite Schalldämpfer perforiert ist. Werkstätten wechseln Abgasanlagen deshalb von vornherein »gerne« komplett.

Unser Tipp:
Bevor Sie »Hand anlegen«, nehmen Sie den Auspuff Ihres Vectra genau in Augenschein und entscheiden erst danach, ob Sie Einzelteile oder besser doch die komplette Anlage erneuern möchten.

Arbeitsschritte

① Bocken Sie Ihren Vectra rüttelsicher auf.

② Sollten Sie festgerostete Verschraubungen nicht mehr lösen können, versuchen Sie's »anders herum« – meistens reißen »überdrehte« Schrauben dann einfach ab. Zur Montage verwenden Sie grundsätzlich neue Schrauben, Federringe, Muttern und Dichtungen.

③ Erneuern Sie gleichfalls alle Haltegummis. Der neue Auspuff hängt dann rüttelsicher in der Waage und verspannt nicht so leicht.

④ Haben Sie den Auspuff bereits früher teilweise erneuert, trennen Sie die Steckverbindungen der Rohrenden am besten in erhitztem Zustand. Werkstätten nutzen dazu einen Schweißbrenner – ein guter Propangasbrenner tut's in der Regel auch. Schützen Sie Ihre Hände, die Augen und das Umfeld der »Brandstelle« allerdings mit Arbeitshandschuhen, einer Arbeitsbrille bzw. einer feuerfesten Zwischenlage – halten Sie einen Feuerlöscher griffbereit. Praxistipp: Bevor Sie den Brenner »anfeuern«, versuchen Sie's zunächst mit Rostlösemitteln.

⑤ Trennen Sie Rohre und Flanschen mit kräftigen Drehbewegungen. Evtl. erleichtern Ihnen leichte Hammerschläge auf das Außenrohr die Arbeit.

⑥ Bleiben Sie damit erfolglos, flexen oder sägen Sie Steckverbindungen knapp 10 Zentimeter hinter der Verbindungsstelle ab. Den Rest des Rohrs »schlitzen« Sie dann bis zur Trennstelle in Längsrichtung auf und »schälen« es hernach mit einem kräftigen Schraubendreher ab.

⑦ Auspuffschrauben lassen sich später leichter lösen, wenn Sie vor der Montage den Gewinden eine dünne Schicht hitzefestes Kupferfett »gönnen«. Gleiches gilt erst recht für Steckverbindungen.

Augen auf beim Auspuffcheck – trauen Sie keiner alten Aufhängungsschlaufe

Motorseitig ist das Auspuffsystem an einem Dreipunktflansch fest mit dem Auspuffkrümmer verschraubt. Unter dem Fahrzeugboden hängt es allerdings freischwingend in Gummistegschlaufen und der Endschalldämpfer kontaktet zum vorderen Teil über einen Zweilochflansch mit flexiblem Dichtzwischenring. Wenn Ihr Auspuff erst »dröhnt oder knallt« oder gar an den Unterboden anschlägt, trauen Sie keiner Schweißnaht, keinem Schalldämpfer und erst recht keiner Aufhängungsschlaufe mehr. Inspizieren Sie den »rostigen Rest« penibel, schrecken Sie dabei auch vor Hammerschlägen nicht zurück.

Arbeitsschritte

① Checken Sie alte Gummistegschlaufen auf Brüchigkeit, Einrisse oder sonstige Beschädigungen. Zur Kontrolle »rütteln« Sie am Endrohr den Auspuff kräftig hin und her.

② Überprüfen Sie am Krümmerflansch sämtliche Verschraubungen auf festen Sitz.

③ Starten Sie den Motor und verstopfen das Auspuffendrohr mit einem Lappen. Schon nach kurzer Zeit muss der Motor absterben. Hören Sie unter dem Vectra-Bauch allerdings zischelnde Geräusche oder läuft der Motor unbeeindruckt weiter, ist die Anlage undicht.

④ Laute Verbrennungsgeräusche und helles »Petschen« im Schiebebetrieb verraten untrüglich einen defekten Auspuff.

⑤ Klopfen Sie mit Hammerschlägen gründlich alle Schalldämpfer und Rohre ab. Vergessen Sie auch die Schalldämpferstirnseiten nicht. Hämmern Sie übrigens nicht zu zaghaft, ein »gesunder« Auspuff verträgt das. Auf gesundem Blech klingen Ihre Schläge »trocken und hell«, morsches Blech erkennen Sie an dumpfen Klopfgeräuschen.

Preisfrage – Auspuffkomplett- oder -teilreparatur

Wir beschreiben Ihnen die Demontage der kompletten Abgasanlage am Beispiel des 1,8 16V. Wenn Sie nur Einzelteile erneuern möchten, berücksichtigen Sie eben nur den entsprechenden Reparaturabschnitt. Denken Sie beim Ersatzteilkauf daran, dass Sie generell alle Schrauben, Muttern, eingebrannte Dichtungen, Dichtringe und spröde Haltegummis erneuern.

Arbeitsschritte

① Klemmen Sie das Massekabel der Batterie ab und …

② … bocken Ihren Vectra rüttelsicher auf oder liften ihn per Hebebühne.

③ Bevor Sie den Auspuff demontieren, lösen Sie, falls vorhanden, die untere Motorabdeckung.

④ Nun » bandagieren« Sie zunächst das flexible Rohr im vorderen Auspuffstück mit einem Stützmantel oder »fesseln« es mit geeigneten Schienen (Kanthölzer, Dachlatten) und Spannbändern. Denn wenn Sie, anlässlich der Montage, das Netz überdehnen, reißt es – der vordere Auspuff ist dann Schrott. Gehen Sie also entsprechend sensibel damit um.

⑤ Lösen Sie hernach den vorderen Auspuff am Befestigungsflansch ❺ und ziehen dann den Mehrfachstecker ❶ der Lambdasonde ❷ (Abgaskontrolle).

⑥ Hängen Sie dann alle Aufhängungsgummis (Pfeile) aus und ...

⑦ … senken den Auspuff vorsichtig ab.

⑧ Um den Vorschalldämpfer zu erneuern, öffnen Sie die Klemmschellen ❸ und ❹. Zum Austausch des Endschalldämpfers reicht es, wenn Sie die Auspuffschelle ❹ lösen. Trennen Sie dazu, wie beschrieben, die entsprechenden Auspuffmodule voneinander.

⑨ Beenden Sie die Montage in umgekehrter Reihenfolge.

⑩ Doch vor der Montage reinigen Sie alle Dichtflächen und …

⑪ … bestreichen die neue Auspuffflanschdichtung mit Fett. »Pappen« Sie hernach die Dichtung des vorderen Anlagenteils an den Krümmerflansch – das Fett ist zäh genug um die Dichtung zu »halten«.

⑫ Bandagieren Sie jetzt das flexible Rohr des vorderen Anlagenteils wie beschrieben und bugsieren dann den vorderen Teil vorsichtig unter den Wagen.

⑬ Hängen Sie die Anlage zunächst am Schraubflansch ein. Achten Sie darauf, dass sich die »angepappte« Dich-

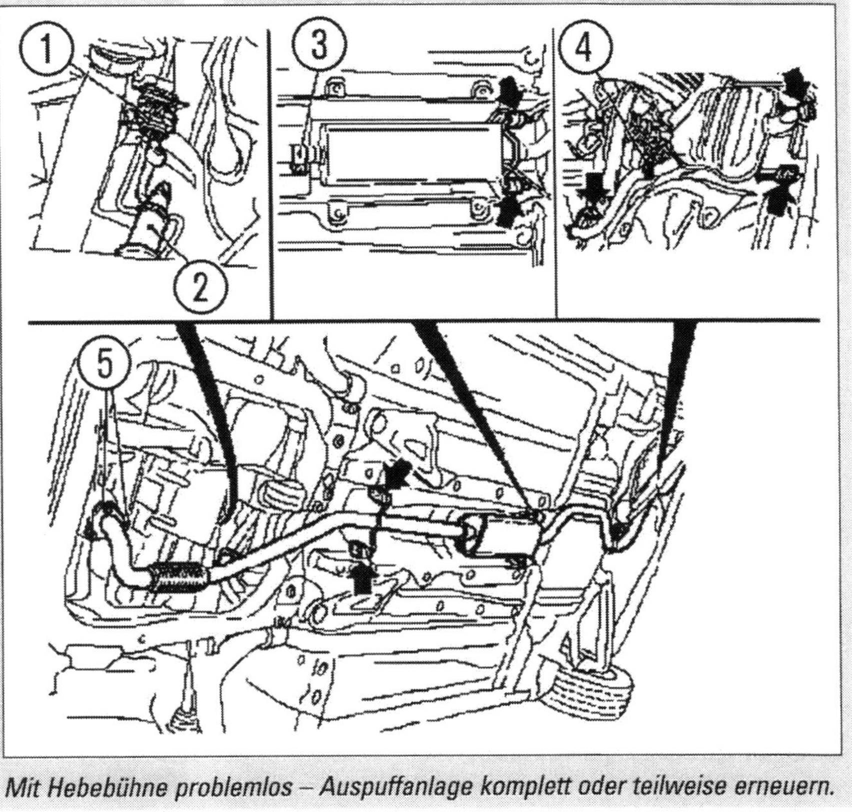

Mit Hebebühne problemlos – Auspuffanlage komplett oder teilweise erneuern.

tung dabei nicht verschoben hat. Ziehen Sie die Muttern nur handfest vor und …

⑭ … hängen dann die folgenden Auspuffrohre mit neuen Gummischlaufen auf. Vergessen Sie nicht, die Schlaufen vorher einzufetten.

⑮ Richten Sie hernach die Anlage unter dem Wagenboden aus. Dazu …

⑯ … schwingen Sie den Auspuff am Endrohr kräftig hin und her. Falls er nicht mit dem Bodenblech kollidiert, ziehen Sie den vorderen Schraubflansch mit 20 Nm und Rohrschellen mit 45 Nm fest.

⑰ Schließen Sie die Lambdasonde an (Kabelstecker) und …

⑱ … starten den Motor. Halten Sie das Auspuffendrohr zu und warten bis der Motor »abstirbt«. Falls er keine Anstalten dazu macht, ist die Anlage irgendwo undicht. In dem Fall ziehen Sie sämtliche Schraubverbindungen nach und checken die Dichtflächen – danach geben Sie dem Motor und Ihrer Arbeit dann eine »zweite Chance«.

Auspuffkrümmer aus- und einbauen

Arbeitsschritte

Z18 XE

① Demontieren Sie, wie beschrieben, das vordere Auspuffrohr und die Motorabdeckung.

② Trennen Sie den Mehrfachstecker der Lambdasonde und clipsen ihn aus dem Halter.

③ Damit Sie das Kabelende nicht weiter stört, »wickeln« Sie es vorsichtig um den Auspuffkrümmer.

④ Lösen Sie die drei Schrauben (Pfeile) des Hitzeschutzblechs und nehmen es vom Krümmer ab.

⑤ Im Anschluss demontieren Sie den Kühlwasserschlauch ❶ vom Thermostatgehäuse. Achtung, es wird Kühlflüssigkeit auslaufen. Deshalb: Auffangwanne unter den Motor schieben.

⑥ Nun lösen Sie den Auspuffkrümmer an zehn Muttern.

⑦ Vor der Montage reinigen Sie alle Dichtflächen und bestreichen die neue Dichtung mit Fett. Hernach »fixieren« Sie die Dichtung an den Zylinderkopf – das Fett ist zäh genug um die Dichtung zu »halten«.

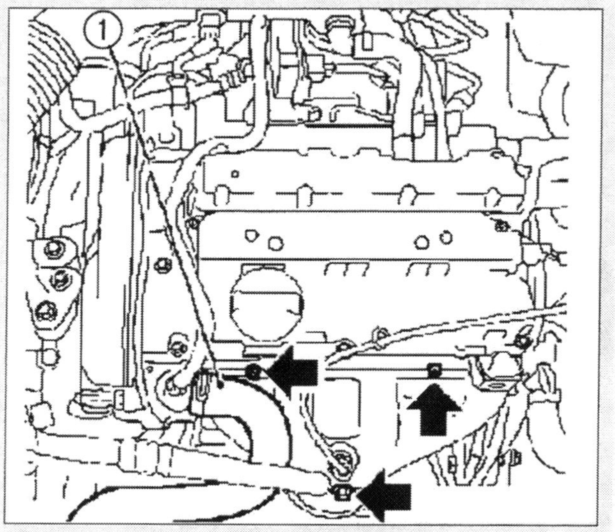

Schritt für Schritt vorgehen – Auspuffkrümmer »entblättern«.

⑧ Anschließend ziehen Sie den Auspuffkrümmer mit neuen Muttern in der vorgeschriebenen Reihenfolge (❶ – ❿) mit 12 Nm fest.

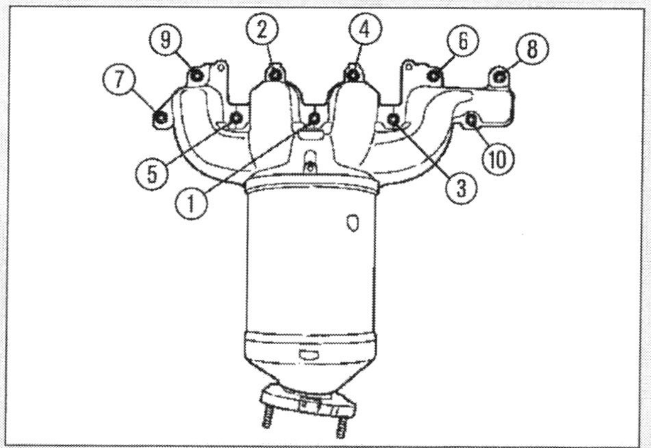

Von innen nach außen festziehen – Auspuffkrümmer.

⑨ Lassen Sie der »Dichtung einige Minuten Zeit« und checken jetzt noch einmal das Anzugsmoment der Krümmerschrauben. Denn erfahrungsgemäß gibt die Dichtung etwas nach.

⑩ Beenden Sie die Montage in umgekehrter Reihenfolge.

Z22 SE

① Demontieren Sie, wie beschrieben, dass vordere Auspuffrohr und die Motorabdeckung.

② Trennen Sie den Mehrfachstecker der Lambdasonde ❺ und clipsen ihn aus dem Halter.

③ Damit Sie das Kabelende nicht weiter stört, »wickeln« Sie es vorsichtig um den Auspuffkrümmer.

④ Hernach lösen Sie das Hitzeschutzblech ❶, die Hebeöse ❸ und den Kabelsatzhalter ❹ vom Krümmer.

⑤ Demontieren Sie die Schrauben ❷ und ❻ und ...
⑥ ... lösen den Auspuffkrümmer an zehn Muttern.

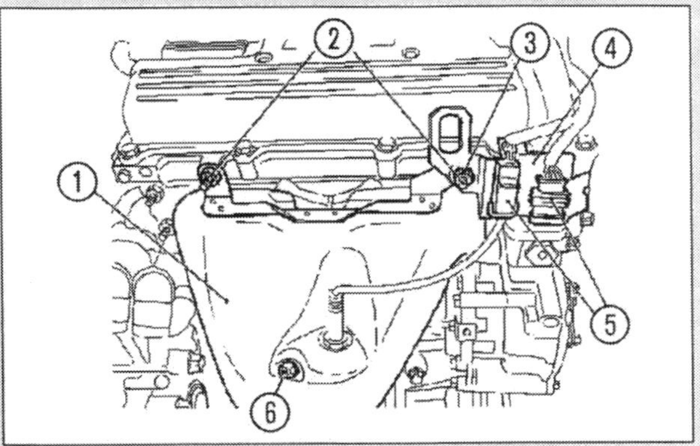

Mit zehn Muttern demontieren – Auspuffkrümmer.

⑦ Vor der Montage reinigen Sie alle Dichtflächen und bestreichen die neue Dichtung mit Fett. Hernach »fixieren« Sie die Dichtung an den Zylinderkopf – das Fett ist zäh genug um die Dichtung zu »halten«.

⑧ Anschließend ziehen Sie den Auspuffkrümmer, von innen nach außen, mit 12 Nm fest.

⑨ Lassen Sie der »Dichtung einige Minuten Zeit« und checken jetzt noch einmal das Anzugsmoment der Krümmerschrauben. Denn erfahrungsgemäß gibt die Dichtung etwas nach.

⑩ Beenden Sie die Montage in umgekehrter Reihenfolge.

Z32 SE

① Demontieren Sie, wie beschrieben, dass vordere Auspuffrohr und die Motorabdeckung.

Zylinder 1 – 3 – 5

② Demontieren Sie das Anlasserhitzeschutzblech. Dazu lösen Sie die Schraube ❶ und die beiden Muttern ❷. Bugsieren Sie das Blech aus dem Motorraum.

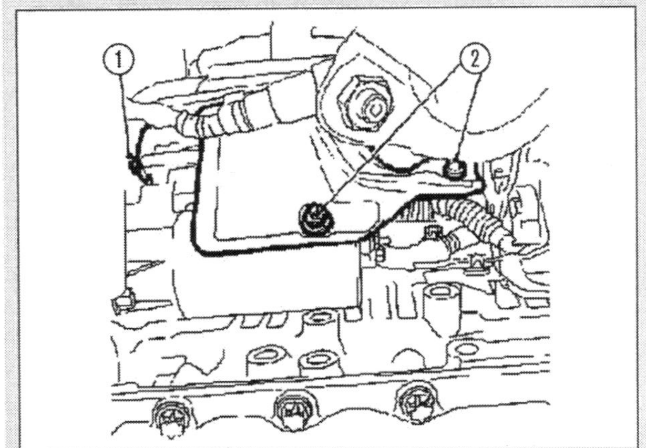

Eine Schraube und zwei Muttern lösen – am Hitzeschutzblech.

③ Trennen Sie den Mehrfachstecker der Lambdasonde und clipsen ihn aus dem Halter.

④ Damit Sie das Kabelende nicht weiter stört, »wickeln« Sie es vorsichtig um den Auspuffkrümmer und ...

⑤ ... lösen den Auspuffkrümmer ❶ an sieben Muttern (❷, Pfeile).

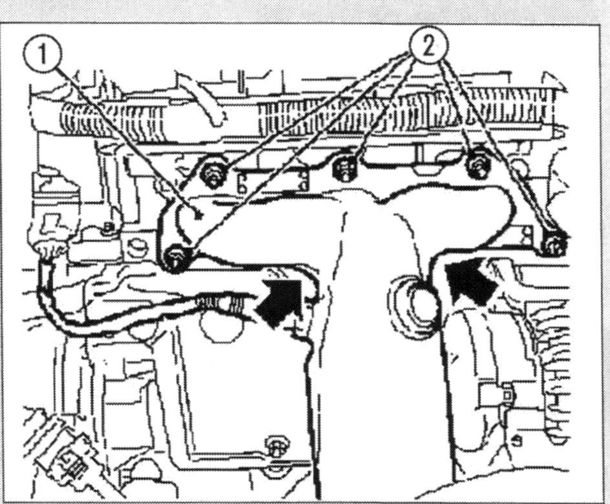

Mit sieben Muttern demontieren – Auspuffkrümmer (Zylinder 1 – 3 – 5).

Zylinder 2 – 4 – 6

⑥ Trennen Sie den Mehrfachstecker der Lambdasonde und clipsen ihn aus dem Halter.

⑦ Damit Sie das Kabelende nicht weiter stört, »wickeln« Sie es vorsichtig um den Auspuffkrümmer.

⑧ Hernach lösen Sie den Halter ❷ der Ölmessstabführung ❶ vom Krümmer.

⑨ Ziehen Sie jetzt die Ölmessstabführung aus dem Motorblock und …

⑩ ... lösen den Auspuffkrümmer ❸ an sieben Muttern.

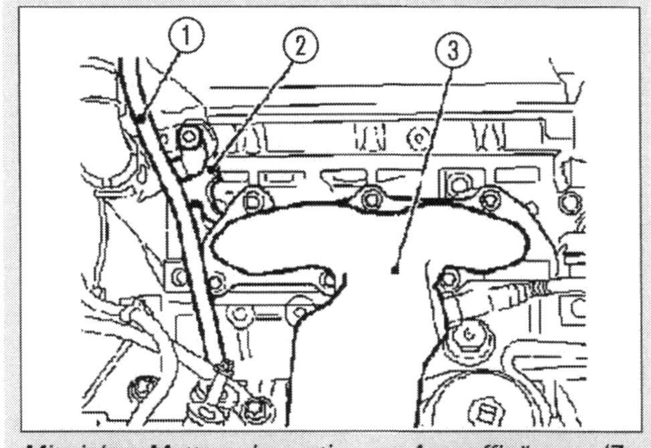

Mit sieben Muttern demontieren – Auspuffkrümmer (Zylinder 2 – 4 – 6).

alle

⑪ Vor der Montage reinigen Sie alle Dichtflächen und bestreichen die neue Dichtung mit Fett. Hernach »fixieren« Sie die Dichtung an den Zylinderkopf – das Fett ist zäh genug um die Dichtung zu »halten«.

⑫ Anschließend ziehen Sie den Auspuffkrümmer, von innen nach außen, mit 20 Nm fest.

⑬ Lassen Sie der »Dichtung einige Minuten Zeit« und checken jetzt noch einmal das Anzugsmoment der Krümmerschrauben. Denn erfahrungsgemäß gibt die Dichtung etwas nach.

⑭ Beenden Sie die Montage in umgekehrter Reihenfolge. Spendieren Sie der Ölmessstabführung noch ein paar neue Dichtringe.

Praxistipp

So wird der Auspuff dicht

Verwenden Sie zu jeder Auspuffreparatur generell neue Dichtungen und Schrauben: Unbenutzte Dichtungen sind noch »weich« und passen sich daher den Flanschen besser an. Neue Schrauben sind einfach schneller zu »bewegen«. Vergessen Sie auch nicht sämtliche Dichtflächen vor der Montage zu planen und die Schraubengewinde mit hitzefester Kupfergleitpaste einzustreichen. Die Chancen, dass Ihr Auspuff dann auf Anhieb dicht wird, sind so wesentlich größer. Undichte Anlagen »klingen« übrigens nicht nur nach »Hinterhof«, sondern sie wirken sich zudem negativ auf die Motorleistung und das Abgasverhalten aus.

Technik-lexikon

Das kommt aus dem Auspuff

Kohlenmonoxid (CO): Wird bei der Abgasuntersuchung gemessen. Die Grundvoraussetzungen für »zeitgemäße« Abgase sind eine präzise gesteuerte Kraftstoffeinspritzmenge, eine homogene Gemischverwirbelung und der richtige Zündzeitpunkt. Messen Sie Kohlenmonoxid (CO) niemals in geschlossenen Räumen – Sie könnten an den Gasen ersticken! Nicht so in gut belüfteten Räumen oder unter freiem Himmel, hier vermischt sich Kohlenmonoxid mit Sauerstoff zum ungefährlicheren Kohlendioxid (CO_2). CO_2 hat wesentlichen Anteil am Treibhauseffekt.

Kohlenwasserstoffe (HC): Verbrennen in »zerklüfteten« Brennräumen mit »kalten« Zonen nur unvollkommen. Abhängig von der Motorkonstruktion ist der HC-Anteil bei gesunden Motoren eine unveränderliche Größe. Falsch eingestellte Triebwerke variieren in den Abgasen dagegen ihren HC-Anteil. Kohlenwasserstoffe sind, zusammen mit Stickoxiden (NO_x), zu einem Großteil für die Smogbildung (schwer auflösbare Abgaskonzentrationen) in der Atmosphäre verantwortlich.

Stickoxide (NO_x): Ihr Anteil steigt bei hohen Verbrennungstemperaturen. Beispielsweise in Motoren, die für geringen CO- und HC-Ausstoß (reduziert Kraftstoffverbrauch) ausgelegt sind (Magergemischmotoren). Bei starker Konzentration kann NO_x die Atmungsorgane reizen. In Verbindung mit Wasser bildet sich Salpetersäure (saurer Regen).

Schwefeldioxid (SO_2): Entsteht – aufgrund des Schwefelgehalts im Kraftstoff – überwiegend bei der Verbrennung von Diesel. Unter Einwirkung von Licht mutiert Schwefeldioxid zu schwefeliger Säure ($H_2\,SO_3$) oder gar zu Schwefelsäure ($H_2\,SO_4$). Beide Verbindungen begünstigen den sauren Regen. Das derzeitige Verkehrsaufkommen beeinflusst das Entstehen schwefeliger Säuren mit rund 3 Prozent.

Typische Dieselabgasgifte: Funktionsbedingt emittieren Dieselmotoren nur geringe Mengen an CO und HC. Trotz höherer Verdichtung belasten sie die Atmosphäre mit weniger Stickoxiden als Ottomotoren. Vom Image eines »Saubermanns« ist der Diesel dennoch weit entfernt: Er »stinkt« nämlich mit anderen, problematischen Verbrennungsrückständen, so zum Beispiel mit Ruß, einem typischen Bestandteil der Dieselabgase. Ruß ist das »ungesunde« Ergebnis aus unverbrannten Kohlenstoffen und Asche. Die Partikel sind atemgängig und stehen im Ruf krebserregend zu sein. Gleichfalls entsteht bei der Verbrennung von Dieselkraftstoff Schwefeldioxid – und zwar in höheren Konzentrationen als beim Ottomotor (siehe Schwefeldioxid). Umweltbewusste Dieselfahrer haben hierzulande bereits jetzt die Möglichkeit, ihren Selbstzünder mit schwefelarmem Saft aus modernen Raffinerien zu füttern.

Rußpartikelfilter: Die ersten neuen Selbstzünder, zum Beispiel jene aus dem PSA-Konzern, »cleanen« ihre Abgase mit einem zusätzlichen Rußpartikelfilter. Der Filter sammelt Feststoffe aus den Dieselabgasen und verbrennt sie etwa alle 500 Kilometer nahezu rückstandslos in seinen Waben. Um die interne Verbrennung zu realisieren, wird dem Dieselkraftstoff in »homöopathischen« Dosen ein Additiv beigemischt. Der mitgeführte Vorrat reicht für etwa 100.000 Kilometer – danach wird eine neue Füllung fällig. Auf diese relativ einfache Art werden rund 90 Prozent der krebsfördernden Reststoffe während der Verbrennung eliminiert.

Die Abgasentgiftung

Kraftstoff besteht im Wesentlichen aus den Elementen Kohlenstoff und Wasserstoff. Bei der Verbrennung im Motor verbindet sich Kohlenstoff mit Sauerstoff aus der Luft zu Kohlendioxid (CO_2), der Wasserstoff (H) geht mit Sauerstoff (O_2) eine Verbindung zu Wasser (H_2O) ein. Aus einem Liter Kraftstoff entsteht rund 0,9 Liter Wasser. Es entweicht als »unsichtbarer« Wasserdampf aus dem Auspuff. Im Winter können Sie nach dem Kaltstart jedoch oft weiße Auspuffwolken beobachten – ein Indiz für kondensiertes Wasser.

Vectra mit geregeltem Katalysator – Diesel mit Oxidationskatalysator – alle Vectra mit Abgasrückführung (AGR)

Hierzulande haben alle Vectra mit Ottomotor zwei Lambdasonden und einen geregelten Katalysator inklusive Abgasrückführung an Bord: Die Dieselvarianten fahren dagegen mit einem Oxidationskatalysator und Abgasrückführungssystem. Der geregelte Katalysator verringert im Betrieb den Kohlenmonoxidanteil um etwa 85 Prozent, den der Kohlenwasserstoffe um 80 und die Stickoxidanteile um rund 70 Prozent. Oxidationskatalysatoren lassen Stickoxide unbehelligt passieren (darum auch die Abgasrückführung beim Diesel). Die Bezeichnung »geregelt« weist darauf hin, dass die Abgasemissionen, nicht so beim Oxidationskatalysator, während des Betriebs aktiv gemessen (Lambdasonde) und im Bereich des gesetzlich vorgegebenen Minimums justiert werden. Mit zunehmender Laufleistung verliert jeder Katalysator jedoch an Wirkung.

Misst den Restsauerstoffgehalt im Abgas – Lambdasonde

Um die Reaktionszeit der »Giftschnüffler« zu verkürzen, sitzen die Lambdasonden beim Vectra direkt im Abgaskrümmer und hinter dem Katalysator. Während die erste Sonde »lediglich« die Zusammenset-zung des Kraftstoff-/Luftgemischs analysiert, checkt die zweite Sonde gleichermaßen den vorderen Katalysator und ihre vorgeschaltete »Kollegin«. Dieses »Monitorsystem« ist Bestandteil der Opel On-Board-Diagnose (OBD), die im Übrigen alle emissionsrelevanten Baugruppen und Funktionen überwacht und eventuell auftretende Systemfehler per Kontrollleuchte ins Cockpit »funkt«. Die »Zustandsberichte« der Lambdasonden wertet das elektronische Motormanagement als Basis für alle Betriebszustände aus: Abhängig von den Messwerten mixt der Bordrechner daraus die Zusammensetzung des Luft-/Kraftstoffgemischs. Das geschieht in rasch wechselnder Folge immer nach dem gleichen Schema: Luftüberschuss zur Verbrennung überflüssiger Kohlenwasserstoffe – Luftmangel zur Verringerung der Stickoxide. Die »geregelten« Abgase passieren den Katalysator und werden in seinem Innern zu Kohlendioxid, Wasserdampf und Stickstoff gewandelt. Mit zunehmender Laufleistung verliert jeder Katalysator jedoch an Wirkung. Bei heutigen Kraftstoffqualitäten ist sein Exitus nach etwa 160.000 Kilometer »besiegelt«.

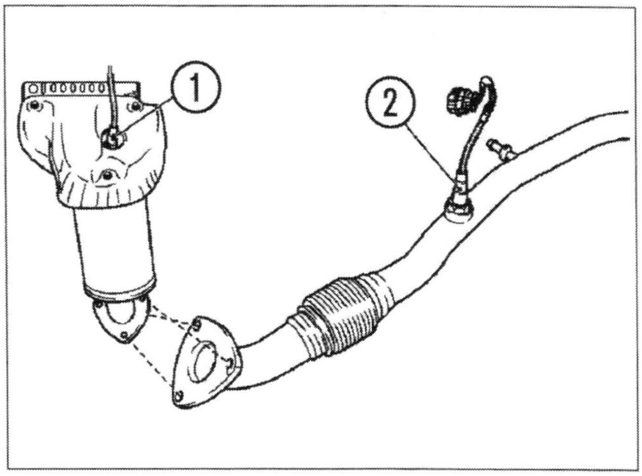

Immer im Doppelpack – Lambdasonden unter dem Vectra-Bauch. ❶ *Lambdasonde Gemischregelung,* ❷ *Lambdasonde zur Katalysatorüberwachung.*

Säubern die Abgase – AGR und AIR

Ergänzt wird das System durch eine ebenfalls elektronisch geregelte lineare Abgasrückführung (AGR). Das AGR-System mischt, je nach Betriebszustand, bis zu 15 Prozent der Abgase in den Arbeitstakt ein. Dadurch sinken die Verbrennungstemperaturen und die Stickoxide.

Das AIR-System (**A**ir **I**njection **R**eactor) hat die Aufgabe, die Auslassventile während des Kaltstarts mit Frischluft zu »duschen«. Den Job übernimmt eigens ein Elektrolüfter. Das System »killt« einen Teil der Kohlenwasserstoffe (HC) und steigert die Abgastemperatur. Dadurch verkürzt sich auch die Reaktionszeit des Katalysators.

Arbeitstemperaturen des Katalysators

Katalysator und Lambdasonden müssen zunächst auf Betriebstemperatur kommen (ca. 300 °C) – vorher funktioniert das »Putzgeschwader« im Auspuff nicht. Die Lambdasonden heizen sich mit elektrischer Energie selber ein, den Katalysator bringen heiße Abgase in rund 25 – 80 Sekunden auf Temperatur. Auf allzu hohe Temperaturen reagieren die »Saubermänner« jedoch sehr empfindlich. Zum Beispiel dann, wenn sich unverbrannte Gemischrückstände im heißen Katalysator entzünden (Fehlzündungen). Dauertemperaturen um 1200 °C lassen Katalysatoren vorzeitig altern, oberhalb 1400 °C schmilzt der Keramikkörper und der Lambdasonde wird's auch zu heiß.

Mit »guten Ohren« entlarven Sie verschmolzene Katalysatoren leicht an zischelnden Auspuffgeräuschen – bedingt von einem überhöhten Abgasgegendruck – und am plötzlichen Leistungsverlust Ihres Vectra. Analysieren Sie gründlich den Hitzetod, ansonsten ist dem neuen Katalysator auch nur ein kurzes Leben beschieden und die Auslassventile Ihres Vectra »verbrennen« gleichfalls binnen kurzer Zeit.

Achten Sie bei Ihrem Vectra besonders beim Herunterschalten oder im Schiebebetrieb (längere Bergabfahrten) auf Fehlzündungen. Wenn's da im Auspuff knallt, »erschüttert« das den Katalysator bedrohlich – ergründen Sie die Ursache.

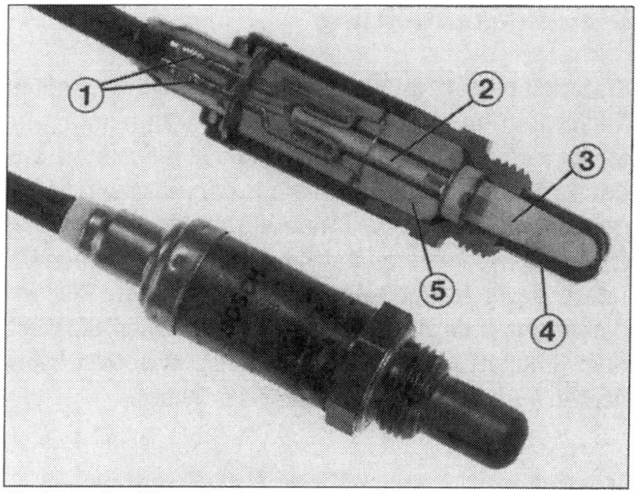

Steht in der Warmlaufphase unter Strom – beheizbare Lambda-Sonde. *❶ Sondenanschlüsse, ❷ Heizelement, ❸ Keramikkörper, ❹ Ummantelung, ❺ keramischer Stützisolator.*

Vectra Diesel – Oxidationskatalysator und Abgasrückführung

Hinsichtlich Abgasentgiftung gehen unter der Vectra-Motorhaube beide Dieselmotoren andere Wege als die Kollegen aus dem Otto-Lager: Im Gegensatz zu denen »putzen« sie ihren Auspuff mit Oxidationskatalysatoren und »schieben« der Frischluft im Ansaugtakt jeweils einen exakt definierten Teil ihrer eigenen Ab-

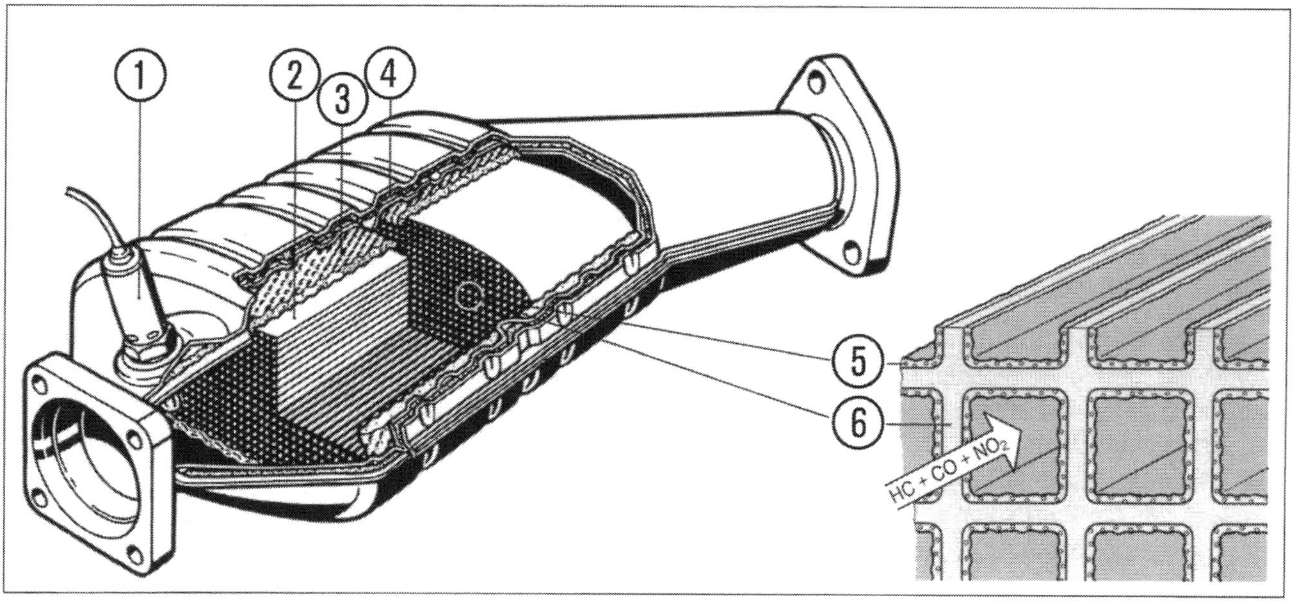

Säubert auf chemischem Weg bis zu 90 Prozent der Abgase: ***Geregelter Katalysator****– aus $2\ CO + O_2$ wird $2\ CO_2$; aus $2\ C_2H_6 + 7\ O_2$ wird $4\ CO_2 + 6\ H_2O$; aus $2\ NO + 2\ CO$ wird $N_2 + 2\ CO_2$. ❶ Lambda-Sonde, ❷ keramischer Monolith, ❸ elastisches Metallgeflecht, ❹ wärmegedämmte Doppelschale, ❺ Platin-Rhodiumbeschichtung, ❻ keramischer- oder metallischer Trägerkörper.*

gase unter. Grund: Dieselmotoren arbeiten generell, also in jedem Lastbereich, mit Luftüberschuss ($\lambda > 1$). Und da Dreiwege-Katalysatoren erst ab einem Luft-/Kraftstoffverhältnis von 14,7 : 1 ($\lambda 1$) wirken, bleibt er an Dieselmotoren wirkungslos.

Dennoch, moderne Diesel sind keine »Giftspritzen«: Oxidationskatalysatoren wandeln das im Abgas befindliche Kohlenmonoxid (CO) und Kohlenwasserstoffverbindungen (HC) in Kohlendioxid (CO_2) und Wasser (H_2O) um. Was bleibt, sind unbehandelte Stickoxide (NO_x) die ein Oxidationskatalysator unbeachtet in die Atmosphäre entweichen lässt. Opel »killt« jene Stickoxide mit einem Abgasrückführungssystem im Diesel-Vectra. Die zugeführten Abgase senken die Verbrennungstemperaturen und »kurieren« somit ganz trickreich ein Selbstzünderproblem an der Wurzel: Je magerer das Kraftstoff-/Luftgemisch (Frischluftüberschuss), um so heißer die Verbrennung und je heißer die Verbrennung, um so mehr Stickoxide. Und da Abgase nun alles andere als »Sauerstofflieferanten« sind, verschlechtern sie mit ihren »Ballaststoffen« die Frischluft und senken somit künstlich die Verbrennungstemperatur.

Natürlich muss die Regelung sehr sensibel über die Bühne gehen – ansonsten würde der Diesel an seinem eigenen »Mief« ersticken. Damit das nicht passiert und das Mischungsverhältnis immer konstant bleibt, reagiert das Abgasrückführungsventil gezielt auf das Vakuum im Ansaugtrakt.

Umgang mit dem Katalysator

Praxistipp

- Wenn Ihr Vectra wegen einer leeren Batterie nicht anspringt, verzichten Sie aufs Anrollen lassen, Anschieben oder Anschleppen. Dabei kann nämlich zu viel unverbrannter Kraftstoff in den Katalysator gelangen, was ihm auf Dauer nicht bekommt.
- Zündaussetzer oder Fehlzündungen »verraten« Unregelmäßigkeiten an der Zündanlage. Gehen Sie schnellstens den Symptomen nach, bzw. beordern einen Fachmann mit Messequipment an Ihren Vectra.
- Bevor Sie frischen Unterbodenschutz auftragen, »packen« Sie vorab den Katalysator gut ein, ansonsten könnte es danach unter dem Vectra Bauch zündeln.
- Kontrollieren Sie gelegentlich auch den Hitzeschutz über dem Katalysator auf Beschädigungen.
- Ein undichter Auspuff (verbrannte Dichtung, Hitzerisse, Rostschäden, etc.) vor der Lambdasonde verfälschen die Messwerte (erhöhter Sauerstoffanteil). Folglich reichert das elektronische Motormanagement das Gemisch an. Sie »sponsern« den Irrtum der Elektronik mit überhöhtem Kraftstoffverbrauch und vorzeitig alterndem Katalysator.

DIE KRAFT-ÜBERTRAGUNG

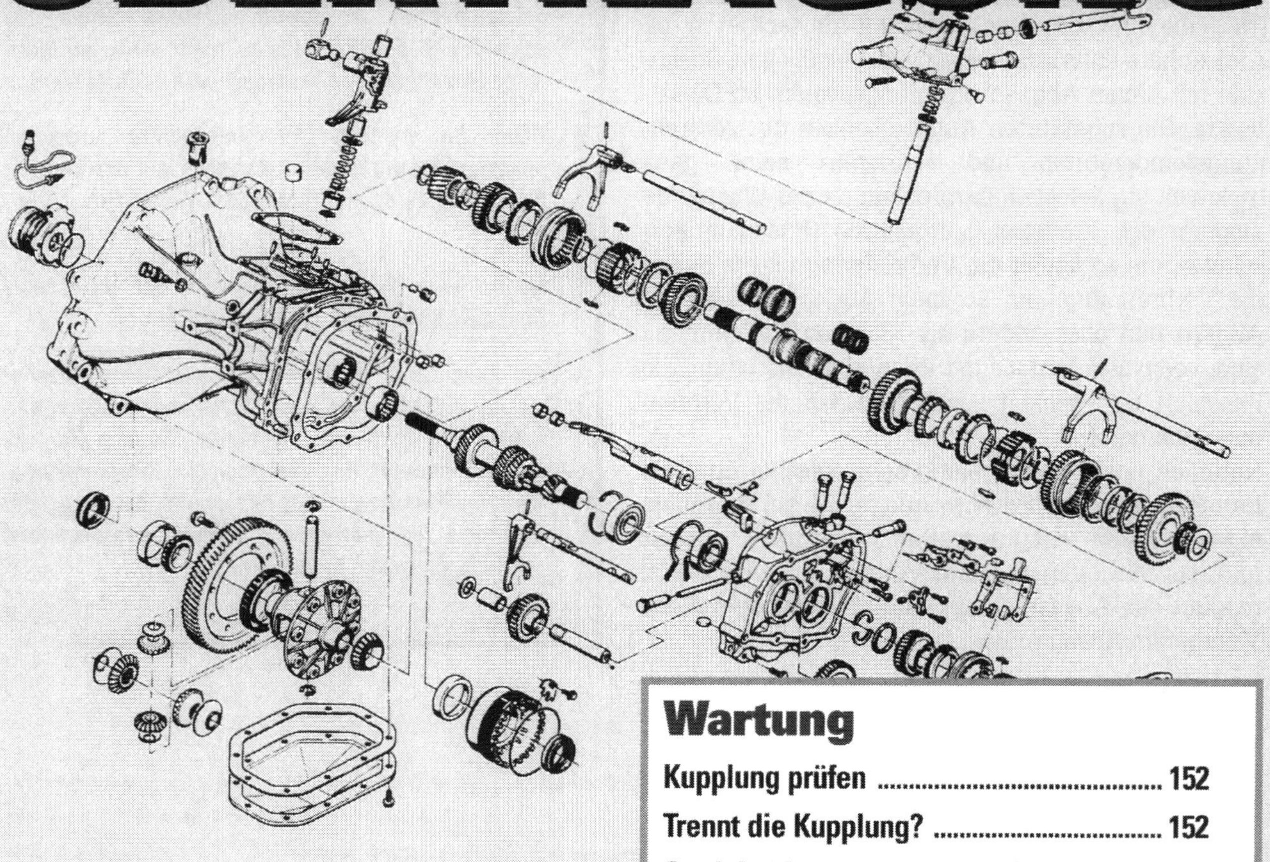

»Fünfgang-Zahnkunde« für Profis: Das F17 Getriebe im Detail. Heutzutage halten moderne Getriebe ein Autoleben lang. Falls gerade Ihr Vectra die Ausnahme von der Regel sein sollte, »legen« Sie Ihrem Opel-Händler besser gleich das komplette Getriebe auf die Werkbank. Er wird es erfahrungsgemäß auch nicht selbst zerlegen, sondern im »Päckchen« gegen ein AT-Getriebe tauschen…

Wartung

Reparatur

Das Zusammenwirken von Kupplung, Getriebe, Antriebswellen und Achsantrieb subsumieren Profis unter dem Oberbegriff »Kraftübertragung«. Damit die genannten Einzelkomponenten auch untereinander harmonieren, arbeiten sie »Hand in Hand« in einem fein abgestimmten System aus Reibbelägen, Wellen, Lagern, Zahnrädern, Schaltgabeln und Gelenken. In diesem Kapitel erfahren Sie, wie der Vectra seine »Pferdchen auf die Piste« bringt und wie Sie die Mechanik fit halten können.

Wie viel Kilowatt der Motor tatsächlich an die Vorderräder schickt, hängt zunächst von Ihrem »Gasfuß« und grundsätzlich natürlich von der gebotenen Motorisierung ab. Doch wenn die theoretisch verfügbare Leistung nicht zur Motordrehzahl bzw. zur Momentangeschwindigkeit passt, »bewegen« sich die Kilowatt wie gelähmt, und auch Ihr Gasfuß sieht in dem Moment richtig »alt« aus. Denn jeder Verbrennungsmotor ist nur in einem ganz begrenzten Drehzahlfenster leistungswillig und -fähig. Den sichtbaren Beweis dazu liefern wir ihnen im Kapitel »Die Modellvorstellung«: Ab Seite 14 finden Sie dort die unterschiedlichen Leistungsdiagramme der Vectra-Treibsätze. Wenn Sie darin den Verlauf der Drehmomentkurve mit dem der Motordrehzahl vergleichen, erkennen Sie leicht, in welchem Drehzahlfenster Ihr Vectra das größte Drehmoment bereit stellt.

Hernach setzen Ihr theoretisches Wissen in die Praxis um und gehen auf die Charakteristik Ihres Autos ein. Vorausgesetzt Sie koordinieren Motordrehzahl und Geschwindigkeit mit dem richtigen Gang, wird Ihr Vectra nicht mehr »lustlos« dahin rollen oder »nervös« am Gaspedal hängen. Begreifen Sie Ihren womöglich neuen Fahrstil fortan nicht als langweiliges Korsett, sondern als »Sprit sparende Herausforderung«, Ihr Auto zügig mit der geringsten Motordrehzahl in einem möglichst hohen Drehmomentbereich zu fahren.

Übrigens, wenn Sie sich umstellen und unserer Empfehlung folgen, »flattern« Ihnen automatisch günstigere Tankrechnungen ins Haus: Bis zu 20 Prozent Minderverbräuche sind nämlich keine Seltenheit – und zwar ohne bei Überholvorgängen zu »verhungern« oder »die Tachonadel in den Keller zu schicken«, bzw. Ihre kostbare Zeit zwischen Start und Ziel zu »verplempern«.

Und so wird's gemacht: Beschleunigen Sie zügig (Gaspedal etwa 2/3 durchtreten) und versuchen, »Ihr Tempo« immer mit dem Gang zu koordinieren, der die Motordrehzahl möglichst nah an das maximale Drehmoment heran führt. Damit Sie Drehmoment und Geschwindigkeit effizient »unter einen Hut« bringen, stellt Opel Sie vor die Qual der Wahl. Neben den optimierten Fünfgang-Schaltgetrieben gibt's im Vectra-C 1.8 (Z18 XE) eine stufenlose Automatik (CVT) und im 2.2 (Z22 SE, Y22 DTR) sowie im 3.2 Liter (Z32 SE) von Beginn an eine elektronisch gesteuerte Fünfgangautomatik, letzteren mit diversen Fahrmodi und Wandlerüberbrückungskupplung.

Übersetzungen für die Zugkraft

Damit der Vectra aus dem Stand »leichtfüßig« beschleunigt, beanspruchen seine Antriebsräder ein möglichst großes Drehmoment. Wie allerdings die Leistungskurven der Benziner verraten, unterhalb von elfhundert Umdrehungen ist es damit noch nicht so ganz weit her: Darum erleichtert der erste Gang mit einer » Übersetzung ins Langsame« dem Motor relativ schnell Drehzahl anzunehmen. Ab dem vierten Gang verhält es sich genau umgekehrt: Hier wird eine »Übersetzung ins Schnelle« wirksam. Im Vergleich zur Drehzahl an den Antriebsrädern dreht der Motor jetzt gemächlicher hoch. Anders ausgedrückt: Das Getriebe variiert die Motordrehzahl immer zur gewünschten Drehzahl an den Antriebsrädern.

Trennt Motor und Getriebe zu jedem Gangwechsel – die Kupplung

Jeder Anfahr- oder Schaltvorgang unterbricht den Kraftfluss zwischen Motor und Getriebe. In Autos mit manuellem Schaltgetriebe besorgt das die Kupplung, sie trennt kurzfristig die Kurbel- und Getriebeantriebswelle. Ihr »Tun« ermöglicht weiche Anfahrvorgänge und ruckfreie Gangwechsel.

»Reicht« das Motordrehmoment hydraulisch ans Automatikgetriebe weiter – der Drehmomentwandler

Anstelle einer normalen Reibkupplung koordiniert im Automatikgetriebe ein hydraulischer Drehmomentwandler den Anfahrvorgang und die »Gangwechsel«. Im Vectra passiert das in Abstimmung mit fünf Magnetventilen, die das »Automatikmanagement« aus einem gemeinsamen Steuergehäuse heraus und in »enger Kooperation« mit dem Motorsteuergerät bilden. Solange es dem hydraulischen Drehmomentwandler nicht zu heiß wird, arbeitet er äußerst komfortabel und ohne nennenswerten mechanischen Verschleiß.

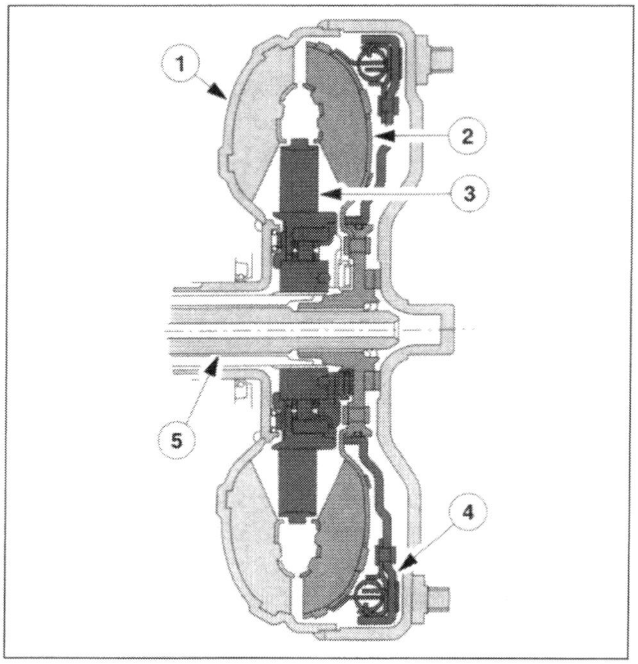

Drehmomentwandler mit Wandlerüberbrückungskupplung: *❶ Wandlergehäuse und Pumpenrad, ❷ Turbinenrad, ❸ Leitrad, ❹ Wandlerüberbrückungskupplung, ❺ Getriebeeingangswelle.*

»Letzte Instanz« vor den Antriebsrädern – der Achsantrieb

Als »letzte Instanz« auf dem Weg zu den Antriebsrädern passiert das Motordrehmoment den Achsantrieb. Die vom Getriebe »angelieferten Drehzahlen« übersetzt der Achsantrieb ins »Langsamere«, er steigert damit das Drehmoment und verteilt die Kraft möglichst gleichmäßig an die Antriebsräder.

Die Kupplung

In Vectra-Modellen mit mechanischem Schaltgetriebe arbeitet eine Einscheiben-Trockenkupplung – eine gleichermaßen einfache und zweckmäßige Konstruktion. Für Do it yourselfer hat die Trockenkupplung freilich den Nachteil, dass ihre Verschleißteile, (Mitnehmerscheibe, Kupplungsdruckplatte) gleichwie das Ausrücklager, nicht ohne weiteres zugänglich sind. Um sie in die »Finger« zu bekommen, müssen Hobbyschrauber zunächst das Getriebe vom Motor trennen: Eine Arbeit, die solides Know-how und Spezialwerkzeuge erfordert. Falls Sie da für sich und auf Ihrer Werkbank Defizite erkennen sollten, überlassen Sie den Job besser einer Fachwerkstatt.

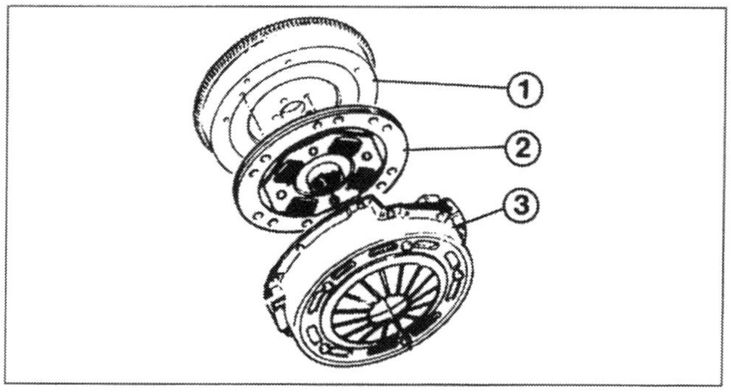

Teamarbeit: *Eine funktionsfähige Trockenkupplung besteht grundsätzlich aus der Motorschwungscheibe ❶, der Kupplungsscheibe (Mitnehmerscheibe) ❷ und der Kupplungsdruckplatte (Automat) ❸. In Vectra-Modellen mit mechanischem Schaltgetriebe wird die Membranfeder der Kupplungsdruckplatte hydraulisch betätigt.*

Die wichtigsten Kupplungskomponenten

Motorschwungscheibe: Drehfest mit der Kurbelwelle verschraubt. An den Kurbelwellen des Z22 SE und Y20 DTH rotieren gleitgelagerte Zweimassenschwungräder, die Wellen des Z32 SE und Y22 DTR sind gleichfalls mit Zweimassenschwungrädern verschraubt. Hier allerdings nicht gleit- sondern kugelgelagert.

Kupplungsscheibe (Mitnehmerscheibe): Sitzt axial verschiebbar und verdrehfest auf der Getriebeeingangswelle. Auf beiden Seiten einer »Stahlscheibe« sind Reibbeläge aufgenietet. Die Außendurchmesser der Kupplungsscheibe sind im Vectra, abhängig von der Motorisierung, unterschiedlich dimensioniert.

Kupplungsdruckplatte (Kupplungsautomat): Drehfest mit der Motorschwungscheibe verschraubt. Presst die schwimmend gelagerte Kupplungsscheibe über eine Tellerfeder gegen die Schwungscheibe. Im Vectra-C kommen erstmalig Kupplungsdruckplatten mit verschleißnachstellender Tellerfederung (SAC) zur Anwendung, Opel konstatiert dem SAC-Automaten, über den gesamten Verschleißbereich der Kupplungsscheibe, konstante Ausrückkräfte.

Ausrücklager: Bei allen Vectra-Modellen direkt in den zentralen Kupplungsnehmerzylinder integriert. Sitzt axial verschiebbar auf der Ausrückwelle und überträgt die vom Kupplungspedal erzeugte Druckkraft hydraulisch auf die Tellerfeder der Kupplungsdruckplatte. Das entlastet die Druckplatte, so dass die Mitnehmerscheibe »frei« zwischen Kupplungsdruckplatte und Motorschwungscheibe dreht.

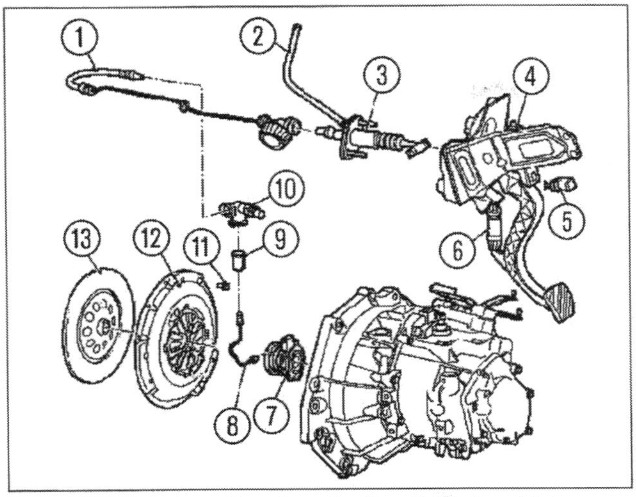

Die »große« Vectra-Kupplung im Detail: *❶ Druckleitung inklusive Kupplungsgeberzylinder-Dämpfer, ❷ Zulaufschlauch, ❸ Kupplungsgeberzylinder, ❹ Kupplungspedal, ❺ Kupplungskontrollschalter, ❻ Feder, ❼ Zentralausrückung, ❽ Kupplungsnehmerzylinder-Druckleitung, ❾ Befestigungshülse, ❿ Druckleitungsanschlussstück, ⓫ Schrauben, ⓬ Druckplatte, ⓭ Kupplungsscheibe.*

Nachstellautomatik: Im Vectra regelt das Kupplungspedalspiel bis zur Verschleißgrenze eine hydraulisch betätigte Kupplung automatisch – lästige Nachstellarbeiten sind überflüssig. Sobald die Kupplung rutscht, gehen Sie getrost von normalem Verschleiß aus – in seltenen Fällen »klemmt nur« das Vordruckventil der Kupplungshydraulik. Außerdem kann einer der beiden Radialwellendichtringe (Kurbelwelle, Getriebeeingangswelle) »nässen« und die Kupplung Tröpfchen für Tröpfchen verölen. Im ersten Fall reicht's, das Vordruckventil zu erneuern und die Kupplungshydraulik zu entlüften. Um die »Ölquelle« an den Radialwellendichtringen trocken zu legen, müssen Sie das Getriebe demontieren, die Schwungscheibe samt Druckplatte zumindest entfetten (Waschbenzin, Bremsenreiniger) und die Kupplungsscheibe erneuern.

So funktioniert die Kupplung

Technik-lexikon

Kupplungsspiel: Solange das Kupplungspedal unbelastet ist, steht das Ausrücklager nur in »lockerem« Kontakt zur Tellerfeder der Kupplungsdruckplatte. Mit zunehmender Laufleistung wird der Kontakt, analog zum Verschleiß an der Kupplungsscheibe, jedoch enger: Die Tellerfeder der Druckplatte nähert sich dem Ausrücklager. Sobald das Lager dann ohne Spieltoleranz fest an der Tellerfeder anliegt, entlastet es die Druckplatte: Der Anpressdruck der Mitnehmerscheibe gegen die Anlageflächen von Schwungscheibe und Druckplatte wird geringer. Wird das Spiel nicht mehr korrigiert, rutscht die Kupplung durch – das Drehmoment kommt nicht mehr schlupffrei im Getriebe an.

Auskuppeln: Sobald Sie das Kupplungspedal treten, überwindet das Ausrücklager die Federkraft der Tellerfeder. Das entlastet die Druckplatte, bei völlig durchgetretenem Pedal zieht sie sich automatisch zurück: Die Mitnehmerscheibe rotiert dann »frei« zwischen Druckplatte und Schwungscheibe.

Einkuppeln: Die entlastete Tellerfeder der Druckplatte drückt die Mitnehmerscheibe gegen die Schwungscheibe. In dieser Phase schleifen die Reibbeläge der Kupplungsscheibe kurzzeitig zwischen der Schwungscheibe und der Kupplungsdruckplatte. Bei ausgekuppeltem Pedal steigt der Anpressdruck des Kupplungsautomaten so weit an, dass er die Mitnehmerscheibe zwischen der Schwungscheibe und Druckplatte »fesselt«. Die Motorleistung »geht« nun verlustfrei ins Getriebe.

Die »Kupplungsmörder«

Praxistipp

Der zweifelhafte Ruf des Kupplungsmörders eilt jenen Automobilisten voraus, die ihr Gefährt ganz gemächlich mit »heulendem Motor« und schleifender Kupplung in Fahrt bringen: Kupplungsmörder inszenieren mit ihrem »schweren« Kupplungsfuß regelmäßig »heiße« Dramen zwischen den Reibbelägen der Kupplungsscheibe, der Druckplatte und der Schwungscheibe. Denn im Umfeld einer schleifenden Kupplung entstehen Temperaturen, die der Kupplungsscheibe und der Druckplatte schnell den Garaus bereiten. Fahrer die ihren Kupplungsfuß während der Fahrt ständig auf dem Kupplungspedal »parken«, bezahlen ihre Bequemlichkeit gleichermaßen mit erhöhtem Verschleiß. Eine weitere Unsitte von Kupplungsmördern: Anstatt den Leerlauf einzulegen und die Handbremse (Feststellbremse) anzuziehen, halten Sie ihr Auto vor roten Ampeln oder an Steigungen mit eingelegtem ersten Gang, Kupplungs- und Gaspedal in der »Waage«. Da »bedankt« sich nicht nur die Kupplung, sondern auf Dauer auch das Ausrücklager sowie das Passlager der Kurbelwelle. Wenn Sie nicht mit Kupplungsmördern sympathisieren, kuppeln Sie vor roten Ampeln generell aus und legen den ersten Gang erst dann ein, wenn die Ampel auf Gelb schaltet. Und während der Fahrt parken Sie Ihren Kupplungsfuß – zwischen den Gangwechseln – neben und nicht auf dem Kupplungspedal.

Schnell erledigt – Kupplung checken

Eine verschlissene (schleifende) Kupplung erkennen Sie untrüglich, wenn Sie Ihr Auto im höchsten Gang beschleunigen oder im Gebirge unterwegs sind. Der Motor dreht dann hoch, ohne dass die Fahrgeschwindigkeit entsprechend zunimmt. Um rechtzeitig davor gewarnt zu sein, testen Sie die Kupplung besser vor der Garage. Allerdings nur bei berechtigten Verdachtsmomenten, denn die Kupplung kommt gehörig ins »schwitzen«. Bevor Sie »loslegen«, ziehen Sie die Handbremse fest an.

Arbeitsschritte

① Ziehen Sie die Handbremse an und starten den Motor. Treten Sie hernach die Kupplung, legen den 3. Gang ein und versuchen mit »normalem Gas« anzufahren.

② Eine einwandfrei funktionierende Kupplung »würgt« den Motor bereits im ersten Viertel des zurückkommenden Kupplungspedals ab.

③ Läuft der Motor »unbeeindruckt« weiter, ist die Kupplung verschlissen.

Gut zu wissen – trennt die Kupplung vollständig?

Wenn beim Heraufschalten »Kratzgeräusche« hörbar werden, trennt häufig die Kupplung nicht vollständig. Verschaffen Sie sich mit der Rückwärtsgangprobe Gewissheit, der Check »entlarvt« übrigens auch mögliche Getriebeschäden.

Arbeitsschritte

① Lassen Sie den Motor mit Standgas laufen, …

② … treten dann das Kupplungspedal für etwa drei Sekunden voll durch und legen dann gefühlvoll den Rückwärtsgang ein. Wenn Sie dabei besagte Kratzgeräusche wahrnehmen, trennt die Kupplung unsauber, evtl. klebt die Mitnehmerscheibe zwischen Kupplungsautomat und Schwungscheibe.

③ Bevor Sie freilich an Getriebedemontage und Kupplungsreparatur denken, lassen Sie in einer Fachwerkstatt auf jeden Fall die Nachstellautomatik checken.

Praxistipp

Schalten ohne zu kuppeln

Mit etwas Geduld und feinfühligem Umgang mit Schalthebel und Gaspedal schalten Sie das Getriebe Ihres Vectra auch ohne zu kuppeln. Wichtig zu wissen. Zum Beispiel für den Fall, dass unterwegs die Kupplungshydraulik »leckt« (Kupplungsgeber-/Nehmerzylinder undicht, Schlauch geplatzt, Luft im Hydrauliksystem). Um Ihren Vectra dann nicht unfreiwillig am Straßenrand parken zu müssen, geben wir Ihnen ein paar Tipps, wie Sie »ohne Kupplung« ein nahes Ziel oder die nächste Werkstatt erreichen können.

Anfahren, ohne zu kuppeln:
Motor aus. 1. Gang einlegen, Anlasser betätigen. Ihr Vectra »ruckelt« los, sobald der Motor läuft, geben Sie etwas Gas. Wenn Sie während der Fahrt partout nicht schalten möchten, dann legen Sie in der Ebene zum Anfahren sofort den 2. Gang ein.

Hochschalten, ohne zu kuppeln:
1. Gang nur knapp über Leerlaufdrehzahl hinausdrehen (ca. 1000/min). Gas etwas zurücknehmen, Schalthebel sachte über Leerlaufstellung »vor« den 2. Gang ziehen. Wenn der Gang klemmt, geben Sie dem Motor einen gefühlvollen Gasstoß und ziehen gleichzeitig den Schalthebel vorsichtig in den 2. Gang. Bei synchroner Drehzahl von Motor und Getriebe rutscht der Gang dann fast von selbst hinein. Sollten Sie mit dem Schalten zu lange gewartet haben, geben Sie etwas Gas, der Gang »spurt« dann ohne knirschende Zahnräder ein. War das erfolglos, halten Sie nochmals an und versuchen Ihr »Glück« erneut. Alle weiteren Gänge schalten Sie auf die gleiche Weise hoch. Am leichtesten geht dies bei niedrigen Geschwindigkeiten: In den 3. Gang bei 30 km/h, in den 4. bei 40 km/h und in den 5. bei 50 km/h.

Herunterschalten, ohne zu kuppeln:
Klappt am besten bei geringen Motordrehzahlen und Geschwindigkeiten. Zuerst Fuß vom Gas und Gang herausnehmen. Behutsam Gas geben, um die Motordrehzahl leicht zu erhöhen. Schalthebel gleichzeitig »vor« den kleineren Gang drücken. Bei richtiger Motordrehzahl rutscht der Gang hinein. Verfahren Sie in allen Gängen nach dem gleichen Schema.

Kupplung

Störungsbeistand

Störung	Ursache	Abhilfe
A Kupplung rutscht.	**1** Nachstellautomatik defekt; Systemvordruck zu hoch (Vordruckventil klemmt).	Ggf. zentralen Kupplungsnehmerzylinder mit Ausrücklager ersetzen; Vordruckventil erneuern.
	2 Kupplungsbeläge verschlissen.	Mitnehmerscheibe erneuern lassen.
	3 Anpressdruck der Kupplung zu gering.	Kupplungsdruckplatte erneuern lassen. Mitnehmerscheibe gleich mit erneuern lassen.
	4 Kupplungsbelag verölt.	Radialwellendichtring an Kurbel- oder Getriebeeingangswelle undicht. Verschlissenen Dichtring erneuern lassen.
	5 Kupplung überhitzt.	Motorschwungscheibe prüfen, ggf. planschleifen, Kupplung komplett erneuern.
B Kupplung trennt nicht.	**1** Siehe A1.	
	2 Kupplungsgeber- oder Kupplungsnehmerzylinder defekt.	Defekten Zylinder auswechseln lassen.
	3 Luft im Hydrauliksystem.	Flüssigkeit ergänzen; Kupplung entlüften lassen.
	4 Mitnehmerscheibe klemmt auf Getriebewelle.	Kerbverzahnung gründlich reinigen und leicht einfetten.
	5 Mitnehmerscheibe hat Schlag.	Mitnehmerscheibe ersetzen lassen.
	6 Mitnehmerscheibe verzogen oder Belag gebrochen.	Mitnehmerscheibe ersetzen lassen.
	7 Belag nach langer Standzeit an Schwungscheibe festgerostet.	Anfahren, wie unter »Fahren ohne zu kuppeln« beschrieben. Kupplungspedal dauernd durchgetreten halten. Gaspedal ruckartig durchtreten und loslassen, um die Kupplung loszubrechen. Andernfalls schadhafte Teile wechseln lassen.
C Kupplung trennt nicht und rutscht gleichzeitig durch.	Kupplungsautomat defekt.	Auswechseln lassen.
D Kupplung rupft.	**1** Siehe A3.	
	2 Motor- oder Getriebeaufhängung locker oder defekt.	Motor- oder Getriebeaufhängung festziehen bzw. ersetzen.
	3 Unebenheiten auf Schwungscheibe oder Druckplatte.	Defektes Teil ersetzen lassen.
	4 Falsche Beläge. Torsionsdämpfer verschlissen.	Mitnehmerscheibe erneuern lassen.
E Kupplungsgeräusche.	**1** Unwucht der Kupplungsdruckplatte bzw. Mitnehmerscheibe.	Defektes Teil ersetzen lassen.
	2 Torsionsdämpferfeder defekt.	Mitnehmerscheibe ersetzen lassen.
	3 Ausrücklager defekt.	Zentralen Nehmerzylinder mit integriertem Ausrücklager ersetzen lassen.
	4 Verbindungselemente im Kupplungsautomaten verschlissen.	Kupplungsautomat erneuern.

Das Fünfgangschaltgetriebe

Vectra mit manueller Schaltung besitzen ein mechanisches Fünfganggetriebe: Opel nennt die »Zahnradboxen« kurz und knapp »F17«, »F23« und »F35«. Alle Vorwärtsgänge der Getriebe sind synchronisiert, sie werden »via« Schaltseilzügen betätigt. Vorteil gegenüber konventionellen Schaltgestängen: Das Getriebe lässt sich noch präziser schalten und verursacht weniger Geräusche und Schwingungen – die Seilzüge entkoppeln es akustisch vom Antriebsstrang.

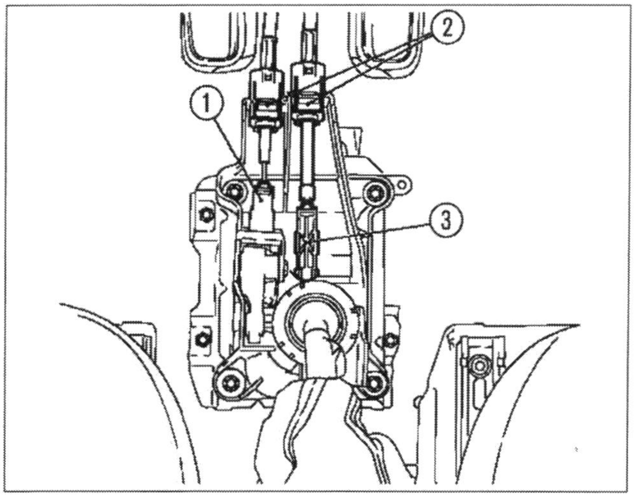

Akustisch vom Antriebsstrang entkoppelt – das F23-Getriebe mit Schaltzügen. ❶ *Klemmstück,* ❷ *Schaltzüge,* ❸ *Klemmstück.*

So funktioniert das Fünfgang-Schaltgetriebe

Technik-lexikon

Die Motorleistung gelangt via Kupplung auf die Getriebeantriebswelle (Eingangswelle). Auf der Antriebswelle finden fünf schrägverzahnte Zahnräder (plus eines für den Rückwärtsgang) Platz. Die passenden Pendants dazu sitzen allesamt auf der Abtriebswelle. Als »Pärchen« stehen zwar alle Gangräder in ständigem Kontakt zueinander, »fest verkuppelt« ist jedoch immer nur ein Gangradpaar.

Zahnräder und Wellen

Bis die Gangräder der Hauptwelle »festen Kontakt« zu ihren Konterparts auf der Vorgelegewelle aufnehmen, rotieren sie frei ineinander. Erst wenn ein Gang eingelegt wird, ist das betreffende Zahnradpaar kraftschlüssig miteinander verbunden. Der Ganghebel wirkt nämlich auf eine Schaltgabel, die über eine Schiebemuffe den Kraftschluss der Gangräder einleitet. Damit die Zahnräder während des Schaltvorgangs geräuschlos und schnell zueinander finden, bringen Synchronringe die Getriebewellen auf die gleiche Drehzahl: Sie »bremsen« die schnellere Welle in einem Anlaufkonus so lange ab, bis die Schiebemuffe das »neue Gangradpärchen« geräuschlos miteinander verkuppelt.

Vorwärtsgänge und Rückwärtsgang

Die ersten drei Gänge der Vectra-Triebwerke transferieren die Motordrehzahl ins Langsamere. Erst ab der vierten Fahrstufe drehen die Antriebsräder dann »schneller« als der Motor. Experten sprechen in dem Fall von einem »lang« übersetzten Getriebe. Opel unterstreicht und nutzt damit die »bewusst defensive« Leistungscharakteristik der ECOTEC-Motoren: Lang übersetzte Getriebe schonen den Motor und senken, vornehmlich auf Langstrecken, den Kraftstoffverbrauch.

Erst mit drei Zahnrädern komplett – Rückwärtsgang

In allen Vorwärtsgängen sind grundsätzlich zwei Zahnräder im Spiel. Lediglich der Rückwärtsgang bemüht ein Zahnradtrio. Das dritte Zahnrad, auch Zwischenrad genannt, läuft auf einer eigenen Welle. Es wird immer dann aktiv, wenn es gilt, zur Rückwärtsfahrt eine Drehrichtungsänderung der Abtriebswelle zu bewirken.

Selten akut – Seilzug einstellen

Wenn in Ihrem Vectra die Gänge haken oder nicht mehr richtig einrasten, ist an Neuwagen in der Regel die Schaltbetätigung falsch justiert (Garantiefall für die Werkstatt). An älteren Modellen können zudem die Lagerbuchsen des Schalthebels verschlissen sein. Die Schaltzüge längen sich erfahrungsgemäß etwas und wirken demzufolge weniger präzise auf die inneren Getriebeschaltgestänge und Schaltgabeln ein. Das ist in beiden Fällen zwar ärgerlich, doch technisch »kein Beinbruch«: In den meisten Fällen können Sie ohne großen Aufwand Gestänge und Züge wieder auf Kurs bringen. Überprüfen Sie vor Arbeitsbeginn, ob die Schaltbetätigung nicht verbogen und die Lagerstellen auch nicht übermäßig ausgeschlagen sind.

Arbeitsschritte

① Ziehen Sie die Handbremse an, legen den Leerlauf ein,...

② ... entblättern dann, wie beschrieben, den Schalthebel von seinem Faltenbalg und ...

③ ... lösen mit einem Schraubendreher die Schaltzüge an den Klemmstücken ❶ und ❷ bis zum »Widerstand« ❸.

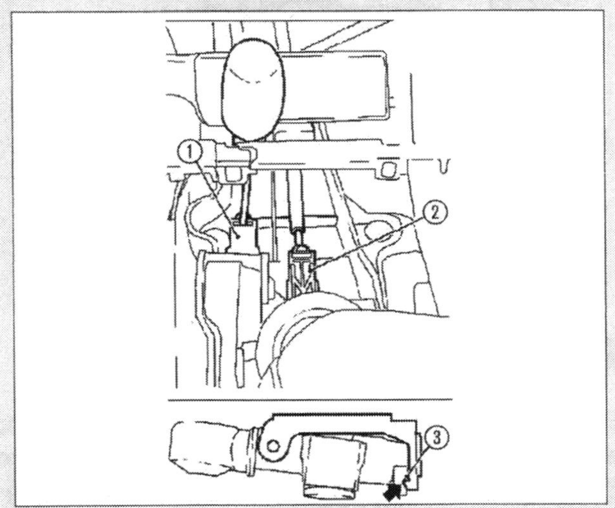

Per Schraubendreher entriegeln – Schaltzüge an den Klemmstücken.

Z18 XE

④ Hernach ziehen Sie die Rückwärtsgang-Schaltsperre nach oben, drücken beide Rastnasen ❶ mit einer abgewinkelten Spitzzange so lange zusammen bis ...

⑤ ... der Speerklotz ❷ nach unten springt.

⑥ Arretieren Sie jetzt den Sperrklotz am Halter ❸. Der Schalthebel ist damit in seiner Einstellposition blockiert.

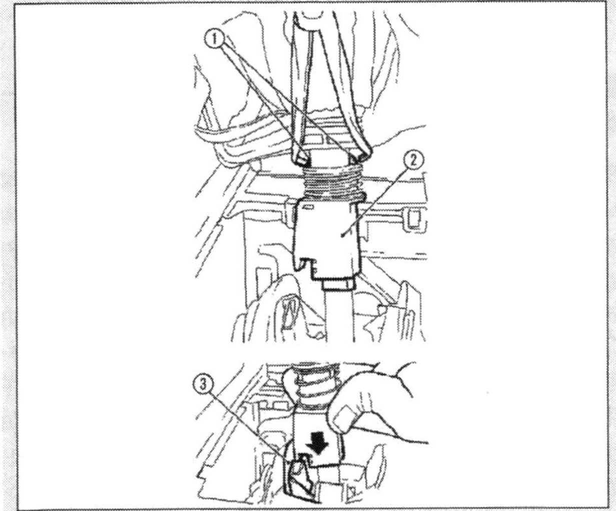

Mit Sperrklotz am Halter blockieren – Schalthebel.

⑦ Öffnen Sie die Motorhaube und »arbeiten« sich bis zur Schaltwippe am Getriebe vor.

⑧ Drücken Sie dort die Schaltbetätigung nach unten (Pfeil) und ...

⑨ ... fixieren sie mit einem Dorn ❶ im Schalthebelgehäuse.

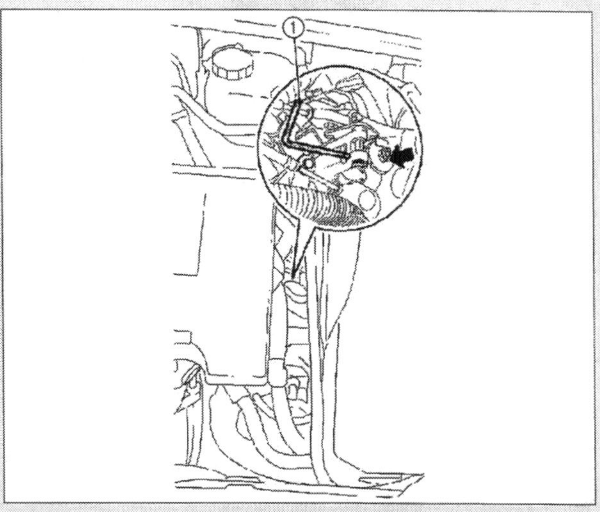

Per Dorn im Schalthebelgehäuse fixieren – Schaltbetätigung.

Z22 SE, Y20 DTH

⑩ Jetzt blockieren Sie den Schalthebel mit der Klammer ❶.

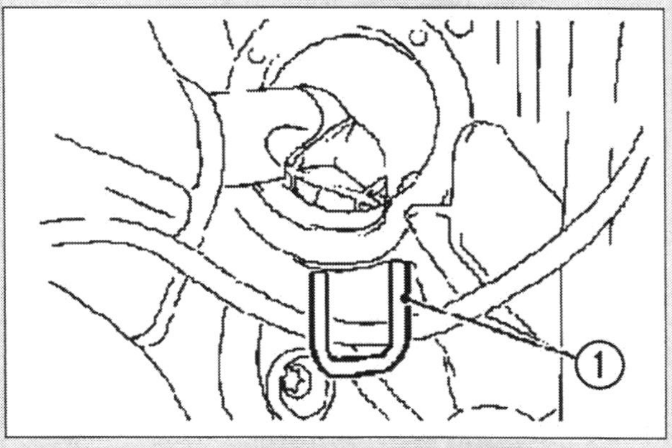

Mit Sperrklotz am Halter blockieren – Schalthebel.

Z32 SE, Y22 DTR

(Spezialwerkzeug erforderlich)

⑪ Hernach schalten Sie in den vierten Gang und fixieren anschließend den Schalthebel. Dazu ziehen Sie die Rückwärtsgang-Schaltsperre nach oben, drücken die beiden Rastnasen ❶ mit einer abgewinkelten Spitzzange zusammen bis ...

⑫ ... der Sperrklotz ❷ nach unten springt.

⑬ Arretieren Sie jetzt den Sperrklotz am Halter ❸.

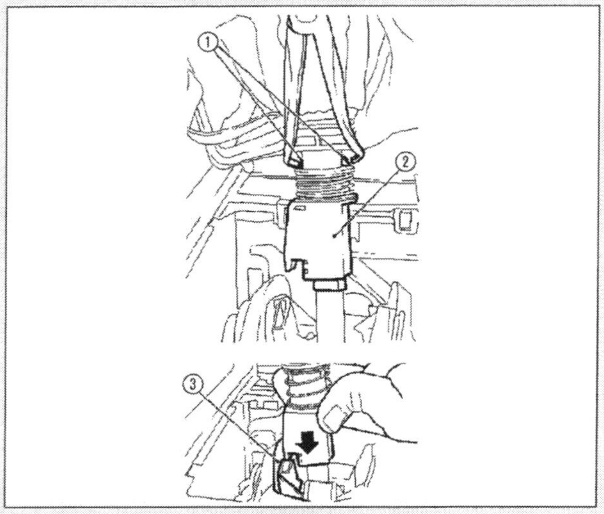

Auch am F 35 Getriebe mit Sperrklotz blockieren – Schalthebel im vierten Gang.

⑭ Öffnen Sie die Motorhaube und »arbeiten« sich bis zur Schaltwippe am Getriebe vor.

⑮ Um das Getriebe mit dem Schalthebel zu »synchronisieren«, schalten Sie den vierten Gang. Drücken Sie dann den Umlenkhebel ❶ nach hinten (Pfeil) und pressen das Spezialwerkzeug »KM-6325« ❷ auf den Umlenkhebel auf. Es muss spürbar einrasten.

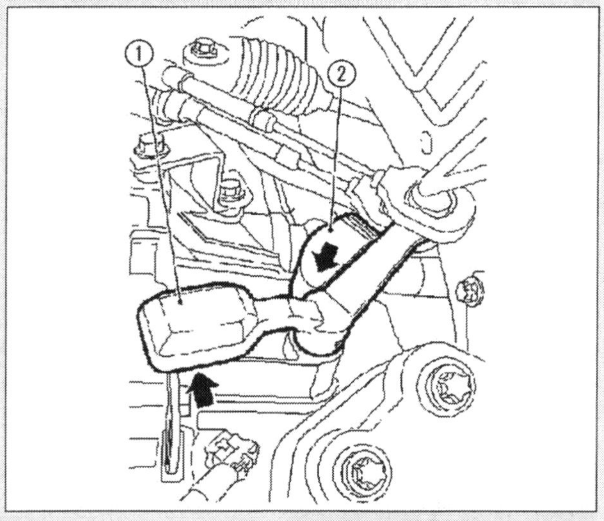

Mit Spezialwerkzeug fixieren – Schaltbetätigung am Getriebe.

alle

⑯ Anschließend befestigen Sie die Schaltzüge – drücken Sie dazu die Verriegelungen ❶ und ❷ in Pfeilrichtung herunter.

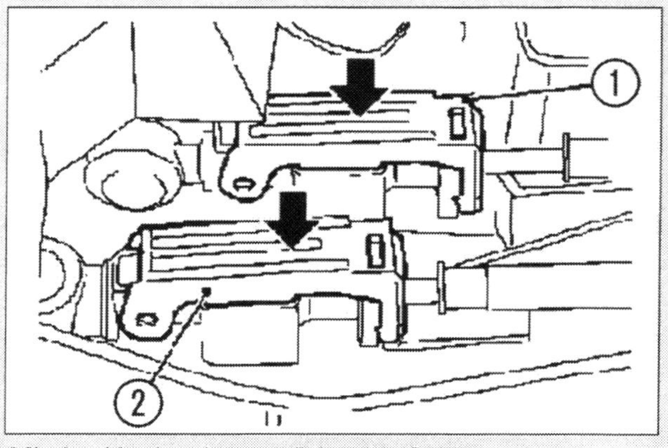

Mit den Verriegelungen fixieren – Schaltzüge.

⑰ Lösen Sie jetzt die Schalthebelarretierungen und ...

⑱ ... beenden die Montage in umgekehrter Reihenfolge.

Getriebeölstand checken

Hochwertige Getriebeöle halten mittlerweile locker ein »Getriebeleben« lang – auch im Vectra. Solange Sie unter seinem Bauch also keine großen Getriebeöllachen entdecken, ignorieren Sie unseren Wartungshinweis getrost. Übrigens: Im Umfeld der Getriebeentlüftung muss Sie leichter Ölnebel nicht beunruhigen. Wenn Sie dort freilich dicke Tropfen oder bereits »kleine Rinnsale« entdecken, schrauben Sie das Röhrchen ab und blasen es mit Druckluft von unten nach oben frei. Checken Sie anschließend den Ölpegel im Getriebe und ergänzen die Fehlmenge. Sollte Ihr Vectra freilich zum turnusmäßigen Check regelmäßig die Werkstatt von innen sehen, erledigen das die »Blaumänner« für Sie.

Wichtig für Funktion und Lebensdauer – das richtige Getriebeöl

Synthetische Mehrbereichsöle halten die Innereien der Vectra-Getriebe bei Laune. Für den Fall, dass Sie, beispielsweise nach dem Austausch einer Antriebswelle, den Ölstand ergänzen müssen, bleiben Sie unbedingt der gleichen Ölqualität treu. Fragen Sie Ihren Opel-Händler – er hat die entsprechenden Schmiersäfte am Lager. Allerdings zum Einfüllen des zähflüssigen Getriebeöls müssen Do it yourselfer – ohne professionelles Equipment – viel Geduld aufbringen: Werkstätten »heben« mit speziellen Saugdruckpumpen den Schmiersaft aus 50 Liter Fässchen direkt ins Getriebe.

Kleinere Fehlmengen können Sie durchaus effizient mit einer Spritzölkanne und aufgestecktem Verlängerungsschlauch ergänzen. In Vectra-Schaltgetrieben sollte der Ölpegel etwa 5 – 10 Millimeter (F 35 bis Unterkante) unter der Einfüllöffnung stehen.

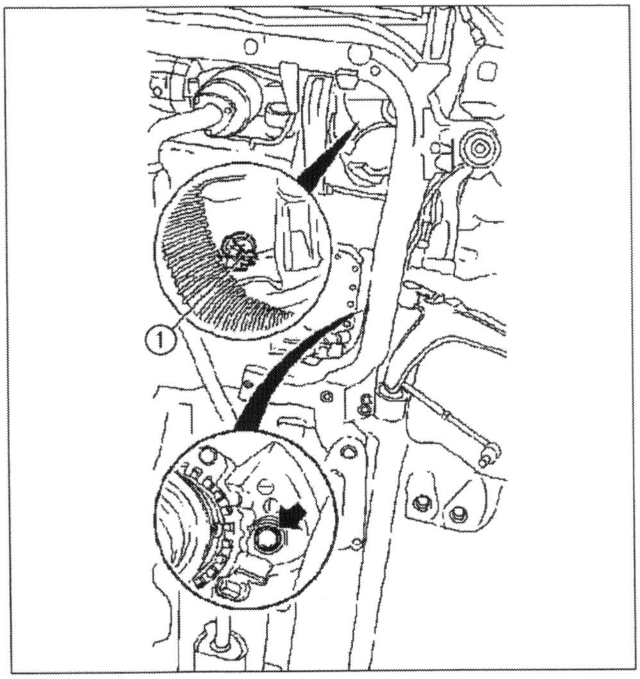

Nur zur Kontrolle öffnen – Kontrollschraube am F17-Getriebe (Pfeil). Falls erforderlich, ergänzen Sie das Getriebeöl über den Rückfahrscheinwerferschalter ❶.

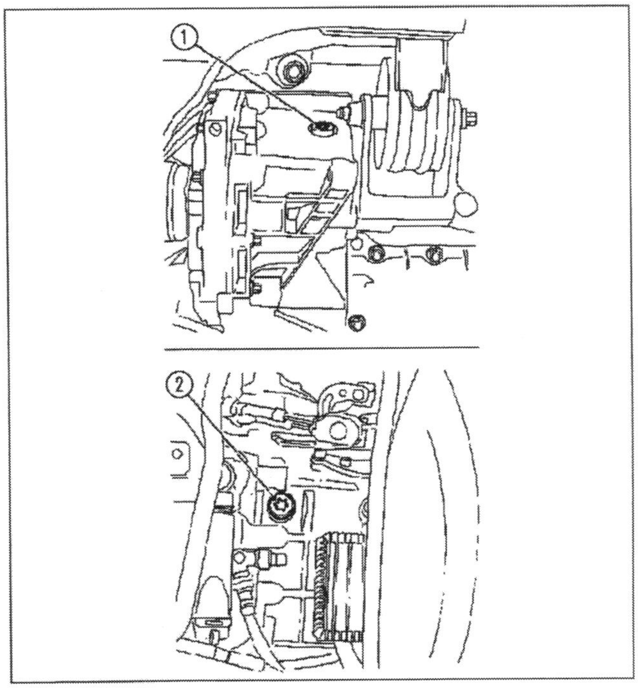

Ölcheck am F23-Getriebe – Kontrollschraube ❶ öffnen und Fehlmenge über die Nachfüllöffnung ❷ ergänzen.

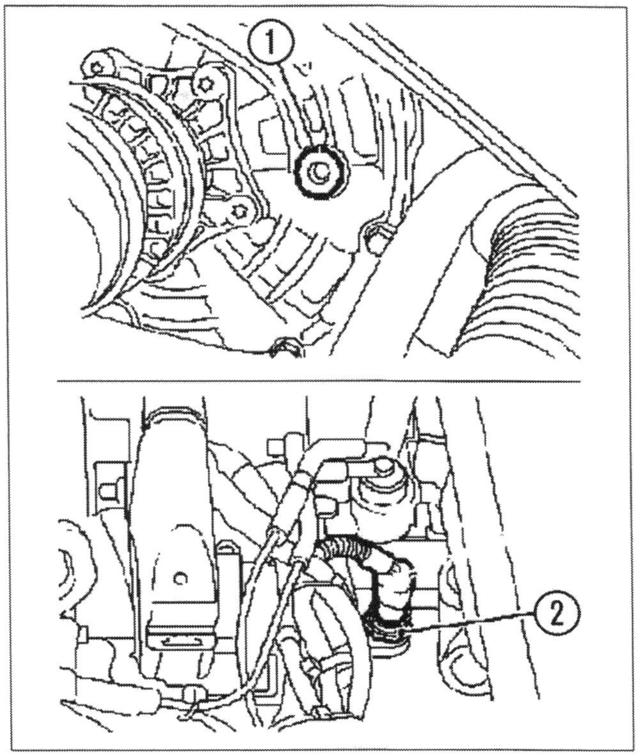

Auch beim F 35 Getriebe zur Kontrolle öffnen – Kontrollschraube ❶. Falls erforderlich, ergänzen Sie das Getriebeöl über den Rückfahrscheinwerferschalter ❷ bis es aus der Kontrollbohrung austritt.

Getriebegeräusche **Praxistipp**

Heul- oder Mahlgeräusche in nur einer Fahrstufe deuten erfahrungsgemäß auf verschlissene Gangräder oder Gangradlager hin. Und Laufgeräusche in allen Gängen sind meistens ein Indiz für Verschleißspuren im Achsantrieb oder den Getriebelagern. Kratzgeräusche, die während der Schaltvorgänge auftreten, verraten verschlissene Synchronringe oder eine »klebende« Kupplungsscheibe. Besonderem Verschleiß unterliegen die Synchronringe in den unteren Gangstufen – hier sind die Drehzahldifferenzen zwischen den Gangradpaaren besonders groß.

Die Fünfstufenautomatik

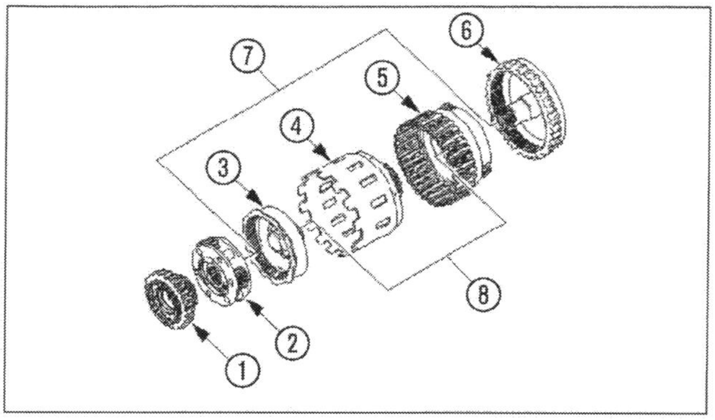

Schalten im Automatikgetriebe ohne Zugkraftunterbrechung: Planetenradsätze. *❶ Sonnenrad 1.-/2.-Gang, ❷ Planetenradträger 1.-/2.-Gang, ❸ Hohlrad 1.-/2.-Gang, ❹ Sonnenrad RW.-/4.-Gang -Sonnenrad und Sonnenradgehäuse, ❺ Planetenradträger RW.-/4.-Gang, ❻ Hohlrad RW.-/4.-Gang, ❼ + ❽ Keilverzahnung.*

Anstelle des serienmäßigen Fünfganggetriebes rollen die 2,2 und 3,2 Liter Vectra gegen Aufpreis auch mit einer elektronisch gesteuerten Fünfstufenautomatik mit ActiveSelekt® (manuelle Schaltmöglichkeit) von den Produktionsbändern. Der Automat schaltet die einzelnen »Gänge« – wie alle Automatikgetriebe – ohne Zugkraftunterbrechung unter Last. Gegenüber der Vierstufenautomatik steigert der neue Automat die Leistungsdichte um 23 Prozent, die Übersetzungsspreizung liegt gar um 28 Prozent höher.

Das neue Getriebe erkennt nach einer gewissen »Eingewöhnungszeit« Situationsanalogien – es analysiert nicht nur die Straßentopografie, sondern auch den Fahrstil des Fahrers – und stimmt daraufhin seine automatischen Schaltprogramme ab. Vectra-Chauffeure, denen die adaptive Getriebecharakteristik vorübergehend nicht behagt, bedienen die Automatik dann in einer zweiten Schaltgasse kurzerhand wie einen herkömmlichen Schalter mit hydraulischem Drehmomentwandler.

Konventionelle Getriebeautomaten bestehen aus drei Funktionsgruppen:

1. Der hydraulischen Kraftübertragung (hydrodynamischer Drehmomentwandler mit Wandlerüberbrückungskupplung).
2. Den mechanischen Planetenradsätzen mit vier Vorwärtsgängen und dem Rückwärtsgang.
3. Der Schaltautomatik mit elektronischer Steuerung.

Die Schaltmomente zwischen den Planetenradsätzen leitet ein separates Steuermodul im Motormanagement des Vectra ein. Es kooperiert mit dem Motormanagement und berechnet aus unterschiedlichen Motor- und Getriebedaten die jeweils sinnvollste Schaltstrategie.

Automatikreparaturen – nicht unbedingt ein Terrain für Do it yourselfer

Unverbesserliche Pessimisten erkennen in einem Automatikgetriebe immer noch »viel verwundbare« Technik. Unbegründet! In der Praxis fallen Getriebeautomaten, sachgemäße Bedienung vorausgesetzt, mittlerweile kaum noch mit übermäßigem Verschleiß auf. Anders gesagt: Selbst in Opel-Werkstätten sind Automatikgetriebe auf der Werkbank höchst seltene »Gäste«. Wenn allerdings die Ausnahme von der Regel eintritt, sind die Aggregate nicht unbedingt »pflegeleicht«. Demzufolge »wandern« sie zur Revision überwiegend ins Werk zurück. Die häufigste »Unpässlichkeit« ist der Wählhebelzug. Wir verschweigen Ihnen das nicht, denn mit etwas Geschick bleiben Sie auch bei einem »störrischen« Zug Ihr eigener Chef im Ring.

Wählhebelzug einstellen

Einen verstellten Wählhebelzug entlarven Sie mitunter schon beim Anlassvorgang: Der Motor bleibt dann nämlich stumm – sowohl in Wählhebelstellung »P« und/oder »N«. Während der Fahrt sollten Sie große Schaltpausen oder unkomfortable Schaltrucke misstrauisch machen. Erkennen Sie die genannten Symptome in Ihrem Automatik-Vectra, inspizieren Sie umgehend den Wählhebelzug.

Arbeitsschritte

① Ziehen Sie die Handbremse an, schalten in die »Parkstellung«, ...

② ... »befreien« den Aschenbecher, wie beschrieben, aus der Mittelkonsole und ...

③ ... lösen die Verriegelungsklammer ❶ der Wählhebelbetätigung mit einem Schraubendreher.

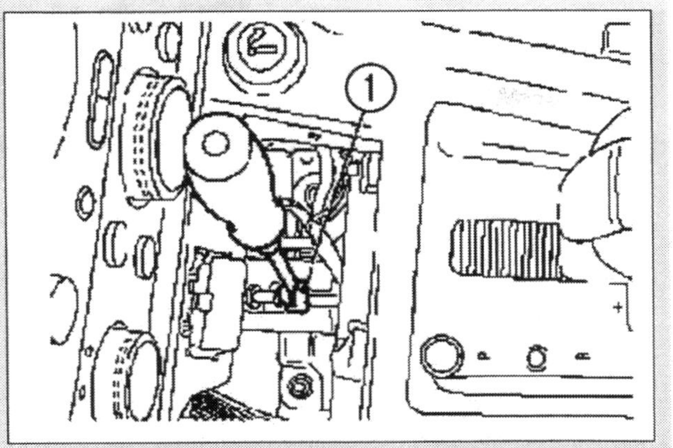

Per Schraubendreher entriegeln – Wählhebelbetätigung.

④ Hernach ziehen Sie den Betätigungshebel ❷ in Pfeilrichtung nach vorn und …

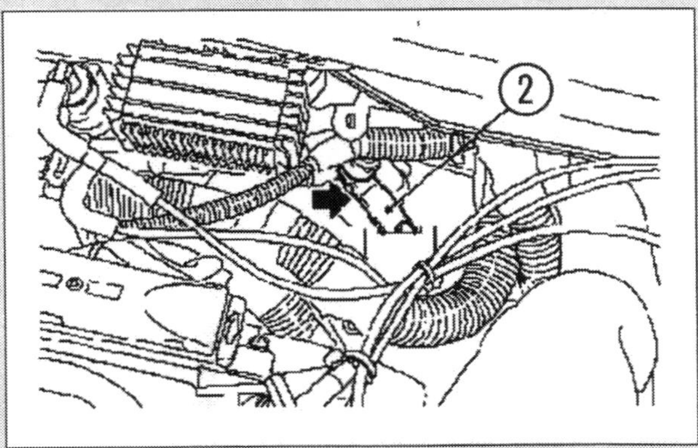

Mit etwas Geschick zu erledigen: Wählhebelzug einstellen.

⑤ … kontrollieren, zur Sicherheit, ob der Wählhebel auch tatsächlich in Stellung »P« verharrt.

⑥ Wenn »ja«, drücken Sie die Verriegelungsklammer wieder zurück in ihre »Grundstellung«. Das war's schon …

⑦ Beenden Sie die Einstellung in umgekehrter Reihenfolge.

⑧ Falls das Getriebe weiterhin »zicken« sollte, liegt das Problem tiefer. Führen Sie Ihren Automatik-Vectra dann einem Fachmann vor.

Getriebeölstand prüfen – mitunter sinnvoll

Die Innereien der Opel-Automatik schmiert ab Werk, ähnlich wie die der manuellen Schaltgetriebe, eine Dauerölfüllung. Dennoch kann es nach extremen Einsätzen, zum Beispiel im Gespannbetrieb oder im Gebirge, zu leichten Ölverbräuchen der ATF-Füllung (**A**utomatic **T**ransmission **F**luid) kommen. Checken Sie nach solchen Exkursionen den Ölstand – routinemäßig sollten Sie nach gut 60.000 Kilometer ohnehin einen prüfenden Blick auf den Getriebeölpegel werfen. Der Peilstab sitzt unter der Motorhaube, in Fahrtrichtung links zwischen Motor und Batterie.

Arbeitsschritte

① Machen Sie zunächst eine Probefahrt von rund 30 Kilometer. Das Öl hat dann gut seine Messtemperatur von etwa 70 – 80 °C erreicht.

② Danach stellen Sie den Vectra auf einer ebenen Fläche ab und ziehen die Handbremse an. Schalten Sie bei laufendem Motor den Getriebewahlhebel »durchs« Getriebe und lassen ihn dann in »P« pausieren.

③ Jetzt öffnen Sie die Motorhaube. Der Motor läuft weiterhin mit Standgas.

④ Ziehen Sie nun den Ölmessstab ❷ aus dem Getriebe. Vorher müssen Sie allerdings die Schraube ❶ herausdrehen.

⑤ Wischen Sie das Ende des Peilstabes mit einem fusselfreien Lappen sauber und »versenken« ihn erneut bis zum Anschlag im Führungsrohr um das »gute Stück« sofort wieder zu liften.

⑥ Der Ölstand muss bei warmem ATF-Öl zwischen »min« und »max« (Pfeil) stehen. Andernfalls stellen Sie den Motor ab und ergänzen den Ölstand über die Öleinfüllschraube ❸. Dazu …

⑦ … clipsen Sie den Wählhebelseilzug ❹ vom Betätigungshebel ❺ und öffnen die Öleinfüllschraube. **Öffnen Sie auf keinen Fall die große, versiegelte Sechskantschraube** – ein teurer Getriebeaustausch wäre die Folge!

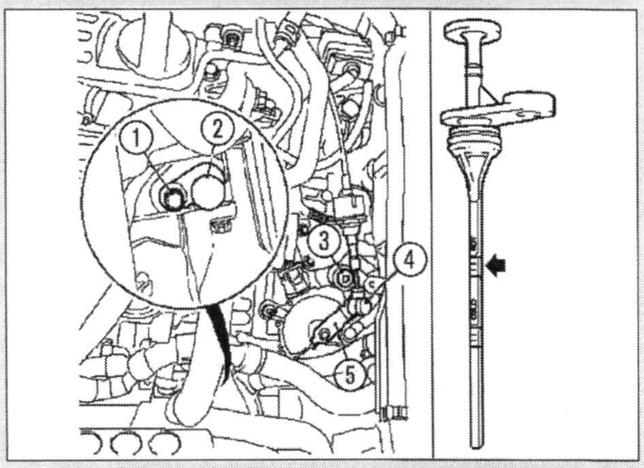

Checken – den Getriebeölstand. Die Differenzmenge zwischen »min« und »max« beträgt ca. 0,35 Liter.

⑧ Am besten geht's mit einem kleinen Trichter oder per Spritzölkännchen mit einem passenden Schlauchaufsatz. Stellen Sie zum Nachfüllen den Motor ab. Ergänzen Sie niemals zu viel Öl – Sie programmieren damit unweigerlich Getriebeschäden.

⑨ Hernach ziehen Sie die Öleinfüllschraube mit 30 Nm fest und ...

⑩ ... jonglieren den Ölpeilstab wieder bis zum Anschlag ins Führungsrohr. Ziehen Sie die Peilstabschraube mit 20 Nm an und lassen Sie den Motor dann etwa zwei Minuten mit Standgas laufen. Währenddessen schalten Sie das Getriebe einige Male durch. Danach checken Sie erneut den Ölstand und »versenken« jetzt den Peilstab bis zum nächsten Check ins Führungsrohr.

Praxistipp

Besonderheiten im Umgang mit Automatikgetrieben

Starten Sie den Motor niemals mit »trockenem« Getriebe – die Getriebeinnereien könnten dann fressen. Sollte die Batterie Ihres Automatik-Vectra schlapp machen, können Sie die Fuhre nicht einfach anschieben oder anschleppen: Der hydraulische Drehmomentwandler stellt bei stehendem Motor keine Verbindung zwischen Motor und Getriebe her. Sie sind also auf fremde Starthilfe angewiesen. Deshalb unser Tipp: Rüsten Sie Ihren Vectra prophylaktisch mit einem Fremdstartkabel aus. Im Ernstfall müssen Sie sich dann nur noch um einen freundlichen Autofahrer kümmern ...

Abschleppen – grundsätzlich den Wählhebel auf »N« stellen

Sollten Sie Ihren Automatik-Vectra abschleppen müssen, parkieren Sie den Wählhebel vorher unbedingt in Stellung »N«. Bitten Sie Ihren Vordermann zudem nicht schneller als 80 km/h zu fahren. Die »Seilschaft« darf übrigens maximal 100 Kilometer weit führen, andernfalls kann das Getriebe Schaden nehmen.

Automatikgetriebe

Störungsbeistand

Störung	Ursache	Abhilfe
A Parksperre hält auf abschüssiger Fahrbahn nicht.	1 Wählhebel falsch eingestellt.	In Opel-Werkstatt einstellen lassen.
	2 Getriebe defekt.	Opel-Werkstatt mit Reparatur oder Austausch beauftragen. Einstellen (lassen).
B Motor startet in allen Wählhebelstellungen.	1 Siehe A1.	Einstellen lassen.
	2 Schalter der Startsperre defekt.	Schalter prüfen (Anschlüsse) bzw. erneuern.
C Fahrzeug fährt während des Startvorgangs in »N« oder »P« vor- oder rückwärts.	Siehe A1.	
D Motor startet weder in »D« noch in »N« (Elektrik/Elektronik o.k.)	1 Siehe A1.	
	2 Siehe B2.	
E Getriebefunktion korrespondiert nicht mit Wählhebelstellung.	Siehe A1.	
F Harter Schaltruck beim Verschieben des Wählhebels.	1 Motorleerlauf zu hoch eingestellt.	Justieren lassen.
	2 Siehe A1, 4 und 5.	.

Automatikgetriebe (Fortsetzung)

Störungs-
beistand

Störung	Ursache	Abhilfe
F Harter Schaltruck beim Verschieben des Wählhebels.	2 Getriebeölstand nicht korrekt.	Überprüfen, ggf. Öl nachfüllen und undichte Stelle abdichten.
	3 Kurvenscheibenzug schwergängig.	Bewegliche Teile schmieren; Zugverlauf kontrollieren.
	4 Kurvenscheibenzug falsch eingestellt.	Justieren lassen.
G Beim Anfahren unrunder Motorlauf und schlechte Beschleunigung (Motorgrundeinstellung und »Drive by wire System« o.k.)	Siehe F3 und 4.	
H Bei langsamer Fahrt und wenig Gas verzögerte Übersetzungsveränderungen.	Siehe F3 und 4.	
I Getriebe verharrt beim Anfahren und während der Fahrt im niedrigen Übersetzungsbereich (Steuerelektronik o.k.); Wählhebelstellung »D«.	1 Siehe A1.	
	2 Siehe F4, F4.	
	3 Wählhebelzug schwergängig.	Bewegliche Teile schmieren; Zugverlauf kontrollieren.
J Verzögerte Ansprache mit Kickdown (Steuerelektronik o.k.).	Siehe F4.	
K Hoher Kraftaufwand beim Schalten.	1 Siehe A2.	
	2 Siehe I3.	Überprüfen und ggf. austauschen lassen.
L Nach dem Ausrollen kein Anfahren mehr möglich.	Siehe F3, F4.	
M Ungenügende Motorbremswirkung in Wählhebelposition »L«.	Siehe F4.	
N »Kriecheffekt« in Wählhebelposition »D«.	Siehe F1.	
O Motor stirbt nach Abbremsen bei stehendem Auto ab.	Leerlaufdrehzahl zu gering; Gemisch zu mager eingestellt.	Überprüfen bzw. korrigieren lassen.

Das stufenlose CVT-Getriebe (CVTronic)

Das Vectra CVT-Getriebe (**C**ontinously **V**ariable **T**ransaxle) entbindet den Fahrer perfekt von der Schaltarbeit: Lediglich zum Vor- oder Rückwärtsfahren reicht ein »Befehl«, und schon setzt sich der Vectra in Fahrt. Was dann passiert, zu passieren hat, regelt die CVT-Box stufenlos.

CVTronic ist das Top-Angebot für tatsächliche Schaltpuristen. Wohingegen die adaptive elektronisch gesteuerte Fünfstufenautomatik im Vectra eher ein Schmankerl für komfortorientierte Schaltgourmets ist. Schon den »Joy-Stick« der CVTronic als Schalhebel zu bezeichnen, führt in die Irre, die CVTronic schaltet nicht, sondern variiert ihre Übersetzungsverhältnisse völlig stufenlos.

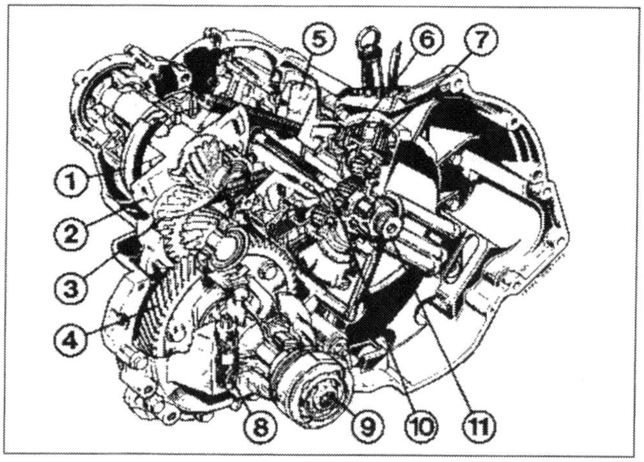

Adaptiv geregelt: *Die CVTronic des Vectra-C reagiert auf unterschiedliche Fahrsituationen und das »Temperament« des Fahrers. Ein 32 Bitrechner koordiniert die Eingangsdaten und errechnet daraus die »passenden« Durchmesser der zwei Kegelscheibenpaare.*
Die Schnittzeichnung der CVT-Automatik zeigt:
❶ Stahlschubgliederband. ❷ Sekundär-Kegelscheibenpaar. ❸ Untersetzungsgetriebe. ❹ Ausgleichsgetriebe. ❺ Primär-Kegelscheibenpaar. ❻ Vorwärtsgang-Kupplung. ❼ Rückwärtsgang-Kupplung. ❽ Tachoantrieb. ❾ Achsantrieb. ❿ Planetengetriebe. ⓫ Motor-Antriebswelle.

Vectra CVTronic – Entweder völlig stufenlos oder mit sechs definierten Fahrstufen

Das hervorzuhebende Merkmal der CVTronic ist ein elektronisch-/hydraulisch gesteuertes endlos Schubgliederband: In der jetzigen Auslegung überträgt der Transmissionsriemen zwischen zwei axial verstellbaren Kegelscheiben Motordrehmomente bis zu 180 Nm. Der Name »Schubgliederband« umschreibt bereits die Arbeitsweise, der Hightech-Riemen überträgt die Kraft nicht in Zug-, sondern in Schubrichtung. Er besteht aus hunderten aneinandergereihter, hochfester Stahlglieder – allesamt mit extrem verschleißfester Oberfläche. Die CVTronic »Endlos-Transmission« verbindet die Getriebeeingangswelle (Primärwelle) mit der Getriebeausgangswelle (Sekundärwelle) über jeweils zwei paarweise angeordnete, kegelförmige Scheiben (Schubgliederband-Kegelscheiben).

Je nach Fahrsituation und Leistungsanforderung ändern die Scheiben elektronisch-/hydraulisch gesteuert ihre Durchmesser – sie werden zusammengedrückt oder gespreizt. Entsprechend der Situation und der Druckverhältnisse im hydraulischen Steuerkreis »fällt« das Schubgliederband, beispielsweise während des Anfahrvorgangs, tiefer in das Kegelscheibenpaar der Primärwelle. Um die Vorspannung des Schubgliederbands weiterhin konstant zu halten, muss der Radius des Kegelscheibenpaars an der Sekundärwelle nach »oben« wandern – demzufolge also größer werden.

Analog zur herkömmlichen Automatik mit hydrodynamischem Drehmoment-wandler offeriert die CVTronic im Vectra gleichfalls die Möglichkeit zwischen festen Schaltstufen zu wählen: Die »Active-Select-Funktion« begrenzt »unendlich« auf sechs feste Fahrstufen. Das kann wunschgemäß auch im Automatikmodus vonstatten gehen – die CVTronic verhält sich dann wie eine herkömmliche Sechsstufenautomatik.

CVTronic – so variiert das Übersetzungsverhältnis

- Kleiner Gliederbandradius an dem Primär-Kegelscheibenpaar und großer Gliederbandradius am Sekundär-Kegelscheibenpaar ergeben eine kurze Übersetzung. Zügiges Anfahren ist damit möglich.
- Großer Gliederbandradius am Primär-Kegelscheibenpaar und kleiner Gliederbandradius am Sekundär-Kegelscheibenpaar ergeben eine lange Übersetzung für drehzahlschonende Autobahnfahrt.
- Zwischen diesen beiden Extremübersetzungen sind unendlich viele Übersetzungsverhältnisse möglich. Dabei wählt die hydraulische Steuereinheit des CVT-Getriebes das Übersetzungsverhältnis automatisch so, dass der Motor stets den bestmöglichen Wirkungsgrad nutzt.

- Die Drehmomentübertragung beim Anfahren realisiert eine hydraulisch gesteuerte Mehrscheibenkupplung. Sie erzeugt, wie bei jeder herkömmlichen Getriebe-Automatik, eine Kriechneigung. Sobald der Motor auf Drehzahlen kommt, schließt die Kupplung, der weitere Antrieb findet dann schlupffrei im Kegelscheibensystem statt.
- Für Vor- und Rückwärtsfahrt ist zwischen der Motorschwungscheibe und dem Kegelscheibensystem ein einstufiges Planetengetriebe angeordnet. Es bestimmt, je nach Wählhebelstellung, die Fahrtrichtung.
- Bei Vorwärtsfahrt ist die »Vorwärtskupplung« kraftschlüssig mit dem Planetengetriebe und der Primärwelle verbunden. So dreht sich das Planetengetriebe ohne mechanische Verluste als komplette Einheit mit.
- Bei Rückwärtsfahrt ist die »Rückwärtskupplung« kraftschlüssig und hält das Hohlrad des Planetengetriebes am Getriebegehäuse fest. Dadurch drehen die Planetenräder das auf der primär Kegelscheibenwelle sitzende Sonnenrad in Rückwärtsdrehrichtung.

Praxistipp: Besonderheiten im Umgang mit dem CVT-Vectra

Starten Sie nach einer Reparatur niemals den Motor mit unbefülltem Getriebe – das Schubgliederband und die beiden Kegelradpaare laufen dann trocken. Sollte die Batterie Ihres CVT-Vectra »schlapp« sein, können Sie die Fuhre nicht einfach anschieben oder anschleppen: Die CVT-Kupplung stellt bei stehendem Motor keine Verbindung zwischen Motor und Getriebe her. Deshalb unser Tipp: Rüsten Sie Ihren Vectra mit CVTronic prophylaktisch mit einem Fremdstartkabel aus. Im Ernstfall müssen Sie sich dann nur noch um einen freundlichen Autofahrer kümmern …

Abschleppen – vorher Wählhebel auf »N« stellen

Sollten Sie Ihren CVT-Vectra abschleppen müssen, muss der Wählhebel unbedingt in Stellung »N« stehen und Ihr Vordermann darf nicht mehr als 50 km/h und höchstens 80 Kilometer weit fahren. Andernfalls kann das Getriebe Schaden nehmen.

Der Achsantrieb

Das Getriebe und der Achsantrieb mitsamt Differenzial sitzen beim Vectra in einem gemeinsamen Gehäuse. Die vom Motor ans Getriebe geleitete Kraft erreicht über ein kleines und ein großes Zahnrad (Achsantriebsrad) den Achsantrieb. Das Achsantriebsrad ist mit dem Differenzialgehäuse verschraubt. Die Antriebswellen stellen letztendlich die kraftschlüssige Verbindung zwischen Achsantrieb und Radnabe her.

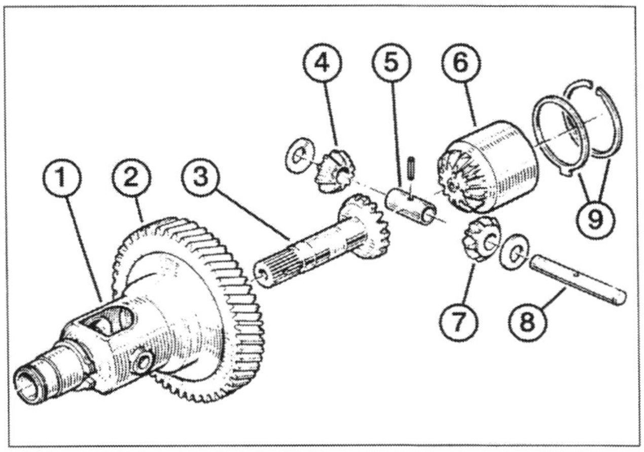

Im Getriebegehäuse installiert: Der Achsantrieb. *❶ Differenzialgehäuse, ❷ Tellerrad, ❸ Getriebeausgangswelle, ❹ und ❼ Satelliten-Kegelräder, ❺ Distanzhülse, ❻ Planetenrad, ❽ Satellitenachse, ❾ Distanz- und Sicherungsring.*

Achsantrieb und Antriebswellen

Achsantrieb: Zusammen mit dem Ausgleichsgetriebe (Differenzial) und dem Schaltgetriebe bzw. der Automatik in einem Gehäuse verbaut. Im Differenzialkorb befinden sich vier ineinander greifende Kegelräder, von denen zwei mit den Antriebswellen verbunden sind.

Geradeausfahrt: Die Vorderräder rollen mit dem Achsantrieb synchron. Das Differenzial rotiert mit gleicher Drehzahl, die Kegelräder im Differenzialkorb stehen still.

Kurvenfahrt: Das kurvenäußere Rad legt einen längeren Weg zurück als das innere (Drehzahldifferenz). Wenn die Drehzahldifferenz nicht ausgeglichen wird, würde der Vectra extrem untersteuern und die Kurve mit durchdrehendem inneren Vorderrad nehmen. Die Kegelräder verhindern das, sie sorgen im Differenzialkorb für den nötigen Ausgleich: Das höher drehende Kegelrad der äußeren Antriebswelle wirkt über die beiden Zwischenkegelräder »bremsend« auf das Kegelrad der kurveninneren Antriebswelle ein. Die gewollte Drehzahldifferenz neutralisiert die Wegunterschiede zwischen beiden Vorderrädern.

Kraftübertragung auf die Räder (vom Ausgleichsgetriebe): Das Getriebegehäuse des Vectra ist nach links zur Fahrzeugmittelachse versetzt montiert. Demzufolge sind die beiden Antriebswellen unterschiedlich lang: Die rechte Antriebswelle ist länger als die linke.

Gleichlaufgelenk: Gleichlaufgelenke ermöglichen eine komfortable Drehmomentübertragung auf die Antriebsräder. Da sie, anders als Kardangelenke, wenig Verschleißteile haben, zeichnet sie eine lange Lebenserwartung aus. Getriebeseitig haben die Vectra-Antriebswellen Tripodegelenke (mit Tripodestern, Laufrollen und Tripodeglocke), radseitig sind Gleichlaufgelenke (mit Kugelstern, Kugelkäfig und Kugelschale) montiert. Gleichlaufgelenke übertragen kaum Antriebseinflüsse ins Lenkrad.

Antriebswellenstümpfe: Laufen auf der Radseite in zwei Kugellagern des Lenkschwenklagers. Im Gegensatz zur Kerbverzahnung der Radnabenseite hat die Kerbverzahnung der Getriebeseite einen leichten Drall, dieser »Trick« vermeidet Klackgeräusche beim Anfahren.

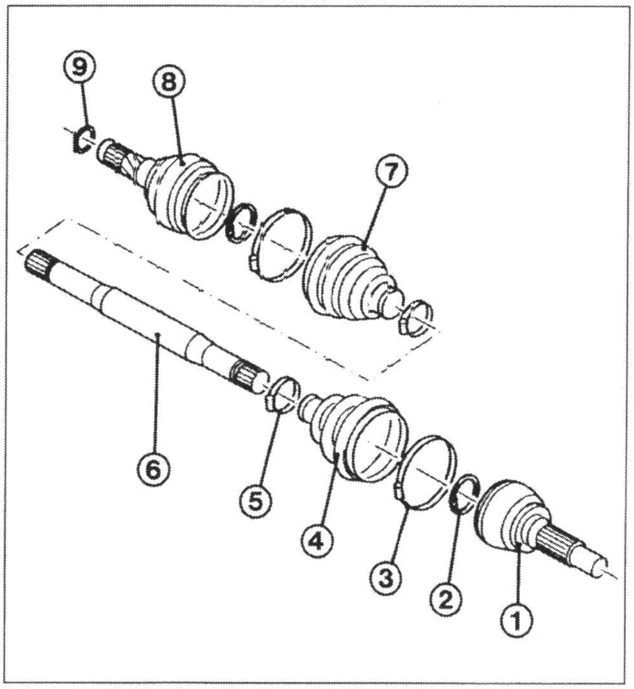

Mittlerweile fast verschleißfrei: Antriebswellen. ❶ *äußeres Gleichlaufgelenk,* ❷ *Sicherungsring,* ❸ *Spannband,* ❹ *Manschette,* ❺ *Spannband,* ❻ *Antriebswelle,* ❼ *Manschette,* ❽ *inneres Gleichlaufgelenk,* ❾ *Sicherungsring.*

Praxistipp

Wenn die Antriebswelle Geräusche macht

Die Lebensdauer der Antriebswellen hängt natürlich auch von Ihrer Fahrweise ab. Vermeiden Sie Sprintstarts mit durchdrehenden Antriebsrädern und erst recht mit eingeschlagenen Vorderrädern. Geräusche, die einen Defekt signalisieren, treten erfahrungsgemäß von jetzt auf gleich auf. Lassen Sie sich nicht täuschen – auch wenn die Geräusche für eine geraume Zeit wieder verschwinden – inspizieren Sie die Wellen akribisch.

- Rhythmische Schlag- oder Knack-knack-knack-Geräusche, die während der Beschleunigung oder im Schiebebetrieb auftreten (können sich beim Lenkeinschlag verändern), entlarven ein defektes Gelenk an der Radseite.
- Sollte Ihnen – während der Kurvenfahrt – Ihr Lenkrad kräftig in die »Hand schlagen«, gehen Sie gleichfalls von einem defekten äußeren Antriebswellengelenk aus.
- Beim Anfahren mit eingeschlagenen Vorderrädern verraten Knackgeräusche auch defekte Antriebswellen. Merke: Verschlissene Radlager zeigen häufig die gleichen Symptome.

Antriebswellenmanschetten checken

Arbeitsschritte

① Bocken Sie den Vorderwagen Ihres Vectra rüttelsicher auf. Beide Räder müssen »frei hängen«.

② Drehen Sie das Lenkrad dann bis zum Anschlag jeweils nach links und rechts. Das jeweils »kurvenäußere« Rad drehen Sie mit der Hand und inspizieren dabei die äußeren Manschetten auf feine Risse und glänzende Stellen. Wenn sich erst Schmutz und Feuchtigkeit einnisten, dauert es nicht mehr lange, bis das Gelenk schrottreif ist. Zur Kontrolle der inneren Manschetten legen Sie sich unter den Vorderwagen. Ein Assistent dreht dann langsam an den Rädern.

③ Prüfen Sie gleichfalls den Sitz der Spannbänder.

④ Fettspuren an den Manschetten sind ein untrügliches Indiz: Gehen Sie ihnen auf den Grund und dichten die Manschette(n) schnellstmöglich wieder ab. Andernfalls haben Sie es bald mit einem zerstörten Antriebsgelenk zu tun. Die Gelenke sind ab Werk mit rund 100 Gramm Spezialfett befüllt – zu einem Manschettentausch reichen 60 Gramm MoS2-Fett aus. In Opel-Werkstätten kommt Fett mit der Teilenummer »90007999« an die Gelenke.

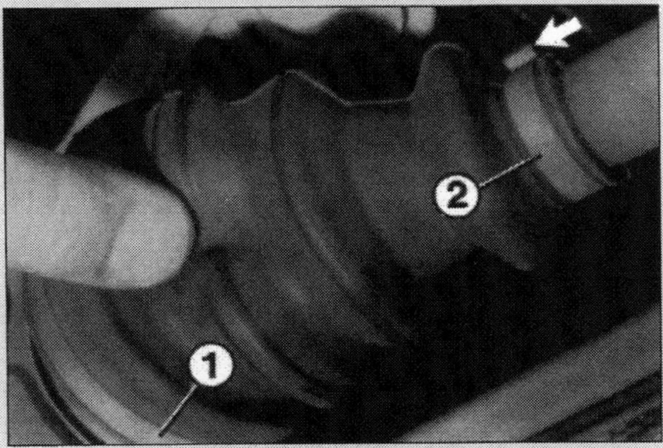

Bei der Kontrolle der Antriebswellen-Schutzmanschetten muss auch der feste Sitz des äußeren ❶ und inneren Schlauchbinders ❷ überprüft werden. Mit einem Seitenschneider werden die Lochbandklemmen gespannt (Pfeil). Dazu eine Ausbuchtung in Form eines plattgedrückten »O« in das Spannband biegen und mit dem Seitenschneider mit Gefühl so zudrücken, dass die Manschette nicht abgequetscht wird. Die Antriebswelle muss am Manschettensitz peinlich sauber sein.

Antriebswellen aus- und einbauen

Neue oder AT-Wellen werden grundsätzlich mit »Schutzkäfigen« geliefert. Grund: Die Käfige »blockieren« die Gelenke während des Transports, sie können dann nicht überdehnen. Entfernen Sie die Käfige möglichst erst nach der Montage und achten darauf, dass Sie die Manschetten nicht beschädigen. Die Vectra-Antriebswellen sind zwar unterschiedlich lang, die Arbeit ist auf beiden Seiten jedoch nahezu identisch.

Arbeitsschritte

Ausbau

① Bevor Sie den Vorderwagen rüttelsicher aufbocken, lösen Sie die Radmuttern und die Kronmutter des Antriebswellenstumpfs ❶. Vorab müssen Sie allerdings die Schutzkappe und den Splint ❸ entfernen. Lassen Sie sich dabei von einem Helfer assistieren, er kann auf die Bremse treten und das Rad blockieren.

② Heben Sie dann den Vorderwagen an und nehmen das betreffende Rad ab. Lösen Sie, falls vorhanden, die untere Motorverkleidung.

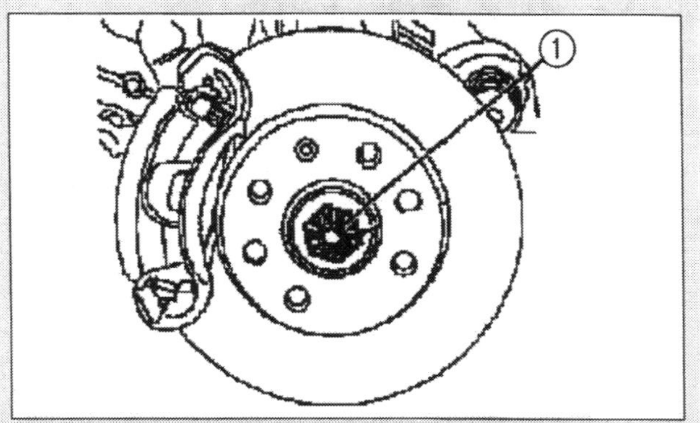

Am Antriebswellenstumpf lösen – Kronmutter.

③ Jetzt lösen Sie die Befestigungsschraube ❶ des Führungsgelenks und …

④ … ziehen den Lenker ❷ kraftvoll aus dem Achsschenkel (Pfeil).

⑤ Hernach lösen Sie die Befestigungsmutter des Spurstangenkopfs ❸ vom Achsschenkel ❹und...

⑥ ...pressen das Führungsgelenk sowie den Spurstangenkopf, gegebenenfalls mit einem Abzieher ❺, aus dem Achsschenkel.

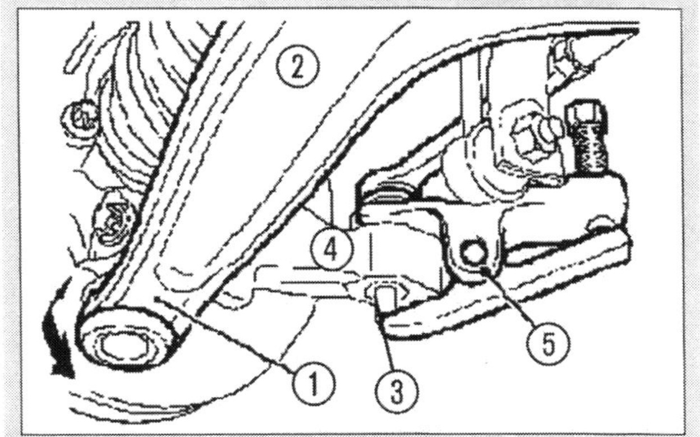

Gegebenenfalls mit einem Abzieher aus dem Achsschenkel pressen – Führungsgelenk und Spurstangenkopf.

⑦ Nun pressen Sie die Antriebswelle mit einem stabilen Zweiarmabzieher aus der Radnabe. Opel-Werkstätten machen das mit einem Spezialabzieher, doch mit etwas Geschick geht's auch ohne.

Rechte Antriebswelle Z22 SE, Z32 SE, Y20 DTH, Y22 DTR

⑧ Hebeln Sie die Antriebswelle ❶ mit einem Montierhebel ❷ aus der Zwischenwelle und …

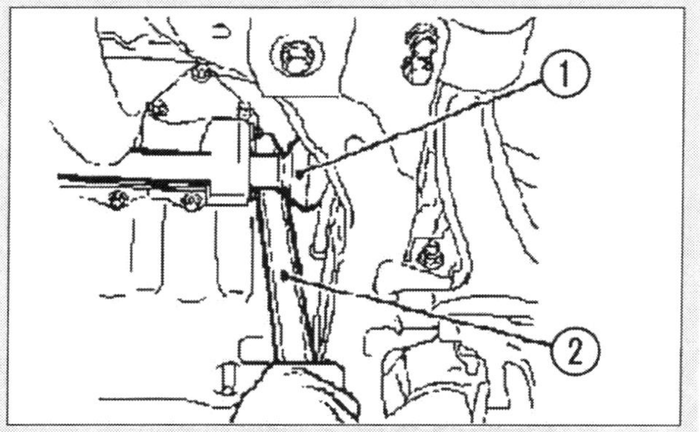

Nur bei den großen Motoren erforderlich – Antriebswelle von der Zwischenwelle demontieren.

⑨ … lösen den Zwischenwellenflansch ❸ an drei Schrauben.

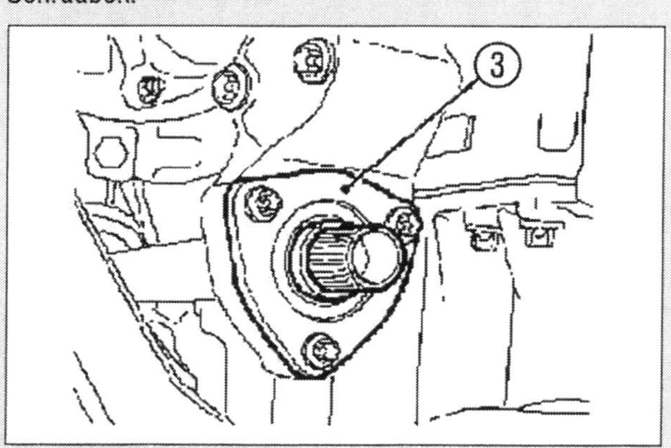

Mit drei Schrauben lösen – Zwischenwellenflansch.

alle

⑩ Wenn Sie die Welle vom Antriebsflansch abziehen, wird Öl aus dem Getriebegehäuse laufen. Stellen Sie darum eine saubere Auffangwanne unter das Getriebe und …

⑪ … hebeln dann mit einem Montierhebel die Antriebswelle aus dem Getriebe.

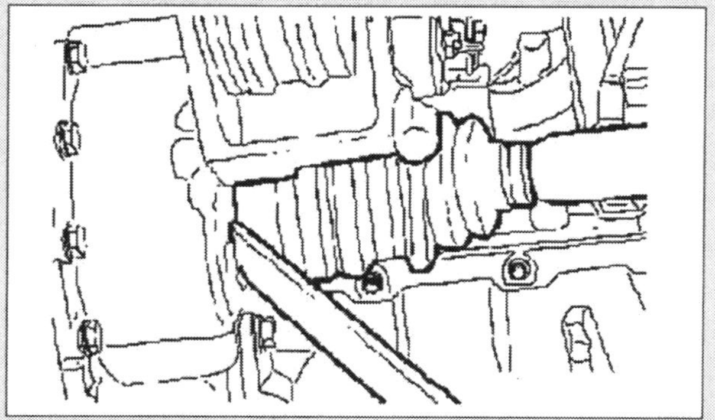

Per Montierhebel aus dem Getriebe »hebeln« – Antriebswelle.

⑫ Setzen Sie den Montierhebel im Antriebswellengelenk an der Einfräsung an, …

⑬ … pressen die Welle vom Flansch und verschließen die Öffnung mit einem sauberen Putztuch. Achten Sie darauf, dass Sie den Faltenbalg nicht beschädigen.

Einbau

⑭ Setzen Sie zunächst einen neuen Sicherungsring auf die Achswelle …

⑮ … und benetzen die Verzahnung und Lagerstelle mit Getriebeöl.

Rechte Antriebswelle Z22 SE, Z32 SE, Y20 DTH, Y22 DTR

⑯ Ersetzen Sie auch den Sicherungsring der Zwischenwelle und …

⑰ … benetzen die Verzahnung und Lagerstelle mit Getriebeöl.

alle

⑱ Hernach ziehen Sie das Putztuch wieder aus dem Getriebegehäuse und setzen die Achswelle/Zwischenwelle an.

⑲ Um den Sicherungsring verlässlich im Getriebe zu verankern, helfen Sie der Welle in der Gelenkeinfräsung mit einem Hammer und Weichmetalldorn ❶ etwas nach …

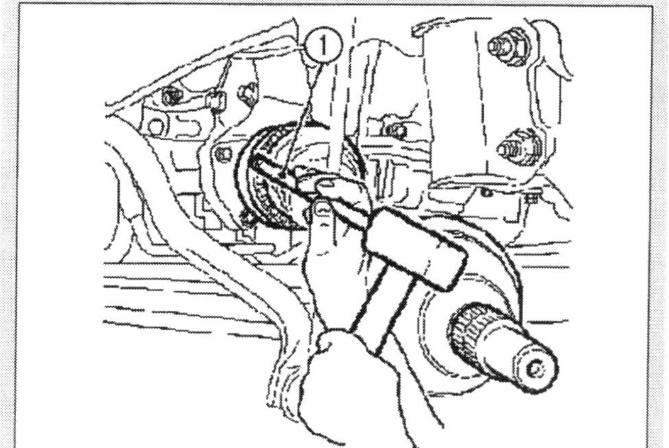

Mit Hammer und Weichmetalldorn vorsichtig in den Achsantrieb treiben – Antriebswelle.

Rechte Antriebswelle Z22 SE, Z32 SE, Y20 DTH, Y22 DTR

⑳ Schrauben Sie den Zwischenwellenflansch mit 18 Nm fest und …

㉑ … schieben jetzt die Achswelle »per Hand« auf die Zwischenwelle.

alle

㉒ Nun setzten Sie die Antriebswelle in die Radnabe ein und montieren das Führungsgelenk des Querlenkers wieder an den Achsschenkel. Ziehen Sie die neue Mutter mit etwa 50 Nm an.

㉓ Anschließend »fädeln« Sie den Spurstangenkopf in den Achsschenkel ein und ...

㉔ ... ziehen ihn mit 35 Nm fest. Sparen Sie nicht an einer neuen Mutter.

㉕ Auf dem Antriebswellenstumpf schrauben Sie die neue Kronmutter mit 150 Nm fest. Ihr Assistent blockiert derweil die Bremse.

㉖ Hernach lösen Sie die Kronmutter um 45° und ziehen sie erneut mit 250 Nm an.

㉗ »Sichern« Sie ihre Arbeit mit einem neuen Splint. Vergessen Sie nicht die Schutzkappe aufzupressen.

㉘ Abschließend checken Sie den Getriebeölstand und beenden die Montage in umgekehrter Reihenfolge.

Antriebsgelenk-manschetten wechseln

Gelenkmanschetten sind mittlerweile so ausgelegt, dass sie der Lebensdauer von Antriebswellen kaum noch nachstehen. Dennoch, äußere Beschädigungen, etwa von messerscharfen Flintsteinchchen, die von den Reifen hochgeschleudert werden, machen den Manschetten schnell den Garaus. Opel oder der gut sortierte Fachhandel bieten versierten Do it yourselfern demzufolge Reparaturkits, die relativ unproblematisch zu montieren sind. Unsere Beschreibung setzt demontierte Antriebswellen voraus.

Arbeits-schritte

① Um das Gelenk zu demontieren, spannen Sie zunächst die Antriebswelle mit Schutzbacken in einen Schraubstock ein.

② Trennen Sie die Spannbänder mit einem Seitenschneider und entsorgen sie sofort. Jetzt können Sie die Manschette zurückschieben.

③ Entfernen Sie den Sicherungsring ❶ und ...

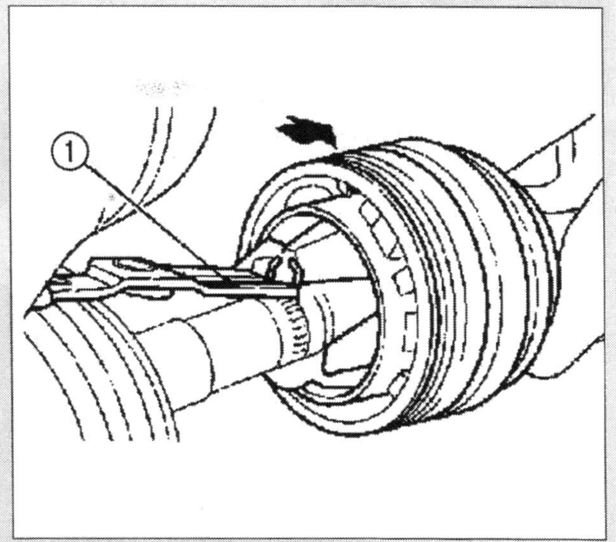

In Pfeilrichtung abziehen – Gelenk.

④ ... ziehen das Gelenk in Pfeilrichtung vorsichtig von der Antriebswelle ab.

⑤ Entfernen Sie die alte Manschette von der Antriebswelle und entsorgen sie mitsamt »Füllung« als Sondermüll.

⑥ Reinigen Sie die Welle und schieben den neuen Faltenbalg auf.

⑦ Anschließend »befüllen« Sie das saubere Gelenk mit neuem Spezialfett. Ihr Opel-Händler verwendet pro Gelenk ca. 60 Gramm Fett (100 Gramm bei kompletter Neufüllung) mit der Teilenummer »90007999«.

⑧ Jetzt setzen Sie das Gelenk an der Achswelle an und schieben es ganz auf die Verzahnung. Achten Sie darauf, dass der Sicherungsring einrastet. Um den Faltenbalg zu entlüften, setzen Sie zwischen Gelenk und Faltenbalg einen kleinen Schraubendreher an und lassen dort die Luft entweichen.

⑨ Legen Sie nun die Spannbänder in die Ringnut und ziehen die Bänder fest.

Praxistipp

»Massieren« Sie das Fett gut ein

Bevor Sie die Spannbänder endgültig fixieren, massieren Sie das neue Fett gut ein. Kneten Sie dazu den Faltenbalg und schwenken dabei auch vorsichtig das Gelenk: Das Fett verteilt sich dann gleichmäßig in der Manschette und im Gelenk. Achten Sie darauf, dass die Manschette ohne Quetschfalten auf der Antriebswelle sitzt.

DAS FAHRWERK

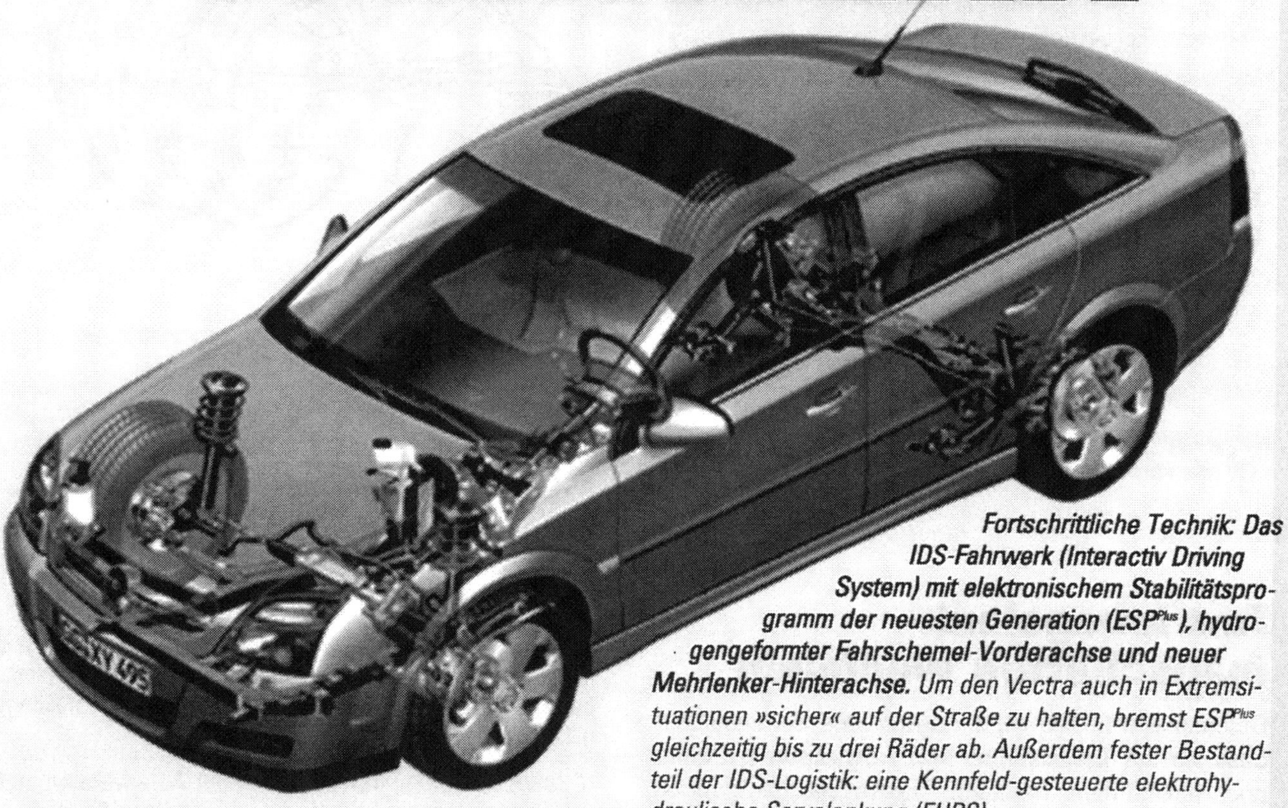

Fortschrittliche Technik: Das IDS-Fahrwerk (Interactiv Driving System) mit elektronischem Stabilitätsprogramm der neuesten Generation (ESP^Plus), hydrogengeformter Fahrschemel-Vorderachse und neuer Mehrlenker-Hinterachse. Um den Vectra auch in Extremsituationen »sicher« auf der Straße zu halten, bremst ESP^Plus gleichzeitig bis zu drei Räder ab. Außerdem fester Bestandteil der IDS-Logistik: eine Kennfeld-gesteuerte elektrohydraulische Servolenkung (EHPS).

Wartung

Reparatur

Um dem Vectra in möglichst allen Situationen ein »verzeihendes« Fahrverhalten anzuerziehen, mixten Opel-Fahrwerksingenieure die Fähigkeiten elektronischer Komponenten (ESP^{Plus}, ABS, EBD, CBC) mit ihrem eigenen fahrphysikalischen Wissen, solider Grundlagenentwicklung auf Großrechnern, modernen Werkstoffen und zigtausend Kilometern rund um den Globus.
Und das alles um eine gelungene Mischung aus Komfort, Agilität und Souveränität zu generieren. Im Vectra-C heißt die Melange kurz und knapp IDS (Interactive **D**riving **S**ystem). Hinter IDS steht der solide Grundgedanke, weiterentwickelte Kontroll- und Sicherheitsfunktionen einzelner Fahrwerkskomponenten zusammen zu führen und zentral – bis hin zu gezielten Eingriffen ins Motormanagement – zu koordinieren. Der Vectra-C sollte nach dem Willen seiner Vordenker Querfugen wie lange Bodenwellen oder einfach nur schlechte Straßendecken gleichermaßen diszipliniert »schlucken«. Er sollte vom Grundsatz her stoisch seinen Vorderrädern folgen, brenzlige Situationen weitgehend »ausbügeln« und auch plötzlich eingeleitete Lastwechsel gelassen parieren. Der Vectra-C sollte zumindest so lange auf Kurs bleiben, wie seine Chauffeure die energetischen Grenzen eines »Festkörpers« nicht mutwillig missachten.
Soweit die Theorie: In der Praxis begann damit die Suche nach einem Kompromiss, der dem praktischen Ideal möglichst nahe kommt. Besagte Suche entpuppt sich mit schöner Regelmäßigkeit als Sisyphusarbeit, die, im Falle Vectra, noch bis kurz vor der Nullserie industrielle Großrechner, modernste Software und – rund um den Globus – unzählige Testfahrer »unter Strom« setzte. Denn die Räder Ihres Vectra sollten sich, ganz im Sinne von IDS ja nicht nur drehen, sondern während der Fahrt – von Ihnen möglichst unbemerkt – auch gezielte Auf- und Abwärtsbewegungen, kontrollierte Bremseingriffe sowie Richtungsänderungen ausführen. Und das bitte schön bei allen Witterungseinflüssen und auch mit voller Zuladung: Denn gerade dann entstehen mannigfaltige Kräfte, die das Fahrwerk erheblich fordern.
Teamwork wird das nur, wenn sämtliche Komponenten exakt aufeinander abgestimmt sind und zueinander passen. Zum Fahrwerk gehören die Federn und Stoßdämpfer, die Radaufhängungen, die Lenkung sowie Räder und Reifen. Die Bremsen, gleichfalls ein Bestandteil des Fahrwerks, bringen wir Ihnen in einem gesonderten Kapitel »näher«.

Reagiert feinfühlig – das IDS-Fahrwerk

Präzise arbeitende Radaufhängungen sind auch im Computerzeitalter eine diffizile Angelegenheit: Im Idealfall sollen die Räder nämlich ständig in genau definierten Winkeln zur Fahrzeugachse stehen. Auf »topfebenen« Straßen ist das allemal machbar, doch stellt sich Ihrem Vectra zum Beispiel eine Bodenwelle »in den Weg«, oder durcheilt er gerade eine Kurve, hat das zwangsläufig Auswirkungen auf die Radgeometrie – jedes Rad versucht seinen eigenen Weg zu finden.
Gelänge ihnen das, folgte Ihr Vectra dem kürzesten Weg ins »Abseits« oder planlos jeder sich bietenden Spurrille. Damit das möglichst nicht passiert und auch der Aufbau nicht unkoordiniert schwingt und taumelt, werden die Räder präzise geführt und gedämpft. Vier Gasdruckstoßdämpfer und Schraubenfedern – an den Vorderrädern als typische McPherson-Federbeine und hinten als getrennte Feder-/Stoßdämpfereinheiten ausgeführt – besänftigen das Fahrwerk und die Karosserie. Stichwort Stoßdämpfer: Sie müssten eigentlich Schwingungsdämpfer heißen. Denn anstatt Stöße zu dämpfen, schwächen sie mehr oder weniger erfolgreich die von Stößen implizierten Eigenschwingungen der Karosserie, Federn und Reifen ab. Technisch ausgedrückt: Stoßdämpfer wandeln Schwingungsenergie in Wärme um.

Zusammengehörig – Lenkung und Fahrsicherheit

Fahrverhalten und Fahrsicherheit sind unter anderem auch davon abhängig, dass die Vorderräder eindeutig die gewünschte Richtung vorgeben. Das muss möglichst feinfühlig koordiniert sein und unter allen Umständen zielgenau funktionieren. Keine Frage, dass Ansprechverhalten der Servolenkung ist darum genau auf die Achskinematik, die Lenkgeometrie und Lenkelastizität der Vorderräder abgestimmt. Im Vectra »schlägt« eine elektrohydraulisch unterstützte Zahnstangenlenkung (EHPS) die Vorderräder ein. Der Servoeffekt wird feinfühlig variiert: Das Lenkgetriebe entlastet Ihren Bizeps nur dann mit voller Servokraft, wenn Sie beispielsweise beim einparken in Parklücken oder sonstigen Rangierarbeiten voll gefordert sind. Das führt nicht nur zu einem degressiven Verhalten, sondern spart zudem Energie – die EHPS-Lenkung kommt ohne herkömmlich angetriebene Servopumpe aus.

Willkommen an der Vorderachse – hydraulische Lagerbuchsen mit hoher radialer Dämpfung senken die Abrollgeräusche

Das Vectra-IDS-Fahrwerk ist ein solides Beispiel dafür, dass Käufer auch zu vertretbaren Preisen – hinsichtlich Fahrkomfort, Abrollgeräuschen und Fahrverhalten – in der Mittelklasse keine großen Eingeständnisse mehr eingehen müssen: Die an einem Vierpunkt-Fahrschemel angelenkte Vectra-Vorderachse interpretiert das bewährte McPherson-Prinzip mit hydraulisch fixierten Querlenkern, Hohlprofil-Querstabilisator und von Feder- und Dämpfungskräften entkoppelten Federbeilagern. Um den Job der Federbeine möglichst effizient von störenden Querkräften zu befreien, sind die Schraubenfedern nicht geradlinig, sondern mit leicht gekrümmter Federachse gewickelt. Der Trick verbessert das Ansprechverhalten der Dämpfer und schafft willkommene Freiräume bei der Fahrwerkabstimmung.

Neu im Vectra-C – Mehrlenker-Hinterachse

Die Hinterräder des Vectra-C führen jeweils drei Quer- und ein Längslenker. Die Hinterachsgeometrie (Spur, Sturz) lässt sich für jedes Rad unabhängig justieren. Das steigert die möglichen Querbeschleunigungskräfte, stabilisiert den Geradeauslauf, erhöht die Bremsstabilität und macht – zum Beispiel nach einem Unfall – die ganze Konstruktion servicefreundlicher. Außerdem sind die einzelnen Achskomponenten äußerst kompakt unter dem Vectra-Bauch zu verschrauben und außerordentlich »tragfähig«. Das kommt dem Kofferraumvolumen und gleichermaßen der möglichen Zuladung zugute. Optional bestückt Opel den Vectra-C auch mit einer automatischen Niveauregulierung. Das System ist von Do it yourselfern übrigens auch relativ unproblematisch nachrüstbar: Es kommt nämlich ohne separate Energieversorgung inklusive aufwendiger Druckpumpe und Leitungssystemen aus. Stattdessen »pumpen« sich die Feder-/Dämpferelemente bei jeder Karosseriebewegung selbsttätig auf.

Technik-lexikon

Begriffe der Lenkgeometrie

Vorspur: Vorderräder stehen vorn enger zusammen als hinten (rollen aufeinander zu). Das gleicht den Reibkoeffizienten zwischen Radaufstands- und Straßenoberfläche aus: Demnach »drängt« das linke Rad nach links und das rechte nach rechts. Bei Kurvenfahrt schwenkt das kurveninnere Rad, zur Unterstützung der Lenkbewegung und der Lenkkräfte, stärker ein als das kurvenäußere – die Vorspur geht in Nachspur über (Räder stehen hinten enger zusammen als vorn).

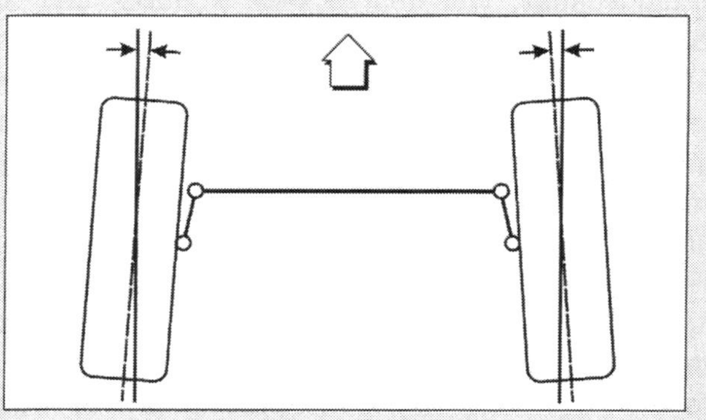

Typisch Vorspur: Die Vorderräder stehen vorne enger zusammen als hinten.

Sturz: Radneigung zu einer Senkrechten. Vermindert Fahrbahnstöße in die Lenkung, reduziert Lenkkräfte und Reibung der Räder auf der Fahrbahn. Die Vorderräder des Vectra haben negativen Sturz – sie stehen oben im Radkasten geringfügig weiter auseinander als unten am Boden.

Spreizung: Neigung der Lenkungsdrehachse zu einer Senkrechten. Denkt man sich eine Linie dieser Achse zum Boden und misst den Abstand zur Mittellinie durch das Rad (Mittelpunkt der Reifenaufstandsfläche), erhält man den Lenkrollradius. Um die Störkräfte in der Lenkung zu verringern, soll der Lenkrollradius möglichst »klein« sein. Zusammen mit dem Nachlauf bewirkt die Spreizung außerdem, dass sich das Auto bei eingeschlagenen Rädern etwas anhebt. Lässt man das Lenkrad los, stellen sich die Räder selbst in die Mittelstellung zurück (Rückstellmoment).

Nachlauf: Abstand (in Fahrtrichtung) zwischen der gedachten Verlängerungslinie der Lenkdrehachse zum Boden und dem Mittelpunkt der Reifenaufstandsfläche. Durch den Nachlauf werden die Räder gezogen (nicht geschoben). Gezogene Räder neigen dazu, sich selbständig zu stabilisieren (Teewageneffekt) und die Geradeauslaufstellung beizubehalten.

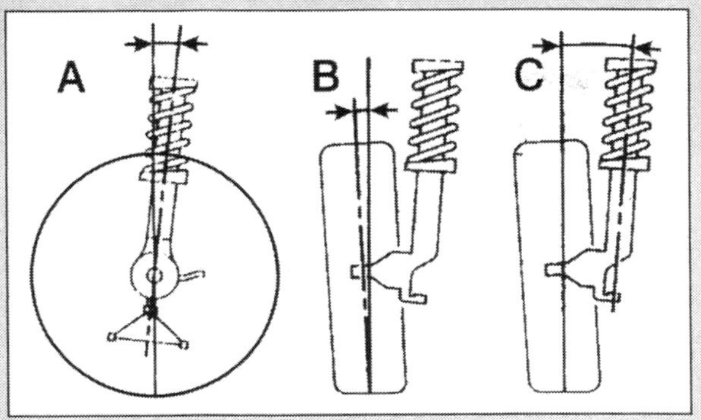

Die Radeinstellungen:
A: *Nachlauf,* **B**: *Radsturz,* **C**: *Spreizung.*

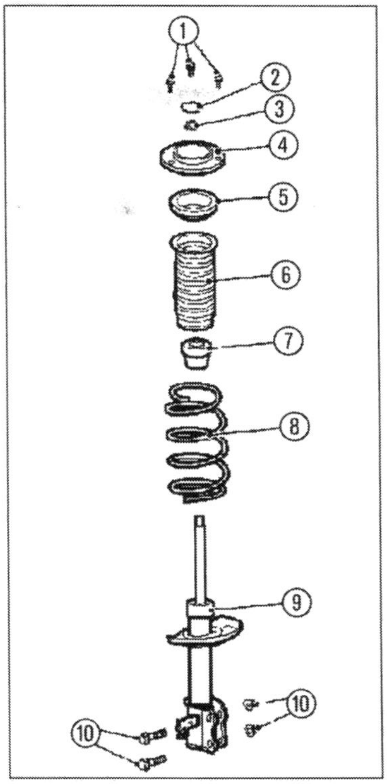

Das Vectra-C Federbein im Detail:
❶ Befestigungsschrauben,
❷ Abdeckkappe,
❸ Stützlagerbefestigungsmutter (oberer Anschlag),
❹ oberer Dämpfungsring,
❺ oberes Stützlager mit Federsitz,
❻ Staubmanschette,
❼ unterer Anschlagpuffer,
❽ Schraubenfeder mit leicht gekrümmter Federachse,
❾ Federbeinstützrohr mit Stoßdämpfer,
❿ untere Befestigungsschrauben und -muttern.

An Fahrschemel angelenkt – die Vectra-Vorderachse

McPherson Einzelradaufhängung: Kompakte Radführungseinheit aus Stoßdämpfern, Federn mit leicht gekrümmter Federachse, schwenkbaren Aluminiumradnaben, Querlenkern und Hohlprofil-Querstabilisator.

Federbein: Besteht aus Schraubenfeder und Teleskopstoßdämpfer (im Vectra mit Hohlprofilkolbenstange), der innerhalb der Federwindungen arbeitet. Innere Anschläge im Federbein begrenzen das Ausfedern nach unten. Bei hartem Durchfedern – etwa in einem Schlagloch – tritt der Anschlagbegrenzer in Aktion. Er verhindert, dass die Feder blockiert und der Stoßdämpfer abrupt zerstört wird.

Federbeindom (im Kotflügel): Stützt das Federbein nach oben gegen die Karosserie ab. Das obere Gummistützlager führt ein Zentrierring, es stützt sich an einer oberen und unteren Tellerscheibe ab. Die Kolbenstange des Federbeins ist mit dem Stützlager verschraubt.

Lenkschwenklager: Hält das untere Ende des Federbeins mit Klemmschrauben. Ist über ein Kugelgelenk mit einem Querlenker verbunden. Der Querlenker sitzt beweglich im Achsträger und nimmt die Seitenkräfte auf.

Gummi-Metall-Lager: Mit dem Vectra-Fahrschemel verbaut. Sie minimieren die Abrollgeräusche und evtl. unwuchtige Räder.

Vorderachskörper: Der Hilfsrahmen (Fahrschemel) nimmt die Befestigungspunkte der Dreiecklenker, Lenkgetriebe- und Kühlmodule sowie die Drehmomentstützen der Motorlagerung auf. Er ist an vier Punkten mit der Karosserie verschraubt. Außerdem funktioniert der Hilfsrahmen, im Falle eines Frontalcrashs, als Lastpfad: Er leitet hier »angreifende« Aufprallenergie gezielt in die Karosserie ab.

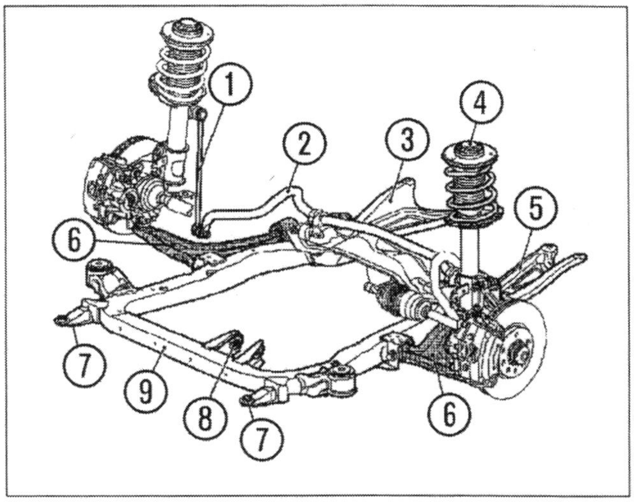

Pariert hohe Seitenführungskräfte: Vectra-Vorderachse mit McPherson-Federbeinen und Fahrschemel. *❶ Pendel, ❷ Stabilisator, ❸ rechte Stütze, ❹ Federbein, ❺ linke Stütze, ❻ Dreiecklenker, ❼ Kühlerhalter, ❽ Drehmomentstütze, ❾ Fahrschemel.*

Hohlprofil-Querstabilisator: Drehbar am Fahrzeugboden befestigt. Jeweils mit einem Querlenker verbunden. Er minimiert bei Kurvenfahrt die Seitenneigung der Karosserie.

Zahnstangenlenkung: Hinter dem Motor an einem Hilfsrahmen befestigt. Zweiteilige Lenkspindel wirkt direkt auf die Zahnstange, an deren Enden jeweils die rechte und linke Spurstange verschraubt ist. Die Lenkbewegungen werden auf die Lenkhebel des Lenkschwenklagers und damit auf die Räder übertragen.

Die Vectra-Hinterachse

Mehrlenker-Hinterachse: Leichtbau Mehrlenker-Hinterachse mit jeweils drei Quer- und einem Längslenker, Schraubenfedern, Gasdruckstoßdämpfern, Hohlprofil-Querstabilisator.
Federung: Teleskopstoßdämpfer mit Hohlprofilkolbenstange, Schraubenfedern in Radnähe auf den Längslenkern platziert. Dämpfer und Feder stützen sich nach oben in einem Federbeindom gegen die Karosserie ab.

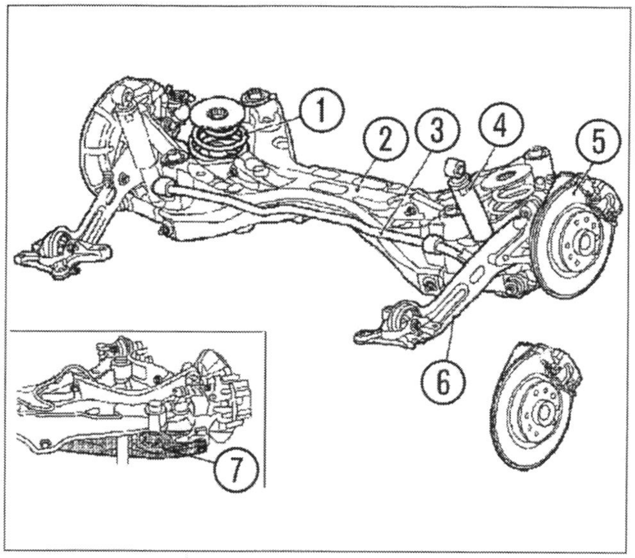

Alles im Griff – die Vectra Hinterachse: *❶ Miniblockfeder, ❷ Hinterachskörper, ❸ Stabilisator, ❹ Stoßdämpfer, ❺ Bremsscheibe, ❻ Längslenker mit Dämpfungsbuchse, ❼ Aluminiumquerlenker.*

Gefahrenhinweis

Do it yourself an Fahrwerk und Lenkung

Arbeiten an Fahrwerk und Lenkung setzen Erfahrung und oft auch Spezialwerkzeuge sowie optische oder elektronische Messgeräte voraus. Überlassen Sie Arbeiten an Fahrwerk oder Lenkung im Zweifelsfall besser Ihrer Werkstatt. Fehlerhaft ausgeführte Reparaturen gefährden Sie und folglich auch andere Verkehrsteilnehmer. Beschädigte Teile der Radaufhängung sind generell mit Neu- oder brauchbaren Secondhand-Teilen zu ersetzen und grundsätzlich nicht zu richten oder zu schweißen. Nach grundlegenden Fahrwerks- oder Lenkungsarbeiten lassen Sie Ihren Vectra in einer Fachwerkstatt vermessen.

Handlingfaktor – die Vorderachsgeometrie

Die richtige »Grundstellung« der Vorderräder ist mit entscheidend darüber, ob Ihr Vectra den Vorderrädern in Kurven, auf ebener Strecke oder langen Autobahngeraden willig folgt. Schon ein deftiger »Schubser« gegen den Bordstein kann die Vorderachsgeometrie empfindlich aus dem Gleichgewicht bringen. Ausgeschlagene Gelenke und Gummilager, oder unsachgemäße Reparaturen, haben gleichfalls negativen Einfluss auf das Fahrverhalten. Überlassen Sie darum die optische Fahrwerksprüfung grundsätzlich einer Werkstatt mit Achsmessstand. Verstellten Vorderrädern kommen Sie als aufmerksamer Fahrer freilich selbst auf die Spur. Allerdings nur dann, wenn beide Vorderreifen vom gleichen »Reifenbäcker« stammen, noch eine vergleichbare Profiltiefe und den vorgeschriebenen Luftdruck aufweisen. Überprüfen Sie die Basis und beobachten hernach folgende Symptome:

- Ein plötzlich schräg sitzendes Lenkrad ist das erste Indiz für »schiefe« Vorderräder. Achten Sie also grundsätzlich darauf, ob das Lenkrad bei Geradeausfahrt auch geradeaus »steht«.
- Korrespondieren die Vorderräder in Geradeausstellung auch mit der Lenkradstellung?
- Läuft Ihr Vectra auf ebener Fahrbahn »freihändig« geradeaus? Oder will er ständig nach links oder rechts »ausbrechen«?
- »Kommt« das Lenkrad am Kurvenausgang »freiwillig« aus der Kurve zurück? Oder müssen Sie es in Geradeausstellung zurücklenken?
- Nutzen die Vorderreifen gleichmäßig ab? Erkennen Sie an den Profilkanten unterschiedliche Verschleißspuren?

Stoßdämpfer prüfen – nach zwei verschlissenen Reifensätzen obligatorisch

Stoßdämpfer sind an Karosserie und Fahrwerk mit elastischen Lagern zur Geräuschisolation befestigt. Sie wandeln die Schwingungsenergie des Aufbaus und der Räder in Wärme um. Nach etwa zwei verschlissenen Reifensätzen haben Stoßdämpfer in der Regel noch etwa 50 Prozent ihrer ursprünglichen Wirkung – spätestens dann sind sie verkehrsunsicher. Da sie in ihrer Wirkung jedoch langsam und nicht abrupt nachlassen, bemerken Sie den Leistungsverlust nur schwer. Unbewusst stellen Sie, wie übrigens die meisten Autofahrer, Ihren Fahrstil dann auf das verschlechterte Fahrverhalten ein: In Extremsituationen führt das zu bösen Überraschungen. Lassen Sie darum Stoßdämpfer einmal jährlich auf dem Prüfstand eines Automobilclubs bzw. von TÜV oder Dekra checken. Die Schaukelmethode, bei der Sie Ihr Auto an den Kotflügeln aufschaukeln um sein Nachschwingverhalten zu »testen«, ist kein ernst zu nehmender Check. Auf diesem Weg entlarven Sie allenfalls einen total verschlissenen Stoßdämpfer. Als sicherheitsbewusster Fahrer achten Sie auf folgende Symptome:

- Flattert die Lenkung? In diesem Fall »tanzen« die Räder über dem Boden oder sind falsch ausgewuchtet.
- Schwingt Ihr Vectra nach Bodenwellen kräftig nach?
- Wie verhält er sich in Kurven? Wirkt er schwammig oder wankt gar jeder Straßenunebenheit hinterher?
- Nutzen die Reifen ungleichmäßig ab (partiell ausgewaschene Lauffläche)?
- Erkennen Sie am Stoßdämpfergehäuse starke Ölundichtigkeiten? Geringe Schwitzspuren sind durchaus normal.

So arbeitet der Stoßdämpfer

Technik-lexikon

Ihr Vectra steht auf so genannten Zweirohrstoßdämpfern. Sie bestehen aus einem Arbeitszylinder, in dem ein mit einer Kolbenstange versehener Arbeitskolben auf- und abgleitet. Den Arbeitszylinder umgibt ein zweiter Zylinder, der dem Hydrauliköl als Vorratsraum dient.

Druckstufe: Der Kolben bewegt sich nach unten und presst auf seinem Weg Hydrauliköl durch ein Ventil in den Raum über dem Kolben. Die Auslegung des Ventils bestimmt den Widerstand (Raddämpfung), den der Arbeitskolben zu überwinden hat.

Zugstufe: Die entlastete Feder führt den Arbeitskolben zurück in seine Ausgangsstellung. Dabei gelangt das oberhalb des Kolbens verdrängte Öl über ein Bodenventil zurück in den Vorratsraum. Das Ventil bestimmt den Widerstand (Raddämpfung), den der Arbeitskolben zu überwinden hat.

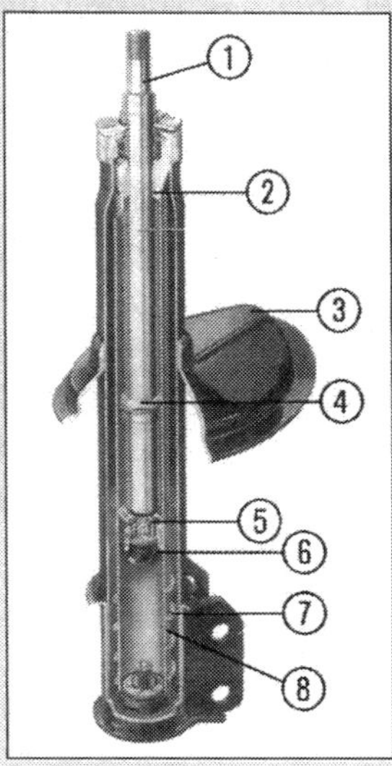

»Fesselt« den Aufbau und die Räder: Zweirohrstoßdämpfer (System Monroe). *Der Arbeitsraum innerhalb des Zylinderrohrs ❽ ist mit Hydrauliköl gefüllt. ❶ Kolbenstange mit Gewinde zur Befestigung im Federbeindom, ❷ Teflonlagerbuchse, ❸ angeschweißter Federteller, ❹ gewellter Zuganschlag, ❺ Druckkolben mit Teflonband, ❻ Dämpfungsventil, ❼ Schraubenfeder zur Erhaltung der Ölsäule im Ausgleichsraum.*

Regelmäßig checken – Lenkungsspiel

Das Lenkungsspiel Ihres Vectra lässt sich in einigen Fällen korrigieren. Zumindest dann, wenn es sich um normalen Verschleiß und nicht um einen Defekt handelt. Überlassen Sie die Einstellung jedoch Ihrer Werkstatt – die Profis vor Ort haben das dazu erforderliche Mess- und Justierequipment parat. Wann es so weit ist, können Sie selbst auf einer ebenen Stein- oder Asphaltfläche überprüfen.

Arbeitsschritte

① Räder geradeaus stellen.

② Greifen Sie durchs geöffnete Seitenfenster und drehen das Lenkrad ruckartig hin und her.

③ Achten Sie dabei aufs linke Vorderrad, besser noch auf sein Felgenhorn, es muss sich rhythmisch mitbewegen. Der elastische Reifen kann die Bewegungen geringfügig »bremsen«.

④ Stellen Sie kein Spiel um die Geradeausstellung fest, bei stärkerem Lenkeinschlag jedoch ein Klemmen, ist die Zahnstange verschlissen. In dem Fall tauschen Sie besser das gesamte Lenkgetriebe aus.

Nach rund 60.000 Kilometer prüfen – Servolenkung auf Dichtheit

Die Kennfeld gesteuerten elektrohydraulischen Vectra-Lenkgetriebe sind wartungsfrei. Und sollte der Servopumpe doch einmal der »Saft« ausgehen, meldet ein Füllstandssensor aus dem Lenkölvorratsbehälter »via« Warnanzeige im Drehzahlmesserdisplay den Ölmangel. Doch bei einem so sicherheitsrelevanten Bauteil wie der Lenkung bleiben Sie besser selbst der Chef im Ring: Checken Sie das Lenksystem etwa alle 60.000 km auf undichte Stellen an Manschetten und sämtlichen Schlauchverbindungen. Sollten Sie Leckagen entdecken, beheben Sie die Ursache und füllen den Vorratsbehälter mit Opel EHPS-Hydrauliköl (Katalog-Nr. 19 40 766) auf. Und so wird's gemacht.

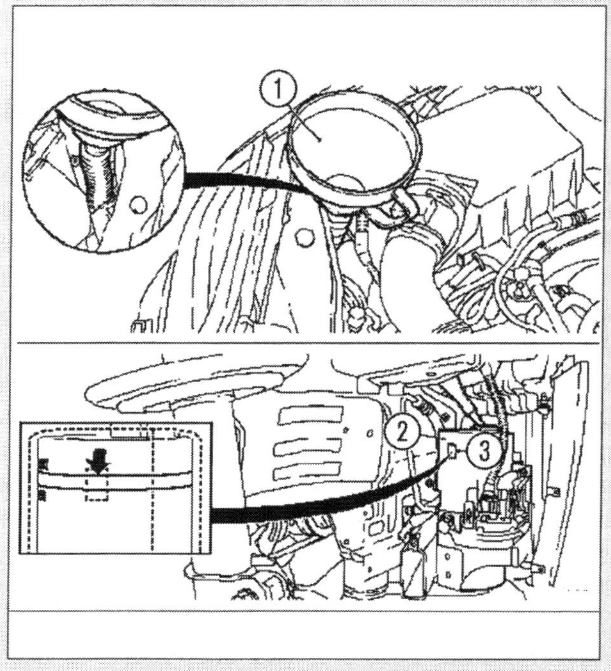

Mit etwas Geduld kein Problem – Lenkungsöl Schritt für Schritt per Trichter ergänzen.

Arbeitsschritte

① Ziehen Sie die Handbremse an, lösen die Radmuttern des rechten Vorderrades, …

② … liften Ihren Vectra und bocken ihn rüttelsicher auf. Sichern Sie zusätzlich die Hinterachse mit Unterlegkeilen.

③ Schrauben Sie das Vorderrad ab und …

④ … demontieren, wie beschrieben, den rechten inneren Radlauf.

⑤ Reinigen Sie mit einem Lappen das »Schauglas« ❸ des Vorratstanks ❷, um …

⑥ …hernach den Ölstand zu checken. Steht er zwischen »MIN« und »MAX«, ist die Sache o. k. Falls nicht …

⑦ … öffnen Sie den Verschlussdeckel des Ausgleichsbehälters und …

⑧ … bugsieren zwischen Scheinwerfer und Luftfiltergehäuse einen Trichter ❶ mit flexiblem Rohr in die Einfüllöffnung. Ergänzen sie dann Schritt für Schritt den Ölstand bis »MAX«.

⑨ Hernach starten Sie den Motor um ihn nach ca. 5 Sekunden wieder abzustellen. Wiederholen Sie, kleine Pausen inbegriffen, den Vorgang 3 – 4-mal. Das Lenkgetriebe entlüftet sich währenddessen selbsttätig.

⑩ Starten Sie jetzt wieder den Motor und …

⑪ … »kurbeln« das Lenkrad mindestens fünf Mal von Anschlag zu Anschlag. Sollten sich im System noch irgendwo Luftblasen »versteckt« haben, sind sie jetzt »weggespült«.

⑫ Checken Sie hernach erneut den Ölstand und beenden die Arbeit in umgekehrter Reihenfolge.

Zahnstangen-Schutzmanschetten checken

Die aus dem Lenkgetriebegehäuse austretende Zahnstange wird auf beiden Seiten durch je eine Gummimanschette geschützt. Die Manschetten müssen staubtrocken sein. Feuchte Manschetten müssen Sie unmittelbar erneuern. Falls Sie das versäumen, verwandeln eindringender Schmutz oder Feuchtigkeit das Fett im Lenkgetriebe in kürzester Zeit zu einer Schleifpaste, die den Lenkinnereien früher oder später den Garaus macht.

Arbeitsschritte

① Inspizieren Sie beide Faltenbälge mit einer Taschenlampe.

② Schlagen Sie dazu die Lenkung bis zum Anschlag nach links und rechts ein. Ziehen Sie dann den jeweils »gedehnten« Faltenbalg Stück um Stück auseinander. Achten Sie besonders auf feine Haarrisse – grobe Verletzungen erkennen Sie ohnehin.

③ Auch die Spannbänder ❶ und ❷ müssen fest auf beiden Manschetten sitzen.

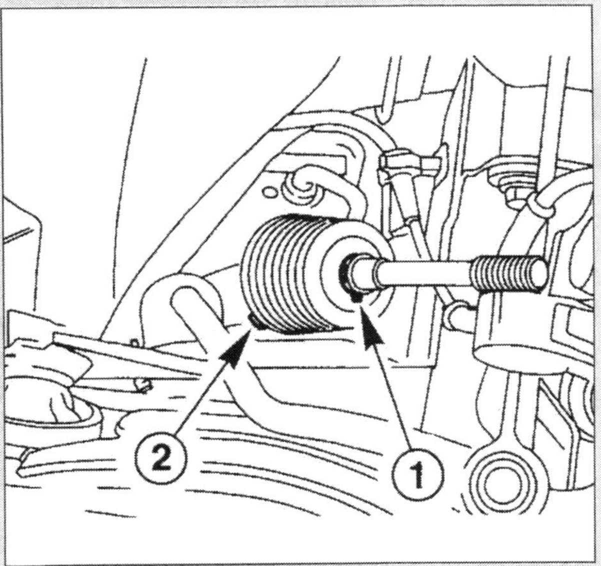

Die Lenkmanschetten sind gegen äußere Beschädigungen oberhalb des Achsträgers relativ gut geschützt. »Gönnen« Sie ihnen dennoch ab und an einen Blick und kontrollieren gleichzeitig die Spannbänder ❶ und ❷ auf festen Sitz. Darum müssen Sie vorab den Spritzschutz demontieren.

Spurstangenköpfe und Manschetten prüfen

Die Spurstangenköpfe sitzen links und rechts zwischen der Spurstange und dem Lenkschwenklager-Spurstangenhebel. Die stählernen Kugelköpfe sitzen in einer selbstschmierenden Kunststoffschale – eine mit Spezialfett gefüllte Manschette schützt sie vor Schmutz und Feuchtigkeit. Ersetzen Sie »schwitzende« gleichfalls wie Spurstangenköpfe mit zuviel Spiel umgehend.

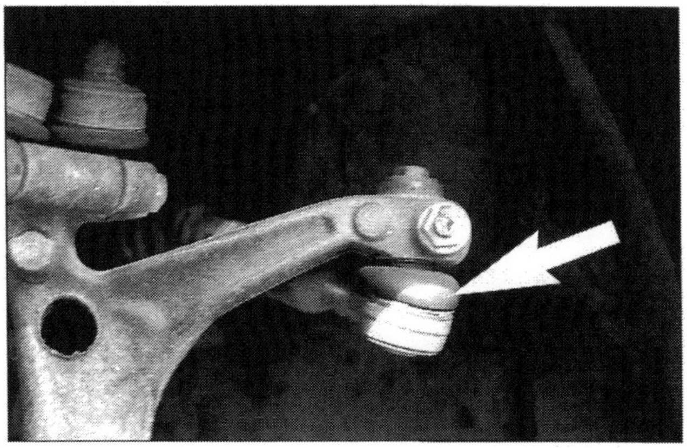

Staubtrocken und ohne Spiel: Ein Indiz für intakte Spurstangenköpfe (Pfeil).

Arbeitsschritte

① Checken Sie die Manschetten der Spurstangenköpfe auf äußere Beschädigungen (z. B. Haarrisse).

② Vergessen Sie bei der Gelegenheit auch nicht das Spiel innerhalb der Gelenke zu prüfen. Sinnvollerweise machen Sie das über einer Grube.

③ Lassen Sie das Lenkrad dazu von einem Helfer ruckartig nach links und rechts drehen. Fassen Sie derweil die Gelenke an. In den Fingern spüren Sie ganz deutlich, ob die Spurstangengelenke Spiel haben.

Querlenkerlager checken

Dämpfungsbuchse ❶, Hydrolager ❸ und das Kugelgelenk ❷ der vorderen Querlenker sind wartungsfrei. Das äußere Kugelgelenk sitzt in einer Kunststoffschale mit Fettdauerfüllung. Dennoch sollten Sie die Querlenker ❹ regelmäßig inspizieren und mit einem Montierhebel das Spiel »abdrücken«. Auf Dauer hinterlassen nämlich eindringender Schmutz und Feuchtigkeit ihre Spuren, sie wirken wie Schleifpaste. Folge: Die Gelenke schlagen aus und die Lager korrodieren.

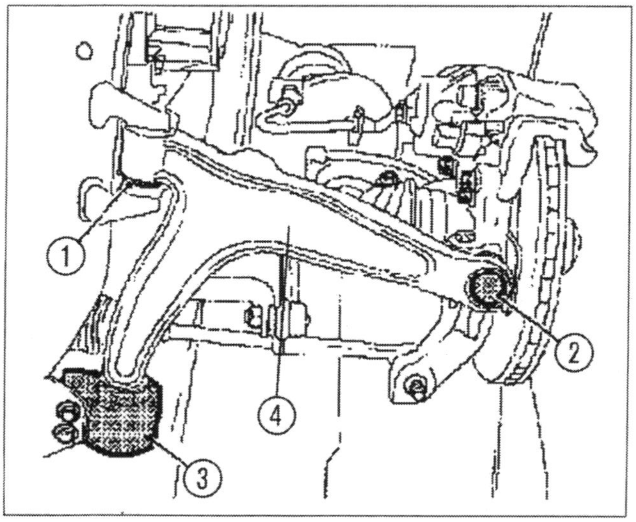

Aufwendig und komfortabel »aufgehängt«: Vorderachsquerlenker aus Aluminium. ❶ *Dämpfungsbuchse,* ❷ *Kugelgelenk,* ❸ *Hydrolager,* ❹ *Querlenker.*

Arbeitsschritte

① Schlagen Sie ruckartig die Lenkung mehrmals nach links und rechts ein.

② Inspizieren Sie währenddessen beide Kugelgelenke auf Beschädigungen.

③ Abschließend setzen Sie einen Montierhebel an die Querlenker an und »wippen« sie »gut durch«. Beachten Sie allerdings, dass auch neue Lager von Haus aus nicht starr, sondern leicht elastisch sind (sein müssen). Sobald sich der Montierhebel jedoch »widerstandslos« schwenken lässt, sind die Lager verschlissen.

Mit dem erforderlichen Equipment ausgerüstet, werden versierte Do it yourselfer jetzt zur Selbsthilfe greifen wollen. Wir raten Ihnen eindeutig davon ab, denn der Arbeitsaufwand endet nicht mit dem Tausch eines Lagers oder Kugelgelenks: Stattdessen müssen Sie den kompletten Querlenker demontieren und hernach die Vorderachse optisch neu vermessen lassen. In der Fachwerkstatt sind Sie damit von vornherein besser aufgehoben.

Radlagerspiel prüfen

Vectra-Räder drehen sich um wartungsfreie Doppelkugellager. An der Hinterachse »machen« moderne Radlager heutzutage locker rund 150.000 Kilometer. Ihre Pendants an der Vorderachse sind naturgemäß stärker belastet, sie halten häufig nicht ganz so lange. Radlager wie Opel sie am Vectra montiert, sind bereits mit der Montage eingestellt. Bei Schäden bleibt Ihnen übrigens nur der komplette Radnabentausch übrig. Aufmerksamen Ohren kündigt sich die anstehende Reparatur freilich rechtzeitig an: Verschlissene Radlager nerven mit lauten Geräuschen. Mahlgeräusche in Rechtskurven entlarven vorne links ein verschlissenes Radlager, ähnliche Geräusche in Linkskurven disqualifizieren das rechte Radlager. Bevor Sie dann »Hand« anlegen, machen Sie noch folgenden Test:

- Stellen Sie den Wagen auf einer Stein- oder Asphaltfläche ab. Greifen Sie das Rad im oberen Radlauf und »kippen« es rhythmisch im Radlauf kräftig hin und her. Einwandfreie Lager verkraften das lautlos und ohne Spiel.
- Sollten Sie an den vorderen Radlagern zu viel Spiel feststellen, lassen Sie einen Helfer die Bremse treten – Sie »wackeln« derweil am betreffenden Rad. Bleibt das Spiel unverändert, haben Sie auf diese Art und Weise »zufällig« ein defektes Achsgelenk entdeckt.

Radlagereinheit austauschen (vorn)

Arbeitsschritte

① »Quetschen« Sie mit einem Schraubendreher oder Meißel die Staubkappe von der betreffenden Radnabe und ziehen den Sicherungssplint mit einem Seitenschneider aus der Achswellenmutter.

② Jetzt lösen Sie die Radnabenmutter und die Radschrauben. Lassen Sie dazu von einem Helfer die Bremse treten.

③ Danach bocken Sie den Wagen rüttelsicher auf einer ebenen Fläche auf und demontieren das gelöste Vorderrad.

④ Demontieren Sie, wie beschrieben, den Bremssattel und fixieren ihn mit Draht im Radkasten. Achten Sie darauf, dass der Bremsschlauch nicht abknickt.

⑤ Lösen Sie an der Bremsscheibe die Sicherungsmadenschraube und ziehen dann die »Disc« von der Radnabe.

Festsitzende Scheiben lockern Sie mit »gezielten« Hammerschlägen (Kunststoffhammer) auf den Außenrand der Scheibe – drehen Sie dazu die Scheibe. Falls Sie einen passenden Zweiarmabzieher zur Hand haben, ist das die elegantere Lösung.

⑥ Demontieren Sie das Querlenkerkugelgelenk, wie beschrieben, vom Lenkschwenklager.

⑦ Anschließend trennen Sie den Mehrfachstecker des ABS-Bremssystems ❷, …

⑧ … lösen die drei Befestigungsschrauben ❶ der Radlagereinheit ❸ und …

⑨ ... ziehen sie gemeinsam mit dem Abdeckblech ❺ vom Lenkschwenklager ❹. Achten Sie darauf, dass Sie während der Demontage nicht die Antriebswelle vom Gleichlaufgelenk ziehen. Stützen Sie die Welle besser ab, bzw. »hängen« sie mit Schweißdraht am Federbein auf.

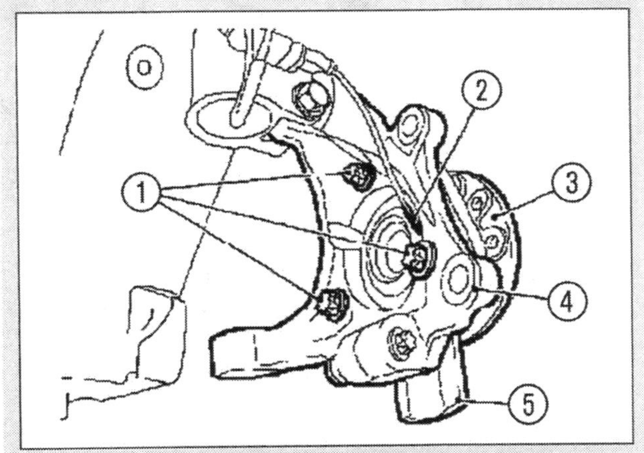

Step for Step demontieren – die Radlagereinheit.

⑩ Vor der Montage säubern Sie die Anlagefläche der Radlagereinheit am Lenkschwenklager mit einer Drahtbürste. Wenn Sie das ordentlich erledigt haben, können Sie jetzt das neue Lager »gerade« vor den Achsträger schrauben.

⑪ Beenden Sie die Montage in umgekehrter Reihenfolge. Die neuen Radlagerschrauben ziehen Sie zunächst mit 100 Nm vor. Warten Sie dann geraume Zeit und steigern das Drehmoment um 60°, warten erneut ein paar Sekunden und ziehen dann um weitere 15° nach. Erst jetzt sitzt die Radlagereinheit vorschriftsmäßig vor dem Lenkschwenklager.

⑫ Checken Sie nach einer Probefahrt sämtliche Schraubverbindungen. »Gönnen« Sie Ihrem Vectra danach einen optischen Achsmessstand und lassen seine Vorderachsgeometrie überprüfen bzw. neu einstellen.

Radlagereinheit austauschen (hinten)

Arbeitsschritte

① Bocken Sie ihren Vectra rüttelsicher auf einer ebenen Fläche auf und demontieren das entsprechende Hinterrad.

② Hernach demontieren Sie, wie beschrieben, den Bremssattel und fixieren ihn mit Draht im Radkasten. Achten Sie darauf, dass der Bremsschlauch nicht abknickt.

③ Jetzt lösen Sie an der Bremsscheibe die Sicherungsmadenschraube und ziehen die »Disc« von der Radnabe. Festsitzende Scheiben lockern Sie mit »gezielten« Hammerschlägen (Kunststoffhammer) auf den Außenrand der Scheibe – drehen Sie dazu die Scheibe. Falls Sie einen passenden Zweiarmabzieher zur Hand haben, ist das die elegantere Lösung.

④ Anschließend trennen Sie den Mehrfachstecker des ABS-Bremssystems ❶, …

⑤ … lösen die vier Befestigungsschrauben der Radlagereinheit ❷ und ...

⑥ ... ziehen sie gemeinsam mit dem Abdeckblech ❸ vom Achsschenkel.

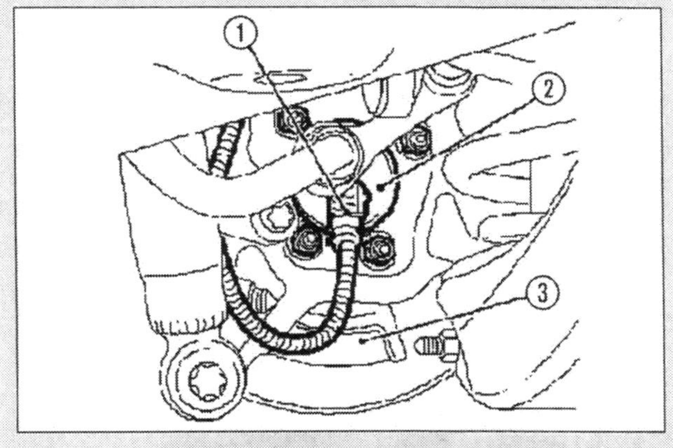

Gemeinsam mit dem Abdeckblech demontieren -hintere Radlagereinheit.

⑦ Vor der Montage »bürsten« Sie mit einer Drahtbürste die Anlageflächen der Radlagereinheit, des Bremsabdeckblechs sowie des Achsschenkels. Wenn Sie das ordentlich erledigt haben, können Sie jetzt das neue Lager »gerade« vor den Achsträger schrauben.

⑧ Beenden Sie die Montage in umgekehrter Reihenfolge. Die neuen Radlagerschrauben ziehen Sie zunächst mit 60 Nm vor. Warten Sie dann geraume Zeit und steigern das Drehmoment um 60°, warten erneut ein paar Sekunden und ziehen dann um weitere 15° nach. Erst jetzt sitzt die Radlagereinheit vorschriftsmäßig vor dem Achsträger.

Federbein demontieren, montieren und zerlegen

Arbeitsschritte

Demontage

① Bocken Sie Ihren Vectra auf ebener Fläche rüttelsicher auf und demontieren das betreffende Vorderrad.

② Ziehen Sie das Anschlusskabel der Bremsbelagverschleißanzeige ❶ aus der Federbeinhalterung und ...

③ ... demontieren anschließend den ABS-Kabelsatzhalter ❷ vom Federbeinstützrohr.

④ Lösen Sie am Stoßdämpfer die Pendelschraube ❹ und sichern das Pendel an den beiden abgeflachten Stellen mit einem Maulschlüssel gegen Verdrehen.

⑤ Ziehen Sie am Bremsschlauch die Halteklammer ❸ ab und nehmen den Bremsschlauch aus der Halterung.

⑥ Hernach lösen Sie die Befestigungsschrauben (Pfeile) vom Federbein ❺ und ...

⑦ ... kippen den Achsschenkel nach außen ab.

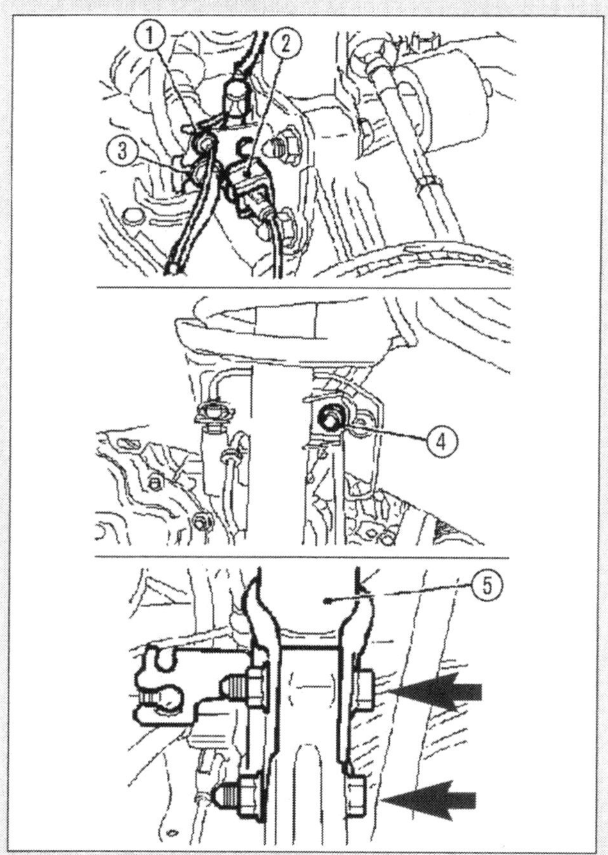

Nach außen abwinkeln – Achsschenkel.

⑧ Anschließend lösen Sie die drei Befestigungsmuttern (Pfeile) vom Stoßdämpfer ❶. Halten Sie das Federbein derweil fest.

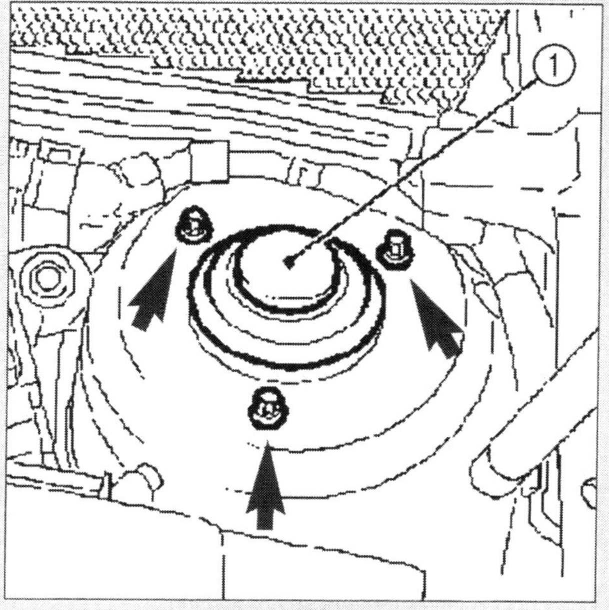

Losschrauben – obere Federbeinbefestigung.

⑨ Nehmen Sie das Federbein aus dem Radhaus.

Montage

⑩ Stellen Sie das Federbein zentrisch im Federbeindom auf und beenden die Montage in umgekehrter Reihenfolge. Verwenden Sie nur neue Schrauben und Muttern. Beide Schraubverbindungen am Achsschenkel ziehen Sie zunächst mit 50 Nm vor, steigern das Anzugsmoment dann auf 85 Nm, warten einige Sekunden und ziehen die Schrauben um weitere 90° an. Die Pendelschraube ist mit 65 Nm und die obere Befestigungsmutter mit 20 Nm endfest.

⑪ Checken Sie nach einer Probefahrt sämtliche Schraubverbindungen. »Gönnen« Sie Ihrem Vectra dann einen optischen Achsmessstand und lassen seine Vorderachsgeometrie überprüfen bzw. neu einstellen.

Federbein zerlegen

Unterschätzen Sie nicht die »gefesselte Kraft« einer gespannten Feder! Hantieren Sie daher äußerst vorsichtig mit dem demontierten, aber noch nicht zerlegten Federbein: Ihr heimisches Garagendach wäre nicht das erste das eine »eigenmächtig« befreite Schraubenfeder durchschlägt ...
Dennoch, wenn Sie die Schraubenfeder des zu zerlegenden Federbeins mit einem Universalfederspanner

vorschriftsmäßig »fesseln«, bleiben die Feder und die Arbeit »beherrschbar«. Vorschriftsmäßig heißt: Sie verteilen die Halteklauen der beiden Spindeln möglichst um 180° versetzt in den Federwindungen und entspannen (spannen) die Feder dann gleichmäßig an beiden Spindeln. Da die Arbeit an beiden Federbeinen nahezu identisch ist, beschreiben wir die Arbeit am Beispiel des rechten Federbeins.

Arbeitsschritte

① Demontieren Sie das Federbein, wie beschrieben und spannen es am unteren Schaft vorsichtig in einen Schraubstock ein. Um den Schaft nicht zu deformieren, entschärfen Sie den Schraubstock mit Aluminiumspannbacken.

② Setzen Sie die Haltekrallen des Federspanners am Umfang der Schraubenfeder um etwa 180° versetzt und möglichst weit nach oben und unten an.

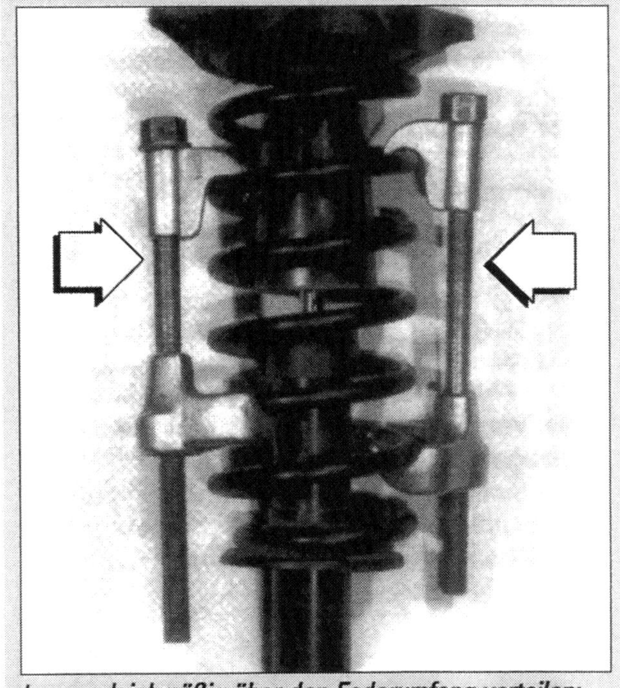

Immer gleichmäßig über den Federumfang verteilen: Haltekrallen (Pfeile) des Federspanners. *Falls Sie die Feder unterschiedlich spannen oder entspannen, kann sie sich »explosionsartig« aus dem Federspanner befreien und Ihnen schwere Verletzungen zufügen. Günstigstenfalls bleibt's bei einem Sachschaden am Garagendach ...*

③ Hernach pressen Sie die Staubkappe vom oberen Drucklager ab und lösen die Kolbenstangenmutter ❶. Kontern Sie dazu die Kolbenstange mit einem Inbusschlüssel.

④ Ziehen Sie jetzt das obere Stützlager ❷ komplett von der Kolbenstange ab. Vergessen Sie auch nicht den oberen Federteller ❸, er ist jetzt gleichfalls entlastet.

⑤ Fassen Sie nun die gleichmäßig gespannte Feder an beiden Spindeln des Federspanners, ziehen sie nach oben von der Kolbenstange ab und legen »das Ganze« vorsichtig ab.

⑥ Bevor Sie den Stoßdämpfer aus dem Schraubstock spannen, nehmen Sie noch schnell die Schutzmanschette ❺ und den Anschlagpuffer ❻ von der Kolbenstange.

⑦ Falls Sie auch die Feder erneuern müssen, legen Sie das »Powerpack« mitsamt Federspanner in den weit geöffneten Schraubstock und entspannen es so lange gleichmäßig an beiden Spindelmuttern, bis Sie die Haltekrallen aus den Windungen ziehen können.

⑧ Bereiten Sie die neuen Teile zur Montage vor und spannen den Stoßdämpfer dann, wie beschrieben, in den Schraubstock ein.

⑨ Montieren Sie sämtliche Bauteile in umgekehrter Reihenfolge und entspannen den Federspanner dann gleichmäßig.

⑩ Vorab stellen Sie sicher, dass beide Federenden richtig in den Federtellern anliegen und der Anschlagpuffer mit der flachen Seite noch oben montiert ist. Die Sicherungsmutter ziehen Sie mit 100 Nm fest.

⑪ Bevor Sie dann das Federbein im Radlauf montieren, reinigen Sie den Federbeindom und das obere Stützlager von altem Straßendreck.

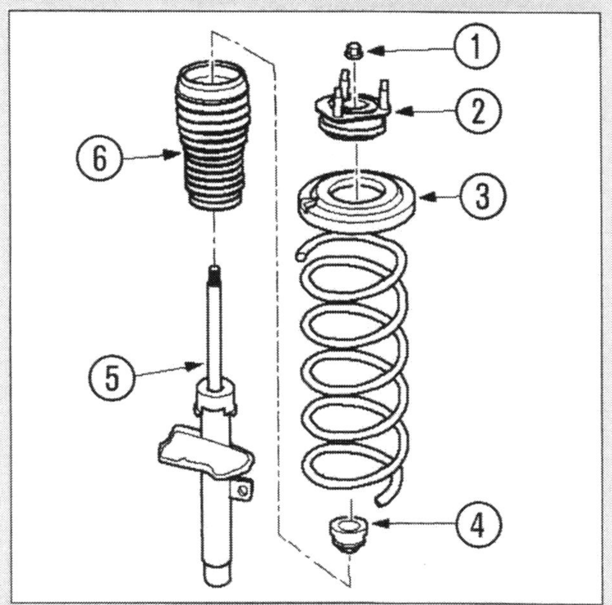

Mit der gebotenen Vorsicht kein Problem – Federbein zerlegen. *❶ Kolbenstangenmutter, ❷ oberes Stützlager, ❸ oberes Federlager, ❹ Anschlagpuffer, ❺ Stoßdämpfer, ❻ Staubmanschette.*

Spurstangenköpfe erneuern

Die Spurstangenköpfe sind jeweils links und rechts mit den Spurstangen verschraubt. Vorteil: Bei defekten Spurstangenköpfen reicht's, den verschlissenen Kopf und nicht die komplette Spurstange auszutauschen.

Arbeitsschritte

① Bocken Sie Ihren Vectra rüttelsicher auf ebener Fläche auf und bauen das Vorderrad ab.

② Lösen Sie am Lenkhebel des Lenkschwenklagers die selbstsichernde Mutter ❷ des Spurstangenkopfs zunächst nur um einige Umdrehungen und …

③ … drücken den Spurstangenkopf mit einem Klauen- oder Kugelgelenkabzieher aus dem Lenkhebel. Schrauben Sie die Mutter dann ganz ab und ziehen den Spurstangenkopf aus dem Lenkhebel.

④ Lösen Sie jetzt die Klemmmutter ❶ am Spurstangenkopf und schrauben das Endstück von der Spurstange ab. Nicht jedoch, ohne vorab die »freien« Gewindegänge (I) außerhalb der Spurstange exakt gezählt zu haben. Den neuen Kopf montieren Sie dann mit gleicher Einbaulänge. Wenn Sie das präzise hin bekommen, können Sie eventuell auf eine Spurkorrektur verzichten.

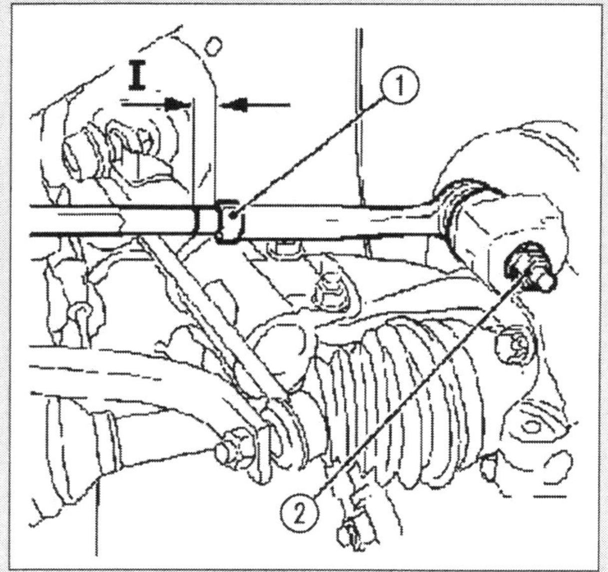

Erst die freien Gewindegänge auszählen und dann die Kontermutter lösen – bevor Sie den Spurstangenkopf demontieren.

Lenkgetriebemanschetten auswechseln

Arbeitsschritte

① Demontieren Sie – wie beschrieben – das Spurstangenendstück und zählen beim Ausdrehen exakt die Gewindegänge (siehe »Spurstangenköpfe erneuern«).

② Falls vorhanden, demontieren Sie dann die untere Motorabdeckung, um dann …

③ … die Kontermutter des Spurstangenendstücks zu lösen. Cleanen Sie die Spurstange.

④ Öffnen Sie jetzt die Klemmschellen ❶ und ❸ von der Lenkmanschette ❷ und …

⑤ … ziehen die Manschette von der Spurstange ab.

⑥ Bevor Sie die neue Manschette montieren, fetten Sie die Öffnungen gut ein und schieben dann die Manschette vorsichtig auf die Spurstange. Achten Sie darauf, dass Sie die Manschette nicht verdrehen, sondern spannungsfrei in den Nuten der Spurstange sowie des Lenkgehäuses ausrichten. Falls Sie das »mit links« erledigen, könnte die Manschette verspannen und früher oder später erneut reißen.

⑦ Sichern Sie die Manschette mit einem neuen Halteband/Klemmschelle und …

⑧ … lassen in einer Fachwerkstatt die Vorderachsgeometrie neu vermessen.

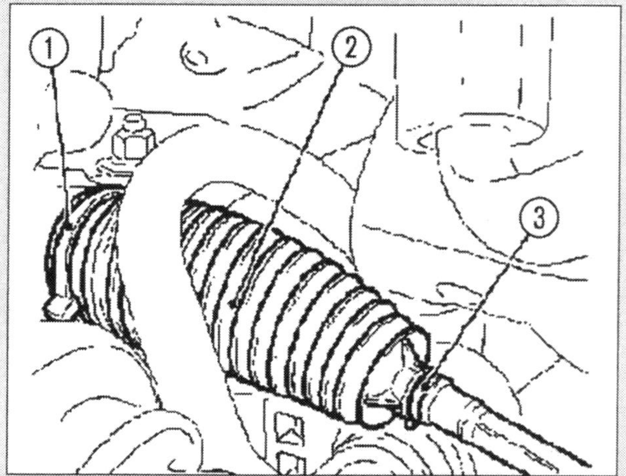

Muss nach der Montage spannungsfrei sitzen – Faltenbalg.

Lenkschwenklager erneuern

Arbeits-schritte

① Bevor Sie den Vorderwagen rüttelsicher aufbocken, lösen Sie die Radmuttern und die Kronmutter des Antriebswellenstumpfs ❸. Vorab müssen Sie allerdings die Staubkappe ❶ und den Splint ❷ entfernen. Lassen Sie sich dabei von einem Helfer assistieren, er kann auf die Bremse treten und das Rad blockieren.

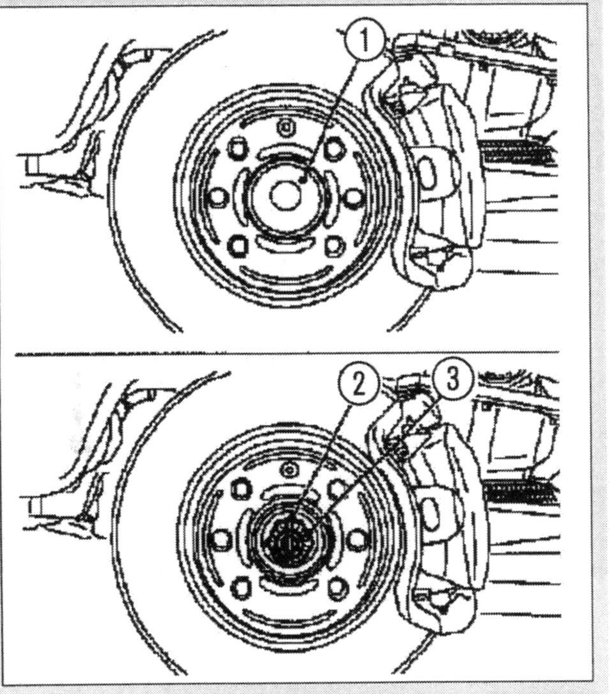

Demontieren – Staubkappe ❶ und Sicherungssplint ❷. ❸ Achswellenmutter.

② Heben Sie dann den Vorderwagen an und nehmen das betreffende Rad ab. Lösen Sie, falls vorhanden, die untere Motorverkleidung.

③ Jetzt lösen Sie die Befestigungsschraube des Führungsgelenks und ...

④ ... ziehen den Lenker kraftvoll aus dem Achsschenkel.

⑤ Hernach lösen Sie die Befestigungsmutter des Spurstangenkopfs vom Achsschenkel.

⑥ Pressen Sie das Führungsgelenk und den Spurstangenkopf, gegebenenfalls mit einem Abzieher aus dem Achsschenkel.

⑦ Nun pressen Sie die Antriebswelle mit einem stabilen Zweiarmabzieher aus der Radnabe. Opel-Werkstätten »vertrauen« einem Spezialabzieher, doch mit etwas Geschick geht's auch ohne. Stützen Sie die Welle ab, bzw. »hängen« sie mit Schweißdraht am Federbein auf.

⑧ Demontieren Sie, wie beschrieben, den Bremssattel und fixieren ihn ebenfalls mit Draht im Radkasten. Achten Sie darauf, dass der Bremsschlauch nicht abknickt.

⑨ Lösen Sie die Sicherungsmadenschraube an der Bremsscheibe und ziehen die »Disc« von der Radnabe. Festsitzende Scheiben lockern Sie mit »gezielten« Hammerschlägen (Kunststoffhammer) auf den Außenrand der Scheibe – drehen Sie dazu die Scheibe. Falls Sie einen passenden Zweiarmabzieher zur Hand haben, ist das die elegantere Lösung.

⑩ Anschließend trennen Sie den Mehrfachstecker ❶ des ABS-Bremssystems, ...

⑪ ... lösen die beiden Befestigungsschrauben vom Federbein ❷ und bugsieren das Lenkschwenklager mitsamt der Radlagereinheit ❸ und dem Abdeckblech ❹ aus dem Radkasten.

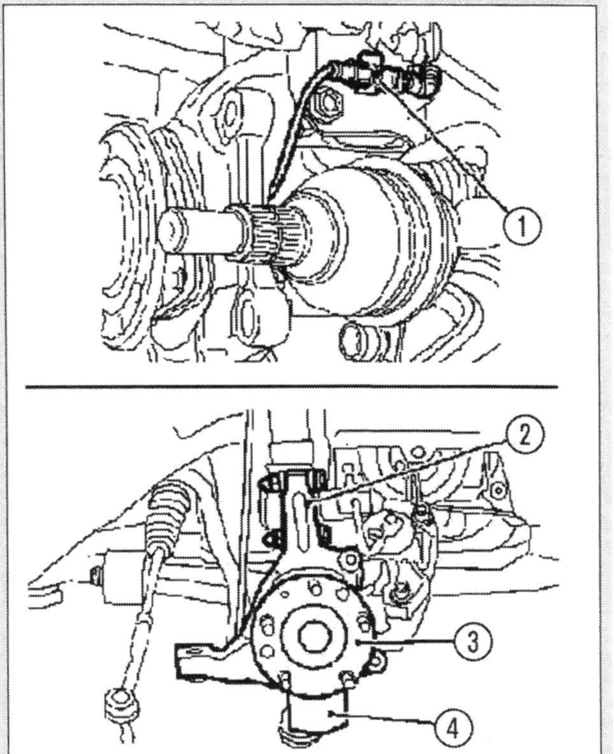

Mitsamt der Radlagereinheit demontieren – Lenkschwenklager.

⑫ Beenden Sie die Arbeit in umgekehrter Reihenfolge. Verwenden Sie grundsätzlich nur neue Befestigungsmuttern und Schrauben.

Checken Sie nach einer Probefahrt sämtliche Schraubverbindungen und »gönnen« Ihrem Vectra dann unbedingt einen optischen Achsmessstand und lassen seine Vorderachsgeometrie überprüfen bzw. neu einstellen.

Stoßdämpfer hinten erneuern

Wechseln Sie Stoßdämpfer grundsätzlich nur paarweise und achten auf die richtige Spezifikation für Ihren Vectra. Arbeiten Sie immer nur an einer Achsseite – niemals gleichzeitig an beiden. Da die Handgriffe nahezu identisch sind, beschreiben wir die Arbeit am rechten Dämpfer.

Arbeits-schritte

① Sichern Sie die Vorderräder mit einem Unterlegkeil, bocken den Hinterwagen rüttelsicher auf und ...

② ... demontieren die Hinterräder.

③ Stellen Sie einen Rangierwagenheber ❶ unter den Hinterachskörper und heben die Achse so weit an, dass Sie die entlasteten Stoßdämpferverschraubungen ❷ und ❸ gut lösen können.

④ Anschließend ziehen Sie den Stoßdämpfer nach unten aus der Halterung.

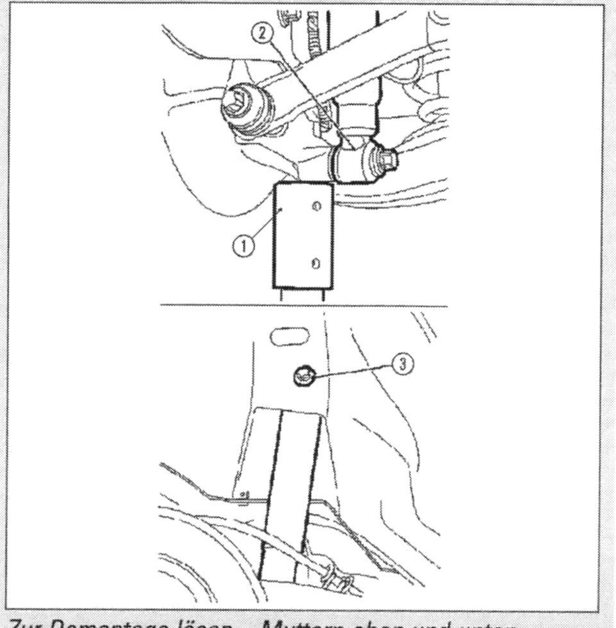

Zur Demontage lösen – Muttern oben und unten.

⑤ Beenden Sie die Arbeit in umgekehrter Reihenfolge. Die obere Mutter ziehen Sie mit 90 Nm und die untere mit 150 Nm fest.

Praxistipp

Airbag – generell ein Fall für »echte« Profis

Crashfolgen entschärft der Vectra-C mit einem aufwendigen Airbag-System. Überlassen Sie darum Arbeiten, beispielsweise an der Lenksäule und ihrer Bedienungselemente, im Airbagumfeld besser einer Opel-Werkstatt. Auch dort schrauben nur »echte« Profis, mit speziellen Sicherheitsunterweisungen im Umgang mit »Luftpolstern«, an sicherheitsrelevanten Innenraumkomponenten wie etwa Tür- oder Seitenverkleidungen.
Das hat logische Gründe: Denn bei unsachgemäßer Behandlung löst der Airbag in Millisekunden aus. Lassen Sie grundsätzlich Ihre »Finger« immer dann aus dem Spiel, wenn Schalter und Bedienungselemente an der Lenksäule Ihres Vectra »malade« sind. Zu transportierende Airbags und ihre Lagerung unterliegen strengen Sicherheitsvorschriften: Für den Gasgenerator, der beim Crash den Prallsack blitzschnell mit seiner Festbrennstofffüllung aufbläst, gelten beispielsweise die Bestimmungen des Sprengstoffgesetzes. Akzeptieren Sie also auch als »begnadeter« Do it yourselfer und im eigenen Interesse: **Airbag – generell ein Fall für Profis.**

EHPS Servolenkung – elektrohydraulischer Lenkkuli

Ab Werk unterstützt die Vorderräder des Vectra-C und natürlich auch Ihren Bizeps eine elektrohydraulische Servolenkung (**E**lectro **H**ydraulic **P**ower **S**teering) bei der Arbeit. Den Systemdruck liefert eine Hydraulikpumpe, die ein elektronisch gesteuerter Elektromotor antreibt. Vorteil: Im Gegensatz zu einer konventionellen Servolenkung »schluckt« die EHPS nur dann Energie, wenn Sie tatsächlich lenken oder rangieren. Sie merken den »Teilzeitjob« nicht etwa während der Fahrt, sondern erst an der an der Tanksäule – Ihr Vectra verbraucht auf 100 Kilometer bis zu 0,2 Liter weniger Kraftstoff. Vornehmlich dann, wenn Sie häufiger in der Stadt oder auf Kurzstrecken unterwegs sind.

Räder und Reifen

Auf einer je Rad etwa Postkarten großen Aufstandsfläche tragen die Pneus Ihr Auto über »Stock und Stein, entschärfen die unterschiedlichsten Fahrbahnen« und übertragen sämtliche Antriebs-, Brems- und Fliehkräfte. Reifen leisten also einen wichtigen Beitrag zum guten Fahrverhalten und damit auch zur aktiven Sicherheit Ihres Vectra: Die Karkasse, die Gummimischung, der Silcatanteil und das Computer berechnete Reifenprofil machen moderne Radialreifen zu Hightech-Produkten. Bei durchschnittlicher Belastung müssen Sie Ihren Vectra etwa alle 50.000 – 60.000 Kilometer auf der Vorder- und nach rund 70.000 – 90.000 Kilometer auf der Hinterachse neu »besohlen«.

Unabhängig von der Laufleistung – Reifen grundsätzlich nach sieben bis acht Jahren wechseln

Wenn Sie überwiegend auf Kurzstrecken unterwegs sind, sollten Sie die Reifen – unabhängig von der Laufleistung und Restprofiltiefe – nach spätestens zehn Jahren erneuern. Winterreifen geben Sie am besten schon nach vier Wintern den Laufpass und fahren das verbliebene Restprofil ins Frühjahr hinein ab.

Warum die generelle Empfehlung? In den angegebenen Zeiträumen haben Schmutz, chemische Umwelteinflüsse, interne Alterungsprozesse und nicht zuletzt die Sonne den Reifen dermaßen zugesetzt, dass sie Ihren Job nicht mehr verlässlich erledigen können. Trauen Sie übrigens auch keinem neu aussehenden »alten« Ersatzrad, die neuwertige Optik ist nur Fassade – darunter sieht's häufig gefährlich alt aus. Denn Reifen altern auch in dunklen Kellern oder Garagen: Die Alterungsschutzmittel diffundieren an die Oberfläche und härten den Pneu von innen nach außen künstlich aus.

Ab Werk zwei Versionen – Vectra-Felgen

Grundsätzlich rollen alle Vectra auf zwei Felgengrundtypen vom Montageband: Je nach Ausführung und Modell sind's Stahlfelgen der Dimension 6½J x 15 oder 6½J x 16. Standard bereifte Vectra schleppen übrigens ein platzsparendes Notrad im Kofferraum umher.

Welche Reifengrößen und Felgenformate Ihrem Vectra grundsätzlich »stehen« würden, steht in den Kfz-Papieren. Wenn Sie ihm darüber hinaus individuellere Rad/Reifenkombinationen spendieren möchten, orientieren Sie sich nur an zugelassenen Produkten. Qualitativ verlässliche Sonderfelgen haben grundsätzlich eine Allgemeine Betriebserlaubnis (ABE) mit entsprechender Prüfnummer. Sollten die Formate Ihrer gewünschten »Sonderschuhe« in den Kfz-Papieren unauffindbar sein, erkundigen Sie sich vor dem Kauf und der Montage bei Ihrem Opel-Händler oder einem TÜV-/DEKRA-Sachverständigen nach der Freigabe.

Technik-lexikon: Ultra-Light-Weight-Reifen (ULW-R)

In der Formel 1 sind sie längst Stand der Technik: Ultra-Light-Weight-Reifen (ULW-R). Auch unter normalen Straßenautos werden die »Superleichtgewichte« immer aktueller – und das aus gutem Grund: Gegenüber einem herkömmlichen Stahlgürtelreifen schleppen ULW-Reifen etwa drei Kilogramm weniger durch die Lande. Wie das? Anstelle von Stahlcord-Gürteleinlagen »fesseln« ULW-Karkassen ultraleichte Aramidfasern. Die Hightech-Kunststofffaser wiegt etwa sechsmal weniger als Stahl, übertrifft seine Zugfestigkeit jedoch um das Zehnfache. Das erfreut landauf landab nicht nur die »Reifenbäcker«, sondern gleichermaßen auch Bremsenkonstrukteure. Denn mit geringeren rotierenden Radmassen sind höhere ABS-Regelfrequenzen möglich. Im Klartext: Ultra-Light-Weight-Reifen können schneller stoppen – auch auf rutschigen Pisten. Und weil Aramidfasern zudem weniger verletzlich als »Stahlfäden« sind – sie oxidieren beispielsweise nicht nach Reifenpannen – haben sie auch gute Chancen, als Runderneuerte ein »zweites Leben zu erleben«. Darüber hinaus spielen die Pneus über die Zeit den Aufpreis beim Kauf wieder ein: Ultra-Light-Weight-Reifen senken die Kraftstoffkosten.

Solide umrüsten – bundesweit mit »COKIS« möglich

Unter dem Synonym »COKIS« bietet der Reifenbäcker Conti einen Breitreifen-/Sonderfelgen-Service an, der aus 260.000 Fahrzeugdaten und 51.000 Originalgutachten zugelassene Rad-/Reifenkombination sondiert. Große Reifenfachbetriebe nutzen die Software, um unter anderem die zum Eintrag erforderlichen Gutachten auszudrucken. Damit bleibt Ihnen dann nur noch der Weg zum Straßenverkehrsamt, um die Sonderräder in die Kfz-Papiere (Brief und Schein) eintragen zu lassen. Felgen und Reifen ohne Gutachten oder ABE müssen

Sie per Teilgutachten vom TÜV/DEKRA abnehmen und hernach bei ihrem Straßenverkehrsamt eintragen lassen.

Die Felgen

Technik-lexikon

Entsprechend der Normenvorschrift wird die Felgengröße stets in Zoll angegeben. Die Bezeichnung 6½J x 15" zum Beispiel bezeichnet eine Tiefbettfelge mit einer Breite von sechseinhalb Zoll (1 Zoll = 25,4 mm) und einem Durchmesser von 15 Zoll. Der Buchstabe »J« steht für die Form des Felgenhorns. Das Besondere der Tiefbettfelge: Damit die Reifen besser sitzen, befindet sich an der Felgenschulter eine rundumlaufende Erhöhung (Hump). Sie verhindert, dass bei schneller Kurvenfahrt der Reifenwulst von der Felgenschulter ins Tiefbett »rutscht«.

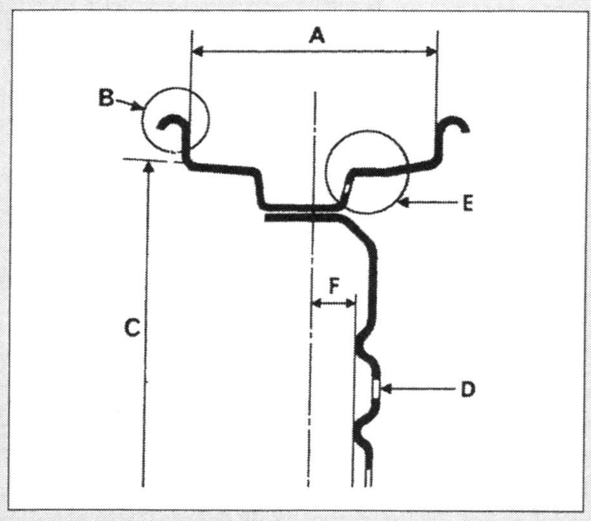

Felgenkunde für Profis: **A** *Maulweite in Zoll,* **B** *Profil des Felgenhorns in Zoll,* **C** *Felgendurchmesser in Zoll,* **D** *Lochzahl,* **E** *Kombinationshump,* **F** *Einpresstiefe in mm.*

Die wichtigsten Reifendaten

Auf den Reifenflanken sind eine Reihe von Ziffern und Buchstaben eingeprägt, die Fachleuten als verschlüsselte »Visitenkarte« dient. Die meisten Vectra-Fahrer interessiert ohnehin nur das Reifenformat. 195/65 R 15 bedeutet zum Beispiel, dass der Reifenquerschnitt eine Breite von 195 Millimetern aufweist. Die zweite Zahl bestimmt das Verhältnis von Höhe und Breite des Reifens. Im Beispiel beträgt es 65 Prozent. Je kleiner dieses Verhältnis, um so flacher ist der Reifen. Der Buchstabe »R« steht für Radialbauweise (Gürtelreifen) und die Zahl hinter der Kombination (15) beschreibt den Felgendurchmesser in Zoll.

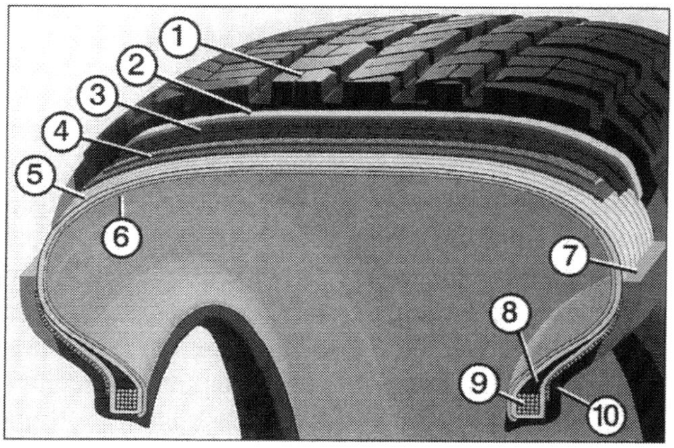

Das vielschichtige Innenleben eines PKW-Reifens.
❶ *Laufstreifen: Profil und Mischung beeinflussen die Eigenschaften,* ❷ *Base: Senkt den Rollwiderstand,* ❸ *Nylon-Spulbandagen: Erhöhen Hochgeschwindigkeitstauglichkeit,* ❹ *Stahlcord-Gürtellagen: Steigern die Fahrstabilität,* ❺ *Karkasse: Form- und Festigkeitsträger des Reifens,* ❻ *Innenseele: Gasdichte Innenschicht ersetzt den Schlauch,* ❼ *Seitenteil: Schützt Karkasse vor Beschädigungen,* ❽ *Kernprofil: Unterstützt Lenk- und Fahrpräzision,* ❾ *Kern: Sorgt für festen Sitz auf der Felge,* ❿ *Wulstverstärker: Für präzises Lenkverhalten und hohe Fahrstabilität.*

Synonym für die Höchstgeschwindigkeit – der Großbuchstabe hinter der letzten Ziffer

Der Großbuchstabe hinter der letzten Ziffer auf der Reifenflanke verrät die zulässige Höchstgeschwindigkeit des Reifens. Ein 185/65 R 15 Reifen mit dem Kennbuchstaben »S« ist für ein Top Speed bis 180 km/h, mit »T« bis 190 km/h zugelassen. Für maximal 210 km/h sind Reifen mit dem Kennbuchstaben »H« genehmigt. Herkömmliche M+S-Reifen mit dem Kürzel »Q« sind bis 160 km/h freigegeben.

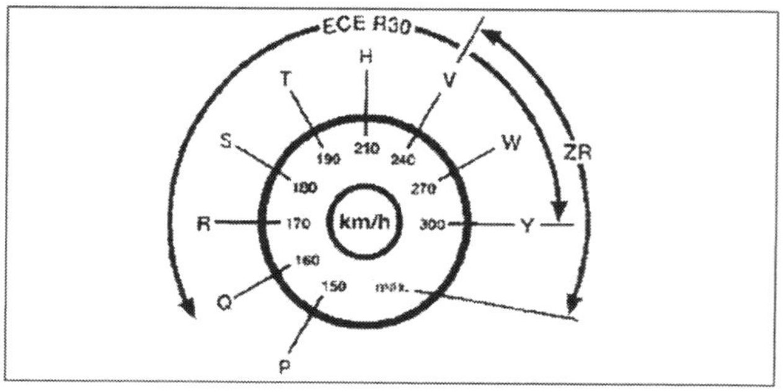

Entschlüsselt die Großbuchstaben auf der Reifenflanke: *Der ECE-R 30 »Indextacho«. Demnach steht* **P** *für Geschwindigkeiten bis 150 km/h;* **Q** *bis 160 km/h;* **R** *bis 170 km/h;* **S** *bis 180 km/h;* **T** *bis 190 km/h;* **H** *bis 210 km/h;* **V** *bis 240 km/h;* **W** *bis 270 km/h;* **Y** *bis 300 km/h. **»ZR-Reifen«** entsprechen nicht der ECE R30 Norm.*

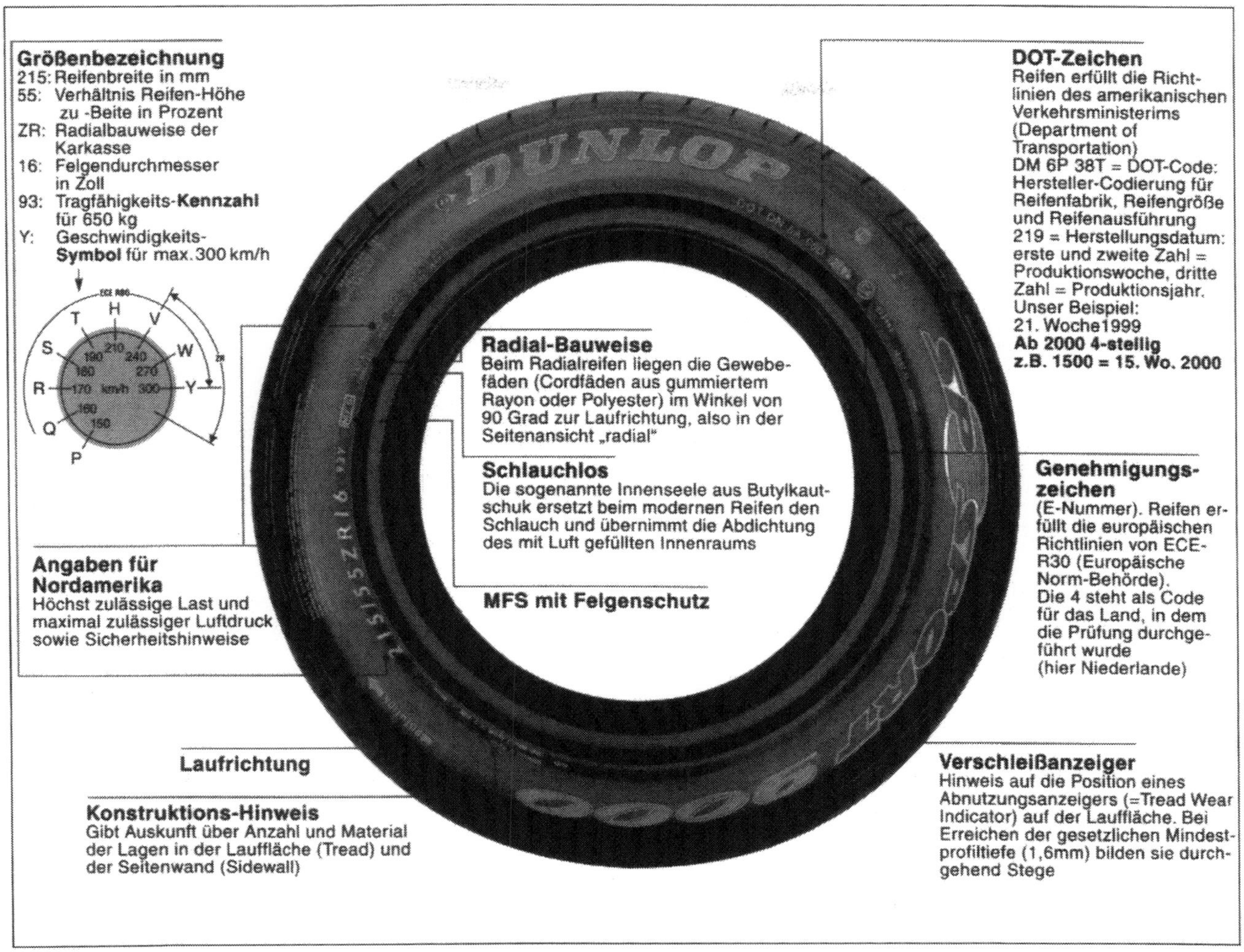

»Visitenkarte«: Reifendaten auf der Flanke. *Achten Sie beim Kauf auf die Spezifikationen, damit der neue Reifen wirklich auf die Felge passt.*

Verrät das Reifenalter – die DOT-Nummer

Das tatsächliche Herstellungsdatum verrät Ihnen die »DOT-Nummer« auf der Reifenflanke: Seit 1990 steht übrigens hinter dieser Zahl ein kleines Dreieck. Lautet die »DOT-Nummer« beispielsweise 1502, wurde der Reifen in der 15. Woche des Jahres 2002 produziert. Neureifen mit Produktionsdatum ab 01. Oktober 1998 müssen eine ECE-Prüfnummer auf ihrer Reifenflanke tragen. Das macht Sinn, denn die Prüfnummer garantiert Ihnen ein typgeprüftes Bauteil, entsprechend dem Qualitätsstandard der Economic Commission of Europe (ECE-R 30), zu fahren. Sollten auf Ihrem Auto Reifen mit DOT-Nummer größer als 408 – jedoch ohne ECE-Prüfnummer – montiert sein, fahren Sie übrigens ohne Allgemeine Betriebserlaubnis.

Winterreifen – Profis bei Wind und Wetter

Bereits auf herbstlichen Straßen sind Winterreifen unangefochten erste Wahl – und bei Schnee und Eis sind die schwarzen Rundlinge ohnehin unschlagbar. Warum eigentlich?

Winterpneus sind nicht schwärzer und runder als ihre Sommerkollegen, doch die Laufflächen moderner Winterreifen bestehen aus einer speziellen Gummirezeptur. Naturkautschuk und Silikat sind hier in besonderer Konzentration miteinander vermischt und extrem filigran profiliert. Diese besondere Kombination baut auf feuchten, glitschigen Straßen und bei Temperaturen unter 7 °C eine bessere Haftfähigkeit als herkömmliche Sommerreifen auf.

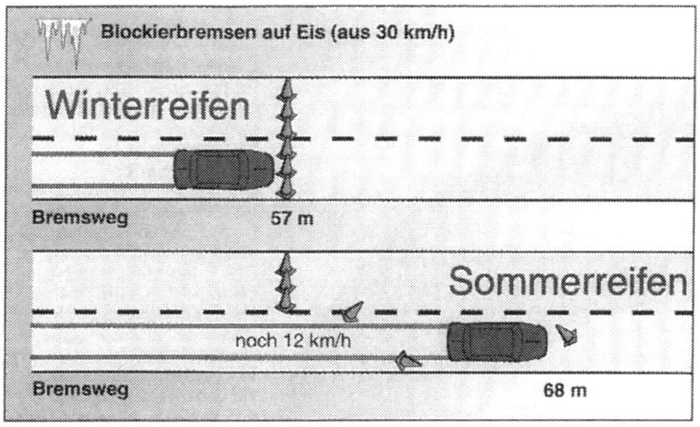

Bremsvergleich Sommer- und Winterreifen ohne ABS.

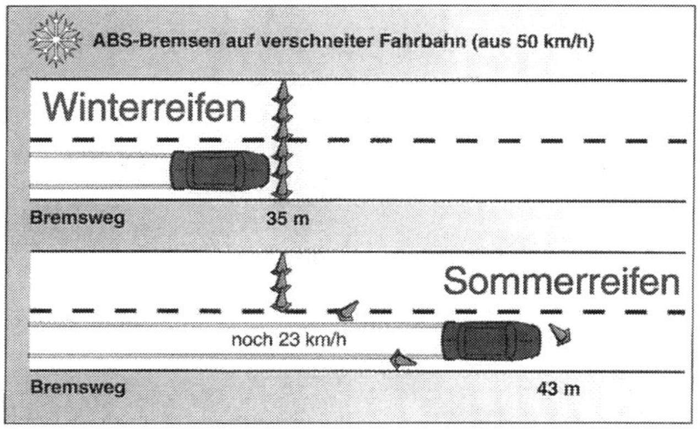

Bremsvergleich Sommer- und Winterreifen mit ABS.

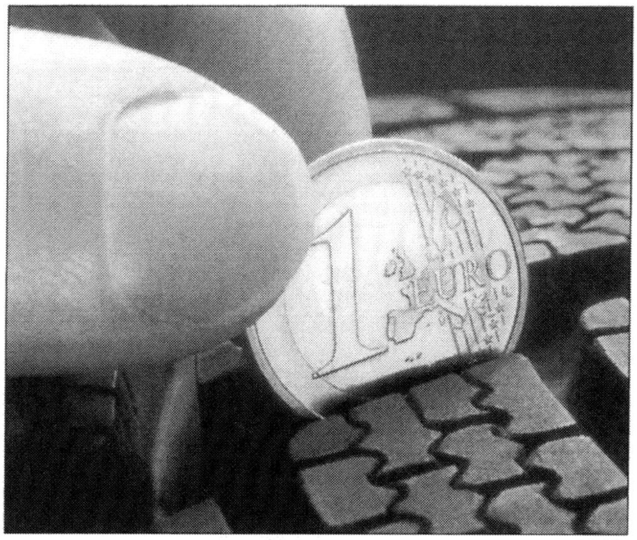

Untauglich für den kommenden Winter: *Winterreifen mit mehr als vier Wintern oder weniger als vier Millimetern Reifenprofil auf den »Sohlen«. Machen Sie daher nach jeder Saison den Euro-Test – sobald der Goldrand an der Profiloberkante sichtbar wird, fahren Sie das Restprofil getrost im Frühjahr ab.*

Grundvoraussetzung dafür, dass Winterreifen die Antriebs- und Bremskräfte sicher auf die Straße übertragen, ist jedoch eine Mindestprofiltiefe von vier Millimetern – weniger Profil ist nicht erlaubt und disqualifiziert den Pneu als »Winterprofi«. Bestücken Sie in jedem Fall alle vier Räder mit Winterreifen – eine Kombination von Sommer- und Winterreifen kann sich in Gefahrensituationen gefährlich rächen.

Besser auf »eigene« Felgen montieren – Winterreifen

Winterreifen müssen nicht breit sein: Das kleinste freigegebene Reifenformat reicht Ihrem Vectra allemal, um Sie auf winterlichen Straßen mobil zu halten. Außerdem sind Standardreifen preisgünstiger als üppige Breitreifen: Investieren Sie die »clever« gesparten Euro besser in einen zweiten Satz passender Felgen – der regelmäßige Wechsel von Sommer- auf Winterreifen verbessert weder die Reifen noch die Felgen, auf Dauer kommt Sie die Montage, inklusive Auswuchten, ohnehin viel teurer als ein zweiter Satz Felgen.
Die Räder müssen übrigens nach jeder Montage neu ausgewuchtet werden. Fahren Sie Winterreifen mit 0,2 bar höherem Luftdruck als Sommerreifen. Liegt die zulässige Höchstgeschwindigkeit Ihrer Winterpneus unter der des Autos, ist hierzulande ein Warnaufkleber im Sichtbereich des Armaturenbretts vorgeschrieben. Ihr Reifenhändler hat entsprechende Aufkleber vorrätig. Übrigens, servicefreundliche Reifenhändler oder Fachwerkstätten lagern Ihre Reifen bis zum nächsten Wechsel auch gegen eine geringe Gebühr fachgerecht ein.

An kalten Reifen prüfen – Reifendruck

Sollten Sie einen Vectra ohne Reifendruckkontrollsystem fahren, checken Sie den Reifendruck stets an möglichst kühlen Reifen – also bevor Sie auf »Tour« gehen. Denn während der Fahrt erwärmt sich der Reifen. Folge: Sie erhalten ungenaue Werte, denn der Druck steigt mit der Temperatur – erfahrungsgemäß würden Sie dann meistens mit zu geringem Reifendruck fahren.

Checken Sie den Reifendruck regelmäßig alle drei bis vier Wochen. Den vorschriftsmäßigen Druck lesen Sie

Häufigster Grund für Reifenplatzer: Zu geringer Luftdruck. Unter Belastung wird die Karkasse dann zu heiß und löst sich – ohne Vorankündigung – in ihre Bestandteile auf.

von der Klebefolie an der Innenseite der Tankklappe ab. Ein Druckverlust von 1,5 Prozent im Monat ist übrigens noch völlig normal, sollten Ihre Pneus mehr Luft lassen, gehen Sie der Sache akribisch auf den Grund: Oftmals »gärt« es dann schon unter der Oberfläche.

Nicht vergessen – Ventilschutzkappen aufschrauben

Nach dem Luftcheck vergessen Sie bitte nicht die Schutzkappen auf den Reifenventilen. Falls doch, hat's mit der relativen Dichtheit ein Ende. Denn wenn erst einmal Schmutz ins Ventil gelangt, verliert der Reifen ständig Luft. Sie potenzieren damit die Gefahr eines Reifenplatzers, »todsicher« – früher oder später. Ein höherer Luftdruck (etwa 0,2 – 0,3 bar) kann dagegen durchaus vorteilhaft sein: Die Lenkung arbeitet feinfühliger, die Reifen halten länger und der Kraftstoffverbrauch sinkt geringfügig. Nachteil: Der Wagen rollt etwas straffer ab.

Praxistipp

Räder richtig tauschen

Wenn Sie beim ersten Reifenwechsel Ihr neuwertiges Ersatzrad einbeziehen, sparen Sie »bares« Geld. Vorausgesetzt: Das Fabrikat ist mit dem gleichen Profil noch lieferbar. In diesem Fall kaufen Sie einen Reifen dazu und haben eine Achse neu bereift. Die Laufleistung Ihrer Reifen können Sie übrigens auch erhöhen: Tauschen Sie regelmäßig die Räder einer Fahrzeugseite, also nicht über Kreuz, gegeneinander aus. Ihre Reifen nutzen so gleichmäßiger ab und Sie haben beim nächsten Neukauf Ihr Auto dann mit vier »frischen« Reifen besohlt. Ein Nachteil dieser Methode: Beim Wechsel in kurzen Kilometerabständen können Sie mögliche Fehler an der Radaufhängung, Lenkung und den Stoßdämpfern nicht mehr deutlich am Reifenprofil erkennen. Achten Sie beim Reifentausch generell darauf, dass die Achsen paarweise mit Reifen des gleichen Fabrikats, des gleichen Profils und mit gleichem Produktionsdatum (+/- 1 Jahr) bestückt sind.

Luftdruckwerte bei kalten Reifen (bar)

Motor	Reifengröße*	Normalbelastung bis 3 Personen		Volle Belastung über 3 Personen	
		vorne	hinten	vorne	hinten
Z18 XE	195/65 R15	2,2	2,2	2,3	2,9
	215/55 R16	2,2	2,2	2,3	2,9
	215/55 R17	2,2	2,2	2,3	2,9
Z22 SE	215/55 R16	2,2	2,2	2,3	2,9
	215/55 R17	2,2	2,2	2,3	2,9
Z32 SE	215/55 R16	2,7	2,7	2,8	3,4
	215/55 R17	2,8	2,8	2,9	3,5
Y20 DTH	195/65 R15	2,4	2,4	2,5	3,1
	215/55 R16	2,4	2,4	2,5	3,1
	215/55 R17	2,4	2,4	2,5	3,1
Y22 DTR	195/65 R15	2,4	2,4	2,5	3,1
	215/55 R16	2,4	2,4	2,5	3,1
	215/55 R17	2,4	2,4	2,5	3,1
Notrad	T 115/70 R16	4,2	4,2	4,2	4,2

*Sommerreifen

Praxistipp: Das schont die Reifen

- Fahren Sie niemals schneller als es Ihre Reifen zulassen. Das gilt vor allem für M+S-Reifen der Kategorie »Q« (160 km/h). Zu hohe Tempi bewirken mehr Abrieb, im schlimmsten Fall sogar den Reifenkollaps.
- Vermeiden Sie Höchstgeschwindigkeit mit schwer beladenem Auto. Machen Sie die Wärmeprobe: Ist der Reifen handwarm, steht es gut um ihn. Ein heißer Pneu birgt Gefahren: Meistens ist der Luftdruck zu gering oder der Unterbau beschädigt. Trauen Sie solchen Reifen niemals über den Weg – zumindest so lange nicht, bis ein Reifenfachmann die Karkasse auf mögliche Schäden geprüft hat.
- Wenn Sie häufiger zügig auf der Autobahn unterwegs sein müssen: Montieren Sie Reifen, deren Geschwindigkeitsindex eine Klasse höher ist als im Fahrzeugschein verlangt (zum Beispiel »T« statt »S«).
- Achten Sie darauf, dass Sie beim Einparken mit der Reifenflanke nicht den Bordstein »rempeln«. Rollen Sie über Bordsteine und Schwellen grundsätzlich nur langsam und im rechten Winkel.
- Erhöhen Sie generell den Luftdruck Ihrer Reifen um 0,3 bar – das spart Kraftstoff und schadet dem Reifen nicht.

Rad wechseln

Arbeitsschritte

① Ziehen Sie zunächst die Handbremse an und legen den ersten Gang oder den Rückwärtsgang ein. Auf öffentlichen Straßen müssen Sie laut StVZO auch den Warnblinker einschalten und ein Warndreieck hinter dem Auto aufstellen.

② Rollt Ihr Vectra auf Stahlfelgen, ziehen Sie jetzt die Radzierblende mit der »Klammer« oder dem Schraubendreher aus dem Bordpannenset ab. Den Schraubendreher setzen Sie als Hebel zwischen Felge und Blende an, die Klammer bugsieren Sie in die Aussparungen am äußeren Blendenwulst.

③ Lösen Sie die Radschrauben um eine Umdrehung und …

④ … heben dann den Wagen an. Den Wagenheber setzen Sie bitte nur in den vorgesehenen Bereichen des Seitenschwellers an. Positionieren Sie dazu den Wagenheberkopf so in die Kunststoffaufnahme des Seitenschwellers, dass beide Profile passgenau ineinander greifen. Drehen Sie zunächst den Heber an der Spindelstange per Hand auf die richtige Grundhöhe und setzen erst dann die Kurbelstange in der Öse an, wenn sich der Wagen aus den Federn zu heben beginnt. Achten Sie darauf, dass der Wagenheberfuß jetzt senkrecht unter dem Schweller und satt auf dem Untergrund steht.

Möglichst passgenau und senkrecht unter dem Seitenschweller ansetzen – Wagenheberfußkante.

⑤ Erst wenn Ihr Auto »stabil« auf drei Rädern steht, drehen Sie die Radschrauben aus, …

⑥ … nehmen das Rad ab und setzen unverzüglich das neue Rad provisorisch auf die Nabe.

⑦ Richten Sie das Rad so an der Nabe aus, dass die Radbolzenöffnungen mit den Gewindebohrungen in der Radnabe übereinstimmen.

⑧ Drehen Sie dann die Radbolzen ein und ziehen sie handfest vor.

⑨ Lassen Sie den Wagen ab und ziehen die Radbolzen fest. Spätestens jetzt drängt sich ein Radkreuzschlüssel auf, damit können Sie nämlich die Bolzen gefühlvoller anziehen. Das Anzugsdrehmoment soll 110 Nm übrigens nicht übersteigen: »Knallen« Sie die Bolzen also nicht mit einem verlängerten Radschlüssel an, sondern ziehen sie gefühlvoll mit einem Radkreuzschlüssel fest.

⑩ Wenn Sie nun die Radabdeckung ansetzen, achten Sie darauf, dass die Ventilöffnung dem Ventil Platz lässt.

⑪ Ziehen Sie die Radbolzen nach ca. 10 Kilometern kurz nach.

Reifenzustand checken

Die Vorderräder treiben Ihren Vectra an, halten ihn auf Kurs und bauen den größten Teil der Seitenführungskräfte auf. Bei jedem Bremsvorgang übertragen sie zusätzlich noch etwa 70 Prozent der Verzögerungskraft auf die Straße. Ihr Job ist stressiger als der Hinterreifen, dementsprechend verschleißen sie schneller. »Gönnen« Sie allen Reifen einen kritischen Blick – am besten bei aufgebocktem Wagen und regelmäßig.

Arbeitsschritte

① Drehen Sie jedes Rad einmal komplett durch und reinigen im gleichen »Aufwasch« die Lauffläche von Steinchen und anderen Fremdkörpern. Entdecken Sie in der Lauffläche eine Glasscherbe oder einen Nagel, kann die Karkasse bereits beschädigt sein. Lassen Sie den Reifen dann auf jeden Fall von einem Fachmann untersuchen – auch wenn ihm die »Luft« noch nicht ausgeht.

② Achten Sie auf Beschädigungen wie Einstiche, Schnitte, Risse und herausgebrochene Profilstücke. Ein verletzter Gummi lässt Feuchtigkeit ins Reifeninnere. Mit dem bloßen Auge können Sie das mitunter nicht erkennen. Lassen Sie den Reifen zur Sicherheit von einem Fachmann »durchleuchten«. Das gilt übrigens auch bei auffälligem Reifenabrieb.

③ Das Reifenprofil muss bei Sommerreifen über die gesamte Lauffläche mindestens zwei Millimeter betragen. Sie können sich da nicht irren: Die Restprofilstärke lesen Sie, über die Lauffläche verteilt, gleich an mehreren Stellen ab. Überall dort, wo Sie auf der Reifenflanke die Buchstaben »twi« (tread wear indicator) entdecken, haben die Profilrillen quer verlaufende Profilstege – sie sind exakt 1,6 Millimeter hoch. Sollten die Querstege also bereits »eins« mit der Lauffläche sein, erneuern Sie die Reifen sofort. Nicht nur, weil der Gesetzgeber es verlangt, sondern weil das Fahrverhalten mit abnehmendem Profil zunehmend schlechter wird – vornehmlich auf nasser Fahrbahn. Tauschen Sie Sommerreifen besser bereits bei 2,5 Millimeter Restprofil gegen neue Pneus aus. Winterreifen verlieren bereits bei rund 4,5 Millimeter ihren Grip.

④ Checken Sie, ob die Reifen über die gesamte Lauffläche gleichmäßig verschleißen.

⑤ Vergessen Sie auch die Reifenflanken nicht: Beulen sind ein untrügliches Indiz für beschädigte Karkassen.

Was Reifenlaufbilder »erzählen«

Technik-lexikon

Außenseite abgefahren (Vorderreifen):
Zügiges Kurvenfahren. Vorspur überprüfen, Reifen in Laufrichtung auf den Felgen drehen lassen oder gegen Hinterräder austauschen.

Außenseiten stärker abgefahren als Profilmitte:
Zu geringer Luftdruck.

Schräges Profil:
Falsche Radeinstellung – überwiegend dann der Fall, wenn nur ein Reifen einseitig abgefahren ist.

***Einseitig abgefahren:** Typisch für verstellte Vorderräder (Achsgeometrie).*

Profilmitte stärker als Außenseiten abgenutzt:
Entsteht bei häufigem Fahren mit Höchstgeschwindigkeit. Die Reifen »bauchen« durch die Fliehkraft aus und nutzen daher in der Mitte stärker als an den Flanken ab. Besonders deutlich an den Hinterrädern zu beobachten.

***Profilmitte verschlissen:** Folge häufiger Fahrten im Höchstgeschwindigkeitsbereich und viel zu hohen Luftdrucks.*

- **Gleichmäßige Auswaschungen über die gesamte Lauffläche**: Vermutlich Stoßdämpfer defekt (Reifen »tanzt« auf der Fahrbahn).
- **Auswaschungen an beiden Reifenflanken** (über den Umfang verteilt): Untrüglicher Hinweis auf Unwucht. Räder auswuchten lassen.
- **Lauffläche an einer Stelle stark abgenutzt**: Bremsplatte. Tritt bei Blockierbremsung nur an Autos ohne ABS auf.

Bremsplatten: *Mit ABS unmöglich.*

Radunwucht verursacht Vibrationen am Lenkrad oder Schüttelbewegungen im Vorderwagen. Grund: Die ungleichmäßigen Massenverhältnisse an den Rädern. Unwuchtig laufende Reifen verschleißen schneller. Suchen Sie also schnellstens eine Fachwerkstatt auf und lassen die Räder Ihres Vectra auswuchten.

Statische Unwucht A: Zeigt sich bereits, wenn das Rad am hochgebockten Wagen frei auspendeln kann: Der Schwerpunkt wird ganz von selbst nach unten »wandern«. Ein Rad mit einer statischen Unwucht hüpft beim Fahren, die Stoßdämpfer verschleißen schneller.

Dynamische Unwucht B: Kommt erst bei höheren Geschwindigkeiten zum Tragen. Die »übergewichtige« Stelle sitzt nicht in der Mittelebene des Rads, sondern etwas nach außen bzw. innen versetzt. Das Rad flattert und wackelt bei schneller Fahrt.

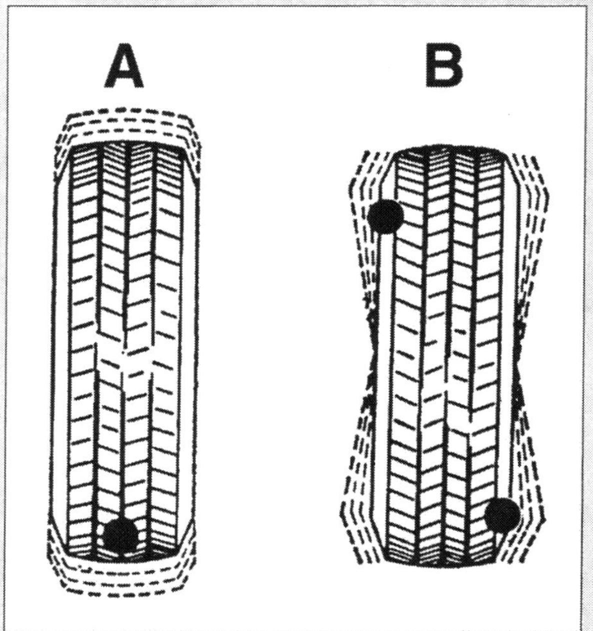

Praxistipp

So lagern Sie Reifen richtig

Nach dem »Reifentausch« brauchen die pausierenden Pneus einen guten Lagerplatz. In einem dunklen, kühlen und trockenen Raum pausieren sie am besten. Halten Sie Benzin, Öl, Fett und andere Chemikalien von den Reifen fern – denn auf Dauer zerstört das die Gummimischung.

- Markieren Sie zunächst Laufrichtung und Position der Reifen mit Ölkreide aus dem Verbandkasten (VR = vorne rechts, VL = vorne links, HR = hinten rechts, HL = hinten links).
- Nehmen Sie die Reifen ab, reinigen sie mit Waschwasser und einem guten »Schuss« Geschirrspülmittel. Trocknen Sie geputzten Reifen gut ab und vergessen auch nicht, ihre Profilrillen von sämtlichen Fremdkörpern zu »befreien«.
- Komplette Räder »parken« Sie liegend übereinander – am besten auf einer Holzpalette.
- Reifen ohne Felgen stellen Sie einfach nebeneinander auf. Drehen Sie die Pneus von Zeit zu Zeit.

DIE BREMSANLAGE

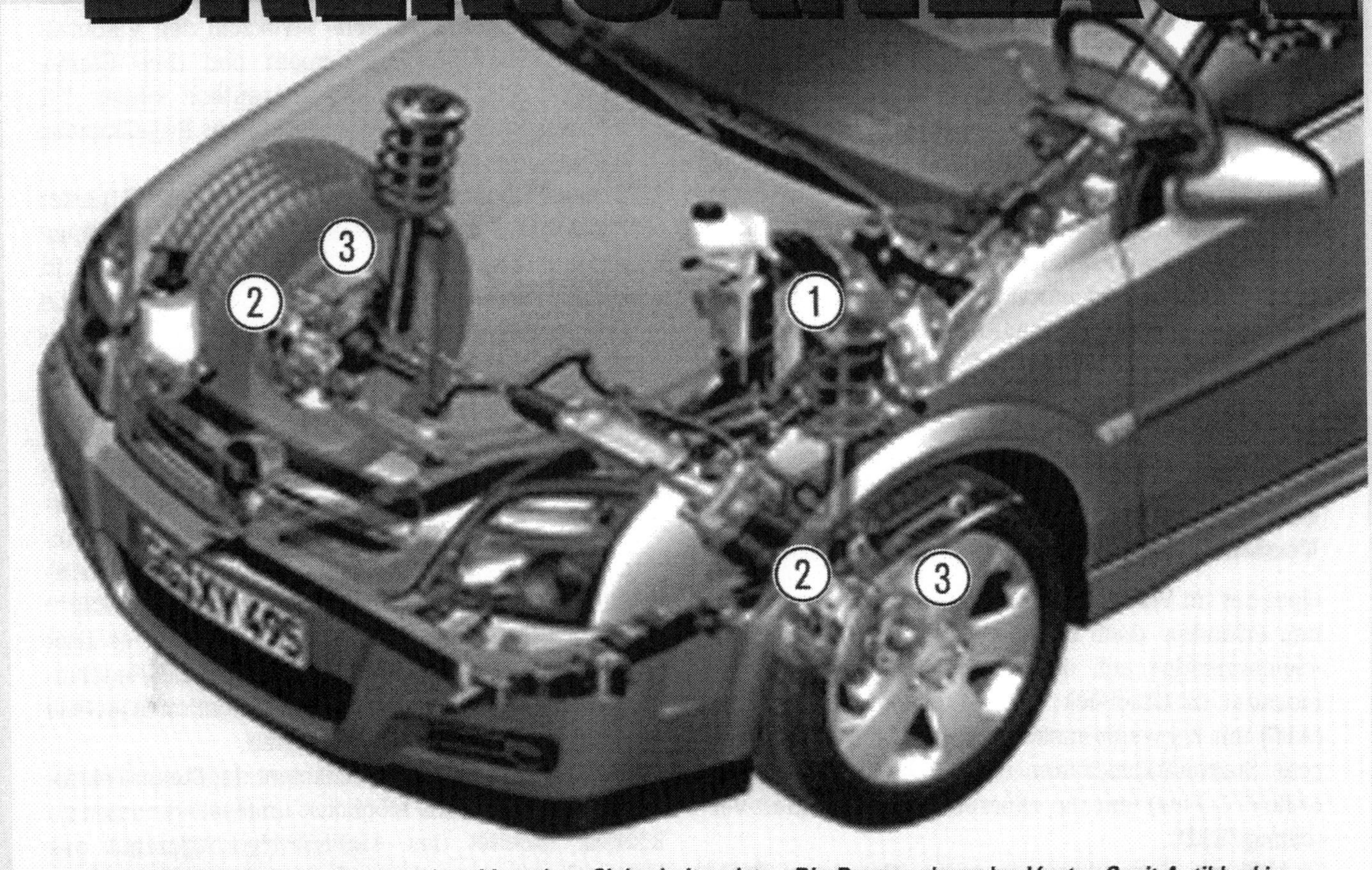

In Extremsituationen ein durchaus »beruhigendes« Sicherheitspolster: Die Bremsanlage des Vectra-C mit Antiblockiersystem (ABS), Kurvenbremskontrolle (CBC), elektronischem Stabilitätsprogramm (ESP[Plus]), Traktionskontrolle (TC Plus) und elektronischer Bremskraftverteilung (EBD). ❶ Bremskraftverstärker mit angeflanschtem Tandem-Hauptbremszylinder, ❷ Bremssattel, ❸ innenbelüftete Bremsscheibe.

Wartung

Reparatur

Die Straßenverkehrs-Zulassungsordnung (StVZO) schreibt zwei unabhängig voneinander wirkende Bremssysteme (Fuß- und Feststellbremse) vor. Hintergrund: Fällt ein Bremssystem aus, verzögert das andere immer noch mit verminderter Leistung. Die Betriebsbremse Ihres Vectra ist zudem auch diagonal »geteilt« – ein Bremskreis wirkt jeweils auf ein Vorder- und das gegenüberliegende Hinterrad. Vorteil: Bei Ausfall eines Bremskreises sind die beiden Räder des anderen Kreises weiterhin bremsfähig – natürlich hat Ihr beherzter Tritt auf »den Anker« nur noch die halbe Wirkung. Doch immerhin – die Chance Ihren Vectra abzubremsen, um den »worst case« zu vermeiden, ist relativ groß. Übrigens, nicht nur der etwa doppelt so lange Bremsweg ist ein sicheres Indiz für einen ausgefallenen Bremsweg, auch der Bremspedalweg verdoppelt sich. Und last but not least signalisiert Ihnen noch die »brennende« Bremskontrollleuchte im Instrumententräger – Gefahr in Verzug!

Die Besonderheiten der Vectra-C Bremse

Opel hat im Vectra-C die Bremse zwar nicht gänzlich neu erfunden, doch das Gesamtsystem weist einige »Schmankerln« auf, die wir Ihnen näher vorstellen möchten. Im Überblick: Das Antiblockierbremssystem (ABS) mit Kurvenbremskontrolle (CBC), das elektronische Stabilitätsprogramm (ESP^{Plus}), die Traktionskontrolle (TC Plus) und die elektronische Bremskraft-verteilung (EBD).

- ABS mit Kurvenbremskontrolle (**C**ornering **B**rake **C**ontrol; CBC) hält auch in Extremsituationen das Fahrwerk in der Balance.
- Aktive Raddrehzahlsensoren steuern im Vectra-C die ABS-Funktion schon ab 0,2 km/h. Das erlaubt sensiblere Regelintervalle und steigert die Leistung der Traktionskontrolle (**T**raction **C**ontrol; TC Plus), speziell bei Anfahrvorgängen auf rutschigen Straßen.
- Die elektronische Bremskraftverteilung (**E**lectronic **B**rakeforce **D**istribution; EBD) steuert den Bremsdruck an der Hinterachse. EBD ersetzt den herkömmlichen Bremskraftregler. Das System nutzt, um die Raddrehzahlen zu erkennen, die vorhandene ABS-Sensorik. Während des Bremsvorgangs wird den EBD beaufsichtigten Hinterrädern immer nur soviel Bremsdruck »zugemutet«, dass sie, kurz vor der Blockiergrenze, stets mit maximaler Verzögerungskraft bremsen. Das System berücksichtigt automatisch den jeweiligen Beladungszustand, es verkürzt den Bremsweg auch außerhalb des ABS-Regelbereichs.
- Die Regelintervalle der Traktionskontrolle (TC Plus) »disziplinieren« den Vorderwagen des Vectra-C erheblich effizienter als im Vorläufermodell. Die »Kommunikationspausen« zwischen den Vorderrädern, dem Motormanagement und dem Bremssystem sind im C-Modell wesentlich kürzer: TC Plus verwertet hier wesentlich mehr Regelimpulse als im Vorläufermodell.
- Das elektronische Stabilitätsprogramm (ESP^{Plus}) leitet im Vectra-C in Extremsituationen gezielte Bremseingriffe an bis zu drei Rädern gleichzeitig ein. In Untersteuersituationen (Wagen schiebt über die eingeschlagenen Vorderräder zum Kurvenaußenrand) zum Beispiel am kurveninneren Hinterrad, oder bei Übersteuertendenzen (Wagen dreht mit der Hinterachse in die Kurve hinein) am kurvenäußeren Vorderrad. Hierzu werden die im Bordrechner erfassten theoretischen Gierraten- und Querbeschleunigungs-Informationen mit dem tatsächlichen Lenkwinkel verglichen und über den HSCAN-Bus zum ABS/ESP^{Plus}-Steuergerät übermittelt. ESP^{Plus} ist im Vectra-C immer mit von der Partie, es lässt sich nicht abschalten. Herkömmliche ESP-Regelungen verzögern in vergleichbaren Situationen jeweils »nur« das kurveninnere Hinterrad.

Um die theoretischen Möglichkeiten der Steuerelektronik auch in der Praxis möglichst umfassend nutzen zu können, arbeitet das ABS/ESP-Hydroaggregat des Vectra-C mit einer besonders strömungsgünstigen Pumpe. Befüllt wird das System mit »BASF Hydraulan 404«, einer Bremsflüssigkeit, deren hydraulische Eigenschaft (Viskosität) herkömmlichen Flüssigkeiten überlegen ist – die Fließfähigkeit des »Wunderfluids« bleibt über große Temperaturbereiche konstant.

ABS und **TC Plus** steigern die aktive Fahrsicherheit, **EBD** ersetzt den mechanischen Bremskraftregler. Die ABS-Funktion sichert volle Lenkfähigkeit auch bei Vollbremsungen und TC Plus verbessert, vornehmlich beim Beschleunigen, die Richtungsstabilität auf rutschiger Fahrbahn. Als weiteres aktives Sicherheitselement setzt sich in modernen Bremskonfigurationen die elektronische Kurvenbremskontrolle (Cornering Brake Control; **CBC**) immer weiter durch. Als ABS-basiertes System erfaßt CBC die unterschiedlichen Raddrehzahlen, so dass der Rechner mit gezielten Bremseingriffen jedes einzelne Rad so koordiniert, dass Aufbaubewegungen um die Hochachse weitgehend ausbleiben und die Richtungsstabilität verbessert wird. Der Vectra-C legt mit CBC ein nahezu »narrensicheres« Fahrverhalten an den Tag.

Das im Vectra-C verwendete Antiblockierbremssystem beinhaltet eine elektronische und eine hydraulische Regeleinheit. Beide Systeme sind in einem gemeinsamen Aluminiumgehäuse untergebracht. Das ABS nutzt, um die Raddrehzahlen genau zu erfassen, einen Sensor pro Rad: EBD und TC Plus nutzen die gleichen Signale. Beim Vectra-C werden alle Räder von 0,2 km/h bis zu einer Geschwindigkeit von 120 km/h einzeln geregelt. An der Hinterachse funktioniert das parallel: »Vorbild« ist jeweils das Rad, das als Erstes zum Blockieren neigt. Bei Systemfehlern werden ABS, EBD und TC-Plus ausgeschaltet – die Bremse funktioniert dann wie ein ganz normales Bremssystem. Systemstörungen erkennen Sie unmittelbar an der ABS-Warnleuchte im Armaturenbrett: Sie erlischt nicht mehr nach dem obligatorischen »Selbsttest«, sondern schaltet auf »Dauerstrom«.

Voll diagnosefähig – das modulare Vectra-Bremssystem

Das modular aufgebaute Vectra-Bremssystem ist voll diagnosefähig, Fehlercodes sind in einem permanenten Speicher auf Abruf »archiviert«. Um die Möglichkeiten von ABS/TC Plus/ESP^{Plus} auch völlig auszuschöpfen, sind im Vectra-C noch ein Gierraten- und Lenkwinkelsensor mit an Bord. Der Gierratensensor erkennt instabile Fahrsituationen und der Lenkwinkelsensor analysiert den tatsächlichen Lenkeinschlag der Vorderräder. ESP^{Plus} benötigt, um Bremseingriffe an bis zu drei Rädern einleiten zu können, beide Informationen parallel.

***Kompakt und sensibel:** Das ABS-Steuergerät im Vectra-C inklusive Vorderradnabe. Das 4-Kanal-Modul variiert unter anderem auch die Bremskraft zwischen Vorder- und Hinterachse (EBD). Außerdem läuft jedesmal vor Fahrtbeginn im Steuergerät ein kompletter Systemcheck ab. Den Befund erkennen Sie an der ABS-Kontrollleuchte im Armaturenbrett. Ohne besondere Vorkommnisse erlischt das Licht etwa drei Sekunden nach Fahrtbeginn. Falls nicht, lassen Sie bei Ihrem Opel-Händler den Fehler »auslesen«.*

Wertet die Raddrehzahlsignale aus – ABS-Steuergerät

Das ABS-Steuergerät überwacht alle elektrischen Komponenten und speichert Fehlerdaten. Bei eingeschalteter Zündung initiiert es vor jedem Fahrtbeginn einen Selbsttest im System. Auch während des Fahrbetriebs stehen die elektrischen ABS-Komponenten kontinuierlich unter Aufsicht der »Bremsenleitzentrale«. Das funktioniert mit Polaritätenchecks sowie Durchgangsprüfungen der einzelnen Stromkreise. Gleichfalls unterliegen sämtliche Magnetventile einer regelmäßigen Funktionskontrolle: Das Steuergerät gibt hierzu einen Prüfimpuls ab. Eventuelle Störungen liest Ihr Händler »weltweit« mit dem Opel-Tech-Tester schnell und »zielgenau« aus. Der Diagnoseanschluss liegt auf dem Mitteltunnel unterhalb des Handbremshebels.

Begrenzt den Hinterradschlupf – EBD

Die elektronische Bremskraftverteilung (EBD; **E**lectronic **B**rake **F**orce **D**istribution) begrenzt, Millisekunden vor dem Hauptsystem, den Hinterradschlupf. EBD vergleicht dazu ständig den Schlupf an den Vorder- und Hinterrädern und dosiert bzw. verteilt die Bremskraft entsprechend. Die Funktion der EBD ist gewöhnlich nicht wahrnehmbar, ihre Technik realisiert – unabhängig vom Beladungszustand des Autos – stabile Bremsvorgänge. EBD ersetzt den herkömmlichen Bremskraftregler.

Aktiv von 0,2 km/h bis 50 km/h – TC Plus

Die »großen« Vectra kommen ab Werk in den Genuss des Opel TC Plus-Systems. TC Plus ist mit zwei Abschaltmagnetventilen und zwei hydraulisch betätigten Einlassventilen in das Vectra-ABS integriert. Es wird nach jedem Start automatisch aktiv und prüft seine

Funktionsbereitschaft während der Fahrt ständig selber. Seine wichtigste Eingangsgröße ist das Wegstreckensignal von den einzelnen ABS-Radsensoren. Sie informieren den Rechner über jede einzelne Radumdrehung, und zwar so sensibel, dass sogar unterschiedliche Reifendurchmesser, zum Beispiel abgefahrene Reifen auf der Hinterachse, neue Reifen auf der Vorderachse erkannt werden. TC Plus bringt das nur kurzfristig aus dem Tritt, es erkennt nach geraumer Zeit die unterschiedlichen Reifen und stellt sich darauf ein. Immer dann, wenn TC Plus Handlungsbedarf erkennt, »bremst« es die Motorleistung bzw. das Motordrehmoment automatisch so weit ein, dass innerhalb der physikalischen Grenzen die Fahrstabilität und Traktion gewährleistet bleiben. Die Regelimpulse gehen zunächst nur von der Motronic aus. In der Regel reicht's, einzelne Einspritzventile pausieren zu lassen und den Zündwinkel zu variieren. Das passiert fast unmerklich. Erst wenn der »künstliche Tritt auf die Bremse« kommt, merkt der Fahrer, dass er mit wenig Gefühl im Gasfuß unterwegs ist.

Das System wird ab 0,2 km/h »scharf« und bleibt beharrlich bis etwa 50 km/h in Aktion. TC Plus »manipuliert den Grip« perfekt: Opel traut den TC Plus-Chips sogar die Funktion einer Diffenzialsperre zu. Gewissermaßen als Warnung vor zu ungestümem Temperament begleitet den Einsatz von TC Plus eine Warnleuchte im Instrumentenbrett.

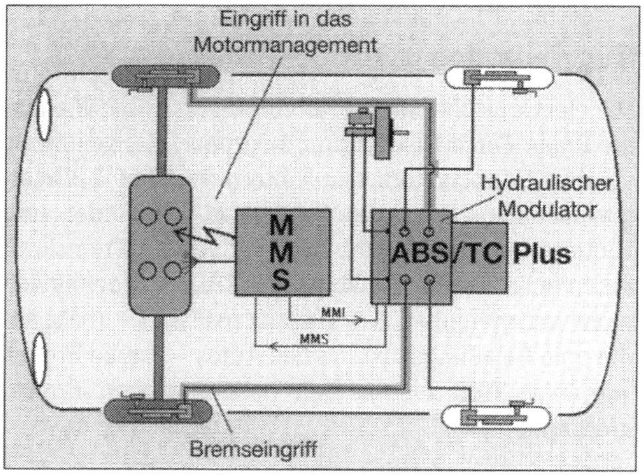

Diszipliniert von 0,2 bis 50 km/h rotierende Antriebsräder: ***TC-Plus im Vectra-C.*** *Das System nutzt Möglichkeiten des Motormanagements und der ABS Sensorik.*

Bremst einzelne Räder gezielt ab – ESP^{Plus}

Als interaktives System unterstützt ESP^{Plus} den Fahrer in gefährlichen Situationen. Es reduziert mit progressiver Kennung die Motorleistung und bremst zudem gleichzeitig bis zu drei Räder gezielt ab. ESP^{Plus} »provoziert« mit seinen »Eingriffen« ein Giermoment, welches den Wagen automatisch stabilisiert. Das System arbeitet mit einem »aktiven« Bremskraftverstärker völlig autonom. Zur Euphorie besteht allerdings kein Anlass: ESP^{Plus} hält in Grenzbereichen der Fahrdynamik den Wagen zwar auf Kurs, doch eine »ab Werk montierte Lebensversicherung« ist es keinesfalls: Wenn »kopflose« Chauffeure erst einmal die Grenzen der Fahrphysik »übereilen«, stehen alle ESP^{Plus}-Helfer auf verlorenem Posten, der »Abflug in die Botanik« ist unausweichlich – mit und ohne ESP^{Plus}!

So bremst der Vectra

Ihr Vectra verzögert serienmäßig an vier Scheibenbremsen: Die vorderen, innen belüfteten Scheiben der Vierzylinder sind 25 Millimeter stark und 285 Millimeter groß. Der Sechszylinder versteckt 302 Millimeter große und 28 Millimeter dicke Scheiben hinter den Vorderrädern. 278 Millimeter große und 12 Millimeter starke Bremsdiscs reichen den Vierzylindern an der Hinterachse, die Z32 SE-Variante bemüht dagegen 292 Millimeter große und 20 Millimeter starke Scheiben – natürlich innenbelüftet. Alle Bremsscheiben stehen im kühlenden Fahrtwind, aerodynamisch profilierte Luftführungskanäle machen das möglich.

Und damit die Faustbremssättel auch ohne »derbe Fußtritte« ihre Scheiben richtig in die Zange nehmen, assistiert ihnen im Vectra-C ein pneumatischer 9" Tandembremskraftverstärker mit Bremsassistent. Ab einer fest programmierten Pedalkraft (Panikbremsvorgang) und »Trittgeschwindigkeit« nimmt der Bremsdruck mit »Assistent« nicht mehr linear sondern progressiv zu. Das verkürzt den Anhalteweg – mitunter gerade um die »teueren und gefährlichen letzten Zentimeter«. Denn anhand Ihrer Trittgeschwindigkeit aufs Bremspedal »ahnt« der Bremsassistent die Situation vor dem Vectra-Bug und leitet automatisch alle erforderlichen Maßnahmen ein – egal ob Sie fest genug oder zu lasch auf dem Pedal »stehen«.

Das Vectra-ABS, intern trägt es die Bezeichnung ABS EBC 430 EV/TC/ESP, entspricht mit rund einem Dutzend Regelintervallen pro Sekunde dem neuesten Stand der Technik. Es gewährleistet, bei uneingeschränkter Lenkbarkeit, die maximale Verzögerung und bildet die Basis für TC PLUS und ESP^{Plus}.

Selbst nachstellend – die Bremsbeläge

Im Vectra halten die Bremssegmente automatisch die richtige Distanz zu den Bremsscheiben. Die per Seilzug auf die Hinterräder wirkende Handbremse müssen Sie ebenfalls nicht nachstellen, dass »erledigt« im C-Modell eine Automatik für Sie.

Auf einen Blick – Bremsenknigge

Zweikreisbremsanlage (überwiegend diagonal geteilt): Jeweils ein Bremskreis verbindet ein Vorderrad und das gegenüberliegende Hinterrad.

Hauptbremszylinder (HBZ): Wandelt den mechanischen Weg des Bremspedals in hydraulische Kraft. Bei gelöster Bremse bricht die hydraulische Kraft (Systemdruck) schlagartig zusammen.

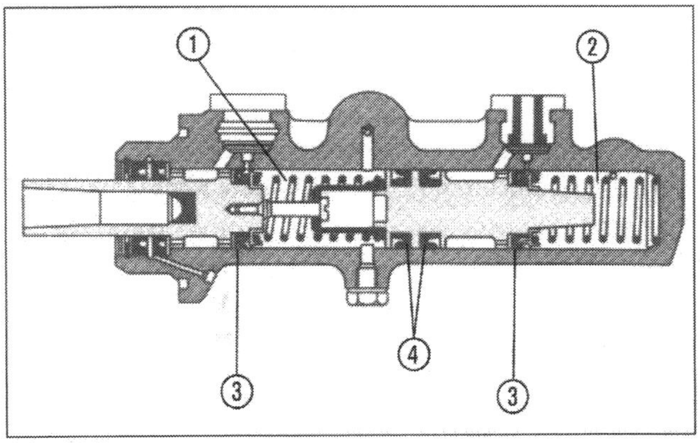

Jobsharing: In einem Tandem-HBZ wirken zwei Bremskolben. *❶ Druckstangenbremskreis, ❷ »schwimmender« Hauptbremskreis, ❸ Primärmanschetten, ❹ Trennmanschetten.*

Bremskraftverstärker (Bremsservo): Sitzt im Motorraum vor dem Hauptbremszylinder. Verstärkt die mechanischen Pedalkräfte bei jedem Bremsvorgang um rund 60 Prozent. In Fahrzeugen mit elektronischem Stabilitätsprogramm ESP »jobbt« ein aktiver Bremskraftverstärker. Sobald ESP wirksam wird, aktiviert es ein Magnetventil im Bremskraftverstärker. Dadurch baut sich an der Rückseite der Membrane, auch ohne Betätigung des Bremspedals, ein Druck von rund 10 bar auf (aktiver Bremskraftverstärker). Herkömmliche Bremskraftverstärker beziehen »ihr Vakuum« über einen Schlauch direkt aus dem Ansaugrohr (Ottomotoren) oder einer separaten Vakuumpumpe (Diesel). Während des Bremsvorgangs reagiert eine mit der Kolbenstange des HBZ verbundene Membrane auf den Druckunterschied zwischen dem äußeren Luftdruck und dem auf der »Membranvorderseite« herrschenden Unterdruck. Die Kolbenstange »wandert« initiiert vom Bremsfuß und bekräftigt vom Bremsservo in den HBZ.

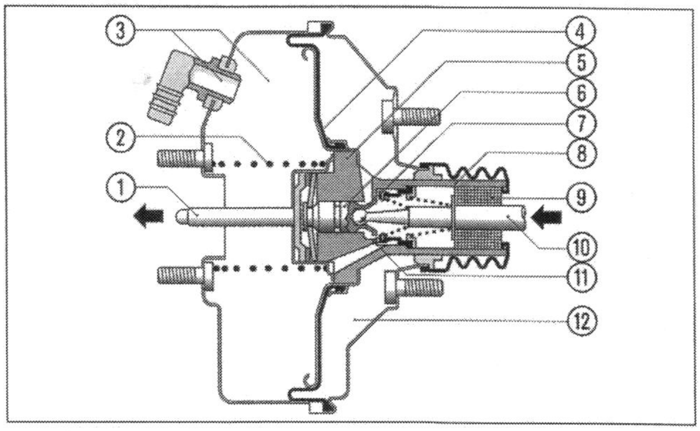

Grundsätzlicher Aufbau eines Zweikammerbremskraftverstärkers. *❶ Druckstange (zum HBZ), ❷ Druckfeder, ❸ Unterdruckkammer mit Unterdruckanschluss, ❹ Membran mit Membranteller, ❺ Arbeitskolben, ❻ Füllkolben, ❼ Doppelventil, ❽ Ventilgehäuse, ❾ Luftfilter, ❿ Kolbenstange (vom Bremspedal), ⓫ Ventilsitz, ⓬ Arbeitskammer.*

»Saugt« den Bremskraftverstärker auf der Vorderseite »aus«: ***Vakuumpumpe an Dieselmotoren.***

Bremssättel (BS): Je nach Ausführung sind Bremssättel fest oder schwimmend gelagert. In festgelagerten Versionen (bis in die siebziger Jahre weit verbreitet) pressen jeweils zwei Bremskolben aus einer starr montierten Bremszange die Bremssegmente an der Vorder- und Rückseite gegen die Bremsscheibe. An modernen Autos kommen jedoch überwiegend schwimmend gelagerte Faustsättel zur Anwendung. Faustsättel in Großserienautos arbeiten überwiegend mit einem Kolben, der bei jedem Bremsvorgang die schwimmend gelagert »Faust« inklusive der beiden Bremssegmente gegen die Scheibe zieht.

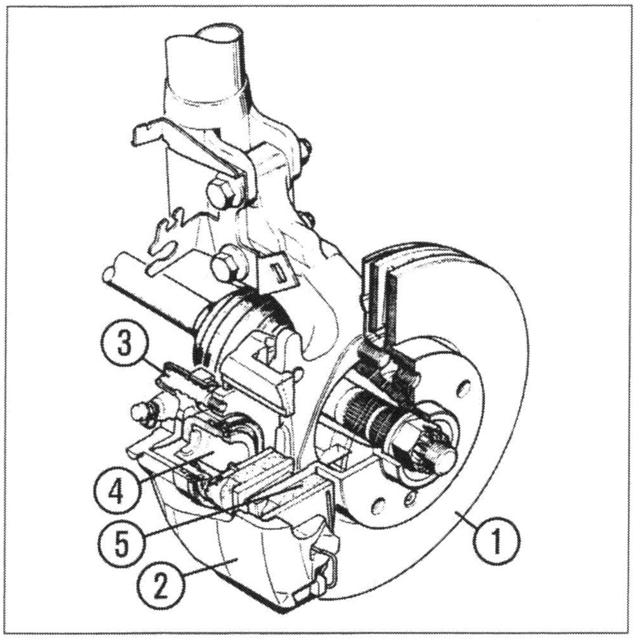

»Umkrallt die Bremsscheibe ❶ wie eine Faust«: Faustsattel ❷. Der Sattel »schwimmt« auf den Gleitstiften ❸ und presst bei jedem Bremsvorgang mit nur einem Bremskolben ❹ das äußere Bremssegment ❺ automatisch gegen die Scheibe. Faustsättel gleichen den Bremsbelagverschleiß automatisch aus.

Radbremszylinder (RBZ): Der Bremsflüssigkeitsdruck kann im RBZ bis zu 120 bar erreichen. Die RBZ-Kolben übertragen den Systemdruck auf flexibel gelagerte Bremsbacken und pressen sie gegen die Bremstrommel (Trommelbremse). Der Vectra-C verzögert an allen Rädern mit Scheibenbremsen inklusive Faustsattel.

Die Bremsen

Technik-lexikon

Vorderachse

Bremsscheibe: Dreht sich synchron mit der Achsnabe und verwandelt während des Bremsvorgangs Reibungsenergie in Wärme.

Bremssattel: Im Vectra »umkrallen« Faustsättel die Bremsscheiben. Faustsättel sind schwimmend gelagert, sobald ihre Bremskolben (sitzen auf der Innenseite) mit Druck beaufschlagt werden, verschieben sie die Sättel mitsamt Bremssegmenten gegen die Bremsscheiben.

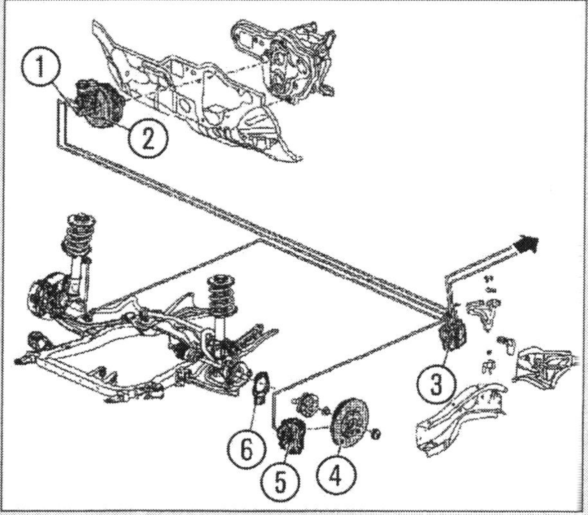

Das Vorderachsbremssystem im Detail:
❶ Hauptbremszylinder, ❷ Bremskraftverstärker, ❸ ABS Hydraulikeinheit, ❹ innen belüftete Bremsscheibe, ❺ Bremssattel, ❻ Bremsabdeckblech.

Hinterachse

Bremsscheibe: Dreht sich synchron mit der Achsnabe und verwandelt während des Bremsvorgangs Reibungsenergie in Wärme.

Bremssattel: Ähnlich wie an der Vorderachse nehmen Faustsättel die hinteren Bremsscheiben in die Zange. Hier allerdings mit einem Arretiermechanismus für die Handbremse. Die Sättel verschiebt jeweils ein an der Innenseite angeordneter Bremskolben.

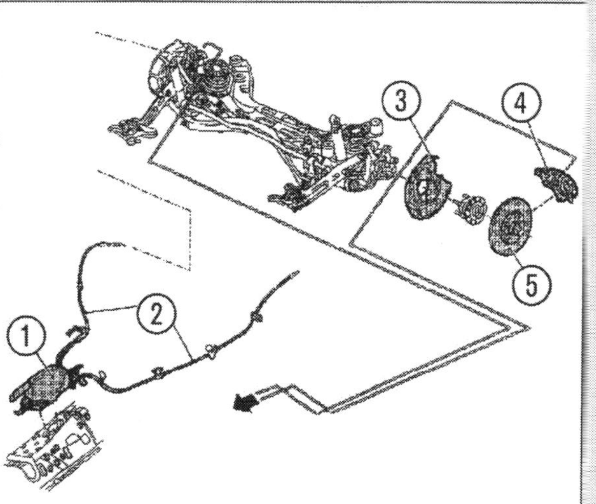

Das Hinterachsbremssystem im Detail:
❶ Handbremshebel, ❷ Handbremsseil, ❸ Bremsabdeckblech, ❹ Bremssattel, ❺ Bremsscheibe.

Bremsfunktion

Bremspedal treten: Die mechanisch im HBZ »verschobenen« Kolben erzeugen im Bremssystem eine hydraulische Kraft (Systemdruck). Der Druck wirkt auf die Bremssattelkolben ein und presst zunächst die jeweils inneren Bremssegmente (Faustsattel) gegen die Bremsscheiben. Dadurch verschieben sich die gleitgelagerten Bremssättel mitsamt der äußeren Bremssegmente gegen die Bremsscheibe.

Bremspedal lösen: Systemdruck bricht schlagartig zusammen. Die Eigenelastizität der Kolbendichtungen reicht aus, um die Bremssattelkolben mitsamt der inneren Bremssegmente von der Scheibe zu lösen. Auch der Taumelschlag an den Bremsscheiben verfehlt seine gewollte Wirkung nicht: er lockert die »Bremssattelfaust«. Zwischen Bremssegmenten und Scheibe entsteht ein geringfügiges Spaltmaß – die Bremsscheiben drehen frei.

Das Antiblockierbremssystem

Technik-lexikon

ABS-Steuergerät: Verarbeitet ständig die Drehzahlsignale der Radsensoren und vergleicht sie mit fest programmierten Werten. Signalisieren unterschiedliche Drehzahlfrequenzen drohende Blockiergefahr an einem oder mehreren Rädern, aktiviert das Steuergerät die Hydraulikeinheit. Folglich wird der Bremsdruck an dem betreffenden Rad so lange reduziert, bis es synchron mit den anderen Rädern läuft. Das Wechselspiel erfolgt während des gesamten Bremsvorgangs im Millisekundentakt.

ABS-Hydraulikeinheit: Beinhaltet die elektrisch angetriebene Hydraulikpumpe sowie den Ventilblock mit Magnetventilen. Beim Tritt aufs Bremspedal pressen Kolben im Hauptbremszylinder die Bremsflüssigkeit über den Ventilblock zu den Rädern. Der Ventilblock regelt derweil den Bremsdruck in den Bremsleitungen – sie verbinden jeweils ein Vorderrad mit dem diagonal gegenüberliegenden Hinterrad. Tritt ABS in Funktion, erteilt das Steuergerät den Befehl »Bremsdruck reduzieren«. Die Bremsflüssigkeit fließt direkt vom Ventilblock in den Ausgleichsbehälter zurück. Wird der Bremsdruck wieder angehoben, befördert die Hydraulikpumpe Bremsflüssigkeit aus dem Ausgleichsbehälter direkt in den entsprechenden Bremskreis. Sobald die Pumpe arbeitet, bemerken Sie das übrigens an einem leicht pulsierenden Bremspedal.

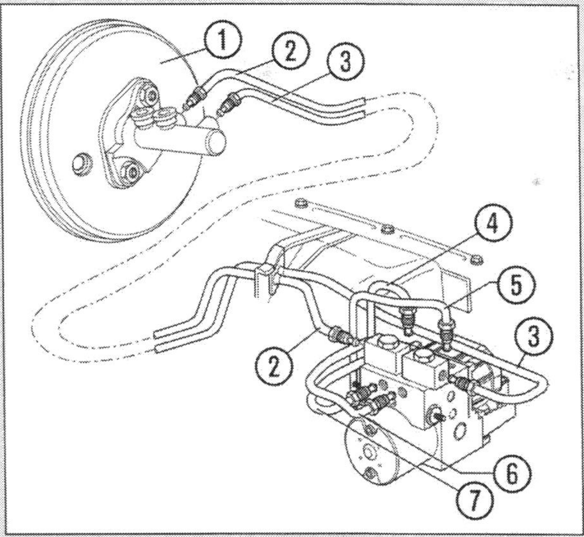

Regelt den Bremsdruck an den Rädern: ABS-Hydraulikeinheit. *❶ Bremskraftverstärker mit angeflanschtem Tandem-Hauptbremszylinder, ❷ und ❸ Versorgungsleitungen vom HBZ zur ABS-Hydraulikeinheit, ❹ und ❺ Bremsleitungen vorderer Bremskreis, ❻ und ❼ Bremsleitungen hinterer Bremskreis.*

Raddrehzahlsensoren: In geringem Abstand zu einer Zahnscheibe (Impulsrad) fest mit der Radnabe verbunden. Das gezahnte Impulsrad rotiert, je nach Radumdrehung (Geschwindigkeit), schneller oder langsamer am Sensor vorbei. Jeder Zahn des Impulsrads induziert so einen kurzen Spannungsanstieg im Sensor. Es entsteht somit eine Wechselspannung, deren Frequenz analog zur Raddrehzahl variiert. Das Steuergerät leitet daraus die entsprechenden maximal Bremsdrücke für das jeweilige Rad ab.

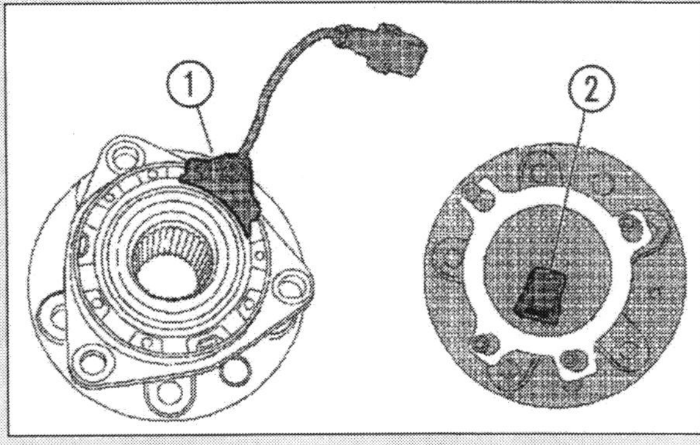

Checken die Raddrehzahlen auf die Umdrehung genau: Raddrehzahlsensoren. *❶ vorderer Sensor, ❷ hinterer Sensor.*

ESP-Modul: Das ESP-Modul ergänzt das ABS-Steuergerät um zwei weitere hydraulische Ventile. Mit diesem »Regelzusatz« lassen sich die Räder einzeln verzögern.

Um die ESP-Funktion generell zu initialisieren, arbeitet das System mit einem Gierraten-/Beschleunigungssensor, einem Lenkwinkel- und einem Drucksensor.

Gierraten-/Beschleunigungssensor: Im Vectra ein mikro-mechanischer Doppelsensor, der in Nähe des Mitteltunnels – unterhalb des Fahrersitzes – die Gierrate des Aufbaus und die Beschleunigung misst. Bei normaler Fahrt sowie bei leichter Beschleunigung oder Verzögerung bleibt der Sensor untätig. Werden die im Steuergerät programmierten Verzögerungs- oder Beschleunigungswerte überschritten, geht ein entsprechendes Signal an das Steuergerät weiter.

Störungen am ABS-Bremssystem: Bei eingeschalteter Zündung leuchtet die Kontrollleuchte des ABS-Bremssystems auf. Sie erlischt spätestens zwei Sekunden nachdem der Motor läuft. Falls nicht, liegt eine Systemstörung vor. Meistens können Sie dennoch weiterfahren – allerdings ohne die elektronischen Bremsassistenten. Suchen sie also schnellstmöglich eine Opel-Werkstatt zum Systemcheck auf. Als »ABS-Laie« sind Sie ohne Prüfequipment »aufgeschmissen«, Sie können allenfalls den korrekten Sitz der Steckverbindungen zum Steuergerät, zu den Relais, den Radsensoren und zur Hydraulikeinheit prüfen.

Bremsencheck – beim geringsten Selbstzweifel ein Fall für die Werkstatt

Auf jedem Meter im öffentlichen Straßenverkehr entscheiden die Bremsen über Ihre und die Sicherheit anderer Verkehrsteilnehmer. Deshalb sind funktionierende Bremsen die beste Lebensversicherung. Scheuen Sie sich also nicht, um den Zustand der Bremsbeläge und Scheiben zu prüfen, von Zeit zu Zeit die Räder an Ihrem Vectra abzunehmen. Grundsätzlich sind Wartungsarbeiten an der Bremsanlage kein Hexenwerk. Dennoch, »legen Sie Ihre Hand nur dann an die Bremse«, wenn Sie sich absolut sicher sind: Beim geringsten Zweifel überlassen Sie »die Bremse« besser einer Fachwerkstatt mit aktuellem Know-how und den entsprechenden Spezialwerkzeugen.

Stand der Bremsflüssigkeit prüfen

Ihr Vectra hat im Armaturenbrett drei Bremssystemwarnleuchten, normalerweise bleiben sie während der Fahrt »dunkel«. Andernfalls liegt ein Systemfehler vor – im harmlosesten Fall haben Sie nur vergessen, die Handbremse zu lösen. Falls nicht, checken Sie zunächst den Bremsflüssigkeitsstand im Vorratsbehälter, er sitzt auf dem HBZ in Fahrtrichtung links. Flackert die gleiche Leuchte ab und an während der Fahrt auf, gehen Sie davon aus, dass Bremsflüssigkeit fehlt und ein Bremskreis bereits streikt. Der zweite Kreis ist dann in der Regel noch funktionstüchtig, so dass Sie mit defensiver Fahrweise die nächste Werkstatt erreichen können. Unser Rat: Vertrauen Sie an einem so sicherheitsrelevanten Bauteil wie der Bremse keiner »Automatik« – schauen Sie Ihrem Vectra ab und an besser selbst unter die Motorhaube – und dort auch im Bremsflüssigkeitsausgleichsbehälter nach dem Rechten.

Arbeitsschritte

① Der Bremsflüssigkeitsvorratsbehälter sitzt in Höhe der Spritzwand in Fahrtrichtung links. Halten Sie den Bremsflüssigkeitsstand regelmäßig im Auge.

② Selbst bei intakter Bremsanlage sinkt der Flüssigkeitspegel. Grund: Analog zum Verschleiß der Bremsbeläge »wandern« die Bremskolben aus den Bremszangen. Das hinter den Kolben entstehende größere Zylindervolumen gleicht nachfließende Bremsflüssigkeit aus.

③ Solange die Bremsflüssigkeit zwischen »min« und »max« im Vorratsbehälter »pendelt«, ist die Funktion beider Bremskreise gewährleistet.

Transparent: Der Bremsflüssigkeitsvorratsbehälter (Pfeil) vor der Spritzwand unter der Motorhaube.

Bremsanlage prüfen

Arbeitsschritte

① Um eventuelle Leckagen eindeutig lokalisieren zu können, muss Ihr Auto von unten trocken sein. Suchen Sie sich also keinen Regentag für die »Inspektion« aus.

② Prüfen Sie sämtliche Schlauchanschlüsse und Verbindungsleitungen sowie die Bremssättel. Dunkle Flecken und feuchte Stellen sind ein sicheres Indiz für Undichtigkeiten.

③ Inspizieren Sie die Bremsschläuche auch auf Scheuerstellen, sie dürfen weder feucht noch gequollen sein. Falls doch: Tauschen Sie die Schläuche aus.

④ Zum Schutz gegen Rost sind die Leitungen mit einer Kunststoffschicht überzogen. Reinigen Sie die Bremsleitungen von außen nur mit einem Pinsel, Kaltreiniger oder Waschbenzin, »kratzen« Sie niemals mit einem Schraubendreher, Schmirgelleinen oder einer Drahtbürste an den Leitungen herum. Sollte die Schutzschicht bereits leicht beschädigt sein, »retten« Sie in dem Bereich die Leitung mit einer Rostschutzgrundierung. Sobald sich allerdings schon Rostnarben, Verformungen oder Steinschlagspuren eingenistet haben, ersetzen Sie die maladen Leitungen umgehend.

⑤ Sind auf allen Entlüftungsventilen noch Staubschutzkappen vorhanden? Falls nicht, sorgen Sie für Ersatz.

⑥ Machen Sie regelmäßig eine (provisorische) Bremsdruckprobe. Dazu treten Sie das Bremspedal mit voller Kraft etwa eine Minute lang durch – etwa so, als wenn Sie eine Vollbremsung machen. Das Pedal darf dabei nicht »aufs Bodenblech wandern«. Falls doch, haben Sie es mit defekten Manschetten im Hauptbremszylinder oder an den Bremszangen zu tun. Schauen Sie dann auch auf feuchte Stellen. Exakt können Sie eine Bremsdruckprobe nur mit einem Druckstandsanzeiger ausführen – das ist ein typischer Fall für die Werkstatt.

Bremskraftverstärker prüfen

Arbeitsschritte

① Treten Sie bei abgestelltem Motor das Bremspedal mehrmals durch und halten es dann in der tiefsten Stellung fest.

② Jetzt starten Sie den Motor. Das Pedal muss dann noch ein paar Millimeter weiter nachgeben. Falls nicht, hat das folgende Ursachen:

- **Unterdruckschlauch vom Ansaugrohr zum Bremskraftverstärker undicht**: In diesem Fall ersetzen Sie unbedingt den Schlauch und prüfen die Anschlussflansche.
- **Rückschlagventil im Unterdruckschlauch defekt**: Nehmen Sie zur Ventilkontrolle den Unterdruckschlauch am Bremskraftverstärker ab und lassen den Motor mit Leerlaufdrehzahl laufen. Falls Sie keine rhythmischen Ansauggeräusche hören, verschließen Sie das freie Schlauchende mit einer Fingerkuppe. Wenn sich dabei kein Vakuum im Schlauch aufbaut, ist das Ventil defekt.
- **Gummidichtung zwischen Hauptbremszylinder und Bremskraftverstärker porös**: Zum Austausch Hauptbremszylinder vom Bremskraftverstärker demontieren und Dichtring erneuern.
- **Verstärkermembrane defekt**: Eine Reparatur ist nicht möglich. Sie müssen sich mit einem komplett neuen Bremskraftverstärker »anfreunden«.

Bremsen auf Funktion prüfen (ohne ABS)

Auf der Straße sollten Sie nur dann eine Bremsprobe machen, wenn Sie andere Verkehrsteilnehmer nicht behindern oder gefährden. Suchen Sie sich dazu eine ebene, möglichst abgelegene Straße mit gleichmäßiger Oberfläche aus. Autos mit ABS an Bord hinterlassen erfahrungsgemäß keine Bremsspuren mehr. Wenn Sie allerdings ganz zu Anfang des Bremsvorgangs einen »leichten Verriss« am Lenkrad bemerken, ist das ein Indiz dafür, dass die Räder einen unterschiedlichen Reibkoeffizienten haben und Ihnen der Wagen ohne ABS »aus der Spur laufen würde«. Checken Sie dann auf jeden Fall den optischen Zustand der Bremssegmente und den der Scheiben, und/oder setzen Sie zur Bremsprobe kurzerhand die ABS-Regelung außer Kraft.

Arbeitsschritte

① Fahren Sie zunächst im Schritttempo, treten die Kupplung und bremsen dann mit voller Kraft. Vergleichen Sie die Bremsspuren auf der Straße – gleich lange Spuren sind ein Indiz für gleichmäßig wirkende Bremsen. Führen Sie anschließend die gleiche »Übung« mit der Handbremse aus.

② Im zweiten Schritt beschleunigen Sie Ihr Auto auf etwa 50 km/h – verkrampfen Sie nicht am Lenkrad und korrigieren während des Bremsvorgangs nicht die Fahrtrichtung. Bremsen Sie zuerst sanft und dann scharf bis zum Stillstand. Das Fahrzeug muss sicher in der Spur bleiben. Andernfalls »zieht« die Bremse einseitig. Suchen Sie dann auf jeden Fall eine Fachwerkstatt mit einem Bremsenprüfstand auf.

③ Um die Freigängigkeit der Bremssegmente im Ruhezustand zu checken, lassen Sie im dritten Schritt den Vectra auf einer leicht abschüssigen Strecke aus dem Stand losrollen. Rollt er »locker« an, sind alle Räder frei und das Spaltmaß der Bremssegmente zu den Bremsscheiben o. k. Prüfen Sie nach einer kurzen Probefahrt abschließend die Felgentemperatur: Legen Sie dazu Ihre Hand auf den Felgenstern – alle Räder müssen in etwa gleich warm sein.

Scheibenbremsbelagverschleiß messen

Die vorderen Scheibenbremssegmente verschleißen schneller als ihre Kollegen an der Hinterachse. Bei normaler Fahrweise checken Sie die Beläge etwa alle 20.000 Kilometer – generell jedoch einmal jährlich. Messen Sie, inklusive der Trägerplatte, weniger als neun Millimeter, tauschen Sie die Beläge vorsichtshalber paarweise aus.

Arbeitsschritte

① Um den Belag »richtig« inspizieren zu können, schrauben Sie das jeweilige Rad ab.

② Nehmen Sie einen Euro und halten ihn zwischen Bremsscheibe und Belagträger. Sind Münze und Beläge in etwa gleich stark (etwa zwei Millimeter), », spendieren« Sie der betreffenden Achse schnellstens neue Segmente.

Praxistipp

Bremspedal und Bremsbelag

Mit dieser Prüfung erkennen Sie grundsätzlich keine verschlissenen Bremsbeläge. In freigängigen Bremssätteln reichen die Elastizität der Bremskolbendichtung und der serienmäßige Taumelschlag (rund 0,06 Millimeter) der Bremsscheibe aus, um die Bremsbeläge – nach jedem Bremsvorgang – automatisch von der Bremsscheibe abzurücken. Bei gelöstem Pedal bleiben die Belaggrundstellung zur Bremsscheibe und der Bremspedalweg gleich – zumindest so lange, wie die Beläge nicht total verschlissen sind. Prüfen Sie mit der Hand bei laufendem Motor den Leerweg des Bremspedals, er soll allenfalls ein Drittel des gesamten Pedalwegs betragen.

Ist der Pedalweg deutlich größer, gehen Sie von verschlissenen oder evtl. im Sattel verklemmten Bremsbelägen aus, mitunter »klemmt« auch die Bremszange. Sollte sich der Pedalweg freilich nach mehrmaligen Pumpen verkürzen, haben Sie möglicherweise Luft im System: Ergründen Sie Ursache, beheben den Schaden und entlüften die Anlage dann wie beschrieben.

Bremsscheibenverschleiß kontrollieren

Bocken Sie den Wagen auf einer ebenen Fläche rüttelsicher auf und nehmen die Räder der betreffenden Achse ab: Checken Sie bei gleicher Gelegenheit auch die Bremsbeläge.

Arbeitsschritte

① Leicht bläulich angelaufene Bremsscheiben sind völlig normal.

② Achten Sie in den Scheiben auf tiefe Riefen. Sie »verraten« verklemmte Fremdkörper (groben Straßenschmutz) verhärtete oder verschlissene Beläge. Bis zu drei Millimeter tiefe »Frässpuren« müssen Sie noch nicht beunruhigen Demontieren Sie jedoch auf jeden Fall die Beläge und inspizieren sie auf Fremdkörper.

③ Die Scheibenstärke messen Sie am besten mit einer Schublehre und zwei Euro-Münzen. Legen Sie auf jeder Scheibenseite jeweils eine Münze zwischen Schublehre und Bremsscheibe. Von Ihrem Messwert müssen Sie natürlich die Stärke beider Münzen (rund vier Millimeter) subtrahieren.

④ Unter Mindestmaß »abgeschrubbte« Scheiben sind Schrott. Riefige Scheiben können Sie durchaus planschleifen (lassen). Erneuern und planen Sie Bremsscheiben stets paarweise.

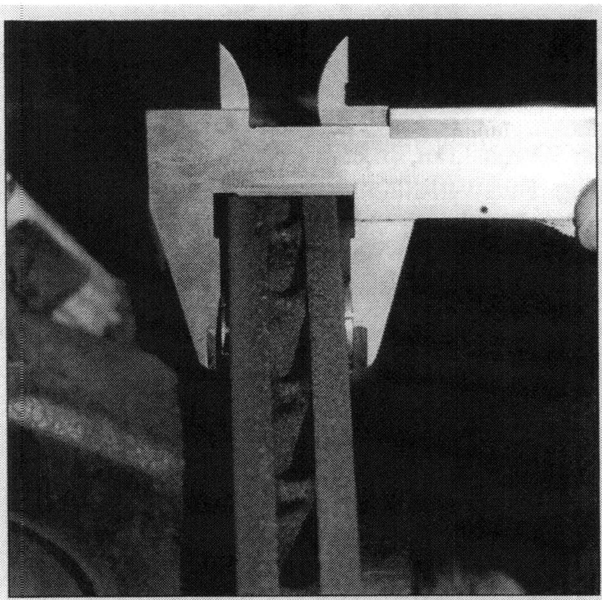

Ablesen und subtrahieren: *Um den richtigen Wert zu ermitteln, müssen Sie nach der Messung die Stärke beider Münzen subtrahieren.*

Bremsscheiben-Abmessungen (in mm)

	Vorderachse	Hinterachse
Scheibendurchmesser	285/302*	278/292*
Scheibenstärke (neu)	25/28*	12/20*
Verschleißgrenze	22/25*	9/19*
Max. Scheibenschlag	0,12	0,03

*Z32 SE

Bremsanlage entlüften

Luft im Bremssystem »degradiert« jede Bremse zur »Luftpumpe« – entlüften Sie die Anlage also umgehend. Zum Beispiel nach allen Arbeiten, bei denen Sie die Bremsschläuche abnehmen oder Bremsleitungen öffnen mussten. Häufig reicht es, nur den Bremskreis zu entlüften, an dem Sie gearbeitet haben. Ganz auf Nummer SICHER gehen Sie jedoch, wenn Sie beide Bremskreise entlüften. Verwenden Sie IMMER nur neue Bremsflüssigkeit (Opel-Hochleistungsbremsflüssigkeit Hydraulan 404, entspricht Spezifikation DOT4 – SAE J 1703) und einen sauberen, transparenten Kunststoffschlauch (Scheibenwaschanlage oder Aquarienbelüftung). Außerdem sollte Ihnen ein Helfer assistieren. Ihren Vectra stellen Sie auf einer ebenen Fläche ab. Während des gesamten Entlüftungsvorgangs halten Sie den Bremsflüssigkeitsvorratsbehälter stets bis zur »max-Markierung« aufgefüllt. Der Bremsflüssigkeitspegel darf auf keinen Fall unter »min« abfallen. Falls doch, gelangt über die Nachfüllbohrungen wieder neue Luft ins System.
Achten Sie darauf, dass keine Bremsflüssigkeit auf die Lackoberfläche kommt. Andernfalls spülen Sie die Flächen umgehend mit klarem Wasser ab. Ansonsten wird der Lack »blind« oder löst sich gar auf.

Arbeits-schritte

① Lösen Sie jetzt den Verschlussdeckel des Bremsflüssigkeitsbehälters.

② Arbeitsreihenfolge: Entlüftungsventil rechts hinten – links hinten; rechts vorn – links vorne.

③ Ziehen Sie die Staubschutzkappe vom Entlüftungsventil ab und reinigen den Ventilnippel.

④ Schieben Sie den Kunststoffschlauch auf den Nippel und tauchen das freie Schlauchende in einen leicht mit Bremsflüssigkeit gefüllten Auffangbehälter.

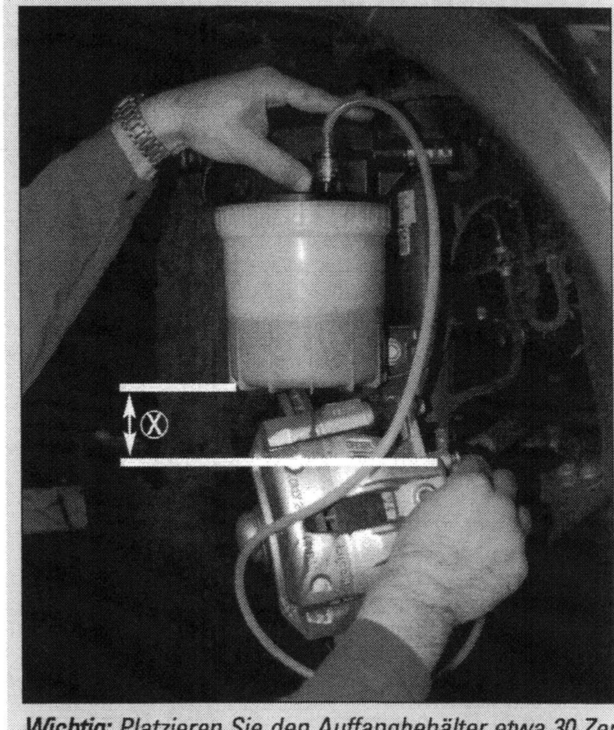

Wichtig: *Platzieren Sie den Auffangbehälter etwa 30 Zentimeter Ⓧ oberhalb des Entlüftungsnippels. Die Außenluft hat dann keine Chance, sich – an den Gewindegängen vorbei – ins Bremssystem zu »schmuggeln«.*

⑤ Entlüftungsnippel maximal eine Umdrehung lösen. Ihr Helfer tritt das Bremspedal langsam bis zum Bodenblech durch und lässt es schnell in seine Ruhestellung zurück.

⑥ Danach warten Sie etwa 3 Sekunden – der Hauptbremszylinder muss sich erst wieder füllen.

⑦ Den Vorgang wiederholen Sie so lange, bis keine Luftbläschen mehr aus dem Entlüftungsnippel entweichen und reine Bremsflüssigkeit austritt.

⑧ Halten Sie das Bremspedal am Boden, schließen den Entlüftungsnippel und lassen dann das Pedal hochkommen. Ziehen Sie den Schlauch vom Entlüftungsnippel ab und ergänzen die Bremsflüssigkeit im Vorratsbehälter.

⑨ Diesen Vorgang wiederholen Sie an allen Rädern – bis die Anlage entlüftet ist.

⑩ Dann füllen Sie den Ausgleichbehälter bis »max« auf und verschließen ihn.

⑪ Vergessen Sie anschließend bitte nicht, die Bremsfunktion auf einer »vorsichtigen« Probefahrt zu überprüfen.

Die Bremsflüssigkeit

Technik-lexikon

Hauptbestandteile der Bremsflüssigkeit sind Glykol und Polyglykolether. Diese Mischung ist bei -40 °C noch dünnflüssig und hat mit etwa 270 °C einen sehr hohen Siedepunkt. Die Rezeptur verrät es schon: Bremsflüssigkeit ist hygroskopisch – sie nimmt auch im dichten System über die Entlüftungsbohrung des Vorratsbehälter-Verschlussdeckels Wasser aus der Luft auf. Jährlich etwa zwei Prozent, dadurch sinkt der Siedepunkt – bei einem Wassergehalt von rund 2,5 Prozent schon auf 150 °C. In diesem Fall können sich bei stark erhitzten Bremsen (Gebirgsfahrt, Vollbremsungen, Gespannbetrieb) Dampfblasen in der Bremsflüssigkeit bilden. Das hat die gleiche Wirkung wie Luft im System – das Bremspedal lässt sich bis auf die Bodenplatte durchtreten. Wechseln Sie daher zu Ihrer Sicherheit die Bremsflüssigkeit konsequent alle zwei Jahre – unabhängig von der Laufleistung. Wenn Sie Ihren Opel regelmäßig in der Werkstatt warten lassen, geschieht das automatisch.

Wie Sondermüll entsorgen – alte Bremsflüssigkeit

Bremsflüssigkeit ist giftig. Nicht mit Mund oder offenen Wunden in Berührung bringen. Sie greift Metall- und Gummiteile zwar nicht an, wirkt jedoch auf Autolack aggressiv. Bremsflüssigkeit, die Sie einmal aus dem System abgelassen haben, dürfen Sie später nicht mehr einfüllen. Verwenden Sie auch keine Bremsflüssigkeit aus einem Behälter, der längere Zeit offen gestanden hat. Gebrauchte Bremsflüssigkeit ist Sondermüll – kümmern Sie sich um eine fachgerechte Entsorgung.

Bremsflüssigkeit wechseln

Der Wechsel der Bremsflüssigkeit ist alle zwei Jahre fällig. Fachwerkstätten erledigen das mit einem speziellen Befüllgerät. Sie können sich aber auch selbst ans Werk machen – die Arbeit ist die gleiche wie beim Entlüften. Für das gesamte System benötigen Sie rund einen Liter Bremsflüssigkeit (achten Sie auf die richtige Spezifikation).

Arbeitsschritte – alle 2 Jahre

① Lösen Sie den Verschlussdeckel des Bremsflüssigkeitsbehälters.

② Entfernen Sie mit einer Pipette oder einer sauberen Injektionsspritze die Bremsflüssigkeit aus dem Vorratsbehälter.

③ Die Arbeitsschritte sind ansonsten die gleichen wie unter Bremsanlage entlüften beschrieben. Alte Bremsflüssigkeit ändert ihr Aussehen: Sie wirkt milchiger. Warten Sie also an jedem Radzylinder bis tatsächlich saubere »neue« Flüssigkeit austritt.

Vorratsbehälter vom Hauptbremszylinder (HBZ) aus- und einbauen

Arbeitsschritte

① Ziehen Sie den Kühlmittelausgleichsbehälter ❶ aus seinem Halter und …

② … legen ihn beiseite.

③ Trennen Sie den Mehrfachstecker ❷ vom Flüssigkeitssensor ❸.

④ Anschließend entriegeln Sie den Flüssigkeitssensor ebenfalls und ziehen ihn aus dem Vorratsbehälter.

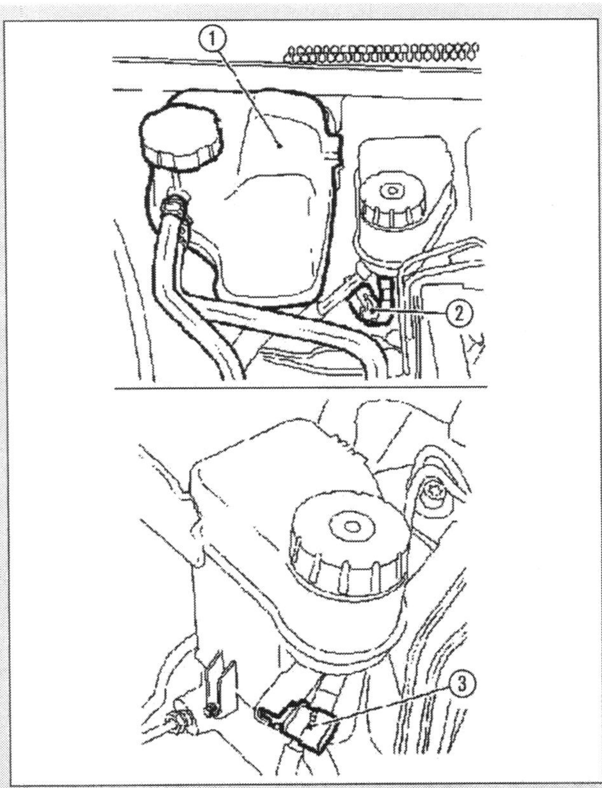

Vor der Demontage »strippen« – Bremsflüssigkeitsvorratsbehälter.

⑤ Öffnen Sie den Verschlussdeckel und ...

⑥ ... legen den Vorratsbehälter mit einer Pipette oder Spritze trocken.

Modelle mit Schaltgetriebe

⑦ Demontieren Sie die Zulaufleitung ❶ für den Kupplungsgeberzylinder vom Bremsflüssigkeitsbehälter (Pfeil). Verschließen Sie die Öffnung mit einem Stopfen.

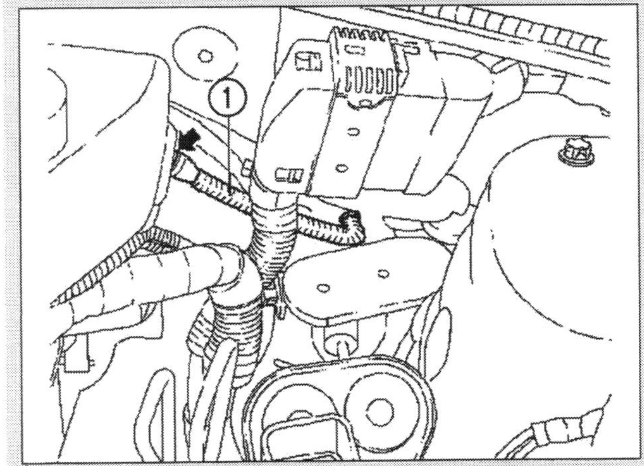

Ausschließlich Vectra mit Schaltgetriebe – Zulaufleitung des Kupplungsgeberzylinders vom Bremsflüssigkeitsbehälter demontieren.

alle

⑧ Lösen Sie jetzt die Befestigungsschraube (Pfeil) und ...

⑨ ... hebeln den leeren Behälter ❶ vorsichtig vom Hauptbremszylinder ab.

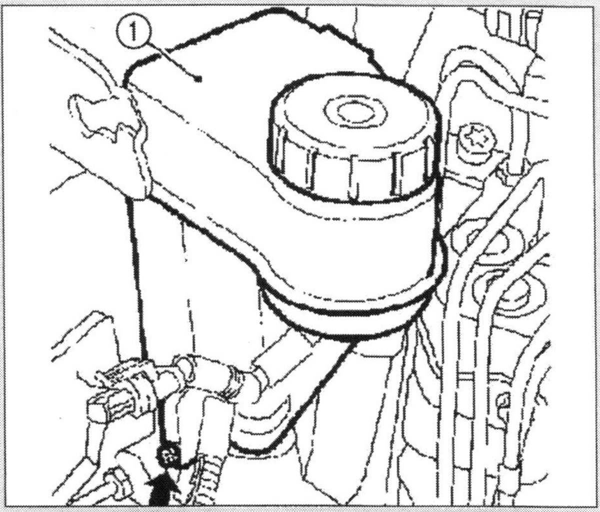

Befestigungsschraube lösen – dann Vorratsbehälter abziehen.

⑩ Zur Montage des Vorratsbehälters setzen Sie vorab neue Dichtringe ❷ in die Bohrungen des Hauptbremszylinders ein. Benetzen Sie die Dichtringe vorher mit frischer Bremsflüssigkeit oder Bremspaste (Ate).

Generell erneuern – Dichtringe am HBZ.

⑪ Pressen Sie den Vorratsbehälter gleichmäßig per Hand in die Dichtringe ein. Der Behälter muss einrasten. Befüllen Sie ihn danach.

⑫ Beenden Sie die Montage in umgekehrter Reihenfolge und ...

⑬ ... entlüften die Bremsanlage wie beschrieben.

Hauptbremszylinder aus- und einbauen

Vor der Demontage des HBZ stellen Sie sicher, dass der Bremskraftverstärker »belüftet« ist. Ziehen Sie dazu entweder die Unterdruckleitung vom Bremskraftverstärker ab oder betätigen bei abgestelltem Motor das Bremspedal mindestens 20-mal.

Arbeitsschritte

① Ziehen Sie den Kühlmittelausgleichsbehälter ❶ aus dem Halter und legen ihn beiseite.

② Jetzt entleeren Sie zunächst den Bremsflüssigkeitsbehälter ❷ mit einer Pipette. Dazu schrauben Sie den Verschlussdeckel ❸ ab und ...

③ ... schrauben ihn anschließend wieder auf.

④ Trennen Sie den Mehrfachstecker ❹ vom Flüssigkeitssensor und ...

⑤ ... clipsen den Kabelstrang vom Behälter.

Modelle mit Schaltgetriebe

⑥ Trennen Sie den Verbindungsschlauch vom Kupplungsgeberzylinder und verschließen die Öffnung.

alle Modelle

⑦ Lösen Sie jetzt die Bremsleitungen ❻ vom Hauptbremszylinder ❺ und ...

⑧ ...demontieren hernach den HBZ, gemeinsam mit dem Bremsflüssigkeitsvorratsbehälter, vom Bremskraftverstärker. Lösen Sie dazu die Befestigungsmuttern (Pfeile).

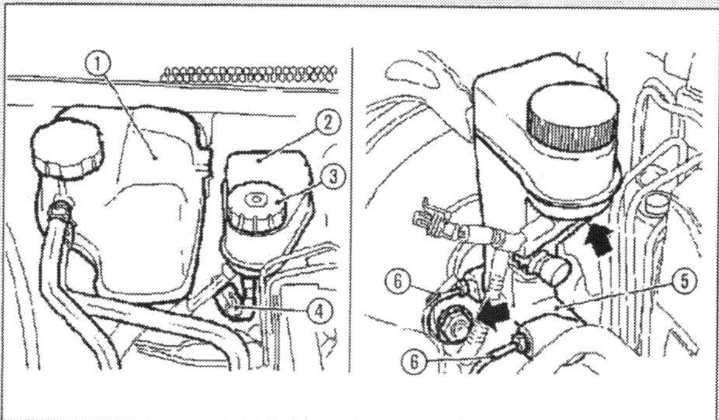

An zwei Muttern vom Bremskraftverstärker schrauben – Tandem-Hauptbremszylinder.

⑨ Beenden Sie die Arbeit typspezifisch in umgekehrter Reihenfolge. Den Hauptbremszylinder ziehen Sie mit 50 Nm gegen den Bremskraftverstärker, die Bremsleitungen verschrauben Sie mit 16 Nm.

⑩ Entlüften Sie die Bremsanlage wie beschrieben und ...

⑪ ... checken die Bremse auf einer »vorsichtigen« Probefahrt..

Praxistipp

So »stoppen« Sie die Bremsflüssigkeit

Wenn Sie eine Bremsleitung (oder einen Bremsschlauch) lösen, läuft die Bremsflüssigkeit langsam aus dem Vorratsbehälter. Verhindern Sie das mit einem einfachen Trick: Öffnen Sie vor der Arbeit einen Entlüftungsnippel des betreffenden Bremskreises und »verlängern« ihn mit einem Entlüftungsschlauch und »hängen« das freie Schlauchende in ein sauberes Gefäß. Danach treten Sie das Bremspedal voll durch und fixieren es mit einem Kantholz oder entsprechendem Gewicht auf dem Bodenblech. Damit sind die Zulaufbohrungen im HBZ verschlossen und der Weg für die Bremsflüssigkeit aus dem Vorratsbehälter versperrt.

Bremsschläuche aus- und einbauen

Arbeitsschritte

① Lösen Sie zuerst die Überwurfmutter der Bremsleitung und dann die andere Schlauchseite. Achten Sie darauf, dass Sie die Leitung nicht verdrehen.

② Gegen Rutschen sind die meisten Bremsschläuche mit einem Schlauchhalter (Blechbügel) gesichert. Vergessen Sie zur Montage eines neuen Schlauchs den Halter nicht.

③ Ziehen Sie zuerst das Außengewinde an, die andere Seite »verkuppeln« Sie hernach mit der Überwurfmutter.

④ Montieren Sie niemals einen »verdrehten« Bremsschlauch. Sie erkennen den richtigen Sitz am durchgehenden Farbstreifen, dem Gummianguss oder dem Gummiprofil entlang dem Schlauch.

⑤ Entlüften Sie nun das Bremssystem wie beschrieben und ...

⑥ ... kontrollieren unbedingt, ob der Bremsschlauch auch beim Einfedern des Rads den nötigen Freigang hat.

Falls nicht, verschieben Sie den Abstandhalter und checken den Bremsschlauch nach einer längeren »vorsichtigen« Probefahrt erneut.

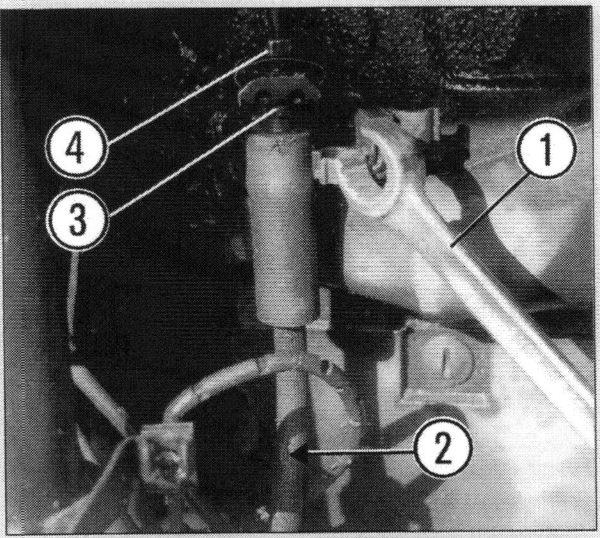

Bremsschlauchmontage: *Benutzen Sie einen Leitungsschlüssel ❶. Sobald Bremsschläuche ❷ mit Fahrwerksteilen oder der Karosserie verbunden sind, sichert ein federnder Schlauchhalter ❸ die Schraubverbindung zur Bremsleitung ❹. Achten Sie bitte darauf, dass der Bremsschlauch nach der Montage genügend »Spielraum« im Radlauf an den Federbeinen bzw. Stoßdämpfern und an den Achskomponenten hat.*

Braucht Freigang (Pfeil) beim Einfedern: *Bremsschlauch.*

Scheibenbremsbeläge erneuern

Tauschen Sie Bremsbeläge grundsätzlich nur paarweise auf beiden Achsseiten. Ansonsten entstehen an den Bremsscheiben unterschiedliche Reibkoeffizienten, die Ihren Vectra auch mit ABS und spätestens bei Vollbremsungen in »Schieflage« bringen. Thermisch bedingt ändern neue Bremsbeläge während der ersten 500 Kilometer ihre Materialstruktur: Vermeiden Sie in der Zeit daher häufige Vollbremsungen. Ansonsten könnten die Beläge schnell verhärten (»verglasen«) und dadurch niemals ihre bestmöglichen Verzögerungswerte erreichen. Achten Sie zudem peinlich genau darauf, dass Bremsenersatzteile für Ihr Auto eine Herstellerfreigabe und eine gültige ABE haben. Lassen Sie im Zweifelsfall »die Finger« von dubiosen Wühltischschnäppchen und decken sich besser mit Originalersatzteilen bei Ihrem Opel-Händler ein.

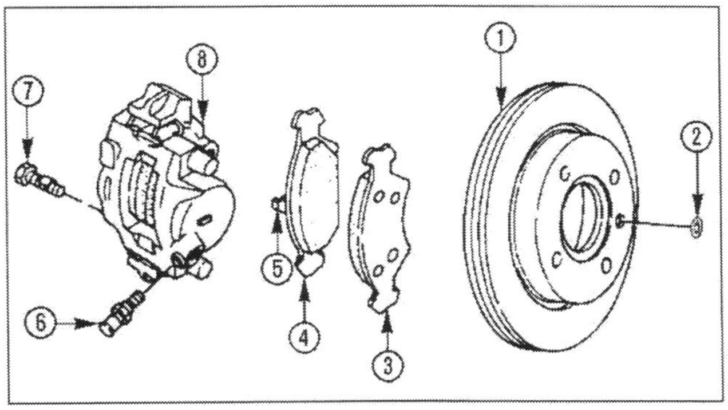

Die vordere Scheibenbremse im Detail: *❶ Bremsscheibe, ❷ Clip, ❸ äußerer Belag, ❹ innerer Belag, ❺ Halteblech, ❻ Entlüfternippel, ❼ Schraube, ❽ Bremssattel.*

Arbeitsschritte (je Achse)

Vorderachse

① Bocken Sie den Vorderwagen auf einer ebenen Fläche rüttelsicher auf und demontieren die Räder.

② Schlagen Sie die Lenkung jeweils zu einer Seite ein, Sie können dann an den Bremszangen besser hantieren.

③ Ziehen Sie den Mehrfachstecker der Bremsbelagverschleißanzeige ❶ und beide Staubkappen von den Führungsbolzen ab.

④ »Hängen« Sie den Kabelstrang der Bremsbelagverschleißanzeige aus den Haltepunkten (Pfeile) und …

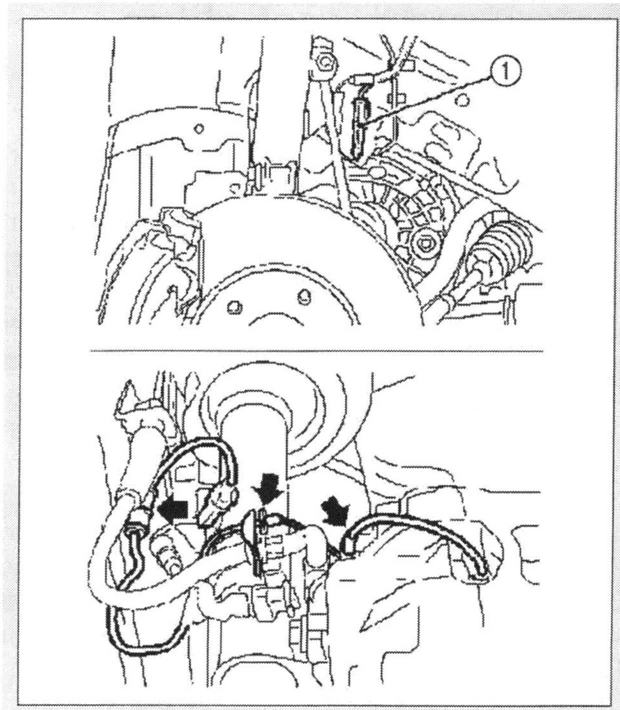

Abziehen – Mehrfachstecker und Kabelstrang.

⑤ ... hebeln Sie die Haltefeder ❶ mit einem Schraubendreher vom Bremssattel.

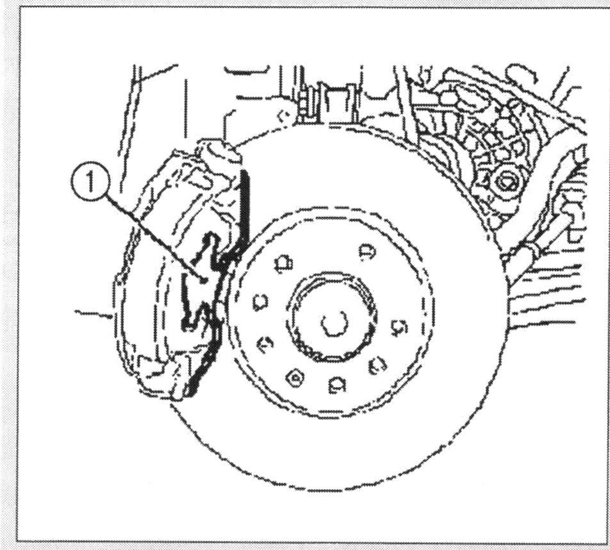

Einfach per Schraubendreher vom Bremssattel hebeln – Haltefeder.

⑥ Lösen Sie Führungsbolzen ❷ und ziehen den Bremssattel ❸ vom Bremsträger. Falls erforderlich bringen Sie einen stabilen Schraubendreher zwischen Bremsscheibe und Bremsbelag und drücken den Gleitkolben ein wenig zurück. Das erleichtert die Demontage bei stark verschlissenen Bremsscheiben.

Lösen – zuerst den Führungsbolzen und dann den Bremssattel abziehen.

⑦ Ziehen Sie jetzt die Bremsbeläge ❹ und ❺ aus ihrer Führungen im Bremssattel und Bremsträger.

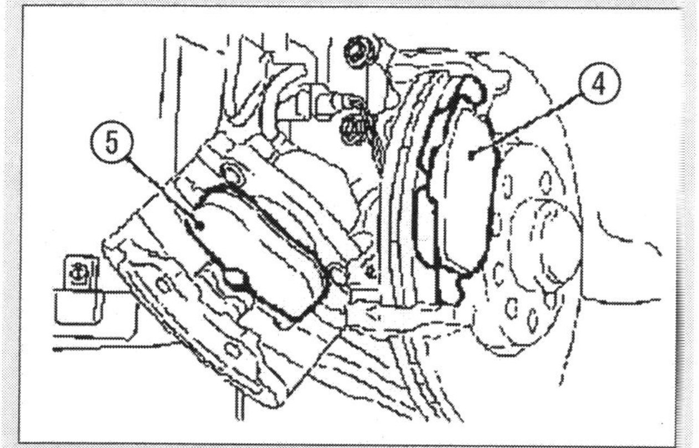

Aus dem Sattel und Bremsenträger ziehen – Bremsbeläge.

⑧ Vor der Montage setzen Sie den Gleitkolben ❶ mit einem stabilen Schraubendreher oder Hammerstiel vollständig in den Zylinder zurück. Beschädigen Sie weder den Kolben noch die Staubmanschette.

Vorsicht: Beim Zurücksetzen des Gleitkolbens kann Bremsflüssigkeit aus dem Vorratsbehälter austreten. Spülen Sie sofort gründlich mit klarem Wasser nach.

⑨ Entfernen Sie zudem noch den Belagabrieb auf den Bremsbelagführungen (Pfeile) mit Bremsenreiniger oder Alkohol (keinesfalls Benzin). Nutzen Sie dazu eine alte Flaschen- oder eine harte Zahnbürste. Kratzen Sie vorab festgebackene Staubkrusten vorsichtig mit einem flachen

Schraubendreher ab. Achten Sie allerdings darauf, dass Sie in »blinder Putzwut« nicht die Staubmanschette des Gleitkolbens beschädigen oder aus der Halterung ziehen.

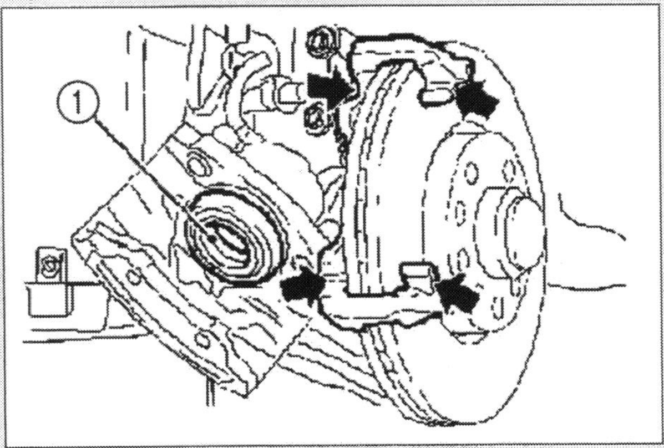

Mit Bremsenreiniger oder Alkohol cleanen – Bremsbelagführungen.

⑩ Werfen Sie einen Blick auf die Bremsscheibe – haben sich Fett, Straßenschmutz oder tiefe Riefen »eingenistet«? Prüfen Sie im gleichen Aufwasch auch die Scheibenstärke (Verschleißgrenze).

⑪ Die Kontaktflächen der Bremsbeläge reiben Sie vorab wärmebeständigem Gleitmittel (Kupferpaste) ein. Paste darf auf keinen Fall auf die Bremsflächen gelangen.

⑫ Schieben Sie jetzt die Bremsbeläge in den Bremssattel und Bremsenträger, ...

⑬ ... setzen den Bremssattel auf den Bremsenträger und schrauben »das Ganze« inklusive einem neuen Führungsbolzen mit rund 30 Nm fest.

⑭ Montieren Sie die Haltefeder an den Bremssattel.

⑮ Vergessen Sie nicht, jetzt das Bremspedal so lange durchzutreten, bis die Beläge an den Scheiben anliegen. Sie spüren das am Widerstand im Bremspedal.

⑯ Überprüfen Sie den Bremsflüssigkeitsstand im Vorratsbehälter. Überschüssige Flüssigkeit saugen Sie mit einer Pipette bis »max« ab, fehlende Flüssigkeit ergänzen Sie mit »frischem Saft« bis auf »max«.

⑰ Montieren Sie die Räder und stellen das Auto auf die »Füße«.

⑱ Bremsen Sie auf einer Nebenstraße die neuen Beläge vorsichtig ein. Verzögern Sie die »Fuhre« einige Male ganz »piano« von etwa 100 km/h auf 50 km/h. Zwischendurch lassen Sie die Bremsbeläge immer wieder gut auskühlen.

Hinterachse

Erneuern Sie Bremsbeläge und Bremsscheiben grundsätzlich nur paarweise, andernfalls verändern Sie den Reibkoeffizienten zwischen den Scheiben – die Bremse zieht dann mitunter schief.

① Bocken Sie den Hinterwagen auf ebener Fläche rüttelsicher auf und nehmen beide Räder ab. Lösen Sie die Handbremse.

② Trennen Sie, falls vorhanden, den Mehrfachstecker der Bremsbelagverschleißanzeige.

③ Hebeln Sie die Sicherungsklammer ❶ und die Kunststoffabdeckung der unteren Bremssattelverschraubung ab.

④ Demontieren Sie den Bremssattelführungsbolzen ❸ und ...

⑤ ... schwenken den Bremssattel ❷ nach oben.

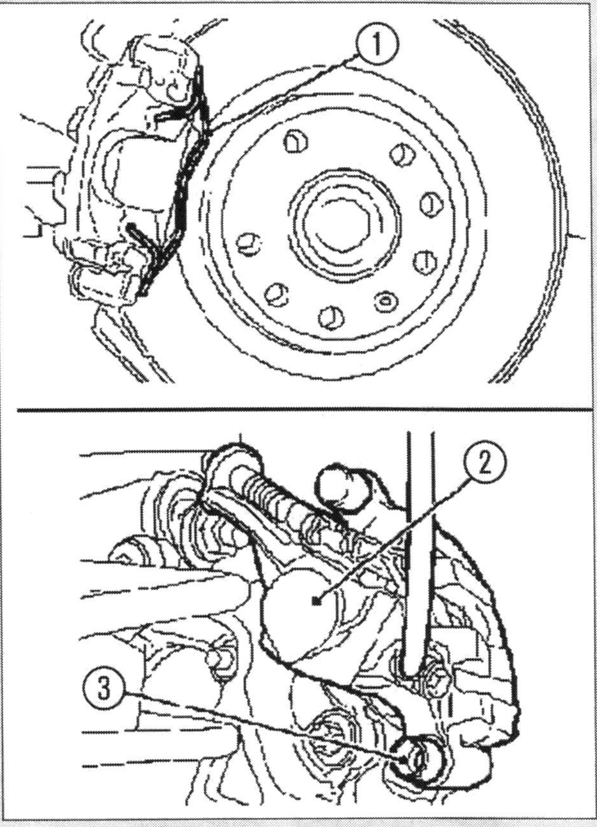

Zum Belagwechsel hochschwenken und mit Bindedraht fixieren – Bremssattel.

⑥ Ziehen Sie ein Bremssegment aus dem Halterahmen, das andere aus dem Bremskolben und »entsorgen« sie.

⑦ Fixieren Sie den Bremssattel mit Bindedraht im Radkasten und setzen den Kolben in den Bremssattel zurück. Opel-Monteure »bemühen« dazu einen Spezialadapter, versuchen Sie's mit einem Schraubendreher oder passenden Hammerstiel. Vorsicht: Die im Sattel »verdrängte« Bremsflüssigkeit fließt in den Vorratsbehälter zurück. Falls erforderlich, saugen Sie überflüssige Flüssigkeit aus dem Behälter ab. Bereits ausgelaufene Bremsflüssigkeit spülen Sie umgehend mit viel klarem Wasser von der Lackoberfläche.

⑧ Bevor Sie die neuen Segmente montieren, bestreichen Sie die Kontaktflächen mit hitzebeständiger Kupferpaste.

⑨ Beenden Sie die Montage in umgekehrter Reihenfolge – den Führungsbolzen ziehen Sie mit 30 Nm an.

⑩ Montieren Sie die Räder, »pumpen« das Bremspedal auf Druck und ziehen dann einige Male die Handbremse. Prüfen Sie den Bremsflüssigkeitsstand im Vorratsbehälter und korrigieren den Spiegel bis »max«. Bremsen Sie die neuen Beläge, wie beschrieben, ein.

Bremsscheiben aus- und einbauen

Erneuern Sie Bremsscheiben grundsätzlich immer nur paarweise. Falls nicht, arbeiten die Scheiben mit einem unterschiedlichen Reibkoeffizienten – die Bremse »zieht« dann schief.

Arbeitsschritte (je Achse)

Vorderachse

① Demontieren Sie die Bremssättel mitsamt Bremssegmenten und »hängen« sie mit Bindedraht an den Federbeinen auf.

② Lösen Sie beidseitig die Befestigungsschrauben ❶ des Bremsträgers vom Lenkschwenklager und legen ihn beiseite.

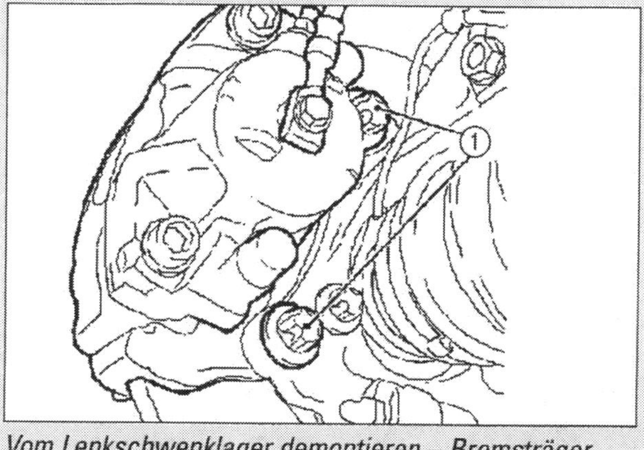

Vom Lenkschwenklager demontieren – Bremsträger.

③ Lösen Sie dann die Arretierschrauben an den Bremsscheiben ❷ ...

④ ... und »treiben« die Discs von den Radnaben.

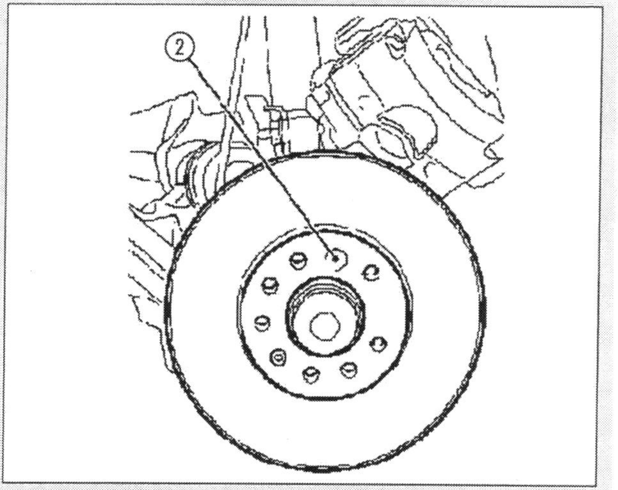

Eventuell mit leichten Hammerschlägen von den Radnaben treiben – festsitzende Bremsscheiben.

⑤ Sollten Sie die Scheiben nicht »locker« von den Naben abziehen können, helfen Sie »gefühlvoll« mit einem Gummihammer nach. Vergessen Sie jedoch auf keinen Fall, die Scheiben währenddessen zu drehen.

⑥ Bevor Sie die Scheiben dann montieren, säubern Sie die Anlageflächen der Radnaben und Bremsscheiben gründlich mit einer Drahtbürste und ...

⑦ ... setzen sie erst dann wieder auf die Radnaben auf. Wenn Sie die Anlageflächen gut gesäubert haben, ist die Chance groß, dass beide Scheiben ohne unzulässigen Taumelschlag rund laufen.

⑧ Beenden Sie die Montage in umgekehrter Reihenfolge und ziehen die Halterahmen mit 130 Nm + 45° gegen die Lenkschwenklager.

Hinterachse

① Bocken Sie den Hinterwagen rüttelsicher auf, nehmen beide Räder ab und ...

② ... demontieren die Bremssättel inklusive Bremsenträger ❶. Lösen Sie beide Schrauben ❷ und ...

③ ... ziehen die Sättel mitsamt Bremsenträgern von der Halterung.

④ Hernach fixieren Sie die »Bremse« mit Schweißdraht in den Radläufen. Achten Sie darauf, dass Sie die Bremsschläuche nicht zu stark abknicken.

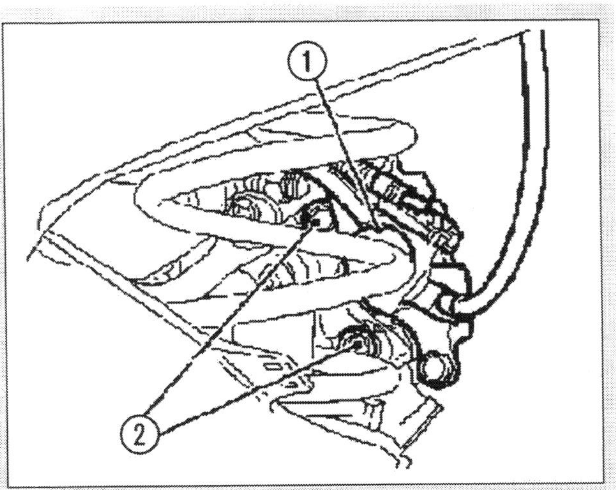

Komplett demontieren und provisorisch im Radlauf fixieren – Bremssattel.

⑤ Die Scheiben ❸ sind nun frei zugänglich aber noch nicht Demontage fertig – Sie müssen vorher noch die Arretierschrauben ❹ herausdrehen.

⑥ Erledigt? Dann ziehen, bzw. treiben Sie die Scheiben von den Radnaben.

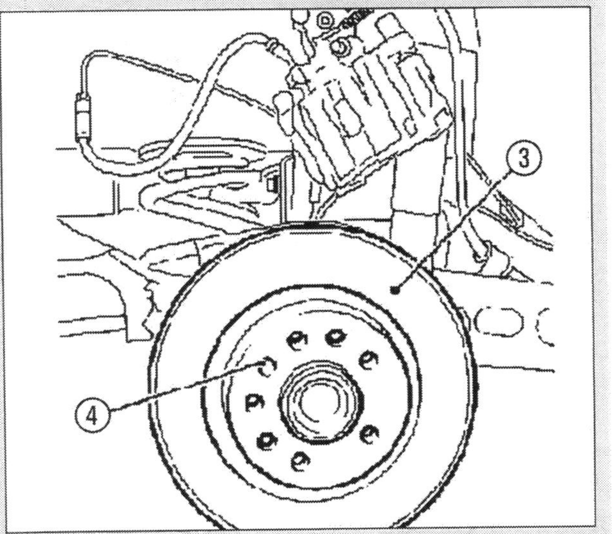

Arretierschrauben lösen und dann demontieren – Bremsscheiben.

⑦ Sollten Sie die Scheiben nicht »locker« von den Naben abziehen können, helfen Sie »gefühlvoll« mit einem Gummihammer nach. Vergessen Sie nicht, die Scheiben währenddessen zu drehen.

⑧ Bevor Sie die Scheiben dann montieren, säubern Sie die Anlageflächen der Radnaben und Bremsscheiben gründlich mit einer Drahtbürste und …

⑨ … setzen sie erst dann wieder auf die Radnaben auf. Wenn Sie die Anlageflächen gut gesäubert haben, ist die Chance groß, dass beide Scheiben ohne Taumelschlag rund laufen.

⑩ Beenden Sie die Montage in umgekehrter Reihenfolge und ziehen die Halterahmen an den Lenkschwenklagern fest.

Bremssattel und Bremskolben gangbar machen – Staubmanschette wechseln

Auf die Vorderachse wirken im Vectra 57 Millimeter große Bremskolben ein, der Hinterachse reichen Kolben mit 38 Millimeter Durchmesser. Bei porösen oder nachlässig montierten Staubmanschetten dringen Schmutz und Feuchtigkeit in den Hydraulikzylinder ein. In der Folgezeit korrodiert der Gleitkolben dann langsam aber sicher. Folge: Hoher Bremsbelag- und Scheibenverschleiß, ungleichmäßige Bremswirkung. Wenn Ihr Vectra diese Symptome zeigt, gehen Sie folgendermaßen vor.

Arbeitsschritte

① Demontieren bzw. montieren Sie die Bremsbeläge wie beschrieben und …

② … überprüfen zuerst den Belagfreigang in den Belagschächten. Ggf. reinigen Sie die Schächte mit einer harten Zahnbürste oder einem passenden Schlitzschraubendreher. Achten Sie darauf, dass Sie die Staubmanschetten nicht beschädigen oder von ihrem Sitz lösen. Bevor Sie die Bremsbeläge wieder einsetzen, bestreichen Sie alle Kontaktflächen mit hitzefester Kupferpaste.

③ Selbstverständlich müssen auch die Bremssättel freigängig sein. Falls nicht, reinigen und bestreichen Sie die Gleitflächen, wie beschrieben, leicht mit hitzebeständiger Kupferpaste.

Bremskolben prüfen

① Bevor Sie den Bremskolben auf »Freigang« prüfen, fixieren Sie, als Endanschlag zur Bremsscheibe, ein passendes Distanzstück (evtl. Dachlatte) mit einer Schraubzwinge an der Scheibe. Die Maßnahme schützt Kolben mitsamt Dichtring vor Beschädigungen – der Kolbenweg ist damit begrenzt. Selbstverständlich muss der gegenüberliegende Bremssattel noch komplett montiert sein.

② Schieben Sie jetzt einen Montierhebel zwischen Kolben und provisorischem Endanschlag. Ein Helfer tritt derweil vorsichtig das Bremspedal durch. Falls der Kolben klemmt, »pumpt« er so lange das Bremspedal, bis der Kolben dem Druck »weicht« und nach außen wandert. Sobald der Kolben den Montierhebel erreicht, pressen Sie ihn per Hebel in den Zylinder zurück. Wiederholen Sie die Prozedur so lange, bis der »widerspenstige« Kolben leichtgängig im Zylinder gleitet.

Achtung: Bleiben Sie damit erfolglos, lassen Sie den Sattel besser in einer Fachwerkstatt überholen.

Staubmanschette erneuern

① Heben Sie die alte Staubmanschette mit einem gebogenen Schweißdraht oder kleinen Winkelschraubendreher vom Bremssattel und Gleitkolben ab. Beschädigen Sie dabei nicht den Gleitkolben oder die Zylinderlaufflächen. Achten Sie darauf, ob der Zylinder noch dicht ist oder ob bereits Bremsflüssigkeit austritt. Auch bei kleinsten Leckspuren lassen Sie den Sattel besser sofort in einer Fachwerkstatt überholen.

② Bevor Sie die neue Manschette montieren, reinigen Sie die Dichtflächen mit Brennspiritus oder sauberer Bremsflüssigkeit. Die gereinigten Flächen konservieren Sie anschließend mit Bremszylinderpaste (Ate).

③ Drücken Sie die neue Staubmanschette vorsichtig auf die Dichtflächen. Achten Sie darauf, dass die Manschette »satt« sitzt, erst dann …

④ … pressen Sie den Kolben mit einem Montierhebel bis zum Anschlag in den Zylinder zurück.

⑤ Die Bremsbeläge montieren Sie wie beschrieben.

⑥ Vergessen Sie auch nicht, die Bremsflüssigkeit im Vorratsbehälter zu checken.

⑦ Bevor Sie den Wagen auf die Räder stellen, prüfen Sie das gesamte Bremssystem auf Dichtheit. Erst danach beenden Sie die Montage in umgekehrter Reihenfolge.

Die Handbremse

Die Handbremse (Feststellbremse) sichert Ihren parkenden Vectra gegen unbeabsichtigte »Rollversuche«. Sie wirkt mit Seilzügen über den Handbremshebel mechanisch auf die Hinterräder. Der angezogene Handbremshebel löst unter dem Vectra-Bauch eine »Kettenreaktion« aus: Er strafft die Seilzüge, betätigt einen Umlenkhebel am Bremssattel und wirkt letztlich auf einen Verstellnocken in den Radbremssätteln. Um den Bremsbelagverschleiß automatisch auszugleichen, arbeitet in den hinteren Bremssätteln eine Justiervorrichtung. Sie können die Vorrichtung aktivieren, indem Sie mehrere Male hintereinander den Handbremshebel ziehen.

Handbremsseile wechseln (komplett)

Arbeitsschritte

① Klemmen Sie das Batteriemassekabel ab, bocken den Hinterwagen auf ebener Fläche rüttelsicher auf und demontieren die Hinterräder.

② Lösen Sie das vordere Auspuffrohr und den mittleren Schalldämpfer, wie beschrieben. Die Auspuffgummis hängen Sie am Fahrzeugunterboden aus.

③ Jetzt schrauben Sie noch das Hitzeschutzblech ❶ mit acht Muttern vom Unterboden ab, …

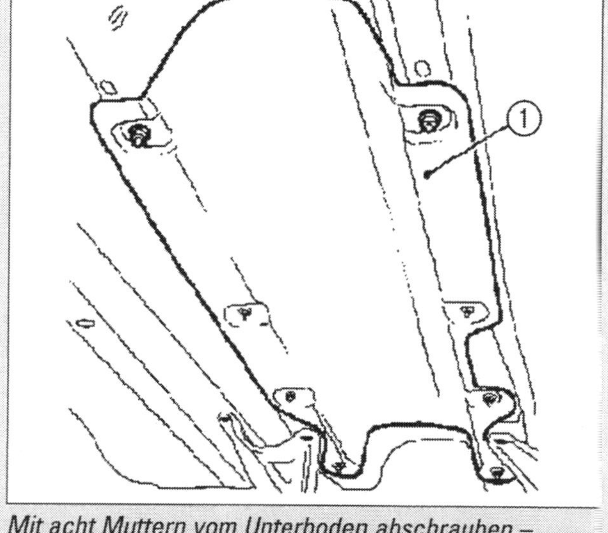

Mit acht Muttern vom Unterboden abschrauben – Hitzeschutzblech.

④ … hängen dann das Handbremsseil ❷ beidseitig aus dem Handbremshebel aus und …

⑤ … ziehen den Bowdenzug ❸ aus dem Bremssattel.

Beidseitig aus dem Handbremshebel aushängen – Handbremsseil.

⑥ Lösen Sie auf beiden Seiten die Schraube des Halters ❶ und clipsen das Handbremsseil aus seiner Befestigung (Pfeil).

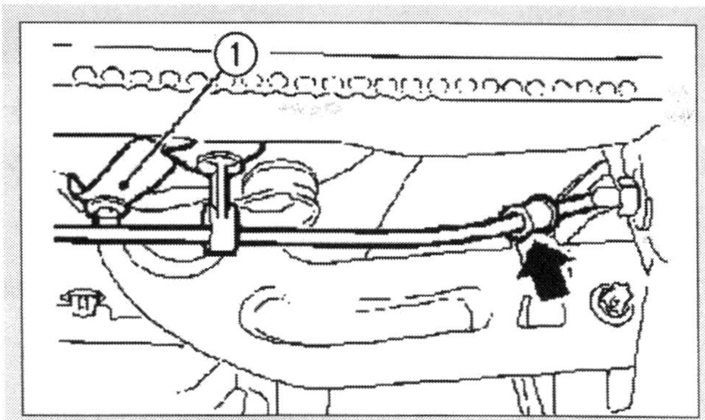

Ausclipsen – Handbremsseil am Unterboden.

⑦ Um das Handbremsseil aus der »Wippe« ❸ zu jonglieren, ziehen Sie den Sicherungsring ❹ mit einer Kombizange vom Bolzen ❺ und …

⑧ … drücken den Bolzen schließlich aus seiner Führung. Merken Sie sich die Einbaulage für den Zusammenbau.

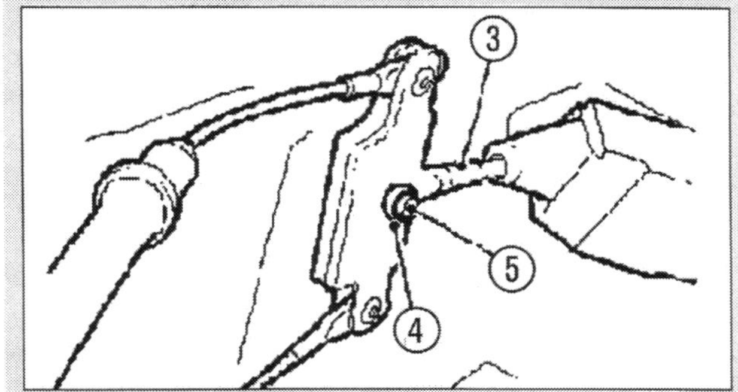

Sicherungsring »ausclipsen« und Bolzen austreiben – Handbremsseilwippe.

⑨ Zur Montage beenden Sie die Arbeit in umgekehrter Reihenfolge.

Bremse

Störungs-beistand

Störung	Ursache	Abhilfe
A Bremse quietscht.	**1** Resonanzgeräusche zwischen Bremsscheibe und Belägen.	Beläge wechseln, ggf. Bremsbelagträgerplatte auf der Rückseite mit Anti-Quietschpaste einstreichen.
	2 Beläge verschlissen bzw. verhärtet.	Erneuern.
	3 Bremsflächen der Scheiben stark verschmutzt, verschmiert oder abgenutzt.	Scheiben reinigen bzw. planen lassen. Ggf. austauschen.
	4 Belagführung am Bremssattel verschmutzt oder verrostet.	Säubern bzw. blank schleifen.
	5 Festsitzender Kolben im Bremssattel.	Gängig machen oder Bremssattel überholen lassen.
	6 Festsitzender Kolben im Radbremszylinder.	Gängig machen bzw. Bremszylinder austauschen (lassen).
	7 Neue Bremsbeläge tragen noch nicht vollflächig.	Außenkanten mit Schruppfeile brechen, evtl. Beläge egalisieren.

Bremse (Fortsetzung)

Störungsbeistand

Störung	Ursache	Abhilfe
B Bremswirkung lässt nach (Fading).	1 Pedalweg normal: a) Beläge verölt, verbrannt oder verhärtet. b) Siehe A3 und 7.	Bremsbeläge ersetzen (lassen).
	2 Pedalweg kurz: Bremskraftverstärker arbeitet nicht oder kein Unterdruck am Verstärker.	Bremskraftverstärker bzw. Unterdruckleitung auf Knicke prüfen; Unterdruckventil verstopft; prüfen und evtl. ersetzen (lassen).
	3 Pedalweg lang: a) Siehe A5. b) Ein Bremskreis ausgefallen.	Kontrollieren, schadhafte Teile auswechseln (lassen).
	4 Falscher Belag.	Bremsbeläge tauschen (lassen).
	5 Hinterradbremse(n) defekt.	Bremsanlage prüfen (lassen).
C Bei hohem Bremspedaldruck schwache Bremsleistung.	1 Siehe A2 bis 7.	
	2 Siehe B1 bis 4.	
D Bremspedalweg schwammig.	1 Luft in der Anlage.	Bremsanlage prüfen, entlüften (lassen).
	2 Bei überbeanspruchter Bremse (Gebirgsfahrt, Anhängerbetrieb) Dampfblasenbildung (Bremsfading).	Anhalten, Bremse abkühlen lassen. Verhalten fahren und bremsen, häufiger einen Gang herunter schalten (Motorbremse).
	3 Hauptbremszylinder nicht richtig befestigt.	Befestigung prüfen.
E Bremspedal lässt sich ganz durchtreten, keine Bremswirkung.	1 Hauptzylinder ausgefallen.	Austauschen.
	2 Bremsschlauch oder Leitung gerissen, Dichtung leck.	Ersetzen.
	3 Bremsflüssigkeit zu alt oder überhitzt (Dampfblasenbildung).	Erneuern.
F Pedalweg zu lang.	1 Scheiben unrund, Beläge verschoben.	Scheibe und Beläge prüfen und evtl. ersetzen lassen.
	2 Falsch eingestellt.	Einstellen (lassen).
	3 Bremsflüssigkeit läuft aus.	Hydrauliksystem auf Dichtheit prüfen; Mangel beheben Lassen.
G Stand der Bremsflüssigkeit zu gering.	1 Bremsscheiben oder Beläge verschlissen.	Bremsscheiben bzw. Beläge prüfen, ersetzen (lassen).
	2 Leck in der Hydraulik.	Hydraulik auf Leck prüfen und Mangel beheben lassen.
H Bremsen ziehen einseitig.	1 Bremsscheiben defekt oder unterschiedliche Beläge.	Prüfen, evtl. ersetzen (lassen).
	2 Siehe A2 und 7.	
	3 Falsche Reifen oder falscher Reifendruck.	Prüfen; richtige Reifen aufziehen, Reifendruck kontrollieren.
	4 Lenkung defekt.	Prüfen lassen.
	5 Stoßdämpfer verschlissen.	Prüfen, evtl. ersetzen (lassen).
I Beläge stark oder ungleichmäßig verschlissen.	1 Bremsscheiben sind korrodiert oder weisen Riefen auf.	Prüfen, evtl. ersetzen (lassen).
	2 Siehe A5.	

DIE FAHRZEUG-ELEKTRIK

Die Zeiten, in denen elektrische Verbraucher von der »Batterie bis zum Schalter, von der Quelle bis zur Mündung« im Bordnetz mit einfachen Hilfsmitteln zu diagnostizieren waren, sind passé: Moderne Elektroinstallationen arbeiten mit Datenbussen oder, wie im Falle Vectra, mindestens mit daumendicken Kabelbäumen, filigranen Zentralsteckern und »verwirrenden Kabelruten«. Dennoch, vor dem Kabelgewirr und den Hightech-Kupplungen müssen Do it yourselfer nicht generell kapitulieren: Die »Ströme laufen wie eh und jeh von A nach B«. Es gilt eben nur den richtigen Pfad zu finden. Dazu benötigen Sie allerdings die entsprechenden Schaltpläne des Herstellers.

Wartung

Reparatur

Multiplextechnik/ CAN-Bus-System

Technik-lexikon

Dort wo große Datenmengen über weite Distanzen zu koordinieren sind, beispielsweise im modernen Maschinenbau, in automatischen Fertigungsprozessen oder im Gebäudemanagement (Hotels, Seminarzentren, etc.) sind Datenübertragungssysteme mit »zentraler Intelligenz« schon seit gut eineinhalb Jahrzehnten Stand der Technik. Da erscheint es nur logisch, dass auch im Auto die Zeiten, in denen elektrische Verbraucher von der »Quelle bis zur Mündung« mit einfachen Hilfsmitteln im Bordnetz zu diagnostizieren waren, der Vergangenheit angehören: In modernen Autos lancieren immer häufiger CAN-Datenbusse (**C**ontroller **A**rea **N**etwork) den Datenaustausch in Multiplextechnik.

Vorteil: Anstelle über unzählige Zu- und Ableitungen kontakten Multiplexkonfigurationen über eine »Ringleitung« mit ihren Adressaten. Im Idealfall beaufsichtigt den »Informationsaustausch« eine »Kommandozentrale«, deren drei sind's im neuen Vectra. Elektroniker sprechen von **B**ody **C**ontrol **M**odulen (BCM), die im Vectra-C-Modell Informationen bzw. Daten an die Endabnehmer verteilen, bzw. an die Zentrale zurück transferieren. BCM handeln digitale Datensätze, die mit konventioneller Technik selbst baumdicke Kabelbäume »verstopfen« würden – von der Übertragungsgeschwindigkeit ganz zu schweigen.

Die Vectra-CAN-Bus-Installationen nutzen zur Kommunikation lediglich zwei digitale Signalleitungen – eine schickt, ausgehend vom Rechner, über den Controller chiffrierte Informationen ins Netz, eine andere transportiert zur Analyse chiffrierte »Situationsberichte« via Controller an den Rechner zurück (CAN-Low, CAN-High).

Als »Spediteur bzw. Dolmetscher« fungiert ein CAN-Transceiver. Der Transceiver bekommt vom Controller aufbereitete Daten angeliefert, wandelt sie in elektrische Signale um und speist sie als Steuerbefehle ins Netz. Auf der anderen Leitung schickt der Transceiver aktuelle Situationsbeschreibungen der »Endabnehmer« an den CAN-Controller zurück. Von hier geht's, zum Plausibilitätscheck, weiter ins Steuergerät. Plausibilitätscheck bedeutet: Wenn die Abgänge nicht mit den Eingängen korrespondieren, schaltet das System automatisch auf »Notversorgung« um. Sie bekommen die Unpässlichkeit per Kontrollleuchte im Armaturenbrett mitgeteilt und stehen als Do it yourselfer wahrscheinlich hilflos vor dem Problem. Nicht so Ihr Opel-Händler: Er liest den »Bug« mittels Diagnoseequipment aus und ersetzt das malade Modul gegen ein funktionstüchtiges.

CAN-Bussysteme managen im Vectra-C den Datentransfer vom ABS-Bremssystem bis zur Zündkerze – vom Armaturenbrett bis zur Zentralverriegelung – von der Getriebesteuerung bis hin zum Motormanagement: Kurzum, im Vectra-C gehen binnen kürzester Zeit zigtausende von Steuerimpulsen auf den Daten Highway. Ob, wo, wie und wer die Informationen nun tatsächlich nutzt, hängt, wie gesagt, allein von der Aufbereitungsart, bzw. vom Chiffre ab. Anders gesagt: Jeder Empfänger »spricht, versteht, antwortet und reagiert« nur auf seinen Dialekt, alles andere rauscht ungenutzt weiter in die nächste Station. Ist hier dann etwas »Verständliches« dabei, wird's genutzt, der Rest geht wieder auf die Reise und zwar so lange, bis der richtige Empfänger gefunden ist.

Der Vectra »Daten-Highway« verkürzt übrigens nicht nur die »Reaktionszeit« auf ein Minimum, er kommt zudem auch mit »spindeldürren« Kabelbäumen aus. Dennoch ganz ohne Kupferleitungen, filigrane Zentralstecker und »verwirrende Kabelruten« geht's auch im Vectra-C noch nicht. Ein dankbares Betätigungsfeld für Do it yourselfer, denn einerlei ob Multiplex und CAN-Bus: Die »Ströme laufen wie eh und jeh von A nach B«. Es gilt eben nur den richtigen Pfad zu finden. Dazu benötigen Sie jedoch die aktuellen Schaltpläne des Herstellers – und eine gehörige Portion solides Fachwissen.

Ohne Batterie, Anlasser, Generator, drei CAN-Bussen und rund sechs Kilometer Kupferkabel bewegt sich im Vectra fast NICHTS – zumindest nicht koordiniert: Mit leerer Batterie streikt der Anlasser, ohne Anlasser schweigt der Motor, ohne Motor pausiert der Generator – und ohne die »Datencocktails« der CAN-Busse sind die Global-Player ohnehin zum Nichtstun verdammt.

Elektrische Energie – der »Lebenssaft« fürs Motormanagement

Wie schon dem ersten Benz-Patentmotorwagen anno 1886 helfen auch dem Opel Vectra-C von 2002 »elektrische Ströme« auf die Sprünge – die Geschichte des Autos ist unverrückbar an den Fortschritt der Elektrik/Elektronik gekettet: Die erste Zündkerze im Patentmotorwagen war vor 116 Jahren nicht weniger »stromabhängig« als heutige Subsysteme wie das Motormanagement, die Kraftstoffeinspritzung, die Beleuchtung oder der GPS-Routenrechner.

Bei so viel Abhängigkeit erscheint es nicht verwunderlich, dass viele Autofahrer unangenehme Erlebnisse mit dem Trio Batterie, Anlasser, Generator verbinden. Die Ursache dafür lag häufig unter der Motorhaube, also dem Arbeitsplatz und der Peripherie dieser drei Akteure. Zur Entschuldigung sei allerdings gesagt, die dort vorherrschenden Arbeitsbedingungen sind nicht gerade ideal: Mal ist es zu kalt, mal zu warm, vielfach feucht, mitunter gar triefend nass. Viele Stromverbraucher sitzen zudem an exponierten Stellen – Störungen in der Bordelektrik/-elektronik sind da eigentlich vorprogrammiert. Zudem kapituliert die Batterie bisweilen vor klirrender Kälte und großer Hitze.

Einfach zu beheben – kleine Störungen im Bordnetz

Nach der Lektüre dieses Kapitels sollte Ihnen freilich kein überzeugendes Argument mehr einfallen, um vor einem »toten« Schalter oder einer »schwarzen« Lampe zu kapitulieren. Oft »wackelt« dahinter nämlich nur ein Kabelstecker oder »unterwegs« ist ein Kontakt korrodiert. Viele Unpässlichkeiten an der Bordelektrik können Sie gewissermaßen mit Ihrer »Hausapotheke« behandeln. Selbst dann, wenn Sie kein »ausgewiesener Strippenwurm« sind und Ihnen auch sämtliche Ambitionen dazu fehlen.

Kein »Spielplatz« für Besserwisser – CAN-Bus Datenhighways im Vectra-C

Doch lassen Sie Ihre »Hausapotheke« inklusive aller Werkzeugladen besser verschlossen, wenn es um ernsthafte Fehlersuche bzw. Diagnoseergebnisse innerhalb der CAN-Bus Datenhighways geht – beauftragen Sie ganz emotionslos Ihren Opel-Händler oder einen ausgewiesenen Elektronikexperten damit.

Je nach Anforderungsprofil aktiviert der Vectra-C nämlich bis zu 40 Sensoren, bevor die BCM's Datenmenüs an ihre Adressaten verschicken oder im Umkehrschluss »Ortsbeschreibungen« analysieren. Ganz nebenbei, ohne Funktions- und Schaltpläne sowie Diagnose-Equipment wären selbst Experten mit der Fehlersuche völlig überfordert. Wie soll es erst Heimwerkern ergehen, wenn sie ohne aktuelles Know-how in die Welt der CAN-Bus Technologie abtauchen? Geben Sie sich die ehrliche Antwort selber – besser schon bevor Sie im Abseits stehen ...

Technik-lexikon

Grundbegriffe der Elektrik

Elektrische Spannung (Strom) fließt nur in geschlossenen Stromkreisen. Stromkreise bestehen aus Erzeuger (z. B. Batterie, Generator), Verbraucher (z. B. Glühlampe, Anlasser, Elektromotor) und den Kabelsträngen mit ihren einzelnen Leitungen. Kabelstränge realisieren Verbindungen zwi-schen Erzeuger und Verbraucher.

Das folgende Beispiel verdeutlicht Ihnen die Grundbegriffe der Elektrik: Stellen Sie sich bitte eine Wasserleitung vor, in der unter bestimmtem Druck eine definierte Menge Wasser von A (Erzeuger) nach B (Verbraucher) fließt. Nichts anders passiert in den Stromkreisen Ihres Vectra. Zum Beispiel dann, wenn Ihnen beim Öffnen der Tür automatisch »ein Licht aufgeht«.

Spannung: Sie entspricht dem Druck in der Wasserleitung. Die Maßeinheit für Spannung ist Volt (V).

Strom: Entspricht der Wassermenge, die in einer definierten Zeit in der Wasserleitung fließt. Die Maßeinheit für Strom ist Ampere (A).

Leistung: Ist das Produkt aus Spannung und Strom. Es gibt an, wie viel Leistung ein elektrischer Verbraucher von einem Stromerzeuger bekommt. Die Maßeinheit für Leistung ist Watt (W).

Widerstand: Vergleichbar mit einem Wasserhahn. Ist der Hahn geöffnet, fließt ungehindert Wasser in der Leitung (Widerstand 0). Ein verschlossener Hahn erhöht den Widerstand kontinuierlich, bis schließlich kein Wasser mehr fließt (Widerstand ∞). Die Maßeinheit für Widerstand ist Ohm (Ω).

Kabel: Vergleichbar mit einer Wasserleitung. Die erforderliche Stärke der Leitung (Querschnitt) bestimmt der Verbraucher: Ein Kontrolllämpchen kommt mit einer Kabelstärke von 0,5 mm^2 aus. Der Anlasser verlangt dagegen ein starkes 16 mm^2 Kabel – in unserem Beispiel würde das dem Hauptwasseranschluss entsprechen. Ein zu dünnes Kabel heizt sich auf – die Spannung fällt zwangsläufig ab. An den Scheinwerfern kommen dann beispielsweise nicht mehr 12 Volt, sondern nur 10 oder 9,5 Volt an – das Licht wird trübe.

Praxistipp

Die »Batterieverordnung«

Hierzulande gelten für Kauf und Entsorgung von Starterbatterien schon seit dem 1. Oktober 1998 die Vorschriften der »Batterieverordnung«. Dennoch ist die Batterieverordnung beim Endverbraucher noch weitgehend unbekannt. Obwohl sich das Regelwerk gleichermaßen an Händler, Werkstätten und die Endverbraucher richtet. Endverbraucher müssen demnach eine alte Batterie über einen Händler oder in eine Werkstatt »entsorgen«. Die Rückgabe ist kostenlos, lediglich für den Neukauf einer

Starterbatterie gelten besondere Regeln. Unsere Übersicht fasst die wichtigsten Punkte zusammen.

- Auf eine Starterbatterie, die Sie bei einem Händler oder in einer Werkstatt kaufen, berechnet Ihnen der Verkäufer automatisch ein »Rückgabepfand« von derzeit 7,50 Euro. Als Beleg dafür erhalten Sie beim Kauf eine Quittung oder Pfandmarke.
- Die Regelung enthält eine wichtige Ausnahme: Sie zahlen kein Pfandgeld, wenn Sie beim Kauf eine alte Batterie zurückgeben.
- Haben Sie dem Händler oder der Werkstatt für die alte Batterie bereits Pfand gezahlt, erhalten Sie Ihr Geld gegen Vorlage der Quittung zurück.
- Ihr Pfand können Sie grundsätzlich nur beim Verkäufer der neuen Batterie einlösen. Sie müssen ihm dazu die alte Batterie und die Quittung (Pfandmarke) vorlegen.
- Die alte Batterie muss freilich nicht mit der gekauften Starterbatterie identisch sein: Gegen Quittung können Sie eine x-beliebige Starterbatterie abgeben.
- Geben Sie beim Kauf eine alte Batterie zurück, für die Sie noch kein Pfand entrichtet haben, ist's egal, woher der Akku stammt: Für die neue Batterie wird kein Pfandgeld fällig.

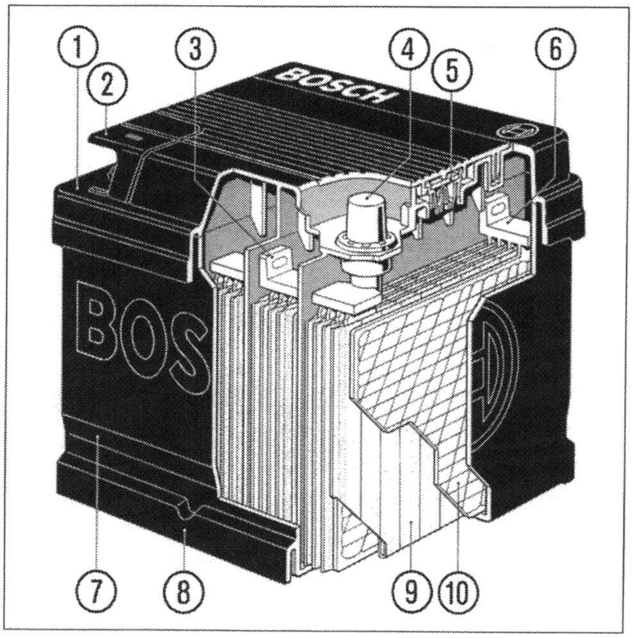

Kraftpaket: Wartungsfreie Batterie. *❶ Blockdeckel, ❷ Polabdeckkappe, ❸ Direktzellenverbinder, ❹ Endpol, ❺ Zellenverschlussstopfen (unter der Abdeckplatte), ❻ Plattenverbinder, ❼ Blockkasten, ❽ Bodenleiste, ❾ in Folienseparatoren »eingetaschte« Plusplatten, ❿ Minusplatten.*

Batterie und Anlasser

Sechs in Reihe geschaltete Zellen sind das Herz einer 12-Volt-Starterbatterie. Eine Zelle besteht aus einer Kombination positiver und negativer Platten, die in einer Art chemischen Teamworks jeweils etwa zwei Volt Spannung produzieren. Die Platten bestehen aus Hartbleigittern, die mit einer aktiven Masse gefüllt sind. Auf der positiven Plattenseite ist das Bleidioxid, das Reaktionsmittel der negativen Platte – reines Blei. Zwischen den beiden sitzt ein Separator – er trennt die Platten voneinander, lässt die Batterieflüssigkeit (Elektrolyt) jedoch durch mikroskopisch feine Poren zirkulieren. Elektrolyt ist eine leitfähige Flüssigkeit, die zu etwa 37 Prozent aus konzentrierter Schwefelsäure und 63 Prozent destilliertem Wasser besteht.

Speichert elektrische Energie – die Batterie

Im abgeschotteten Inneren der Batterie laufen energetische Prozesse ab – Batterien wandeln chemische Energie zu elektrischer Energie. Der wichtigste Abnehmer für den »Powersaft« ist der Anlasser. Seine Durchzugskraft ist abhängig von dem Energiepolster, das die Batterie während der Fahrt aufnimmt und speichert: Je nach Motor und Anlassertyp »lutscht« der Starter kurzzeitig dabei bis zu 2000 Watt – dafür muss die Batterie in Höchstform sein.
Bei jedem Kaltstart geht ein Großteil der immensen Leistung auf das Konto interner Reibungsverluste. Warmstarts realisiert der Anlasser dagegen schon mit rund einem Fünftel der Kaltstartpower: Sämtliche oszillierenden und rotierenden Bauteile lassen sich dann untereinander mehr »Platz«, und »warme« Öle sind ohnehin flexibler als ausgekühlte Schmierstoffe die zunächst nur äußerst unwillig im Ölkreislauf kursieren.

Die Batterie – Begriffe und Normen

Technik-lexikon

Kennzeichnung: Befindet sich auf dem Gehäuse und spezifiziert die Batterieeigenschaften. Beispiel: »12V 70Ah 210A« (12V = Nennspannung; 70Ah = Nennkapazität; 210A = Kälteprüfstrom).

Nennspannung: Allgemeine Spannungsabgabe (Maßeinheit »V«). Beträgt bei allen Vectra-Modellen 12 Volt. Die tatsächliche Spannung hängt allerdings vom Ladezustand der Batterie ab. Sie kann die Nennspannung über- oder unterschreiten.

Nennkapazität: Beziffert das Speichervermögen einer Batterie mit der Maßeinheit »Ah«. Es ist die Kapazität, die eine vollgeladene Batterie bei einer Temperatur von 27 °C in 20 Stunden abgeben kann, ohne dass dabei die Zellenspannung unter 10,5 Volt absinkt (Entladeschlussspannung). Das Begrenzungslicht Ihres Vectra nimmt rund 35 Watt auf. Bei 12 Volt Bordspannung gibt die Batterie einen Strom von 2,91 Ampere ab, nach der Formel »Strom (A) = Leistung (W)/Spannung (V)«. Mit einer gefüllten 70 Ah-Batterie gingen Ihrem Vectra theoretisch also nach rund 24 Stunden die Lichter aus. Die Betonung liegt auf »theoretisch«, denn in der Praxis ist die Batterie bereits nach etwa 18 Stunden saft- und kraftlos.

Kapazität: Die entnehmbare Strommenge in Amperestunden (Ah). Sie hängt vor allem vom Entladestrom, der Temperatur, dem Ladezustand und dem Allgemeinzustand (Alter) der Batterie ab.

Kälteprüfstrom: Steht für die Startfähigkeit einer Batterie bei Kälte (Maßeinheit »A«). Ein definierter Entladestrom, der einer 12-Volt-Batterie bei -18 °C entnommen werden kann. Die Spannung darf dann innerhalb von 30 Sekunden nicht unter 9 Volt, bzw. binnen 150 Sekunden nicht unter 6 Volt absinken.

Selbstentladung: Chemische Vorgänge führen in den Batteriezellen zur Entladung – auch wenn kein Verbraucher »Strom zieht«. Eine geladene, neuwertige Autobatterie verliert täglich etwa 0,5 Prozent ihrer Kraft. Hohe Temperaturschwankungen, Beschädigungen oder verdreckte Batteriegehäuse beschleunigen den Vorgang.

Der Schub-Schraubtrieb-Anlasser mit Vorgelege

Technik-lexikon

Beim Start haucht Ihrem Vectra ein Schub-Schraubtrieb-Anlasser mit Vorgelege die nötigen »Lebensgeister« ein.

- Drehen Sie den Zündschlüssel in Richtung »Start«, fließt über das Zündschloss (Klemme 50) Spannung an den Magnetschalter oberhalb des Anlassers.
- Das versetzt die Einrückgabel im Vectra-Anlasser in Bewegung: Sie schiebt daraufhin auf einem Steilgewinde der Ankerwelle das Starterritzel in den Zahnkranz des Motorschwungrads (Schubweg).
- Am Ende des Schubwegs »steht« das Anlasserritzel dann unmittelbar vor der Schwungscheibe – Signal für den Magnetschalter jetzt über seine Hauptkontakte den vollen Batteriestrom freizugeben (Klemme 30). Das Starterritzel schraubt sich weiter in den Zahnkranz und stellt so den Kraftschluss her (Schraubweg) – der Anlasser dreht den Motor durch.
- Sobald der Motor die ersten Lebenszeichen von sich gibt und Sie den Zündschlüssel loslassen, bricht in der Haltewicklung des Magnetschalters das Magnetfeld in sich zusammen – die Einrückgabel gelangt nun per Rückzugfeder in ihre Ausgangsstellung (Ruhestellung). Das »führungslose« Anlasserritzel spurt daraufhin aus dem Schwungrad aus und der Anlasser »steht« ohne Strom da.

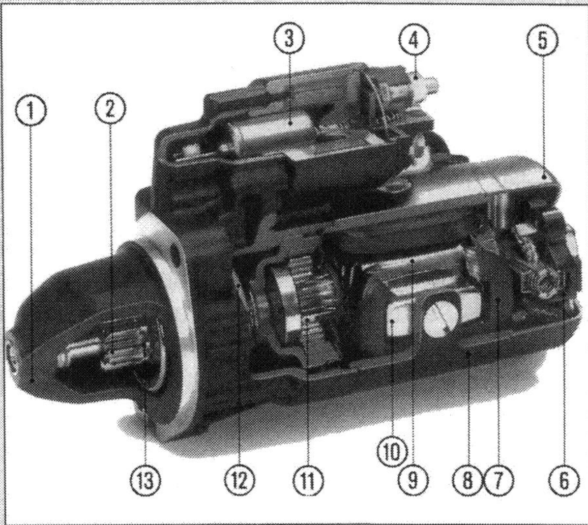

Kompaktes Kraftpaket: Schub-Schraubtrieb-Anlasser mit Vorgelege. *❶ Antriebslager, ❷ Starterritzel, ❸ Einrückrelais, ❹ Anschluss Klemme 30, ❺ Kommutatorlager, ❻ Bürstenhalterplatte mit Kohlebürsten, ❼ Erregerwicklung, ❽ Polgehäuse, ❾ Anker, ❿ Polschuh, ⓫ Planetengetriebe (Vorgelege), ⓬ Einrückhebel ⓭ Einspurgetriebe.*

Der Generator

Drehstromgeneratoren (Lichtmaschinen) beliefern alle elektrischen Bordverbraucher mit Strom, ihre überschüssige Energie deponieren sie in der Batterie. Drehstromlichtmaschinen sind nichts anderes als kompakte »Stromkraftwerke«: Im Vectra arbeiten unisono 14,2 Volt Generatoren, je nach Ausstattung mit 100 bis 140 Ampere Leistung. »Unbeaufsichtigt« produzieren Drehstromgeneratoren Wechselstrom. Erst ein in ihrem Gehäuse integrierter Gleichrichter wandelt die unbrauchbaren Spannungsspitzen »bordgerecht« und drehzahlunabhängig in 14,2 Volt Gleichstrom um – er macht das, sobald der Motor »brummt« und die Generatorriemenscheibe rotiert. Den Antrieb besorgt ein Keilrippenriemen, der den Läufer mit ungefähr doppelter Motordrehzahl »kreisen« lässt.

Regelt die Bordspannung – der Spannungsregler

Je schneller der Generator dreht, um so mehr Spannung liefert er – das funktioniert ähnlich wie bei einem Fahrraddynamo. Doch die langfristigen Überlebenschancen aller Bordverbraucher wären dann gleich Null, daher »diszipliniert« ein Spannungsregler den Stromlieferanten. Das schafft den »Generatorabhängigen« ein Sicherheitspolster und hindert die Batterie daran, ständig überfüllt zu werden. Der Regler arbeitet innerhalb des Generators an seiner Rückseite. Er begrenzt die Betriebsspannung, je nach Batterie- und Umgebungstemperatur, auf Werte zwischen 13,8 und 14,2 Volt. Moderne Generatoren sind ab Werk praktisch wartungsfrei. Selbst die Schleifkohlen halten unter normalen Bedingungen gut und gerne 100.000 bis 150.000 Kilometer. Falls Ihr Generator widererwarten vorzeitig »zicken« sollte, legen Sie das »Kleinkraftwerk« zur Revision einem Bosch-Dienst auf die Werkbank oder Sie ordern Ersatz bei Ihrem Opel-Händler .

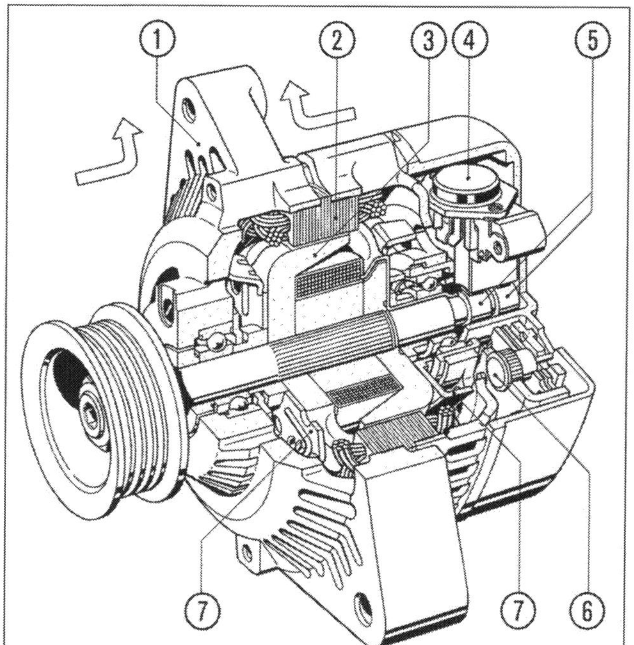

»Kleinkraftwerk« – Kompaktgenerator im Vectra. ❶ Gehäuse, ❷ Ständer, ❸ Läufer, ❹ elektronischer Feldregler mit Bürstenhalter, ❺ Schleifringe, ❻ Gleichrichter, ❼ Lüfter.

Spannung, Strom und Widerstand messen

Technik-lexikon

Wenn Sie »tieferes« Interesse am technischen Zustand der Bordelektrik haben, müssen Sie nicht unbedingt einen Autoelektriker bemühen: Der Fachhandel offeriert Do it yourselfern eine Reihe von Prüfgeräten, mit denen Sie der Elektrik Ihres Vectra selbst auf die »Schliche« kommen können.

Prüflampe (mit Nadelkontakt): Damit testen Sie, ob ein Stromkreis Spannung führt: Je heller die Lampe leuchtet, um so mehr Spannung liegt an. Stechen Sie mit dem Nadelkontakt der Lampenspitze einfach die Isolierung des zu prüfenden Kabels an. Die Klemme des Prüflampenkabels clipsen Sie dazu an Masse (z. B. Batterie Klemme 31 »Minuspol«, Motorgehäuse, blankes Karosserieblech o.Ä.) fest. Vorsicht: Prüflampen sind ungeeignet um elektronische Bauteile (z. B. Motormanagement) zu prüfen. Verwenden Sie besser einen Spannungsprüfer mit Leuchtdioden – Prüflampen nehmen zu viel Leistung auf.

Spannungsprüfer mit Leuchtdioden: Je nach Ausführung zeigen jene Spannungsprüfer Gleich- und Wechselspannungen zwischen sechs und rund 700 Volt an. Die Anzeige erfolgt optisch über die Leuchtdioden. Einfache Geräte gibt's im Fachhandel ab etwa 5 Euro

Multimeter (Vielfachinstrument): Damit lassen sich Spannung, Strom (Gleich-/Wechselstrom) und Widerstand messen. Geeignete Geräte mit digitaler Anzeige gibt's bereits ab etwa sieben Euro. Zur Stromversorgung benötigen die meisten Multimeter eine interne Batterie.

Spannung messen: Um zum Beispiel die Batterie Ruhespannung mit einem Multimeter zu messen, klemmen Sie das mit »–« gekennzeichnete schwarze Kabel an Klemme 31 der Batterie (Minuspol) oder an Masse an. Das rote »+ -Kabel« des Messgeräts verbinden Sie mit Klemme 30 der Batterie (Pluspol) oder mit der zu messenden Leitung. Zeigt das Instrument etwa nur 10,4 Volt an, deutet das auf eine defekte Batteriezelle hin. Prüfen Sie darum die Batteriespannung während des Anlassvorgangs – Messergebnisse von 5 Volt (+/- 0,5 V) entlarven einen »schlappen« Akku.

Strom messen: Unterbrechen Sie dazu den Stromkreis und klemmen das Messgerät dazwischen. In der Regel reicht es, wenn Sie bei Ihrem Vectra den betreffenden Steckkontakt abziehen und das Messgerät einfach zwischen Stecker und Kontaktzunge schalten.
Vorsicht: Achten Sie stets auf den Messbereich Ihres Multimeters. In Verbrauchern wie z.B. dem Anlasser fließen sehr hohe Ströme – die könnten Ihrem Multimeter den Garaus bereiten.

Widerstand messen: Mit dem Multimeter prüfen Sie auch Kabel oder Schalter auf Durchgang. Fließt der Strom ungehindert, lesen Sie auf der Skala den Messwert 0. Defekte Kabel oder Schalter belegt Ihr Multimeter mit dem Messwert unendlich (∞). Außerdem können Sie mit dem Multimeter den Innenwiderstand elektrischer Bauteile prüfen.

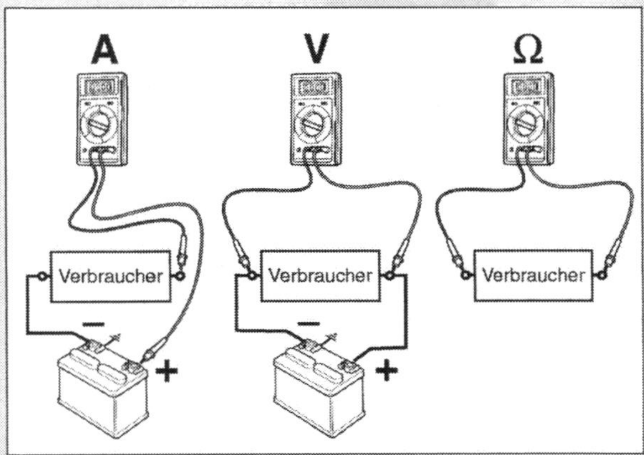

Schematischer Anschluss eines Multimeters: *Strom (A), Spannung (V) und Widerstand (Ω). Verbraucher sind z. B. Lampen, Elektromotoren oder Anlasser.*

Visuell im Bilde: *Die Farbe des magischen Auges signalisiert den Batteriezustand.*

Säurestand der Batterie kontrollieren – Kontakte pflegen

Ab Werk hat Ihr Vectra eine weitgehend wartungsfreie Batterie an Bord. Ihre Oberfläche »schmückt« ein magisches Auge, das Ihnen visuell den Fitnesszustand der Batterie vermittelt: Solange Sie in ein »grünes« Auge schauen, geht's der Batterie gut, bei gelber Färbung überlebt die Batterie erfahrungsgemäß nicht mehr den kommenden Winter. Die Lebensdauer Ihrer Vectra-Batterie hängt natürlich stark von den Einsatzbedingungen ab: Jeder Kaltstart, überwiegende Kurzstrecken mit vielen Ampelstopps und Stop-and-go-Verkehr, jeder zusätzliche Bordverbraucher (Klimaanlage, beheizbare Heckscheibe, Innenraumgebläse, Fahrlicht, etc.) stressen den Stromspeicher mehr als regelmäßiger Langstreckenbetrieb. Dennoch – drei bis fünf Jahre sollten einer Vectra-Batterie vergönnt sein. Sollten Sie sich danach für eine weniger bequeme, jedoch preisgünstigere »Ersatzbatterie mit offenen Zellen« entscheiden, raten wir Ihnen von Zeit zu Zeit den Stand der Batterieflüssigkeit zu checken. Denn Batterieflüssigkeit ist eine Melange aus destilliertem Wasser und Schwefelsäure. Hohe Umgebungstemperaturen gleichwie ein defekter Spannungsregler lassen das Wasser verdunsten und demzufolge den Flüssigkeitspegel sinken. Achten Sie also auf »trockene« Zellengitter und befüllen jede Zelle mit so viel destilliertem Wasser, dass die Batterieflüssigkeit gut 1,5 Zentimeter ober-halb der Zellen steht.

Während langer Stillstandszeiten entlädt sich die Batterie automatisch. Auch das kann, gleichwie Überbeanspruchungen von externen Stromverbrauchern (z. B. Kühlbox, Kleinkompressoren, etc.), zu »Wassermangel« führen. Fehlmengen ergänzen Sie grundsätzlich nur mit destilliertem Wasser – normales Leitungswasser enthält leitfähige Salze und weitere mineralische Stoffe, die der Batterie schaden. Das gilt übrigens auch für abgekochtes Wasser. In servicefreundlichen Batterien kondensiert die »verdampfte« Flüssigkeit in einem Leitungslabyrinth oberhalb der Zellen. Von dort tropft das Wasser wieder in die Zelle zurück – der Kreislauf ist nahezu unendlich.

Arbeitsschritte

① Batteriesäure muss mindestens bis zur »min-Markierung« am Gehäuse reichen (die Platten sind dann noch um etwa einen Zentimeter bedeckt).

② Ergänzen Sie zu geringe Säurestände. Dazu schrauben oder knippen Sie die Verschlussstopfen oberhalb des Batteriedeckels heraus.

③ Die Fehlmenge einer geladenen Batterie ergänzen Sie bis zum oberen Strich der »max-Markierung« (ca.15 Millimeter oberhalb der Platten) mit destilliertem Wasser.

④ Befüllen Sie eine stark entladene Batterie nur so weit, dass die Platten gerade mal bedeckt sind – der Säurestand steigt während des Ladevorgangs. Falls erforderlich, ergänzen Sie die Fehlmenge hernach bis zur »max-Markierung«.

⑤ Halten Sie die »max-Markierung« auf jeden Fall ein. Denn sollten Sie weiter aufgießen, tritt Säure an den Verschlussstopfen oder an der seitlichen Entlüftungsbohrung aus. Das führt zu »blühender« Korrosion und weißen Säurekristallen an der Batterieoberfläche, gleichwie im Umfeld ihres Standplatzes.

⑥ Falls geschehen, lösen Sie die Kristalle vorsichtig mit einer Messingbürste und spülen den »Dreck« danach mit reichlich Wasser ab. Vergessen Sie nicht, vorher die Klemme 31 (Minuspol) der Batterie abzuklemmen.

Kontakte pflegen

① Waschen Sie Oxidkristalle an den Batterieklemmen mit warmem Sodawasser ab. Noch besser verwenden Sie einen speziellen Reiniger, zum Beispiel »Neutralon«.

② Danach fetten Sie die Batteriepole und Kabelklemmen leicht mit Säureschutzfett (Bosch) ein – normales Fett ist übrigens denkbar ungeeignet. Vorsicht: Verteilen Sie kein Fett zwischen die Polkontaktflächen.

Batterie prüfen

Macht die Batterie, trotzt richtigem Säurestand, einen »schlappen« Eindruck, prüfen Sie ihren Ladezustand mit einem Säureheber (Aräometer). Aräometer messen die Elektrolytenkonzentration in der Batterieflüssigkeit. Natürlich können Sie den Ladezustand auch mit einem Multimeter checken: Anhand der gemessenen Ruhespannung lässt sich der Batterieladezustand in etwa bestimmen.

Arbeitsschritte

Säuredichte messen

① Bevor Sie messen, »gönnen« Sie der Batterie mindestens sechs Stunden »Ruhe«.

② Entfernen Sie dann die Batterie Verschlussstopfen, …

③ … halten das Messgerät senkrecht in die Flüssigkeit und saugen so viel Batteriesäure an, dass die Messspindel frei im Zylinder schwimmt.

Säuregewicht

Säuregewicht (kg/l)	1,28	1,2	1,12
Zustand der Batterie	voll geladen	halb geladen	entladen

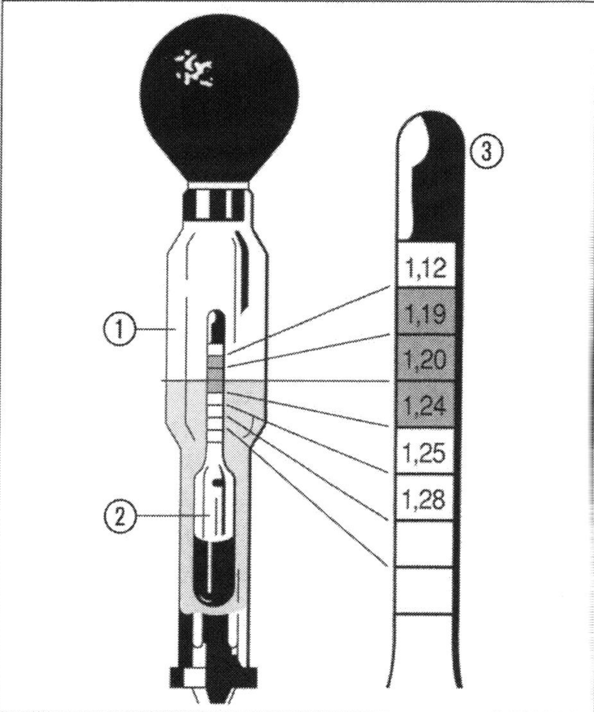

***Säuredichte messen:** Nur an Batterien mit »offenen« Zellen möglich. Die Säuredichte messen Sie an jeder einzelnen Batteriezelle. Halten Sie dazu den Säureheber ❶ senkrecht und saugen nur soviel Batterieflüssigkeit aus der Zelle, dass der Schwimmer (Aräometer ❷) freigängig wird. Bei einer »gesunden« Batterie sind die Zellen nahezu gleich stark. Vergleichen Sie das auf der Skala ❸ am oberen Aräometerende.*

Spannung messen

① Liegt der letzte Ladevorgang weniger als sechs Stunden zurück, schalten Sie für etwa 30 Sekunden das Abblendlicht ein: Das »weckt« die Batterie auf und nivelliert etwaige Spannungsspitzen.

② Nach weiteren vier bis fünf Minuten Wartezeit prüfen Sie die Batteriespannung. Schalten Sie zur Messung alle Stromverbraucher aus.

Spannung

Spannung (V)	12,66 u. m.	12,48	12,3
Zustand der Batterie	100% gelad.	75% gelad.	50% entl.

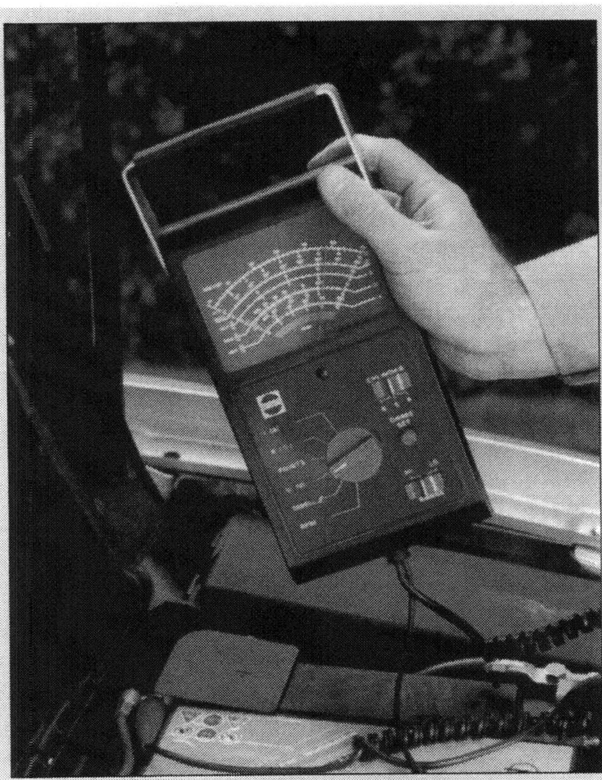

Mit dem Multimeter schnell erledigt: Batteriespannung messen. *Unter 12,3 Volt Ruhespannung laden Sie die Batterie schnellstens auf.*

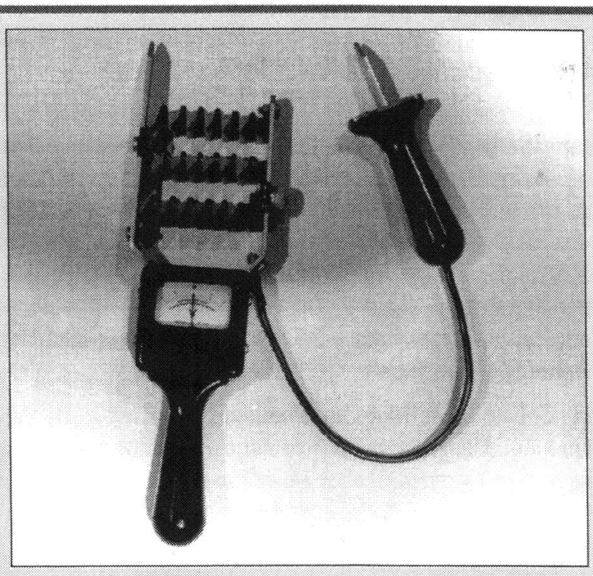

Maximal zehn Sekunden checken: Batteriekapazität mit Kurzschlusstester.

Praxistipp: Batteriekapazität messen

Werkstätten messen mit einem Kapazitätsmesser die »stillen Reserven« (A) einer Batterie. Das Gerät wird kurz zwischen Plus- und Minuspol angelegt. Kurz bedeutet maximal zehn Sekunden, denn der gemessene Kurzschlussstrom »lutscht« die Batterie binnen kurzer Zeit leer. Falls Sie keinen Kurzschlusstester besitzen, behelfen Sie sich einfach. Parkieren Sie Ihren Vectra etwa zwei Meter vor einer dunklen Wand, stellen den Motor ab und legen den vierten Gang ein. Ziehen Sie die Handbremse an und schalten das Fahrlicht ein. Ab jetzt sollte alles ganz schnell gehen. Treten Sie die Bremse und starten parallel den Motor. Achten Sie dabei auf die Scheinwerferkegel vor der Wand. Verdunkeln sie unmittelbar, ist die Batterie tatsächlich schlapp, gehen sie nach etwa drei Sekunden in die Knie, ist die Kapazität ausreichend. Wiederholen Sie die Messung, wie übrigens auch die Messung mit dem Kurzschlusstester, nicht beliebig oft – Ihre Batterie und der Anlasser würden das mitunter nicht verkraften.

Motor »fremdstarten« – mit Starthilfekabeln kein Problem

Verwenden Sie zur Starthilfe nur spezielle Elektronik-Starthilfekabel, damit bewahren Sie die elektronischen Bauteile Ihres Vectra vor gefährlichen Spannungsspitzen.

Arbeitsschritte

① Lassen Sie den »Fremdstarter« möglichst nah an »die leere Batterie« heranfahren. Die Starthilfekabel müssen »locker« zwischen die Batterien passen.

② Im Havaristen schalten Sie derweil alle Stromverbraucher ab.

③ Klemmen Sie grundsätzlich zuerst die leere und dann die volle Batterie an.

④ Zunächst verbinden Sie mit dem roten Starthilfekabel beide Batteriepluspole und …

⑤ … danach mit dem schwarzen Starthilfekabel beide Minuspole. Sollte die Kabellänge nicht ausreichend sein, nutzen Sie eine »satte« Masseverbindung im Motorraum, zum Beispiel den Federbeindom.

⑥ Lassen Sie sich nun ein paar Minuten Zeit, dann fließt bereits »Saft« aus der vollen in die leere Batterie.

⑦ Starten Sie hernach das Auto mit der schlappen Batterie. Sollte das nicht sofort gelingen, legen Sie immer wieder kleine Pausen ein – ansonsten könnte es dem Anlasser zu warm werden. Vergessen Sie bitte nicht, die Kapazität der noch vollen Batterie ist nicht unendlich: Wenn Ihr Auto also nach einigen vergeblichen Versuchen immer noch keinen Mucks sagt, »quetschen« Sie die Spenderbatterie nicht auch noch vollends aus – Sie müssten dann nämlich einen weiteren Helfer finden...

⑧ Sobald beide Motoren brummen, trennen Sie die Verbindung: Klemmen Sie bei laufendem Motor zuerst das schwarze Fremdstartkabel am Minuspol der »leeren« und dann an der vollen Batterie ab. Mit dem roten Kabel verfahren Sie anschließend auf die gleiche Art und Weise.

⑨ »Füttern« Sie die leere Batterie unmittelbar auf einer Probefahrt auf. Schalten Sie dazu möglichst wenig Bordverbraucher ein. Schon nach etwa 30 Kilometern reicht die Kapazität, um zumindest den nächsten Startvorgang zu realisieren.

Wagen anschieben

Praxistipp

Sollten Sie die Bequemlichkeiten eines Automatikgetriebes genießen, vergessen Sie unseren Tipp. Auch mit Schaltgetriebe macht Ihre »Schubkraft« nur dann Sinn, wenn der Motor »theoretisch« in Ordnung ist. Sobald Sie zum Beispiel die Zündfunken unter der Motorhaube »knistern« hören, schonen Sie besser Ihre Kräfte. Das kann sich sogar positiv auf Ihr Budget auswirken, denn wenn Zündfunken unkoordiniert den Weg des geringsten Widerstands gehen, verpuffen irgendwann unverbrannte Frischgase im Auspuff und zerstören den Katalysator.

1 Schalten Sie die Zündung an und legen den zweiten Gang ein.

2 Kuppeln Sie aus und LASSEN das Auto von freundlichen Helfern anschieben.

3 Sobald die Fuhre ausreichend in Schwung ist, lassen Sie abrupt die Kupplung kommen – der Motor dreht durch und müsste anspringen.

4 Treten Sie dann sofort die Kupplung, ziehen die Handbremse an und geben gefühlvoll Gas.

5 Sollten Ihre Helfer nicht genügend in »Schwung« kommen, versuchen Sie Ihr Glück im dritten Gang.

Wagen anschleppen

Praxistipp

Autos mit Automatikgetriebe lassen sich in der Regel nicht anschleppen – der Drehmomentwandler verhindert nämlich eine kraftschlüssige Verbindung zwischen Motor und Getriebe. Doch dehnen Sie Ihre »Seilschaften« auch mit Schaltgetriebe nicht »unendlich« aus: Sollte der Motor nämlich nicht sofort anspringen, könnte das dem Katalysator ernsthaft schaden. Unverbrannte Frischgase machen seinen Innereien den Garaus, erst recht, wenn sie unkoordiniert im Auspuff verpuffen. Lassen Sie sich übrigens immer nur mit einem erfahrenen »Schlepper verkuppeln« und sprechen vorher mit ihm genaue »Spielregeln« ab. Denken Sie auch daran, dass der Bremsweg mit stehendem Motor länger ist (Bremskraftverstärker wirkungslos).

Vor der »Seilschaft« eindrehen: *Die Abschleppöse hat übrigens Linksgewinde.*

1 Schalten Sie die Zündung an und legen den zweiten Gang ein.

2 Kuppeln Sie aus und LASSEN Ihren Zugwagen jetzt »weich« anfahren.

3 Bei etwa 15 km/h lassen Sie dann die Kupplung langsam kommen. Bleiben Sie stets bremsbereit (Hand an die Handbremse).

4 Sobald der Motor läuft, treten Sie die Kupplung, nehmen den Gang heraus und geben gefühlvoll Gas.

5 Geben Sie jetzt dem »Schlepper« ein Hupsignal und bremsen die »Fuhre« sanft ab.

Batterie und Lichtmaschine

Störungs-beistand

Störung	Ursache	Abhilfe
A Rote Ladekontrolle brennt nicht bei eingeschalteter Zündung.	1 Batterie leer.	Mit Starthilfekabeln starten oder Wagen anschleppen.
	2 Batteriekabel gebrochen, Kabelklemmen lose oder oxidiert.	Batteriekabel und -klemmen kontrollieren.
	3 Kontrollleuchte defekt.	Ersetzen.
	4 Kabelweg zwischen Zündschloss, Kontrolllampe und Lichtmaschine unterbrochen.	Stromweg mit Prüflampe kontrollieren.
	5 Spannungsregler defekt.	Regler austauschen.
	6 Lichtmaschine schadhaft.	Lichtmaschine überholen lassen oder austauschen.
	7 Feuchtigkeit bildet einen isolierenden Schmierfilm zwischen Schleifringen und Kohlen (z. B. nach Motorwäsche) der Lichtmaschine.	Lichtmaschine mit Druckluft ausblasen, evtl. Schleifringe und Kohlen säubern.
B Ladekontrolle brennt oder glimmt bei laufendem Motor.	1 Keilriemen lose bzw. gerissen.	Keilriemenspannung kontrollieren, bzw. Keilriemen erneuern.
	2 Mangelnder Kontakt an Kabelanschlüssen der Lichtmaschine oder unterbrochene Kabel.	Kabelanschlüsse und Kabel prüfen.
C Batterieoberfläche feucht.	1 Batteriezellen mit destilliertem Wasser überfüllt.	Ausgasen lassen. Keine Säure absaugen.
	2 Batterieverschlüsse verstopft.	Entlüftungsbohrungen mit Stecknadel säubern.
D Batterie gast stark.	Spannungsregler defekt.	Regler prüfen bzw. erneuern.

Batterie laden

Laden Sie eine demontierte oder im »Winterschlaf« befindliche Batterie monatlich nach. Falls Sie das vergessen oder missachten, kristallisiert die Schwefelsäure und setzt sich an den Zellwänden ab. Folge: Mit der Zeit »verglasen« die Zellen und werden unbrauchbar. Zudem frieren entladene Batterien bei Minustemperaturen ein – unterhalb – 4°C können ihre Zellwände sogar platzen. Randvoll geladen Batterien macht Kälte dagegen wenig zu schaffen. Sollte die Batterie noch montiert sein, klemmen Sie vor der »Erhaltungsladung« auf jeden Fall das Minuskabel (Masseanschluss) ab.

Arbeitsschritte

① Schwarzes Minuskabel (Masseanschluss) abklemmen. Pluskabel des Ladegeräts (rot) an Pluspol, Minuskabel (schwarz) an Minuspol der Batterie anklemmen.

② Der Ladestrom sollte zunächst etwa 10 % der Batteriekapazität betragen (z.B. 5,5 A bei einem 55-Ah-Akku) und während des Ladevorgangs automatisch abnehmen.

③ Während des Ladevorgangs bilden sich oberhalb der Zellen winzige Gasbläschen aus Wasser- und Sauerstoff. Das Gemisch entweicht aus den Entlüftungsbohrungen oder der Zentralentlüftung in die Atmosphäre. Die Rede ist von hochexplosivem Knallgas. Vorsicht also in geschlossenen Räumen. Wenn ihnen dort beißender Geruch in die Nase sticht, ist die Konzentration bereits gefährlich.

④ Sorgen Sie also grundsätzlich für eine wirkungsvolle Entlüftung des Arbeitsplatzes. Das gilt vor allem, wenn hohe Ladeströme fließen. Knallgas kann sich übrigens schon an den »Funken«, die beim Ab- oder Anklemmen des Ladegeräts bzw. der Batteriekabel entstehen, entzünden. Beachten Sie die Sicherheitsvorschriften.

Monatlich nachladen: *Batterie im »Winterschlaf«.*

Batterie aus- und einbauen

Bevor Sie die Batterie abklemmen, notieren Sie sich sämtliche Codes Ihres Vectra, so zum Beispiel den Radiodiebstahlcode, seine gespeicherten Stationssender usw. Falls Sie das vergessen sollten, bleibt hernach das Radio stumm und die Seitenfenster verschlossen: Sie müssen alle elektrischen Fensterheber neu aktivieren (siehe S. 280). Außerdem »vergisst« auch das Motormanagement einen Großteil seiner Informationen. Es schaltet dann kurzerhand auf Notprogramm und regeneriert sich normalerweise im Fahrbetrieb (max. 16 Kilometer). Sollte das bei Ihrem Auto jedoch nicht der Fall sein, fahren Sie Ihren Opel-Händler an und lassen das Motormanagement neu einlesen – das Prozedere ist in wenigen Minuten erledigt.

»Dieser Hinweis gilt grundsätzlich für alle Arbeiten, zu denen Sie die Batterie abklemmen mussten.«

Arbeitsschritte

① Demontieren Sie die Batterieabdeckung und klemmen zuerst den Minuspol ab. Die Kurzschlussmöglichkeit ist so am geringsten.

② Jetzt lösen Sie die Plusklemme und ziehen Sie vom Batteriepol ab.

③ Sobald Sie den Befestigungsbügel ❶ gelöst haben …

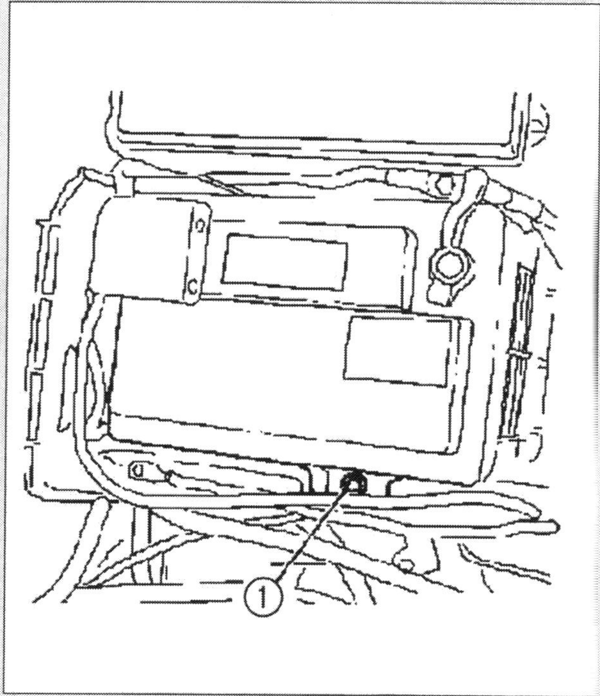

Befestigungsbügel ❶ lösen – Batterie demontieren.

④ … heben die Batterie aus dem Motorraum.

⑤ Achten Sie bei der Montage darauf, dass die Batterie rüttelfrei auf der Konsole steht. Falls Sie das vergessen sollten, zerbröseln die Bleiplatten während der Fahrt.

⑥ Zur Montage schließen Sie zuerst das Pluskabel und erst dann das Minuskabel an. Die Kabelklemmen können Sie nicht vertauschen, da die Batteriepole und die Kabelfarben unterschiedlich sind.

⑦ Streichen Sie die Pole gegen Sulfatieren leicht mit Säureschutzfett (z. B. Bosch) oder Vaseline ein.

⑧ Geben Sie nun die Funktionscodes neu ein und lassen den Motor etwa drei Minuten mit etwa 1500 $min.^{-1}$ »brummen«. Soviel Zeit benötigt das Motormanagement minimal, um sich zu regenerieren.

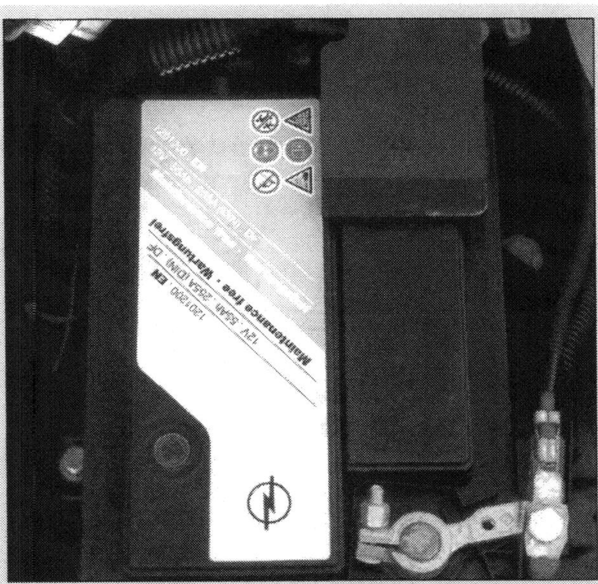

»Versteckt« unter einem Kunstoffdeckel: Die Vectra-Batterie vorne links im Motorraum.

»Lutschen« den Akku leer – stille Bordverbraucher

Macht eine völlig intakte Batterie plötzlich »schlapp, verköstigt sich meistens ein stiller Verbraucher mit ihrem Saft«. Legen Sie dem »heimlichen Genießer« dann mit einer Strommessung das Handwerk. Das Multimeter stellen Sie dazu auf »Strom (A)«. Messen Sie zunächst die »größeren Ströme« (ab etwa 15 Ampere) und tasten sich dann langsam an den tatsächlichen Stromfluss heran. Kreisen Sie den stillen Verbraucher letztlich zielgerichtet ein.

Arbeitsschritte

① Nehmen Sie das Batteriemassekabel ab und »klemmen« ein Multimeter zwischen Minuspol und Massekabel. Signalisiert Ihr Multimeter einen Stromfluss von mehr als 25 mA., »füttert« sich erfahrungsgemäß ein »stiller« Verbraucher »ab«.

② Schließen Sie dann das Massekabel wieder an, öffnen den Sicherungskasten und »ziehen« die erste Sicherung. Klemmen Sie jetzt das Multimeter zwischen die freien Kontakte. Bleibt der Zeiger »im Keller«, ist der betreffende Stromkreis o. k. Doch auch geringe »Ströme« (etwa 25 mA) sind noch kein Alarmsignal: Geräte wie Bordcomputer, Uhren, Radios und Alarmanlagen »hängen« ständig an der Batterie. Ihr Stromverbrauch ist freilich viel geringer als der eines defekten Verbrauchers.

③ Wiederholen Sie die Messungen am Sicherungskasten so lange, bis Sie den stillen Verbraucher und seinen »Stromappetit« entlarvt haben. In der Sicherungstabelle auf Seite 255/256 erkennen Sie, welche Verbraucher diesen Stromkreis bilden.

④ Klemmen Sie die betreffenden Verbraucher der Reihe nach ab und messen den Strom. Sobald das Multimeter »regungslos« bleibt, ist der stille Verbraucher geoutet.

Praxistipp

Fahren mit defekter Lichtmaschine

Mit streikender Lichtmaschine oder defektem Regler können Sie eingeschränkt weiterfahren: Die Batterie übernimmt dann die Stromversorgung. Je nach Ladezustand und Kapazität reicht ihre Energie für etwa fünf Stunden aus – allerdings nur dann, wenn Sie alle überflüssigen Verbraucher ausschalten.

- Ziehen Sie den Mehrfachstecker an der Lichtmaschine ab. Die Batterie entlädt sich dann nicht über den defekten Generator oder Spannungsregler.
- Unterbrechen Sie die Fahrt nicht unnötig – der Anlasser benötigt bei jedem Startvorgang besonders viel Strom.
- Wenn möglich, lassen Sie den Wagen anrollen.
- Schalten Sie die beheizbare Heckscheibe, das Gebläse und Radio aus.
- Schalten Sie den Scheibenwischer mitsamt der Scheibenwaschanlage nur ganz sporadisch ein.
- Bei Dunkelheit fahren Sie möglichst nur mit Abblendlicht.

Spannungsregler checken

Arbeitsschritte

① Demontieren Sie das rote Pluskabel der Batterie und klemmen zwischen Pluspol und Kabelanschluss ein Multimeter auf Stellung Volt (V).

② Lassen Sie dann den Motor im mittleren Drehzahlbereich (etwa 3000 – 4000 min.$^{-1}$) etwa zwei Minuten laufen. Schalten Sie dazu die Beleuchtung und evtl. noch die beheizbare Heckscheibe ein. Das stresst den Generator und bringt ihn schneller auf Betriebstemperatur.

③ Schalten Sie dann die Heckscheibe aus und stattdessen das Frischluftgebläse auf Stufe 2 dazu. Die Verbraucher entsprechen etwa einer Strombelastung zwischen drei bis sieben Ampere.

④ Bei intaktem Regler lesen Sie jetzt eine Regelspannung zwischen 13,5 – 14,7 Volt vom Multimeter ab.

⑤ Bei zu geringer Spannung könnten die Schleifkohlen des Generators dahin sein, bei erhöhter Spannung ist der Regler defekt. In beiden Fällen sollten Sie den Generator Ihrem Opel-Händler oder einem Bosch-Stützpunkt zur Revision auf die Werkbank legen.

Antriebsriemen wechseln

Ein automatischer Riemenspanner hält beim Vectra die Keilrippenriemen »auf Zug«. Um die Riemenspannung müssen Sie sich also nicht mehr kümmern. Gönnen Sie allerdings von Zeit zu Zeit der Spannrolle einen Blick. Fällt Ihnen dabei »im Stand« nichts Außergewöhnliches auf, starten Sie den Motor und achten auf die Bewegungen der Rolle: Sobald Sie einen »großen Verbraucher«, z. B. die Klimaanlage, beheizbare Heckscheibe, etc. einschalten, fängt eine intakte Spannrolle leicht zu pendeln an – übrigens auch wenn Sie dem Motor einen Gasstoß geben. Starker Riemenverschleiß (ungleichmäßig tiefe Rillen) animieren die Spannrolle fortlaufend zu Pendelbewegungen. Um die Fehlerquelle zu beheben, erneuern Sie zunächst den Antriebsriemen. Achten Sie darauf, dass der neue Riemen die gleiche Bezeichnung wie der verschlissene trägt. Unsere Beschreibung umfasst jene Motoren, denen ein versierter Do it yourselfer selbst noch den Antriebsriemen wechseln kann. Bei den anderen Modellen lassen Sie besser Ihren Opel-Händler Hand anlegen: Er hat das erforderliche Spezialwerkzeug auf seiner »Werkbank«.

Arbeitsschritte

Z18 XE

① Klemmen Sie zunächst die Batterie ab und ...

② ... bocken den Vorderwagen auf einer ebenen Fläche rüttelsicher auf.

③ Im Anschluss lösen Sie vier Schrauben (Pfeile) der unteren Keilrippenriemenabdeckung und legen sie beiseite.

Lösen – untere Keilrippenriemenabdeckung.

④ Die Antriebsriemen-Spannvorrichtung ❶ entspannen Sie – entgegen dem Uhrzeigersinn – am Sechskant in Pfeilrichtung.

⑤ Nehmen Sie hernach den Antriebsriemen ab.

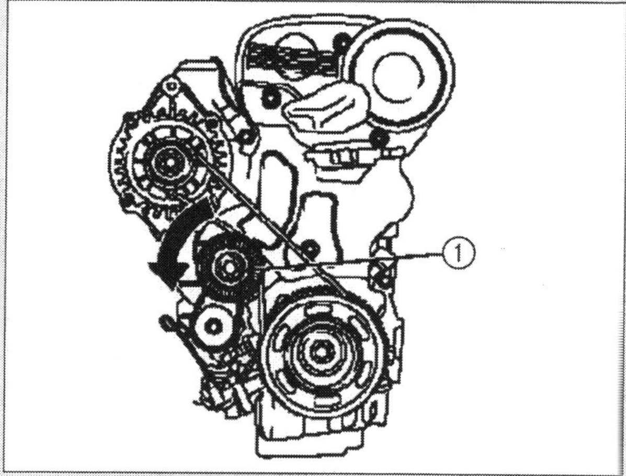

Entgegen Uhrzeigersinn entspannen – Spannvorrichtung.

⑥ Checken Sie jetzt die Riemenscheiben auf Verschleiß und tadellosen Rundlauf.

⑦ Alles o. k.? Dann »fädeln« Sie den neuen Keilrippenriemen ein. Achten Sie unbedingt darauf, dass er korrekt auf allen Riemenscheiben sitzt und seine Laufrichtung (siehe Richtungspfeil auf der Riemenschulter) stimmt.

⑧ Lösen Sie die Spannvorrichtung und achten darauf, dass der neue Riemen gleichmäßig spannt.

⑨ Beenden Sie die Montage in umgekehrter Reihenfolge.

⑩ Starten Sie den Motor für etwa fünf Minuten, beschleunigen ihn mit einigen Gasstößen und prüfen hernach den korrekten Rundlauf und die Spannung des neuen Riemens.

Z22 SE:

① Klemmen Sie die Batterie ab und ...

② ... bocken den Vorderwagen rüttelsicher auf einer ebenen Fläche auf.

③ Lösen Sie die vier Schrauben ❶ des unteren Motorschutzes ❷ und legen ihn beiseite.

Unteren Motorschutz ❷ demontieren.

④ Entspannen Sie dann die Spannvorrichtung in Pfeilrichtung – Opel-Schrauber nutzen das Spezialwerkzeug KM-6151 – und ...

⑤ ... nehmen den Keilrippenriemen aus dem Riementrieb.

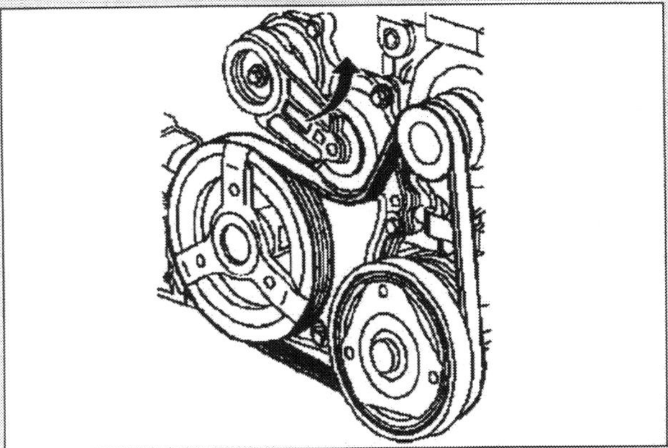

Spannvorrichtung in Pfeilrichtung »entspannen«.

⑥ Checken Sie jetzt alle Riemenscheiben auf Verschleiß und tadellosen Rundlauf.

⑦ Alles o. k.? Dann »fädeln« Sie den neuen Keilrippenriemen ein. Achten Sie unbedingt darauf, dass der Riemen korrekt auf allen Riemenscheiben sitzt und seine Laufrichtung (siehe Richtungspfeil auf der Riemenschulter) stimmt.

⑧ Lösen Sie die Spannvorrichtung und achten darauf, dass der neue Riemen gleichmäßig spannt.

⑨ Beenden Sie die Montage in umgekehrter Reihenfolge. Stellen Sie Ihren Vectra wieder auf die Räder.

⑩ Starten Sie den Motor für etwa fünf Minuten, beschleunigen ihn mit einigen Gasstößen und prüfen hernach den korrekten Rundlauf und die Spannung des neuen Riemens.

Y20 DTH; Y22 DTR

① Klemmen Sie die Batterie ab und ...

② ... bocken den Vorderwagen rüttelsicher auf einer ebenen Fläche auf.

③ Hernach demontieren Sie zunächst die untere Motorraumabdeckung ❶. Lösen Sie die zehn Befestigungsschrauben und senken die Verkleidung zu Boden.

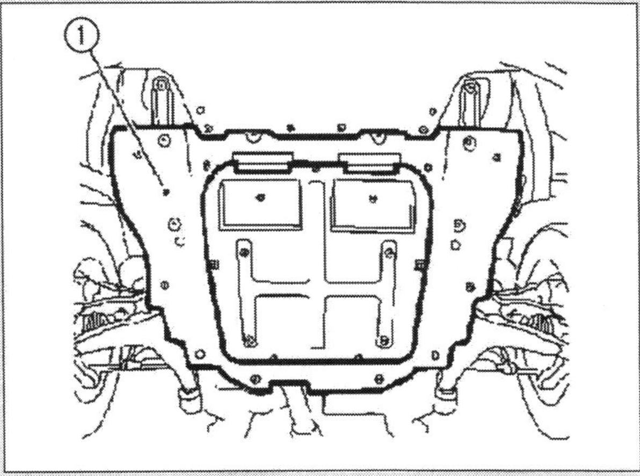

Zehn Schrauben lösen – an der unteren Motorverkleidung.

④ Entspannen Sie hernach den Antriebsriemen. Dazu lockern Sie die Spannvorrichtung am Sechskantanguss ❶ in Pfeilrichtung. Nehmen Sie dann den Riemen von der Rolle ab.

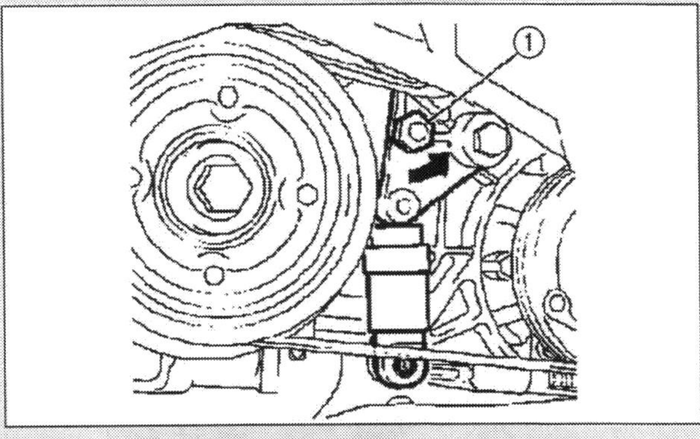

Entspannen – Antriebsriemen.

⑤ Hernach legen Sie den neuen Antriebsriemen über den »Spanner« und ...

⑥ ... beenden die Montage in umgekehrter Reihenfolge.

Die Vectra-Riementriebe

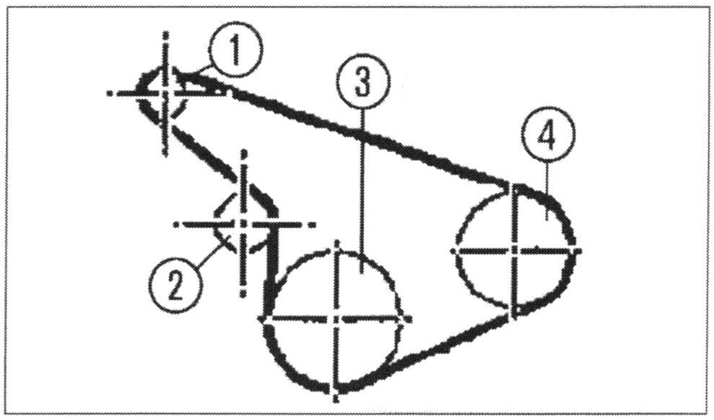

Riementrieb Z18 XE (mit AC): ❶ Generator, ❷ automatischer Riemenspanner, ❸ Kurbelwellenriemenscheibe (Schwingungsdämpfer), ❹ AC-Verdichter.

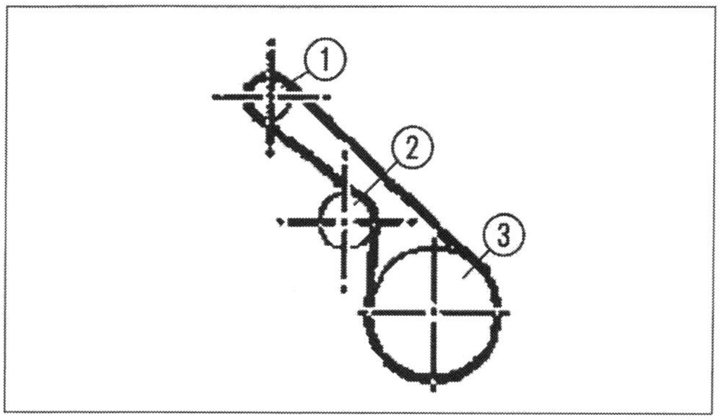

Riementrieb Z18 XE: ❶ Generator, ❷ automatischer Riemenspanner, ❸ Kurbelwellenriemenscheibe (Schwingungsdämpfer).

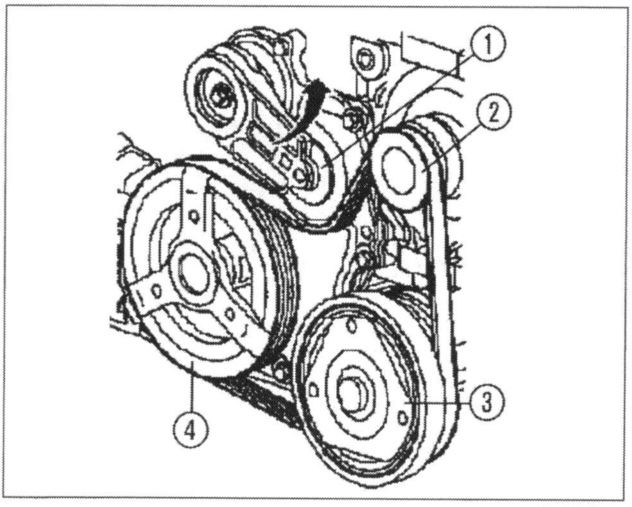

Riementrieb Z22 SE (mit AC): ❶ automatischer Riemenspanner, ❷ Generator, ❸ AC-Verdichter, ❹ Kurbelwellenriemenscheibe (Schwingungsdämpfer).

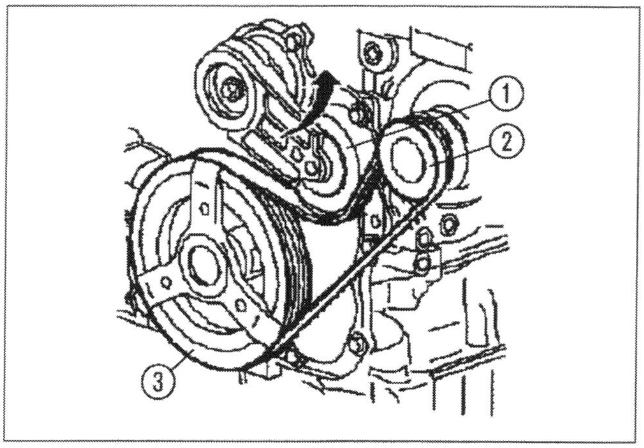

Riementrieb Z22 SE: ❶ automatischer Riemenspanner, ❷ Generator, ❸ Kurbelwellenriemenscheibe (Schwingungsdämpfer).

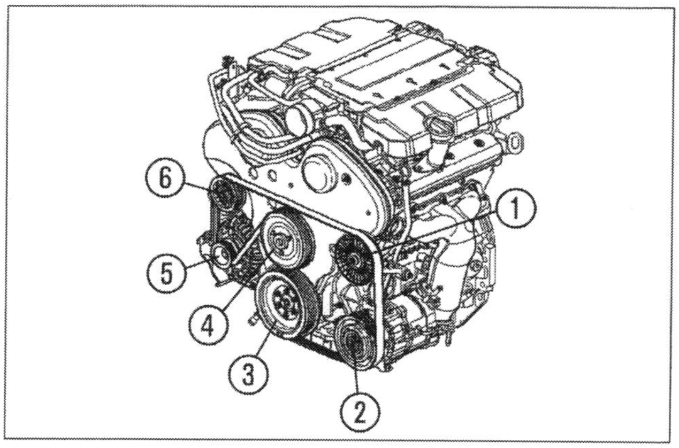

Riementrieb Z32 SE: ❶ Umlenkrolle, ❷ AC-Verdichter, ❸ Kurbelwellenriemenscheibe (Schwingungsdämpfer), ❹ Wasserpumpenantriebsrad, ❺ Generator, ❻ automatischer Riemenspanner.

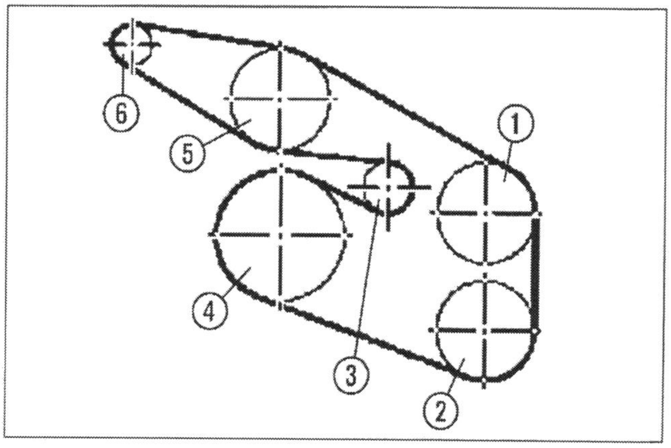

Riementrieb Y20 DTH / Y22 DTR (mit AC): ❶ Umlenkrolle, ❷ AC-Verdichter, ❸ automatischer Riemenspanner, ❹ Kurbelwellenriemenscheibe (Schwingungsdämpfer), ❺ Wasserpumpenantriebsrad, ❻ Generator.

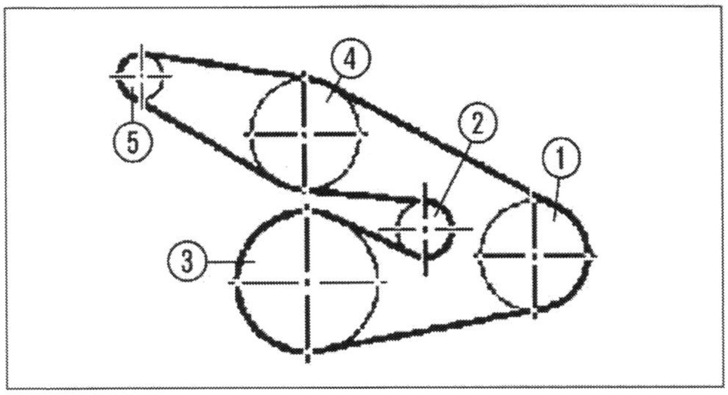

Riementrieb Y20 DTH / Y22 DTR: ❶ *Umlenkrolle,* ❷ *automatischer Riemenspanner,* ❸ *Kurbelwellenriemenscheibe (Schwingungsdämpfer),* ❹ *Wasserpumpenantriebsrad,* ❺ *Generator.*

Riemenspannrolle wechseln

Arbeitsschritte

Z18 XE

① Lösen Sie den unteren Motorschutz, ...

② ... demontieren den Antriebsriemen wie beschrieben und ...

③ ... lockern die Spannvorrichtung.

④ Lösen Sie dann an der Spannrolle die Befestigungsschraube ❶ und ...

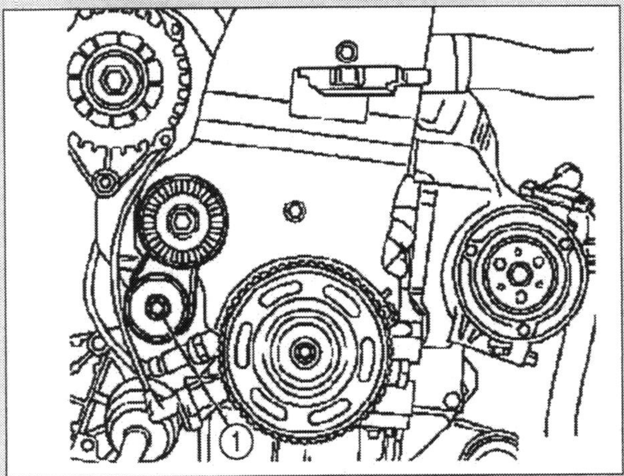

Spannrolle lösen – Z18 XE-Motor.

⑤ ... nehmen die Rolle ab.

⑥ Ziehen Sie die neue Rolle handfest gegen den Flansch.

Achten Sie darauf, dass die rückwärtigen Zapfen in die motorseitigen Bohrungen der Spannvorrichtung eingreifen.

⑦ Montieren Sie den neuen Antriebsriemen, wie beschrieben und ...

⑧ ... ziehen die Spannrolle mit 35 Nm fest.

⑨ Beenden Sie die Montage in umgekehrter Reihenfolge.

Y20 DTH; Y22 DTR

① Demontieren Sie zunächst den Antriebsriemen, wie beschrieben, ...

② ... lösen die Befestigungsschrauben ❶ und ❷ an der Spannrolle und ...

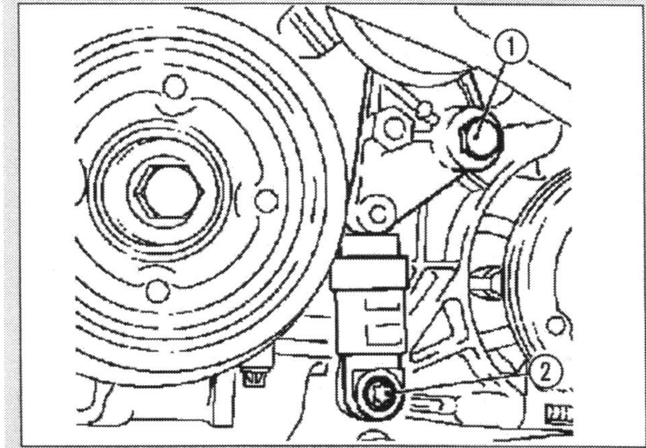

Befestigungsschrauben lösen – Spannrolle abnehmen.

③ ... nehmen die Rolle komplett ab.

④ Demontieren Sie jetzt den Dämpfer ❸ von der Spannvorrichtung. Der Dämpfer darf nur in stehender Position gelagert werden. Falsch gelagerte Dämpfer können Sie durch mehrmaliges Zusammendrücken, in der Einbaulage, entlüften.

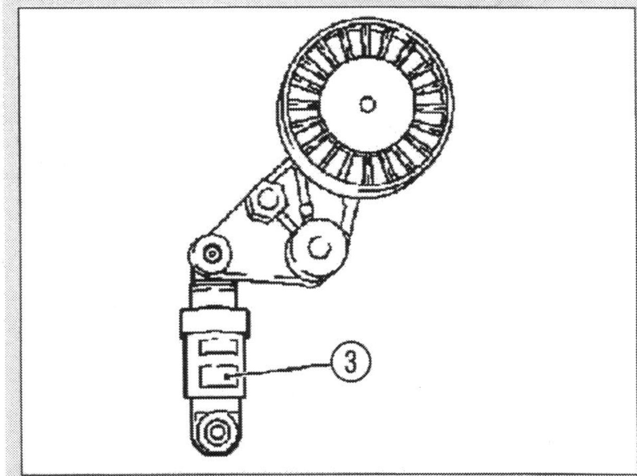

Demontieren – Dämpfer der Spannvorrichtung.

⑤ Montieren Sie den Dämpfer an die neue Spannrolle und ...

⑥ ... schrauben dann die Spannvorrichtung mit 40 Nm am Anbauflansch fest.

⑦ Dem Dämpfer reichen am Motorblock 20 Nm.

⑧ Hernach legen Sie den Antriebsriemen über den »Spanner« und spannen den Riementrieb wie beschrieben.

⑨ Beenden Sie die Montage in umgekehrter Reihenfolge.

Generator aus- und einbauen

Arbeitsschritte (je Motortyp)

Z18 XE

① Klemmen Sie das Batteriemassekabel ab und ...

② ... bocken den Vorderwagen rüttelsicher auf.

③ Demontieren Sie, wie beschrieben, die obere Motorabdeckung, das Luftfiltergehäuse, den Antriebsriemen und die Spannrolle.

④ Hernach schrauben Sie den unteren Generatorhalter los. Lösen Sie dazu die Mutter ❷, die Schrauben ❶ und ❹ und ziehen den Kabelstecker am Öldruckschalter ❸ ab.

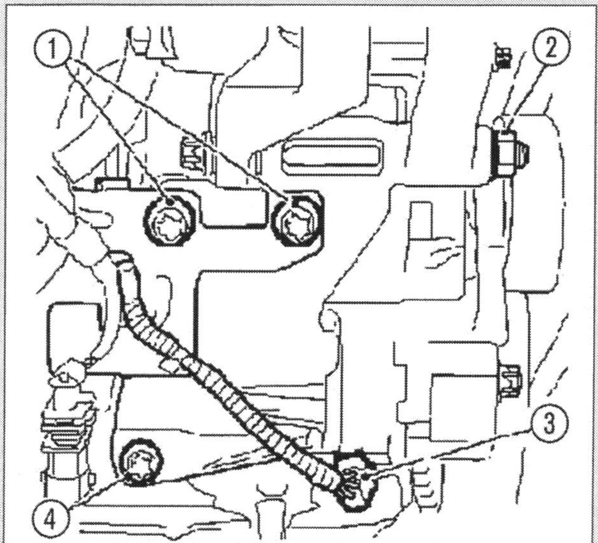

Lösen – unteren Generatorhalter.

⑤ Im Anschluss rücken Sie dem Tankentlüftungsventil auf die »Pelle«. Lösen Sie die Schraube (Pfeil), trennen beide Entlüftungsleitungen ❷ voneinander und lösen den Mehrfachstecker ❸.

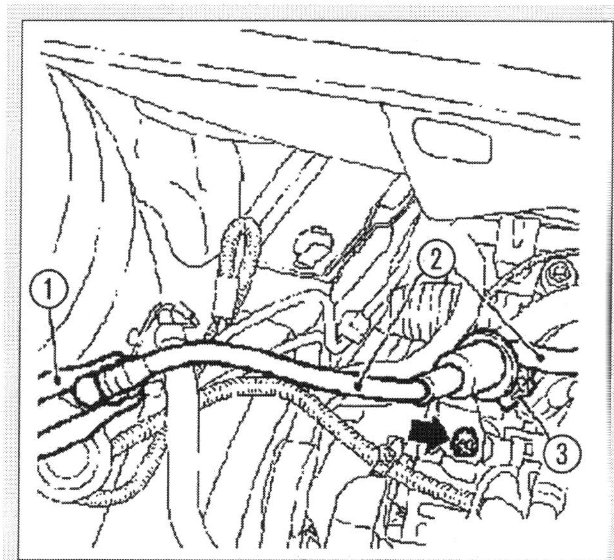

Demontieren – das Tankentlüftungsventil.

⑥ Hernach trennen Sie die beiden Kabelverbindungen ❶ vom Generator und ...

⑦ ... demontieren die obere und untere Generatorbefestigungsschraube.

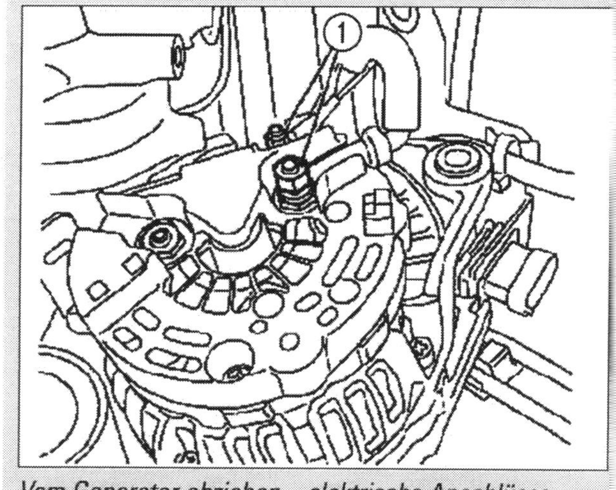

Vom Generator abziehen – elektrische Anschlüsse.

⑧ Bugsieren Sie den Generator mitsamt Halter nach oben aus dem Motorraum.

⑨ Beenden Sie die Montage in umgekehrter Reihenfolge.

Z22 SE

① Klemmen Sie das Batteriemassekabel ab und ...

② ... bocken den Vorderwagen rüttelsicher auf.

③ Demontieren Sie den Antriebsriemen, die obere Motorverkleidung, das Tankentlüftungsventil und das Luftfiltergehäuse, wie beschrieben.

④ Anschließend lassen Sie, wie beschrieben, etwa 2 – 3 Liter Kühlflüssigkeit ab und ...

⑤ … demontieren das Motorsteuergerät ❶. Dazu entriegeln Sie die beiden Kabelsatzstecker in Pfeilrichtung, ziehen den Kombistecker ❷ auseinander und lösen die vier Befestigungsschrauben der »Blackbox«. Legen Sie das teure Stück vorsichtig beiseite.

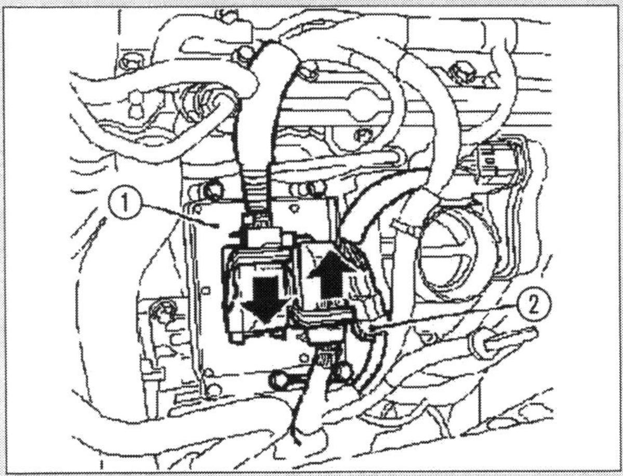

Kabelsatzstecker abziehen – vom Motorsteuergerät.

⑥ Lösen Sie den Kühlwasserschlauch am Zylinderkopf und ziehen ihn ab.

⑦ Jetzt demontieren Sie die »Motorlasche« oberhalb des Generators, …

⑧ … trennen die Kabelverbindungen ❷ und ❸ vom Generator und …

⑨ … demontieren die vier Befestigungsschrauben ❶.

⑩ Bugsieren Sie dann den Generator aus dem Motorraum.

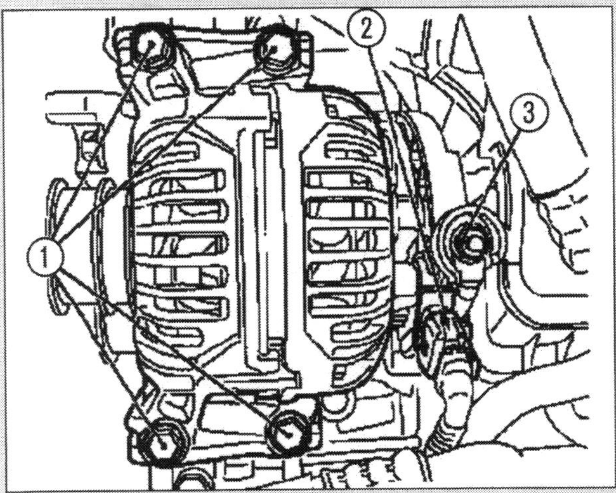

Schritt für Schritt strippen – Generator vor der Demontage.

⑪ Beenden Sie die Montage in umgekehrter Reihenfolge, vergessen Sie nicht, nach einer Probefahrt erneut den Kühlmittelstand zu checken.

Y20 DTH; Y22DTR

① Klemmen Sie das Batteriemassekabel ab, …

② … bocken den Vorderwagen rüttelsicher auf und …

③ … demontieren den Antriebsriemen, das vordere Abgasrohr und die Motorabdeckungen.

④ Lösen Sie das Hitzeschutzschild vom Anlasser an der Mutter ❶ und den Schrauben ❷.

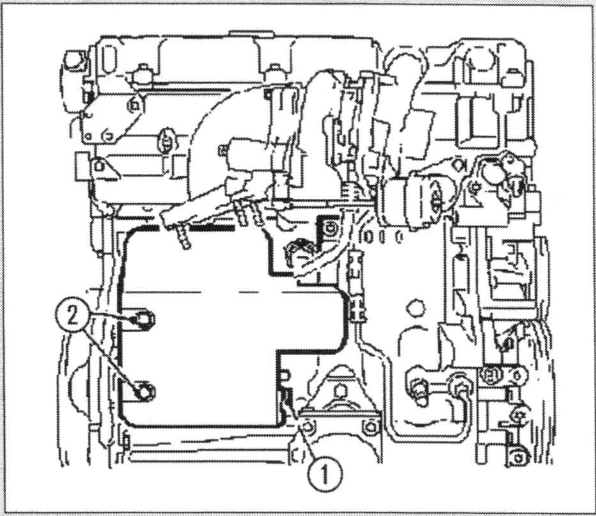

Mutter und Schrauben lösen – zur Demontage des Hitzeschutzschilds vom Anlasser.

⑤ Demontieren Sie beide Generatoranschlüsse und den Stecker des Öldruckschalters ❶.

⑥ Im Anschluss lösen Sie vom Generator die Schraube des unteren Kabelkanals ❷, …

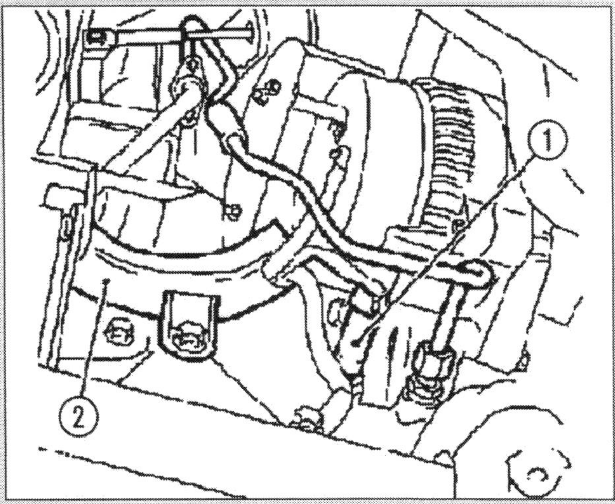

Demontieren – Generatoranschlüsse und Kabelkanal.

⑦ … lösen beide Schellen und demontieren dann den Luftansaugschlauch. Vergessen Sie nicht, vorher noch den Multistecker ❶ vom Heißfilmluftmassenmesser ❷ abzuziehen.

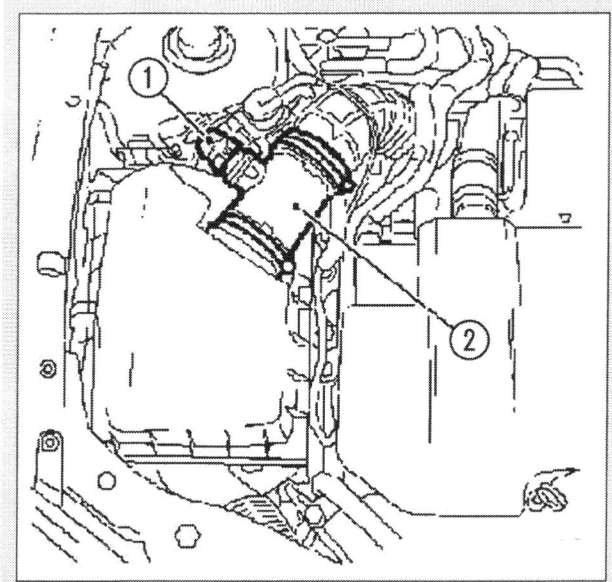

Demontieren und beiseite legen – Ansaugschlauch.

⑧ Nun clipsen Sie den Kühlmittelschlauch ❶ aus seinem Halter und lösen die Schraube ❷ am Generator.

⑨ Demontieren Sie auch das Hitzeschutzblech der Lenkung und …

⑩ … lösen die Generatorbefestigungsschraube ❸.

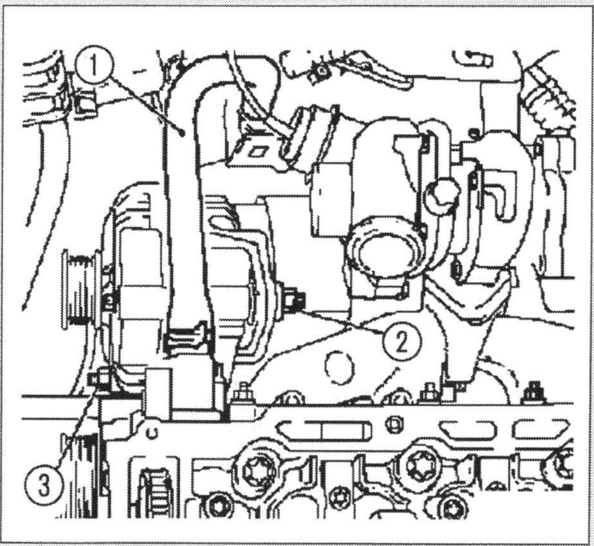

Vor der Demontage gründlich strippen – Generatoren bei beiden Dieselmotoren.

⑪ Bugsieren Sie den Generator noch oben aus dem Motorraum.

⑫ Beenden Sie die Montage in umgekehrter Reihenfolge.

Anlasser aus- und einbauen

Stellt der Vectra-Anlasser auf »stur«, gibt's meistens gleich mehrere Gründe. Zum Beispiel können der Magnetschalter bzw. die Schleifkohlen klemmen oder verschlissen sein. Auch die Ankerwelle »frisst« ab und an in den Lagerstellen fest. Unser Rat: Bevor Sie eine Reparatur mit ungewissem Ausgang an der heimischen Werkbank beginnen, entscheiden Sie sich besser für einen Austauschanlasser oder ein gebrauchtes Aggregat aus einem neuwertigen Unfallwagen. Vielleicht hat Ihr Opel-Händler ja einen neuwertigen auf Lager. Ansonsten hilft er Ihnen mit einem Austauschteil »aus der Patsche«.

Arbeitsschritte (je Motortyp)

Z18 XE

① Klemmen Sie das Batteriemassekabel ab und …

② … bocken den Vorderwagen rüttelsicher auf.

③ Demontieren Sie beide Schrauben (Pfeile) der Einlasskrümmerstütze und …

④ … ziehen den Stecker der Lambdasonde ❶ ab.

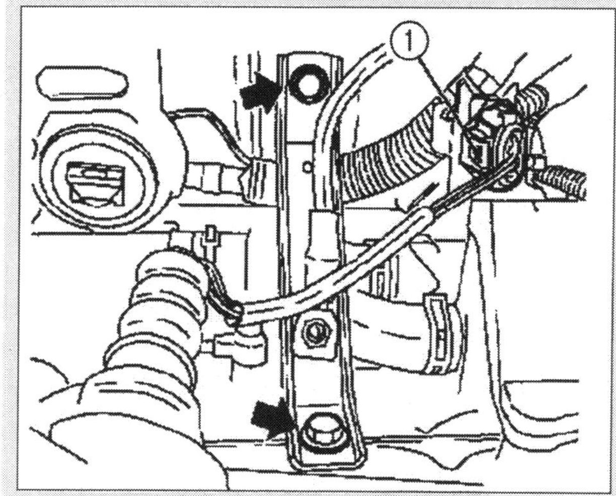

An der Einlasskrümmerstütze – Schrauben lösen.

⑤ … Lösen Sie jetzt am Magnetschalter beide Anschlusskabel ❶ und …

⑥ … demontieren dann beide Anlasserschrauben.

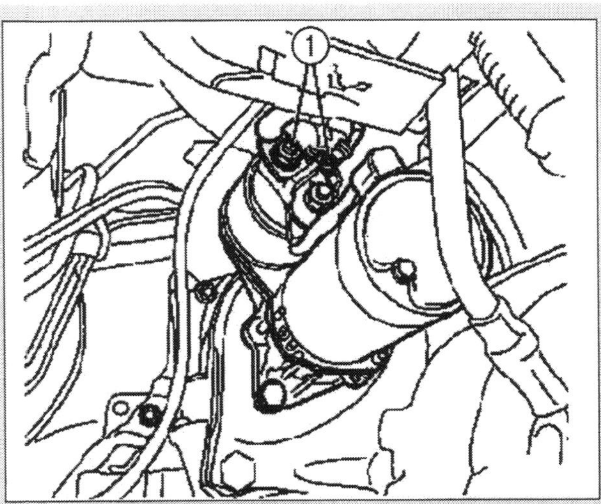

Lösen – Anschluss- und Befestigungs-schrauben am Anlasser.

⑦ Ziehen Sie den Anlasser seitlich aus der Kupplungsglocke und bugsieren ihn aus dem Motorraum.

⑧ Beenden Sie die Montage in umgekehrter Reihenfolge.

Z22 SE

① Klemmen Sie das Batteriemassekabel ab und …

② … bocken den Vorderwagen rüttelsicher auf.

③ Clipsen Sie den Ölkontroll-Kabelstrang ❶ vom Motorblock und ...

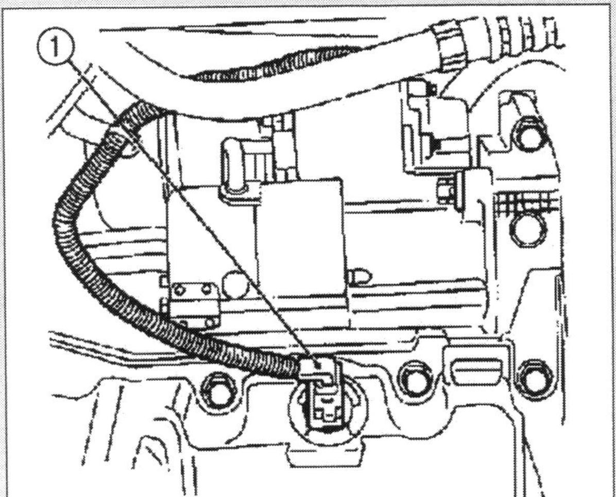

Beiseite legen – Kabelstrang.

④ … den Kabelsatzstecker vom Impulsgeber der Kurbelwelle ab und legen »die Enden« beiseite.

⑤ Hernach lösen Sie am Magnetschalter beide Anschlusskabel (Pfeile) und ...

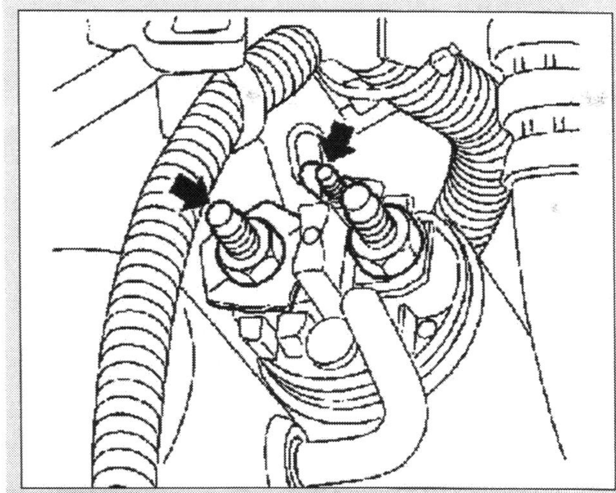

Lösen – Muttern am Magnetschalter.

⑥ … demontieren dann die Anlasserschrauben ❶.

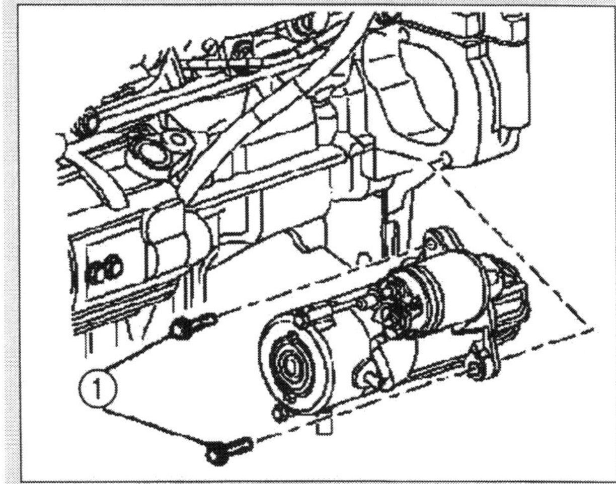

Lösen – beide Anlasserschrauben.

⑦ Ziehen Sie den Anlasser seitlich aus der Kupplungsglocke und bugsieren ihn aus dem Motorraum.

⑧ Beenden Sie die Montage in umgekehrter Reihenfolge.

Y20 DTH, Y22 DTR:

① Klemmen Sie das Batteriemassekabel ab und …

② … bocken den Vorderwagen rüttelsicher auf.

③ Hernach demontieren Sie das vordere Auspuffrohr und die untere Motorabdeckung, wie beschrieben.

④ Lösen Sie vom Hitzeschutzblech die Schrauben ❶ und die Mutter ❷ und …

⑤ … bugsieren das Blech aus dem Motorraum.

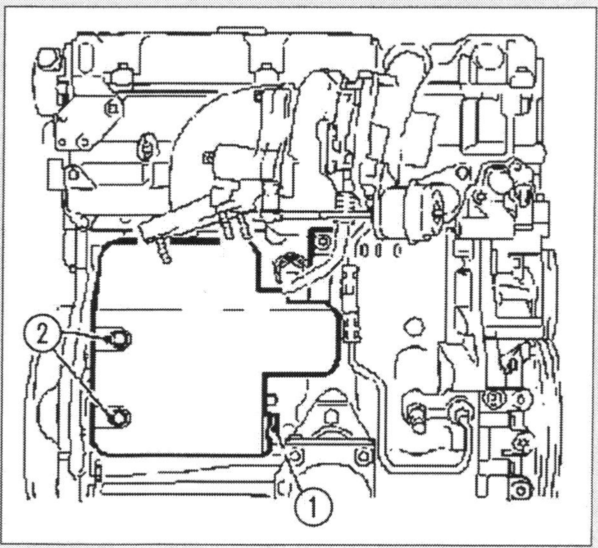

Demontieren – das Hitzeschutzblech.

⑥ Jetzt lösen Sie die drei Befestigungsschrauben des Kabelkanals ❷, »quetschen« den Kabelkanal beiseite und ...

⑦ ... ziehen den Stecker ❶ vom Öldruckschalter ab.

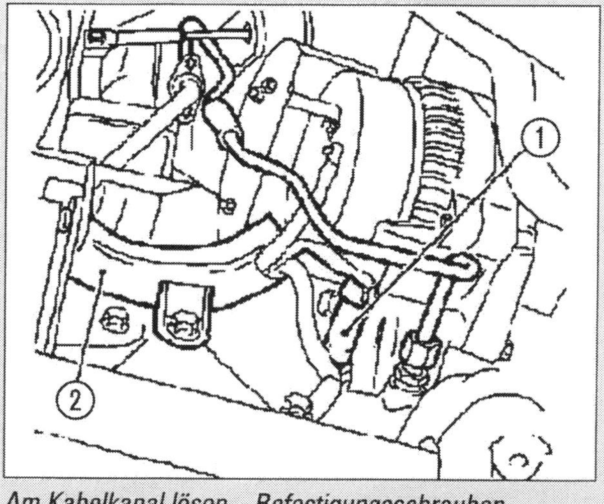

Am Kabelkanal lösen – Befestigungsschrauben.

⑧ Hernach lösen Sie die Anlasserstütze mitsamt ...

⑨ ... der oberen Anlasserschraube.

⑩ Gemacht? Dann schrauben Sie das Massekabel (Pfeil) vom Motorblock ab und ...

⑪ ... lösen beide Anschlusskabel (Pfeile) vom Magnetschalter.

⑫ Wenn Sie jetzt noch die untere Anlasserschraube ❶ lösen, können Sie den Anlasser seitlich aus der Kupplungsglocke ziehen und aus dem Motorraum bugsieren.

Lösen – Anschluss- und Befestigungsschrauben am Magnetschalter.

⑬ Beenden Sie die Montage in umgekehrter Reihenfolge. Die Anlasserschrauben bekommen 45 Nm.

Anlasser

Störungs-beistand

Störung	Ursache	Abhilfe
A Anlasser dreht zu schwergängig oder gar nicht.	**1** Kontrolllampen brennen schwach oder verlöschen:	
	a) Batterie entladen,	Mit Starthilfekabeln starten, Auto anschieben/anschleppen.
	b) Kabelanschlüsse lose oder oxidiert,	Kabel befestigen, Anschlüsse säubern, Keilriemenspannung prüfen.
	c) Anlasser hat Masseschluss.	Anlasser überholen lassen oder austauschen.
	2 Kontrolllampen brennen hell, Klicken aus Richtung Anlasser – kurz auf den Magnetschalter klopfen. Dreht der Anlasser immer noch nicht:	
	a) Kohlebürsten bzw. Anschlüsse im Anlasser gelöst,	Anlasser überholen lassen oder austauschen.
	b) Kontakte im Magnetschalter verschmort (verklebt),	Magnetschalter erneuern bzw. Anlasser überholen lassen oder austauschen.
	c) Anlasserwicklung schadhaft.	Anlasser überholen lassen oder austauschen.
	3 Kontrolllämpchen brennen hell, keinerlei Anlassergeräusche:	Anschlüsse überprüfen.
	a) Klemme 1 am Magnetschalter lose.	Klemme neu befestigen.
	b) Klemme-1-Leitung vom Zündschloss zum Magnetschalter unterbrochen.	Leitung mit Prüflampe auf Durchgang kontrollieren, Klemmen auf festen Sitz prüfen.
B Anlasser läuft, Motor steht still.	**1** Ritzel verschmutzt oder verschlissen.	Ritzel reinigen bzw. erneuern.
	2 Einrückvorrichtung klemmt.	Anlasser überholen lassen.
	3 Zahnkranz auf Motorschwungscheibe beschädigt.	Wagen bei eingelegtem Gang ein Stück vorschieben. Erneut starten. Beschädigte Teile ersetzen lassen.
C Magnetschalter schaltet rhythmisch ein und aus, Anlasser läuft nicht.	Batterie stark entladen, Startspannung zu schwach.	Batterie laden.
D Anlasser läuft weiter, obwohl Zündschlüssel nicht mehr in Startstellung.	**1** Magnetschalter hängt oder Kontakte verklebt.	Zündung ausschalten, notfalls Batterie abklemmen. Magnetschalter erneuern, evtl. Anlasser austauschen lassen.
	2 Zünd-/Anlassschalter defekt.	Schalter ersetzen.
E Ritzel spurt nach Anspringen des Motors nicht aus.	Rückstellfeder des Einrückhebels defekt, Schubschraubtrieb verschlissen.	Zündung abschalten, Anlasser auf Prüfstand kontrollieren, schadhafte Teile ersetzen, ggf. Anlasser austauschen.

Die Außenbeleuchtung

Die Außenbeleuchtung des Vectra beinhaltet die Hauptscheinwerfer, Rück- und Bremsleuchten, Rückfahrscheinwerfer, Nebellampen (Option), Nebelschlussleuchten sowie Blink- und Kennzeichenleuchten. Auf die restlichen Lichtquellen gehen wir im Kapitel »Der Innenraum« detailliert ein.

Außenscheinwerfer bestehen aus drei Komponenten: der Lichtquelle, dem Reflektor und der vorgelagerten Abdeckscheibe (Streuscheibe). Als Lichtquelle in den Haupt- und Nebelscheinwerfern bemüht der Vectra Halogengaslampen – optional strahlt der Opel auch mit Xenon-Licht die Straße aus. Im Serientrimm bringen Hauptscheinwerfer mit jeweils zwei Kunststofffreiformreflektoren Licht ins Dunkle. Freiformreflektoren projizieren ihren Lichtstrahl nicht, wie Scheinwerfer herkömmlicher Bauart, mit profilierten Streuscheiben, sondern in einer Vielzahl von Reflektorsektoren mit unterschiedlichen geometrischen Formen.

Ob die Abdeckscheibe nun profiliert oder glasklar ist – auf den Streubereich von Freiformreflektoren hat das keinerlei Einfluss. Denn die zur Reflektorachse differierenden Neigungswinkel der reflektierten Lichtstrahlen richtet allein der Freiformreflektor aus. Im Klartext: Das Licht »streuen« die Reflektoren mit ihren diversen Brennpunkten auf die Straße. Dementsprechend haben die Polycarbonat »Streuscheiben« im Vectra allenfalls die Funktion eines transparenten »Kunststofffensters«, sie schützen die Scheinwerferinnereien vor Witterungseinflüssen, Straßenschmutz und äußeren Beschädigungen.

Ab Werk bringen Hauptscheinwerfer mit jeweils zwei Kunststofffreiformreflektoren Licht ins Dunkle. Xenon-Scheinwerfer mit dynamischer Leuchtweitenregelung und Hochdruckreinigungsanlage beleuchten den Vectra-C ausschließlich gegen Aufpreis.

Technik-lexikon

Gasentladungslampe (Xenon-Licht)

Experten sind sich lange einig: Der Gasentladungslampe (Xenon-Licht) gehört die Zukunft. Xenon-Licht »verwöhnt« den Fahrer mit einer Tageslicht ähnlichen Frequenz, einer – im Vergleich zu Halogenlicht – um den Faktor 2,5 gesteigerten Lichtintensität inklusive 35 Prozent weniger Energiebedarf.

In Xenon-Scheinwerfern leuchtet anstatt einer herkömmlichen Glühlampe mit Leuchtfaden eine Gasentladungslampe, deren Xenon-Gasfüllung im Lampenkolben erst ein »Funken« zündet. Dadurch entsteht in der Xenongas-Atmosphäre des Lampenkolbens ein ionisierter »Gasschlauch«, den elektrischer Strom dann »erleuchtet«. Den Zündvorgang leitet je Scheinwerfer ein elektronisches Hochspanungs-Vorschaltgerät ein.

Wegen der hohen Lichtintensität lässt der Gesetzgeber hierzulande Gasentladungslampen ausschließlich mit dynamischen Leuchtweitenreglern zu. Somit ist das hartnäckige Gerücht vom gleißend blendenden Xenon-Licht technisch unbegründet, gewöhnungsbedürftig ist allein die Lichtfärbung: Autos mit Xenon-Licht kommen leicht blauäugig daher …

»Erblindete« Gasentladungslampen sollten Sie besser in einer Fachwerkstatt tauschen lassen: Der unsachgemäße Umgang mit den Vorschaltgeräten kann lebensbedrohende Verletzungen verursachen. Doch keine Skepsis: Die ersten Praxiserfahrungen belegen – Xenon-Licht funktioniert nahezu verschleißfrei.

»Maßkonfektion« – jeweils eine Lampe fürs Fern- und Abblendlicht

Als »Abblendlicht« umschreibt der Gesetzgeber eine spezielle Lichtverteilung mit asymmetrischer Hell-Dunkel-Grenze. In Ländern mit Rechtsverkehr konzentriert sich das Lichtmaximum auf die rechte Fahrbahnseite, ansonsten steht der »linke Straßengraben« im Brennpunkt. Die Vectra-Scheinwerfer »befeuern« jeweils zwei 55 Watt H7-Halogenlampen.

Sinnvoll – Ersatzlampenset an Bord

Hierzulande schreibt der Gesetzgeber verbindlich vor, dass alle äußeren »Beleuchtungskörper« ständig funktionieren müssen. Vorausschauende Fahrer stellen sich darum ein Ersatzlampenset zusammen. Im Vectra »strahlen« generell 12 V-Lampen:

Abblendlicht	–	H7/55W
Fernlicht	–	H7/55W
Nebelscheinwerfer	–	H3/55W
Blinklicht vorne	–	Kugellampe 21W (Orange)
Standlicht vorne	–	Glassockellampe/5W
Seitliche Blinker	–	Glassockellampe/5W
Blinklicht hinten	–	Kugellampe 21W
Nebelschlusslicht	–	Kugellampe 21W
Brems-/Schlussleuchte	–	Kugellampe 21W
Zusatzbremsleuchte	–	LED-Band
Rückfahrlicht	–	Kugellampe 21W
Kennzeichenleuchte	–	Glassockellampe 5W
Gepäckraumleuchte	–	Soffitte 10W
Innenleuchte	–	Glassockellampe 5W
Leseleuchte	–	Glassockellampe 5W

Die Leuchtweiten-regelung

Technik-lexikon

Ab Werk kommt jeder Vectra mit einer Leuchtweitenregelung daher. Die Leuchtweitenregelung versetzt Sie in die Lage, Ihre Scheinwerfer exakt der Beladung anzupassen – Sie »müssen« den Gegenverkehr somit unter keinen Umständen blenden. Im Vectra arbeitet die Leuchtweitenregelung mit spannungsgesteuerten Schrittmotoren. Mit dem Betätigungsschalter, rechts neben dem Hauptlichtschalter, variieren Sie einen verstellbaren Widerstand, der die gewählte Spannung an die Stellmotoren weiterleitet: Je nach Einstellung justiert eine Spindel im Scheinwerfergehäuse den Reflektor. In der Grundeinstellung, also mit zwei Personen besetzt, stellen Sie das Rändelrad generell in Stellung »0«. Mit vier- bzw. fünf Personen und kleinem »Handgepäck« an Bord drehen Sie das Rändelrad in Position »2«, darüber hinaus blenden Sie Ihren Vectra in Stellung »3« ab. Sollten Sie Ihrem Vectra Xenon-Lampen »spendiert« haben, »verdreht« ihm eine dynamische Leuchtweitenregulierung die »Augen« automatisch.

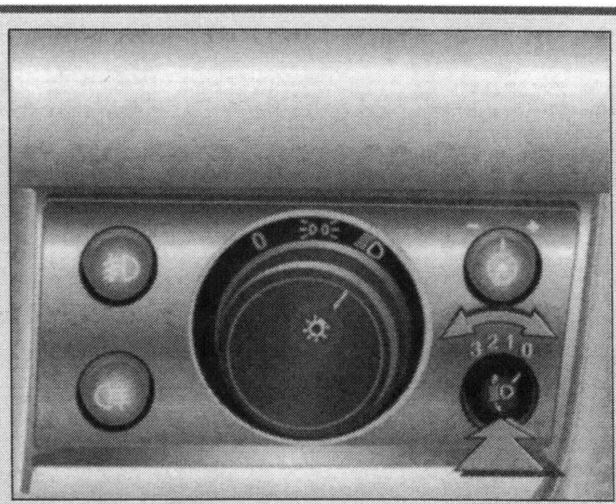

Dreistufig: Der serienmäßige Leuchtweitendrehregler.

Kein großes Problem – Scheinwerferlampen wechseln

Die Lampen für Fahr-, Fern-, Stand- und Blinklicht finden Sie allesamt im Scheinwerfergehäuse. Zum Lampentausch müssen Sie die Scheinwerfer nicht demontieren. Statt dessen öffnen Sie die Motorhaube, entfernen den Verschlussdeckel des betreffenden Scheinwerfers und rücken den »schwarzen« Lampen dann von hinten »auf die Pelle«. Achten Sie generell darauf, dass währenddessen die Scheinwerfer ausgeschaltet sind. **Wichtig**: Neue Glühlampen fassen Sie mit möglichst sauberen Händen immer nur am Sockel an. Ansonsten würden »mit dem ersten Licht« Ihre Fingerabdrücke am heißen Glaskolben verdampfen und sich als Schleier auf die Reflektoren legen. »Verschleierte« Reflektoren schlucken Licht, anstatt es zu reflektieren. Sollten Sie dennoch nicht umhin kommen, die neue Lampe am Glaskolben in die Fassung zu bugsieren, cleanen Sie hernach das Glas mit einem in Alkohol oder Brennspiritus getränkten fusselfreien Tuch. Verwenden Sie außerdem nur Ersatzlampen mit einem UV-Filter.

Arbeits-schritte (je Lampenwechsel)

Abblendlicht (Halogenscheinwerfersystem) **linke Seite**

① Clipsen Sie die Haltenase (Pfeil) am Einfüllstutzen der Scheibenwaschanlage aus dem Frontblech und …

② … ziehen den Stutzen dann aus dem Vorratsbehälter.

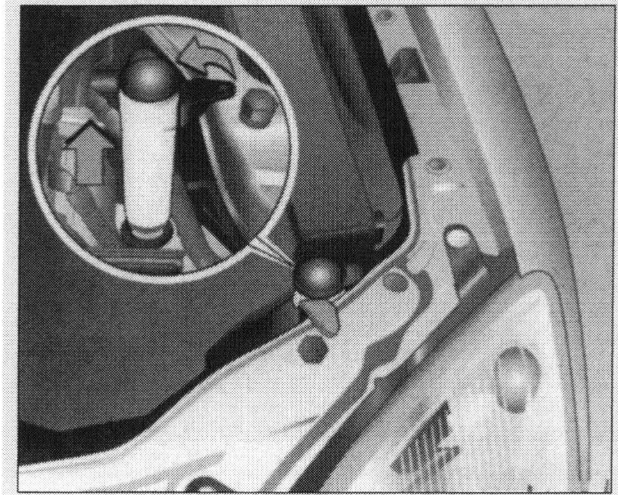

Schnell gemacht – Einfüllstutzen demontieren.

beide Seiten

③ Ziehen Sie die runde Abdeckkappe (Pfeil) vom Scheinwerfergehäuse und …

Nach hinten abziehen – Scheinwerferabdeckkappe.

④ … drehen den Lampenträger um ca. eine viertel Umdrehung gegen den Uhrzeigersinn.

⑤ Fassen Sie den Anschlussstecker, ziehen ihn aus der Arretierung und …

⑥ … bugsieren ihn dann gemeinsam mit der Lampe aus dem Reflektor.

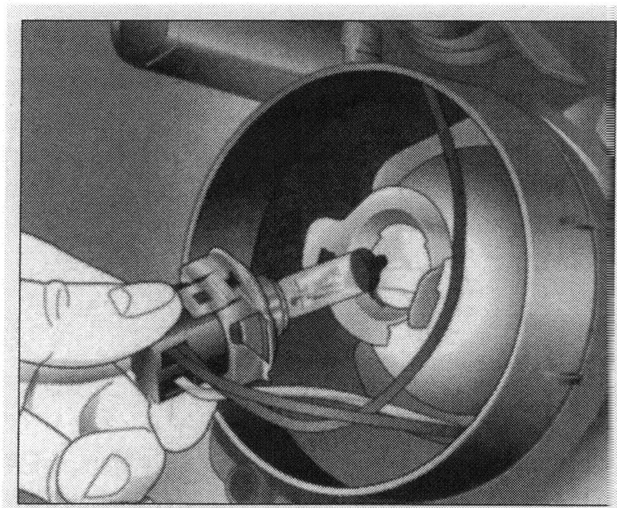

Auf die Reihenfolge und Richtung achten – Lampenstecker nach links drehen und dann zusammen mit der Lampe aus dem Reflektor ziehen.

⑦ Ziehen Sie die blinde Lampe aus dem Stecker (Pfeile) …

⑧ …fassen die neue am Sockel und stecken sie in die Polschuhe des Lampenhalters.

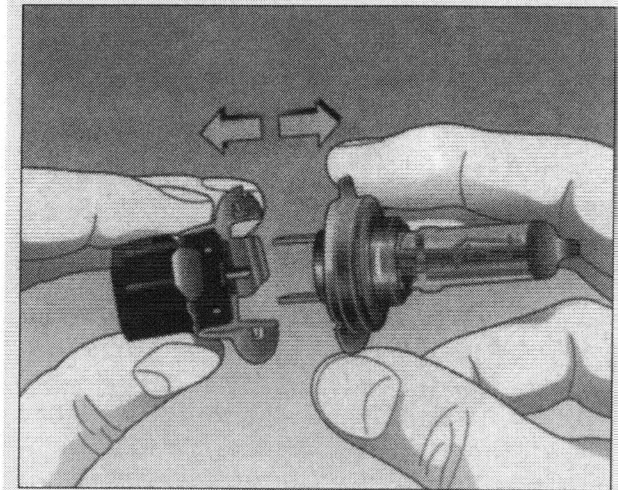

Neue Lampen – generell nur den Sockel anfassen.

⑨ Setzen Sie den Lampenhalter vorsichtig im Reflektor an und drehen ihn so lange nach rechts, bis die Arretierstifte hör- und fühlbar einrasten. Vergessen Sie hernach nicht den Funktionscheck.

Abblendlicht (Xenonscheinwerfersystem)

Xenon-Scheinwerfer arbeiten mit Hochspannung. Unsachgemäßer Umgang mit den Vorschaltgeräten kann zu lebensbedrohenden Verletzungen führen. Beim geringsten Selbstzweifel lassen Sie besser einen Profi an die Lampen.

Fernlicht

(Halogenscheinwerfersystem, Xenonscheinwerfersystem)

linke Seite

① Demontieren Sie den Einfüllstutzen der Scheibenwaschanlage. Dazu clipsen Sie die Haltenase aus dem Frontblech und …

② … ziehen den Stutzen aus dem Vorratsbehälter.

beide Seiten

③ Ziehen Sie die lampeninnere ovale Abdeckkappe (Pfeil) vom Scheinwerfergehäuse und …

Abziehen – die ovale Scheinwerferabdeckkappe. Falls Ihr Vectra Xenon-Lampen hat, vermeiden Sie den Kontakt zur äußeren Lampe. Es besteht Lebensgefahr!

④ … drehen den Lampenträger um ca. eine viertel Umdrehung gegen den Uhrzeigersinn.

⑤ Fassen Sie den Anschlussstecker, ziehen ihn aus der Arretierung und…

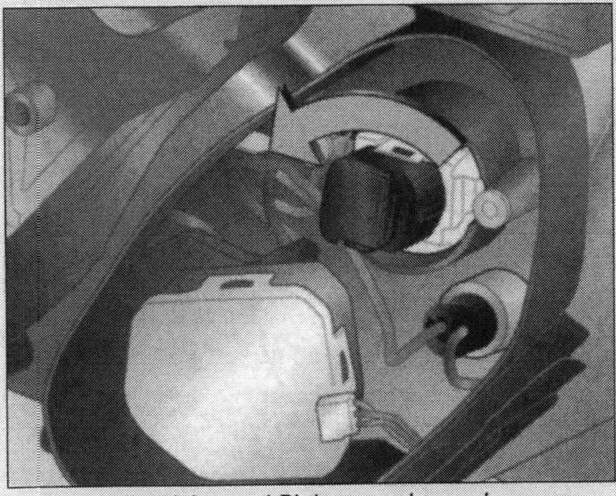

Auf die Reihenfolge und Richtung achten – Lampenstecker nach links drehen und dann zusammen mit der Lampe aus dem Reflektor ziehen.

⑥ …bugsieren ihn dann gemeinsam mit der Lampe aus dem Reflektor.

⑦ Ziehen Sie nun die alte Lampe aus dem Stecker, …

⑧ … greifen die neue am Sockel und stecken sie in die Polschuhe des Lampenhalters.

⑨ Den Lampenhalter setzen Sie dann vorsichtig in den Reflektor ein und drehen ihn so lange nach rechts, bis die Arretierstifte hör- und fühlbar einrasten. Vergessen Sie hernach nicht den Funktionscheck.

Nebelscheinwerfer

① Drehen Sie die Abdeckkappe ❶ der Nebelscheinwerfer nach links und nehmen sie ab.

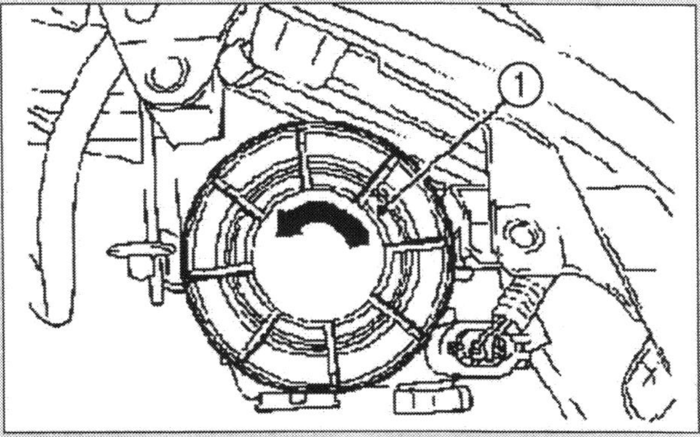

Nach links drehen – die Abdeckkappe.

② Jetzt ziehen Sie den Stecker ❸ der Glühlampe ab und...

③ ... rasten die Federdrahtbügel ❷ seitlich aus ihren Haltenasen. Anschließend schwenken Sie den Draht nach unten.

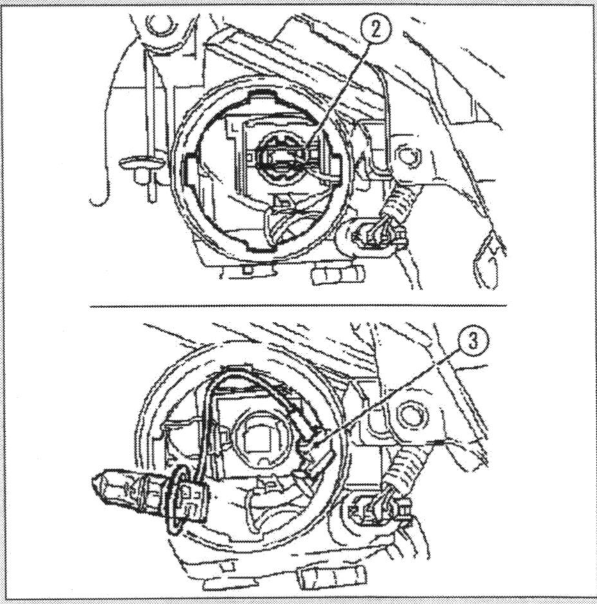

Nacheinander lösen – Federdrahtbügel und Stecker.

④ Tauschen Sie die defekte Lampe gegen eine neue und ...

⑤ ... montieren die neue Lampe in umgekehrter Reihenfolge. Achten Sie darauf, dass beide Führungsnasen richtig in der Lampenfassung sitzen. Vergessen Sie hernach auch den Funktionsscheck nicht.

Standlicht

linke Seite

① Clipsen Sie die Haltenase des Einfüllstutzens der Scheibenwaschanlage aus dem Frontblech und ...

② ... ziehen dann den Stutzen aus dem Vorratsbehälter.

beide Seiten

③ Ziehen Sie die ovale Abdeckkappe vom Scheinwerfergehäuse und ...

④ dann Sie die Lampenfassung mit der Lampe aus dem Gehäuse.

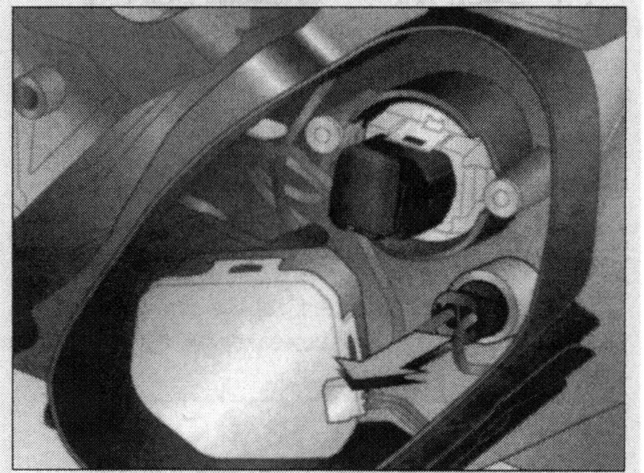

Mit Lampe aus dem Reflektor ziehen – Lampenfassung.

⑤ Ziehen Sie die alte Lampe aus der Fassung und setzen die neue ein.

⑥ Beenden Sie den Lampenwechsel in umgekehrter Reihenfolge. Achten Sie auf den korrekten Sitz der Lampenfassung. Vergessen Sie hernach auch den Funktionscheck nicht.

Vordere Blinkleuchte

linke Seite

① Clipsen Sie die Haltenase des Einfüllstutzens der Scheibenwaschanlage aus dem Frontblech und ...

② ... ziehen dann den Stutzen aus dem Vorratsbehälter.

beide Seiten

③ Drehen Sie die Lampenfassung nach links und ziehen sie, mitsamt Lampe, aus dem Gehäuse.

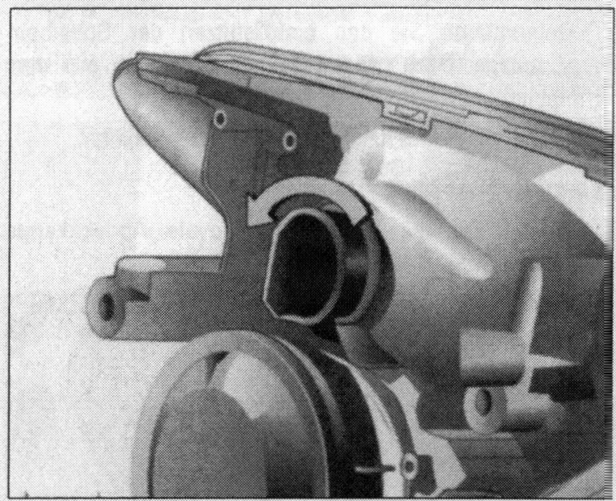

Mit Linksdrehung herausziehen – zuerst die Fassung, dann die Lampe.

④ Die alte Lampe drücken Sie leicht in die Fassung und ziehen sie mit einer leichten Linksdrehung heraus.

⑤ Tauschen Sie die defekte Lampe gegen eine neue aus und ...

⑥ ... montieren die neue Lampe in umgekehrter Reihenfolge. Achten Sie darauf, dass beide Führungsnasen richtig in der Lampenfassung sitzen. Vergessen Sie hernach auch den Funktionsscheck nicht.

Seitliche Blinkleuchte

① Schieben Sie die Blinkleuchte entgegen der Fahrtrichtung nach hinten und hebeln zeitgleich den vorderen Teil der Leuchte vom Kotflügel ab.

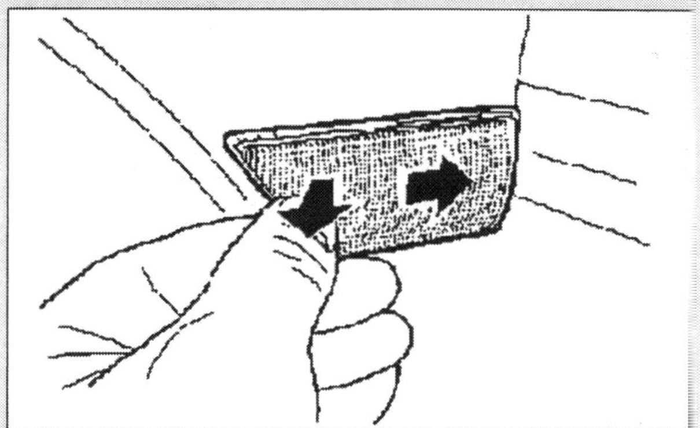

Zur Demontage zeitgleich nach hinten schieben und vorne anhebeln – seitliche Blinkleuchte.

② Jetzt entriegeln Sie den Mehrfachstecker ❶ und ziehen die Lampenfassung aus dem Blinkergehäuse.

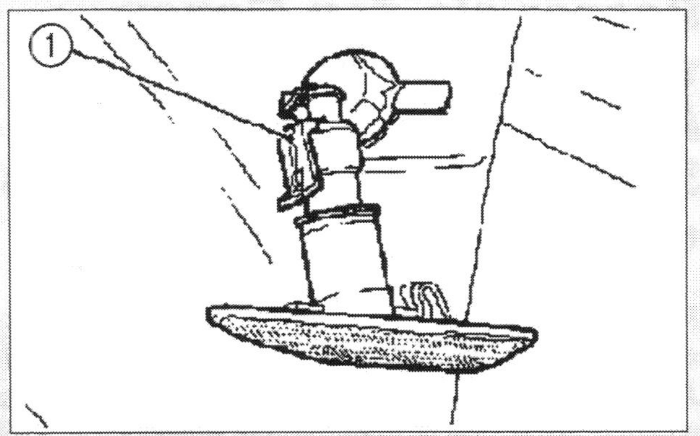

Entriegeln und abziehen – Mehrfachstecker.

③ Drehen Sie die Lampe mit einem Linksdreh aus der Lampenfassung und ...

④ ... beenden die Montage in umgekehrter Reihenfolge. Vergessen Sie hernach auch den Funktionsscheck nicht.

Praxistipp

Scheinwerfer-einstellung kontrollieren – nach jedem Lampenwechsel fällig

Da sich beim Tausch der Scheinwerferlampen der Reflektor verstellen kann, stellen Sie, bevor Sie die Lampen wechseln, Ihren Vectra vor einer möglichst dunklen Wand ab und markieren mit einem Kreidestrich an der Wand die Lichtkegel der intakten Lampen. Vergleichen Sie nach dem Lampenwechsel den Lichtaustritt der neuen Lampe mit den alten Lichtkegeln. Falls Ihr Vectra erkennbar »schielen« sollte, lassen Sie seine »Augen« besser in einer Fachwerkstatt mit einem optischen Scheinwerfereinstellgerät justieren. Das sollten Sie ohnehin einmal jährlich tun, denn nach Untersuchungen fahren rund 36 Prozent aller Autos mit verstellten Scheinwerfern durch die Lande. Damit Sie nicht gerade auch dazu gehören, lassen Sie, anlässlich der Beleuchtungswochen, die »Augen« Ihres Autos checken. Der Lichttest ist hierzulande zwischen dem 01. bis 31. Oktober in Bosch-Werkstätten traditionell sogar kostenlos.

Rückleuchten

(Brems-, Schluss-, Nebelrück- und Blinklicht)

① Öffnen Sie die Heckklappe, demontieren die betreffende Abdeckkappe von der Innenverkleidung und ...

links

② ... nehmen den Verbandskasten aus der »Seitentasche«.

beide Seiten

③ Ziehen Sie den Mehrfachstecker vom Lampenträger, halten das Lampengehäuse von außen »leicht gegen« und drücken die beiden Sperrzungen (Pfeile) zusammen. Ziehen Sie den Lampenträger nach hinten aus dem Rücklicht.

④ Tauschen Sie die alte Lampe mit einem Linksdreh gegen die neue aus.

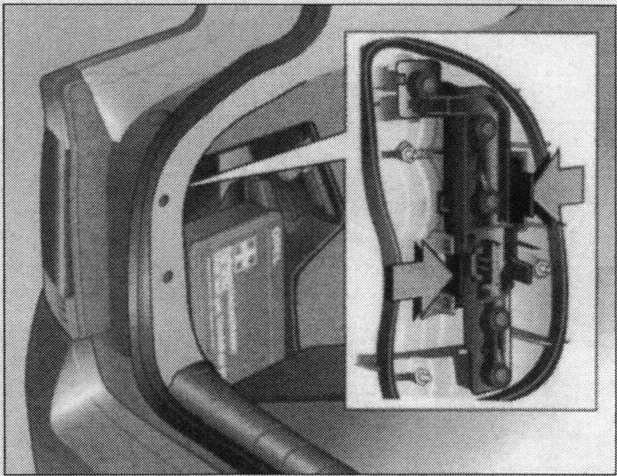

Zusammendrücken – beide Sperrzungen am Lampenträgerrand.

⑤ Beenden Sie die Montage in umgekehrter Reihenfolge. Vergessen Sie hernach auch den Funktionscheck nicht.

Praxistipp

Welche Lampe »brennt« wo?

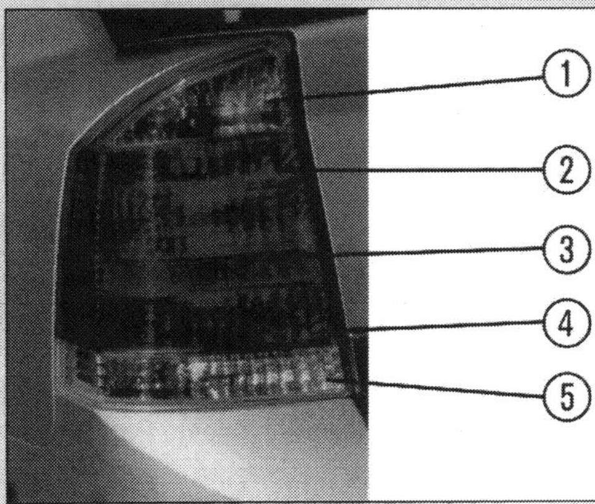

Von oben nach unten: Die »Leuchtkammern« sind in allen Vectra-Versionen gleich belegt. ❶ Blinker; ❷ Rück-/Bremslicht; ❸ Rücklicht; ❹ Nebelschlussleuchte (nur links); ❺ Rückfahrscheinwerfer.

Kennzeichenleuchte

① Führen Sie einen Lüsterklemmenschraubendreher senkrecht in die rechte Öffnung der Kennzeichenleuchte.

② Verdrehen Sie den Schraubendreher gefühlvoll nach rechts, pressen ihn gegen eine Feder und ziehen ihn zeitgleich nach unten.

Gefühlvoll mit Schraubendreher ausclipsen – Kennzeichenleuchte.

③ Die Lampenfassung drehen Sie zunächst nach links und nehmen dann die Glühlampe aus der Fassung.

④ Tauschen Sie die alte gegen eine neue Glühlampe und...

⑤ ... beenden die Montage in umgekehrter Reihenfolge. Vergessen Sie hernach auch den Funktionscheck nicht.

Praxistipp

Glühlampen turnusmäßig wechseln

Jede normale Glühlampe verschleißt: Der Glühfaden löst sich mit der Zeit in Wohlgefallen auf – seine Partikel verdampfen und mindern die Lichtausbeute. Beachten Sie das und erneuern im Bereich der Außenbeleuchtung (außer Halogenlampen) die Glühlampen spätestens nach zwei Jahren. Optisch erkennen Sie »gealterte« Glühlampen übrigens auch am leicht geschwärzten Lampenkolben.

Besser als den Gegenverkehr mit »schielenden Augen« zu blenden – Scheinwerfer provisorisch einstellen

Falls Sie auf die Schnelle das Licht nicht ordentlich einstellen lassen können, »krempeln Sie eben selbst die Ärmel hoch« und parken Ihr Auto vor einer möglichst dunklen Wand. Das ist zwar nur ein Provisorium, doch immer noch besser als den Gegenverkehr mit »schielenden Augen« zu blenden. Gehen Sie folgendermaßen vor:

- Tanken Sie Ihren Vectra voll oder bepacken, bei rund halbvollem Tank, den Kofferraum mit etwa 30 Kilogramm Zusatzgewicht.
- Setzen Sie einen Helfer auf den Fahrersitz oder legen im rechten Fußraum alternativ rund 75 Kilogramm Ballastgewicht ab.
- Checken Sie den vorschriftsmäßigen Reifendruck.
- Positionieren Sie Ihr Auto exakt fünf Meter vor einem möglichst dunklen Hintergrund (Wand). Er soll als provisorische Projektionsfläche dienen.
- Bevor Sie »loslegen« drücken Sie das Auto vorne und hinten mehrmals kräftig in die Federn und …
- … stellen die Scheinwerferregulierung auf »0«.

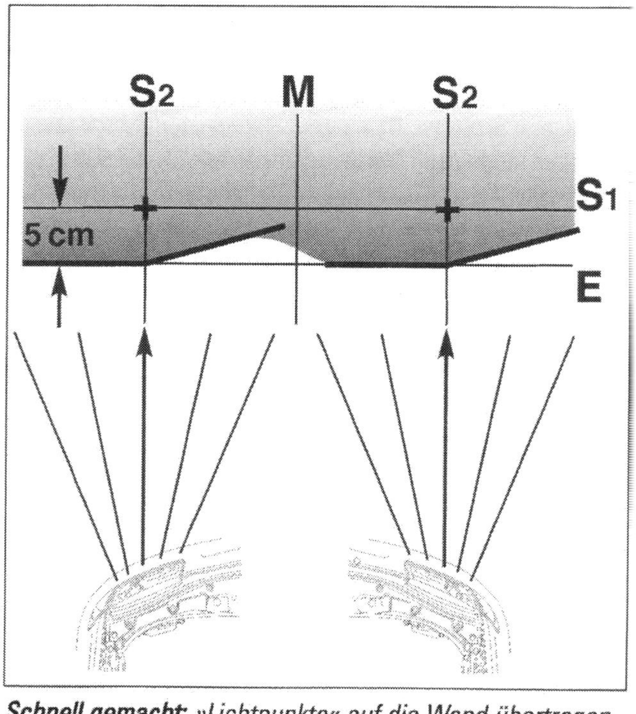

Schnell gemacht: »Lichtpunkte« auf die Wand übertragen.

- Messen Sie den Abstand zwischen Boden und Mittelpunkt der beiden Scheinwerfer aus. Das Maß markieren Sie an der Wand und verbinden es mit einer Linie (S1).
- Fünf Zentimeter darunter zeichnen Sie sich eine parallele Linie (E) an die Wand. Sie signalisiert die Neigung des Abblendlichts auf fünf Meter Entfernung.
- »Peilen« Sie durch das Heckfenster nach vorn und lassen Ihren Helfer genau in Fahrzeugmitte eine senkrechte Linie (M) einzeichnen.
- Messen Sie dann den Abstand zwischen Auto- und Scheinwerfermittelpunkt (rechts und links). Übertragen Sie die Werte auf eine Hilfslinie (rechts und links vom Schnittpunkt der Linien M und S1) und markieren sie mit einem Einstellkreuz (S2).
- Genau fünf Zentimeter unter diesen Kreuzen justieren Sie auf der Einstelllinie (E) die Abknickpunkte des Abblendlichts.
- Die Scheinwerfereinstellschrauben »finden« Sie unterhalb der Motorhaube oberhalb der beiden Scheinwerfer. Die innere Schraube ❶ verstellt die Reflektoren vertikal, die äußere Schraube ❷ dagegen horizontal.

Sitzen unterhalb der Motorhaube: Scheinwerfereinstellschrauben der Hauptscheinwerfer. ❶ *Seiteneinstellschraube,* ❷ *Höheneinstellschraube.*

- Schalten Sie das Abblendlicht ein und …
- … verdrehen die Höhenverstellschraube ❷ so lange, bis die waagrechte Hell/Dunkelgrenze des Abblendlichts mit der Einstelllinie (E) übereinstimmt.
- Danach verdrehen Sie die Seitenverstellschraube ❶ an der Scheinwerferinnenseite bis im Abblendlichtbild der Abknickpunkt mit dem Einstellkreuz korrespondiert. Ein »Streuanteil« von 15 Prozent darf über der Linie liegen.
- Nach der Einstellung »stimmt« das Fernlicht automatisch.
- Falls Ihr Vectra Nebelscheinwerfer hat, verfahren Sie nach dem gleichen »Einstellmuster«. Stellen Sie eine Hilfslinie mit den Einstellkreuzen (Mitte der Nebelscheinwerfer) her.

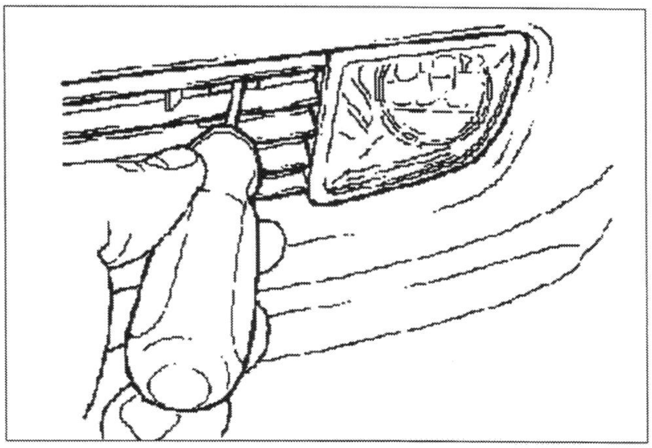

Mit Schraubendreher durchs Gitter hindurch justieren – Nebelscheinwerfer.

Die Signaleinrichtungen

Was Sie im Moment gerade auf der Straße vorhaben, signalisieren Sie selbstverständlich anderen Verkehrsteilnehmern: Wenn Sie zum Beispiel die Fahrtrichtung ändern möchten, betätigen Sie den Blinker, beim Tritt aufs Bremspedal sieht Ihr Hintermann automatisch »rot«. Bevor Sie außerhalb einer geschlossenen Ortschaft überholen, betätigen Sie die Lichthupe. Doch außer Blinker und Bremslicht stehen Ihnen noch weitere Signaleinrichtungen zur Verfügung.

Pflicht im öffentlichen Straßenverkehr – Signalhorn und Warnblinker

Die Straßenverkehrs-Zulassungsordnung (StVZO) schreibt jedem Kraftfahrzeug zwingend ein Signalhorn vor. Außerdem verlangt der Gesetzgeber bei zweispurigen Kraftfahrzeugen eine Warnblinkanlage, mit der Sie im Notfall Ihren Vectra per Knopfdruck vom Fahrersitz aus absichern können. Da die Warnblinkanlage immer funktionieren muss, »hängt« sie, von einer Sicherung vor möglichem Kurzschluss geschützt, direkt am Batteriestromkreis (Klemme 30). Die Richtungsblinker bekommen ihren Saft dagegen von Klemme 15 (Zündung) angeliefert.

Übrigens: Bevor Sie eine Fahrt antreten, checken Sie grundsätzlich die Signaleinrichtungen Ihres Vectra.

Warnblinkanlage:

- Betätigen Sie bei ausgeschalteter Zündung die Warnblinkanlage. Alle Blinker – mitsamt der Kontrollleuchte im Schalter – müssen im gleichen Rhythmus aufleuchten.

Blinker:

- Schalten Sie die Zündung ein und schalten den Blinkerhebel. Die Blinker der »gesetzten Seite« müssen im gleichen Rhythmus blinken, ebenso die Blinkerkontrolle im Cockpit.

Bremsleuchten:

- Stellen Sie Ihr Auto mit dem Heck vor einer Wand ab und treten dann das Bremspedal – die Wand reflektiert das Bremslicht. Das Gleiche funktioniert auch im Stand in einer Autoschlange. Kontrollieren Sie im Rückspiegel, ob Sie Ihre »brennenden« Bremsleuchten in den Scheinwerfern oder in der Lackierung des Hintermanns erkennen.

Bremslichtschalter prüfen

Wenn alle drei Bremslichter abrupt nicht mehr funktionieren, »misstrauen« Sie getrost dem Bremslichtschalter. Er sitzt im Innenraum direkt am Lagerbock der Pedalerie. Beim Betätigen des Bremspedals »wandert« ein Druckstift aus dem Schaltergehäuse, daraufhin schließen im Schalter die Kontakte und leiten Spannung an die Bremsleuchten weiter. Den Schalter prüfen Sie ganz einfach: Ziehen Sie die Kabelstecker ab und halten die »blanken« Enden zusammen. Sollten jetzt die Bremsleuchten funktionieren, erneuern Sie den Schalter.

Signalhorn prüfen

Signalhörner verrichten in modernen Autos ihren Job – von Dreck und Spritzwasser abgeschirmt – mittlerweile völlig zuverlässig: Der Vectra »versteckt« seine Signalhörner unterhalb des Vorderwagens. Solange dort die Kabelanschlüsse und der Massekontakt o. k. sind (checken Sie das mit einer Prüflampe oder per Multimeter), »überleben« die Hörner Ihren Vectra. Falls die Hupe dennoch »stumm« bleibt, checken Sie den Hupenkontakt im Lenkrad. Im Zeitalter automati-

Warnblink- und Blinkanlage

Störungsbeistand

Störung	Ursache	Abhilfe
A Blinkerkontrolllampe leuchtet in kurzen Intervallen auf, Warnblinker funktioniert im normalen Rhythmus.	Blinkleuchte defekt oder Kontaktschwäche.	Auswechseln – Kontaktschwäche mit Kontaktspray beseitigen.
B Blink- und Kontrollleuchte brennen ungetaktet.	Elektronisch gesteuertes Blinkrelais defekt.	Auswechseln.
C Blinkleuchten o.k. – Warnblinker nicht.	**1** Sicherung defekt.	Auswechseln.
	2 Kabel vom Steckkontakt des Warnblinkerschalters zur Sicherung bzw. Blinkerrelais unterbrochen.	Durchgang kontrollieren, evtl. instand setzen.
	3 Warnblinkschalter defekt.	Auswechseln (lassen).
D Warnblinkanlage o.k. – Richtungsblinker nicht.	Kabel zwischen Blinkerschalter und Blinkerrelais unterbrochen.	Durchgang prüfen, evtl. instand setzen.

Bremslicht

Störungsbeistand

Störung	Ursache	Abhilfe
A Eine Bremsleuchte brennt nicht.	1 Lampe defekt.	Austauschen.
	2 Masseverbindung unterbrochen. Brennen die übrigen Lampen in der Heckleuchte?	Masseanschluss erneuern (säubern).
	3 Zuleitung unterbrochen.	Kabel kontrollieren.
B Alle Bremslichter funktionieren nicht.	1 Sicherung defekt.	Ersetzen.
	2 Bremslichtschalter defekt.	Überprüfen, ggf. ersetzen.
C Bremslicht brennt dauernd.	1 Bremspedal hängt.	Gangbar machen.
	2 Bremslichtschalter defekt.	Bremslichtschalter und Zuleitungen kontrollieren.

scher Rückhaltesysteme ist das leichter gesagt als getan – wir raten Ihnen davon ab: Der Kontakt sitzt unterhalb des Fahrerairbags. Von dem »lebensrettenden Luftsack« lassen Sie, auch als versierter Do it yourselfer, besser die »Finger«. In Fachwerkstätten sind Airbags auch nicht die »Spielwiese« eines jeden Schraubers, sondern ausschließlich die Domäne speziell unterwiesener Monteure.

Instrumente und Bedienungselemente

Sobald Sie den Zündschlüssel betätigen, stehen zwischen den Vorder- und Hinterrädern Ihres Vectra viele technische Komponenten unter elektronischer »Aufsicht«. Das erhöht Ihre Sicherheit – während der Fahrt können Sie Ihre ganze Aufmerksamkeit dem »Tachometer« und der Straße widmen. Doch plötzlich »strahlende« Kontrolllämpchen unterschätzen Sie bitte nicht: Optische Warnsignale im Vectra-Cockpit haben immer »ernste« Hintergründe.

Verlöschen kurz nach dem Start – Öldruck-, ESP-, Airbag- und ABS-Kontrollleuchten

Das gilt für die Öldruckwarnleuchte, ebenso wie für die Airbagkontrolle und die ABS-/ ESP-Funktionsanzeige, die während des Startvorgangs nur wenige Sekunden aufleuchten. Bleiben die Lämpchen jedoch immer »dunkel« oder flackern während der Fahrt auf, gehen Sie »zielgerichtet« von einem Systemdefekt aus. Um teure Folgeschäden und unnötige Gefahrenmomente zu umgehen, führen Sie Ihren Vectra umgehend einem Opel-Kundendienst zur Diagnose vor.

Nichts ist unmöglich – Fehlinformationen aus dem Cockpit

Allerdings stehen sich elektronische On-Bordsysteme mitunter noch »selbst im Weg«: Ab und an »spinnen« nämlich nicht die Systeme, sondern lediglich ihre Peripherie. Bisweilen provozieren defekte Schalter, Sensoren oder Anschlusskabel Fehlinformationen, die Sie als technisch versierten Autofahrer in »Alarmstimmung« versetzen. Bewahren Sie also kühlen Kopf und folgen der Logik – so zum Beispiel, wenn Anzeigen unterschiedlicher Systeme gleichzeitig aus dem Tritt sind. Mitunter verantwortet den optischen Informationssalat dann »nur« ein schadhafter Spannungsregler. Sei's drum – Sie sind auf jeden Fall gut beraten, wenn Sie der Ursache umgehend auf den Grund gehen und das Manko beseitigen.

Routine für Profis – Sichtkontrollen vor der Fahrt

Bevor Sie mit Ihrem Vectra losfahren, gönnen Sie seinem Cockpit einen aufmerksamen Blick. Weil in Ihrem Unterbewusstsein das normale Erscheinungsbild längst »eingebrannt« ist (die Anzahl der Anzeigen ist ausstattungsabhängig), fallen Ihnen selbst kleinere Abweichungen sofort ins Auge.

- Funktioniert die Zeituhr?
- Mit eingeschalteter Zündung leuchten Ladekontrolle, Öldruckwarn-leuchte, die Handbremskontrollleuchte (bei angezogener Handbremse), die Airbagkontrolle und ABS-/ESP-Funktionsanzeige auf. Beim Vectra-Diesel brennt vor dem Start für wenige Sekunden auch die Vorglühkontrollleuchte.
- Vergessen Sie auch nicht kurz den Warnblinker, die beheizbare Heckscheibe, Nebelscheinwerfer und die Nebelschlussleuchte zu bedienen. Kontrollieren Sie, ob die entsprechenden Kontrollleuchten funktionieren.
- Sind die Schalter und das Cockpit beleuchtet? Schalten Sie zum Check das Fahrlicht ein.
- Schalten Sie den linken Kombihebel durch. Funktioniert die Blinker- und Fernlichtkontrolle?
- »Verschwindet« die Lade- und Öldruckkontrollleuchte, nachdem der Motor läuft? Wird die Airbagkontrolle und ABS-/ESP-Funktionsanzeige dunkel? Erlischt die Vorglühkontrollleuchte, nachdem der Diesel »brummt«?
- Achten Sie während der Fahrt auf den Tacho und Drehzahlmesser.

Vollständig und übersichtlich: *Das Vectra-Cockpit mit Airbaglenkrad, Fernbedienungstasten und Bordcomputer.*

Praxistipp

Instrumente zeigen nicht an

Warnleuchten funktionieren nicht: Überprüfen Sie zunächst die zuständige Sicherung, dann die Kabelanschlüsse, Zuleitungskabel und Geberelemente auf richtige Funktion. Das Multimeter ist Ihnen auch hier eine wertvolle Hilfe. Wenn Sie den Fehler lokalisiert haben, ist der Austausch der meisten Geberelemente oder Kontrolllämpchen für Do it yourselfer keine große Herausforderung mehr. Von Reparaturen der Schaltplatine des Kombiinstruments sehen Sie jedoch besser ab: Betrauen Sie damit Ihren Vertragshändler.

Öldruckkontrollleuchte brennt nicht: Schalten Sie die Zündung ein, ziehen das Kabel am Öldruckschalter ab und halten es gegen Metall (Masse). Brennt jetzt die Leuchte, erneuern Sie den Öldruckschalter – bleibt das Lämpchen aus, prüfen Sie nacheinander die Zuleitung, die Leiterfolie des Kombiinstruments und die Lampe. Den Öldruckschalter »finden« Sie in unmittelbarer Nähe des Ölfilters. Beide Diesel tragen den Ölsensor unten am Motorblock in Nähe der rechten Antriebswelle.

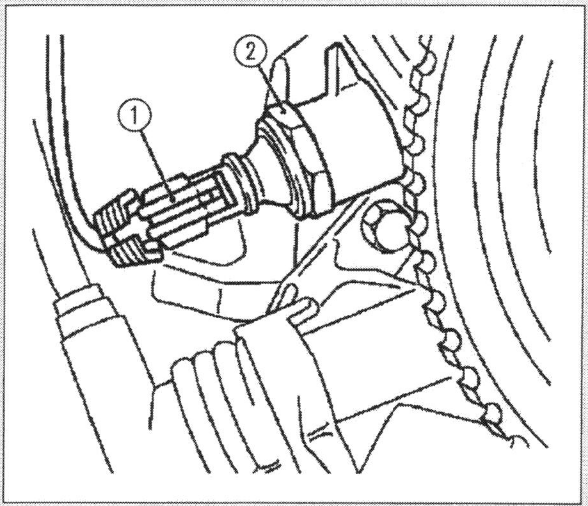

Öldruckschalter ❷ mit Anschlussstecker ❶ – bei den Ottomotoren nahe dem Ölfilter.

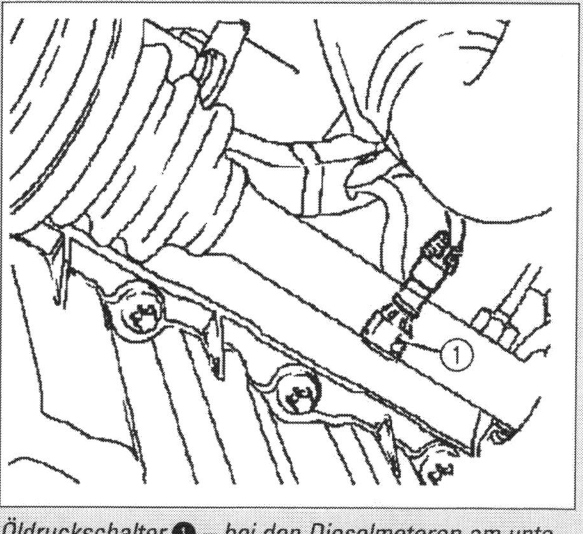

Öldruckschalter ❶ – bei den Dieselmotoren am unteren Motorblock in Nähe der rechten Antriebswelle.

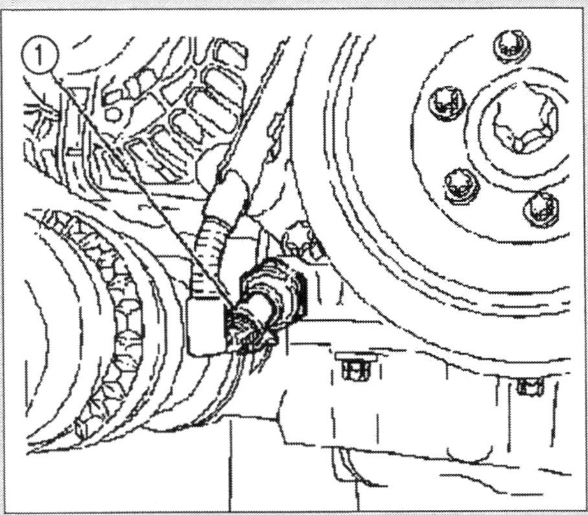

Öldruckschalter ❶ – beim Sechszylinder-Ottomotor nahe der Kurbelwellenriemenscheibe.

Tankanzeige funktioniert nicht: Entweder ist das Anzeigeinstrument oder der Tankgeber defekt (Schwimmer klemmt). Mitunter ist auch die Stromzufuhr unterbrochen oder der Massekontakt reicht nicht aus. Die Kraftstoffanzeige selbst lässt nur eine eingeschränkte Fehlersuche zu. Um die Zuleitungen am Tank zu prüfen, sind beim Vectra einige Vorarbeit und, abhängig vom Leitungsdurchmesser, für die Federclipkupplungen Spezialwerkzeuge nötig. Wir empfehlen Ihnen darum, zur Reparatur eine Vertragswerkstatt aufzusuchen.

Schalter – Funktionsprüfung

Manchmal bringen nur defekte Schalter die »Ströme« durcheinander. Im Vectra kommen übrigens die unterschiedlichsten Schaltertypen »zu Ehren«. Ihre Funktionsprüfung erledigen Sie am besten mit Hilfe einer Prüflampe – der Nadelkontakt an der Lampenspitze muss dazu allerdings noch »Nadel spitz«, nicht jedoch »Nagel stumpf« sein. Tauschen Sie defekte Schalter ausschließlich gegen Original-Opel-Ersatzteile.

Arbeitsschritte

① Besorgen Sie sich den aktuellen Schaltplan zu Ihrem Vectra.

② Zuerst machen Sie das (die) spannungsführende(n) Kabel aus. Dazu legen Sie eine Prüflampe an und stechen die Kabelisolation mit der Nadelspitze an.

③ Prüfen Sie, ob am Schalter Spannung anliegt. Dazu müssen Sie in der Regel vorher die Zündung oder Beleuchtung einschalten.

④ Den Schalter checken Sie, indem Sie prüfen, ob er seine Eingangsspannung auch am Schalterausgang »herauslässt«.

Das Kombiinstrument

Das Kombiinstrument Ihres Vectra ist eine komplette Einheit, in der Sie einzelne Elemente nicht mehr getrennt austauschen können. Es enthält für sämtliche Fahrzeugsysteme Anzeigeinstrumente und Kontrollleuchten. Da erfahrungsgemäß die Leuchten in modernen Cockpits ein Autoleben lang halten, gehen wir in diesem Kapitel nicht mehr weiter auf die Beleuchtungseinrichtungen ein. Abhängig von der Motor-/Getriebekombination stattet Opel den Vectra mit unterschiedlichen Kombiinstrumenten aus. Das Ausstattungspaket ist maßgebend für die Funktion der Anzeigen – diverse Anzeigen sind lediglich »Potemkinsche Dörfer« – optisch zwar vorhanden, jedoch ohne jegliche Funktion. Anzeigen- und Warnanzeigensysteme sind angewiesen auf die Ausgangssignale von Sensoren – berücksichtigen Sie das bitte, wann immer Sie Systemfehlern auf die Schliche kommen möchten. Der elektronische Geschwindigkeitsmesser erhält beispielsweise sein Signal vom Fahrgeschwindigkeitssensor, der am Getriebe angeordnet ist. Vergleichbare Ausgangssignale verarbeiten auch Komponenten des Motormanagements oder die Fahrwerks- und Bremssteuerung (TC Plus, ESP-System, ABS etc.).

Wichtig – immer zusammenhängende Systeme auf Funktion prüfen

Prüfen Sie stets zusammenhängende Systeme, das bringt Sie mitunter schneller ans Ziel. Im Vectra beziehen sämtliche Instrumente und Kontrollleuchten ihre »Lebensgeister« nicht über Kabel, sondern über eine Folie (Platine) mit aufgedampften Leiterbahnen. Je nach Ausstattungsumfang und Modell sind unterschiedliche Platinen montiert. Beachten Sie das bitte bei Reparaturen und beim Ersatzteilkauf.

Die richtige Platine »liest« Ihr Opel-Händler anhand der Schlüsselnummer aus Ihrem Kfz-Brief oder Fahrzeugschein. Zur Beseitigung von Störfällen ist jedoch selten eine neue Platine erforderlich: Häufig sind nur Lämpchen defekt oder Anschlussstecker leiden unter Kontaktschwäche. Zur Diagnose müssen Sie das komplette Instrument demontieren.

Kombiinstrument aus und einbauen

Arbeits-schritte

① Klemmen Sie das Batteriemassekabel ab und …

② … hebeln mit einem breiten Kunststoff- oder Holzspatel ❸ vorsichtig die linke ❶ und rechte ❷ Dekorleiste vom Armaturenbrett ab.

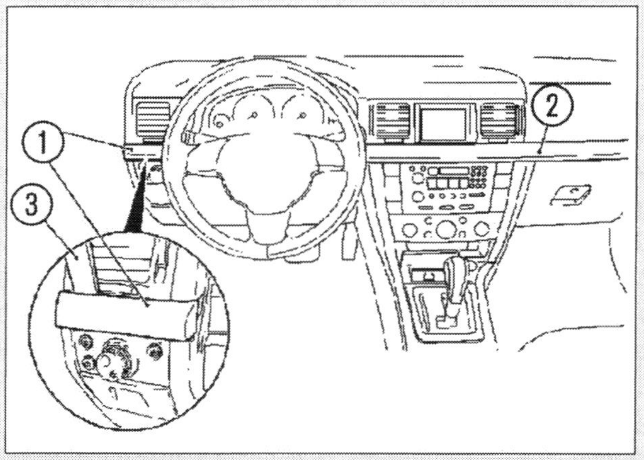

Vorsichtig mit breitem Kunststoffspatel abhebeln – Dekorleisten vom Armaturenbrett.

③ Im Anschluss stellen Sie den Drehlichtschalter ❶ auf Position »Null«.

④ Dann pressen Sie den Drehschalter mitsamt Schaltergehäuse ❷ leicht in das Armaturenbrett hinein (Drehschalter um ca. 0,5 und das Schaltergehäuse um ca. 1 Zentimeter).

⑤ Drehen Sie hernach den Drehschalter in Position »Standlicht« und …

⑥ … ziehen dann den kompletten Schalter so weit aus dem Armaturenbrett, dass …

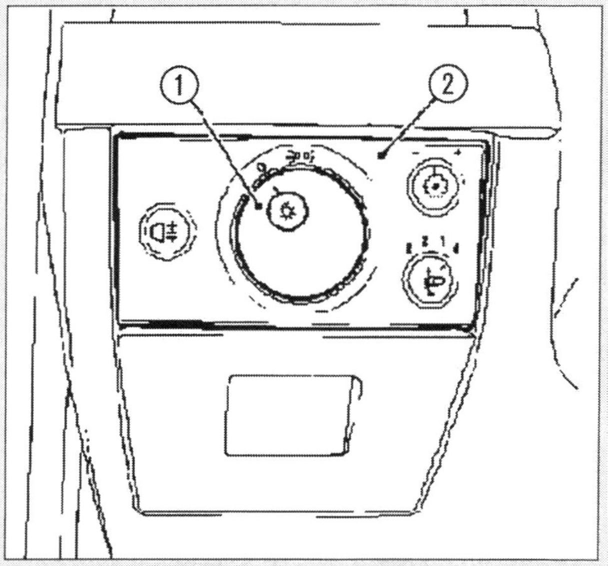

Links am Armaturenträger wie beschrieben demontieren – Fahrlichtschalter.

⑦ … Sie den Sicherungsbügel ❶ entriegeln und den Mehrfachstecker ❷ zunächst drücken und vom Lichtschalter abziehen können. Legen Sie dann den demontierten Schalter beiseite.

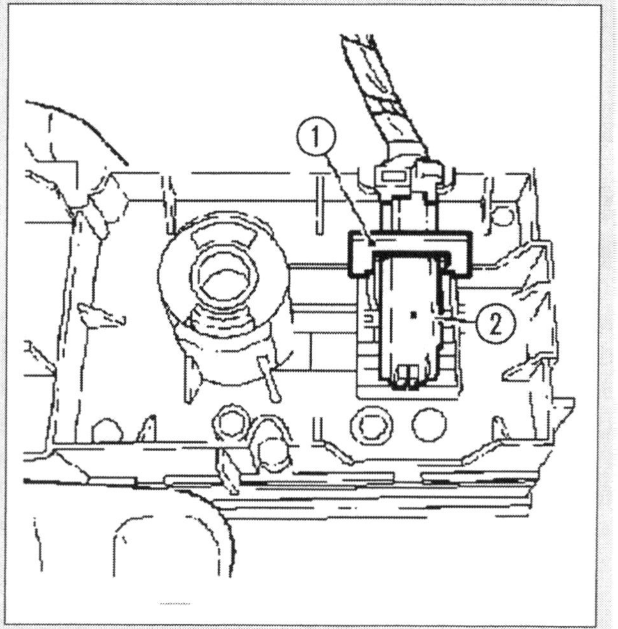

Nacheinander abziehen – Anschlüsse vom Lichtschalter.

⑧ Anschließend demontieren Sie die untere Verkleidungshälfte ❶ an fünf Schrauben ❷ und …

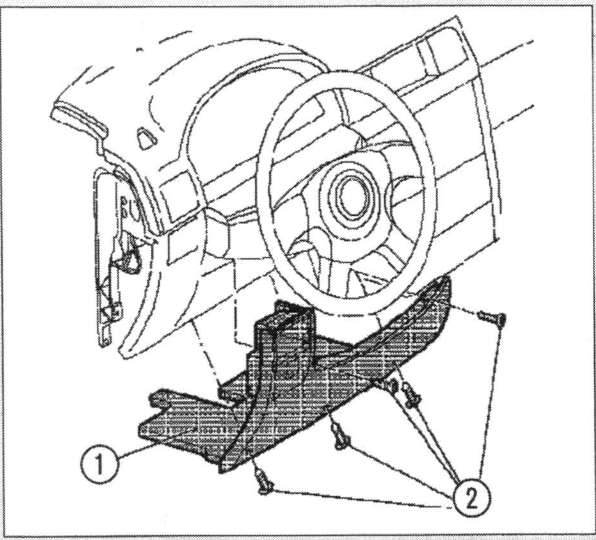

Demontieren – untere Armaturenbrettverkleidung.

⑨... entriegeln dann die Lenksäulenverstellung ❶ unterhalb des Zündschlosses. Lösen Sie auch beide Schrauben (Pfeile).

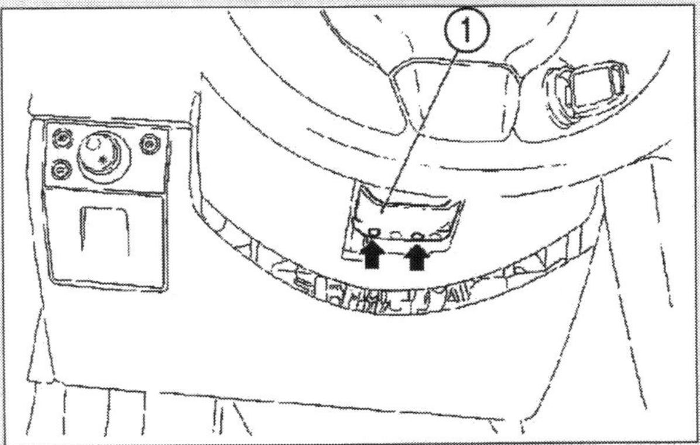

Abziehen – Lenkradverstellgriff.

⑩ Hernach hebeln Sie mit einem Kunststoffspatel ❸ die Zündschlossverkleidung ❶ vom Zündschloss ❷ ab.

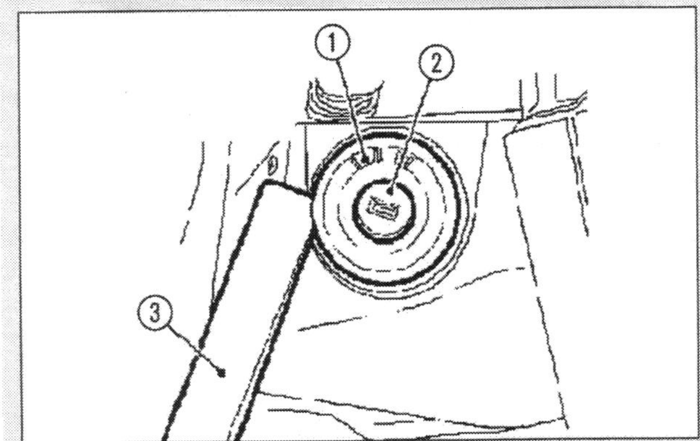

Mit einem Kunststoffspatel abhebeln – Zündschlossverkleidung.

⑪ Demontieren Sie danach die Lenksäulenverkleidung, hebeln mit einem kleinen Schraubendreher die beiden Schraubenabdeckungen ❶ und ❷ ab und ...

⑫ ... lösen die darunter liegenden Schrauben.

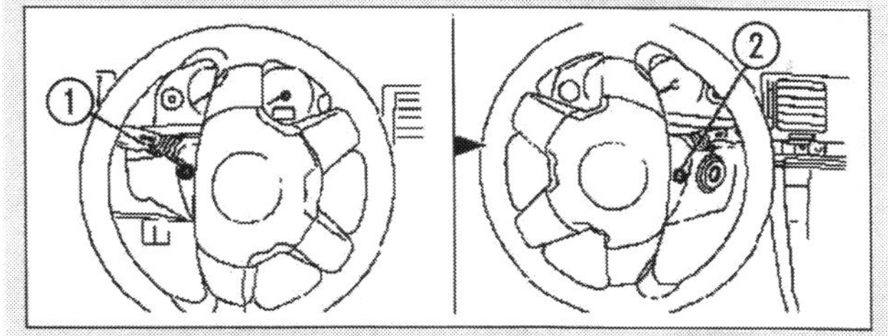

Lösen – Schraubenabdeckungen und die darunter liegenden Schrauben.

⑬ Geschafft? Dann demontieren Sie die Schraube ❸ unterhalb der Lenksäulenverkleidung und ...

⑭ ... pressen beide Verkleidungshälften ❹ und ❺ vorsichtig mit einem Kunststoffspatel ❻ auseinander.

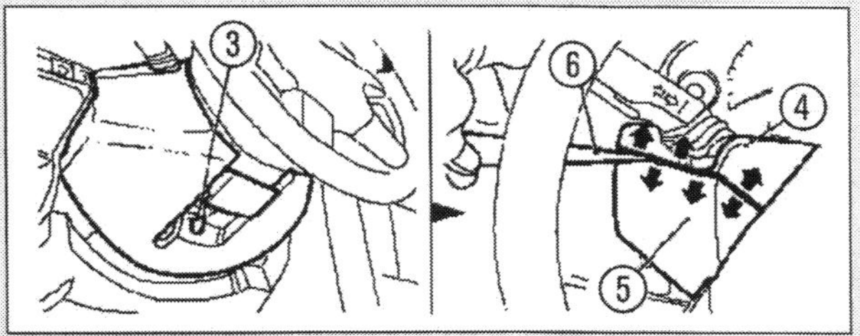

Mit einem Kunststoffspatel auseinander pressen – beide Lenksäulenverkleidungen.

⑮ Clipsen Sie die Blende ❷ beidseitig aus dem Armaturenbrett ❶ und legen sie beiseite.

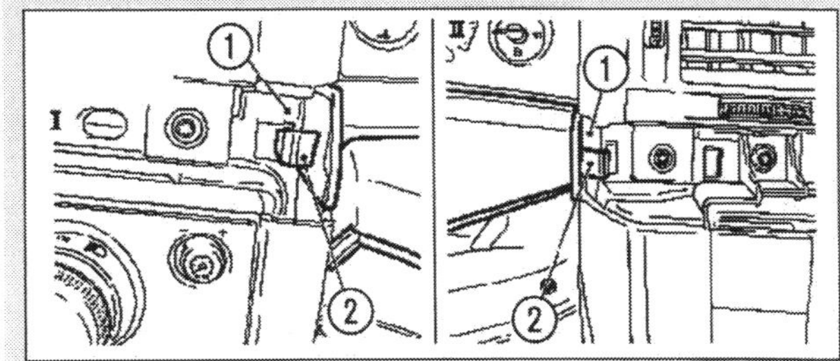

Einfach zu erledigen – Blende aus dem Armaturenbrett clipsen.

⑯ Lösen Sie nun das Cockpit an beiden Befestigungsschrauben ❶ und ziehen es bis zum Lenkrad »aufrecht« vor. Halten Sie das Kombiinstrument tatsächlich aufrecht, ansonsten könnte Silikon aus dem Paneel auslaufen und die Instrumente unbrauchbar machen. Vor der endgültigen Demontage entriegeln Sie noch schnell den Kombistecker ❷.

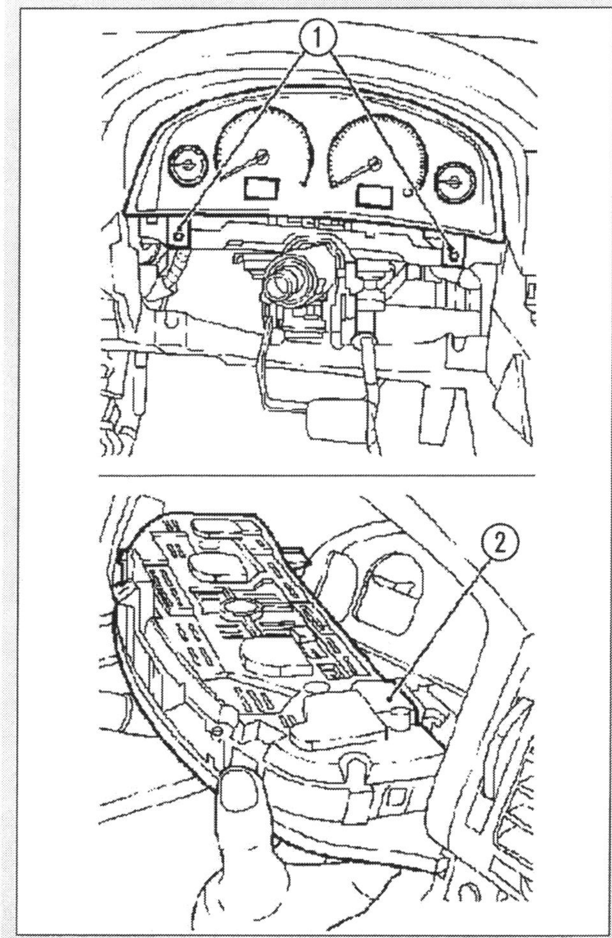

Kombiinstrument aufrecht halten – ansonsten läuft Silikon aus. Zur besseren Übersicht fehlt in der Darstellung das Lenkrad und der Lenksäulenschalter.

⑰ Beheben Sie den Fehler und beenden die Montage dann in umgekehrter Reihenfolge. Vergessen Sie, bevor sie das Instrument ins Armaturenbrett einschieben, den Funktionscheck nicht.

Triple Info Display (TID) aus- und einbauen

Arbeitsschritte

① Klemmen Sie zunächst das Batterieminuskabel und dann die Dekorblende ab.

② Das Mischluftdüsengehäuse demontieren Sie an vier Schrauben ❶.

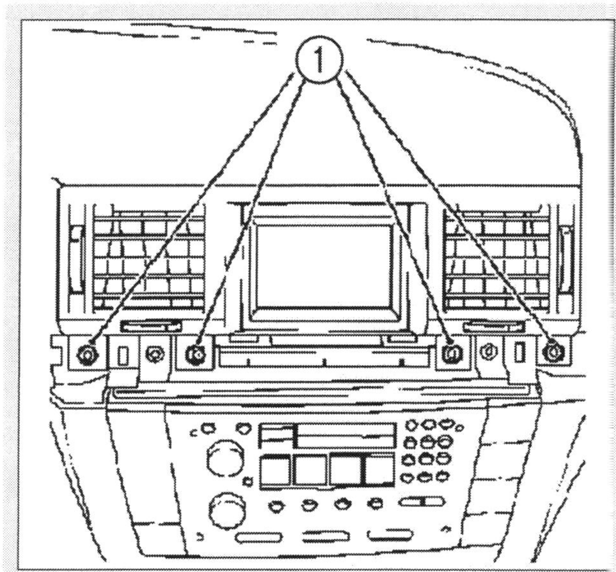

Zur Demontage lösen – vier Schrauben am Mischluftdüsengehäuse.

③ Jetzt lösen Sie die Schrauben ❷ der TID-Verkleidung entriegeln den Mehrfachstecker ❸ und ...

④ ... nehmen das Instrument heraus.

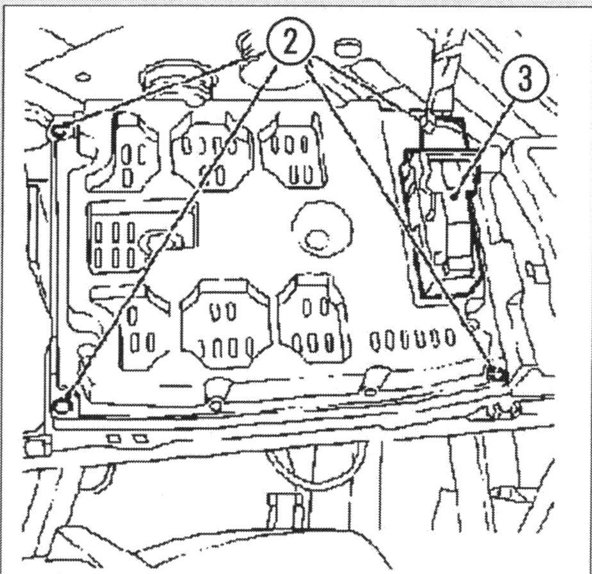

Zunächst alle Anschlüsse und Befestigungen lösen, dann demontieren – Triple Info Display.

⑤ Beenden Sie die Montage in umgekehrter Reihenfolge. Verzichten Sie nicht auf den anschließenden Funktionscheck.

Nicht immer einfach zu verfolgen – die »verschlungenen« Wege der Stromkabel

Auf Laien wirken »Ströme« nicht selten geheimnisvoll – sie laufen häufig sonderbar. Wirklich? Im Vectra »kontakten« die meisten konventionellen Stromverbraucher mit Doppelklemmen. Doch durchgängig bis zur Batterie oder zum Generator lässt sich häufig nur ein Kabel zurückverfolgen. Das andere endet »unterwegs« im IRGENDWO an einem Massekontakt der Karosserie, des Motors, am Getriebe oder, in den meisten Fällen, an irgendeinem »toten« Kontakt in einem »dicken Stecker«. So zum Beispiel am Mehrfachstecker der Zentralelektrik vor dem Sicherungs-/Relaiskasten.

Leiten Masse – Metalle

Innerhalb der Vectra-Bordelektrik setzen Opel-Ingenieure gekonnt auf ein uraltes physikalisches Prinzip – demnach leiten Metalle, Autoelektriker bezeichnen sie als Masse, elektrischen Strom. Diese simple Erkenntniss erspart – völlig legitim – lange Kabel zur Spannungsableitung an den Batterieminuspol. Wenn ein Verbraucher also nicht funktioniert, liegt das häufig nicht etwa an der Zuleitung, sondern an seiner unzureichenden Masseverbindung. Mitunter sucht sich der »Wackelkanditat« dann Unterstützung von Irgendwo, was letztlich die Bordelektrik völlig aus dem Takt bringt: Sie setzen beispielsweise den Blinker und eine Rückleuchte glimmt »taktvoll« mit. Spätestens dann wird klar – für den Laien gehen »Ströme« häufig sonderbare (Um)Wege.

Systematisch geordnet – Kabel und Klemmen

Trotzt rationeller Bauweise und Multiplextechnik würde der hintereinander gelegte Kabelbaum des Vectra rund zehn Kilometer weit reichen. Das scheinbar bunte Gewirr ist allerdings akribisch geordnet – die Kabelfarben weisen den Weg. Zudem sind die meisten Anschlüsse der Mehrfachstecker und Relais nummeriert. Bei der Wahl der Kabelfarben bedient sich die »Opel-Norm« gängiger Vorbilder.

Wissenswert – häufige Kabel und Klemmenbezeichnungen

Klemme 15:
Erhält nur bei eingeschalteter Zündung Spannung ab Zündschloss, wobei außer der Zündung auch jene Stromverbraucher mit Strom versorgt werden, die nur bei Betrieb des Wagens Strom erhalten sollen. Die vielfach schwarzen Kabel besitzen im Vectra bisweilen auch farbige Zusatzstreifen.

Klemme 30:
Erhält dauernd Strom vom Pluspol der Batterie bzw. bei laufendem Motor von der Lichtmaschine. Das kann bei unvorsichtigem Umgang mit Werkzeug zu Kurzschlüssen und Funkenregen führen. Zumindest dann, wenn Sie nicht vorher das Minuskabel der Batterie abgenommen haben. Strom führende Kabel sind im Vectra rot ummantelt, ggf. »schmücken« sie auch zusätzliche Farbstreifen.

Klemme 49:
Setzt die Blink- und Warnblinkanlage unter Strom.

Klemme 53:
Speist den Scheibenwischer. Ihre Kabel sind überwiegend grün und mit weiteren Zusatzfarben (z. B. gelb) gekennzeichnet.

Klemme 56:
Mit gelb/schwarzen Farben versorgt sie das Abblendlicht und mit weiß/schwarzen Farben das Fernlicht mit Strom.

Klemme 58: Speist das Standlicht (vorne) sowie die Schluss- und Kennzeichenleuchten. Die Kabelgrundfarbe ist grau, jeweils mit zusätzlichen Farbstreifen.

Klemme 31:
Masseklemme, die jeden Bordverbraucher mit Fahrzeugmasse verbinden muss. Im Bordnetz sind Massekabel meistens braun »eingewickelt«.

Überlastungsschutz – Sicherungen im Innen- und Motorraum

In Ihrem Vectra schützen zahlreiche Sicherungen die Bordelektrik vor Überlastung. Ihre Schutzfunktion entspricht der theoretischen Maximalbelastung der einzelnen Stromkreise. Sicherungen unterbrechen den Stromfluss sofort, wenn zum Beispiel ein Kurzschluss (defekter Verbraucher, beschädigte Stromkabel) die Bordspannung unkoordiniert an Masse ableitet. Sie verhindern dadurch weitere Schäden (z. B. Kabelbrände) an Ihrem Auto. Der Vectra hat **Flachstecksicherungen**, deren Schmelzdraht – im Überlastungsfall – durchglüht. Für eine Sicherung ist der »Tatbestand« des Überlastungsfalls übrigens auch dann erfüllt, wenn voll ausgelastete Stromkreise nachträglich noch mit zusätzlichen Verbrauchern (Hi-Fi-Anlagen, Booster oder nicht zugelassene Hochleistungsleuchten) »aufgemotzt« werden. Auch profane Autostaubsauger und Kühlboxen, die Sie einfach mit Strom aus der Steckdose des Zigarettenanzünders abspeisen, lassen ab und an die Sicherung »dahin schmelzen«. Spendieren Sie Ihrem Vectra also im Bedarfsfall für zusätzliche Verbraucher einen separaten Stromkreis – natürlich mit einer realistisch ausgelegten Sicherung. Um alle Eventualitäten auszuschließen, lassen Sie besser einen Kfz-Elektriker ans Werk, der verlegt Ihnen die richtigen Kabelquerschnitte (mind. 1,5 mm²) und sichert den Stromkreis ausreichend ab.

Verteilt auf diverse Stromkreise – Bordsicherungen

Das Motormanagement und die meisten leistungsstarken Aggregate sind separat abgesichert. Damit Ihr Vectra bei einem elektrischen Defekt nun nicht gänzlich ohne Strom da steht, verteilten Opel-Ingenieure die Bordverbraucher auf mehrere Stromkreise. Nebenverbraucher mit weniger wichtigen Aufgaben arbeiten in gemeinsamen Stromkreisen – jeweils von einer Sicherung geschützt. Nicht so die Stromkreise zwischen Anlasser, Batterie, Lichtmaschine und Zündschloss: Hier liegt ständig die volle Batteriekapazität an. Besondere Vorsicht gilt also bei Arbeiten an diesen Stromkreisen: Bevor Sie hier »einsteigen« klemmen Sie **IMMER** zuerst die Batterie ab! Andernfalls provozieren Sie kapitale Schäden und Kabelbrände – bis hin zu Fahrzeugbränden.

Die Sicherungen des Vectra

Technik-lexikon

In den drei Sicherungskästen des Vectra stecken Flachsicherungen (Minisicherungen), deren transparenter »Kunststoffkörper« zwei mit einem Schmelzdraht verbundene Flachstecker fixiert, oder so genannte A1-Sicherungen.

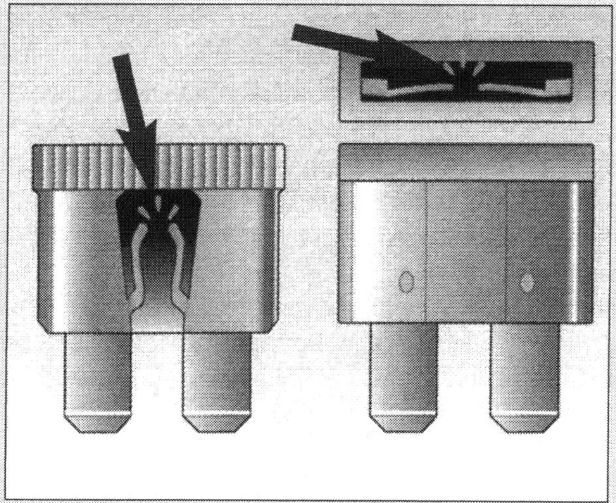

Durchgebrannte Sicherungen erkennen Sie am geschmolzenen Draht (Pfeil). Häufig ist dann auch die Plastikumhüllung gebrochen oder verschmort.

An der Farbe zu erkennen – die Amperezahl

Zur besseren Differenzierung der Maximalbelastung sind Sicherungen, zusätzlich zu ihrer Beschriftung, farbig markiert. Die Minisicherungen im Vectra vertragen:

Kennfarbe:	Stromstärke in Ampere
Grau	2
Hellbraun	5
Dunkelbraun	7,5
Rot	10
Hellblau	15
Gelb	20
Hellgrün	30
Orange	40

Zusätzlich schützen im Vectra A1-Sicherungen die »kräftigeren« Stromkreise. Sie widerstehen:

Kennfarbe:	Stromstärke in Ampere
Pink	30
Rot	50
Gelb	60
Schwarz	80

Schnell erledigt – Sicherungen erneuern

Zwei der drei Sicherungskästen sitzen im Fahrzeuginnenraum: Der erste ist links vom Lenkrad hinter einer Blende im Armaturenbrett verborgen; der zweite sitzt im Kofferraum hinter der Kunststoffklappe an der linken Seitenwand und Nummer drei »sichert« seine Kreise aus dem Motorraum heraus, er »steckt« direkt beben der Batterie. Dort sind auch einige Relais platziert. Bevor Sie eine Sicherung oder ein Relais wechseln, schalten Sie besser die Zündung und alle Stromverbraucher (z. B. Radio) aus.

Arbeits-schritte

① Egal ob im Innen-, Koffer- oder Motorraum, im Vectra sitzen die Sicherungen unter Kunststoffdeckeln.

Armaturenbrett

② Liften Sie die Armaturenbrettverkleidung am Griff (Pfeil) und inspizieren die darunter liegende Sicherungsleiste.

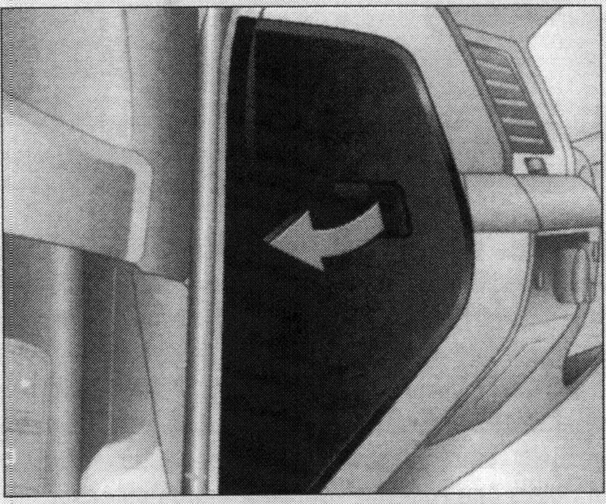

Am Griff ausrasten und dann komplett abzuziehen – Sichtblende.

③ Die durchgebrannte Sicherung ziehen Sie vorsichtig aus dem Steckplatz. Nutzen Sie generell dazu die »Sicherungskralle« – rechts unten im Kunststoffdeckel – oder eine passende Flachzange.

Sinnvollerweise mit Klammer oder passender Flachzange aus dem Steckplatz ziehen – defekte Sicherungen.

Kofferraum

④ Drücken Sie den Riegel (kleiner Pfeil) nach unten und ziehen dann die rechte Seitenwandverkleidung (Pfeil) ab.

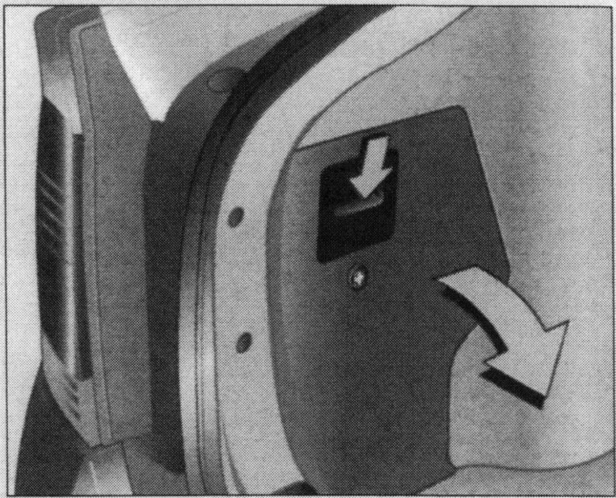

Entriegeln und abziehen – Seitenwandverkleidung im Kofferraum rechts.

⑤ Inspizieren Sie die Sicherungsleiste und ziehen die durchgebrannte Sicherung vorsichtig aus dem Steckplatz. Nutzen Sie generell dazu die »Sicherungskralle« – rechts unten im Kunststoffdeckel – oder eine passende Flachzange.

Zwischen linker Seitenwand und Kunststoffklappe – Sicherungen im Kofferraum.

Motorraum

⑥ Ziehen Sie zunächst die Batterieverkleidung (Pfeil) und ...

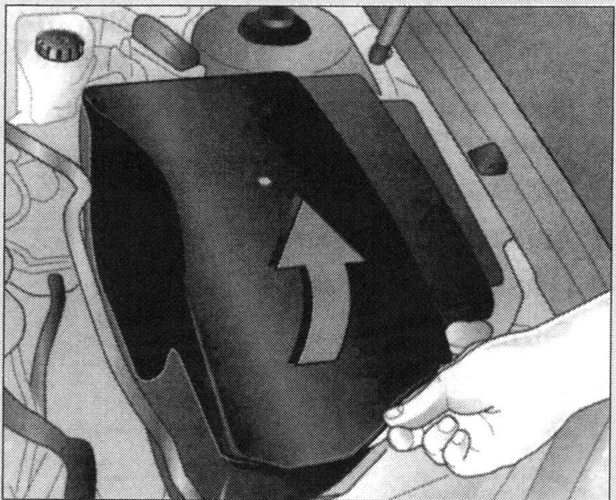

Einfach abziehen – Batterieverkleidung.

⑦ ... dann den darunter liegenden Sicherungskastendeckel ab.

⑧ Inspizieren Sie die Sicherungsleiste und ziehen die durchgebrannte Sicherung vorsichtig aus dem Steckplatz. Nutzen Sie generell dazu die »Sicherungskralle« – rechts unten im Kunststoffdeckel – oder eine passende Flachzange.

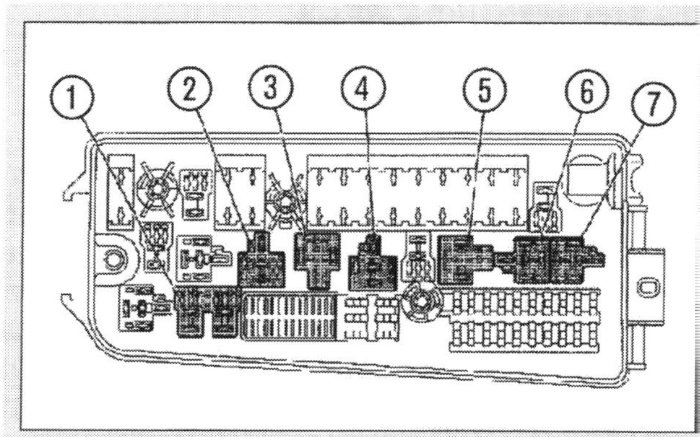

In Batterienähe – Relais- und Sicherungskasten im Motorraum. Relais: ❶ AC-Verdichter, ❷ Getriebe/Antriebsstrang, ❸ Anlasser, ❹ Frontscheibenwischer »EIN/AUS«, ❺ Klemme 15 / Zündung »EIN/AUS«, ❻ Scheibenwischer »langsam/schnell«, ❼ Scheinwerferreinigungsanlage.

Alle Sicherungskästen

⑨ Achten Sie darauf, dass die neue Sicherung die gleiche Amperestärke wie ihre Vorgängerin hat. Drücken Sie beide Flachstecker gleichmäßig in die Steckerzungen ein.

⑩ Sollte ihnen die neue Sicherung sofort wieder »dahinschmelzen«, prüfen Sie, ob der Stromkreis eventuell einen Masseschluss hat (Verbraucher defekt, Kabelisolation gegen Masse durchgescheuert, etc.).

Verteilen hohe Arbeitsströme – Schaltrelais

Ihr Vectra hat eine Reihe von Verbrauchern, die, im Vergleich zu anderen, höhere Arbeitsströme erfordert. Um dort, mit möglichst geringen Kabeldurchmessern ein Maximum an Sicherheit zu gewährleisten, steuert Opel jene Verbraucher aus der Zentralelektrikbox über separate Schaltrelais an. Über den Ein- und Ausschalter fließt dann lediglich ein geringer Schaltstrom, der im Relais den Arbeitsstrom zum Verbraucher schaltet.

Unterschiedliche Aufgaben – Schaltstrom und Arbeitsstrom

Beim Einschalten des betreffenden Verbrauchers wirkt im Relais der Schaltstrom auf eine Magnetspule. Die Magnetspule zieht einen kräftigen Kontakt gegen Federdruck an und öffnet so den Arbeitsstromkreis zum Verbraucher. Um den Verbraucher mit möglichst hoher Spannung zu bedienen, gelangt der Arbeitsstrom auf direktem Weg durch das Relais an sein Ziel. Die Relaiskontakte sind so stabil ausgelegt, dass sie »hohe« Ströme auch langfristig gut vertragen. Außerdem kürzt der vermeintliche »Umweg« durchs Relais den Weg des Arbeitsstroms ab. Vorteil: Je kürzer die Wege, um so geringer die Spannungsverluste zwischen Schalter und Verbraucher.

Erfüllen unterschiedliche Aufgaben - spezielle Relaistypen

Um die Übersichtlichkeit und Fehlersuche zu verbessern, sind im Vectra die meisten Relais auf speziellen Trägerplatten zusammengefasst. Zusätzlich arbeiten im Bordnetz noch Relaistypen, die bestimmte Funktionen, ganz in der Nähe ihres »Arbeitsplatzes«, erfüllen.

Sicherungsbelegung

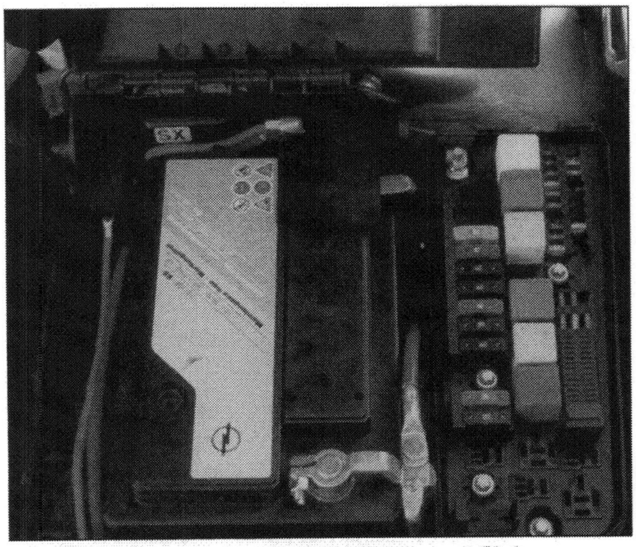

Unter der Motorhaube platziert: Relais- und Sicherungskasten mit Hauptsicherungen.

Sicherungstabelle Motorraum

Sicherung	Ampere	abgesicherte Stromkreise
1	30	Motorelektronik, Getriebeelektronik
2	30	Anlasser
3	20	Signalhorn
4	10	AC-Anlage
5	15	Scheinwerferwaschanlage
6	–	–
7	20	Zentrales Steuergerät
8	10	Frontscheinwerfer
9	7,5	Heizbare Scheibenwaschdüsen
10	–	–
11	30	Scheibenwischer
12	30	Scheibenwischer
13	20	Zentrales Steuergerät
14	30	Scheinwerferwaschanlage
15	10	Lambdasonde
16	7,5	ABS
17	–	–
18	–	–
19	15	Leuchtweitenregulierung
20	–	–
21	–	–
22	–	–
23	20	Standheizung
24	30	Batteriespannung Klemme 30
25	30	Batteriespannung Klemme 30
26	–	–
27	–	–
28	60	Steuergerät Heckmodul
29	40	ABS
30	60	Steuergerät Heckmodul
31	60	Steuergerät Innenraummodul
32	40	ABS
33	60	Steuergerät Innenraummodul
34	60	Steuergerät Heckmodul
35	40	Kühlergebläse
36	40	Kühlergebläse
37	–	–

Sicherungen der Sekundärstromkreise – seitlich hinter einer Blende am Armaturenbrett.

Sicherungstabelle Armaturenbrett

Sicherung	Ampere	abgesicherte Stromkreise
1	20	Radio
2	7,5	Gebläse, Heizung, AC-Anlage
3	20	Schiebedach
4	30	Zubehör
5	7,5	Steuergerät Türmodul
6	7,5	Bremslicht
7	30	Steuergerät Karosseriemodul
8	30	Steuergerät Beifahrertürmodul
9	7,5	Zentrales Steuergerät
10	7,5	Steuergerät Lenkhilfe
11	15	Diagnosestecker
12	15	Überlastschutz Batterie
13	–	–
14	–	–
15	30	Steuergerät Fahrertürmodul
16	–	–
17	15	Instrumente, Info Display
18	7,5	AC-Anlage
19	–	–
20	7,5	Gierratensensor (ESP)
21	7,5	Telematik
22	30	Zigarettenanzünder
23	40	Innenraumgebläse, Klimaautomatik
24	–	–
25	7,5	AC-Anlage, Heizung
26	7,5	Instrumente, Info Display
27	–	–

Sicherungstabelle Kofferraum

Sicherung	Ampere	abgesicherte Stromkreise
1	–	–
2	–	–
3	40	Elektrische Sitzverstellung
4	40	Heizbare Heckscheibe
5	40	Elektrische Sitzverstellung
6	30	Elektrische Fensterbetätigung
7	30	Elektrische Fensterbetätigung
8	15	Sitzheizung
9	15	Signalhorn
10	20	Motorelektronik
11	25	Batteriespannung Klemme 30
12	15	Sitzheizung
13	20	Anhängersteckdose
14	15	Heckscheibenwischer
15	15	Sitzheizung
16	15	Sitzheizung
17	–	–
18	–	–
19	–	–
20	–	–
21	–	–
22	5	Signalhorn
23	7,5	Diebstahlwarnanlage
24	25	Batteriespannung Klemme 30
25	–	–
26	–	–
27	5	Sitzbelegungserkennung, Regensensor, AC-Anlage
28	7,5	Parkpilot
29	–	–

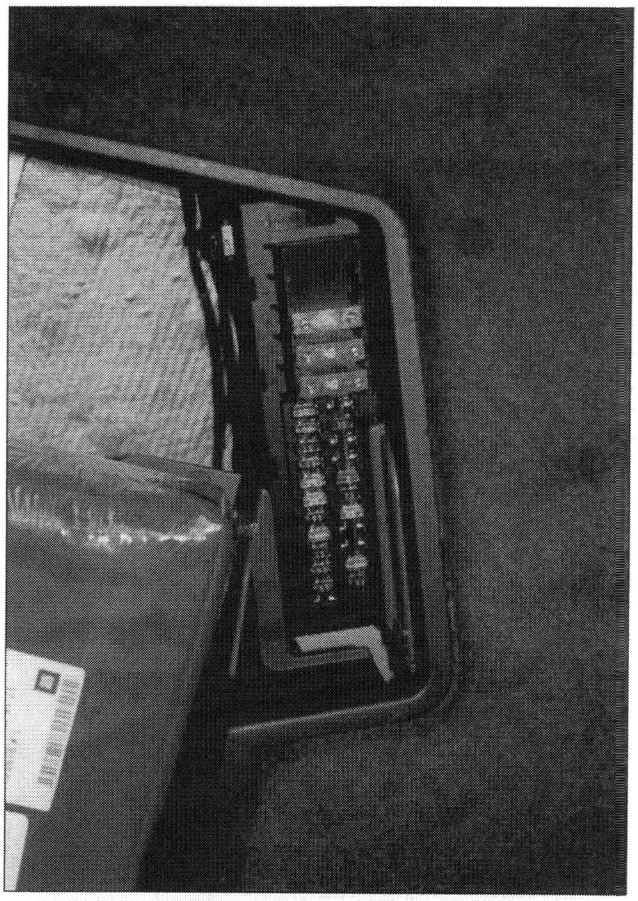

Sicherungen der Sekundärstromkreise – hinter einer Blende im Kofferraum hinten links an der Seitenwand.

DER INNENRAUM

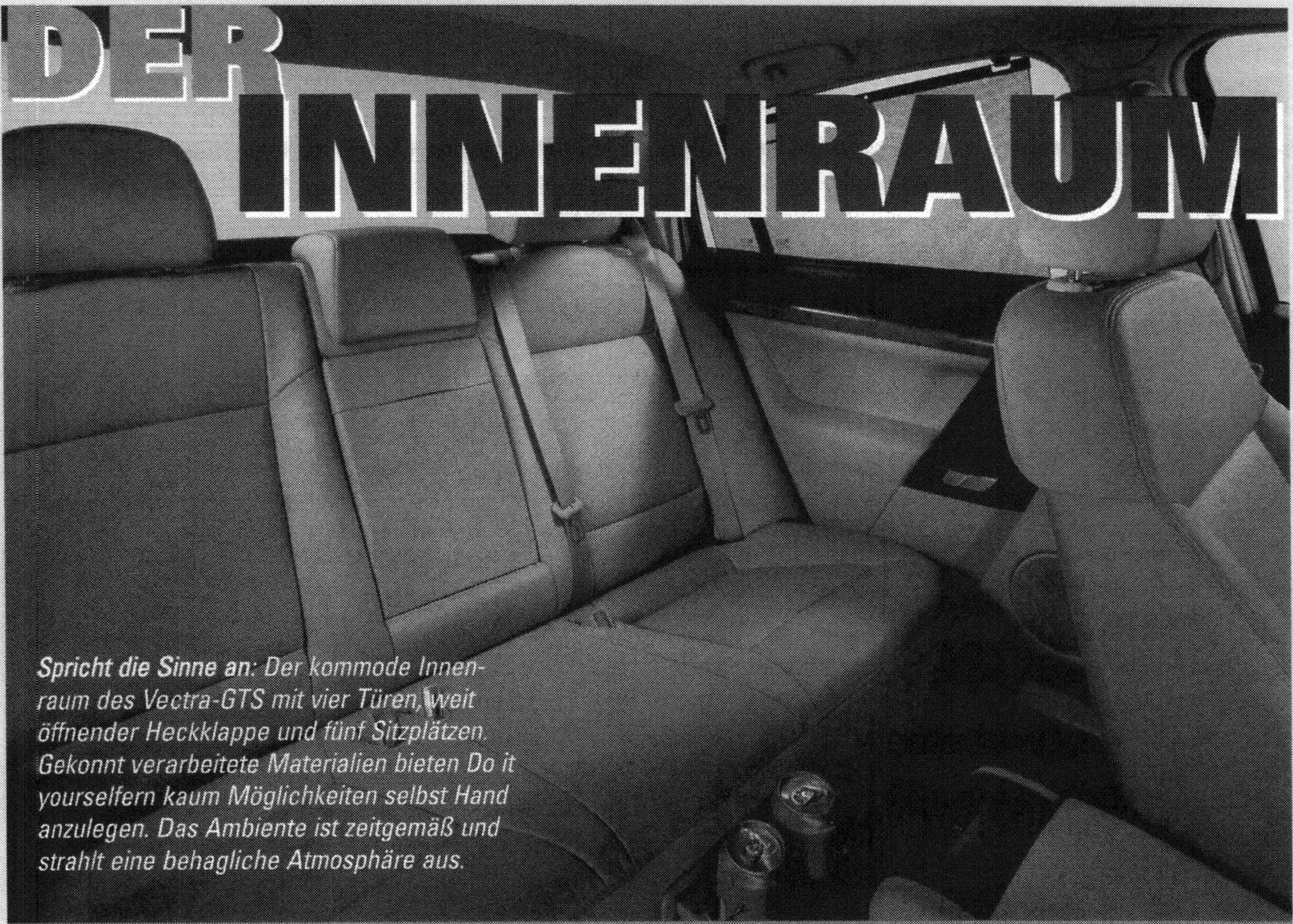

Spricht die Sinne an: Der kommode Innenraum des Vectra-GTS mit vier Türen, weit öffnender Heckklappe und fünf Sitzplätzen. Gekonnt verarbeitete Materialien bieten Do it yourselfern kaum Möglichkeiten selbst Hand anzulegen. Das Ambiente ist zeitgemäß und strahlt eine behagliche Atmosphäre aus.

Wartung

Reparatur

Mit seinem doch recht bieder geratenen Altvordern teilt der Vectra-C allenfalls noch den »Blitz« und den Namenszug am Heck. Das zweifelhafte Graue-Maus-Image passt dem C-Modell wie ein Eisberg in die Sahara. Der aktuelle Vectra rollt auf breiter Spur, sein Auftritt wirkt auf den ersten Blick unverwechselbar, kantig, dynamisch, selbstbewusst – überflüssiger Designspeck oder schrilles Make-up sind seine Sache nicht. Stattdessen bietet er einen »erwachsenen« Innenraum und – je nach Motorisierung bzw. Orderpaket – Ausstattungsvarianten, die anspruchsvolle Käufer gleichwie sportive Naturen genießen und sicherheitsbewusste Automobilisten überzeugen werden.

Alternativ – manuelles Fünfganggetriebe oder Fünfgangautomatik mit selektiver Gangwahl

Schaltpuristen sortieren im Vectra-C »von der Stange« fünf Vorwärtsgänge und einen synchronisierten Rückwärtsgang per Mittelschalthebel via Schaltseilzügen. Alternativ und gegen Aufpreis schickt der Vectra seine »Kilowatt« auch durch eine Fünfgang-Automatik mit selektiver Gangwahl, hydrodynamischem Drehmomentwandler, Wandlerüberbrückungskupplung und elektronisch gemanagten Fahrprogrammen an die Vorderräder weiter – vorausgesetzt, unter der Motorhaube sind mindestens 2,2 Liter Hubraum oder 92 Diesel-kW am Ball.
Hinsichtlich aktiver und passiver Sicherheit »beruhigt« der Vectra ohnehin mit »zeitgenössischen« Standards. Und darüber hinaus können Vectra-Käufer ihre, je nach Einstellung und verfügbarem Geldbeutel, mehr oder weniger ausgeprägten Komfortansprüche beim Kauf bereits ausreichend ausleben. Beispiel das Siemens »On-Bord-Infotainment« NCDC 2015: Es umfasst unter anderem ein hochwertiges CD-Radio mit 4-fach-Wechsler inklusive 4 x 20 Watt DDL, CD-ROM Navigationssystem mit integrierter, dynamischer Routenführung, D-Netz Telefon mit Freisprecheinrichtung, Farbmonitor und GM-Mobilitätsservice »OnStar«. Das Radiomodul selbst-verständlich mit getrennter Höhen- und Tiefenregelung sowie geschwindigkeitsabhängiger Lautstärkeregelung. Und damit die Besatzung all die Goodies auch aus entsprechenden »Fauteuils« genießen kann, gibt's die C-Variante, natürlich gegen Euro, auch mit Vollederausstattung. Wem dann angesichts der möglichen Bedienungsmenüs »von der Stirne heiß, rinnen tut der Schweiß«, oder wenn eventuell Wintertags der Durchblick auf die Straße abhanden kommt, sorgt ab Werk in den Varianten »Comfort« und »Elegance« eine leistungsfähige AC für prima Klima. Gegen Cash macht sie das auch als menügeführte Klimaautomatik mit Grafik Info-Display (GID), Zwei-Klimazonen-Modus und gekühltem Handschuhfach. »Dicke Luft« verhindert ein Luftgütesensor, der Schnüffler schaltet automatisch auf Um- oder Frischluft, er lässt sich von einem Partikel und Geruchsfilter assistieren.

***Solide Optik**: Das Vectra-Cockpit hält auch kritischen Blicken stand. »Fahrers Arbeitsplatz« wirkt aufgeräumt und übersichtlich, relevante Informationen sind auf den ersten Blick erkennbar, wichtige Schalter und Bedienungselemente sitzen allesamt in Griffnähe.*

Vorbildlich – die Raumausnutzung

Exakt 101 Millimeter länger, 63 Millimeter mehr zwischen den Achsen, 35 Millimeter höher und 91 Millimeter breiter: In den äußeren Abmessungen übertrifft das neue C-Modell seinen Vorgänger nur unwesentlich.
Dennoch, die Innenraummaße haben deutlich zugelegt – ein Beweis für exzellente Raumausnutzung. Auf den vorderen Sitzen beträgt die Kopffreiheit 989 Millimeter, der Beinraum im Fond misst 928 Millimeter. Deutlich mehr als im Vectra-B und in vorderster Front unter seinesgleichen.
Damit ist der Vectra-C zwar noch kein Klassenprimus, doch ein vollwertiger Fünfsitzer – auch auf langen Strecken – ist er allemal. Zumal die neu konzipierten Sitze – Opel ließ sich die Entwicklung der »Komfortstühle« 75 Millionen Euro kosten – jetzt den Komfort der Oberklasse an die Mittelklasse adaptieren. Im Be-

reich der Rückenlehne legten die Sitze um 57 Millimeter zu und der Längsverstellbereich wuchs um 16 Millimeter. Die Lordosenstütze in den Vordersitzen reagiert nicht mehr auf ein Handrad sondern per Hebel – etwas mehr als eine Viertel Umdrehung entspricht bereits dem vollen Verstellbereich. Die »Stützfläche« wuchs, im Vergleich zum B-Modell, übrigens um ein Drittel. Das entlastet die Wirbelsäule vom Beckenkamm bis hinauf in den Schulterbereich. Auch das Kofferraumvolumen reduziert Mitreisende nicht unbedingt auf »kleines Handgepäck« – nach VDA-Norm gemessen sind's 500 Liter in der Limousine respektive 480 Liter im GTS. Allemal genug, um mit Kind und Kegel bequem zu verreisen.

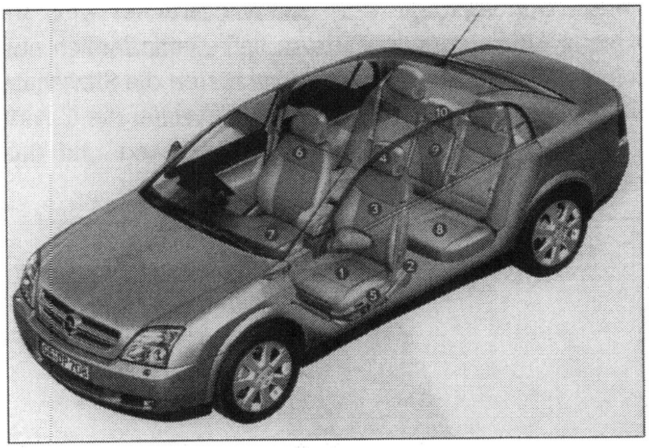

»Komfortstühle«: Die Vectra-Bestuhlung bietet ein Höchstmaß an Ergonomie. *❶ wahlweise Sportsitzkonturen, ❷ verstellbare Lordosenstütze, ❸ bewegliche Lehneninnenrahmen, ❹ aktive 4-Wege-Kopfstützen, ❺ Verstellmöglichkeiten inklusive 8-Wege-Memoryfunktion, ❻ umklappbarer Beifahrersitz (optional), ❼ Sitzbelegungserkennung, ❽ erhöhte Sitzposition (Theatre Seating), ❾ Mittelarmlehne mit Staufach und Durchlademöglichkeit, ❿ Kopfstützen und Dreipunktgurte hinten.*

Doch das C-Modell »lockt« nicht allein mit mehr Millimetern und Litern, es erfreut zudem mit einem angenehmen Raumgefühl und überzeugenden Bedienkonzept. Maßgeblichen Anteil daran hat der nach ergonomischen Gesichtspunkten gestaltete Innenraum. Mit seinen geometrischen Formen und klaren Linien nimmt er gekonnt die technisch orientierte Formensprache des Außendesigns auf. Das wahlweise in Grau oder Anthrazit verfügbare Interieur vermittelt den Insassen ein gerüttelt Maß an Solidität.

Funktionell gegliedert – das Cockpit

Prägend für das schnell »Daheim sein« sind im Vectra-C die nicht vorhandenen Showelemente. Wichtige Informationen erreichen den Fahrer sofort, der Rest findet an der Peripherie seinen Platz. Deutlich wird das vor allem am funktionellen Cockpitlayout, das die Mittelkonsole »gekonnt« einbezieht. Wichtige und häufig genutzte Funktionen sind darin ganz gezielt dem »Chauffeur« zugewandt – gleiches gilt für die relevanten Kontrollinstrumente und häufig genutzte Bedienungselemente wie Lichtschalter, Blinker oder Scheibenwischer.
Sporadisch genutzte Schalter, Hebel oder Tasten sind dem Zentrum fern – übrigens auch seltener genutzte Untermenüs der On-Bord-Diagnose. Sei's drum, das Vectra-Cockpit »verzerrt« nicht den Blick oder den Handgriff auf die wesentlichen Dinge, stattdessen gefällt es mit vorbildlicher Ergonomie, die übrigens auch dem Beifahrer eine faire »Bedienchance« gibt. So zum Beispiel an den in der Mittelkonsole platzierten Schaltern und Anzeigen, dem Infodisplay, den Audiobedienelementen, dem Heizungs- und Klimasystem, dem Warnblinkschalter oder dem Aschenbecher.
Angenehm fürs Auge: Die Rundinstrumente mit weißer Skalierung, nachts übrigens gelb hinterleuchtet. Gleichfalls gut anzuschauen – die weich verlaufenden Linien des Instrumententrägers, die ohne Bruch in der Mittelkonsole auslaufen. In Kooperation mit ihren Technikkollegen kreierten die »Vectra-Linienrichter« zudem nahezu fugenfreie Oberflächen. Besonders augenfällig wird das im Bereich des Beifahrerairbags – von hässlichen, breiten Trennfugen keine Spur. Obwohl die Luftsäcke, der Vectra hat deren

Blasen im Ernstfall bis auf Fullsize-Format auf: Front-, Schulter- und Seitenairbags.

sechs an Bord, im Ernstfall bis auf Fullsize-Format aufblähen, blieb beispielsweise noch genügend Platz für ein großes, klimatisiertes Handschuhfach, Cupholder oder diverse Krimskrams-Ablagen. Unter anderem auch ein herausklappbares Fach unterhalb des Lichtschalters, hier ruhen bis zu ihrem Auftritt beispielsweise Parkmünzen oder Einkaufswagen-Chips völlig »klapperfrei«.
Eine längs- und höhenverstellbare Lenksäule passt gleichfalls »fugenfrei« in das Bild aller Varianten: Der Vectra-Arbeitsplatz erleichtert Fahrerinnen und Fahrern das »Leben« vor dem Lenkrad – auch im innerstädtischen Verkehrsgewusel. Nicht zuletzt darum, weil das Vierspeichen-Airbaglenkrad für die Mehrzahl aller verfügbaren Audioanlagen, optional die »Fernbedienungsklaviatur« übernimmt.
Wie sehr Funktionalität den Vectra-Innenraum dominiert, belegt zudem das übersichtlich gestaltete Cockpit mit zentralem Drehzahlmesser und elektronisch gesteuertem Tachometer. Zur Linken wie zur Rechten flankiert die beiden »Großinstrumente« ein Wassertemperaturanzeiger bzw. die Tankuhr. Diverse Warnleuchten sind logisch verteilt und vom Chauffeur leicht einsehbar. Die meisten »Lichter« machen freilich nur dann auf sich aufmerksam, wenn den Vectra irgendeine Unpässlichkeit »beschleicht«. Andere »leben« schon vor Fahrtantritt und pausieren erst wenige Sekunden danach: Beispielsweise die ABS-Warnleuchte – geht sie aus, funktioniert die Bremselektronik.

***Optional:** Das Multifunktionslenkrad mit griffgünstig platzierten und hinterleuchteten Fernbedienungstasten gibt's ab Werk nur in Kombination mit einem Radio.*

Schützt die »Fahrerfüße« – Pedal Release System

Auf die Informationen modernster Crash-Sensorik reagieren im Vectra zwei Front-, Schulter- und Kopfairbags. Aktive Kopfstützen (vorne), Dreipunkt-Sicherheitsgurte rundum sowie Gurtstraffer und lastabhängige Gurtkraftbegrenzer an den äußeren Plätzen ergänzen die Sicherheitsausstattung im Vectra. Und damit bei einem Frontalcrash oder Auffahrunfall auch die »Fahrerfüße eine Chance« haben, »fallen« das Kupplungs- und Bremspedal kraft- und momentenfrei auf den Boden. Opel taufte die segensreiche Einrichtung PRS (**P**edal **R**elease **S**ystem).
Die »Großen« sind im Fall der Fälle also vergleichsweise gut versorgt. Und der Nachwuchs? Kids im »Isofix-Alter« erleben Fahrten selbstverständlich aus »ihrem Thron«: Papa oder Mama rasten die Sitzschale vorher auf der Rückbank ein. Kein Zweifel die C-Auflage bedient gleichermaßen den Verstand und das Auge.

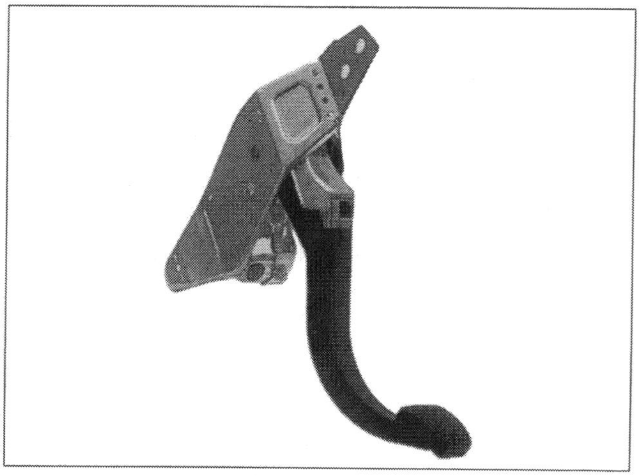

***Klappen bei einem Frontalcrash »saft- und kraftlos« auf den Boden:** Kupplungs- und Bremspedal bei einem Frontalcrash oder Auffahrunfall.*

Sicherheitsrelevante Zone – heutige Innenräume

Ob das im Kapitel »Der Innenraum« für traditionelle Do it yourselfer gleichfalls gilt, erfahren Sie auf den folgenden Seiten. Wir beschreiben Ihnen dort bewusst nur jene Wartungs- und Reparaturarbeiten, die versierte »Schrauber« erfahrungsgemäß nicht überfordern. Warum gehen wir überhaupt noch auf die »Innenarchitektur« relativ ausführlich ein? Zumal Besserwisser ja behaupten: Da »passiert« doch eh nichts mehr.

Weil Besserwisser eben doch nicht alles besser wissen – die Praxis sieht nämlich anders aus: Ein elektrisch betätigter Fensterheber zum Beispiel streikt in der Fahrertür mitunter häufiger als Sie vermuten. Auch eine »blinde« Innenleuchte oder ein »abgefahrener« Außenspiegel konfrontiert Sie schneller mit Ihrem »Werkzeugkasten« als es Ihnen mitunter lieb sein mag. Dennoch, heutige Innenräume sind sicherheitsrelevante Zonen, die Do it yourselfern das eine oder Tabu abverlangen. Auf den folgenden Seiten sagen wir Ihnen darum klipp und klar, wann und wo ein Profi die erste Adresse ist.

Über »Arbeitsmangel« werden Sie dennoch nicht klagen. Nicht etwa weil Ihr Vectra ein »zickiges« Auto wär', viel mehr weil Selbsthilfe eine Menge »Euro spart« – nicht nur bei Störungen oder Reparaturen: Ein regelmäßig gepflegtes Auto steigert außerdem Ihr eigenes und das Wohlbefinden Ihrer Beifahrer. Spätestens beim Wiederverkauf wirkt ein properer Innenraum nicht nur verkaufsfördernd, er taut zudem beim Käufer leicht auch ein paar zusätzliche Euro auf...

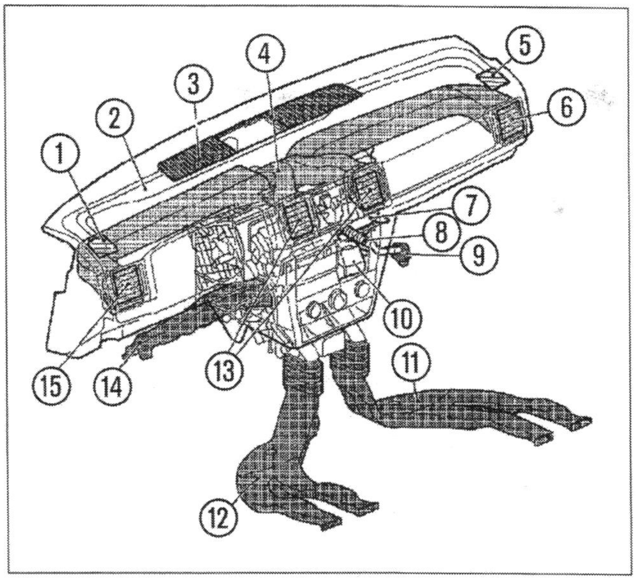

Gleichmäßig verteilt: Der Luftstrom im Vectra-C hat eine bis zu 30 Prozent bessere Wirkung als im Vorgänger. *Übrigens, auch der Pollenluftfilter bleibt im »Umluftbetrieb« aktiv.* **1** *Mischluftdüse Seitenscheibe – Fahrerseite,* **2** *Luftführung Scheiben,* **3** *Luftdüse Frontscheibe,* **4** *Luftführung Mischluftdüsen – Kopfraum,* **5** *Mischluftdüse Seitenscheibe – Beifahrerseite,* **6** *Mischluftdüse Beifahrerseite,* **7** *Gebläsemotor,* **8** *Luftführung Handschuhkastenkühlung,* **9** *Luftklappe Handschuhkastenkühlung,* **10** *Luftführung Fußraum vorn – Beifahrer,* **11** *Luftführung Fußraum – hinten rechts,* **12** *Luftführung Fußraum – hinten links,* **13** *mittlere Mischluftdüsen,* **14** *Luftführung Fußraum vorn – Fahrerseite,* **15** *Mischluftdüse – Fahrerseite.*

Heizung und Lüftung

Ein Teil des Fahrtwinds passiert das Lüftungsgitter vor der Frontscheibe. Von hier aus gelangt die »Brise« dann über das Luftverteilungssystem an die entsprechenden Belüftungsdüsen im Innenraum. Düsen innerhalb der Instrumententafel sind einstellbar: Je nach Bedarf variieren Sie dort den Luftstrom in Menge und Richtung. Nicht so an den Luftführungen im Fußraum, dem Entfeuchter sowie den Entfrosterdüsen – jene Luftauslässe sind starr montiert.

Bevor die Frischluft zu den Düsen kommt, passiert sie im Vectra einen Staub- und Pollenfilter sowie ein vierstufiges Luftgebläse. Der Pollenfilter ist Bestandteil der Serienausrüstung. Er filtert Partikel über 3 Mikron sowie Pollen, Staub und Dieselruß aus der Luft.

Sorgt ständig für frische Luft – Zwangsbe- und -entlüftung

Sollten Sie in Ihrem Vectra die Vorzüge einer AC genießen und Ihnen der Vordermann oder lästige Industrieabgase ungebeten das Innenraumklima »parfümieren«, befreien Sie mit der Umlufttaste Ihre Nase kurzerhand von dem Mief. Wenn Sie dann, vornehmlich im Herbst und Winter, allerdings nicht wie unter einer Glaskuppel im eigenen Saft »schmoren« möchten, aktivieren Sie die Umlufttaste immer nur vorübergehend.

Damit Ihnen im Vectra grundsätzlich nicht der »Durchblick« abhanden kommt, streicht während der Fahrt ein zugfreier Luftstrom (Zwangsentlüftung) über die Scheiben. Doch spätestens, wenn die Fenster beschlagen, lenken Sie die Frischluft direkt auf ihre Oberflächen um.

Die Zwangsentlüftung sorgt im Innenraum übrigens auch bei verschlossenen Düsen und Fenstern für einen ständigen Luftaustausch. Je nach Stellung der Luftführungsklappen lässt sich das Vectra-»Wohnzimmer« mit Verteilerdüsen unterschiedlich klimatisieren. Ein Teil der frischen Außenluft wärmt sich an den Aluminiumlamellen des Heizungswärmetauschers und temperiert hernach die »Kaltluft« auf das gewünschte Niveau. Ohne Assistenz des Luftgebläses funktioniert die Belüftung nur geschwindigkeitsabhängig. Lassen Sie darum auf Kurzstrecken und im Stadtverkehr das Gebläse generell auf Stufe 1 oder 2 an Ihrem »Wohlbefinden« arbeiten. Vorteil: Die Frischluft verteilt sich schneller im Innenraum – unabhängig von der Fahrgeschwindigkeit. Im Vectra sitzt das Luftgebläse vor dem Wärmetauscher. Vorteil: Es kühlt den Innenraum an kälteren Tagen nicht aus.

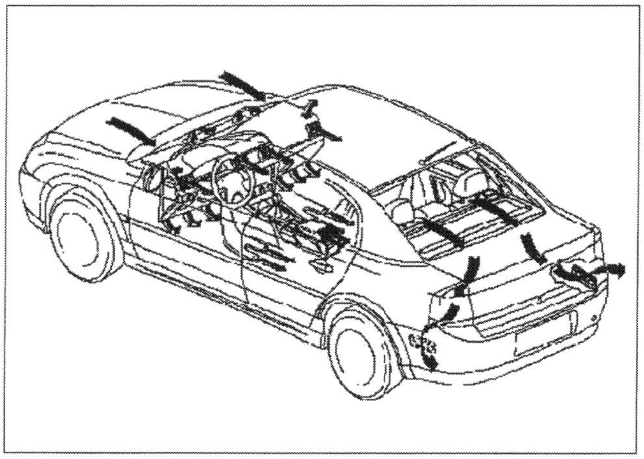

Schaffen ein prima Klima: *Die »Wetterrführungen« im Vectra-C.*

Ab und an checken – Heizung und Lüftung

Checken Sie ab und an das Innenraumklima in Ihrem Vectra. Staubpartikel, Straßenschmutz, Insekten oder Herbstlaub verstopfen mitunter die Luftkanäle und den Pollenfilter. Gehen Sie dazu auf einer wenig befahrenen Landstraße folgendermaßen vor:

- Drehen Sie bei betriebswarmem Motor den Heizungsregler voll auf – die Warmluft muss jetzt gleichmäßig aus allen Düsenöffnungen strömen.
- Jetzt testen Sie das Regelventil und drehen den Heizungsregler ganz zu. Wenn der Stellmechanismus ordentlich funktioniert und das Ventil dicht schließt, kommt nach einigen Kilometern kalte Luft aus den Düsen. Falls nicht, funktioniert der Stellmechanismus nicht mehr einwandfrei, eventuell haben sich auch Herbstlaub oder Blütenblätter an den Dichtflächen »quer« gestellt.

»Beantworten« Sie sich während der »Testfahrt« folgende Fragen:

- Strömt die Luft gleichmäßig nach oben und unten?
- Kommt der Luftstrom gleichmäßig aus allen Öffnungen?
- Funktioniert der Umluftregler?
- Arbeitet das Gebläse in allen Stufen?

Heizung

Störungsbeistand

Störung	Ursache	Abhilfe
A Schwache Heizleistung.	**1** Luftklappe schließt nicht völlig.	Seilzüge kontrollieren; Klappe gängig machen, ggf. Fremdkörper entfernen.
	2 Wärmetauscher verdreckt oder Zuleitungen gequetscht.	Wärmetauscher reinigen bzw. ersetzen (lassen); Zuleitungen kontrollieren.
	3 Heizungsbetätigung verstellt oder ausgehängt.	Einstellen bzw. neu einhängen.
	4 Vor- und Rücklauf des Wärmetauschers verstopft oder geknickt.	Kontrollieren, ggf. Schläuche ersetzen.
B Heizung fällt während der Fahrt aus.	Kühlmittelverlust (Luft im Kühlsystem/Wärmetauscher).	Temperaturanzeige beobachten und bei Überhitzung sofort stoppen. Ansonsten kann der Motor »fressen« oder die Zylinderkopfdichtung durchbrennen. Leckage beheben und Kühlmittel ergänzen.

Reinluftfilter wechseln

Arbeitsschritte

① Clipsen Sie hinter der Spritzwand die Serviceklappe ❶ los und …

② … entriegeln beide Halter ❷ und ❸ des Reinluftfilters in Pfeilrichtung.

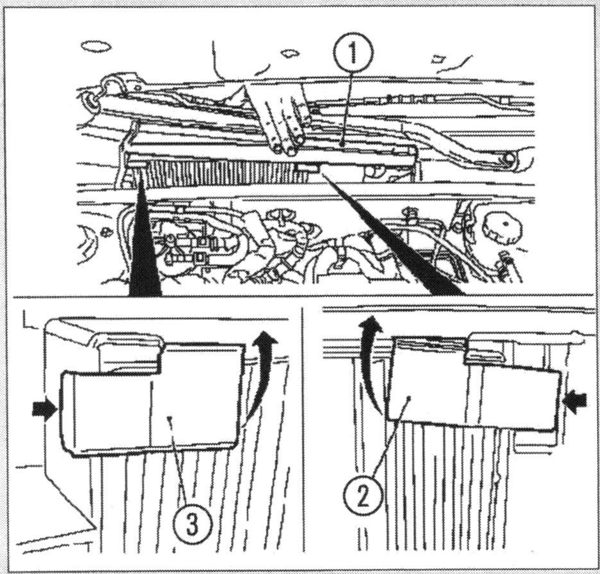

Schnell erledigt – Reinluftfilter tauschen.

③ Den verdreckten Reinluftfilter »dürfen« Sie nicht reinigen – das würde seine die Wirkung zerstören und ihn allenfalls noch als »Fliegenfänger« brauchbar halten. Entsorgen Sie ihn besser sofort und setzen ein frisches Element ein.

④ Beenden Sie die Montage in umgekehrter Reihenfolge.

Die Bedienungselemente

Im Vectra bedienen Sie die manuelle Temperaturregelung mit drei Drehschaltern in der Mittelkonsole. Eine Steuereinheit variiert die Temperatur-, Luftführungsklappen und Entfrosterdüsen mit elektronisch angesteuerten Stellmotoren. Den Stellmotor des Umluftventils aktiviert ein separater Druckschalter. Im Vectra mit AC-Automatik (Option) signalisiert ein digitales Display oberhalb der Mittelkonsole den Bedienmodus und die Innenraumtemperatur. Den »Klimaautomaten« programmieren Sie an drei Drehreglern. Am Digitaldisplay lesen Sie dann Ihr Wunschklima ab, den Rest erledigt die Automatik.

Von der Mittelkonsole aus bequem zu justieren:
*Die Klimaautomatik mit monochromen Flüssigkristallmonitor (**G**raphic **I**nfo **D**isplay – **GID**) oder wahlweise mit farbigem Monitor (**C**olor **I**nfo **D**isplay – **CID**).*

Heizungs- und Lüftungsbedieneinheit aus- und einbauen

Arbeitsschritte

① Demontieren Sie, wie beschrieben, das Radio aus der Mittelkonsole und …

② … hebeln dann das Bedienpaneel ❶ mit einem breiten Kunststoffspachtel ❷ in Pfeilrichtung soweit aus dem Armaturenbrett …

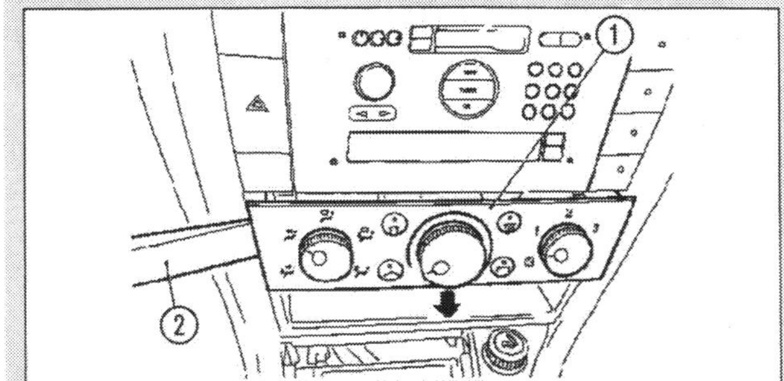

Vorsichtig aus dem Armaturenbrett hebeln – das Heizungsbedienpaneel.

③ … bis Sie die Sperre ❹ des Mehrfachsteckers ❶ in Pfeilrichtung abziehen können.

④ Hernach drücken Sie am senkrechten Stecker ❷ beide Haltenasen ❸ zusammen und ziehen ihn vom Bedienpaneel ab.

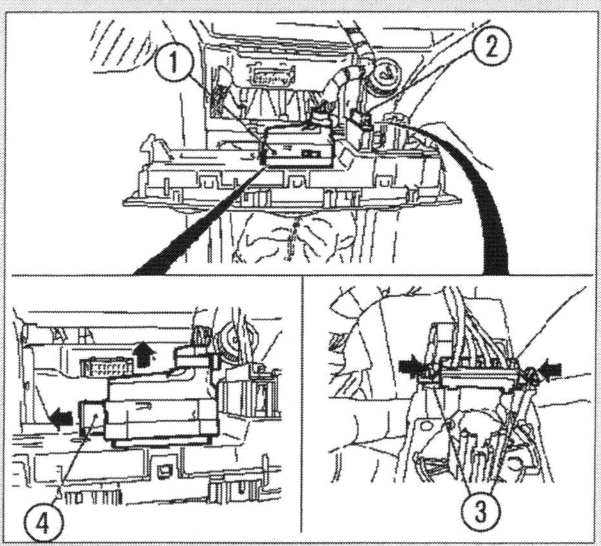

Am senkrechten Stecker beide Haltenasen zusammendrücken – Anschlussstecker abziehen.

⑤ Verbinden Sie beide Mehrfachstecker mit dem Paneel. Denken Sie daran, die Stecker zu verriegeln.

⑥ Hernach schieben Sie das Bedienpaneel so weit in die Montageöffnung des Armaturenbretts ein, bis es hörbar klickt.

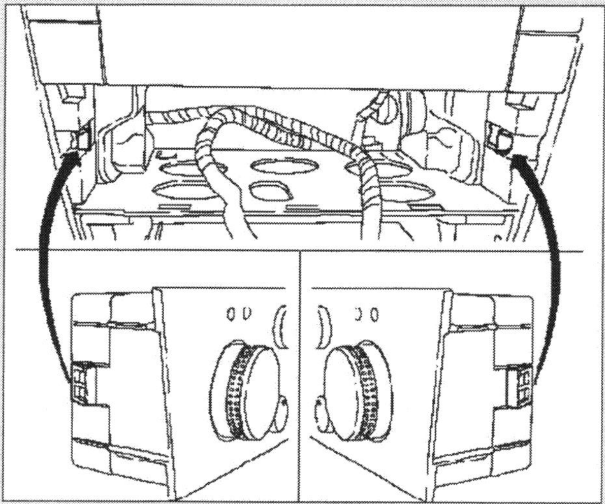
Hörbar einrasten lassen – Bedienpaneel.

⑦ Beenden Sie jetzt die Montage in umgekehrter Reihenfolge.

Das Gebläse

In allen Vectra-Modellen unterstützt ein vierstufiges Radialgebläse den Luftaustausch im Innenraum. Der Lüfter sitzt sinnvollerweise vor dem Heizungswärmetauscher und kühlt den Innenraum somit auch an Wintertagen nicht aus. Vorgeschaltete Widerstände regeln den Gebläsemotor stufenweise ein. In Stufe 4 hat der Lüfter die größte Leistung. Seine Kapazität ist großzügig ausgelegt, so dass, unabhängig von der momentanen Fahrgeschwindigkeit, immer genügend Luft zirkuliert. Das gilt für wenige Minuten übrigens auch in Stellung »Umluft«. Der Gebläsemotor sitzt unterhalb des Armaturenbretts zentral vor der Spritzwand.

Störungssuche am Gebläse

Arbeitsschritte

① Arbeitet das Gebläse in keiner Schalterstellung, checken Sie zunächst die Sicherung zwei im Sicherungskasten.

② Ist dort alles o. k., überprüfen Sie den Gebläseschalter. Dazu demontieren Sie – wie beschrieben – die Bedieneinheit.

③ Checken Sie, ob Spannung am Mehrfachstecker anliegt. Falls nicht, prüfen Sie, ausgehend vom Sicherungskasten, auch die Zuleitung.

④ Im nächsten Schritt checken Sie den Schalter mit einem Multimeter in allen Stellungen auf »Durchgang«.

⑤ Tauschen Sie einen defekten Schalter besser sofort aus: Reparaturen lohnen sich erfahrungsgemäß nicht.

⑥ Bei einem »gesunden« Schalter checken Sie die Masseverbindung zum Gebläsemotor.

⑦ Liegt dort auch kein Fehler vor, ist der Gebläsemotor defekt (Kohlen abgebrannt, Ankerwicklungen verschmort).

Gebläsemotor tauschen

Mit etwas handwerklichem Geschick tauschen Sie den Gebläsemotor in Eigenregie.

Arbeitsschritte

① Klemmen Sie das Batteriemassekabel ab und …

② … demontieren, wie beschrieben, den Gebläsevorwiderstand ❷.

③ Ziehen Sie den Anschlussstecker ❶ vom Gebläsemotor und …

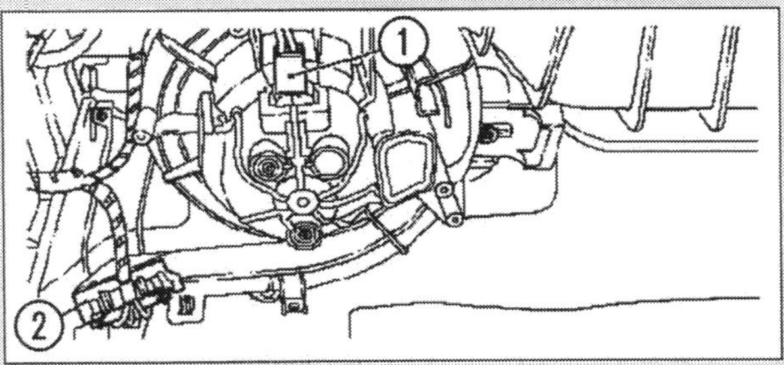

Vom Gebläsemotor abziehen – Anschlussstecker.

④ … lösen am »Lüfter« sieben Schrauben (Pfeile).

⑤ Hernach clipsen Sie den Halter ❶ ab und bugsieren den Motor in den Fußraum.

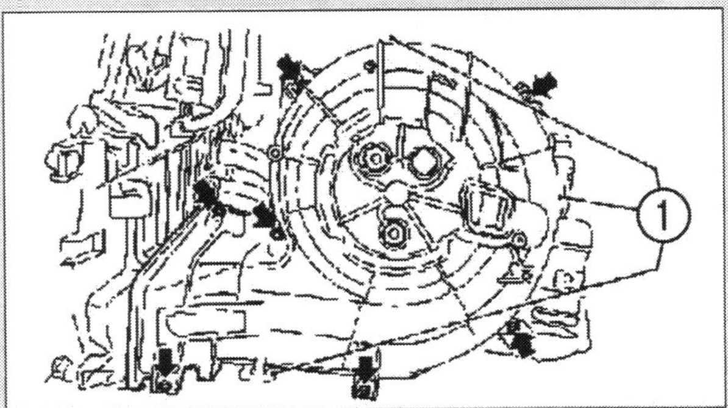

Demontieren – den Gebläsemotor.

⑥ Tauschen Sie den Motor aus und beenden die Montage in umgekehrter Reihenfolge.

Gebläsevorwiderstand erneuern

① Klemmen Sie das Batteriemassekabel ab und …

② … demontieren, wie beschrieben, den unteren Luftführungskanal der Beifahrerseite.

③ Drücken Sie die beiden Haltenasen (Pfeile) des Mehrfachsteckers ❶ zusammen und ziehen ihn vom Vorwiderstand ab.

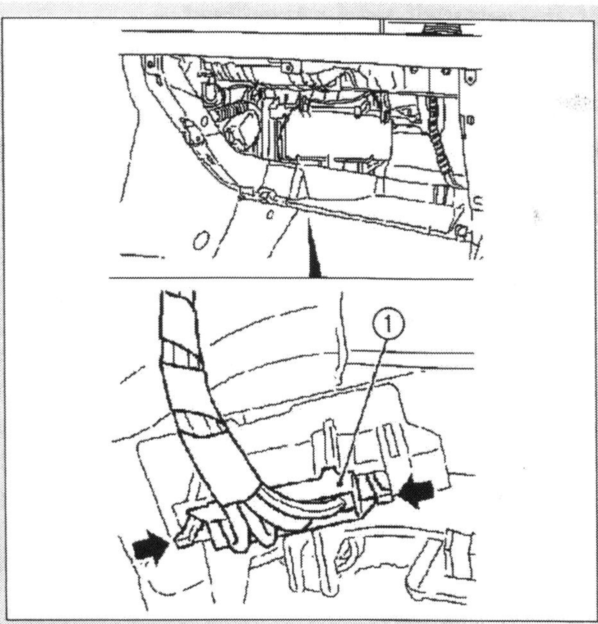

Haltenasen zusammendrücken und Stecker abziehen – am Vorwiderstand.

④ Um den Widerstand ❷ vom Gebläsekasten zu demontieren, entriegeln Sie die Haltenase (Pfeil) und …

⑤ … verschieben den Widerstand anschließend so weit, bis die Führungsnasen ❸ mit den Aussparungen im Gebläsekasten übereinstimmen.

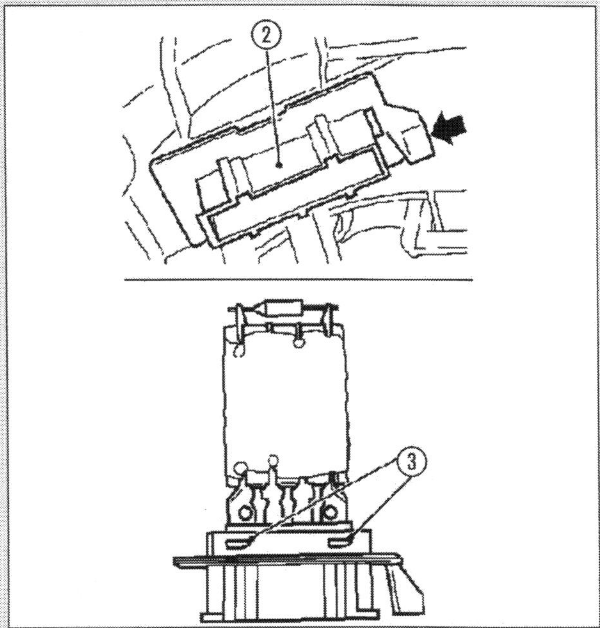

Entriegeln und anschließend verschieben – Vorwiderstand im Gebläsekasten.

⑥ Tauschen Sie den Vorwiderstand aus und beenden die Montage in umgekehrter Reihenfolge.

Wirkungsvoll und standfest – die Klimaanlage (AC)

Was der Heizung billig, ist der AC recht: Sie arbeitet ohne besondere Pflege und Wartung zuverlässig im Untergrund – und das über Jahre. Sollte gerade Ihr Vectra dann doch die Ausnahme von der Regel sein, lassen Sie besser einen Fachmann an das »gute Stück«. Denn um Klimaanlagen instand zu setzen, benötigen Sie Spezialwerkzeug, das nicht unbedingt in den Fundus einer Do-it-yourself-Werkstatt gehört. Dennoch beschreiben wir Ihnen im Praxistipp »So funktioniert die Klimaanlage« zumindest global den AC-Kühlkreislauf, als technisch interessierter Hobbyschrauber bekommen Sie dann zumindest einen Funktionseindruck von der AC und wissen fortan auch um ihre »segensreiche« Wirkung während der kalten Jahreszeit.

Praxistipp

So funktioniert die Klimaanlage

Der »Kühlkreislauf« des zunächst gasförmigen Kältemittels, z. B. R 134a, beginnt im Verdichter (Kühlkompressor). Dort wird es, ähnlich wie die Frischgase in Hubkolbenmotoren, auf eine Verdichtungstemperatur zwischen 60 bis 100 °C komprimiert. Den Kompressor treibt übrigens ein Flachrippenriemen direkt von der Kurbelwelle aus an.

Aus dem Verdichter strömt das Kältemittel in den Verflüssiger, auch Kondensator genannt. Er sitzt meistens direkt im Fahrtwind vor dem Wasserkühler, ein geradezu prädestinierter Platz, denn der kühlende Fahrtwind entzieht dem Kältemittel soviel Überschusswärme, dass es seinen Aggregatzustand von gasförmig auf flüssig ändert. Ein ähnliches Symptom beobachten Brillenträger übrigens auch in der kalten Jahreszeit: Wenn Sie aus geheizten Räumen in die Kälte kommen, kondensiert die kalte Luft an den noch warmen Brillengläsern – die Brille beschlägt. Aus dem Kondensator fließt das Kältemittel unter hohem Druck und mit relativ hoher Fließgeschwindigkeit in den Verdampfer. Hier findet der gleiche Prozess mit anderen Vorzeichen statt: Die Flüssigkeit dehnt sich im Verdampfer aus, kommt kurzzeitig zur »Ruhe« und wechselt derweil erneut ihren Aggregatzustand – jetzt von flüssig auf gasförmig. Warum? Die zur Expansion erforderliche Verdampfungswärme »besorgt« sich das Kältemittel aus der an den Verdampferlamellen vorbeiströmenden Außen- oder Umluft. Das hat übrigens den angenehmen Nebeneffekt, dass die Luft im Verdampfer nicht nur gekühlt, sondern zwangsläufig auch »getrocknet« wird (Brilleneffekt).

Aus dem Verdampfer gelangt das Kältemittel dann wieder in den Verdichter, der Kreislauf ist damit geschlossen. Die getrocknete Luft kühlt Sommertags den Innenraum und hält in der kalten Jahreszeit, entsprechend temperiert, die Scheiben beschlagfrei. Das Kondensat verlässt das Verdampfergehäuse derweil als Kondenswasser ins Freie. Sollte Ihr Vectra also, kurz nachdem Sie ihn geparkt haben, unterhalb des Motors nässen, bleiben Sie cool – der AC-Verdampfer »lässt unter sich«. Übrigens, in neueren Klimaanlagen tragen AC-Verdampfer eine wasserabweisende und antibakterielle Beschichtung, sie trocknet die Kühllamellen sehr schnell ab und mindert wirkungsvoll unangenehme Gerüche, die weiland vornehmlich ältere Klimaanlagen verbreitet haben.

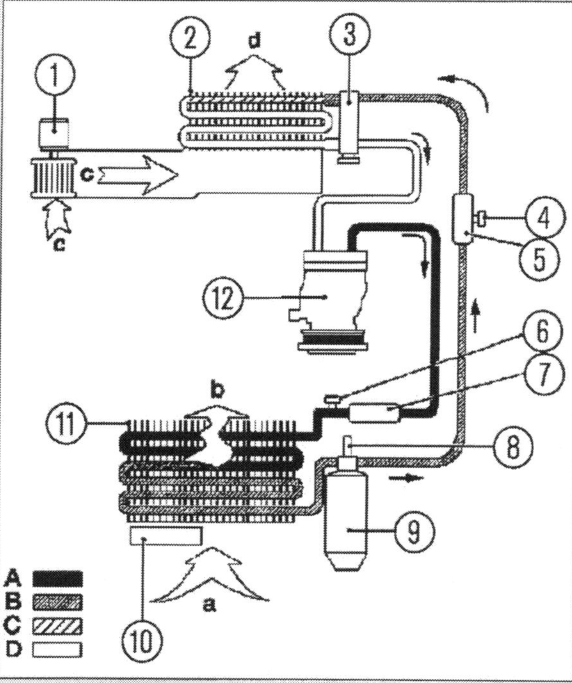

Im Vorderwagen und im Motorraum verteilt: Die AC-Komponenten. *❶ Heizungsgebläsemotor, ❷ Verdampfer, ❸ Expansionsventil, ❹ Niederdruck-Serviceanschluss, ❺ Pulsationsdämpfer, ❻ Hochdruck-Serviceanschluss, ❼ Pulsationsdämpfer, ❽ Drucksensor, ❾ Trocknerbehälter, ❿ Zusatzgebläse, ⓫ Verflüssiger, ⓬ Verdichter,* ***a*** *Außenluft,* ***b*** *Warmluft,* ***c*** *ungekühlte Luft,* ***d*** *gekühlte Luft,* ***A*** *Hochdruckdampf,* ***B*** *Hochdruckflüssigkeit,* ***C*** *Niederdruckflüssigkeit,* ***D*** *Niederdruckdampf.*

Damit Sie Ihr Auto möglichst schnell und sparsam temperieren, geben wir Ihnen im Praxistipp »Klimaanlage – Sommer- und Wintertags ein Komfortgewinn« ein paar nützliche Hinweise.

Praxistipp

Klimaanlage – Sommer- und Wintertags ein Komfortgewinn

Keine Frage, je größer und flacher die Fensterflächen an modernen Autos, umso eher gerät die herkömmliche Innenraumbe- und -entlüftungsanlage an die Grenzen ihrer Leistungsfähigkeit – Sommer- und Wintertags. Moderne Motoren produzieren zu wenig »Abwärme« und das Luftgebläse ist auch in der höchsten Stufe maßlos überfordert.

Einen komfortablen Ausweg aus dem »individuellen« Temperaturstau schaffen Klimaanlagen: Bei starker Sonneneinstrahlung kühlen sie die heiße Luft und im Winter »trocknen« sie die feuchte Frischluft ab.

Der Komfortgewinn hat freilich seinen Preis – zum Nulltarif arbeitet keine Klimaanlage: Wenn Sie Ihre AC als Kühlschrank missverstehen, bezahlen Sie den »Irrtum« mit etwa einen Liter Kraftstoff in der Stunde. Falls nicht, investieren Sie in Ihre Wohlfühltemperatur rund die Hälfte.

Techniker differenzieren zwischen der manuellen AC – dabei wählen Sie die momentane Kühlleistung an einem Dreh- oder Schiebeschalter – sowie der Klimaautomatik mit elektronischer Temperaturvorwahl und einem so genannten »Luftgütesensor«.

Einmal programmiert, agieren leistungsfähige Klimaautomaten bevor das Innenraumklima zu »kippen« droht. Zudem erkennt der Luftgütesensor, ob Ihnen der Vordermann zu viel Abgase in den Innenraum »pustet« oder ob Sie bald in Ihrem »eigenen Saft baden«. Der »Schnüffler« vergleicht dazu die Luftqualität – innen wie außen und variiert zielsicher zwischen Frisch- und Umluft.

Als beste Temperatur – egal ob mit manueller AC oder Klimaautomatik – empfehlen wir Ihnen ganzjährig den Bereich zwischen 20 – 24 °C. Wenn Sie unseren Vorschlag beherzigen, halten Sie den Mehrverbrauch in vertretbaren Grenzen und riskieren keine »Erkältung« zu viel.

Und wie klimatisieren Sie am effizientesten einen brütendheißen Innenraum?

Öffnen Sie vor Fahrtantritt alle Fenster und, falls vorhanden, auch das Schiebedach. Natürlich aktivieren Sie auch die AC und das Heizungsgebläse in der höchsten Stufe. Ihre Maßnahmen bewirken, dass die Luftführungskanäle mitsamt der Innenraumtemperatur, abhängig von der Innenraumgröße, binnen weniger Kilometer von etwa 70 °C um rund 30 °C abkühlen. Nach etwa fünf Minuten schließen Sie dann alle Fenster – vergessen Sie nicht das Schiebedach – und wählen hernach die Umluftstellung.

Sobald Ihre Wohlfühltemperatur erreicht ist, justieren Sie den AC-Regler auf 20 – 24 °C, stellen das Gebläse in Stellung II und schalten von Um- auf Frischluft. Das war's. Wenn Sie eine Klimaautomatik an Bord haben, erledigt der Automat die Arbeit für Sie.

Innenleuchten wechseln

Arbeitsschritte

Innenraumleuchten

① Schließen Sie die Türen damit an den Innenleuchten keine Spannung mehr anliegt.

② Das betreffende Leuchtenglas hebeln Sie (Pfeil) mit einem flachen Schraubendreher aus seiner Halterung und…

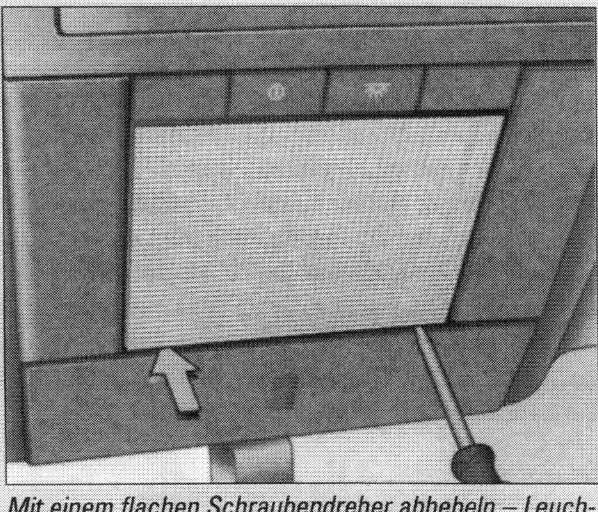

Mit einem flachen Schraubendreher abhebeln – Leuchtenglas.

③ …ziehen dann die defekte Lampe aus der Fassung.

④ Die neue Leuchte drücken Sie einfach in die Fassung.

Leseleuchten (Option)

① Siehe Innenleuchte wechseln.

Gepäckraumleuchte

① Hebeln Sie mit einem flachen Schraubendreher das Lampengehäuse vorsichtig aus der Seitenverkleidung und tauschen dann die Lampe.

Die Schalter

Im Vectra sind unterschiedliche Schaltertypen verbaut: Rechts und links der Lenksäule reichen die Betätigungshebel des Lenkstockschalters aus der Lenksäulenverkleidung. Das Heizgebläse und die Luftverteilung aktivieren Sie von der Mittelkonsole aus mit Drehschaltern. Den elektrischen Fensterhebern (Option) sind in den Türarmlehnen Kippschalter im Nachtdesign vorbehalten. Druckschalter setzen dagegen die Nebelschlussleuchte, die Zusatzscheinwerfer sowie die beheizbare Heckscheibe in Aktion. Mit etwas Geschick wechseln Sie defekte Kipp- und Druckschalter in eigener Regie, ansonsten beauftragen Sie Ihren Opel-Händler damit.

Aktiviert auch die Wegfahrsperre - das Lenk-/Zündschloss

Mit dem Lenk-/Zündschloss starten Sie den Motor und – bei abgezogenem Zündschlüssel – binnen weniger Sekunden auch die automatische Wegfahrsperre. Ohne Zündschlüssel rastet das Lenkradschloss nach etwa einer halben Lenkraddrehung ein. An der Schließmechanik treten erfahrungsgemäß nur selten Störungen auf. Bei älteren Autos kommt es schon mal vor, dass die Kontakte auf der Kontaktplatte »verkleben« bzw. korrodieren. Leider ist die Kontaktplatte separat nicht mehr austauschbar, in dem Fall müssen Sie das gesamte Lenk-/Zündschloss erneuern – die Arbeit überlassen Sie besser Ihrem Opel-Händler.

Bestandteil der elektronischen Wegfahrsicherung - Zündschloss und Zündschlüssel

Sollte Ihr Vectra partout nicht starten wollen, muss das zwangsläufig nicht am Zündschloss liegen – schließlich hat Ihr Auto ab Werk noch eine elektronische Wegfahrsperre an Bord. Einmal aktiviert, bleibt sie so lange »stur«, bis Sie von ihrem eigenen Zündschlüssel »entwarnt« wird. Die Betonung liegt auf »eigenen«, denn der Schlüssel – ein Unikat – trägt in seinem »Griff« einen »Minisender«. Langfinger haben da schlechte Karten, solange das Zündschloss seinen Zündschlüssel nicht erkennt, macht der Anlasser keinen Mucks.

Verhindert den Datenfluss - »abgeschirmter« Zündschlüssel

In der Praxis freilich kann es Ihnen passieren, dass der »elektronische Wächter« auch »seinen« Zündschlüssel ignoriert. Zum Beispiel dann, wenn Sie den Schlüssel irgendwann als »Flaschenöffner« oder als provisorisches »Schlagwerkzeug« missbraucht haben. Zudem verwirren die Elektronik auch andere Schlüssel oder Metallteile (Schlüsselbund). In dem Fall bleibt's unter der Motorhaube gleichfalls mucksmäuschen still, denn das Zündschloss fühlt sich jetzt von einem Schlüssel mit fremder Frequenz belästigt. Als aufmerksamer Vectra-Eigner bemerken Sie das Verwirrspiel zwischen »beiden Kontrahenten« an der blinkenden Kontrollleuchte (Pfeil) im Armaturenbrett. Ziehen Sie dann den Zündschlüssel ab und starten nach rund 5 Sekunden erneut. »Streikt« Ihr Vectra dann wieder, versuchen Sie es zunächst mit einem Ersatzschlüssel. Suchen Sie dann auf jeden Fall Ihren Opel-Händler auf und lassen sich den »verstimmten« Schlüssel neu codieren.

Leuchtet bei eingeschalteter Zündung nur kurzzeitig: Wegfahrsperrenkontrollleuchte.

Blinker-/Wischerschalter aus- und einbauen

Arbeitsschritte

① Bevor Sie das Batterieminuskabel abklemmen, »fahnden« Sie an Radios mit Anti-Diebstahl-Codierung (Keycode) nach der Codenummer. Ansonsten bekommen Sie später ein Problem: Ohne die erneut programmierte Codenummer bleibt das Radio nämlich stumm ...

② Um den Schalter zu demontieren, ziehen Sie am Lenkstockhebel den Faltenbalg so weit von der Lenksäule ab, bis …

③ … ein 1,5 Millimeter starker Inbusschlüssel in die »Entrieglungsöffnung« (Pfeil) passt.

④ Entriegeln Sie dann die Rastnase ❶ und ziehen zeitgleich den Blinker-/Wischerhebel ❷ von der Lenksäule ab. Fertig!

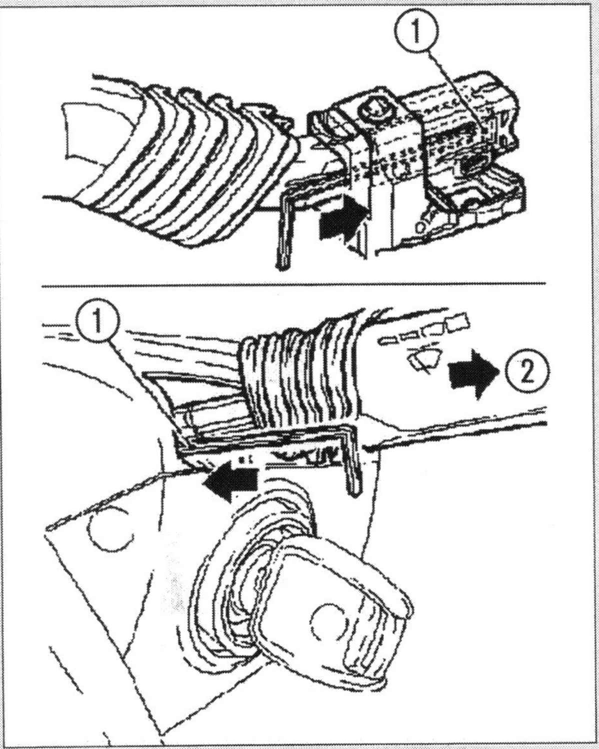

Mit 1,5 Millimeter Inbusschlüssel entriegeln – Blinker-/Wischerschalter.

⑤ Ziehen Sie die Mehrfachstecker auseinander, schließen den neuen Hebel entsprechend an und …

⑥ … beenden dann die Montage in umgekehrter Reihenfolge.

Radio aus- und einbauen

In unserer Beschreibung berücksichtigen wir nur das Opel-Radioprogramm. Sollten Sie ein Zubehörradio montieren, beschaffen Sie sich einen auf Ihren Vectra abgestimmten Einbausatz – Befestigungs- und Montageprobleme schließen Sie damit weitestgehend aus. Erfahrungsgemäß liegt dem Einbausatz auch eine detaillierte Montageanleitung bei.

Arbeitsschritte

① Bevor Sie das Batterieminuskabel abklemmen, »fahnden« Sie an Radios mit Anti-Diebstahl-Codierung (Keycode) nach der Codenummer. Ansonsten bekommen Sie später ein Problem: Ohne die erneut programmierte Codenummer bleibt das Radio nämlich stumm …

② Dann schrauben Sie aus der Blende die vier Madenschrauben ❶ heraus und …

③ … entsichern das Radio-/CD-/Cassettengerät mit speziellen U-förmigen Drahtwinkeln. Schieben Sie die Winkel zunächst einzeln in die vorgesehenen Bohrungen und drücken dann gleichzeitig beide Winkel mit Gefühl nach außen. Sie entlasten damit die Haltekrallen und können das Gerät zusammen mit den Winkeln aus der Montageöffnung ziehen.

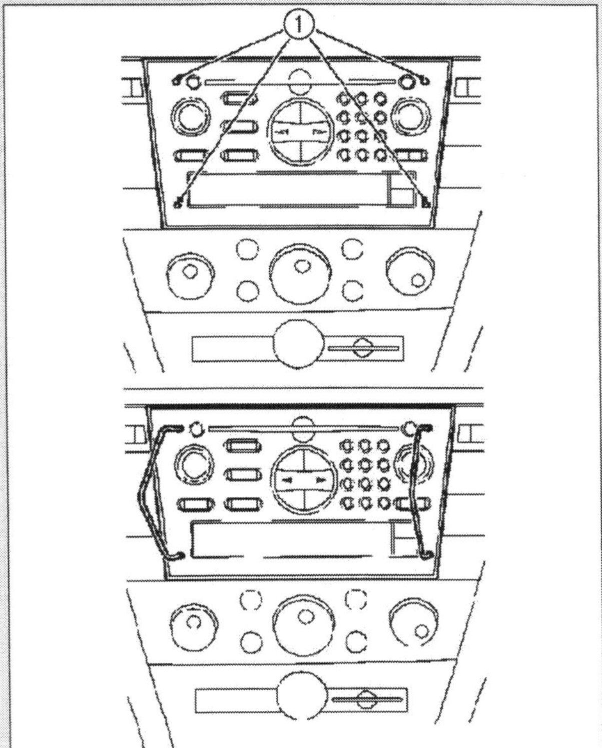

Keine große Aktion – Radio demontieren.

④ Kennzeichnen Sie die Anschlüsse auf der Geräterückseite und ziehen hernach das Antennenkabel, den Stromanschluss, die Lautsprechersteckverbindung und den Masseanschluss aus den Steckplätzen.

⑤ Beenden Sie die Arbeit in umgekehrter Reihenfolge. Radios mit Diebstahlcodierung müssen Sie jetzt neu codieren.

Lautsprecher aus- und einbauen

Je nach Ausstattung und Modellvariante trägt Ihr Vectra seine Lautsprecher in den Türen und einen »Centerlautsprecher« im Armaturenbrett.

Arbeits-schritte

Breitbandlautsprecher

Vorder- / Hintertüren

① Stellen Sie das Radio ab und ...

② ... demontieren die Türverkleidung, wie beschrieben. Achten Sie darauf, dass Ihnen die Türdichtfolie nicht einreißt. Ansonsten »wässern« Sie später bei jedem Regenguss und jeder Wagenwäsche ungewollt den Fußraum.

③ Drehen Sie die drei Lautsprecher-Schrauben (Pfeil) los, ...

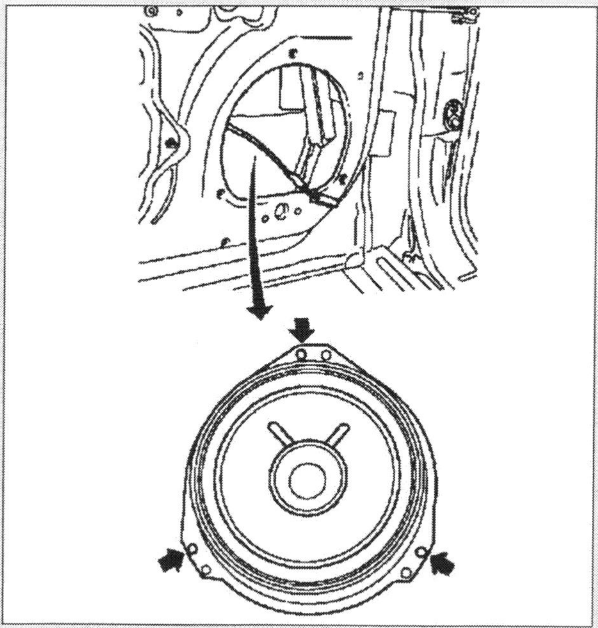

*In der Tür demontieren – **Breitbandlautsprecher**.*

④ ... ziehen den Stecker vom Lautsprecherchassis und nehmen den Lautsprecher aus der Tür. Ziehen Sie wirklich nur an den Steckern und nicht etwa unachtsam an den Kabeln – Ihnen bleiben dann nämlich »plärrende« oder gar stumme Lautsprecher erspart.

⑤ Originalkabelsätze haben Formstecker. Wenn Sie in Eigenregie Zwillingsleitungen verlegen möchten, markieren Sie sich vorher die Anschlüsse. Damit vermeiden Sie unterschiedliche Polaritäten.

⑥ Beenden Sie die Montage in umgekehrter Reihenfolge

Hochtonlautsprecher

⑦ Stellen Sie das Radio ab und ...

⑧ ... demontieren die Türverkleidung, wie beschrieben. Achten Sie darauf, dass Ihnen die Türdichtfolie nicht einreißt. Ansonsten »wässern« Sie später bei jedem Regenguss und jeder Wagenwäsche ungewollt den Fußraum.

Vordertür

⑨ Hebeln Sie mit einem breiten Schlitzschraubendreher die Lautsprecherverkleidung von den drei Befestigungspunkten (Pfeile) ab und ...

⑩ ... ziehen hernach das Dämmmaterial ❶ aus der Verkleidung.

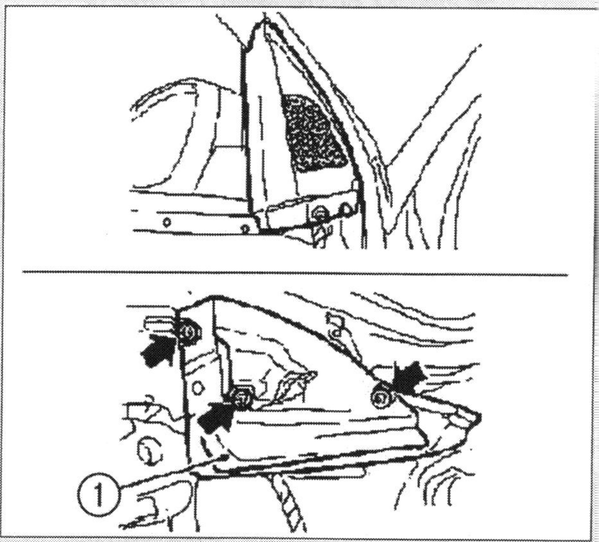

Demontieren – die Lautsprecherverkleidung.

⑪ Clipsen Sie den Hochtonlautsprecher (Pfeile) los, ...

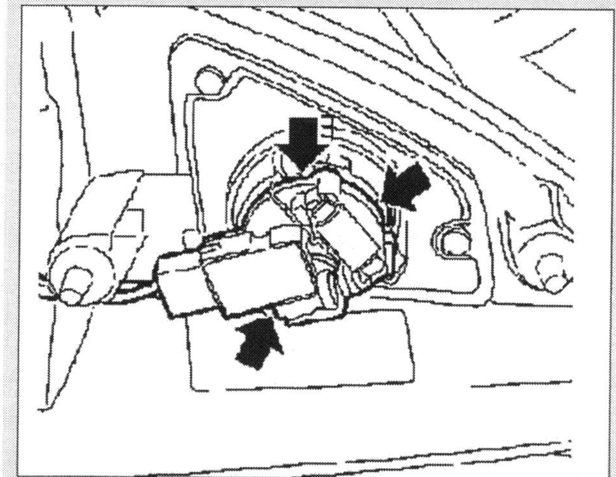

In der Türverkleidung montiert – Hochtonlautsprecher.

⑫ … ziehen den Stecker vom Lautsprecherchassis und nehmen den Lautsprecher aus dem Türprofil. Ziehen Sie wirklich nur an den Steckern und nicht etwa unachtsam an den Kabeln – Ihnen bleiben dann nämlich »plärrende« oder gar stumme Lautsprecher erspart.

Hintertür

⑬ Lösen Sie die Clipse (Pfeil) auf der Verkleidungsrückseite und hebeln mit einem breiten Schlitzschraubendreher die Lautsprecher-/Fensterheberverkleidung ab.

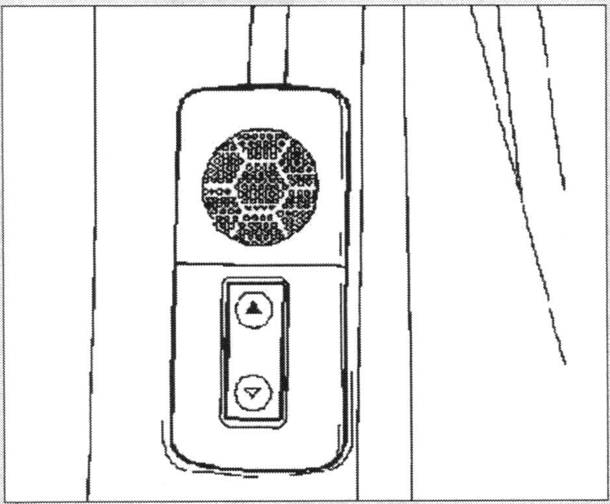

Clipse lösen – von der Lautsprecher-/Fensterheberverkleidung.

⑭ Ziehen Sie hernach den Stecker ❶ vom Lautsprecherchassis ❷ und clipsen den Lautsprecher aus seinen Arretierungen ❸. Ziehen Sie wirklich nur an den Steckern und nicht etwa unachtsam an den Kabeln – Ihnen bleiben dann nämlich »plärrende« oder gar stumme Lautsprecher erspart.

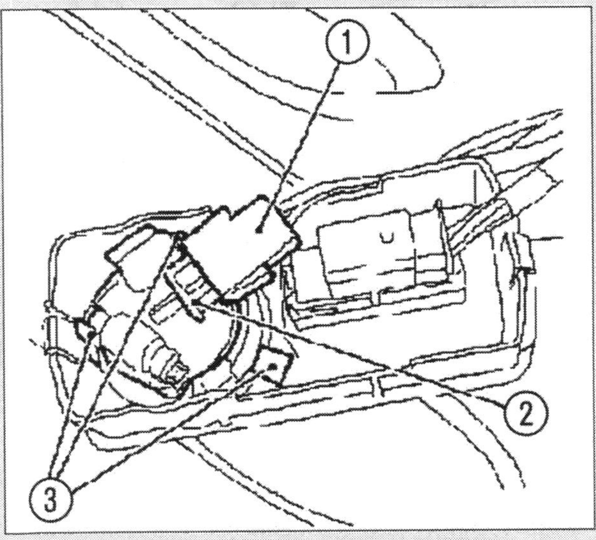

In der Hecktür montiert – Hochtonlautsprecher.

generell

⑮ Originalkabelsätze haben Formstecker. Wenn Sie in Eigenregie Zwillingsleitungen verlegen möchten, markieren Sie sich vorher die Anschlüsse. Damit vermeiden Sie unterschiedliche Polaritäten.

⑯ Beenden Sie die Montage in umgekehrter Reihenfolge.

Centerlautsprecher

① Stellen Sie das Radio ab und …

② … clipsen, mit einem breiten Schlitzschraubendreher, unterhalb der Frontscheibe, die Sonnensensorabdeckung ❶ inklusive Sensor ❷ vom Armaturenbrett los.

③ Lösen Sie beide Lautsprecherschrauben ❸ und bugsieren den Centerlautsprecher ❹ aus dem Armaturenbrett.

④ Ziehen Sie den Formstecker ❺ vom Lautsprecher ab und legen ihn beiseite.

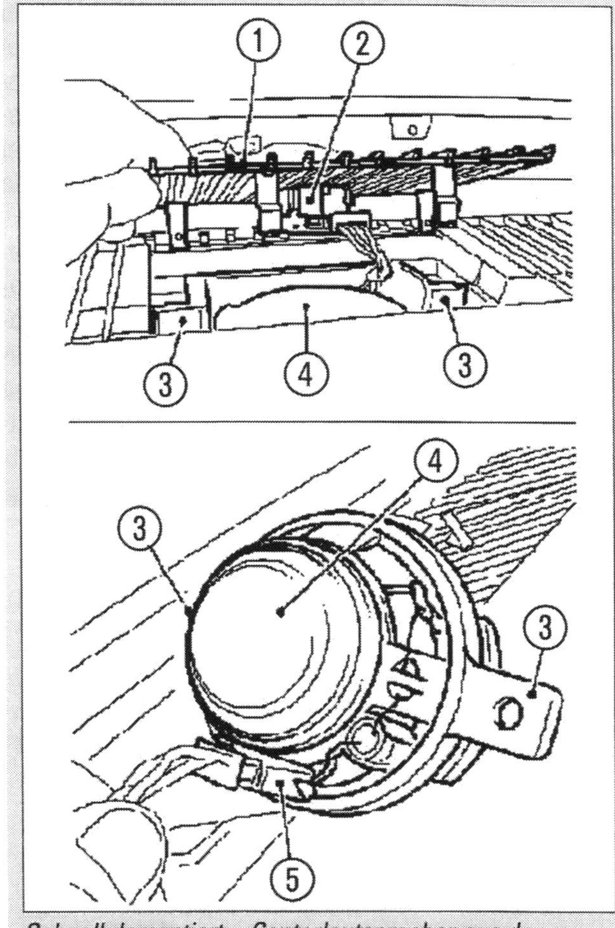

Schnell demontiert – Centerlautsprecher aus dem Armaturenbrett.

⑤ Beenden Sie die Montage in umgekehrter Reihenfolge.

Praxistipp

Hecklautsprecher – die Größe muss stimmen

Bevor Sie in Eigenregie aus Ihrem Vectra einen mobilen Konzertsaal machen, berücksichtigen Sie die Abmessungen der vorhandenen Lautsprecher-Montageöffnungen. Belassen Sie es bei entsprechend großen Lautsprechern: Die Magnetwirkung größerer Boxen könnte andernfalls die Sperrwirkung der hinteren Gurtrollen beeinträchtigen. Folge: Die Gurte blockieren und lassen sich nicht mehr einwandfrei bedienen.

Dachantenne aus- und einbauen

Werkseitig montierte Radios »surfen« per Dachantenne in der Atmosphäre. Dachantennen sind nahezu unverwüstlich – vorausgesetzt, Sie muten den Empfangsstäben keine rotierenden Waschbürsten zu, sondern schrauben sie vorab vom Antennenfuß. Ansonsten legen sich über kurz oder lang die Waschbürsten mit dem Antennenstab an und »knicken« das sensible Stück.
Die dann fälligen Kosten können Sie locker minimieren: Kaufen Sie im Autozubehör eine passende Antenne und »sparen« sich die Montagekosten in die eigene Tasche. Sollten Sie die Antenne komplett installieren, »verstecken« Sie das Antennenkabel unter dem Dachhimmel und hinter einer A-Säulenblende. »Standardmäßig« ist der Ausbau der Dachantenne sehr zeitaufwändig. Wir machen Ihnen darum einen Vorschlag, wie Sie die Antenne einfacher vom Dach »kriegen«.

Arbeitsschritte

① Um Kurzschlüsse zu vermeiden, klemmen Sie vorher das Batteriemassekabel ab. Denken Sie daran, sich vorher den Diebstahlcode des Radios zu notieren, ansonsten bleibt der Apparat nämlich stumm.

Limousine

② Demontieren Sie, wie beschrieben, die äußere Rücksitzlehne.

③ Hernach clipsen Sie die Verblendung ❶ der oberen Sicherheitsgurtumlenkung mit einem breiten Schlitzschraubendreher ab und …

④ … lösen die darunter liegende Schraube ❷.

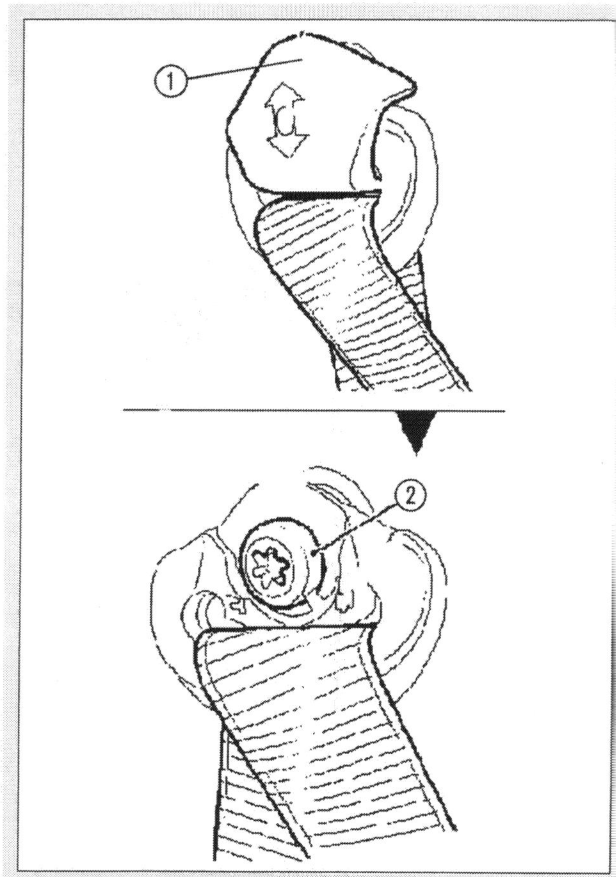

Mit breitem Schlitzschraubendreher demontieren – Verblendung.

⑤ Nun hebeln Sie die C-Säulenverkleidung ❷ aus den Befestigungspunkten ❶ (Pfeile) und legen sie beiseite.

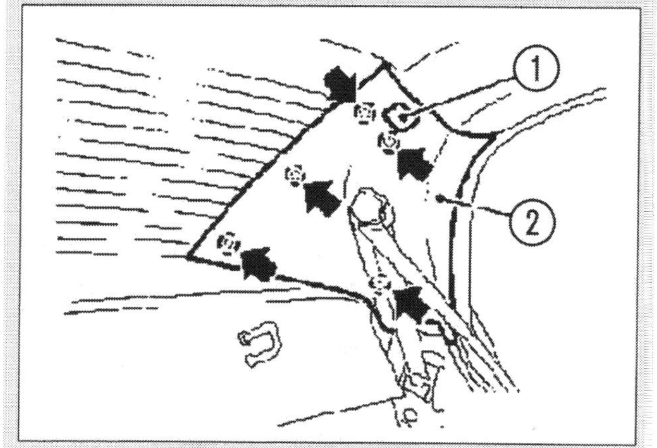

Vorsichtig von der C-Säule abhebeln – Säulenverkleidung.

⑥ An der gegenüberliegenden C-Säule wiederholen Sie hernach die Schritte drei bis fünf.

GTS

⑦ Legen Sie die Rücksitzlehne nach vorn und demontieren dann die Laderaumabdeckung mitsamt Kofferraummatte.

⑧ Hernach lösen Sie sechs Schrauben (Pfeile) an der Rückwandverkleidung und legen »die Plaste« beiseite.

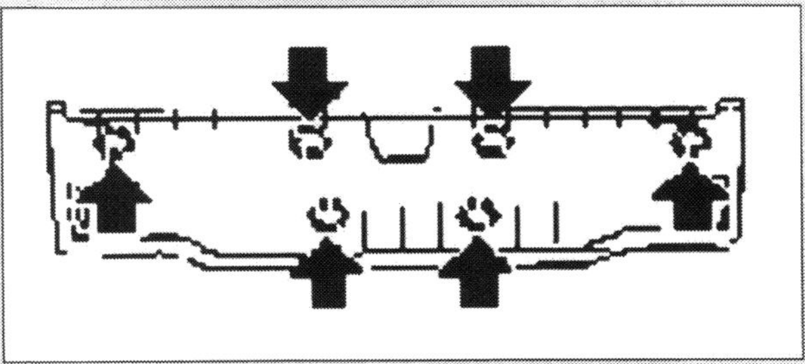

Demontieren – die Rückwandverkleidung.

⑨ Im nächsten Schritt demontieren Sie die hintere Seitenwand. Dazu hebeln Sie mit einem kleinen Schlitzschraubendreher die beiden Stopfen ❶ heraus, ziehen die Verkleidung ❷ vorsichtig in Pfeilrichtung nach unten und …

⑩ … bugsieren das Ganze aus dem Kofferraum.

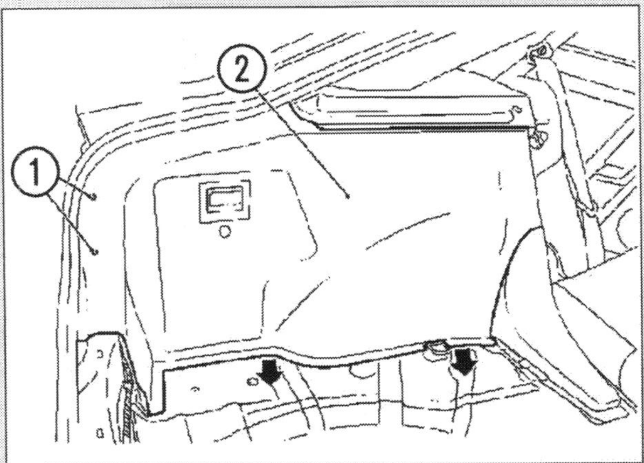

Stopfen lösen und dann vorsichtig nach unten ziehen – Seitenwandverkleidung zur Demontage.

⑪ Nun clipsen Sie mit einem breiten Schlitzschraubendreher die Verblendung ❶ der oberen Sicherheitsgurtumlenkung ab und …

⑫ … lösen die darunter liegende Schraube.

⑬ Anschließend demontieren Sie, wie beschrieben, die äußere Sitzlehne ❷ und legen sie beiseite.

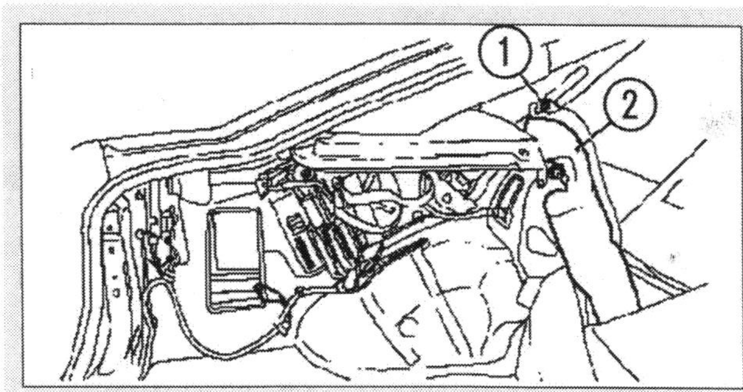

Demontieren – die obere Sicherheitsgurtumlenkung.

⑭ Lösen Sie die vier Befestigungsschrauben der Seitenverkleidung (Pfeile) und …

⑮ … ziehen das komplette Formteil aus den Befestigungspunkten ❸ und ❹.

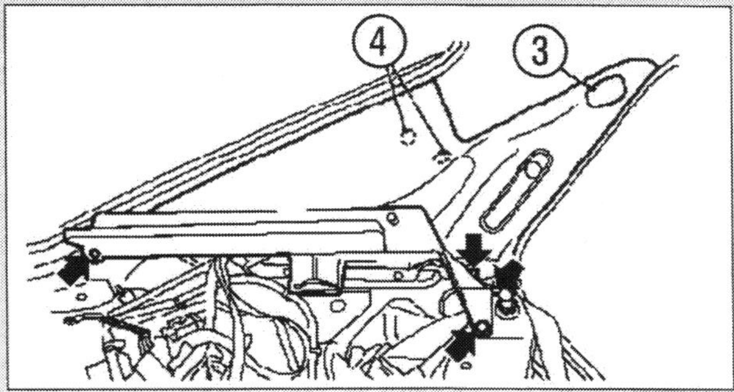

Vorsichtig an der Säule lösen – Verkleidung.

⑯ Wiederholen Sie die Schritte acht bis fünfzehn jetzt auch an der gegenüberliegenden Säule und …

⑰ … ziehen dann im Bereich der Heckklappe die Dichtlippe von der Karosserie.

beide Modelle

⑱ Anschließend »lüften« Sie den Himmel vorsichtig gerade nur so weit vom Dach, dass Sie an die Befestigungsmutter mitsamt der Antennenanschlüsse heran kommen.

⑲ Trennen Sie den Kabelanschluss ❶, fädeln das Kabel aus dem Clip ❷, lösen die Befestigungsmutter ❸ des alten Antennenfußes und …

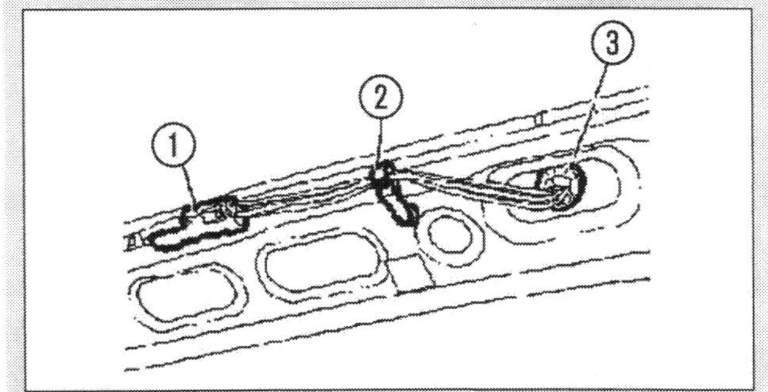

Nacheinander lösen bzw. abziehen – ❶ Antennenanschluss, ❷ Clip, ❸ Befestigungsmutter.

⑳ ... ziehen den Fuß aus der Dachhaut.

㉑ Bevor Sie den neuen Fuß endgültig montieren, ziehen Sie die Befestigungsmutter nur handfest vor, schrauben kurz die Antenne ein, richten den Fuß auf dem Dach aus und ziehen ihn mit 5 Nm fest.

㉒ Beenden Sie die Montage, typspezifisch in umgekehrter Reihenfolge.

Nicht zu empfehlen - Vordersitze in Eigenregie aus- und einbauen

Im Vectra sitzen Fahrer und Beifahrer auf »Anti Dive Sitzen« mit Schulterairbags und aktiven Kopfstützen so kommod wie in der Oberklasse. Die Sitzmöbel sind integraler Bestandteil des Opel-Sicherheitssystems. Eine unsachgemäß ausgeführte Sitzdemontage könnten Sitz- und Gurtsensoren als Crash missinterpretieren. Folge: Sie »zünden« irrtümlich und haben für den Ernstfall dann ihr »Pulver« bereits verschossen. Sollten Sie sich die Sitzdemontage dennoch selbst zutrauen, informieren Sie sich vorher bei Ihrem Opel-Händler über die bestehenden Sicherheitsvorschriften.

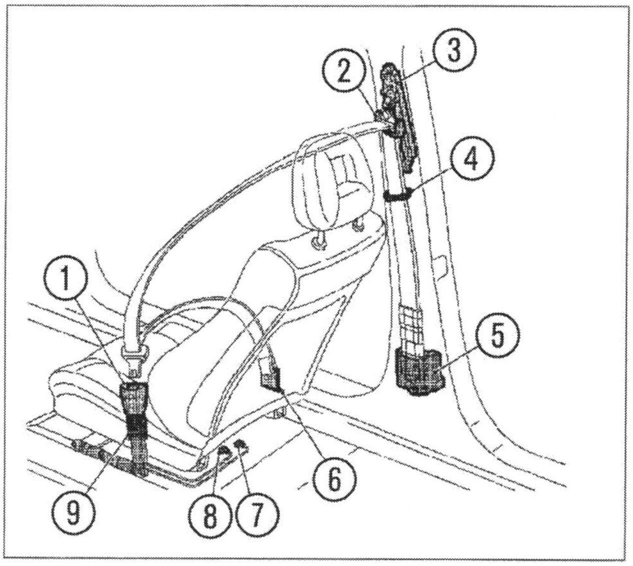

Verringert die Gurtlose: Pyrotechnischer Gurtstraffer am Beispiel der Vordersitze. *❶ Gurtschloss, ❷ Umlenkbeschlag, ❸ Gurthöhenversteller, ❹ Sicherheitsgurtführung, ❺ Aufrollautomat mit Kraftbegrenzer, ❻ untere Gurtbefestigung, ❼ Mehrfachstecker Sicherheitsgurtkontrollleuchte (nur Fahrerseite), ❽ Mehrfachstecker Auslöseeinheit, ❾ pyrotechnischer Gurtschlossstraffer.*

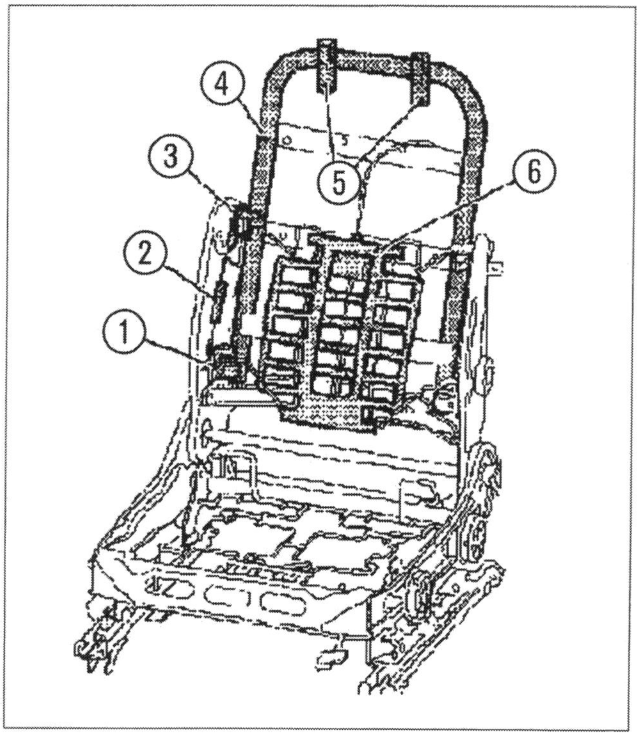

Kommen bei Auffahrunfällen dem Nacken blitzschnell entgegen: Aktive Kopfstützen auf den Vordersitzen. *❶ unteres Umlenklager rechts, links sinngemäß, ❷ Rückholfeder rechts, links sinngemäß, ❸ oberes Umlenklager rechts, links sinngemäß, ❹ Aktivierungsrahmen, ❺ Führungshülse, ❻ Aktivierungsplatte.*

Arbeitsschritte

WICHTIG: Damit das Sicherheitsrückhaltesystem nicht unbeabsichtigt auslöst, warten Sie, nachdem die Batterie abgeklemmt ist, mindestens zehn Minuten. Ziehen Sie erst dann den Stecker des Sicherheitsrückhaltesystems ab. Andernfalls lösen Sie die Airbags und pyrotechnischen Gurtstraffer aus. Im Ernstfall sind die Systeme dann unbrauchbar, Sie können sich dann mit den immensen Kosten für den Systemersatz anfreunden.

Vordersitz

① Klemmen Sie das Batteriemassekabel ab und lassen sich danach mindestens zehn Minuten Zeit. Ansonsten könnte das Sicherheitssystem unnötig auslösen.

② Pressen Sie beide Haltefedern ❶ und ❷ in Pfeilrichtung zusammen und ziehen gleichzeitig die Kopfstütze aus der Rückenlehne.

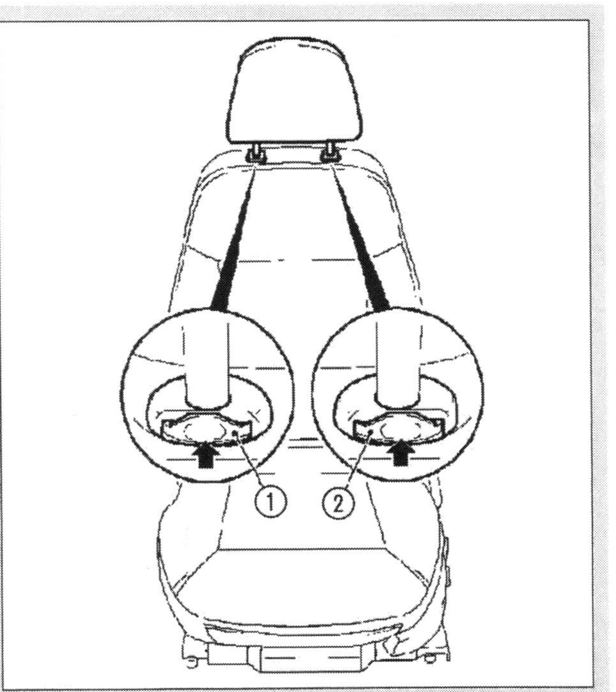

Gleichzeitig drücken und ziehen – Haltefedern und Kopfstütze.

③ Um an die Sicherheitsgurtbefestigungsschraube ❶ zu gelangen, lösen Sie zunächst die Sicherheitsgurtverkleidung ❷.

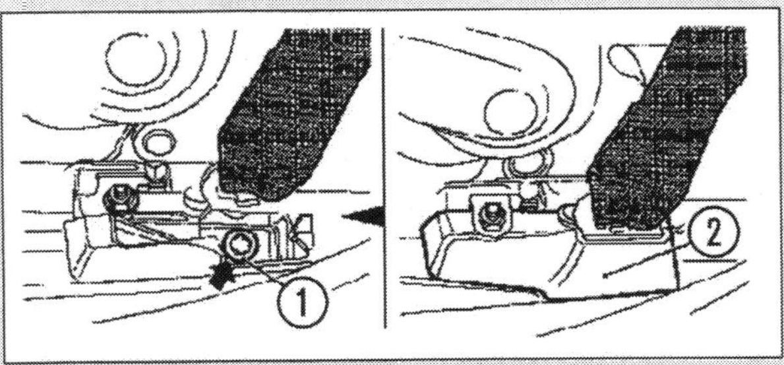

Erst Verkleidung lösen dann Schraube losdrehen – zur Sicherheitsgurtdemontage.

④ Schieben Sie den Sitz jetzt vollständig nach vorn und …

⑤ … ziehen den Mehrfachstecker ❶ auseinander. Entriegeln Sie vorab die Sperre ❷ in Pfeilrichtung.

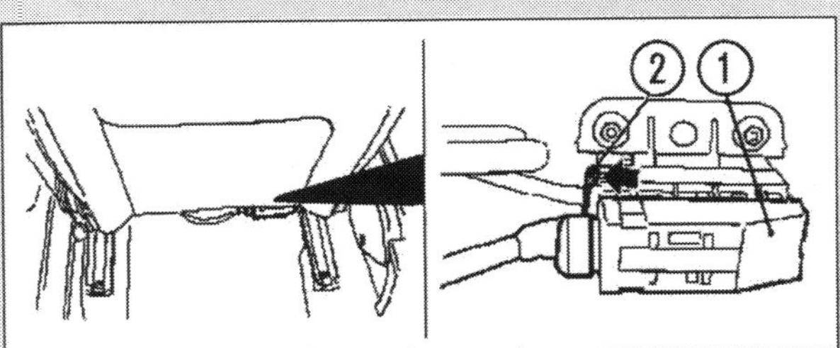

Entriegeln und trennen – Merhrfachstecker.

⑥ Jetzt lösen Sie die hinteren Sitzschrauben ❶, heben den Sitz aus der vorderen Sitzführung ❷ und bugsieren das »Möbelstück« aus dem Innenraum.

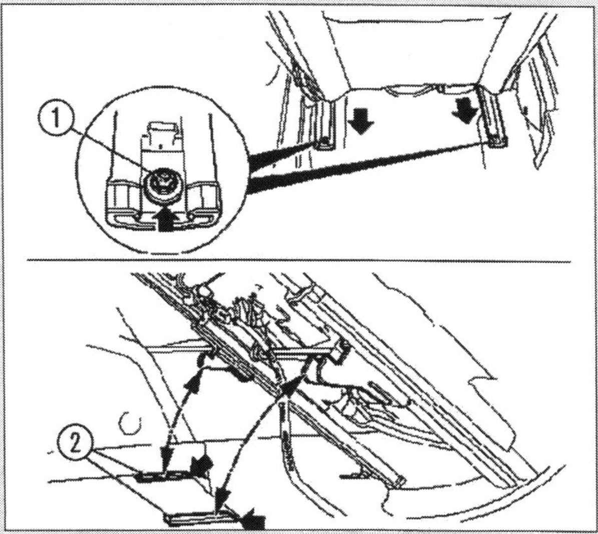

Hintere Schrauben lösen und Sitz aus der Führung bugsieren – zur Demontage.

⑦ Beenden Sie die Montage in umgekehrter Reihenfolge und ziehen die Sitz-/Sicherheitsgurtschrauben mit 25 Nm fest.

Rücksitzbank

① Heben Sie die Sitzbank ❷ in Pfeilrichtung an und clipsen sie gleichzeitig aus beiden Haltenasen ❶.

② Fädeln Sie beide Gurtschlösser ❸ und ❹ aus und …

③ … jonglieren das »Polsterstück« aus dem Innenraum. Lassen Sie sich besser dabei assistieren.

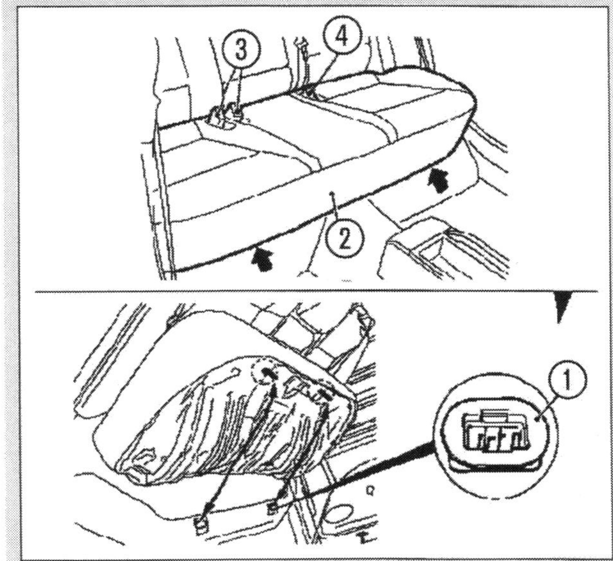

Demontieren – Rücksitzbank.

Rücksitzlehne

① Demontieren Sie die Rücksitzbank, wie beschrieben, und ...

② ...rücken anschließend beiden äußeren Lehnen auf den »Pelz«. Ziehen Sie den oberen Teil ❷ der Lehne in Pfeilrichtung aus der Fixierung ❸ und ...

③ ... drücken anschließend das Polster »von unten nach oben« (Pfeile) aus der unteren Halterung ❶

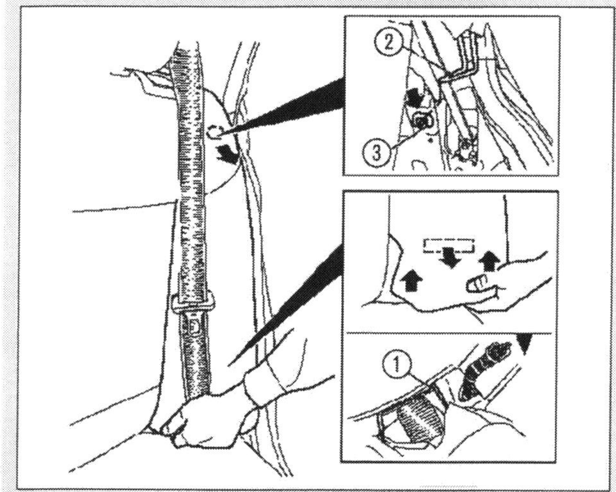

Oben ziehen, unten drücken und abziehen – seitliche Rücksitzlehnen.

④ Erledigt? Dann lösen Sie die mittlere Gurtschlossmutter ❶ und ...

⑤ ... klappen die linke Lehne ❷ nach vorn.

⑥ Entriegeln Sie das Lehnenlager ❸ mit einem breiten Schlitzschraubendreher in Pfeilrichtung und ...

⑦ ... ziehen dann die Lehne aus dem Gegenlager ❹. Befördern Sie das gute Stück aus dem Innenraum.

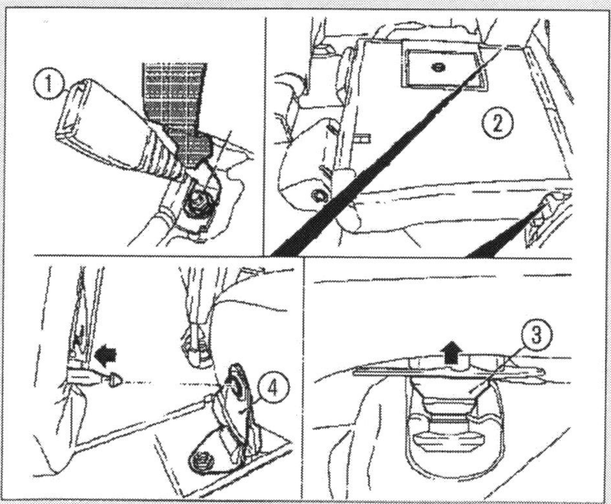

Demontieren – die linke Lehne.

⑧ Jetzt klappen Sie die rechte Lehne nach vorn, ...

⑨ ... entriegeln das Lehnenlager ❶ mit einem breiten Schlitzschraubendreher in Pfeilrichtung und ...

⑩ ... ziehen die Lehne aus dem Gegenlager ❷.

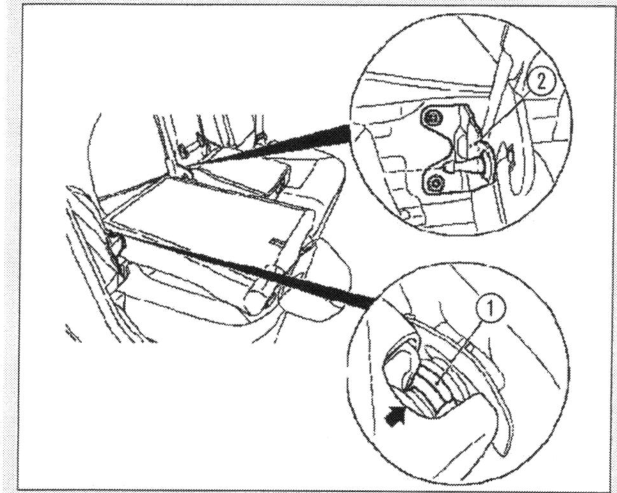

Demontieren – die rechte Lehne.

⑪ Beenden Sie die Montage in umgekehrter Reihenfolge. Sichern Sie die Sicherheitsgurtmutter mit »Kleber« (Loctite, Würth) und ziehen sie dann mit 35 Nm an.

Praxistipp

Sicherheitsgurt-Check

Sicherheitsgurte haben ein »Innenleben« und bei Gebrauchtwagen auch eine unbekannte »Vergangenheit«: Erneuern Sie darum grundsätzlich alle Bänder, deren Lebenslauf Sie nicht genau kennen. Machen Sie die Investition bitte nicht von einem scheinbar properen Aussehen abhängig: Nach einem Crash sind Sicherheitsgurte gedehnt und somit ohnehin unbrauchbar.

Auch wenn Sie die Vita Ihrer »alten« Sicherheitsgurte aus dem Effeff kennen sollten, checken Sie die Gurte von Zeit zu Zeit. Der Vectra hat vorn und hinten Automatiksicherheitsgurte – auf den äußeren Sitzen mit pyrotechnischen Gurtstraffern. Etwaige Fehler im Sicherheitsrückhaltesystem signalisiert Ihnen die Airbagkontrollleuchte im Cockpit. »Nervt« sie unaufhörlich, suchen Sie besser Ihre Opel-Werkstatt auf und lassen den Fehler auslesen. Übrigens: Gurtstraffer- und Airbagkomponenten dürfen Sie nicht zerlegen oder reparieren.

Die Rollgurte des Vectra »disziplinieren« zwei Sensoren: Der Bewegungssensor wird beim Bremsen, Kurvenfahren, steilen Bergaufpassagen und ungünstiger Fahrzeuglage aktiv. Dahingegen bremst der Gurtsensor das »Band« nur dann ein, wenn es ruckartig abrollt. Beide Systeme ergänzen sich in ihrer Funktion und müssen unabhängig voneinander funktionieren.

Bevor Sie den Gurten in Teamwork mit einem Beifahrer »dynamisch« auf den Zahn fühlen, kontrollieren Sie ihr Outfit: Wenn Sie

- wellige Gurtbänder,
- ausgefranste Kanten,
- aufgeriebenes Gewebe oder gar
- angerissene Nähte

entdecken, können sie sich die dynamische Prüfung getrost sparen und neue Bänder in Ihrem Vectra »aufhängen«. Ansonsten gehen Sie der Reihe nach vor.

Bremsprüfung

- Legen Sie den Gurt korrekt an (Ihr Beifahrer tut es Ihnen gleich), ...
- ... starten den Motor und fahren im ersten Gang zehn Km/h (nicht schneller).
- Bremsen Sie dann möglichst »scharf«. Beide Gurte müssen sofort blockieren. Andernfalls sind die Bewegungssensoren nicht mehr einwandfrei, tauschen Sie den/die defekten Gurte aus.
- Wiederholen Sie die Prüfung auf allen Plätzen.

Zusatzprüfung (Kurvenfahren)

Suchen Sie einen genügend großen Parkplatz, um mit voll eingeschlagenen Vorderrädern fahren zu können. Denken Sie daran, Ihr Vectra hat einen Wendekreis von gut 11 Metern.

- Fahren Sie mit ganz eingeschlagener Lenkung und max. 16 km/h (nicht schneller) im Kreis.
- Derweil versucht Ihr Beifahrer alle Automatikgurte langsam aus der Aufrollautomatik herauszuziehen. Schafft er das, verschrotten Sie den betreffenden Gurt.

Gurtsensor prüfen

- Halten Sie auf ebener Fläche und im stehenden Auto den Gurt nahe der oberen Verankerung fest. Ziehen Sie den Gurt dann ruckartig aus der Aufrollautomatik. Nach spätestens 25 cm muss die Automatik blockieren. Falls nicht – Gurt verschrotten.

Bevor Sie Ihrem Vectra neue Gurte spendieren, prüfen Sie die Befestigungspunkte – »blühen« sie bereits rostrot oder sind gar schon angerissen, bietet auch der beste Gurt allenfalls das Sicherheitspotenzial eines Hosenträgers.

Türverkleidung aus- und einbauen

Klemmen Sie die Batterie ab und notieren sich vorab den Radiodiebstahlcode – ansonsten bleibt der Apparat fortan nämlich stumm. Gehen Sie auch sorgsam mit der Türdichtfolie um. Falls sie einreißt, erneuern Sie den »Fetzen« und »betten« die neue Folie in einer »satten« Silikonraupe ein. Vergessen Sie nicht, die Auflageflächen vorher gründlich zu reinigen. Falls »gründlich« bei Ihnen nur oberflächlich ist, schwappt Ihnen später bei jedem Regenguss und jeder Wagenwäsche Wasser in den Fußraum.

Da die Demontage aller Seitenverkleidungen ähnlich verläuft, beschreiben wir die Reparatur anhand der linken vorderen Türverkleidung.

WICHTIG: Damit das Sicherheitsrückhaltesystem Ihre Absicht nicht als Crash missinterpretiert, klemmen Sie vorab die Batterie ab und warten hernach mindestens zehn Minuten.

Arbeitsschritte

① Hebeln Sie mit einem breiten Schlitzschraubendreher das Bedienpaneel der elektrischen Fensterheber etc. aus der Türverkleidung. Ziehen Sie den Anschlussstecker vom Schalter.

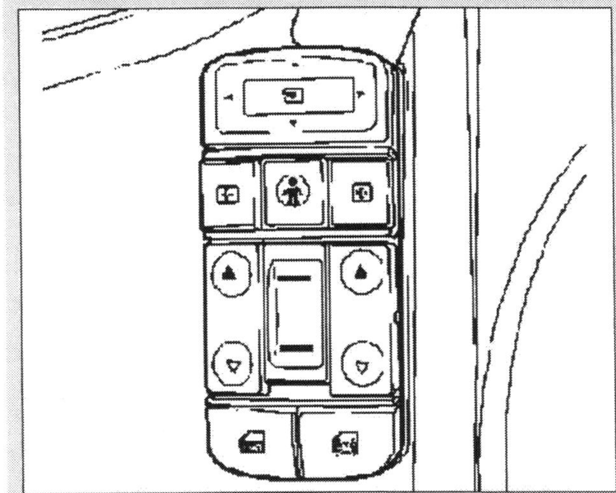

Vorsichtig aus der Türverkleidung hebeln – Bedienpaneel.

② Demontieren Sie die Türgriffblende und lösen beide Türgriffbefestigungsschrauben ❷. Sinnvollerweise hebeln Sie das »zerbrechliche Stück« mit einem passenden Schlitzschraubendreher aus den Verankerungen.

③ Lösen Sie die Türverkleidung zunächst an drei Befestigungsschrauben ❶, …

④ … hebeln sie dann ringsum vom Türrahmen (Pfeile) und ziehen sie so weit nach oben ab (Pfeilrichtung), …

⑤ … bis Sie den Bowdenzug des Türgriffs aushängen können. Damit die Verkleidung möglichst unbeschadet bleibt, »knippen« Sie mit einem breiten Holzspatel oder Fleischwender. Achten Sie dabei auf die Dichtfolie.

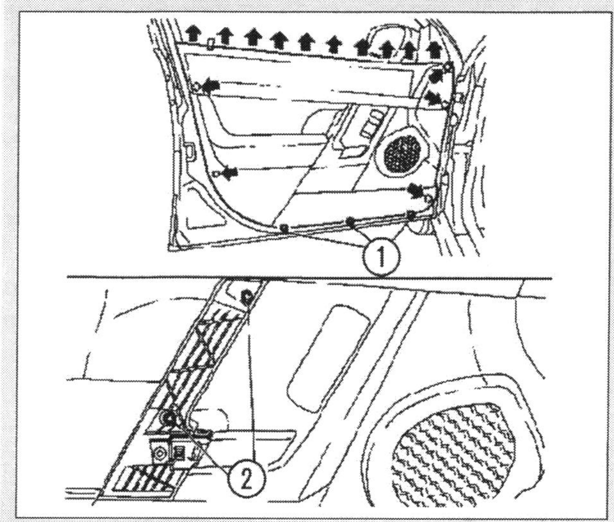

Kein Problem für geübte Do it yourselfer – Türverkleidung demontieren.

⑥ Um den Bowdenzug auszuhängen, clipsen Sie den Clip ❶ mit einem Schlitzschraubendreher ❷ vom »Zug«.

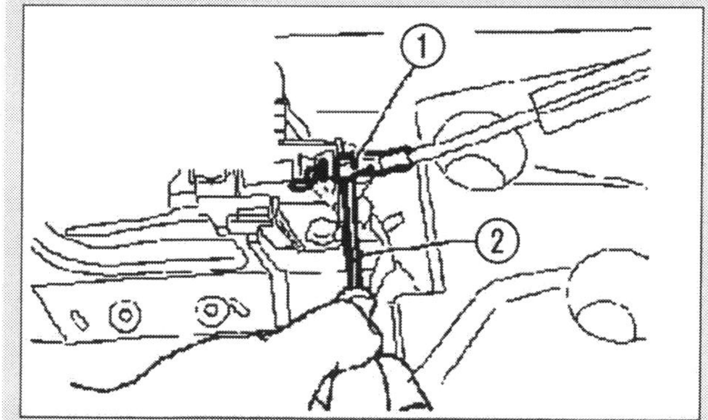

Vom Bowdenzug clipsen – Clip.

⑦ Stellen Sie die Türverkleidung beiseite.

⑧ Bevor Sie sich zu den Türinnereien vorarbeiten, ziehen Sie die Türdichtfolie punktuell ab. Den Folienklebestreifen trennen Sie am geschicktesten mit einem Kunststoffmesser (Einwegbesteck). Fassen Sie möglichst nicht auf die Kontaktränder bzw. die Klebeflächen, das verschlechtert ihre Klebe- und Dichtwirkung.

⑨ Beenden Sie die Arbeit in umgekehrter Reihenfolge. Achten Sie rundum auf einen »satten« Sitz der Dichtfolie. Falls Sie der Dichtfläche misstrauen, tragen Sie besser sofort eine neue Silikonraupe auf.

Seitenscheibe/Fensterheber aus- und einbauen

Da der Aufwand für alle Türen weit gehend identisch ist, beschreiben wir die Arbeit am Beispiel einer Vordertür.

Arbeitsschritte

Seitenscheibe

① Demontieren Sie den Fensterheber der entsprechenden Tür, wie beschrieben, …

② … lösen das Klebeband und …

③ … heben das Fenster vorsichtig nach oben aus der Tür.

④ »Jonglieren« Sie zur Montage die Scheibe in den Fensterschacht und »öffnen« die Scheibe um ca. 50 Millimeter. Jetzt fixieren Sie das gute »Stück« mit Klebeband und ...

⑤ … montieren die restlichen Bauteile in umgekehrter Reihenfolge.

Fensterheber

① Öffnen Sie das entsprechende Fenster um ca. 50 Millimeter und fixieren es mit Klebeband ❶.

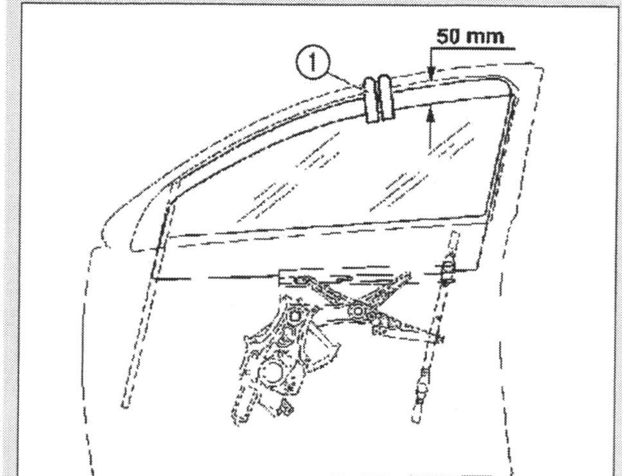

Um ca. 50 Millimeter öffnen – Seitenfenster zur Montage des Fensterhebers.

② Erst jetzt klemmen Sie die Batterie ab und demontieren die Türverkleidung und den Türlautsprecher, wie beschrieben.

③ Trennen Sie vorsichtig die Dichtfolie vom Türprofil. Am geschicktesten »unterwandern« Sie den Folienklebestreifen mit einem Kunststoffmesser (Einwegbesteck). Fassen Sie möglichst nicht auf die Kontaktränder bzw. die Klebeflächen, das verschlechtert die Klebe- und Dichtwirkung.

④ Hernach ziehen Sie die äußere Fensterschachtabdichtung ❶ aus dem Türpfalz und ...

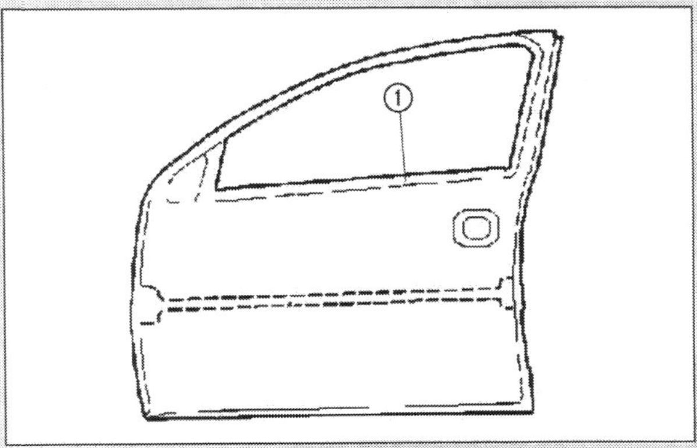

Vorsichtig von der Tür abziehen – Fensterschachtabdichtung.

⑤ ... bohren an der Fensterführung ❶ mit einem Bohrer (ca. 7 Millimeter) beide Blindnieten ❸ auf. Bugsieren Sie die Fensterführung in Pfeilrichtung aus der Schiene ❷ und ...

⑥ ... heben sie via »Serviceöffnung« ❹ aus der Tür.

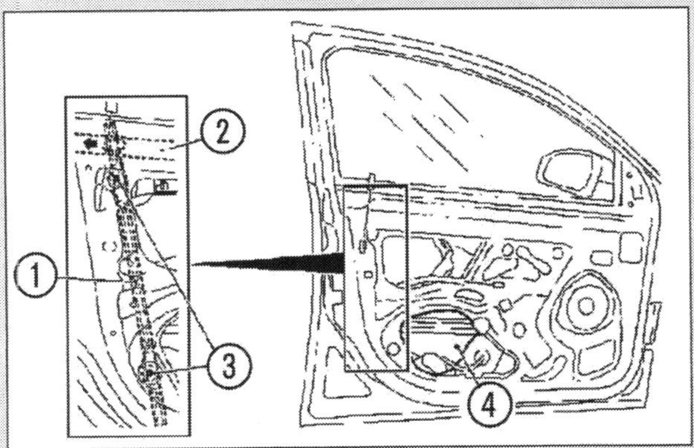

Demontieren – Fensterführung.

⑦ Anschließend clipsen Sie die Abdeckung ❶ des Mehrfachsteckers aus der Tür.

⑧ Entriegeln Sie den Mehrfachstecker ❺ am Fensterhebermotor und ziehen ihn ab. Nutzen Sie dazu einen Schraubendreher ❻.

⑨ Hernach lösen Sie durch die Montageöffnung ❷ die Klemmschrauben ❸ der Fensterführung und ...

⑩ ... bohren sechs Blindnieten ❹ am Türprofil mit einem Bohrer (ca. 7 Millimeter) aus.

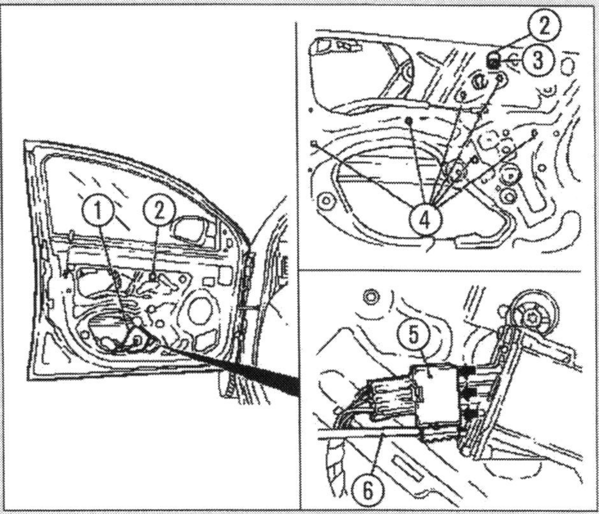

»Strippen« – Fensterheber.

⑪ Lösen Sie den Fensterheber ❷ in Pfeilrichtung von der Tür, ...

⑫ ... schieben beide Gleitsteine ❸ aus der Führungsschiene ❹ und bugsieren den Heber dann aus der Montageöffnung ❶.

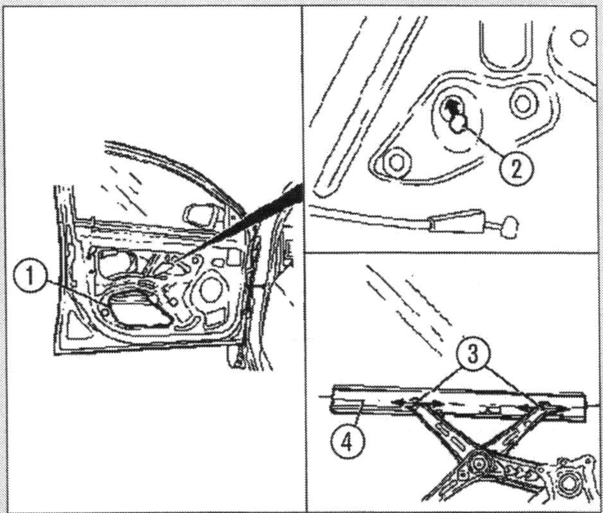

Aus der Führungsschiene aushängen – Fensterheber.

⑬ Beenden Sie die Montage in umgekehrter Reihenfolge. Vergessen Sie allerdings nicht, die ausgebohrten Nietreste vorher noch aus der Tür zu »fischen«. Ansonsten nerven die Hinterlassenschaften auf schlechten Straßen und in Kurven mit Klappergeräuschen.

Fensterhebermotor initialisieren

Arbeits-schritte

① Falls die Batterie vom Netz war, müssen Sie die elektrischen Fensterheber einzeln initialisieren.

② Schließen Sie dazu alle Türen und schalten die Zündung ein.

③ Drücken Sie jetzt den ersten Fensterheberschalter und lassen die Scheibe vollständig nach oben fahren.

④ Nachdem die Scheibe geschlossen ist, halten Sie den »Schalter noch mindestens fünf Sekunde fest«.

⑤ Wenn der »Motor ihre Befehle akzeptiert hat« öffnet und schließt das Fenster fortan automatisch auf Knopfdruck. Falls nicht, wiederholen Sie den »Handgriff« wie beschrieben.

⑥ Aktivieren Sie alle Fensterheber auf die gleiche Weise.

Praxistipp

Elektrischer Fensterheber streikt

Schalter defekt: Demontieren Sie den gegenüberliegenden Schalter und stecken den Mehrfachstecker um. Mit dem intakten Schalter können Sie nun das Fenster schließen.

Zuleitung zum Elektromotor unterbrochen: Verlegen Sie eine »Freiluftleitung« mit Plus (wenn keine Spannung anliegt) oder mit Masse (wenn keine Masse anliegt) zum Motor. Lassen Sie dann den Motor anlaufen.

Motor blockiert: Demontieren Sie die Türverkleidung, hängen die Scheibe aus und pressen sie manuell fest in die obere Scheibenführung. In dieser Stellung sichern Sie die Scheibe mit Klebeband oder verkeilen sie von unten mit einer passenden Holzlatte.

Alle hier genannten Tricks sind natürlich nur Notlösungen für die schnelle Hilfe auf der Straße. Zuhause müssen Sie sich der Sache schon fundiert annehmen.

Die Zentralverriegelung

Die Zentralverriegelung öffnet und schließt mit kleinen Stellmotoren an Ihrem Vectra alle Türen sowie die Heck- und Tankklappe – vorausgesetzt, beide Vordertüren sind tatsächlich im Schloss. Vectra-Türen reagieren übrigens auf Knopfdruck – der Sender sitzt direkt im Zündschlüssel und der Empfänger im Gehäuse der Innenraumbeleuchtung. Die Signale gehen jeweils von beiden Vordertüren »auf die Reise« – von außen passiert das per Zündschlüssel und von innen mit dem Türöffnungshebel. Der Gepäckraum öffnet zudem separat per Zündschlüssel – nicht so die Motorhaube, sie wird grundsätzlich nur von innen mit einem Bowdenzug entriegelt. Und da die Zentralverriegelung gleichfalls auch die Innenraumbeleuchtung über ein Zeitrelais ansteuert, kommt Ihr Vectra ohne Türkontaktschalter aus. Er begrüßt und »entlässt« Sie zudem immer mit einem beleuchteten Innenraum …

Zündschlüssel synchronisieren

Bei Funktionsstörungen der Zentralverriegelung fällt der »Anfangsverdacht« zunächst auf den Zündschlüssel. Synchronisieren Sie darum den Schlüssel (Sender) mit dem Empfänger.

Arbeits-schritte

① Schalten Sie die Zündung ein und drücken, innerhalb von 30 Sekunden, am Schlüssel die »Öffnen- oder Schließen«-Taste.

② Sobald die Zentralverriegelung jetzt einmal verriegelt und entriegelt, ist der Schlüssel synchronisiert.

Schlüsselbatterie wechseln

Sollte, trotz synchronisiertem Zündschlüssel, die Zentralverriegelung auf »stur« stellen, halten Sie den Grund dafür meistens schon in der Hand: Eine leere Batterie im Schlüsselgriff. Erfahrungsgemäß lässt sich die Schließanlage mit einer neuen Batterie schnell wieder »motivieren«. »Schnell« ist Programm: Sie müssen die Batterie innerhalb von drei Minuten wechseln. Falls Sie sich mehr Zeit nehmen, können Sie anschließend gleich die Fernbedienung, wie beschrieben, neu synchronisieren.

Arbeits-schritte

① Hebeln Sie, von der »Schlüsselbartseite« her, ihren Schlüssel mit einem kleinen Schlitzschraubendreher auf.

② Hernach klappen Sie den Griff auf, nehmen die alte Batterie heraus und …

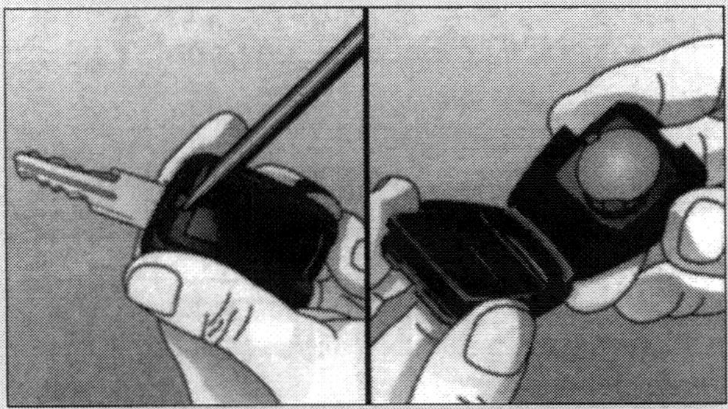

Links: Von der »Schlüsselbartseite« aufhebeln – Zündschlüssel. Rechts: Herausnehmen – Schlüsselbatterie.

③ … setzen die neue Batterie (CR 2032) ein. Den »schlappen« Stromspeicher entsorgen Sie bitte umweltgerecht, die meisten Supermärkte haben bereits Batterierücknahmeboxen aufgestellt.

Türgriff aus- und einbauen

Einerlei ob Sie die vorderen oder die hinteren Türgriffe demontieren – die Arbeitsschritte unterscheiden sich nur unwesentlich voneinander. Wir beschreiben die Arbeit exemplarisch am Beispiel eines vorderen Türgriffs.

Arbeits-schritte

① Öffnen Sie die entsprechende Tür ❸ und …

② … hebeln die Abdeckkappe ❶ mit einem Schlitzschraubendreher ❷ vorsichtig aus dem Seitenprofil.

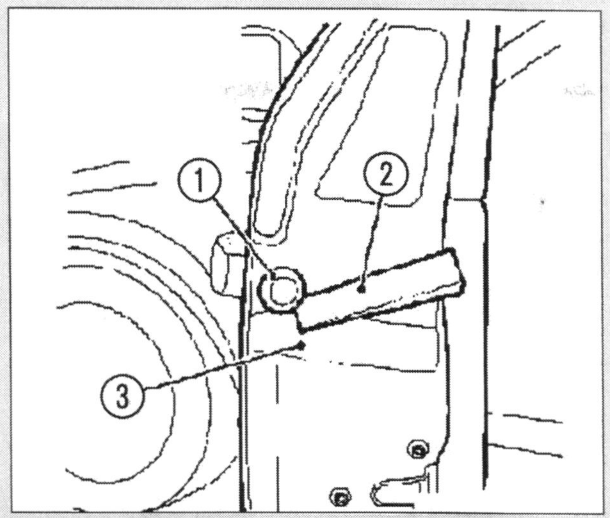

Vorsichtig abhebeln – Abdeckkappe aus dem Seitenprofil.

③ Drehen Sie die Schraube ❶ bis zum Anschlag nach links und ziehen gleichzeitig den Türgriff ❷. Der Griff ist jetzt fixiert.

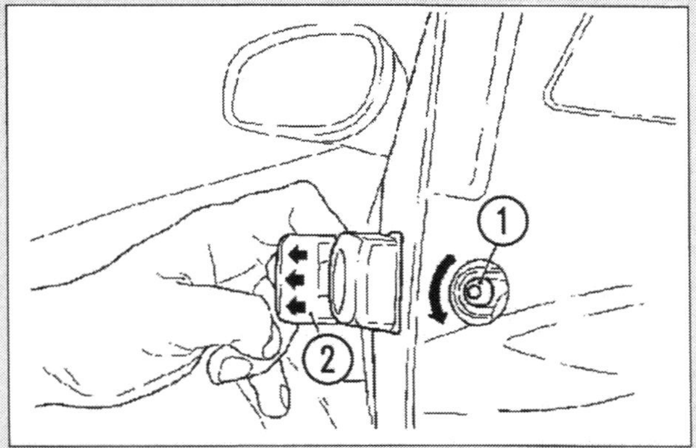

Fixieren – den Türgriff.

④ In dieser Stellung können Sie problemlos den hinteren Teil ❶ des Türgriffs herausziehen. Das schafft genügend »Platz« um …

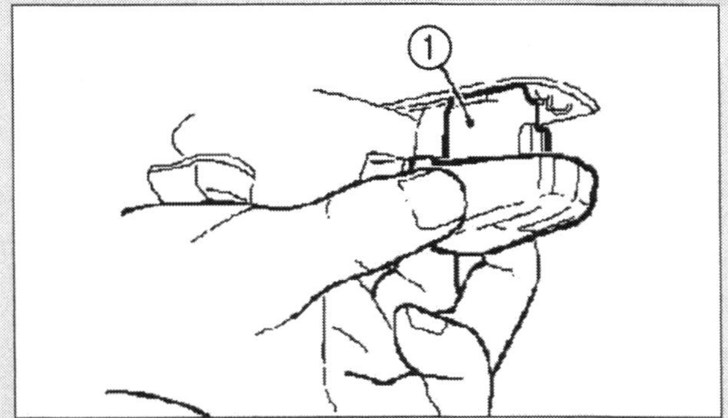

Einfach herausziehen – hinteres Griffstück.

⑤ … das bewegliche Griffstück ❶ ebenfalls in Pfeilrichtung nach hinten drücken zu können und …

⑥ … vorsichtig von der Türaußenhaut abzuziehen.

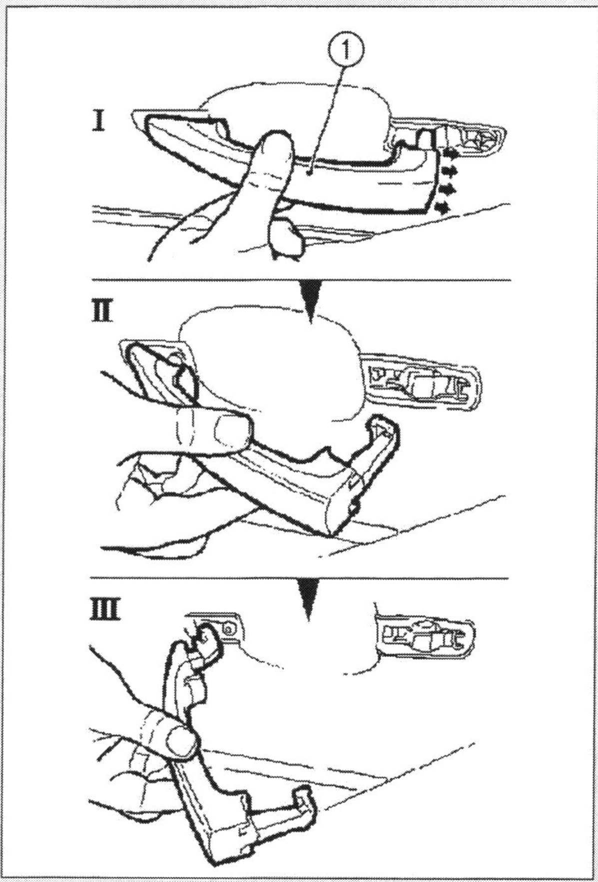

Nach hinten ziehen und aus dem Türblatt bugsieren – vorderes Griffstück.

⑦ Beenden Sie die Montage in umgekehrter Reihenfolge.

Türschloss aus- und einbauen

Arbeitsschritte

① Gehen Sie zunächst bis Schritt ⑥ – Fensterheber demontieren – vor.

② Hängen Sie nun das Gestänge ❷ des Türgriffs aus. Dazu drehen Sie die Halteklammer ❶ um 180 Grad und …

③ … drücken die Gestängeverbindung in Pfeilrichtung aus der Buchse.

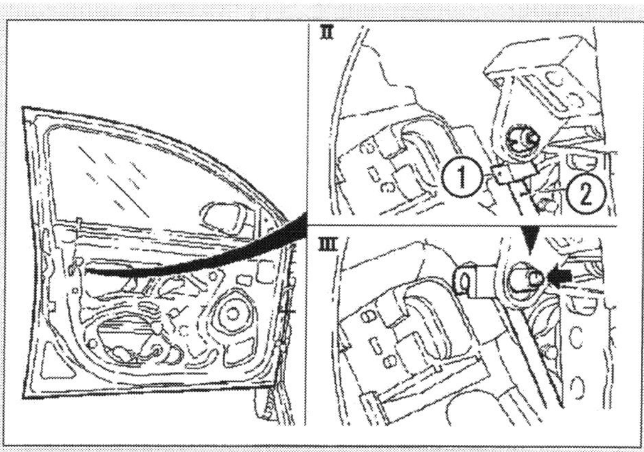

Aus der Buchse drücken – Türgriffgestänge.

Fahrertür

④ Lösen Sie die Schraube ❶ am Türgriffkäfig um fünf Umdrehungen. Vorher müssen Sie allerdings, wie beschrieben, den Türgriff demontiert haben.

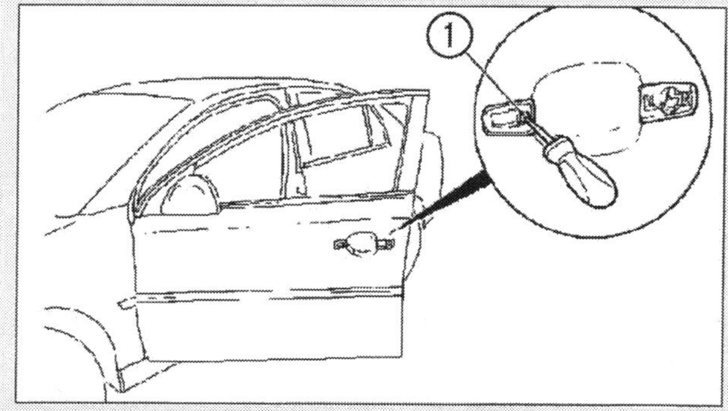

Mit einer Schraube zu lösen – Türgriffkäfig.

⑤ Bugsieren Sie den »Käfig« aus der Tür.

alle Türen

⑥ Anschließend lösen Sie drei Schrauben ❶ des Türschlosses ❷ und nehmen es so weit ab, bis …

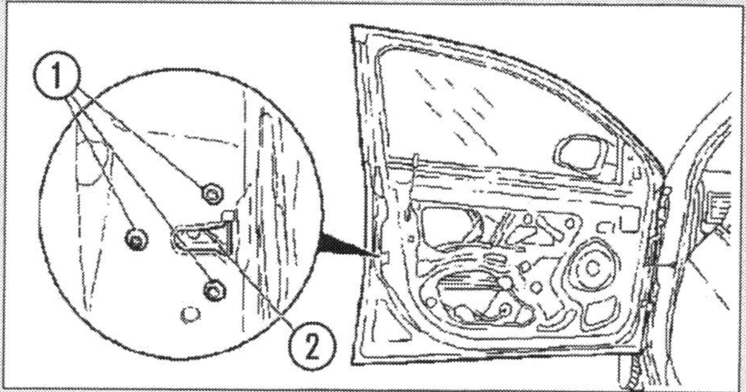

Demontieren – Türschloss.

⑦ … Sie den Anschlussstecker der Zentralverriegelung vom Schloss ziehen können.

⑧ Beenden Sie die Montage in umgekehrter Reihenfolge.

Lenkradschloss-Schließzylinder aus- und einbauen

Arbeitsschritte

① Klemmen Sie das Batteriemassekabel ab, …

② …demontieren die Lenksäulenverkleidung und…

③ …clipsen den Scheibenwischerschalter von seinem Stativ.

④ Um das Lenkradschloss zu demontieren, drehen Sie den Zündschlüssel in Stellung »I« und pressen die Verriegelung (Pfeil) mit einem Lüsterklemmenschraubendreher ❶ ins Zündschloss ❷. Ziehen Sie dann den kompletten Schließzylinder ❸ in Pfeilrichtung aus der Halterung.

⑤ Beenden Sie die Montage in umgekehrter Reihenfolge.

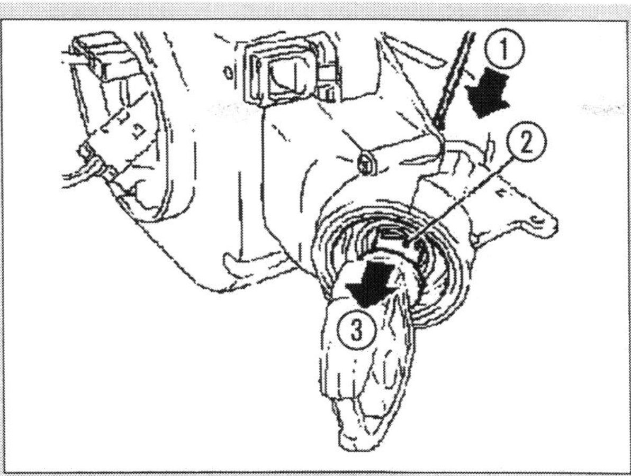

Auf die Reihenfolge achten – 1. Zündschlüssel in Stellung »I« drehen, 2. Verriegelung eindrücken, 3. Schließzylinder zusammen mit Zündschlüssel aus der Halterung ziehen.

Elektrische Fensterheber*

Störungsbeistand

Störung	Ursache	Abhilfe
A Seitenscheibe »läuft« nur in eine Richtung.	Schalter defekt.	Schalter auswechseln.
B Seitenscheibe blockiert.	1 Passungen zu eng – Sicherung durchgebrannt.	Seitenscheibe in den Führungen gängig machen – Sicherung erneuern.
	2 Motor läuft nicht an – Sicherung o. k.	Provisorisch Spannung an Motor legen. Falls der Motor »läuft«, ist die Zuleitung defekt. Andernfalls Motor auswechseln.
C Seitenscheibe öffnet oder schließt zu langsam.	1 Seitenscheibe in den Führungen verklemmt.	Spiel der Scheibe prüfen und ggf. korrigieren.
	2 Zu starke Reibung in der gesamten Mechanik.	Mechanik ohne Seitenscheibe auf Reibungsverluste überprüfen, ggf. erneuern
	3 Kabelverbindungen defekt oder oxidiert.	Überprüfen, reinigen, ggf. auswechseln.
	4 Schalter defekt oder oxidiert.	Überprüfen, ggf. auswechseln.
D Seitenscheibe öffnet oder schließt im oberen Bereich zu langsam.	Siehe C1.	

*Die Fensterheber arbeiten nur bei eingeschalteter Zündung.

Zentralverriegelung

Störungsbeistand

Störung	Ursache	Abhilfe
A Verriegelung funktioniert nicht.	1 Sicherung durchgebrannt.	Erneuern.
	2 Servomotor(en) defekt.	Funktion überprüfen, ggf. auswechseln.
	3 Verkabelung unterbrochen.	Überprüfen, ggf. erneuern (lassen).
	4 Fernbedienung nicht synchronisiert.	Fernbedienung synchronisieren.
B Schlösser werden entriegelt, aber nicht verriegelt.	1 Siehe A2.	
	2 Mehrfachstecker an Motor oder Türkasten locker oder oxidiert.	Festen Sitz kontrollieren, ggf. reinigen.
	3 Schalter im Servomotor defekt.	Durchgangsprüfung an den entsprechenden Motorklemmen durchführen.
C Schlösser werden verriegelt, aber nicht entriegelt.	1 Siehe A2.	
	2 Siehe B2 und 3.	
D Eines der Schlösser funktioniert nicht.	1 Siehe B2.	
	2 Kabel- bzw. Steckverbindung am Servomotor oder Türkasten fehlerhaft.	Überprüfen, ggf. instand setzen.
	3 Mechanische Übertragungsteile klemmen.	Teile auf Funktion überprüfen und festen Sitz kontrollieren. Ggf. Teile etwas fetten, verschlissene Teile auswechseln.

DIE KAROSSERIE

»Ein' feste Burg«: Derzeit aktuelle Sicherheitsstandards erfüllt der Vectra-C mit »beruhigenden« Reserven. Sein selbsttragender Aufbau »schluckt« zu einem Großteil unwillkommene Verformungsenergie in Computer strukturierten Lastenpfaden. Ein Großteil der Karosseriestruktur besteht aus leichten, hochfesten und zäh-elastischen Stählen.

Wartung

Reparatur

Außen kompakt und innen erwachsen – die Karosserie des Vectra-C

Seit 1988 steht Vectra bei Opel stellvertretend für Mittelklasse. Geschickte Detailpflege und kontinuierlich lancierte Modellwechsel hielten das Käuferinteresse vom Vectra-A bis hin zum aktuellen Vectra-C stets auf hohem Level – bis in unsere Tage prägt der Vectra nachhaltig das europäische Straßenbild. Die aktuelle C-Baureihe erscheint zunächst in zwei unterschiedlichen Karosserie- und drei Ausstattungsvarianten: Vom Start weg als viertüriges Stufenheck namens »Vectra«, »Vectra Comfort«, »Vectra Elegance« und seit September 2002 als viertüriges Fließheck mit variablem Innenraum namens Vectra GTS. Die drei Ausstattungsvarianten des Stufenhecks übernimmt der GTS unverändert. Ab Herbst 2003 komplettiert der Vectra Caravan dann die Baureihe mit einer völlig neuen Bodengruppe. Da der Caravan sich technisch doch erheblich von den Limousinen unterscheiden wird, widmen wir dem praktischen »Komfortlaster« einen eigenen Band in dieser Buchreihe.

Zu den Pluspunkten des Vectra zählen unter anderem seine ebenso leichte wie stabile Karosseriestruktur mit Computer berechneten Lastenpfaden und verstärkter Bodengruppe. Von der Front bis zur B-Säule sind die Vectra-Derivate weitgehend identisch, dahinter geht's dann mehr oder weniger spezifisch weiter in Richtung Stufen- oder Fleißheck.

Großzügig bemessen – der Innenraum

Nach dem Willen seiner »technischen Paten« entstand der Vectra-C gewissermaßen von innen nach außen: Fahrer und bis zu vier Beifahrern bietet der Mittelklässler demzufolge ein Höchstmaß an Ergonomie, Komfort und Funktionalität. Der Limousinen-Innenraum profitiert zunächst von 2.700 Millimeter Radstand (Caravan 2.830 mm) und einer relativ hoch verlaufenden Dachlinie: Attribute, die den Insassen auf allen Plätzen eine ergonomisch günstige Sitzposition, problemlosen Ein- und Ausstieg sowie viel Bein-, Schulter- und Kopffreiheit bieten. Keine Frage, im Vectra-C sind die Platzverhältnisse längst der konventionellen Mittelklasse entwachsen. Nicht so die Außenabmessungen: Mit 4.596 Millimeter in der Länge, 1.798 Millimeter in der Breite und 1.460 Millimeter in der Höhe passt der Vectra-C locker auch in kompaktere Parklücken. Sein Fahrverhalten lässt – auch mit rund 475 Kilogramm »Nutzlast« an Bord – keine großen Wünsche offen.

Auf hohem Niveau – der Vorderwagen mit Computer berechneten Lastpfaden

Ein entscheidender Faktor für den hohen Sicherheitsstandard des Opel Vectra ist seine extrem »torsionssteife« Fahrgastzelle. Die bei einem Crash einwirkenden Deformationskräfte absorbiert der Vectra-C-Aufbau in drei Computer berechneten Lastpfaden. Als Hauptlastpfad »schluckt« der Vorbau, während eines Frontalaufpralls, die größte Energie. Im oberen Karosseriebereich »verzetteln« sich die Verformungskräfte – in der bis zu den Scheinwerfern verlängerten Radeinbaustrebe – in Richtung A-Säule, von dort aus geht's weiter über Türschachtverstärkungen nach hinten. Den unteren Lastpfad bildet der Fahrschemel, dessen Hydroforming-Struktur besonders viel Energie ins Leere laufen lässt.

Ein Großteil der Karosseriequalität des neuen Vectra »trägt« sein beruhigendes Crashverhalten: Bevor mit dem C-Ableger auf der Straße die ersten »Ausgehversuche« stattfanden, absolvierte er ein umfangreiches Test- und Crashprogramm. So zum Beispiel den Aufprall – mit 56 km/h und 40-prozentiger Überdeckung – auf eine deformierbare Barriere. Oder den Seitenaufpralltest, bei dem der Body bei 50 km/h im Winkel von 90° mit einer fahrbaren und deformierbaren Barriere kollidiert. Zusätzlich »quälten« Opel-Ingenieure diverse Prototypen mit GM-internen »Folterprogrammen« – die Methoden gingen teilweise sogar über die gesetzlichen Forderungen hinaus. Auch dort zeigte der Vectra überzeugend Flagge.

Serienmäßig im Vectra-C – Fullsize Kopfairbags, Fullsize Front- und Seitenairbags, aktives Gurtsystem, aktive Kopfstützen und flexible Vordersitzrahmen

Diverse passive »Lebensretter« schützen Vectra-Passagiere vor Blessuren bei frontalen und seitlichen Unfällen. Opel rüstet die C-Varianten beispielsweise mit Fullsize Kopfairbags aus. Bei seitlichen Kollisionen ziehen die »Luftsäcke« im Millisekundenbereich in Kopfhöhe einen elastischen »Vorhang« vor die Seitenfenster und C-Säulen. Gleichfalls Stand des Vectra-Sicherheitspakets: Fullsize Front- und Seitenairbags in Hybridtechnik, mit 60 bzw. 120 Liter Gaspolstern auf der Fahrer- und Beifahrerseite.

Außerdem »fesselt« das Aktiv-Gurtsystem mit höhenverstellbaren Gurtumlenkpunkten und am Sitz mon-

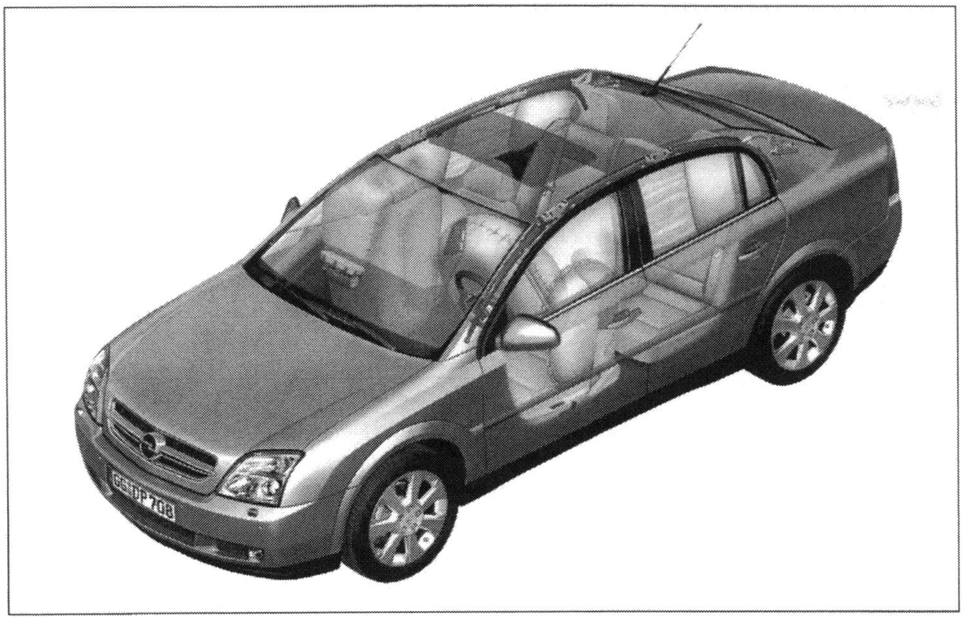

»Luftig gebremst«: Airbags »federn« die Vectra-Passagiere rundum gegen »harte« Kollisionen ab. Aktive Kopfstützen gibt's nur auf den vorderen Sesseln.

tierten Gurtschlössern Vectra-Passagiere an die Sitze. An den Vordersitzen fehlen auch pyrotechnische Gurtstraffer nicht. Zusätzlich mindern dort aktive Kopfstützen die Gefahr von Nackenverletzungen: Im Fall eines Heckaufpralls gleiten die »Kopfkissen« automatisch in Richtung Hinterkopf und reduzieren so den Rotationsraum auf ein Minimum.
In Kooperation mit beweglichen Lehneninnerahmen der Vordersitze, sie richten automatisch den Oberkörper während eines Heckaufpralls auf, wirkt die Vectra-Bestuhlung zusätzlich dem »Ramping«, also dem Aufsteigen des Körpers entlang der Rückenlehne, entgegen. Ramping ist ein von Unfallforschern beobachtetes Phänomen, das häufig zu tödlichen Verletzungen im Halswirbel- und Wirbelsäulenbereich führt.

Entkoppelt die Lenksäule von der Stirnwand – Systemquerträger

Die Vorderleute werden bei Seitencrashes zusätzlich durch zwei Seitenairbags »abgepolstert«. Zahlreiche weitere Details steigern das vorzeigbare Crashverhalten des Vectra-C. Ein zusätzlicher Systemquerträger zwischen den beiden A-Säulen beispielsweise, er dient gleichfalls der Lenksäule als stabile Verankerung. Vorteil: Die Lenkung ist im Vectra-C vom Frontscheibenquertäger und der Stirnwand entkoppelt. Bei Frontalcrasches mitunter ein lebensrettender »Trick«, denn der »Eindringweg« der Lenksäule in den Innenraum ist erheblich kürzer. Vorbildlich auch der Bremskraftverstärker, sein Gehäuse ist so profiliert, dass es beim Crash deformiert und folglich Energie vernichtet. Das geschieht ohne die Stirnwand zu belasten – was noch einmal zusätzlichen Verformungsweg freigibt.
Die Reparaturfreundlichkeit nach Kollisionen »erbte« der Vectra-C übrigens vom Vorgängermodell, dem Vectra-B. Do it yourselfer wissen das zu schätzen: Spätestens dann, wenn nach einer »Rempelei« ein neuer Stoßfänger, eine Tür, ein Kotflügel, die Motorhaube oder eine neue Heckklappe »fällig« wird.

Konstruktive Karosserieelemente – Scheiben und Fenster

Auf den folgenden Seiten widmen wir uns diversen Karosseriearbeiten, die Sie durchaus in Eigenregie erledigen können. Doch bei allem handwerklichen Geschick, an die Front- und Heckscheibe lassen Sie besser nur Profis heran: Die Scheiben sind rundum mit der Karosserie verklebt und somit ein konstruktives Element.

Praxistipp

Arbeiten an der Karosserie

Die meisten in diesem Kapitel beschriebenen Reparaturen »schaffen« Sie mit einer soliden Werkzeuggrundausstattung locker ohne femde Hilfe. Doch große Blecheile wie Motorhaube, Heckklappe und Türen sind ziemlich sperrig, lassen Sie sich zu ihrer Montage oder Demontage besser von einem Helfer assistieren. Noch ein Tipp für Arbeiten an Motorhaube und Heckklappe: Sie erleichtern sich den Wiedereinbau, wenn Sie vorher den ursprünglichen Sitz der Scharniere mit einem wasserfesten Filzschreiber anzeichnen.

Gurtstraffer und Do it yourself

Gefahrenhinweis

Bei einem Crash fixieren im Vectra-C pyrotechnische Gurtstraffer die äußeren Mitfahrer binnen fünf Millisekunden gegen die Vordersitzrückenlehnen. Das geschieht automatisch: Sobald ein festprogrammierter Verzögerungswert überschritten wird, zünden Gasgeneratoren und straffen die gesamte Mechanik mitsamt Gurtband um »die oftmals entscheidenden« Zentimeter.

Übrigens: Arbeiten an automatischen Rückhaltesystemen sind **grundsätzlich** kein Fall für Do it yourselfer. Profis trainieren in speziellen Lehrgängen den sachgerechten Umgang mit Gurtstraffer & Co., machen Sie sich also die Erfahrungen der ausgebildeten »Blaumänner« zu eigen. Ihre eigene Sicherheit und die Ihrer Mitfahrer sollte ihnen das allemal Wert sein.

Wichtig VOR Karosseriearbeiten unter dem Auto – »entschärfen« Sie Gurtstraffer und Airbag

Klemmen Sie vor **allen** nennenswerten Karosseriearbeiten die Batterie ab und geben Airbag- und Gurtstrafferkondensatoren danach noch mindestens zehn Minuten Zeit, um sich zu »entladen«. Ansonsten könnten die Sensoren bereits leichte Hammerschläge oder Schlagschraubervibrationen irrtümlich als Unfall interpretieren. Folge: Sie »zünden« grundlos.

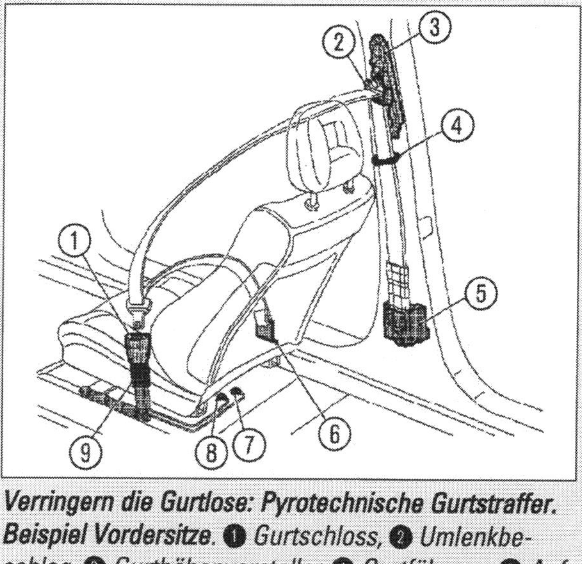

Verringern die Gurtlose: Pyrotechnische Gurtstraffer. Beispiel Vordersitze. *❶ Gurtschloss, ❷ Umlenkbeschlag, ❸ Gurthöhenversteller, ❹ Gurtführung, ❺ Aufrollautomat mit Kraftbegrenzer, ❻ unterer Gurtbefestigungspunkt, ❼ Mehrfachstecker für Kontrollleuchte Sicherheitsgurt (ausschließlich Fahrerseite), ❽ Mehrfachstecker für Auslöseeinheit, ❾ pyrotechnischer Gurtschlossstraffer.*

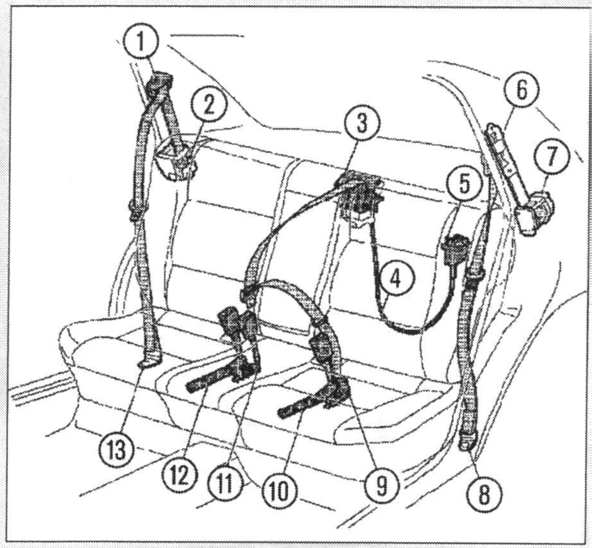

Beispiel hintere Sitzbank. *❶ Umlenkbeschlag (rechts), ❷ Aufrollautomat mit Kraftbegrenzer (rechts), ❸ Aufrollautomat (Mitte), ❹ mittlere Aufrollautomatverriegelung (Interlock-System), ❺ Verschluss (Interlock-System), ❻ Gurthöhenversteller (rechts), ❼ Aufrollautomat mit Kraftbegrenzer (links), ❽ unterer Gurtbefestigungspunkt (links), ❾ Gurtbefestigungspunkt (Mitte, links), ❿ pyrotechnischer Gurtschlossstraffer (links), ⓫ Gurtbefestigungspunkt (Mitte, rechts), ⓬ pyrotechnischer Gurtschlossstraffer (rechts), ⓭ unterer Gurtbefestigungspunkt (rechts).*

Tür aus- und einbauen

Lassen Sie sich von einem Assistenten unterstützen. Da an allen Türen der Arbeitsaufwand nahezu identisch ist, greifen wir die Fahrertür als Beispiel auf. Die Demontage bzw. Montage ist fast so einfach wie bei einer Wohnungstür.

Arbeitsschritte

① Klemmen Sie das Batteriemassekabel ab und ...

② ... schrauben das Türfangband ❷ von der A-/B-Säule ab.

③ Entriegeln Sie dann den Mehrfachstecker ❸ und ziehen ihn auseinander.

④ Bevor Sie beide Klemmschrauben ❶ lösen, lassen Sie die Tür von einem Helfer fixieren. »Lösen« Sie zunächst die obere und dann die untere Scharnierklemmschraube.

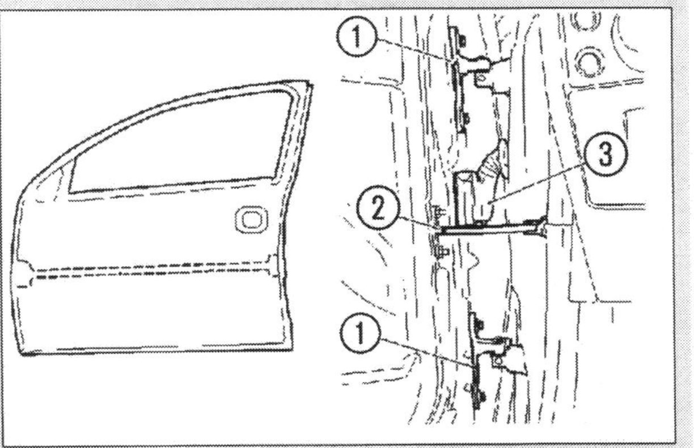

***Haltbar wie an der Haustür:** Die Türscharniere des Vectra-C. Zur Demontage »öffnen« Sie zunächst die Klemmschrauben. Vergessen Sie nicht, vorab den Mehrfachstecker und das Türfangband im Säulenschacht zu lösen.*

⑤ Heben Sie jetzt mit Ihrem Assistenten die Tür aus den Scharnieren und stellen sie kippsicher auf einer geeigneten Unterlage ab.

⑥ Bevor Sie die neue Tür montieren, spendieren Sie den Scharnierbolzen mitsamt Fangband eine Prise Fett.

⑦ Beenden Sie die Montage in umgekehrter Reihenfolge. Achten Sie darauf, dass der Mehrfachstecker auch tatsächlich fest sitzt.

Außenspiegel ab- und anbauen

Arbeitsschritte

① Klemmen Sie das Batteriemassekabel ab, demontieren, wie beschrieben, die Türinnenverkleidung und ...

② ... lösen dann die Innenverkleidung des Außenspiegels.

③ Dazu hebeln Sie die Verkleidung ❶ mit einem Schlitzschraubendreher ❷ von den drei Befestigungspunkten (Pfeile) und ...

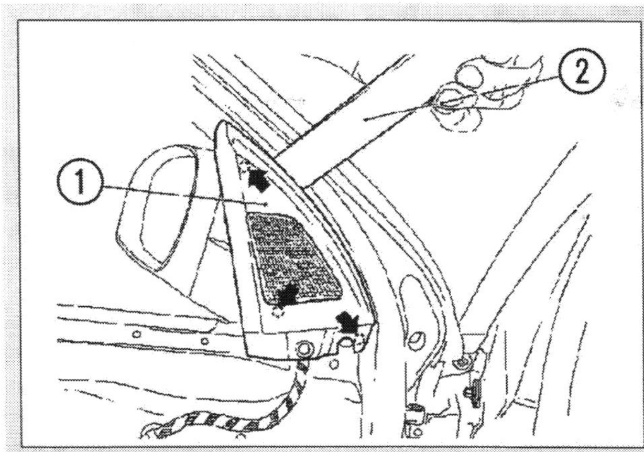

Mit breitem Schlitzschraubendreher abhebeln – Spiegelverkleidung.

④ ... ziehen den Kabelanschluss ❶ vom Hochtonlautsprecher ab.

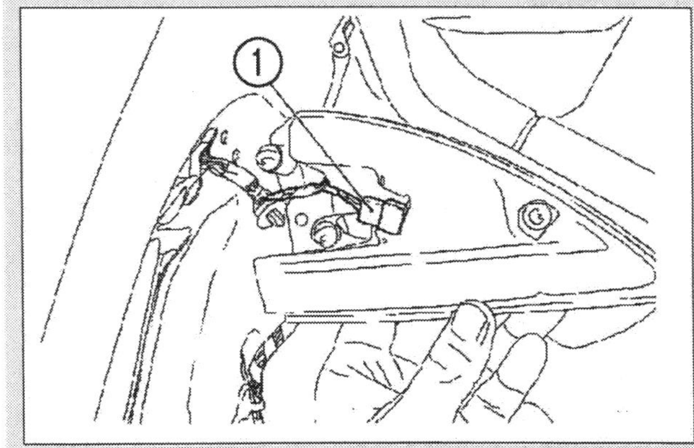

Abziehen – Kabelanschluss vom Hochtonlautsprecher.

⑤ Anschließend trennen Sie den Mehrfachstecker ❶ des Außenspiegels, ...

⑥ ... schrauben die drei Befestigungsschrauben ❷ los und nehmen den Spiegel von der Tür.

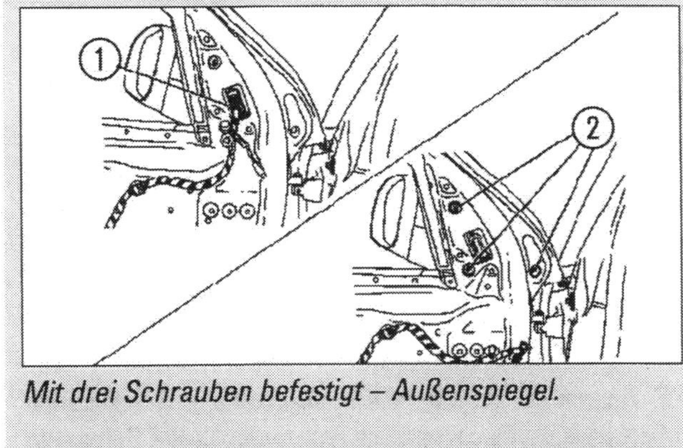

Mit drei Schrauben befestigt – Außenspiegel.

⑦ Beenden Sie die Montage in umgekehrter Reihenfolge.

Motorhaube aus- und einbauen

Damit Ihnen die Haube nicht auf die Kotflügel bzw. den Kopf »knallt«, lassen Sie sich von einem Helfer assistieren. Die Scharnierhälften sind jeweils geschraubt.

Arbeits-schritte

① Öffnen Sie die Motorhaube und stützen sie zuverlässig ab.

② Damit Sie später die neue Haube sofort passgerechter auflegen können, markieren Sie mit einem Filzstift in den Falzen die Scharnierstellung des Altteils.

③ Lösen Sie dann die Scharnierschrauben an Haube und Haubensteller.

④ Komplettieren Sie die neue Motorhaube bereits vor der Montage mit den Anbauteilen der alten Haube.

⑤ Legen Sie die neue Haube vorsichtig mit Ihrem Helfer auf und richten die Scharnierflächen an den Markierungen aus.

⑥ Ziehen Sie die Scharnierschrauben handfest vor und...

⑦ ... stellen die Motorhaube ein.

⑧ Dazu richten Sie die geschlossene Haube so auf dem Vorderwagen aus, dass sie zu beiden Kotflügeln ein gleichmäßiges Spaltmaß hält. Danach justieren Sie die Haubenvorderkante zu den Kotflügeln. Im Idealfall stimmt bei geschlossener Haube dann auch schon die »Fuge« zum Windlauf und die Höhe zur Karosserie. Falls nicht, wiederholen Sie den Vorgang, so lange bis Sie mit Ihrem Ergebnis zufrieden sind.

⑨ Im Zweifelsfall gehen Sie Punkt für Punkt vor ...

Motorhaube justieren

Arbeits-schritte

① Richten Sie die aufgelegte Haube mit leicht vorgezogenen Scharnierschrauben ❶ so aus, dass sie mit dem Stoßfänger fluchtet und die Spaltmaße (Pfeile) zu beiden Kotflügeln gleich sind.

② Achten Sie auch auf die Haubenhöhe im Scharnierbereich. Falls die Flucht nicht stimmt, lösen Sie die Scharnierschrauben ❷ und ...

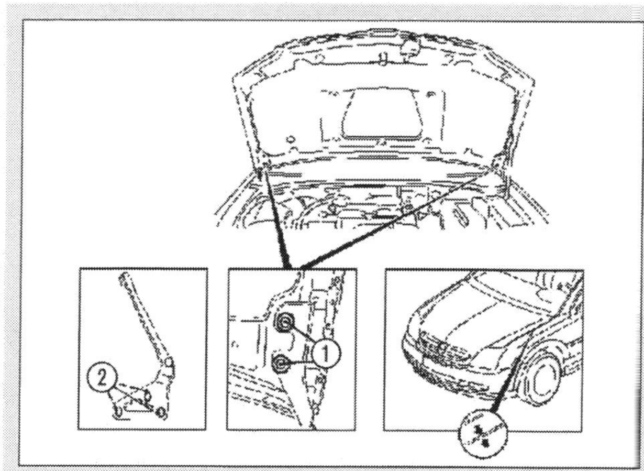

Mit Geduld das richtige Spaltmaß einstellen – an der Motorhaube.

③ ...ziehen die Haube mit entsprechenden Distanzstücken »hoch« oder »senken« sie im Umkehrschluss ab.

④ Schließen Sie die voreingestellte Haube und pressen mit beiden Händen die Haubenfläche bündig an die Kotflügel. Hernach öffnen Sie vorsichtig die Haube und...

⑤ ...ziehen auf beiden Seiten die Scharnierschrauben fest.

⑥ Bevor Sie die Haube wieder schließen, drehen Sie beide vorderen Haubenanschlagpuffer ein und lösen auch das Haubenschloss so weit, dass der Schließbolzen bei zufallender Haube automatisch die Höhe korrigieren kann. Jetzt...

⑦ ...lassen Sie die Haube ins Schloss fallen, checken die Haubenstellung und korrigieren – falls erforderlich – die Höhe an den Anschlaggummis. Stellen Sie beide Puffer so ein, dass die geschlossene Haube unter leichter Vorspannung steht.

⑧ Das ist dann gleichfalls auch die »Grundstellung« für das Haubenschloss.

⑨ Wenn die Haube jetzt aus ca. 20 cm Höhe satt ins Schloss fällt, haben Sie »gut« gearbeitet. Aus geringerer Höhe muss zumindest der Sicherungshaken einrasten. Falls er widerspenstig bleiben sollte, drehen Sie den Schließbolzen ein wenig im Uhrzeigersinn nach oben.

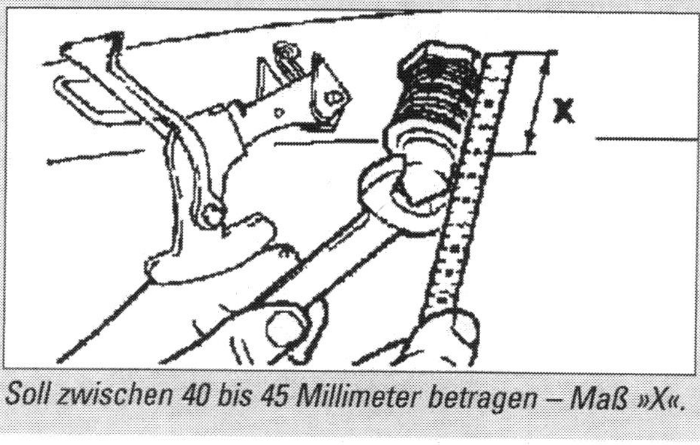

Soll zwischen 40 bis 45 Millimeter betragen – Maß »X«.

Motorhaubenzug erneuern

Die Motorhaube wird durch einen Seilzug entriegelt. Er verläuft vom Haubenschloss über den linken Radlauf durch die Stirnwand ins Wageninnere. Das Widerlager sitzt an der Seitenwand im Fußraum.

Arbeitsschritte

① Öffnen Sie die Motorhaube, …

② …hängen den Seilzug am Motorhaubenschloss und …

③ …den Haubenzug am Widerlager im linken Fußraum aus.

④ Falls die alte Zughülle noch o. k. ist, »verkuppeln« Sie an der Schlossseite die leicht gefettete Seele des neuen Haubenzugs per Bindedraht mit der alten und ziehen den gerissenen Zug Richtung Innenraum aus der Zughülle. Die »neue Seele« findet so automatisch ihren Weg in den linken Fußraum.

⑤ Montieren Sie den neuen Zug zunächst am Widerlager, …

⑥ …bringen ihn hernach am Haubenschloss auf »Länge« und…

⑦ … fixieren den Zug dann am Haubenschloss.

⑧ Eventuell müssen Sie die Motorhaube nach der Montage neu einstellen.

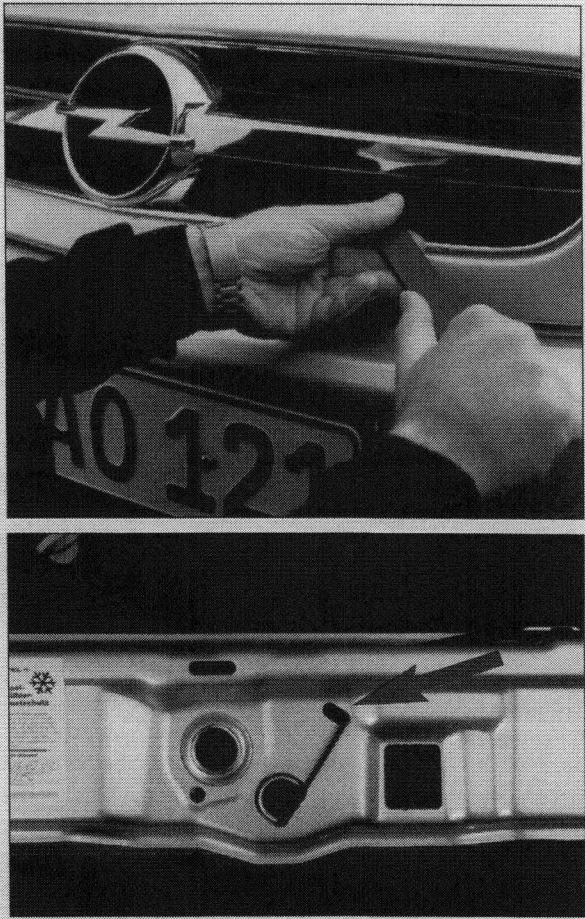

»Mit Geduld und Spucke…«: Motorhaube von außen mit dem Montierhebel öffnen. *»Jonglieren« Sie einen Montierhebel zwischen den unteren Kühlluftschlitzen in Richtung Haubenschlossfeder (kleines Motiv) und pressen das arretierte Federende mit der flachen Hebelseite nach hinten.*

Praxistipp

Haubenzug gerissen

Sollte der Zug im Innenraum gerissen sein, versuchen Sie das Zugende mit einer Flachzange (Wasserpumpenzange, Kombizange) zu erreichen und daran zu ziehen. Meistens klappt das auf Anhieb. Falls der Zug jedoch am Haubenschloss gerissen ist, behalten Sie Ihre Nerven … Es gilt die Feder der Schließfalle jetzt »blind« zu entspannen. Jonglieren Sie zwischen den unteren Kühlluftschlitzen einen Montierhebel in Richtung Haubenschlossfeder (kleines Motiv) und »peilen« mit der flachen Hebelseite das arretierte Federende (Pfeil) an. Sobald der Montierhebel vor dem Federende anliegt, drücken Sie es in Pfeilrichtung aus dem Langloch nach hinten und »wippen« es gleichzeitig nach oben. Wenn Ihnen das gelungen ist, öffnen Sie die Motorhaube wie gewohnt.

Stoßfänger aus- und einbauen (vorne)

Arbeitsschritte

① Bocken Sie den Vorderwagen rüttelsicher auf und …

② … lösen in beiden Radläufen sechs Schrauben (Pfeile).

③ Jetzt drehen Sie unterhalb der Motorhaube beide Schrauben (Pfeile) heraus und …

④ … hernach dann die verbleibenden vier Schrauben (Pfeile) unterhalb des Stoßfängers.

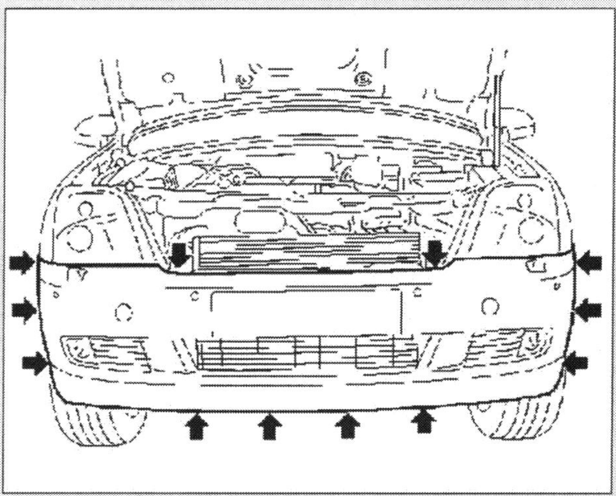

An zwölf Schrauben demontieren – Stoßfänger vorne.

⑤ Falls vorhanden, ziehen Sie jetzt noch den Wasserschlauch und den Mehrfachstecker der Scheinwerferreinigungsanlage ab und ....

⑥ ... ziehen den Stoßfänger mit einem Helfer aus dem Vorderwagen.

⑦ Beenden Sie die Arbeit in umgekehrter Reihenfolge. Setzen Sie zunächst nur den Stoßfänger an, ziehen die Schrauben »locker« vor und richten ihn zur Karosserie aus. Beginnen Sie die Montage mit den Schrauben unterhalb der Motorhaube. Checken Sie, während Sie die Schrauben anziehen, regelmäßig den richtigen Sitz des Stoßfängers.

Kotflügel aus- und einbauen

Die Arbeit auf beiden Seiten ist nahezu gleich. Wir beschreiben die linke Seite.

Arbeitsschritte

① Bocken Sie den Vorderwagen rüttelsicher auf, ziehen die Handbremse an, sichern die Hinterräder mit Unterlegkeilen und nehmen das betreffende Vorderrad ab.

② Demontieren Sie den Innenkotflügel, dazu lösen Sie vier Schrauben und fünf Spreiznieten (Pfeile).

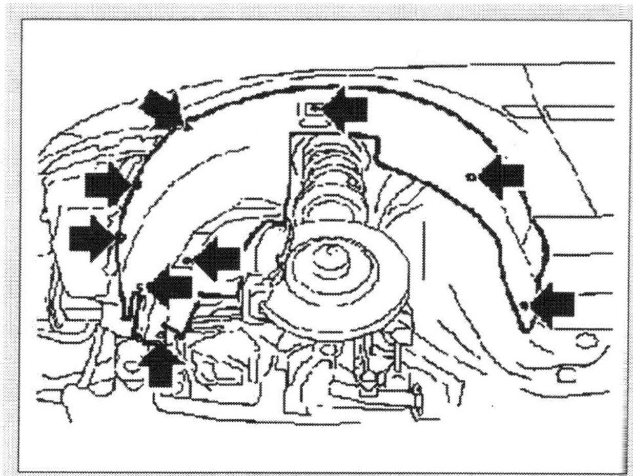

An den Befestigungspunkten (Pfeile) lösen – Innenkotflügel im Radlauf.

③ Hernach nehmen Sie den Stoßfänger ab und ...

④ ... demontieren anschließend den seitlichen Steinschlagschutz. Dazu ziehen Sie vorsichtig die Abdeckung ❶ vom Schweller und legen sie beiseite.

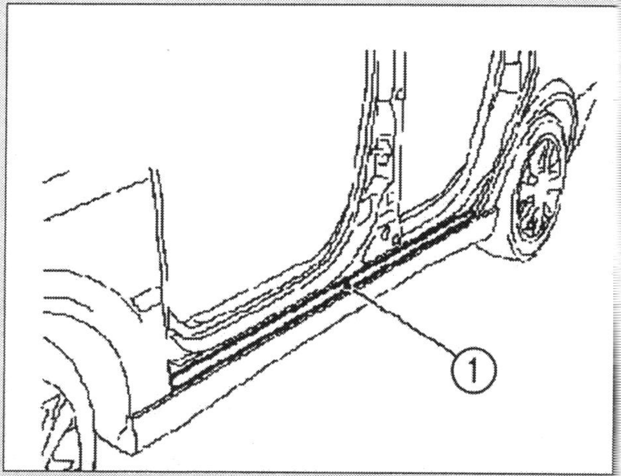

Vorsichtig vom Schweller abziehen – Steinschlagschutzabdeckung.

⑤ Jetzt treiben Sie die Spreizstifte der 15 Nieten mit einem passenden Durchschlag heraus.

⑥ Hebeln Sie mit einem Schraubendreher die »leeren Nietgehäuse« aus dem Steinschlagschutz und legen ihn zur Seite. Erfahrungsgemäß »überleben« die Nieten diese Aktion nicht. Besorgen Sie sich im Vorfeld also schon entsprechenden Ersatz.

⑦ Anschließend demontieren Sie den Hauptscheinwerfer. Lösen Sie die Schrauben ❶, ❷, ❸ und entriegeln in Pfeilrichtung den Anschlussstecker ❹ vom Scheinwerfergehäuse.

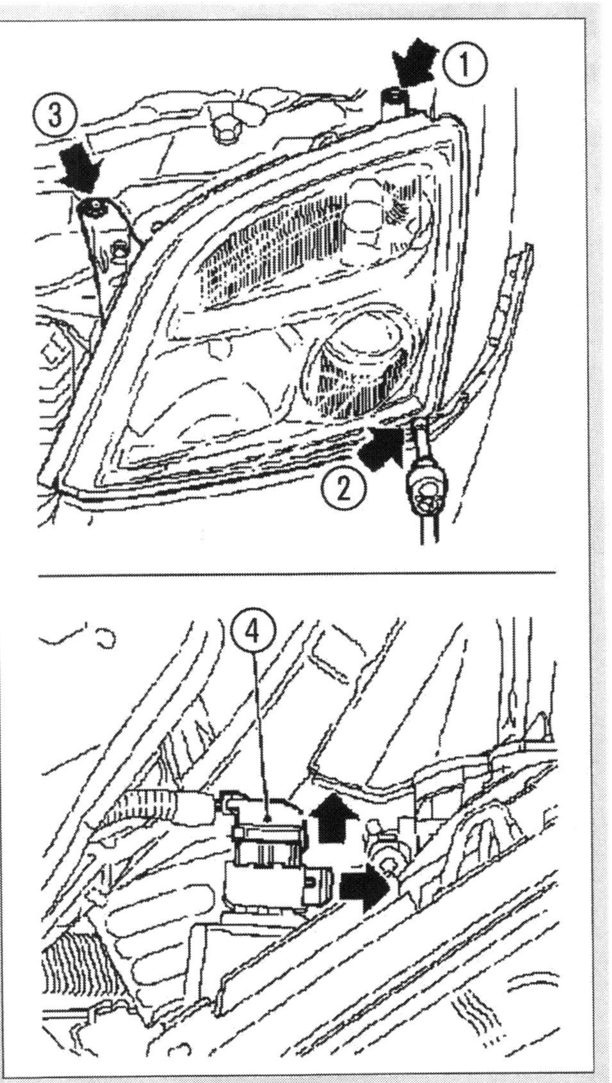

Demontieren – den Scheinwerfer.

⑧ Demontieren Sie, wie beschrieben, die seitliche Blinkleuchte und …

⑨ … lösen zehn Befestigungsschrauben (Pfeile) im Kotflügelfalz, der A-Säule und am Türschweller.

⑩ Die Kontaktflächen des Kotflügels trennen Sie nun mit einem schmalen Spachtel bzw. scharfen Messer vorsichtig vom Radlauf. Das Prozedere gelingt Ihnen besser, wenn Sie die Bereiche vorher mit einem Heißluftgebläse oder leistungsfähigen Fön temperieren: Der Unterbodenschutz bzw. die Dichtmasse wird dann flexibel und lässt sich leichter trennen.

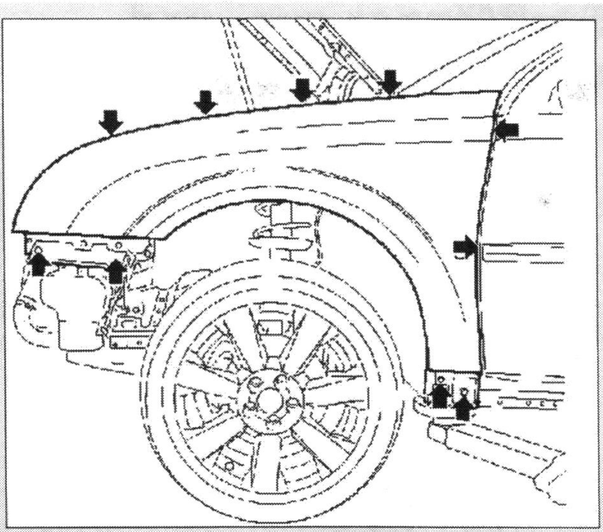

Mit zehn Befestigungsschrauben lösen – Kotflügel.

⑪ Heben Sie den Kotflügel nun vorsichtig ab.

⑫ Den neuen Kotflügel lackieren Sie bereits vor der Montage und schützen ihn an den Innenfalzen und im Kontaktbereich des Innenflügels gegen Rost.

⑬ Säubern Sie sämtliche Kontaktflächen von alter Dichtmasse und sonstigem Dreck. Probieren Sie's mit einem Schaber oder scharfen Messer. Achten Sie jedoch darauf, dass die Lackierung unversehrt bleibt. Achten Sie peinlich genau darauf, ansonsten müssen Sie den Lack neu »aufbauen«. Geben Sie den neuen Lackschichten jeweils genügend Zeit um auszutrocknen.

⑭ Bevor Sie den neuen Kotflügel auflegen, schließen Sie die Tür und richten den Flügel entsprechend zum Türfalz aus. Fixieren Sie den Kotflügel provisorisch mit zwei passenden Durchschlägen in »bequemen« Befestigungslöchern.

⑮ Setzen Sie dann jeweils von der Mitte nach außen alle Schrauben an und ziehen sie handfest vor. Reinigen Sie vorher die Gewinde und fetten sie leicht ein. Checken Sie das Türspaltmaß (4,0 mm ±1,0 mm) und korrigieren es eventuell.

⑯ Jetzt ziehen Sie an der A-Säule die Schrauben von der Mitte zu den Rändern hin fest. Richten Sie den Kotflügel währenddessen immer wieder aus.

⑰ Ähnlich verfahren Sie anschließend mit den Schrauben im Kotflügelfalz (von der Mitte nach außen anziehen).

⑱ Checken Sie nach jeder »festen« Schraube auch das Spaltmaß zur Motorhaube.

⑲ Abschließend prüfen Sie sämtliche Spaltmaße und ziehen den Kotflügel dann endgültig fest.

⑳ Beenden Sie die Montage in umgekehrter Reihenfolge. Vergessen Sie nicht, die Scheinwerfer einzustellen.

Stoßfänger aus- und einbauen (hinten)

Arbeits-schritte

① Demontieren Sie, wie beschrieben, die Kennzeichenleuchte und beide Rückleuchtenlampenträger.

② Hernach öffnen Sie die Heckklappe und demontieren beide Rückleuchten. Dazu lösen Sie die drei Befestigungsmuttern (Pfeile) und ...

③ ... ziehen die »guten Stücke« aus der Karosserie.

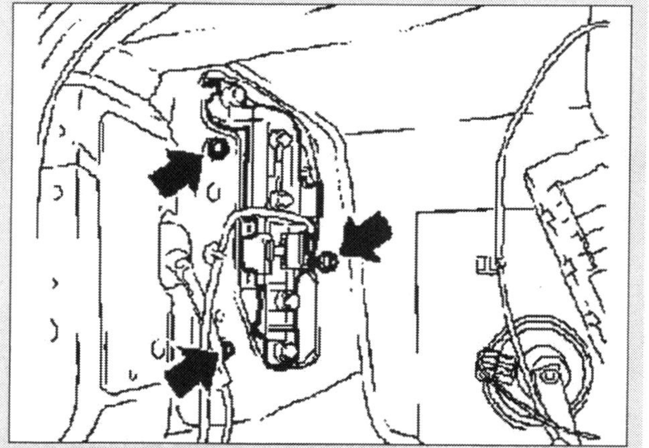

Demontieren – beide Rückleuchten.

④ Anschließend lösen Sie die Schrauben (Pfeile) in den hinteren Radläufen und ...

⑤ ... demontieren den Stoßfänger (Pfeile).

⑥ Ziehen Sie den Stoßfänger mit einem Helfer aus der Karosserie.

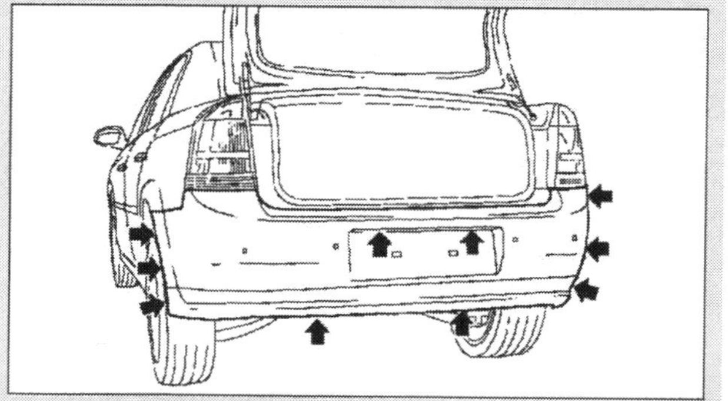

Losschrauben – Stoßfängerbefestigungen.

⑦ Den neuen Stoßfänger montieren Sie in umgekehrter Reihenfolge.

⑧ Hängen Sie ihn zunächst nur ein und passen ihn grob dem Karosserieverlauf an. Während der Endmontage gleichen Sie dann regelmäßig die Flucht und Spaltmaße aus.

Heckklappe aus- und einbauen

Arbeits-schritte

① Klemmen Sie das Batteriemassekabel ab.

Stufenheck

② Ziehen Sie die Kabelstecker der dritten Bremsleuchte und der Zentralverriegelung ab.

③ Jetzt stützen Sie die Heckklappe ab, ...

④ ... »fädeln« die Halteklammer ❶ des Aufstellers in Pfeilrichtung heraus und hebeln dann den Gasdruckaufsteller vom Kugelbolzen an der Klappe ab.

⑤ Damit Ihnen später die Montage leichter fällt, markieren Sie mit einem Filzstift vorab im Falz den Sitz der Scharnierplatten.

⑥ Passiert? Dann lösen Sie die vier Scharnierschrauben ❷ und nehmen den Kofferraumdeckel mit einem Helfer ab.

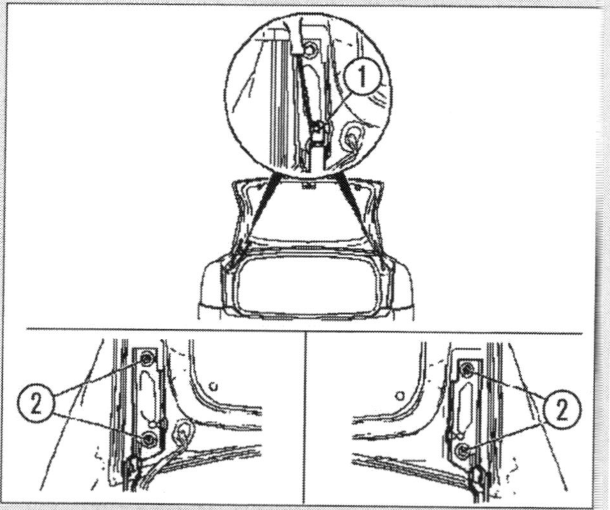

Mit Assistent kein Problem – Heckklappe demontieren.

GTS

⑦ Demontieren Sie die Laderaumabdeckung inklusive der Fangbänder, ...

⑧ ... ziehen die Kabelstecker der beheizbaren Heckscheibe, der dritten Bremsleuchte, des Heckscheibenwischers und der Zentralverriegelung ab.

⑨ Jetzt stützen Sie die Heckklappe ab und ...

⑩ ... »fädeln« in Pfeilrichtung die Halteklammern ❶ der Gasdruckaufsteller aus ihren Bohrungen und hebeln dann mit einem Montierhebel die Aufsteller vorsichtig von den Kugelbolzen der Klappe ab.

⑪ Während Sie die Scharnierbolzen ❷ entsichern und mit Hammer und Durchschlag aus den Scharnieren treiben, lassen Sie einen Assistenten die Kofferraumklappe halten.

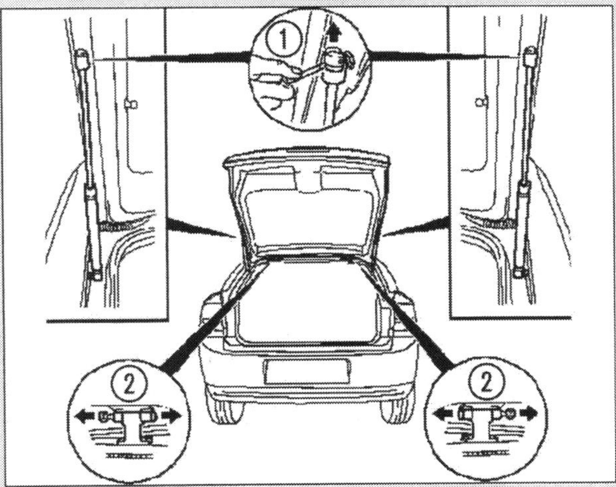

Zuerst entsichern und dann aus den Scharnieren treiben – Scharnierbolzen an der GTS-Heckklappe.

Stufenheck/GTS

⑫ Nehmen Sie nun gemeinsam die Klappe ab und »parken« das gute Stück kippsicher auf einer Unterlage.

⑬ Beenden Sie die Montage in umgekehrter Reihenfolge. Falls Sie die alte Heckklappe unbrauchbar ist, komplettieren Sie vor der Montage die neue mit den Innereien des alten Deckels.

Praxistipp

Heckklappe komplettieren

Um die neue Heckklappe schneller zu komplettieren, »verlängern« Sie schon vor der Demontage des alten »Deckels« alle »Versorgungsleitungen« mit einem Bindfaden oder Bindedraht. Die Zuleitungen ziehen Sie dann am anderen Ende zusammen mit den angebundenen Verlängerungen aus der Klappe. Lassen Sie die Fäden auf beiden Seiten genügend lang aus der Klappe »baumeln«, denn daran befestigen Sie Neuteile zur Installation.

Die Montage »passiert« in umgekehrter Reihenfolge – die Fäden fungieren dabei als »Pfadfinder« für Kabel und Schläuche.

Gummidichtung ersetzen

Wenn Sie sich schon die Heckklappe »vorgenommen« haben, prüfen Sie gleich auch die Heckklappendichtung: Staub- oder Wasserlaufspuren auf beiden Seiten der Dichtfläche »verraten« undichte Stellen. Ist die Dichtung spröde oder rissig, spendieren Sie Ihrem Vectra ein neues Formteil. Ziehen Sie dazu die alte Dichtung vollständig ab und säubern den Falz von alten Dichtmittelresten und Schmutz.

Neues Dichtmittel (z. B. Fugendichtmittel, Silikon) pressen Sie sparsam in die Dichtungsnut. Falls Sie keine »fertige« Dichtung bekommen sollten oder ein paar Euro sparen möchten, setzen Sie eine entsprechend profilierte Nachrüstdichtung in Schlossmitte an und pressen sie hernach rundum auf den Falz. Das überstehende Ende kürzen Sie mit einem Seitenschneider passend ein. »Geben« Sie der Stoßverbindung etwas Vorspannung und »schlagen« dann die vormontierte Dichtung vorsichtig mit einem Gummihammer auf den Karosseriefalz.

Heckklappenschloss aus- und einbauen

Arbeitsschritte

① Klemmen Sie das Batteriemassekabel ab und …

② … demontieren die innere Heckklappenverkleidung.

Stufenheck

③ Dazu hebeln Sie mit einem breiten Schlitzschraubendreher 13 Befestigungsclips (Pfeile) los und …

④ … ziehen aus der Verkleidung ❶ vier Spreiznieten ❷. Opel-Blaumänner verwenden dazu das Spezialwerkzeug ❸ »KM-569-A«. Mit etwas handwerklichem Geschick schaffen Sie es auch ohne »KM-569-A«.

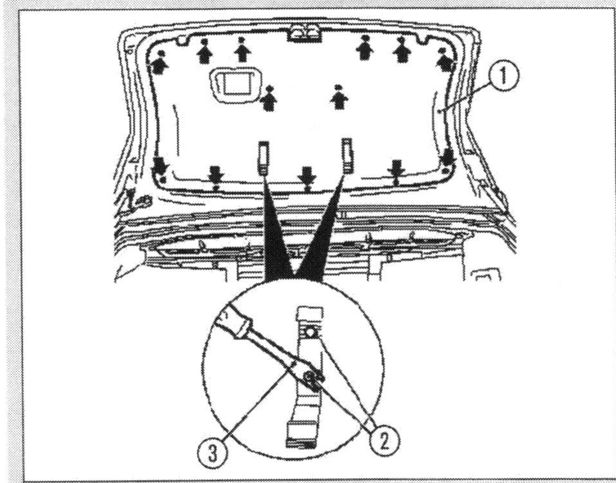

Aus dem Kofferraumdeckel der Limousine demontieren – Innenverkleidung.

GTS

⑤ Lösen Sie beide Schrauben ❸ und ❹ am Verkleidungsrahmen …

⑥ … clipsen hernach die Verkleidung ❶ an vier Befestigungspunkten (Pfeile) aus und lösen beide Schrauben ❷. Legen Sie die Heckklappenverkleidung beiseite.

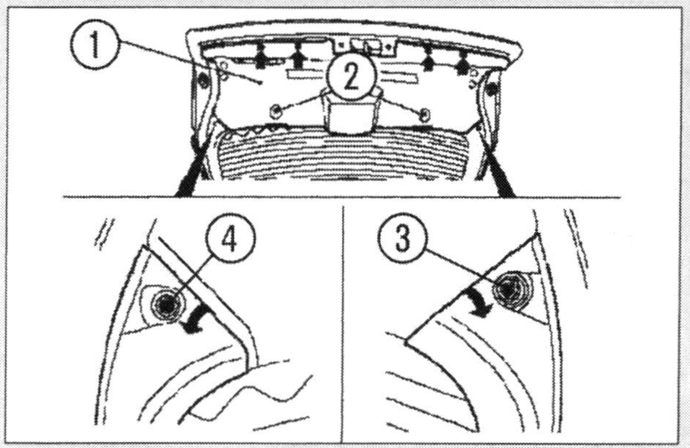

Von der Heckklappe (GTS) demontieren – Innenverkleidung.

Stufenheck/GTS

⑦ Aus dem »entkleideten« Deckel demontieren Sie jetzt das Heckklappenschloss ❶ inklusive der Schlossbetätigung ❻. Lösen Sie dazu die Schrauben ❷, die Muttern ❸ und …

⑧ … bugsieren das Schloss so weit aus dem Kofferraumdeckel, bis Sie beide Anschlussstecker ❹ und ❺ der Zentralverriegelung abziehen können.

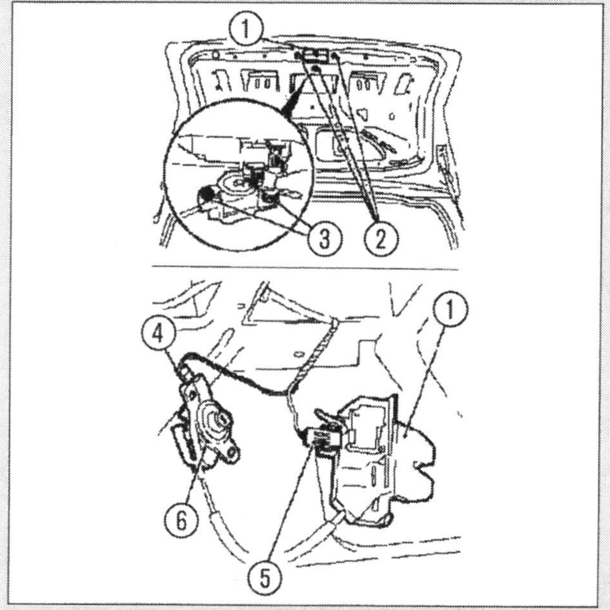

Demontieren – das Heckklappenschloss.

⑨ Dann hängen Sie noch den Bowdenzug aus der Schlossbetätigung ❶ aus. Entriegeln Sie dazu erst die Zughülle ❷ am Widerlager ❸ und …

⑩ … schieben die Hülle in Pfeilrichtung aus der Schlossbetätigung.

⑪ Jetzt können Sie die Schlossbetätigung ❶ und die Bowdenzugseele ❹ »befreien«.

⑫ Bugsieren Sie nun das komplette Schloss aus dem Kofferraumdeckel und …

Trennen – Schlossbetätigung vom Bowdenzug.

⑬ … beenden die Montage in umgekehrter Reihenfolge.

Technische Daten*

Motor

Modell	1,8 16V	2,2 16V	3,2 24V	2,0 DTI 16V	2,2 DTI 16V
Bauart	Reihe (DOHC)	Reihe (DOHC)	V6 (OHC)	Reihe (SOHC)	Reihe (SOHC)
Motortyp	Z18 XE	Z22 SE	Z32 SE	Y20 DTH	Y22 DTR
Zylinder	4	4	6	4	4
Bohrung mm	80,5	86,0	87,5	84,0	84,0
Hub mm	88,2	94,6	88,0	90,0	98,0
Hubraum cm³	1796	2198	3175	1994	2171
Kurbelwellenlager	5	5	4	5	5
Verdichtungsverhältnis	10,5:1	10,0:1	10,0:1	18,5:1	18,5:1
Höchstleistung KW/PS	90/122	108/147	155/211	74/100	92/125
bei 1/min	6000	5600	6200	4000	4000
Maximales Drehmoment Nm	167	203	300	230	280
bei 1/min	3800	4000	4000	1500-2500	1500-2750
mittlere Kolbengeschw. bei Nenndrehzahl (m/s)	17,6	17,7	18,2	12,0	13,1
max. Ladedruck bar	-	-	-	1,00	1,10
Ventilspiel	hydraulisch	hydraulisch	hydraulisch	hydraulisch	hydraulisch
Öldruck bei 80 °C** Leerlauf bar	1,5	1,5	1,0	1,5	1,5

*Stand Juni '02; ** bei Leerlaufdrehzahl und betriebswarmen Motor.

Ventilsteuerung

DOHC-Motor (Z18 XE)	zwei obenliegende Nockenwellen; Antrieb über Zahnriemen; hydraulische Tassenstößel; vier Ventile pro Zylinder; automatischer Ventilspielausgleich.
DOHC-Motor (Z22 SE)	zwei obenliegende Nockenwellen; Antrieb über Rollenkette; Rollenschlepphebel; hydraulische Tassenstößel; vier Ventile pro Zylinder; automatischer Ventilspielausgleich.
DOHC-Motor (Z32 SE)	zwei obenliegende Nockenwellen je Zylinderbank; Antrieb über Zahnriemen; hydraulische Tassenstößel; vier Ventile pro Zylinder; automatischer Ventilspielausgleich.
SOHC-Motor (Y20 DTH, Y22 DTR)	eine obenliegende Nockenwelle; Antrieb über Rollenkette; hydraulische Tassenstößel; vier Ventile pro Zylinder; automatischer Ventilspielausgleich.

Schmiersystem

Druckumlaufschmierung mit Rotorpumpe, Ölfilter im Hauptstrom.

Kühlsystem

Modell	1,8 16V	2,2 16V	3,2 24V	2,0 DTI 16V	2,2 DTI 16V
Kühlung	Wasserumlauf mit Kreiselpumpe				
Ventilator	thermostatisch geregelter Elektrolüfter				
Antrieb der Wasserpumpe	Mehrrippenantriebsriemen				
Thermostat	Bypass-Steuerung				
beginnt zu öffnen °C	92	92	92	92	92
Kühlsystemüberdruck bar	1,4	1,4	1,4	1,2	1,2

Kraftstoffanlage

Modell	1,8 16V	2,2 16V	3,2 24V	2,0 DTI 16V	2,2 DTI 16V
Gemischaufbereitung	Sequenzielle Kraftstoffeinspritzung, SIMTEC-71.5	Sequenzielle Kraftstoffeinspritzung, GMPT-E16	Sequenzielle Kraftstoffeinspritzung, Motronic ME 3.1.1	Direkteinspritzung, EDC-Verteiler-Einspritzpumpe, Bosch VP44 PSG16	Direkteinspritzung, EDC-Verteiler-Einspritzpumpe, Bosch VP44 PSG16
Katalysator	Drei-Wege-Katalysator, zwei Lambdasonden, Abgasrückführung	Drei-Wege-Katalysator, zwei Lambdasonden, Abgasrückführung	Drei-Wege-Katalysator, zwei Lambdasonden, Abgasrückführung	Oxidationskatalysator, Abgasrückführung	Oxidationskatalysator, Abgasrückführung
Kraftstoff	95 ROZ	95 ROZ	95 ROZ	Diesel	Diesel
Abgasnorm	Euro 4	Euro 4	Euro 4	Euro 3	Euro 3

Kraftübertragung

Kraftübertragung	Frontantrieb		
Kupplung	hydraulisch betätigte, selbstnachstellende Einscheiben-Trockenkupplung mit Tellerfederdruckplatte, asbestfreier Belag.		
Hydraulikflüssigkeit	Opel-Hochleistungsbremsflüssigkeit Hydraulan 404, entspricht Spezifikation DOT4 - SAE J1703.		
Durchmesser (mm)	Z18 XE	Z22 SE; Y20 DTH	Z32 SE; Y22 DTR
	205	228	240
Schaltgetriebe (F17, F23, F35)	manuelles 5-Gang Schaltgetriebe; Schaltseilzüge; Differenzial mit Getriebe verblockt; homokinetische Antriebswellen.		
Automatik (AF 23, AF 33)*	hydraulisch, elektronisch gesteuerte adaptive Fünfstufenautomatik mit Winter- und »Active Select«-Programm; Wandlerüberbrückungskupplung; Differenzial mit Getriebe verblockt; homokinetische Antriebswellen.		
(CVTronic)**	hydraulisch, elektronisch gesteuerte Stufenlose-Automatik mit »Active Select«-Programm; Differenzial mit Getriebe verblockt; homokinetische Antriebswellen.		

*außer 1,8 16V; 2,0 DTI 16V; ** nur 1,8 16V.

Übersetzungsverhältnisse	1,8 16V	2,2 16V/*	3,2 24V/*	2,0 DTI 16V	2,2 DTI 16V/*
1. Gang	3,73	3,58 / 4,68	3,38 / 4,68	3,58	3,58 / 4,68
2. Gang	1,96	2,02 / 2,94	1,76 / 2,94	1,89	1,88 / 2,94
3. Gang	1,32	1,35 / 1,92	1,12 / 1,92	1,19	1,18 / 1,92
4. Gang	0,95	0,98 / 1,30	0,89 / 1,30	0,85	0,89 / 1,30
5. Gang	0,76	0,81 / 1,00	0,70 / 1,00	0,69	0,66 / 1,00
Rückwärtsgang	3,31	3,38 / 3,17	3,17 / 3,17	3,38	3,43 / 3,17
Achsübersetzung	3,94	3,95 / 2,60	4,05 / 2,40	3,74	3,61 / 2,40

* Automatik AF 23 / AF 33.

Karosserie

Länge (mm)	4596
Breite exkl. Außenspiegel (mm)	1798
Höhe exkl. Dachreling (mm)	1460
Luftwiderstandsbeiwert (c_W)	0.28*

*Grundmodell

Fahrwerk

Vorderachse	Einzelradaufhängung an McPherson Federbeinen, Dreiecksquerlenkern an geschlossenem Fahrschemel, Gasdruckstoßdämpfer, Querstabilisator.
Spurweite (mm)*	1536
Hinterachse	Mehrlenker-Aufhängung mit sechs Quer- und zwei Längslenkern, Schraubenfedern, Gasdruckstoßdämpfern, Querstabilisator.
Spurweite (mm)*	1525
Radstand (mm)	2700

*je nach Rad-/Reifenkombination

Räder

Felgen

Modell	Felgen (Serie)		auf Wunsch	
1,8 16V	6½J x 15	Stahl	6½J x 16, 7J x 17	Leichtmetall
2,2 16V	6½J x 16	Stahl	7J x 17	Leichtmetall
3,2 24V	6½J x 16	Stahl	7J x 17	Leichtmetall
2,0 DTI 16V	6½J x 15	Stahl	6½J x 16, 7J x 17	Leichtmetall
2,2 DTI 16V	6½J x 15	Stahl	6½J x 16, 7J x 17	Leichtmetall

Reifen

Modell	Serie	auf Wunsch
1,8 16V	195/65 R15	215/55 R16, 215/50 R17
2,2 16V	215/55 R16	215/50 R17
3,2 24V	215/55 R16	215/50 R17
2,0 DTI 16V	195/65 R15	215/55 R16, 215/50 R17
2,2 DTI 16V	195/65 R15	215/55 R16, 215/50 R17

Lenkung

geschwindigkeitsabhängige, elektrohydraulische Zahnstangenlenkung (EHPS); höhen- und längsverstellbare Sicherheitslenksäule; Sicherheitslenkrad mit Fullsize Airbag; Wendekreis 11,5 m; 3,2 Lenkradumdrehungen von Anschlag zu Anschlag.

Bremsanlage

diagonal geteiltes ABS-Bremssystem mit elektronischer Bremskraftverteilung (EBV) und Kurvenbremskontolle (CBC); pneumatischer Bremskraftverstärker mit Bremsassistent; automatische Traktionskontrolle (TC Plus); elektronisches Stabilitätsprogramm (ESP[Plus]); Handbremse mechanisch auf die Hinterräder wirkend; vorne / hinten Bremsscheiben (v. innenbel.); Handbrems-/Bremskreis-Kontrollleuchte; asbestfreie Bremsbeläge.

Vorderachse

Bremsscheibendurchmesser (mm)	285	(302 beim 3,2 24V)
Scheibenstärke (mm)	25	(28 beim 3,2 24V)
Mindeststärke (mm)	22	(25 beim 3,2 24V)
max. Scheibenschlag (mm)	0,12	
Bremskolbendurchmesser (mm)	57	(60 beim 3,2 24V)

Hinterachse

Bremsscheibendurchmesser (mm)	278	(292 beim 3,2 24V)
Scheibenstärke (mm)	12	(20 beim 3,2 24V)
Mindeststärke (mm)	9	(19 beim 3,2 24V)
max. Scheibenschlag (mm)	0,03	
Bremskolbendurchmesser (mm)	38	

Elektrische Anlage

Modell	1,8 16V	2,2 16V	3,2 24V	2,0 DTI 16V	2,2 DTI 16V
Bordspannung V	12	12	12	12	12
Batterie Ah	55	66	66	70	70
Generator A	100	100	140	120	120
Zündsystem	ruhende Zündverteilung; digitale Motor Elektronik			automatische Vorglühanlage, (Schnell-glühkerzen)	

Füllmengen (Liter)

Modell	1,8 16V	2,2 16V	3,2 24V	2,0 DTI 16V	2,2 DTI 16V
Motoröl mit Filter	4,25	5,0	4,75	5,5	5,5
Kühlsystem inkl. Heizung	5,5	7,1	7,4	7,3	7,8
Kraftstoff	61	61	61	61	61
Schaltgetriebe	1,6	1,55	1,9	1,55	1,9
Automatikgetriebe	–	3,5	3,5	–	3,5
Lenkhilfe			0,78		

Gewichte (kg)*

Modell	Leistung (kW)	Leergewicht	Zuladung	zuläss. Gesamtgewicht	zulässige Achslast vorne	hinten
1,8 16V	90	1375	475	1850	930	960
2,2 16V	108	1435	475	1910	975	960
2,2 16V Automatik	108	1465	475	1940	1005	960
3,2 24V	155	1503	497	2000	1045	980
3,2 24V Automatik	155	1528	497	2025	1075	980
2,0 DTI 16V	74	1490	475	1965	1040	960
2,2 DTI 16V	92	1505	475	1980	1055	960
2,2 DTI 16V Automatik	92	1530	475	2005	1085	960

* Leergewicht nach 70/156 EWG; Basisausstattung.

Zulässige Anhängelasten (kg) bei 12% Steigung

	ungebremst	gebremst	Stützlast
1,8 16V	695	1400	75
2,2 16V	725	1500	75
2,2 16V Automatik	725	1600	75
3,2 24V	750	1600	75
3,2 24V Automatik	750	1600	75
2,0 DTI 16V	750	1500	75
2,2 DTI 16V	750	1500	75
2,2 DTI 16V Automatik	750	1500	75

Fahrleistungen*

Modell	Leistung kW	Reifen	V-max. km/h	0–100 sec.	Verbrauch gemäß NEFZ Liter/100 km städt.	außerstädtisch	gesamt	CO_2-Emission g/km
1,8 16V	90	195/65 R15	203	11,2	10,8	5,9	7,7	184
2,2 16V	108	215/55 R16	216	10,2	11,9	6,7	8,6	206
2,2 16V Automatik	108	215/55 R16	210	10,8	13,6	6,9	9,4	226
3,2 24V	155	215/55 R16	248	7,5	14,3	7,6	10,1	243
3,2 24V Automatik	155	215/55 R16	246	8,0	15,8	7,8	10,7	257
2,0 DTI 16V	74	195/65 R15	192	13,0	7,9	4,8	5,9	159
2,2 DTI 16V	92	195/65 R15	206	10,8	8,7	5,2	6,5	176
2,2 DTI 16V Automatik	92	195/65 R15	202	11,8	10,7	5,9	7,7	208

*Fahrleistungen und Verbrauchswerte gelten für Fahrzeuge mit angegebener Bereifung. Verbrauchswerte sind in der Praxis gewichtsabhängig zu sehen. Die hier genannten Werte sind nach einheitlichen Prüfvorschriften ermittelt.

Diebstahlschutz

Elektronische Wegfahrsperre (3. Generation); Zentralverriegelung mit Funkfernbedienung; Diebstahlalarmanlage (Option); Schließzylinder mit Rutschkupplung.

Sicherheit

Interaktives »IDS-Fahrwerk«; elektronisches Stabilitätsprogramm (ESP[Plus]); elektronisch geregeltes Antiblockiersystem (ABS) mit integrierter Bremskraftverteilung (EBV), Kurvenbremskontrolle (CBC) und Bremsassistent; Fahrer-/Beifahrer-/Kopf- und Seitenairbags; aktive Kopfstützen (vorn); Dreipunkt-Automatikgurte auf allen Plätzen (vorn und hinten außen höhenverstellbar mit pyrotechnischen Gurtstraffern und -kraftbegrenzern); Kindersitzhaltesystem (Isofix); höhen- und längs verstellbare Sicherheitslenksäule; Pedal-Release-System (PRS); dritte Bremsleuchte; Seitenaufprallschutz in den Türen.
Option: Sitzbelegungserkennung (Beifahrerairbag), Einparkhilfe »Parkpilot«, Reifendruckkontrollsystem.

Wartung

Mit Ottomotor jeweils nach 30.000 und mit Dieselmotor alle 50.000 km, unabhängig von der Laufleistung alle zwei Jahre zum Servicecheck. Im Vectra-C variieren die Serviceintervalle abhängig von den Einsatzbedingungen (verschleißorientiertes Servicesystem).

Garantie

Neuwagengarantie:
Generell zwei Jahre ohne Kilometerbegrenzung, vertraglich auf fünf Jahre zu verlängern.

Karosserie:
Zwölf Jahre auf Durchrostungen.

Starterbatterien (Opel):
Drei Jahre.

Mobilservice:
Innerhalb der ersten 24 Monate kostenlos. Bei regelmäßiger Pflege und Wartung in einem Opel-Stützpunkt über sieben Jahre respektive 120.000 km.

Stichwortverzeichnis

FSC
www.fsc.org
MIX
Papier | Fördert gute Waldnutzung
FSC® C083411

Zeitfracht Medien GmbH
Ferdinand-Jühlke-Straße 7
99095 Erfurt, Deutschland
produktsicherheit@kolibri360.de

Druck:
CPI Druckdienstleistungen GmbH
im Auftrag der
Zeitfracht Medien GmbH
Ein Unternehmen der Zeitfracht - Gruppe
Ferdinand-Jühlke-Str. 7
99095 Erfurt